Springer-Lehrbuch

Matthias Stieß

Mechanische Verfahrenstechnik-Partikeltechnologie 1

3., vollst. neu bearb. Auflage

Mit 299 Abbildungen und CD-ROM

 Springer

Professor Dr.-Ing. Matthias Stieß
Längerbohlstr. 56
78467 Konstanz
Germany
matthias_stiess@gmx.de

ISBN 978-3-540-32551-2 ISBN 978-3-540-32552-9 (eBook)

DOI 10.1007/978-3-540-32552-9

Springer-Lehrbuch ISSN 0937-7433

Bibliografische Information der Deutschen Nationalbibliothek
Die Deutsche Bibliothek verzeichnet diese Publikation in der Deutschen Nationalbibliografie;
detaillierte bibliografische Daten sind im Internet über http://dnb.d-nb.de abrufbar.

Library of Congress Control Number: 2008935621

©2009 Springer-Verlag Berlin Heidelberg

Satz: Digitale Druckvorlage des Autors
Herstellung: VTEX typesetting and electronic publishing services, Vilnius
Einbandgestaltung: WMXDesign, Heidelberg

Gedruckt auf säurefreiem Papier

9 8 7 6 5 4 3 2 1

springer.de

Vorwort zur 3. Auflage

Die anhaltende Nachfrage nach dem Buch sowie die Fortschritte auf zahlreichen Einzelgebieten seines Themas seit der letzten Auflage haben eine vollständige Neubearbeitung nötig gemacht. Mit Rücksicht auf die Zweibändigkeit des Werkes habe ich die Konzeption im Wesentlichen beibehalten, lediglich die Anordnung der Kapitel ist geringfügig geändert worden. Außerdem sind zwei neue Kapitel hinzugekommen: Eine knappe Darstellung der Ähnlichkeitslehre und Dimensions-analyse sowie die Zusammenfassung der bisher auf verschiedene Kapitel verteilten fluidmechanischen Grundlagen. Inhaltlich habe ich Bewährtes beibehalten, jedoch an zahllosen Stellen bereinigt oder ergänzt. Größere Veränderungen hat vor allem das Kapitel Partikelmesstechnik erfahren. Dort sind außer der Kurzbeschreibung neuerer Verfahren eine Einführung in die Staubmesstechnik und ein ausführlicher Abschnitt über die Probennahme neu verfasst worden.

Seit der letzten Auflage sind außer zahllosen Beiträgen in Fachzeitschriften einige Monographien zu den behandelten Gebieten erschienen. Zudem gibt es zu vielen Gegenständen neuere – auch internationale – Normen. Beides habe ich, soweit es mir für ein einführendes Lehrbuch angemessen schien, inhaltlich und durch Hinweise auf die weiterführende Literatur berücksichtigt.

Mein Dank geht an Herrn Prof. Dr.-Ing. Siegfried Ripperger für seine zahlreichen hilfreichen gedanklichen Anregungen und faktischen Beiträge, an die Mitarbeiterinnen und Mitarbeiter des Springer-Verlages für die immer sehr angenehme und auch in Zeiten unvorhergesehener Verzögerungen langmütige Zusammenarbeit, vor allem aber an meine Frau Evelyn für alle Ermutigungen und ihre weitherzige und liebevolle Geduld.

Konstanz, im Juli 2008 Matthias Stieß

Inhaltsverzeichnis

1 **Einführung** 1
  1.1 Die Ingenieurdisziplin Verfahrenstechnik / Chemieingenieurwesen 1
  1.2 Mechanische Verfahrenstechnik 1
  1.3 Eigenschafts- und Prozessfunktionen 3
  1.4 Inhalt des zweibändigen Lehrwerks 5
     Literatur 6

2 **Kennzeichnungen von Partikeln und dispersen Stoffsystemen** 9
  2.1 Disperse Stoffsysteme 9
  2.2 Konzentrationsangaben 10
  2.3 Partikelgrößenabhängige Eigenschaften, Kennzeichnung
     von Einzelpartikeln 11
     2.3.1 Geometrische Abmessungen 12
     2.3.2 Äquivalentdurchmesser 13
     2.3.3 Spezifische Oberfläche 16
  2.4 Partikelform, Formfaktoren 17
     2.4.1 Allgemeine Definition eines Formfaktors 17
     2.4.2 Speziell definierte Formfaktoren 18
     2.4.3 Fraktale Dimension 22
  2.5 Partikelgrößenverteilungen 25
     2.5.1 Allgemeine Darstellung 25
     2.5.2 Mittelwerte und spezielle Kenngrößen von Verteilungen . . 31
     2.5.3 Spezielle Verteilungsfunktionen 37
     2.5.4 Zusammensetzung mehrerer Verteilungen 51
     2.5.5 Umrechnung einer Partikelgrößenverteilung auf ein
        anderes Feinheitsmerkmal 52
     2.5.6 Umrechnung einer Partikelgrößenverteilung in eine andere
        Mengenart 53
     2.5.7 Allgemeine Darstellung von integralen Mittelwerten einer
        Verteilung (statistische Momente) 56
     2.5.8 Verteilungen bei besonderen Partikelformen 58

2.6   Kennzeichnung von porösen Stoffsystemen   59
       2.6.1   Porosität   61
       2.6.2   Porenweite, Porenweitenverteilung   67
       2.6.3   Dichte poröser Stoffsysteme   68
       2.6.4   Kennzeichnungen des Flüssigkeitsinhalts poröser
               Stoffsysteme   70
2.7   Haftkräfte   72
       2.7.1   Haftkräfte in gasförmiger Umgebung   77
       2.7.2   Haftkräfte in flüssiger Umgebung   78
       Aufgaben zu Kapitel 2   80
       Literatur   94

3   Ähnlichkeitslehre und Dimensionsanalyse   97
    3.1   Ähnlichkeit   97
    3.2   Dimensionslose Kennzahlen   99
    3.3   Das Π-Theorem (Buckingham-Theorem)   100
    3.4   Bestimmung dimensionsloser Kennzahlen   101
           Literatur   104

4   Fluidmechanische Grundlagen   105
    4.1   Kräfte auf Partikeln im Fluid   105
           4.1.1   Massenkräfte   106
           4.1.2   Oberflächenkräfte   106
           4.1.3   Diffusionskräfte   110
           4.1.4   Elektrische und magnetische Feldkräfte   111
    4.2   Partikelbewegung im Schwerefeld   112
           4.2.1   Partikelbewegung im ruhenden Fluid   112
           4.2.2   Partikelbewegung im stationär strömenden Fluid   116
           4.2.3   Beschleunigte Bewegung   119
           4.2.4   Einflüsse auf die Sinkgeschwindigkeit   124
    4.3   Partikelbewegung im Zentrifugalfeld   128
           4.3.1   Partikelbewegung im Starrkörperwirbel   129
           4.3.2   Partikelbewegung in der Wirbelsenke   131
    4.4   Benetzung, Kapillarität, Flüssigkeisbindung   134
           4.4.1   Benetzung   134
           4.4.2   Kapillarität   136
           4.4.3   Flüssigkeitsbindung und Sättigungsgradbereiche   138
           4.4.4   Ent- und Befeuchten, Kapillardruckkurve   140
    4.5   Durchströmung von porösen Schichten   143
           4.5.1   Allgemeiner dimensionsanalytischer Ansatz
                   für die Durchströmungsgleichung   144
           4.5.2   Empirische Durchströmungsgleichungen   146
           Aufgaben zu Kapitel 4   152
           Literatur   160

5   Partikelmesstechnik 161
  5.1 Einführung 161
  5.2 Siebverfahren 161
      5.2.1 Grundlagen 162
      5.2.2 Trockene Vibrationssiebung. 164
      5.2.3 Luftstrahlsiebung und Nasssiebung 165
  5.3 Sedimentationsverfahren 166
      5.3.1 Sinkgeschwindigkeit als Feinheitsmerkmal 166
      5.3.2 Systematik der Sedimentationsverfahren 167
      5.3.3 Inkrementalverfahren 168
      5.3.4 Kumulativverfahren 171
      5.3.5 Sedimentation im Zentrifugalfeld 173
  5.4 Optische Verfahren, Zählverfahren 175
      5.4.1 Abbildende Verfahren, Bildauswertung 175
      5.4.2 Streulichtverfahren 178
      5.4.3 Nichtoptische Zählverfahren nach dem Feldstörungsprinzip 185
  5.5 Partikelgrößenmessung im Nanometerbereich 186
      5.5.1 Elektronenmikroskopie 187
      5.5.2 Dynamische Lichtstreuung (PCS, QELS) 188
      5.5.3 Ultraschallspektroskopie 190
      5.5.4 Elektroakustische Spektroskopie 191
      5.5.5 Thermische Feldflussfraktionierung 191
      5.5.6 Kondensationskernzähler (CPC, CNC) 193
      5.5.7 Diffusionsbatterie 194
      5.5.8 Elektrostatischer Klassierer (DMA,) und Scanning
             Mobility Particle Sizer (SMPS) 195
      5.5.9 Laserinduzierte Inkandeszenz (LII) 196
  5.6 Staubmesstechnik 197
      5.6.1 Allgemeines 197
      5.6.2 Probennahme für die Staubmesstechnik 200
      5.6.3 Messprinzipien und Geräte 202
  5.7 Oberflächenmessung 208
      5.7.1 Äußere und innere Oberfläche 208
      5.7.2 Gasadsorptionsverfahren 209
      5.7.3 Durchströmungsverfahren 212
      5.7.4 Fotometrisches Verfahren 214
  5.8 Porosimetrie 215
      5.8.1 Bestimmung der Porosität 215
      5.8.2 Messung von Porengrößen und Porengrößenverteilungen . 216
  5.9 Probennahme und Probenvorbereitung 219
      5.9.1 Allgemeine Problematik 219
      5.9.2 Probennahme und Probenvorbereitung
             für die Partikelmesstechnik 231
      5.9.3 Probennehmer und Probenteiler 242
      Aufgaben zu Kapitel 5 245
      Literatur 258

6   Mechanische Trennverfahren I – Trockenklassieren 261
  6.1   Allgemeines zu den mechanischen Trennverfahren 261
        6.1.1   Merkmale 261
        6.1.2   Grundprinzip der mechanischen Trennungen 263
  6.2   Kennzeichnung der Klassierung 263
        6.2.1   Begriffe und Definitionen 263
        6.2.2   Reihen- und Parallelschaltung von Klassierern 272
        6.2.3   Praktische Bestimmung von Trenngradkurven 277
  6.3   Siebklassieren 285
        6.3.1   Grundaufgaben des Siebens 285
        6.3.2   Grundlagen des Schwerkraftsiebens 287
        6.3.3   Weitere Siebungsarten, Siebhilfen 298
        6.3.4   Bauarten von Siebmaschinen 301
  6.4   Strömungsklassieren – Windsichten 305
        6.4.1   Aufgaben des Windsichtens 305
        6.4.2   Sichtprinzipien und Trenneigenschaften 306
        6.4.3   Zur Technik des Windsichtens 311
        6.4.4   Bauarten von Windsichtern 314
        Aufgaben zu Kapitel 6 320
        Literatur 329

7   Feststoffmischen und Rühren 331
  7.1   Übersicht über Mischverfahren und Mischmechanismen 331
  7.2   Statistische Kennzeichnung und Beurteilung der Mischung . . . 333
        7.2.1   Kennzeichnung der Mischung 333
        7.2.2   Beurteilung der Mischung 342
  7.3   Mischgüteuntersuchungen 349
        7.3.1   Zeitlicher Mischgüteverlauf 349
        7.3.2   Probennahme 351
        7.3.3   Zusammenfassende Regeln zur Mischgütebestimmung
                und Beispiel 363
  7.4   Feststoffmischverfahren 366
        7.4.1   Mischbewegungen, Entmischung 366
        7.4.2   Bauarten von Feststoffmischern 367
        7.4.3   Leistungsbedarf von Feststoffmischern 378
  7.5   Rühren 379
        7.5.1   Grundaufgaben des Rührens 379
        7.5.2   Bauformen von Rührwerken und Rührern 381
        7.5.3   Leistungsbedarf von Rührern 389
        7.5.4   Verfahrenstechnische Grundlagen zu den Rühraufgaben . . 395
        7.5.5   Modellübertragung (Scale-up) 422
  7.6   Statisches Mischen 429
        7.6.1   Bauformen und Mischmechanismen 430
        7.6.2   Berechnungsgrundlagen für statische Mischer 432
        Aufgaben zu Kapitel 7 436
        Literatur 446

8 Lagern und Fließen von Schüttgütern 449

8.1 Aufgabenstellungen 449

8.2 Das Schüttgut als Kontinuum 451

8.3 Ruhende Schüttgüter 451

    8.3.1 Janssen-Theorie 452

    8.3.2 Schüttgutkennwerte für Silolasten 454

8.4 Fließende Schüttgüter 457

    8.4.1   Spannungszustand und Fließkriterien 457

8.5 Messung von Fließorten 464

8.6 Ausfließen von Schüttgütern aus Silos und Bunkern 469

    8.6.1 Fließprofile 469

    8.6.2 Auslegung von Massenfluss-Silos 470

    8.6.3 Auslegung des Auslaufs gegen Brückenbildung 472

    8.6.4 Auslegungsgang und Beispiel 477

    Aufgaben zu Kapitel 8 481

    Literatur 485

Index 487

Kapitel 1
Einführung

1.1 Die Ingenieurdisziplin Verfahrenstechnik / Chemieingenieurwesen

Die Verfahrenstechnik ist die Ingenieurdisziplin, die sich mit der Behandlung und Umwandlung von Stoffen befasst. Häufig wurde für die Verfahrenstechnik auch die treffendere Bezeichnung Stoffwandlungstechnik vorgeschlagen. Da das Berufsbild des Verfahrensingenieurs seinen Ursprung in der Chemischen Industrie hat, wird sein Arbeitsgebiet auch als Chemie-Ingenieur-Technik bezeichnet. Das entspricht der weltweit benutzten Bezeichnung Chemical-Engineering, im Deutschen auch Chemieingenieurwesen.

Der Begriff *Stoff* ist in der Verfahrenstechnik sehr umfassend zu verstehen, von den organischen und anorganischen Rohstoffen aus der Natur, einschließlich Luft und Wasser, über Baustoffe, Chemikalien, Lebensmittel und andere Verbrauchsgüter bis hin zu den Abfallstoffen der Zivilisation. Die *Behandlungen* und *Umwandlungen* können biologische, chemische, mechanische oder thermische Verfahren anwenden und erfolgen immer mit dem Ziel, End- oder Zwischenprodukte mit gewünschten Eigenschaften zu erzeugen, z.B. Baustoffe mit bestimmten Festigkeiten, als Pulver dosierbare Chemikalien, pharmazeutische Produkte mit vorhersehbaren Wirkungen, schmackhafte und farblich ansprechende Lebensmittel (Produktionstechnik), oder schädliche Stoffe in unschädliche oder wenn möglich in verwertbare Produkte umzuwandeln, z.B. Abluft in saubere Luft bzw. Abwasser in Brauchwasser (Umweltschutztechnik). Als *Ingenieurdisziplin* steht für die Verfahrenstechnik die technisch-wirtschaftliche Realisierung dieser Behandlungen und Umwandlungen in Anlagen, Apparaten und Maschinen im Mittelpunkt der Bemühungen. Das schließt die Anwendung naturwissenschaftlicher und mathematischer Grundlagen ebenso ein wie experimentelle, konstruktive und planerische Aufgaben, und kann die umweltrelevanten Aspekte ebenso wenig wie die betriebs- und volkswirtschaftlichen Erfordernisse außer Acht lassen.

1.2 Mechanische Verfahrenstechnik

Gegenstand der mechanischen Verfahrenstechnik sind alle diejenigen Einwirkungen auf Stoffe, die deren Eigenschaften und Verhalten mit mechanischen Mitteln beeinflussen und verändern. Mechanische Einwirkungen sind vor allem Kräfte, die auf die Stoffe ausgeübt werden: Impulsänderungen, Strömungswiderstände (Reibungs- und Druckkräfte) sowie Kontaktkräfte (Druckkräfte und Haftkräfte). Mit mechanischen Kräften kann man Partikel bis herab zu ca. 1 μm unmittelbar beeinflussen.

M. Stieß, *Mechanische Verfahrenstechnik - Partikeltechnologie 1*,
doi: 10.1007/978-3-540-32552-9, © Springer 2009

Tabelle 1.1 Einteilung der mechanischen Verfahrenstechnik

Zerkleinern	Agglomerieren	mit	Änderung der Partikelgröße
Trennen	Mischen		
Lagern, Fördern und Dosieren von dispersen Stoffen		ohne	
Partikelmesstechnik (Partikelgrößen- und Partikelformanalyse, Staubmesstechnik)			

Tabelle 1.2 Grundoperationen der mechanischen Verfahrenstechnik und einige zugeordnete Bezeichnungen

Zerkleinern	Agglomerieren
Brechen, Mahlen	Granulieren, Pelletieren,
Schneiden, Zerfasern,	Dragieren, Kompaktieren,
Desagglomerieren	Tablettieren, Brikettieren
Trennen	Mischen
Klassieren, Sieben, Sichten,	Homogenisieren, Rühren,
Sortieren, Abscheiden, Klären,	Feststoffmischen, Kneten,
Sedimentieren, Filtrieren,	Dispergieren, Emulgieren,
Zentrifugieren, Entstauben	Begasen, Zerstäuben

Auch kleinere Partikel werden noch durch äußere Kräfte beeinflusst, jedoch nehmen die Wechselwirkungen zwischen den Partikeln, zwischen den Partikeln und den Wänden sowie mit dem umgebenden Medium mit kleiner werdender Partikelgröße stark zu. Die ablaufenden Vorgänge werden ab diesem Größenbereich daher nicht nur durch die äußere Krafteinwirkung bestimmt.

Es gibt nach Rumpf (1975) [1.10] fünf übergeordnete mechanische Grundverfahren, die sich wie in Tabelle 1.1 gruppieren lassen.

Die letzte Zeile nennt die Partikelmesstechnik als die für die mechanische Verfahrenstechnik spezifische Messtechnik.

Zur Veranschaulichung werden in Tabelle 1.2 einige anwendungstechnische Bezeichnungen zu den Grundoperationen der mechanischen Verfahrenstechnik genannt, ohne dass dabei Anspruch auf Vollständigkeit erhoben wird. Sie sollen Zuordnungen zeigen und gleichzeitig auf die breite Anwendung dieser Grundoperationen hinweisen.

Beim Zerkleinern und beim Agglomerieren (Kornvergrößerung) wird die Größe von Partikeln, aus denen der zu behandelnde Stoff besteht, gezielt verändert. Von außen aufgebrachte Kräfte bewirken im Inneren von zu zerkleinernden Partikeln so große *Spannungen*, dass der Stoffzusammenhalt durch Brüche zerstört wird. Im Gegensatz dazu müssen bei Kornvergrößerungsverfahren *Haftkräfte* an Kontaktstellen zwischen Partikeln nutzbar gemacht oder verstärkt werden. Dazu sind entweder äußere Kräfte auf das gesamte Produkt aufzubringen (z.B. Pressen) oder durch erzwungene Bewegungen zahlreiche Partikelberührungen zu erzeugen, so dass Bindungsmechanismen zwischen den einzelnen Partikeln wirksam werden können.

Die mechanischen Trennverfahren ebenso wie das Mischen und die Lagerungs- und Transportvorgänge lassen in der Regel die Partikelgrößen unverändert. Hierbei sind es vor allem gezielte und zufällige *Bewegungen* einzelner Partikeln oder Partikelgruppen gegeneinander, die in Trenn- und Mischapparaten sowie in Transporteinrichtungen zu den erwünschten Veränderungen der Stoffeigenschaften und -verhaltensweisen führen.

Aus all dem wird deutlich, dass die Stoffe und Stoffsysteme, mit denen sich die mechanische Verfahrenstechnik zu beschäftigen hat, aus Ansammlungen (Kollektiven) sehr vieler Partikeln bestehen. Man nennt sie je nach Zusammenhang Mischkomponenten, Haufwerke, Schüttgüter, Staubwolken, Suspensionen, Schlämme usw.

Allgemein spricht man von *dispersen Stoffen* oder *dispersen Stoffsystemen*. Größtenteils handelt es sich um Feststoffe (Körner), aber auch Flüssigkeiten (als Tröpfchen) oder Gase (als Bläschen) bilden solche Systeme. Das Wort „dispers" wird im gebräuchlichen Sinn von „(fein) verteilt" und die Bezeichnung „Partikel" auch als Oberbegriff für Körner, Tropfen, Blasen oder Mikroorganismen verwendet. Daher bezeichnet man die „Verfahrenstechnik der dispersen Stoffe" auch als „Partikeltechnologie". In diesem Rahmen nimmt die mechanische Verfahrenstechnik den Part ein, das Stoffverhalten aufgrund eben dieser „Dispersität" zu beschreiben und durch mechanische Mittel zu beeinflussen.

1.3 Eigenschafts- und Prozessfunktionen

Nach M. Polke (1993) [1.7] bezeichnet man allgemein als *Qualität* die Fähigkeit eines Produkts, geforderte Produkteigenschaften zu erfüllen. Die damit gemeinten Produkte sind die oben bereits erwähnten Stoffe, beispielsweise Rohstoffe wie Erze und Mineralien, Baustoffe, Brennstoffe, Werkstoffe, Zwischen- und Fertigprodukte der Chemie, der Pharmazie Kosmetik und Lebensmittel. Demgegenüber steht die *Funktionalität* als Fähigkeit eines Produkts, geforderte Funktionen zu erfüllen. Solche Produkte sind z.B. Anlagen, Maschinen und Apparate, Fahrzeuge, Rechner usw.

Von der Seite der Verfahrenstechnik her gesehen, bezieht sich die Qualitätsdefinition auf Produkteigenschaften, die Funktionalität auf Prozesseigenschaften.

Bei den Produkteigenschaften kann man – mit fließenden Grenzen – unterscheiden zwischen, *anwendungstechnischen, verarbeitungstechnischen* und *physikalisch-chemischen* (genauer: Messsignale erzeugenden) Eigenschaften. Die anwendungstechnischen Eigenschaften interessieren den Verbraucher, die verarbeitungstechnischen den Produzenten und die physikalisch-chemischen den mit der Kontrolle, d.h. mit der Messtechnik befassten Ingenieur. Die folgenden wenigen Beispiele dienen zur Veranschaulichung dieser Eigenschaften bei dispersen Stoffen:

Anwendungstechnische Eigenschaften

Baustoff Zement: Verpackungsdichte (Rütteldichte), Abbindezeit, Festigkeit, Schwindungseigenschaft.

Farben und Lacke: Verstreichbarkeit, Farbstärke, Deckungsvermögen, Oberflächencharakteristik.

Pharmazeutika, Kosmetika: Wirksamkeit, Löslichkeit, Bioverfügbarkeit, Verträglichkeit, Freisetzungsrate, Haltbarkeit, Aussehen,

Dünge- und Futtermittel: Handling (Transport, Ausbringen, Dosieren, Staubfreiheit, Festigkeit und Fließverhalten des Schüttguts) Wirksamkeit, Darreichungsformen.

Lebensmittel: Aussehen, sensorische Eigenschaften („mouth feeling", Geruch und Geschmack), Haltbarkeit, Löslichkeit, Verarbeitbarkeit.

Verarbeitungstechnische Eigenschaften

Filtrierbarkeit: Durchströmbarkeit poröser Schichten, Fließverhalten von Suspensionen und Pasten,

Stabilität von Suspensionen und Emulsionen: Absetzverhalten von Suspensionen, Koagulations- und Aufstiegsverhalten von Emulsionen,

Mischbarkeit, Entmischungsverhalten trockener disperser Stoffe: Fließverhalten von Schüttgütern, Rieselfähigkeit, Abriebverhalten, Staubfreiheit,

Mischungsverhalten in Flüssigkeiten: Rühraufwand, rheologische Eigenschaften von Suspensionen und Emulsionen,

Mahlbarkeit: Partikelfestigkeit, Sprödigkeit, Agglomerationsverhalten,

Agglomerationsverhalten: Hafteigenschaften, Feuchte, Verpressbarkeit, Abrieb- und Festigkeitsverhalten.

Physikalisch-chemische Eigenschaften

Dichte, Viskosität, Partikelgrößenverteilung, pH-Wert, Löslichkeit, Lichtstreuverhalten, Temperatur, Konzentration, chemische Zusammensetzung.

Bei dispersen Stoffsystemen ist die Gewährleistung eines bestimmten festgelegten Qualitätsparameters Q_i an die Einhaltung von zahlreichen Eigenschaftsparametern E_i zur Kennzeichnung der einzelnen Phasen, des dispersen Zustandes und der Grenzflächeneigenschaften gekoppelt. Der Zusammenhang

$$Q_i = f(E_1, E_2 \ldots E_j) \tag{1.1}$$

mit Q_i = Qualitätsparameter (qualitätsbestimmende Produkteigenschaft)
    E_j = Dispersitätsparameter oder sonstige physikalische Größen
heißt nach Rumpf (1967) [1.9] *Eigenschaftsfunktion.* Borho et al. [1.2]. haben beispielhaft Zusammenhänge zwischen Dispersitätsgrößen und Produkteigenschaften dargestellt und erläutert.

Wenn die Eigenschaftsfunktion bekannt ist, können qualitätsrelevante Eigenschaften der Produkte über die Messung von Dispersitätsgrößen oder anderen physikalischen Größen bestimmt und kontrolliert werden.

Darüber hinaus besteht die Aufgabe, den geforderten Zustand des dispersen Systems mit dem verfahrenstechnischen *Prozess* einzustellen. Hierzu ist es notwendig, den Einfluss von Maschinen-, Apparate- und Prozessparametern P_i auf die charakteristischen Parameter des dispersen Stoffsystems E_i zu kennen. Krekel und R. Polke (1992) [1.4] haben diesen Zusammenhang als *Prozessfunktion* bezeichnet:

$$E_i = f(P_1, P_2 \ldots P_j), \tag{1.2}$$

P_i = Maschinen-, Apparate- und Prozessparameter.

Beispiele für Prozessparameter sind:

- Betriebsweisen (kontinuierlich oder diskontinuierlich),
- Betriebsbedingungen (Drehzahl, Temperatur, Druck, Dauer, Durchsätze, Geschwindigkeiten),
- Maschineneinstellungen,
- Dosierungen, Konzentrationen,
- Produktzufuhren und -entnahmen,
- Reaktionsführung, zeitliche Fahrweisen.

Prozessfunktionen können zum einen aufgrund praktischer Betriebsergebnisse bekannt sein (empirisches Wissen), oder zum anderen auf Basis einer physikalisch/mathematischen Modellierung des Prozesses hergeleitet werden.

Auch im Rahmen der *Produktgestaltung und -entwicklung* kann die Erforschung und Kenntnis von Eigenschafts- und Prozessfunktionen ein wichtiger Baustein sein, und zwar unmittelbar bzgl. solcher Produkte, die aus dispersen Stoffen im weitesten Sinne bestehen, sowie mittelbar bzgl. der Apparate, Maschinen, Anlagen und Fahrweisen zur Herstellung solcher Produkte bis hin zur mathematischen Modellierung der Prozesse. Zahlreiche Beiträge hierzu aus den unterschiedlichsten industriellen und forschungsorientierten Bereichen enthält das Buch von Teipel (2002) [1.13].

1.4 Inhalt des zweibändigen Lehrwerks

Ziel dieses Lehrbuchs ist, dem Lernenden von den Grundlagen her einen Einstieg in die Behandlung der vielfältigen verfahrenstechnischen Aufgaben mit dispersen Stoffen zu vermitteln. Es ist daher sinnvoll, die Darstellung mit der allgemeinen Beschreibung der Partikeln und der dispersen Systeme zu beginnen, und ihre wichtigsten Wechselwirkungen mit dem umgebenden Fluid (Flüssigkeit und Gas) und miteinander (Haftkräfte) zu betrachten (Kap. 2). Dazu werden Grundkenntnisse der Mathematik, insbesondere der Statistik, der technischen Mechanik und der Fluidmechanik vorausgesetzt. Notwendige Ergänzungen zu Letzterer sowie ein kurzer Abriss der Grundlagen der Ähnlichkeitslehre und Dimensionsanalyse werden im Kap. 3 und 4 vermittelt.

Eng mit der Kennzeichnung disperser Stoffe ist die Partikelmesstechnik verknüpft. Sie erfasst quantitativ mit verschiedenen physikalischen Methoden anwendungsrelevante Eigenschaften von Einzelpartikeln und Partikelkollektiven (Kap. 5).

Diese Darstellung wurde gegenüber früheren Auflagen wesentlich erweitert, es sind auch die Nanopartikelmesstechnik, die Staubmesstechnik sowie Probleme der Probennahme und -präparation einbezogen.

In Kap. 6 werden in einem ersten Teil der mechanischen Trennverfahren die Kennzeichnung der Klassierung sowie die „trockenen" Klassierverfahren Sieben und Sichten behandelt, in Kap. 7 das Mischen von Feststoffen und Flüssigkeiten (Rühren) und in Kap. 8 schließlich die Kennzeichnung der besonderen Eigenschaften von Schüttgütern sowie deren Lager- und Fließverhalten.

Band 2 bringt dann den zweiten Teil der mechanischen Stofftrennverfahren (Staubabscheiden, Fest-Flüssig-Trennen), das Zerkleinern, das Agglomerieren sowie die Wirbelschichttechnik und den pneumatischen Transport.

In den einzelnen Kapiteln werden sowohl die Grundlagen, wie auch darauf beruhende und weiterführende Anwendungen bis hin zu technischen Lösungen behandelt. Natürlich können das nur die sog. Standardlösungen sein. Sie sind absichtlich so allgemein gefasst, dass sie in den sehr unterschiedlichen Branchen, in denen der Verfahrensingenieur tätig werden kann, auf Spezialprobleme übertragbar sind. Zur Vertiefung und Kontrolle sind jedem Kapitel Aufgaben mit Lösungen angefügt. Auf ausführlichere Abhandlungen wird im jeweils zugehörigen Literaturverzeichnis verwiesen.

Als zusammenfassende Darstellungen des Gesamtgebietes seien außer den Büchern von Rumpf (1975) [1.10] und Löffler/Raasch (1992) [1.5] noch diejenigen von Zogg (1987) [1.15], sowie der von Leschonski verfasste Teil „Grundzüge der mechanischen Verfahrenstechnik" in [1.3] (1986) genannt. Neuere Gesamtdarstellungen wurden von Heinrich Schubert (2003) [1.11] und Bohnet (2004) [1.1] herausgegeben. Im englischsprachigen Raum decken die Bücher von Seville/Tüzün/Clift (1997) [1.12] sowie von Rhodes (1998) [1.8] zum großen Teil den hier behandelten Stoff ab. Fakten zum gesamten Gebiet der Verfahrenstechnik sind in älteren Auflagen der mehrbändigen „Ullmann's Encyclopedia of Industrial Chemistry" (1988) [1.14] und in Perry's Chemical Engineers' Handbook 1998 [1.6] zu finden.

Literatur

[1.1]   Bohnet M (Hrsg) (2004) Mechanische Verfahrenstechnik. Wiley-VCH, Weinheim
[1.2]   Borho K, Polke R, Wintermantel K, Schubert Helmar, Sommer K (1991) Produkteigenschaften und Verfahrenstechnik. Chem.-Ing.-Tech. 63:792–808
[1.3]   Dialer K, Onken U, Leschonski K (1986) Grundzüge der Verfahrenstechnik und Reaktionstechnik, Sonderdruck aus Winnacker/Küchler Chemische Technologie, Bd 1. Hanser, München
[1.4]   Krekel J, Polke R (1992) Qualitätssicherung bei der Verfahrensentwicklung. Chem.-Ing.-Tech. 64:528–535
[1.5]   Löffler F, Raasch J (1992) Grundlagen der Mechanischen Verfahrenstechnik. Vieweg, Wiesbaden
[1.6]   Perry's Chemical Engineers' Handbook (1997) McGraw-Hill Book Company, New York, 7th edn.

[1.7]   Polke M (1993) Erforderliche Informationsstrukturen für die Qualitätssicherung. Chem.-Ing.-Tech. **65**(7):791–796

[1.8]   Rhodes MJ (1998) Introduction to Particle Technology. Wiley, Chichester

[1.9]   Rumpf H (1967) Über die Eigenschaften von Nutzstäuben. Staub Reinh. Luft **27**:3–13

[1.10] Rumpf H (1975) Mechanische Verfahrenstechnik. Monographie aus Winnacker-Küchler Chemische Technologie Bd 7, 3. Aufl. Hanser, München

[1.11] Schubert H (Hrsg) (2003) Handbuch der Mechanischen Verfahrenstechnik. Wiley-VCH, Weinheim

[1.12] Seville J, Tüzün U, Clift R (1997) Processing of Particulate Solids. Kluwer Academic, Dordrecht

[1.13] Teipel U (Hrsg) (2002) Produktgestaltung in der Partikeltechnologie. Fraunhofer-IRB-Verlag, Stuttgart

[1.14] Ullmann's Encyclopedia of Industrial Chemistry (1988) Teil B, 5. Aufl. VCH, Weinheim

[1.15] Zogg M (1993) Einführung in die Mechanische Verfahrenstechnik, 3. Aufl. Teubner, Stuttgart

Kapitel 2
Kennzeichnungen von Partikeln und dispersen Stoffsystemen

2.1 Disperse Stoffsysteme

Die Stoffsysteme, mit denen man sich in der mechanischen Verfahrenstechnik überwiegend beschäftigt, liegen als körnige Schüttungen oder als Pulver vor oder sie enthalten Partikeln oder Tröpfchen in einer Flüssigkeit oder einem Gas, oder Bläschen in einer Flüssigkeit. Allgemein nennen wir solche Partikelkollektive *„disperse Systeme"*. Sie bestehen aus meist sehr vielen Einzelpartikeln, der *dispersen Phase*, und dem umgebenden Medium, der *kontinuierlichen Phase*. Sowohl die disperse wie die kontinuierliche Phase können fest, flüssig oder gasartig sein. Disperse Stoffsysteme sind zwei oder dreiphasig. Ein Dreiphasensystem bilden z.B. feste Partikeln und Bläschen in einer Flüssigkeit.

Disperse Stoffsysteme werden charakterisiert durch

- ihre chemische Zusammensetzung,
- die Beschreibung der dispersen Struktur,
- die Wechselwirkungen an den Phasengrenzen und
- weitere Zustandsgrößen.

Entsprechend den Abmessungen (Partikelgröße) der dispersen Phase unterscheidet man

- – molekulardisperse Systeme   – Partikelgröße: $<10^{-9}$ m
- – kolloiddisperse Systeme   – Partikelgröße: $10^{-9} \dots 10^{-6}$ m
- – grobdisperse Systeme   – Partikelgröße: $>10^{-6}$ m.

In der mechanischen Verfahrenstechnik hat man es meist mit grobdispersen Stoffsystemen zu tun, wobei sich mit der Entwicklung der Nano-Partikeltechnik und den höheren Anforderungen an die Reinheit der Produkte das Interesse zunehmend auch in den kolloiddispersen Bereich verlagert. Die Berücksichtigung dieser Gebiete würde jedoch auch des rapide anwachsenden Umfangs wegen den hier gewählten Rahmen sprengen und soll nicht Gegenstand der hier einführend behandelten Verfahrenstechnik sein.

Die Tabelle 2.1 gibt einen Überblick und einige Beispiele zu zweiphasigen dispersen Systemen. Sie soll einen ersten Eindruck von der Vielfalt der vorkommenden Stoffe und von den sehr unterschiedlichen Größen der Partikeln vermitteln, die Gegenstand der folgenden Betrachtungen sein werden.

M. Stieß, *Mechanische Verfahrenstechnik - Partikeltechnologie 1*,
doi: 10.1007/978-3-540-32552-9, © Springer 2009

Tabelle 2.1 Beispiele für disperse Systeme (s: fest, l: flüssig, g: gasförmig)

Beispiel	disperse Phase	kontinuierliche Phase	Partikelgrößenbereich (etwa) in m
Gesteinsbrocken	s	g	$10^{-2} \ldots 10^{0}$
Schüttgüter (Zucker, Sand, Kohle, Kunststoffgranulat, Tabletten	s	g	$10^{-6} \ldots 10^{-2}$
Puder, Staub, Rauch	s	g	$10^{-8} \ldots 10^{-5}$
Suspensionen, Schlämme	s	l	$10^{-8} \ldots 10^{-4}$
Erzhaltiges Gestein, Schleifscheiben	s	s	$10^{-6} \ldots 10^{-2}$
Tropfen, Nebel, Aerosol	l	g	$10^{-8} \ldots 10^{-3}$
Emulsionen, Milch	l	l	$10^{-7} \ldots 10^{-4}$
Blasensysteme, flüssige Schäume	g	l	$10^{-7} \ldots 10^{-3}$
Poröse Festkörper, feste Schäume	g	s	$10^{-8} \ldots 10^{-2}$

2.2 Konzentrationsangaben

Der Anteil der dispersen Phase am gesamten Stoffsystem wird entweder als Volumenkonzentration c_V oder als Massenkonzentration c_M angegeben. Beide werden üblicherweise auf das Gesamtvolumen bezogen. Besteht die disperse Phase aus n Komponenten i ($i = 1, 2 \ldots n$), können auch deren Einzelanteile entsprechend gekennzeichnet werden. Mit der Indizierung „d" für die disperse und „k" für die kontinuierliche Phase lauten die Konzentrationsangaben dann

Volumenkonzentration:

$$c_V = \frac{V_d}{V_{ges}} \quad \text{bzw.} \quad c_{V_i} = \frac{V_{d,i}}{V_{ges}} \qquad (2.1)$$

Massenkonzentration:

$$c_M = \frac{m_d}{V_{ges}} \quad \text{bzw.} \quad c_{Mi} = \frac{m_{d,i}}{V_{ges}}, \qquad (2.2)$$

mit

$$V_d = \sum_{i=1}^{n} V_{d,i}, \quad m_d = \sum_{i=1}^{n} m_{d,i} \quad \text{und} \quad V_{ges} = V_d + V_k$$

In der Chemie ist zusätzlich die Molzahl n_i eines Stoffes i (Stoffmenge) im Volumen V_{ges} der Mischphase eine gebräuchliche Konzentrationsangabe. Außerdem gibt es weitere Konzentrationsangaben, die sich meist branchen- oder anwendungsbezogen eingebürgert haben.

2.3 Partikelgrößenabhängige Eigenschaften, Kennzeichnung von Einzelpartikeln

Zweck der Kennzeichnung von Einzelpartikeln ist es, eine ordnende Unterscheidung zwischen ihnen treffen zu können. Dazu dienen Merkmale. Wichtige Unterscheidungsmerkmale in der mechanischen Verfahrenstechnik sind die Größe und ihre Verteilung sowie die Form der Partikeln. Selbstverständlich sind auch viele weitere Merkmale von Bedeutung – vor allem die Dichte, die chemische Zusammensetzung, Farbe, Löslichkeit usw. Aber oft besteht ein Zusammenhang zwischen anwendungs- bzw. verarbeitungstechnischen Eigenschaften und Partikelgröße. So löst sich beispielsweise der feinkörnige Puderzucker wesentlich schneller auf als stückiger Kandiszucker, Getreidemehl hat ein völlig anderes Auslaufverhalten aus Silos als Getreidekörner, das Auftragsverhalten und der optische Eindruck einer Dispersionsfarbe hängen stark von der Form und der Größe der Pigmentpartikeln ab.

Die Bedeutung der Kennzeichnung insbesondere feiner Partikeln wird durch die folgende Zusammenstellung von Beispielen partikelgrößenabhängiger Eigenschaften disperser Stoffe unterstrichen.

Partikelgrößenabhängige Eigenschaften disperser Stoffe

Für <u>abnehmende</u> Partikelgröße gelten folgende Tendenzen:
- Die spezifische Oberfläche nimmt zu: $S_V \sim 1/x$
    Haftkräfte treten gegenüber Massenkräften in den Vordergrund
    Neigung zu Agglomeration und Wandhaftung wächst
    Festigkeit von Agglomeraten und Pellets wird größer
    gegenseitige Beweglichkeit der Partikeln nimmt ab
        das Fließvermögen (Rieselfähigkeit) von Schüttungen wird schlechter,
        die Porosität von Schüttungen nimmt zu, die Schüttdichte nimmt ab,
        die Mischbarkeit wird schlechter,
        die Neigung zur Entmischung nimmt ab
        das rheologische Verhalten von konzentrierten Suspensionen wird oft nicht-newtonisch
    das Reaktionsvermögen steigt an
        Löslichkeit, Sintervermögen, Dampfdruck, Reaktionsgeschw. nehmen zu
    die Strömungswiderstandskraft wird gegenüber den Massenkräften größer
        bei der Umströmung von Partikeln
        bei der Durchströmung von porösen Schichten
    die elektrostatische Aufladbarkeit nimmt zu
        Haftneigung der Partikeln aneinander und an Wänden
        Beeinflußbarkeit im elektrischen Feld
- die stoffliche Homogenität der Einzelpartikeln nimmt zu
    → die Partikelfestigkeit nimmt zu
    → die Mahlbarkeit und die Aufschließbarkeit werden schlechter
- das Streuvermögen für Licht (Beugung, Reflexion, Absorption) verändert sich.

Zur Partikelbeschreibung ist es nötig, für jedes der Merkmale „Größe" und „Form" mindestens eine Maßzahl bzw. Kenngröße (Partikelgröße und Formfaktor) anzugeben.

Betrachten wir eine unregelmäßig geformte Partikel, z.B. einen Schotterstein, so wird sofort klar, dass die Angabe nur *eines* Längenmaßes für seine Größe eine erhebliche Einschränkung bedeutet. Ebenso ist es mit der Form der Partikel. Trotzdem reichen diese Angaben – oft sogar nur das Größenmaß – in vielen Fällen der Praxis aus. Man sollte sich allerdings jeweils darüber klar sein, welches Maß vorliegt, d.h. mit welchem Messverfahren die Angabe ermittelt wurde.

Alle Eigenschaften einer Partikel, die eindeutig mit ihrer Größe zusammenhängen, sind im Prinzip als *Feinheitsmerkmal* anzusehen. Das können entweder geometrische Abmessungen sein, oder alle diejenigen physikalischen Eigenschaften, die mit der Größe veränderlich sind. Hierzu gehören z.B.:

- die Maschenweite eines Siebes, die von Partikeln bis zu einer bestimmten Größe durchdrungen wird (s. Abschn. 5.2),
- die Sinkgeschwindigkeit (stationäre Fallgeschwindigkeit), mit der eine Partikel in einem ruhenden Fluid unter der Wirkung der Schwerkraft absinkt (s. Abschn. 4.2),
- die zeitliche Veränderung der Intensität eines Lichtstrahls, wenn eine Partikel diesen passiert (s. Abschn. 5.4).

Wir vereinbaren im Folgenden für die Partikelgröße allgemein den Buchstaben x zu verwenden und damit immer die Angabe eines charakteristischen Längenmaßes in m, cm, mm, μm oder nm zu meinen. Je nach der Phase, in der die Partikel vorliegt, verwendet man auch die Bezeichnungen *Korngröße*, *Tropfengröße* oder *Blasengröße*. Die spezielle Definition dieser Längenmaße durch das jeweilige Messverfahren soll aus angefügten Indizes ersichtlich sein. Handelt es sich um einen Durchmesser eines Kreises oder einer Kugel, mit dem die Partikelgröße angegeben wird, verwenden wir den Buchstaben d anstelle von x.

Zur Beschreibung von Einzelpartikeln nach Größe und Form sowie von Partikelgrößenverteilungen findet man bei Allen (1996) [2.1] umfassende Informationen.

Als Partikelgrößenmaße gebräuchlich sind direkte *geometrische Abmessungen*, *statistische Längen* sowie geometrische und physikalische *Äquivalentdurchmesser*, außerdem als weiteres Feinheitsmerkmal auch die *spezifische Oberfläche*.

2.3.1 Geometrische Abmessungen

2.3.1.1 Direkte Abmessungen

Eindeutige geometrische Maße sind entweder Hauptabmessungen der Partikeln selber, wenn sie regelmäßige Formen haben, z.B. Durchmesser und Länge bei zylindrischen Kunststoffgranulaten oder kurzen, unverknäulten Faserstückchen, Durchmesser nahezu kugeliger Tropfen oder Blasen, oder es sind andere geometrische Angaben über die Partikelgröße wie das Volumen V bzw. die Oberfläche S. Sie werden in Abschn. 2.3.2 in die entsprechenden Äquivalentdurchmesser überführt.

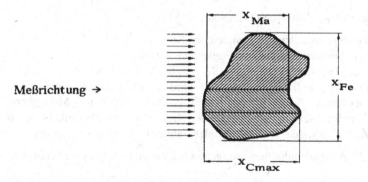

Abbildung 2.1 Statistische Längen an der Einzelpartikel-Projektion

2.3.1.2 Statistische Längen

Statistische Längen spielen bei Bildauswerteverfahren eine Rolle. Auf entsprechenden Bildern liegen ebene Partikelprojektionen in zufälligen Winkellagen vor. Die
Messverfahren legen immer eine Messrichtung fest. Einige statistische Längen sind
wie folgt definiert (Abb. 2.1):

- x_{Fe}: *Feretdurchmesser*: Senkrechte Projektion des Partikelbildes in Messrichtung
  auf eine Gerade (Das ist trotz der Bezeichnung kein Durchmesser!),
- x_{Ma}: *Martindurchmesser*: Länge der Strecke, welche die Projektionsfläche parallel zur Messrichtung halbiert (Das ist auch kein Durchmesser!),
- x_{Cmax}: *Längste Sehne* durch die Partikelprojektion parallel zur Messrichtung.

Auch bei Partikeln gleicher Größe und Form ("Gleichkorn") schwanken die statistischen Längen je nach der zufälligen räumlichen Lage der Partikel zur Projektions-
und Messrichtung zwischen einem größten und einem kleinsten Wert. Man sagt: Die
Länge hat eine Verteilung mit einem Mittelwert und einer Streubreite. Zur Berechnung des mittleren Feretdurchmessers s. Aufgabe 2.1.

2.3.2 Äquivalentdurchmesser

Ein Äquivalentdurchmesser ist der Durchmesser einer Kugel oder eines Kreises, die
bzw. der die gleiche Eigenschaft wie die betrachtete unregelmäßige Partikel hat.
Dabei können sowohl geometrische wie auch physikalische Eigenschaften herangezogen werden, so dass sich nach dieser Definition geometrische und physikalische
Äquivalentdurchmesser bilden lassen.

2.3.2.1 Geometrische Äquivalentdurchmesser

Volumen, Oberfläche, Projektionsfläche und Projektionsumfang der Partikeln sind
die geometrischen Eigenschaften, denen jeweils Kugel- bzw. Kreisdurchmesser zu-

geordnet werden. Die wichtigsten sind:

- d_V: Durchmesser der volumengleichen Kugel,
- d_S: Durchmesser der oberflächengleichen Kugel,
- d_P: Durchmesser des projektionsflächengleichen Kreises,
- d_{Pm}: bei statistisch mittlerer Lage der Partikel (z.B. in einer Suspension),
- d_{Ps}: bei stabiler Partikellage (z.B. auf dem Objektträger eines Mikroskops),
- d_{Pe}: Durchmesser des umfangsgleichen Kreises von einem Partikelbild, wobei die Partikeln sich wieder in mittlerer oder stabiler Lage befinden können.

Für die Äquivalentdurchmesser gelten folgenden Definitionsgleichungen:

$$d_V: \quad V = \frac{\pi}{6} \cdot d_V^3 \to d_V = \sqrt[3]{\frac{6 \cdot V}{\pi}}, \tag{2.3}$$

$$d_S: \quad S = \pi \cdot d_S^2 \to d_S = \sqrt{\frac{S}{\pi}}, \tag{2.4}$$

$$d_P: \quad A = \frac{\pi}{4} \cdot d_P^2 \to d_P = \sqrt{\frac{4 \cdot A_P}{\pi}}, \tag{2.5}$$

$$d_{Pe}: \quad U = \pi \cdot d_{Pe} \to d_{Pe} = \frac{U}{\pi}. \tag{2.6}$$

Zur experimentellen Bestimmung von d_V s. Aufgabe 2.2.

Satz von Cauchy

Weist ein Körper (hier Partikel) keine konkaven Oberflächenbereiche auf, so gilt: Das Vierfache der mittleren Projektionsfläche $\bar{A}_P$ – gemittelt über alle Raumorientierungen – entspricht der Oberfläche S der Partikeln

$$4\bar{A}_P = S. \tag{2.7}$$

Daraus folgt: Der Durchmesser des mit $\bar{A}_P$ gebildeten projektionsflächengleichen Kreises ist gleich dem Durchmesser der oberflächengleichen Kugel

$$d_{Pm} = d_S \tag{2.8}$$

mit $d_{Pm} = \sqrt{4 \cdot \bar{A}_P / \pi}$ entsprechend (2.5). Man beachte aber, dass d_{Pm} nicht das arithmetische Mittel aus n Einzelmessungen von d_P ist.

$$d_{Pm} \neq \overline{d_P} = \frac{1}{n} \cdot \sum_1^n d_{Pi}.$$

Für eine ebene Partikelprojektion ohne konkave Umfangsstücke gilt, dass der mittlere Feretdurchmesser $\overline{x_{Fe}}$ gleich dem Durchmesser d_{Pe} des umfangsgleichen Kreises ist

$$\overline{x_{Fe}} = d_{Pe} \tag{2.9}$$

Abbildung 2.2 Projektion
eines konkaven
Umfangsstücks

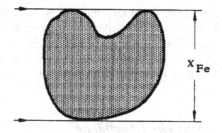

bzw. dass der Umfang U der Figur gleich dem Umfang U_{Fe} des Kreises mit dem Durchmesser $\overline{x_{Fe}}$ ist

$$U_{Fe} = U. \qquad (2.10)$$

Anschaulich kann man sich für den letztgenannten, ebenen Fall anhand von Abb. 2.2 klarmachen, dass konkave Umfangsstücke zur Bildung des mittleren Feret-Durchmessers nichts beitragen können. Ganz entsprechend ist es im räumlichen Fall.

Die meisten realen Partikeln erfüllen nicht die Voraussetzung, keine konkaven Oberflächenstücke (bzw. Umfangsstücke) zu haben. Ausnahmen sind vor allem kleine Tropfen und Blasen. Wenn jedoch konkave Oberflächen- bzw. Umfangsstücke vorhanden sind, dann müssen die wirklichen Oberflächen (bzw. Umfänge) größer sein, als die aus den Projektionen hervorgehenden. Das Gleichheitszeichen in den (2.7) bis (2.10) ist dann durch das Zeichen < zu ersetzen. Besonders die Ungleichung

$$S \geq 4 \bar{A}_P \qquad (2.11)$$

gibt in manchen Fällen (z.B. bei Mikroskopbildern) eine brauchbare erste Abschätzung der geometrischen, sog. äußeren Oberfläche von Partikeln. Außerdem kann man bei getrennter Bestimmung von A_P und S den Anteil a konkaver Oberflächenstücke abschätzen:

$$a = 1 - \frac{4 \cdot \bar{A}_P}{S}. \qquad (2.12)$$

2.3.2.2 Physikalische Äquivalentdurchmesser

Jede physikalische Eigenschaft, für die ein Zusammenhang mit der Partikelgröße besteht, kann im Prinzip dazu dienen, einen Äquivalentdurchmesser zu definieren, wenn dieser Zusammenhang für die Kugelform theoretisch oder aus Experimenten bekannt ist. Von besonderer Bedeutung sind folgende:

- d_w: Durchmesser der Kugel mit gleicher Sinkgeschwindigkeit (Sinkgeschwindigkeits-Äquivalentdurchmesser),
- d_{St}: *„Stokesdurchmesser"* (= Sinkgeschwindigkeitsäquivalentdurchmesser im Bereich der zähen Partikelumströmung (*„Stokesbereich"*) s. Abschn. 4.2),

- d_{ae}: aerodynamischer Durchmesser (s. Abschn. 5.6.1.1),
- d_{Sca}: Durchmesser der Kugel mit gleicher Streulichtintensität (Streulicht-Äquivalentdurchmesser, s. Abschn. 5.4.2),
- d_{eM}: Durchmesser einer kugelförmigen Partikel mit der gleichen elektrischen Mobilität (elektrischer Mobilitätsdurchmesser, s. Abschn. 5.5.8).

2.3.3 Spezifische Oberfläche

Neben der – geometrisch oder physikalisch – definierten Partikelgröße ist die spezifische Oberfläche ein weiteres wichtiges Merkmal zur Kennzeichnung der Partikelfeinheit. Man unterscheidet zwei Definitionen:

– volumenbezogene spezifische Oberfläche

$$S_V = \frac{S}{V} = \frac{Partikeloberfläche}{Partikelvolumen} \quad \text{(z.B. in m}^2/\text{m}^3 = \text{m}^{-1}\text{)}, \quad (2.13)$$

– massebezogene spezifische Oberfläche

$$S_m = \frac{S}{m} = \frac{Partikeloberfläche}{Partikelmasse} \quad \text{(z.B. in m}^2/\text{kg)}. \quad (2.14)$$

Zwischen S_V und S_m besteht die Beziehung

$$S_V = \rho_p \cdot S_m \quad (2.15)$$

wobei ρ_p die Dichte der Partikel ist.

Oft ist S_m leichter zu messen. S_V hat jedoch den Vorteil, allein und eindeutig der Partikelgröße und -form zugeordnet zu sein, also ein rein geometrisches Maß für die Feinheit darzustellen, während S_m zusätzlich noch stoffabhängig ist. Im Folgenden ist daher, wenn nicht anders vermerkt, mit „spezifischer Oberfläche" immer S_V gemeint.

Mit den Definitionen der Äquivalentdurchmesser in den (2.3) und (2.4) erhalten wir für die spezifische Oberfläche

$$S_V = \frac{\pi \cdot d_S^2}{(\pi/6) \cdot d_V^3} = 6 \cdot \frac{d_S^2}{d_V^3}. \quad (2.16)$$

Spezifische Oberfläche regulärer Körper:

a) Kugel mit dem Durchmesser $d = d_V = d_S$:

$$S_V = \frac{6}{d}. \quad (2.17)$$

b) Würfel mit der Kantenlänge a:

$$S_V = \frac{6}{a}. \quad (2.18)$$

c) Zylinder mit dem Durchmesser a und der Länge b

$$S_V = 2 \cdot \frac{a+2b}{a \cdot b} = 2 \cdot \frac{1+2 \cdot b/a}{b}. \tag{2.19}$$

Das Verhältnis b/a kennzeichnet die Form des Zylinders. Kleine Verhältnisse $b/a \ll 1$ stehen für sehr flache Zylinder (Scheiben, Tabletten) und große Verhältnisse $b/a \gg 1$ für lange, dünne Zylinder (Stäbe, Fasern). Die dimensionslosen Kombinationen

$$S_V \cdot a = 2 \cdot (a/b + 2) \tag{2.20a}$$

$$S_V \cdot b = 2 \cdot (1 + 2 \cdot b/a) \tag{2.20b}$$

sind demnach allein Funktionen der Partikelform. An diesem Beispiel wird der enge Zusammenhang zwischen der spezifischen Oberfläche, der Partikelgröße und der Partikelform deutlich. Siehe hierzu auch Abschn. 2.5.8.

2.4 Partikelform, Formfaktoren

In den meisten Partikelkollektiven hat jede einzelne Partikel eine andere Form, so dass es zunächst als aussichtslos erscheint, einfache und aussagefähige Maßzahlen zu finden. In der Praxis genügen oft schon umgangssprachliche Bezeichnungen wie „kugelig", „rund", „kubisch", „kantig", „plattig", „nadelförmig", „faserig" usw. So wird etwa für ein Schleifmittel – außer genau eingehaltenen Korngrößen – ein „scharfkantiges" Korn gefordert, während in Gleit- oder Schmiermitteln „plättchenförmige" sehr flache Partikeln nötig sind. In der Baustoffindustrie bezeichnet man ein Korn (z.B. Schotterstein, Kies) als „kubisch", wenn sich seine größte und seine kleinste Ausdehnung um nicht mehr als den Faktor 3 unterscheiden.

2.4.1 Allgemeine Definition eines Formfaktors

Es gibt eine Vielzahl von Vorschlägen zur Festlegung von Maßzahlen zur Charakterisierung der Partikelform. Eine allgemeine Definition, auf welche die meisten anderen zurückführbar sind, ergibt sich nach Pahl et al. [2.7] aus dem Vergleich zweier unabhängig voneinander an einer Partikel gemessener Größen x_α und x_β. Man nennt das Verhältnis der beiden Partikelgrößen dann *Formfaktor*

$$\Psi_{\alpha,\beta} = \frac{x_\alpha}{x_\beta} \tag{2.21}$$

α und β stehen für beliebige Indizes nach den Vereinbarungen aus Abschn. 2.3 bzw. über die Messmethoden von x.

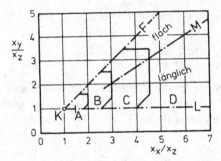

Punkt K: kugelförmig oder regelmäßig geformte Körper,
Bereich A: kugelige oder vielkantig gedrungene Partikeln,
Bereich B: noch gedrungen erscheinende Partikeln, die jedoch schon deutlich
              von der Kugelform abweichen,
Bereich C: flach und langgeformte Partikeln,
Bereich D: ausgesprochen flache und langgeformte Partikeln.

Abbildung 2.3 Formendiagramm nach Walz

2.4.2 Speziell definierte Formfaktoren

Beispiele für praktisch angewandte Formfaktoren sind die Formkennzeichnung nach Walz, die Sphärizität Ψ_{Wa} nach Wadell, die Zirkularität, der Heywoodfaktor f und der Formfaktor φ, der auch in DIN 66141 genannt ist. Sie sind historisch älter, als die allgemeine Definition nach (2.21), lassen sich aber ebenso schreiben. Alle drei vergleichen die reale Partikel mit einer Kugel.

2.4.2.1 Formendiagramm nach Walz

Walz (1936) [2.12] schlug zur Kennzeichnung der Partikelform vor, die Abmaße in drei senkrecht zueinander stehenden Raumkoordinaten zu bestimmen. Danach werden den Abmessungen die Bezeichnungen x_x, x_y, und x_z zugeordnet, wobei mit x_x der kleinste Wert und mit x_z der größte Wert gekennzeichnet wird.

Mit den Verhältniszahlen x_y/x_z und x_x/x_z können einzelne Partikeln oder die Partikelkollektive aufgrund von gebildeten Mittelwerten mit dem Diagramm Abb. 2.3 grob klassifiziert werden.

2.4.2.2 Sphärizität, Zirkularität

Wadell (1932) [2.11] definierte als *Sphärizität* das Verhältnis zweier Oberflächen:

$$\Psi_{Wa} = \frac{\text{Oberfläche der volumengleichen Kugel}}{\text{tatsächliche Oberfläche}} = \frac{d_V^2 \pi}{S} = \left(\frac{d_V}{d_S}\right)^2. \qquad (2.22)$$

Abbildung 2.4 Zur
Definition der Zirkularität

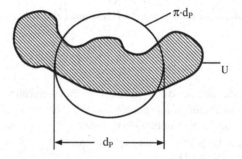

Nach der allgemeinen Definition der Formfaktoren durch (2.21) ist demnach $\Psi_{Wa} = (\Psi_{V,S})^2$. Da die Kugel von allen Körpern gleichen Volumens die kleinste Oberfläche hat,. nimmt der Nenner in der Sphärizität für alle Nicht-Kugeln einen größeren Wert an als der Zähler, und daher ist

$$\Psi_{Wa} \leq 1,$$

wobei das Gleichheitszeichen nur für Kugeln gilt.

Als zweidimensionales Analogon zur Sphärizität wird z.B. bei der Bildauswertung die *Zirkularität* Ψ_c definiert (Abb. 2.4):

$$\Psi_c = \frac{Umfang\ des\ projektionsflächengleichen\ Kreises}{tatsächlicher\ Umfang\ der\ Partikelprojektion} = \frac{d_P \pi}{U} = \frac{d_P}{d_{Pe}}. \qquad (2.23)$$

Auch Ψ_c nimmt Werte ≤ 1 an ($\Psi_c = 1$ nur für den Kreis), weil der Umfang aller Nicht-Kreisflächen größer ist, als der des flächengleichen Kreises. Leider ist die Verwendung dieser Definition nicht einheitlich. Es werden auch die Größen Ψ_c^2, $1/\Psi_c$ sowie $(1/\Psi_c)^2$ zur Kennzeichnung von Formvergleichen an Partikelbildern herangezogen [2.1].

2.4.2.3 Heywoodfaktor f und Formfaktor φ

Der Heywoodfaktor f ist über den Vergleich von spezifischen Oberflächen definiert

$$f = \frac{gemessene\ spez.\ Oberfläche\ der\ Partikel}{spez.\ Oberfl.\ einer\ Kugel\ mit\ Durchmesser\ x} = \frac{S_V}{6/x}. \qquad (2.24)$$

Hierin bleibt zunächst noch die Partikelgrößendefinition von x offen (Heywood hatte diesen Formfaktor mit $x = d_{Ps}$ gebildet). Je nach der Festlegung von x muss f mit einem Index versehen werden (s.u.). Anders als Ψ_{Wa} kann f Werte > 1 annehmen (s. Aufgabe 2.3). Ausgedrückt in der allgemeinen Form nach (2.21) ergibt sich

$$f = \frac{6 \cdot d_S^2}{d_V^3} \cdot \frac{x}{6} = \left(\frac{d_S}{x}\right)^2 \cdot \left(\frac{x}{d_V}\right)^3 = \frac{\Psi_{S,x}^2}{\Psi_{V,x}^3}.$$

Außerdem lässt sich eine Beziehung zur Sphärizität herstellen:

$$f = \left(\frac{d_S}{d_V}\right)^2 \cdot \frac{x}{d_V} = \frac{1}{\Psi_{Wa}} \cdot \frac{x}{d_V}. \qquad (2.25)$$

Wenn für die offen gebliebene Partikelgröße x in der Definition (2.25) des Heywoodfaktors d_V genommen wird, muss er entsprechend indiziert werden (f_V). Er ist dann gleich dem Kehrwert der Sphärizität und in dieser speziellen Weise als *Formfaktor* φ in die Normen zur Darstellung von Korngrößenverteilungen eingeführt (DIN 66141)

$$\varphi \equiv f_V = \frac{1}{\Psi_{Wa}} = \left(\frac{d_S}{d_V}\right)^2. \qquad (2.26)$$

Damit erhält man auch den Wertebereich von φ, nämlich $\varphi = 1$ für Kugeln und $\varphi > 1$ für anders geformte Partikeln; und zwar ist φ umso größer, je mehr die Partikelform von der Kugelform abweicht (vgl. Abb. 2.5). Aus (2.16) ergibt sich für die spezifische Oberfläche der Einzelpartikel

$$S_V = \frac{6 \cdot f_V}{d_V} = \frac{6 \cdot \varphi}{d_V}. \qquad (2.27)$$

Zwischen einigen der erwähnten Partikelgrößen bestehen folgende Ungleichungen

$$d_{Ps} > d_{Pm} = d_S > d_V > d_{St}. \qquad (2.28)$$

Vorausgesetzt ist dabei, dass keine konkaven Oberflächenstücke enthalten sind. Weitergehend kann man herleiten (vgl. Aufgabe 4.10):

$$d_{St} \approx \Psi_{Wa}^{3/4} \cdot d_S \approx \Psi_{Wa}^{1/4} \cdot d_V. \qquad (2.29)$$

2.4.2.4 Volumen- und Oberflächen-Formfaktoren

Bildet man Volumen und Oberfläche der Partikel analog zu (2.3) und (2.4) mit zunächst allgemein gehaltener Partikelgröße x, so werden ein *Volumen-Formfaktor* k_V durch

$$V = k_V x^3 \qquad (2.30)$$

und ein *Oberflächen-Formfaktor* k_S durch

$$S = k_S x^2 \qquad (2.31)$$

definiert. Ebenso wie der Heywoodfaktor f in (2.24) haben sie bei ein und derselben Partikel je nach Definition von x unterschiedliche Werte. Daher ist auch hier wie in (2.26) eine zusätzliche Indizierung zur Anzeige der Partikelgrößendefinition nötig.

In speziellen Fällen ist mit den Beziehungen (2.28) bzw. (2.29) auch die Umrechnung auf die Sphärizität Ψ_{Wa} bzw. den Formfaktor f_V als Volumen-Heywoodfaktor entsprechend (2.26) möglich.

Beispielhaft seien einige Beziehungen zur Bestimmung dieser Formfaktoren angegeben:

$$x \equiv d_V: \quad V = k_{V,V} \cdot d_V^3 = \frac{\pi}{6} \cdot d_V^3 \rightarrow k_{V,V} = \frac{\pi}{6},$$

$$x \equiv d_V: \quad S = k_{S,V} \cdot d_V^2 = \pi \cdot \left(\frac{d_S}{d_V}\right)^2 d_V^2 \rightarrow k_{S,V} = \pi \cdot \left(\frac{d_S}{d_V}\right)^2 = \frac{\pi}{\Psi_{Wa}},$$

$$S_V = \frac{S}{V} = \frac{k_{S,V}}{k_{V,V}} \cdot \frac{1}{d_V} = \frac{6}{\Psi_{Wa}} \cdot \frac{1}{d_V} = \frac{6 \cdot f_V}{d_V}, \tag{2.32}$$

$$x \equiv d_S: \quad S = k_{S,S} \cdot d_S^2 = \pi \cdot d_S^2 \rightarrow k_{S,S} = \pi,$$

$$x \equiv d_{St}: \quad V = k_{V,St} \cdot d_{St}^3; \; S = k_{S,St} \cdot d_{St}^2 \rightarrow S_V = \frac{k_{S,St}}{k_{V,St}} \cdot \frac{1}{d_{St}} = \frac{6 \cdot f_{St}}{d_{St}}.$$

Setzt man gemäß (2.29) $d_{St} = \Psi_{Wa}^{1/4} \cdot d_V$ und vergleicht mit (2.32), dann erhält man

$$S_V = \frac{6}{\Psi_{Wa}^{3/4}} \cdot \frac{1}{d_{St}} \quad \text{und} \quad f_{St} = \Psi_{Wa}^{-3/4}. \tag{2.33}$$

2.4.2.5 Vergleich von Formfaktoren einiger regulärer Körper

Formfaktoren sind vielfach gemessen worden. Man kann die Zahlenwerte aber nur als Anhaltswerte betrachten, da sie lediglich für die der Messung zugrunde gelegten Partikelformen gültig sind. Sie sind keine Materialwerte. Eine brauchbare Abschätzung für die Größe der beiden Formfaktoren Ψ_{Wa} und φ erhält man durch den Vergleich mit regulären Körpern. In Abb. 2.5 können für drei reguläre Körper die Formfaktoren Ψ_{Wa} und φ entnommen werden (vergleiche Aufgabe 2.4).

Folgendes ist noch zu beachten:

Die Oberflächenrauigkeit von Partikeln vergrößert die Oberfläche stark, so dass die Angabe von Formfaktoren mit zunehmender Bedeutung dieser Rauigkeiten immer weniger Sinn hat.

Bei Partikelkollektiven setzt man in aller Regel einen für alle Partikeln gültigen Formfaktor ein, der als korngrößenunabhängiger Mittelwert angenommen wird.

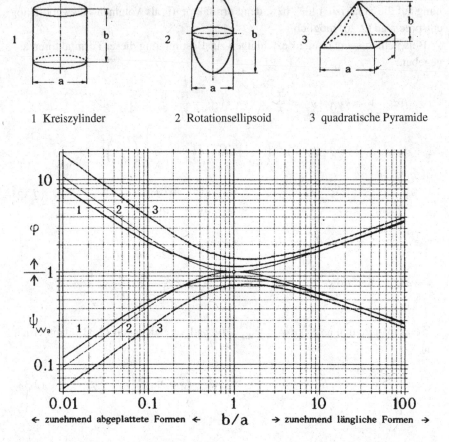

Abbildung 2.5 Sphärizität Ψ_{Wa} und Formfaktor φ für die drei oben abgebildeten regulären Partikelformen

2.4.3 Fraktale Dimension[1]

Zur Kennzeichnung der Form von Agglomeraten bzw. Flocken wird oft die *fraktale Dimension* angegeben. Sie geht auf die von Mandelbrot (1991) [2.5] begründete fraktale Geometrie zurück. Diese beschreibt komplexe Gebilde (Fraktale), die wie folgt charakterisiert werden:

Fraktale sind selbstähnlich, was bedeutet, dass jeder noch so kleine Ausschnitt eines fraktalen Gebildes bei entsprechender Vergrößerung dem Ausgangsgebilde ähnelt. So weist z.B. eine Küstenlinie bei einer Auftragung in einer Karte mit einem anderen Maßstab immer noch die Strukturmerkmale unregelmäßig geformter

---

[1]Dieser Abschnitt wurde freundlicherweise von Herrn Prof. Dr.-Ing. S. Ripperger zur Verfügung gestellt.

Küstenlinien auf. Die klassischen geometrischen Gebilde, wie z.B. die in Abb. 2.5, sind nicht selbstähnlich. Eine Kreislinie nähert sich bei einer vergrößerten Betrachtung eines bestimmten Abschnittes immer mehr an eine Gerade an.

Fraktale können mit einer einzigen Größe, der fraktalen Dimension D, die bei dreidimensionalen Gebilden Werte zwischen 1 und 3 annimmt, beschrieben werden.

Es gibt keine echten fraktalen Gebilde, da alle Körper eine größte und kleinste Abmessung besitzen. Dennoch weisen viele Gebilde bei einer Betrachtung über einen großen Vergrößerungsbereich eine Selbstähnlichkeit auf.

In Abb. 2.6 sind selbstähnliche zweidimensionale Gebilde dargestellt, die z.B. als Projektionsfläche gleichgroßer kugelförmigen Partikeln aufgefasst werden können. Bei dem Gebilde in Form einer Perlenkette nimmt bei einer Betrachtung eines um den Faktor X größeren Ausschnitts die Partikelanzahl mit X^1 zu. Sie besitzt damit die fraktale Dimension $D = 1$. Bei der untersten zweidimensionalen Struktur in Abb. 2.6, die der Projektionsfläche einer geordneten kubischen Kugelpackung entspricht, nimmt bei einer entsprechenden zweidimensionalen Betrachtung eines größeren Ausschnittes die Zahl der Partikel mit X^2 zu. Die fraktale Dimension hat den Wert $D = 2$. Die Struktur in der Mitte weist einen Exponent im Bereich von $1 < D < 2$ auf.

Die Werte bei einer entsprechenden dreidimensionalen Betrachtung liegen zwischen $1 < D < 3$, wie man sich leicht klar machen kann. Je näher der Wert für ein Gebilde an der oberen Grenze liegt, desto dichter sind die Partikeln im Gebilde aneinander gepackt. Flocken und Aggregate weisen meist eine sehr offene und lockere Struktur auf. In Abb. 2.7 ist eine solche Struktur schematisch dargestellt.

Bei fraktalen Gebilden ergibt sich nach Mandelbrot die Anzahl N von Partikeln mit dem Radius r, die eine Flocke mit dem Radius R bilden zu:

$$N = \left(\frac{R}{r}\right)^D .$$
(2.34)

Der Volumenanteil der Partikeln am Gesamtvolumen der einer kugelförmigen Flocke ergibt sich damit zu

$$c_v = (1 - \varepsilon) = \frac{N \cdot r^3}{R^3} = \frac{(\frac{R}{r})^D}{(\frac{R}{r})^3} = \left(\frac{R}{r}\right)^{D-3} .$$
(2.35)

ε ist in diesem Fall die Porosität der Flocke, wobei angenommen wird, dass die Einzelpartikeln nicht porös sind. Die Gleichung zeigt, dass bei konstanter Partikelgröße der Anteil der Partikeln mit größer werdendem Flockendurchmesser abnimmt, bzw. dass die Porosität der Flocke zunimmt. Dies wird auch bei einer Betrachtung der zweidimensionalen Darstellung in Abb. 2.7 deutlich.

Bestimmung der fraktalen Dimension von Flocken

Bender und Koglin [2.2] ermittelten auf Basis einer Kopplung der Photometrie zur Feststoff-Konzentrationsbestimmung mit Sedimentationsversuchen zur Ermittlung der Partikel- bzw. Flockengröße den folgenden Zusammenhang für den mittleren Volumenanteil einer Flocke:

$$c_v = (1 - \varepsilon) \cdot N^{-k} .$$
(2.36)

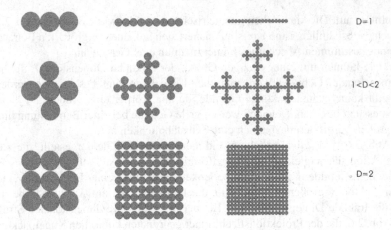

Abbildung 2.6   Selbstähnliche (fraktale) zweidimensionale Gebilde

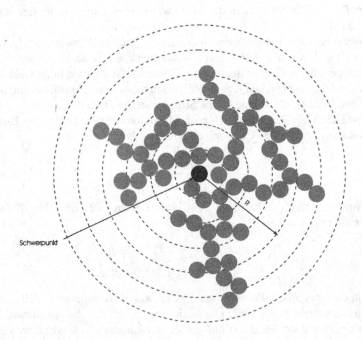

Abbildung 2.7   Fraktale Struktur einer Flocke

N ist darin die Partikelanzahl und k ein vom Stoffsystem abhängiger Exponent. Die Flockenporosität als Strukturparameter der Agglomerate hängt also von der Flockengröße (hier ausgedrückt durch die Anzahl an Primärpartikeln, die die Flocke bilden) vom Partikelmaterial und von den Flockungsbedingungen ab. Damit lassen sich die gefundenen Zusammenhänge mit der fraktalen Dimension ausdrücken.

Tabelle 2.2 Fraktale Dimension einiger Flocken

Stoff	k	D
Soja-Protein	0,16	2,59
Chloella-Zellen (d_P ca. 3,2 µm)	0,27	2,29
Quarz, Glaskugeln, Kohle, Maisstärke, $d_P > 8$ µm	0,5	2,00
Partikeln aus Quarz und Glas ca. 3,5 µm	$k = 0,77$	1,69

Abbildung 2.8 Zur Benennung einer Partikelklasse i

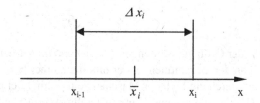

Mit (2.34) kann man schreiben: $\frac{R}{r} = N^{\frac{1}{D}}$. Dies in (2.35) eingesetzt ergibt

$$(1 - \varepsilon) = N^{\frac{D-3}{D}}.$$

Vergleicht man mit dem Zusammenhang nach Bender und Koglin, erhält man

$$D = \frac{3}{1 + k}. \tag{2.37}$$

In Tabelle 2.2 sind für einige Stoffsysteme Werte für k und die nach (2.37) berechneten Werte D der fraktalen Dimension angegeben.

Die Kompaktheit der Flocke steigt mit dem Wert der fraktalen Dimension an.

2.5 Partikelgrößenverteilungen

2.5.1 Allgemeine Darstellung

Es liege eine Gesamtmenge von Partikeln (Partikelkollektiv) vor, die nach den vorkommenden Größen geordnet und durch die zugehörigen Mengenanteile gekennzeichnet werden soll. Man trägt dazu auf der Abszisse eines Koordinatenkreuzes (Abb. 2.8) die Partikelgröße x auf, die nach der Vereinbarung in Abschn. 2.2 ein Längenmaß ist (z.B. die Maschenweite eines Siebs oder ein Äquivalentdurchmesser). Mit Korn- oder Partikel-Klasse i bezeichnet man allgemein den Wertebereich Nr. i des Feinheitsmerkmals. Hier ist es das Partikelgrößenintervall Nr. i mit der Breite

$$\Delta x_i = x_i - x_{i-i}.$$

Die Nummer der oberen Intervallgrenze gibt demnach die Nummer des Intervalls an.

Kennzeichnend für eine Partikelklasse steht oft auch eine mittlere Partikelgröße im Intervall, meist – nämlich bei kleinen Intervallbreiten – als arithmetisches Mittel

$$\overline{x_i} = \frac{x_i + x_{i-1}}{2} \tag{2.38}$$

seltener – nämlich bei großen Intervallbreiten – als geometrisches Mittel

$$\overline{\overline{x_i}} = \sqrt{x_i \cdot x_{i-1}}. \tag{2.39}$$

Auf der Ordinate werden die *Mengenanteile* aufgetragen, und zwar entweder als Anteil an der Gesamtmenge, der unterhalb einer bestimmten Partikelgröße x liegt, z.B. der durch ein Sieb der Maschenweite x hindurchgehende Massenanteil, später kurz *Durchgang* genannt. Diese Darstellungsweise heißt *Verteilungssumme*

$$Q_{r,i} = Q_r(x_i) = \frac{Teilmenge\ x_{min} \ldots x_i}{Gesamtmenge\ x_{min} \ldots x_{max}}. \tag{2.40}$$

Oder als Anteil der Gesamtmenge in einem bestimmten Größenintervall bezogen auf die Intervallbreite (auch Klassenbreite) Δx_i, z.B. der Massenanteil, der zwischen zwei Sieben mit den Maschenweiten x_i und x_{i-1} zurückbleibt, bezogen auf den Maschenweitenunterschied $\Delta x_i = x_i - x_{i-1}$. Dieser bezogene Mengenanteil heißt *Verteilungsdichte*

$$q_{r,i} = \frac{Teilmenge\ x_{i-1} \ldots x_i}{Gesamtmenge \cdot Intervallbreite}. \tag{2.41a}$$

Die Teilmenge in einer Kornklasse i heißt *Fraktion i*, so dass man auch sagen kann

$$q_{r,i} = \frac{Mengenanteil\ der\ Fraktion\ i}{Intervallbreite\ \Delta x_i}. \tag{2.41b}$$

Der Index „r" gibt darin die *Mengenart* an, z.B. die Anzahl oder die Masse. Näheres dazu folgt im Abschnitt „Mengenarten" (s.u.).

Aus der Definition in (2.40) ergeben sich die Darstellung der Verteilungssummenfunktion $Q_r(x)$ in Abb. 2.9a sowie die wichtigsten Eigenschaften dieser Funktion:

- für $x \leq x_{min}$ ist $Q_r(x) = 0$;
- für $x > x_{max}$ ist $Q_r(x) = 1$;
- zwischen x_{min} und x_{max} steigt $Q_r(x)$ mit zunehmendem x an oder bleibt konstant. Abnehmen kann $Q_r(x)$ nicht, denn der Mengenanteil unterhalb einer Partikelgröße x_b kann nicht geringer sein als derjenige unterhalb einer Partikelgröße x_a, wenn $x_a < x_b$ ist.

Die Darstellung der Verteilungsdichtefunktion $q_r(x)$ kann man aus der Verteilungssumme gewinnen. Mit Werten der Verteilungssumme $Q_r(x)$ lässt sich die verbale Definition (2.41) nämlich schreiben als

$$q_{r,i} = \frac{Q_r(x_i) - Q_r(x_{i-1})}{\Delta x_i} = \frac{\Delta Q_{r,i}}{\Delta x_i}. \tag{2.42}$$

Sie gibt also die auf die Gesamtmenge bezogene Mengendifferenz (den Teilmengenanteil) je Intervallbreiteneinheit an.

Für stetig differenzierbare Funktionen $Q_r(x)$ wird aus dem Differenzenquotienten in (2.42) der Differentialquotient

$$q_r(x) = \frac{dQ_r(x)}{dx}. \tag{2.43}$$

$q_r(x) \cdot dx$ bedeutet demnach den Mengenanteil der Partikeln mit der Größe x. Umgekehrt erhält man daraus durch Integration von der kleinsten vorkommenden Partikelgröße x_{min} bis zur laufenden Größe x^*

$$Q_r(x^*) = \int_{x_{min}}^{x^*} q_r(x)dx. \tag{2.44}$$

Damit ergeben sich als Eigenschaften der Verteilungsdichtefunktion $q_r(x)$:

- für $x \leq x_{min}$ ist $q_r(x) = 0$;
- für $x \geq x_{max}$ ist $q_r(x) = 0$;
- für $x = x_{WP}$, am Wendepunkt WP von $Q_r(x)$ hat $q_r(x)$ ein Maximum;
- für $x^* = x_{max}$ gilt

$$\int_{x_{min}}^{x_{max}} q_r(x)dx = Q_r(x_{max}) = 1. \tag{2.45}$$

Diese Beziehung heißt auch *Normierungsbedingung*.

Anstelle der stetigen Darstellung der Verteilungsdichte aus der Differentiation der Verteilungssumme kann man sie aber auch direkt aus Messungen von Teilmengen in Größenintervallen bestimmen und erhält dann eine Darstellung als *Säulendiagramm* oder *Histogramm* (Abb. 2.10). Gemessen wird dabei

- die Teilmenge $\Delta\mu_i$[2] im Intervall i,
- die Gesamtmenge μ_{ges} zwischen x_{min} und x_{max} sowie,
- die Intervallbreite Δx.

Dann ist nach (2.41)

$$q_{r,i} = \frac{\Delta\mu_i}{\mu_{ges} \cdot \Delta x_i} \quad \text{in z.B. } [m^{-1}] \text{ oder } [mm^{-1}]. \tag{2.46}$$

---

[2]Der Buchstabe „μ" steht hier vorübergehend für den allgemeinen Begriff „Menge". Es ist also nicht nur die Mengenart „Masse" gemeint (s. auch unter „Mengenarten").

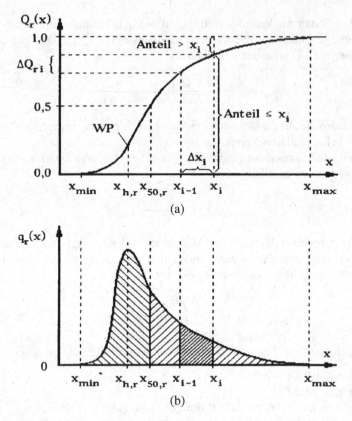

(a)

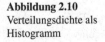

(b)

Abbildung 2.9 Stetige Darstellung von Partikelgrößenverteilungen. (**a**) Verteilungssumme. (**b**) Verteilungsdichte

Abbildung 2.10
Verteilungsdichte als
Histogramm

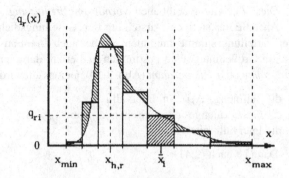

Der Mengenanteil $\Delta\mu_i / \mu_{ges}$ entspricht im Histogramm demnach dem Flächeninhalt $q_{r,i} \cdot \Delta x_i$ einer Säule (Schraffur in Abb. 2.10), und die Gesamtfläche als Summe aller Säulenflächen ergibt den Mengenanteil 1 bzw. 100%.

Tabelle 2.3 Systematische Indizierung der Mengenarten

Index	Mengenart	Verteilungen	Bemerkungen
$r = 0$	Anzahl $(\sim x^0)$	$Q_0(x), q_0(x)$	sehr häufig
$r = 1$	Länge $(\sim x^1)$	$Q_1(x), q_1(x)$	sehr selten
$r = 2$	Fläche $(\sim x^2)$	$Q_2(x), q_2(x)$	häufig
$r = 3$	Volumen $(\sim x^3)$	$Q_3(x), q_3(x)$	häufig
$r = 3^*$	Masse $(\sim \rho \cdot x^3)$	$Q_{3*}(x) \equiv D(x), q_{3*}(x)$	sehr häufig

Wenn n die Gesamtzahl aller Intervalle ist, gilt

$$\sum_{i=1}^{n} \frac{\Delta \mu_i}{\mu_{ges}} = \sum_{1}^{n} \Delta Q_{r,i} = \sum_{1}^{n} q_{r,i} \cdot \Delta x_i = 1. \tag{2.47}$$

Dies ist die Normierungsbedingung für die Histogrammdarstellung von Verteilungen. Will man aus einem Histogramm mit nicht sehr kleinen Intervallen eine stetige Kurve für die Verteilungsdichte machen, so muss man auf den Flächenausgleich innerhalb eines jeden Intervalls achten (vgl. Abb. 2.10).

Mengenarten

Die Methode, mit der die Menge der Partikel in einem Größenintervall gemessen wird, bestimmt die Mengenart. Üblich sind die Mengenarten *Anzahl*, *Fläche*, *Volumen* und *Masse*.

Anzahl: Die Partikeln innerhalb der Größenklassen werden gezählt. Alle Zählverfahren der Partikelgrößenanalyse haben daher die Mengenart „Anzahl" und liefern *Anzahlverteilungen*. In der allgemeinen Statistik ist die Anzahl das fast ausschließlich gebrauchte Mengenmaß, der Anzahlanteil heißt dort *relative Häufigkeit*.

Fläche: Die Projektionsfläche oder die Oberfläche der Partikeln in den Größenklassen ist bei einigen Bildauswerte- und photometrischen Verfahren der Partikelgrößenanalyse das Mengenmaß. Man erhält primär eine *Flächenverteilung*.

Volumen, Masse: Die Teilmengen in den Größenklassen werden durch Wägung bestimmt. Das ergibt die Mengenart „Masse". Wenn die Stoffdichte der Partikeln von ihrer Größe unabhängig ist, entsprechen die Massen- zugleich auch den Volumenanteilen, so dass *Massen-* und *Volumenverteilung* gleich sind.

Zur Kennzeichnung der Mengenart dient der Index „r" nach der in Tabelle 2.3 aufgeführten Vereinbarung.

Für Massenverteilungssummen ist es üblich, anstelle von $Q_{3*}(x)$ Begriffe aus der Siebung zu verwenden:

$$D(x) \equiv Q_{3*}(x): \quad \textit{Durchgang} \text{ bei der Partikelgröße } x,$$

$$R(x) = 1 - D(x): \quad \textit{Rückstand} \text{ bei der Partikelgröße } x.$$

Abbildung 2.11 Siebsatz
(schematisch)

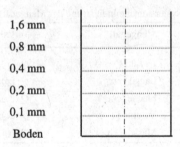

1,6 mm	
0,8 mm	
0,4 mm	
0,2 mm	
0,1 mm	
Boden	

Tabelle 2.4a Analysensiebung, Durchgangs- und Rückstandswerte

(1)	(2)	(3)	(4)	(5)	(6)
Nr.	Maschenweite	Teilmasse	Massenanteil	Durchgang	Rückstand
i, j	x_i /mm	$\Delta m_i/\text{g}$	$\Delta m_i/m_E = \Delta D_i$	$D_j = \sum_1^j \Delta D_i$	$R_j = 1 - D_j$
	0 (Boden)				
1		6,5	0,035		
	0,1			0,035	0,965
2		15,9	0,086		
	0,2			0,121	0,879
3		54,9	0,296		
	0,4			0,417	0,583
4		86,1	0,465		
	0,8			0,882	0,118
5		21,5	0,116		
	1,6			0,998	0,002
6		0,4	0,002		

Beispiel 2.1 (Auswertung einer Analysensiebung)
  Gegeben:
  Einwaage $m_E = 185,3$ g; Siebsatz gemäß Abb. 2.11 mit den dort angegebenen Nennmaschenweiten (Spalte 2 in Tabelle 2.4a und 2.4b); Rückstandsmassen
Δm_i auf den einzelnen Siebböden (Spalte 3 in Tabelle 2.4a);

  Gesucht:
  Durchgangs- und Rückstandssummenkurve,
  Massenverteilungsdichte als Histogramm.

  Lösung: Tabelle 2.4a und b, Spalten 4 bis 8,
  Verläufe $D(x)$ und $R(x)$ in Abb. 2.12a.

Tabelle 2.4b Analysensiebung, Histogrammwerte

(1)	(2)	(4)	(7)	(8)
Nr.	Maschenweite	Massenanteil	Intervallbreite	Verteilungsdichte
i, j	x_i /mm	$\Delta m_i / m_E = \Delta D_i$	Δx_i	$q_{3,i} = \Delta D_i / \Delta x_i$ in mm^{-1}
	0 (Boden)			
1		0,035	0,1	0,35
	0,1			
2		0,086	0,1	0.86
	0,2			
3		0,296	0,2	1,48
	0,4			
4		0,465	0,4	1,16
	0,8			
5		0,116	0,8	0,145
	1,6			
6		0,002	unbestimmt	unbestimmt

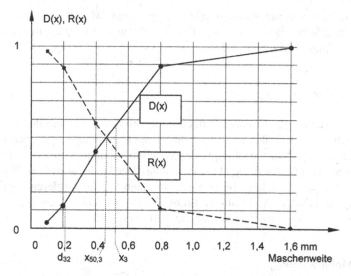

Abbildung 2.12a Partikelgrößenverteilung der Analysensiebung in Beispiel 2.1 (Durchgang und Rückstand)

2.5.2 Mittelwerte und spezielle Kenngrößen von Verteilungen

Oft ist es sinnvoll, die Partikelgrößenverteilung durch die Angabe nur *eines* Wertes, z.B. einer mittleren Partikelgröße zu kennzeichnen. Hierzu nennen wir zunächst fünf spezielle Werte, die von besonderer praktischer Bedeutung sind: *Medianwert* $x_{50,r}$,

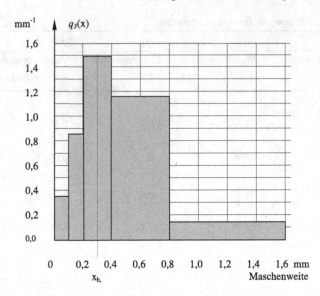

Abbildung 2.12b Massenverteilungsdichte der Analysensiebung (Histogramm)

Modalwert $x_{h,r}$, mittlere Partikelgröße $\bar{x}_r$ (*gewogenes Mittel*), *spezifische Oberfläche* S_V und *Sauterdurchmesser* d_{32}. Eine verallgemeinerte Darstellung integraler Mittelwerte folgt in Abschn. 2.5.7.

2.5.2.1 Medianwert $x_{50,r}$

Der Medianwert ist als diejenige Partikelgröße definiert, unterhalb derer 50% der Partikelmenge liegen. Daher muss auch die Mengenart mit „r" angegeben werden. Man erhält ihn aus dem Schnittpunkt der Verteilungssummenkurve $Q_r(x)$ mit der 50%-Horizontalen (s. das Beispiel in Abb. 2.12a). Der Medianwert einer Verteilung lässt sich meist relativ schnell bestimmen, weil man nur den mittleren Bereich der Verteilung mit erhöhter Auflösung bestimmen muss. Nachteilig kann allerdings die Unkenntnis über den restlichen Verlauf der Verteilung sein.

2.5.2.2 Modalwert $x_{h,r}$

Der Modalwert ist die mengenreichste Partikelgröße und kann beim Maximum der Verteilungsdichtekurve, bzw. an der höchsten Säule des Histogramms abgelesen werden. Im Index muss ebenfalls die Mengenart erkenntlich sein (Abb. 2.13a). Dichtekurven mit zwei Maxima heißen *bimodal* (Abb. 2.13b). Treten mehrere Maxima auf, spricht man von einer *mehrmodalen* oder *multimodalen* Verteilung. Die beiden vorstehenden Kennwerte sind Einzelwerte aus der Verteilung, die über deren Verlauf nichts aussagen. Die beiden folgenden sind dagegen Mittelwerte in dem Sinne, dass sie aus einer Mittelung hervorgehen.

Abbildung 2.13
(a) Modalwert $x_{h,r}$.
(b) bimodale Verteilung

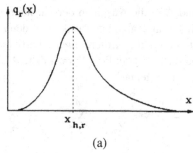

(a)

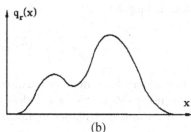

(b)

2.5.2.3 Mittlere Partikelgröße $\bar{x}_r$ (gewogenes Mittel)

Zur Bildung dieses Mittelwertes tragen alle vorkommenden Partikelgrößen entsprechend ihrem Mengenanteil im Kollektiv bei: die mittlere Partikelgröße $\bar{x}_i$ im Intervall wird mit dem entsprechenden Mengenanteil $\Delta\mu_i/\mu_{ges}$ gewichtet, und über diese gewichteten Werte wird gemittelt

$$\bar{x}_r = \sum_{i=1}^{n} \bar{x}_i \cdot \frac{\Delta\mu_i}{\mu_{ges}} = \sum_{i=1}^{n} \bar{x}_i \cdot q_{r,i} \cdot \Delta x_i = \sum_{i=1}^{n} \bar{x}_i \cdot \Delta Q_{r,i}. \tag{2.48}$$

Bei stetiger Darstellung der Verteilungsfunktion gilt

$$\bar{x}_r = \int_{x_{min}}^{x_{max}} x \cdot q_r(x)dx. \tag{2.49}$$

$q_r(x)$ heißt hier auch *Gewichtungsfunktion*, denn je größer q_r an der Stelle x ist, desto gewichtiger trägt diese Partikelgröße zur Bildung des Mittelwertes bei. Wenn durch das Messverfahren die Mengenart „Anzahl" festliegt, entspricht $\bar{x}_0$ dem *arithmetischen Mittel von x*. Der Index „0" wird in diesem Fall meist nicht angegeben:

$$\bar{x} = \sum_{i=1}^{n} \bar{x}_i \cdot \frac{\Delta Z_i}{Z_{ges}} = \sum_{i=1}^{n} \bar{x}_i \cdot q_{0,i} \cdot \Delta x_i = \sum_{i=1}^{n} \bar{x}_i \cdot \Delta Q_{0,i} \tag{2.50a}$$

bzw. bei stetiger Darstellung

$$\bar{x} = \int_{x_{min}}^{x_{max}} x \cdot q_0(x)dx. \tag{2.50b}$$

Darin sind ΔZ_i die Anzahlen der Partikeln in den Größenklassen i und $Z_{ges} = \sum_1^n \Delta Z_i$ die Gesamtzahl aller Partikeln in den n vorhandenen Größenklassen.

Interessiert nicht die mittlere *lineare* Partikelabmessung x, sondern eine mittlere Fläche (Oberfläche S oder Projektionsfläche A), dann bildet man den arithmetischen Mittelwert von x^2 gemäß

$$\overline{x^2} = \sum_{i=1}^n \bar{x}_i^2 \cdot \frac{\Delta Z_i}{Z_{ges}} = \sum_{i=1}^n \bar{x}_i^2 \cdot q_{0,i} \cdot \Delta x_i = \sum_{i=1}^n \bar{x}_i^2 \cdot \Delta Q_{0,i} \qquad (2.51a)$$

bei Intervalldarstellung, bzw.

$$\overline{x^2} = \int_{x_{min}}^{x_{max}} x^2 \cdot q_0(x) dx \qquad (2.51b)$$

bei stetiger Darstellung der Verteilungsfunktion.

Das arithmetische Mittel der Partikeloberflächen ergibt mit einem analog zu (2.31) vorübergehend eingeführten mittleren Oberflächen-Formfaktor $\overline{k_S}$ zu

$$\bar{S} = \overline{k_S} \cdot \overline{x^2}. \qquad (2.52)$$

Entsprechendes lässt sich für das Volumen mit einem analog zu (2.30) eingeführten mittleren Volumen-Formfaktor $\overline{k_V}$ schreiben:

$$\bar{V} = \overline{k_V} \cdot \overline{x^3}. \qquad (2.53)$$

$\overline{x^3}$ ist das arithmetische Mittel der Partikelvolumina

$$\overline{x^3} = \sum_{i=1}^n \bar{x}_i^3 \cdot \frac{\Delta Z_i}{Z_{ges}} = \sum_{i=1}^n \bar{x}_i^3 \cdot q_{0,i} \cdot \Delta x_i = \sum_{i=1}^n \bar{x}_i^3 \cdot \Delta Q_{0,i}. \qquad (2.54a)$$

$$\text{bzw.} \quad \overline{x^3} = \int_{x_{min}}^{x_{max}} x^3 \cdot q_0(x) dx. \qquad (2.54b)$$

2.5.2.4 Spezifische Oberfläche S_V, Sauterdurchmesser d_{32}

Spezifische Oberfläche

Für Vorgänge, die sich an Partikeloberflächen abspielen, ist dieser Kennwert von Bedeutung (z.B. Wärme- und Stoffaustausch, Sprühtrocknung, Extraktion, Sauerstoffeintrag bei der Begasung, bei chemischen Reaktionen mit einem Wärme- und Stoffaustausch über die Phasengrenzfläche, Brenn- und Explosionsverhalten von Stäuben usw.). Die spezifische Oberfläche kann aus der Volumenverteilung oder aus der Anzahlverteilung berechnet werden. Eine verallgemeinerte Berechnungsmöglichkeit wird in Abschn. 2.5.7 angegeben.

Berechnung aus der Volumen- (bzw. Massen-) Verteilung:

In Abschn. 3.3 war für die spezifische Oberfläche einer Kugel mit dem Durchmesser d abgeleitet worden, dass $S_V = 6/d$ ist (2.17). Handelt es sich um eine unregelmäßig geformte Partikel mit der Größe x, so gilt analog zu (2.27):

$$S_V = \frac{6 \cdot f}{x}. \tag{2.55}$$

Darin ist f der Heywoodfaktor, der die gemessene spezifische Oberfläche zu der einer Kugel mit dem Durchmesser x ins Verhältnis setzt. In einem Partikelkollektiv ist die spezifische Oberfläche

$$S_V = \frac{S_{ges}}{V_{ges}} = \sum_{1}^{n} \frac{\Delta S_i}{V_{ges}}, \tag{2.56a}$$

worin $\Delta S_i = (\Delta S_i / \Delta V_i) \cdot \Delta V_i = S_{V,i} \cdot \Delta V_i$ geschrieben werden kann, so dass man über

$$S_V = \sum_{1}^{n} S_{V,i} \cdot (\Delta V_i / V_{ges}) = \sum_{1}^{n} S_{V,i} \cdot \Delta Q_{3,i} \quad \text{mit (2.55)},$$

$$S_V = \sum_{1}^{n} \frac{6f}{\bar{x}_i} \cdot \Delta Q_{3,i} \tag{2.56b}$$

erhält. Wenn man – wie üblich – für alle Fraktionen mit gleichem Formfaktor f rechnet, und wenn die Dichte des Stoffes nicht von der Partikelgröße abhängt, d.h. wenn $\Delta Q_{3,i} = \Delta D_i$ gilt, dann ist

$$S_V = 6f \cdot \sum_{1}^{n} \frac{\Delta Q_{3,i}}{\bar{x}_i} = 6f \cdot \sum_{1}^{n} \frac{\Delta D_i}{\bar{x}_i} \quad (\rho_s = \text{const.}). \tag{2.57}$$

ΔD_i entnimmt man direkt aus einer Massenverteilungssumme oder aus den Säulenflächen eines Histogramms (wegen $\Delta D_i = q_{3,i} \cdot \Delta x_i$, siehe anschließendes Beispiel). Bei stetiger Darstellung der Verteilung geht die Summierung in die Integration über

$$S_V = 6f \cdot \int_{x_{min}}^{x_{max}} \frac{1}{x} \cdot q_3(x) dx. \tag{2.58}$$

Berechnung aus der Anzahlverteilung:

Liegt anstelle der Volumen- bzw. Massenverteilung die Anzahlverteilung $Q_0(x)$ bzw. $q_0(x)$ vor, dann dividiert man das arithmetische Mittel der Oberfläche (2.52) durch das des Volumens (2.53), so dass man unter Berücksichtigung der Beziehungen (2.51) und (2.54) sowie bei wieder konstant gesetztem Formfaktor f folgendes erhält:

$$S_V = 6f \cdot \frac{\sum_{1}^{n} \bar{x}_i^2 \cdot \Delta Q_{0,i}}{\sum_{1}^{n} \bar{x}_i^3 \cdot \Delta Q_{0,i}} = 6f \cdot \frac{\overline{x^2}}{\overline{x^3}}. \tag{2.59}$$

bzw. bei stetiger Darstellung

$$S_V = 6f \cdot \frac{\int_{x_{min}}^{x_{max}} x^2 \cdot q_0(x)dx}{\int_{x_{min}}^{x_{max}} x^3 \cdot q_0(x)dx}.$$ (2.60)

Sauterdurchmesser d_{32}

Der *Sauterdurchmesser* ist wie folgt definiert:

$$d_{32} = \frac{6}{S_V} = \frac{\overline{x^3}}{\overline{x^2}} \cdot \frac{1}{f}$$ (2.61)

Er stellt die der spezifischen Oberfläche des gesamten Partikelkollektivs entsprechende mittlere Kugelgröße dar. Oder mit anderen Worten: Würde man das Volumen des betrachteten Stoffes so in gleich große Kügelchen aufteilen, dass ihre Oberfläche (und spezifische Oberfläche) genau so groß wäre, wie die des Kollektivs, dann hätten diese Kügelchen d_{32} als Durchmesser. Der Sauterdurchmesser ist damit der Durchmesser eines monodispersen Stoffsystems, dessen Gesamtvolumen und Oberfläche dem zugehörigen polydispersen Stoffsystem entspricht. Da er der spezifischen Oberfläche umgekehrt proportional ist, kann er wie diese aus der Anzahlverteilung bzw. aus der Volumen- oder Massenverteilung berechnet werden (Gleichungen (2.57) bis (2.60)).

Beispiel 2.2 (Spezielle Kennwerte der Verteilung aus Beispiel 2.1) Aus den Verteilungsdarstellungen in Abb. 2.12a und 2.12b ist ablesbar:

Medianwert: $x_{50,3} = 0{,}46$ mm

Modalwert: $x_{h,3} = 0{,}30$ mm (= Mittelwert der Fraktion mit der höchsten
Histogrammsäule).

Aus der Tabelle 2.5 geht die Berechnung folgender Kennwerte hervor:

Mittlere Korngröße $\bar{x}_3 = \sum_1^6 \bar{x}_i \cdot \Delta D_i = 0{,}53$ mm

Sauterdurchmesser $d_{32} = 6/S_V = 0{,}21$ mm

Anmerkungen:
Die Obergrenze 2,4 mm für das letzte Intervall ($i = 6$) ist willkürlich, aber vernünftig gewählt. Die Beiträge dieser Fraktion zu den aus den Spalten (5) und (6) zu bildenden Summen sind jedoch unerheblich klein.
Die verschiedenen Mittelwerte $x_{50,3}$, $x_{h,3}$, $\bar{x}_3$ und d_{32} sind in Abb. 2.12a bzw. 2.12b eingetragen. Die Unterschiedlichkeit der Zahlenwerte verdeutlicht, wie notwendig die präzise Angabe über die Bildung einer „mittleren Partikelgröße" ist.

Tabelle 2.5 Zur Berechnung spezieller Mittelwerte in Beispiel 2.1

(1)	(2)	(3)	(4)	(5)	(6)
i	x/mm	ΔD_i	$\bar{x}_i$/mm	$\bar{x}_i \cdot \Delta D_i$	$\Delta D_i / \bar{x}_i$
		0,035	0,05	0,002	0,700
1	0,1				
		0,086	0,15	0,013	0,573
2	0,2				
		0,296	0,30	0,089	0,987
3	0,4				
		0,465	0,60	0,279	0,775
4	0,8				
		0,116	1,20	0,139	0,097
5	1,6				
		0,002	(2,0)	0,004	0,001
6	2,4 (Annahme)				
				$\Sigma : 0,526$ mm	$\Sigma : 3,133$ mm^{-1}

2.5.3 Spezielle Verteilungsfunktionen

Gemessene Verteilungssummen von Partikelgrößen liegen in der Regel als Wertepaare $(Q_{r,i}, x_i)$ vor. Die übliche lineare Auftragung in einem Diagramm ergibt im Allgemeinen einen S-förmig gekrümmten Kurvenverlauf. Dieser kann nicht ohne Weiteres durch einfache analytische Ausdrücke angenähert werden. Eine formelmäßige Erfassung der Verteilungsfunktion ist aber zur Berechnung von Mittelwerten, spezifischen Oberflächen, oder für Vergleiche oft nötig oder zumindest sehr vorteilhaft. Auf Grund von Erfahrungen, verbunden mit wahrscheinlichkeitstheoretischen Überlegungen hat man Verteilungsfunktionen gefunden, die häufig vorkommende gemessene Verteilungen mehr oder weniger gut annähern. Die drei wichtigsten dieser Approximationsfunktionen sind in die ISO- und DIN-Normen zur Darstellung von Korngrößenverteilungen (ISO 9276, DIN 66141) aufgenommen worden (in [2.3]). Es handelt sich um

- die *Potenzfunktion* (DIN 66143),
- die *logarithmische Normalverteilungsfunktion* (DIN 66144, ISO 9276-5),
- die *RRSB-Funktion* (DIN 66145).

Alle drei genannten Funktionen sind zweiparametrige Näherungen für gemessene Verteilungen. Von den beiden sog. *Feinheits-* oder *Körnungsparametern* steht der eine für die Lage und der andere für die Breite der Verteilung. Für jede Funktion gibt es ein spezielles Netz, in dem die Verteilungssumme – meist dargestellt als Durchgang $D(x)$ – eine Gerade ergibt.

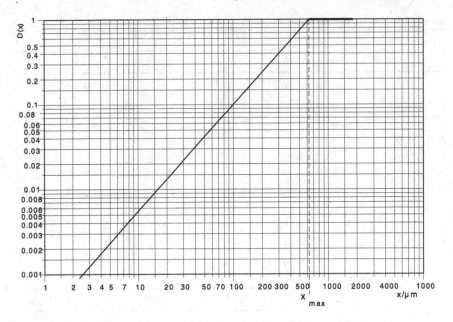

Abbildung 2.14 Potenzfunktion im Potenznetz

2.5.3.1 Potenzfunktion

Die Potenzfunktion heißt auch GGS-Funktion (nach **G**ates, **G**audin und **S**chuhmann) und lautet

$$D(x) = \left(\frac{x}{x_{max}} \right)^m \quad \text{für } x \leq x_{max} \text{ und } D(x) = 1 \text{ für } x > x_{max}. \tag{2.62}$$

Diese Funktion ergibt im doppelt-logarithmischen Netz (Potenznetz) eine Gerade für $x \leq x_{max}$ (s. Abb. 2.14), denn beidseitiges Logarithmieren führt auf

$$\lg D(x) = m \cdot \lg x - m \cdot \lg x_{max}.$$

Bei der maximalen Partikelgröße x_{max} hat die Potenzfunktion einen Knick, welcher der Wirklichkeit nicht entspricht.

Die Feinheitsparameter sind hier *Lageparameter* x_{max} und *Breitenparameter m*. x_{max} liegt dort, wo die Gerade $D(x)$ den Wert 1 erreicht, *m* entspricht der Steigung der Geraden, so dass große *m*-Werte enge Verteilungen und kleine *m*-Werte breite Verteilungen kennzeichnen.

Die Vorteile dieser Näherungsfunktion liegen vor allem in der einfachen mathematischen Form, die eine Auftragung in einem leicht erhältlichen doppellogarithmischen Netzpapier ermöglicht. Der Feingutbereich bzw. der Bereich kleiner Anteile erscheint stark gedehnt, daher treten auch Messungenauigkeiten dort deutlicher hervor als im Grobgutbereich bzw. im Bereich hoher Anteile (>50%). Dort ist die Darstellung sehr gestaucht, was für manche Anwendungen nachteilig ist.

Nur wenige praktisch vorkommende Partikelgrößenverteilungen lassen sich im Potenznetz durch eine einzige Gerade annähern. Man kann jedoch auch Kurven durch einen Geradezug annähern (s. Abb. 2.15 und das nachfolgende Beispiel 2.3). Hierfür gilt dann

$$D(x) = D_i \cdot \left(\frac{x}{x_i} \right)^{m_i} \quad \text{in } x_{i-1} < x \leq x_i. \tag{2.63}$$

Man beachte, dass auch hier – wie in Abschn. 2.5.1 vereinbart – das Wertepaar $D_i - x_i$ dem *unter* der Partikelgröße x_i liegenden Intervall i zugeordnet ist.

Durch Ableiten der Durchgangs-Summenverteilung erhält man die Verteilungsdichtefunktion. Wenn man diese in einem Diagramm aufträgt erkennt man, dass die häufigste Partikelgröße mit der größten Partikelgröße übereinstimmt. Dies ist z.B. bei Produkten der Fall, die mit einem Brecher mit einer bestimmten Spaltweite zerkleinert wurden.

Berechnung der spezifischen Oberfläche S_V

Wenn die gemessenen Durchgangswerte durch *eine* Gerade zwischen den Partikelgrößen x_u und x_o approximierbar sind, erhält man bei $m \neq 1$

$$S_V(x_u, x_o) = 6f \cdot \frac{D(x_o)}{D(x_o) - D(x_u)} \cdot \frac{1}{x_o} \cdot \frac{m}{m-1} \cdot \left[1 - \left(\frac{x_u}{x_o} \right)^{m-1} \right] \tag{2.64}$$

und bei $m = 1$

$$S_V(x_u, x_o) = 6f \cdot \frac{D(x_o)}{D(x_o) - D(x_u)} \cdot \frac{1}{x_o} \cdot \ln \frac{x_o}{x_u}. \tag{2.65}$$

Die gesamte spezifische Oberfläche zwischen $x_u = 0$ mit $D(x_u) = 0$ und $x_o = x_{max}$ mit $D(x_o) = 1$ ergibt sich daraus bei $m \neq 1$ zu:

$$S_V = 6f \cdot \frac{m}{m-1} \cdot \frac{1}{x_{max}}. \tag{2.66}$$

Wenn der Durchgang durch einen Geradenzug mit n Teilstücken zwischen x_u und x_o angenähert wird (s. Abb. 2.15), dann gilt mit $m \neq 1$

$$S_V(x_u, x_o) = \frac{6f}{D(x_o) - D(x_u)} \cdot \sum_{i=1}^{n} \underbrace{\frac{D_i}{x_i} \cdot \frac{m_i}{m_i - 1} \cdot \left[1 - \left(\frac{x_{i-1}}{x_i} \right)^{m_i - 1} \right]}_{(*)}. \tag{2.67a}$$

Ist in einem Abschnitt j der Geradenanstieg $m_j = 1$, dann wird in (2.67a)

$$(*) = \ln \frac{x_j}{x_{j-1}}. \tag{2.67b}$$

Beispiel 2.3 (Bestimmung der spezifischen Oberfläche aus der Potenzfunktion) Die in Beispiel 2.1 errechneten Durchgangswerte aus der Auswertung einer Analysensiebung können im Potenznetz durch Geradenstücke verbunden werden (Abb. 2.15). Die Berechnung der spezifischen Oberfläche erfolgt tabellarisch (siehe Tabelle 2.6).

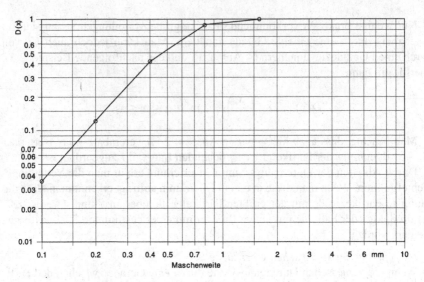

Abbildung 2.15 Geradenzug im Potenznetz (Beispiel 2.3)

Tabelle 2.6 Zu Beispiel 2.3

i	x_i [mm]	m_i	D_i	$\frac{D_i}{x_i} \cdot \frac{m_i}{m_i-1} \cdot [1-(\frac{x_{i-1}}{x_i})^{m_i-1}]$ [1/mm]
$0 = u$	0,1	1,790	0,035	0,578
1	0,2	1,785	0,121	0,995
2	0,4	1,081	0,417	0,803
3	0,8	0,178	0,882	0,104
4	1,6		0,998	$\Sigma = 2{,}480$ mm^{-1}

Aus (2.67a) ergibt sich mit $f = 1{,}5$:

$$S_V = \frac{6 \cdot 1{,}5}{0{,}998 - 0{,}035} \cdot 2{,}480 \text{ mm}^{-1} = 23{,}2 \text{ mm}^{-1}.$$

Anmerkungen:
Man erhält eine etwas kleinere spezifische Oberfläche, als im Beispiel 2.2 er-rechnet wurde (dort: $S_V = 28{,}2$ mm^{-1}). Allerdings wurde hier der Anteil (3,5%) unterhalb von 0,1 mm völlig vernachlässigt, weil keine Steigung bekannt ist. Würde man – rein willkürlich – mit der gleichen Steigung wie im Intervall Nr. 1, nämlich $m = 1{,}79$) bis zur Korngröße $x_u = 0$ extrapolieren, bekäme man mit $D(x_u) = 0$ zusätzlich

$$S_V(0; 0{,}1) = 9{,}02 \cdot \frac{1{,}79}{0{,}79} \cdot \left[1 - \left(\frac{0}{0{,}1}\right)^{0{,}79}\right] \cdot \frac{0{,}035}{0{,}1 \text{ mm}} = 7{,}15 \text{ mm}^{-1}$$

und die gesamte spezifische Oberfläche wäre S_V (0 mm; 1,6 mm) = 30,33 mm^{-1}, also etwas mehr als nach der ersten Berechnung. Würde man im untersten Bereich eine größere Steigung als 1,79 annehmen, wäre die spezifische Teiloberfläche kleiner geworden. Das ist der wahrscheinlichere Fall, wenn die (unbekannte) kleinste Korngröße nicht wesentlich kleiner als 0,1 mm ist. Wäre dagegen das unterhalb 0,1 mm liegende Gut außerordentlich fein (z.B. Feinstaub, Abrieb o.ä.), dann müsste man mit einem kleineren Anstieg m_1 in diesem Intervall rechnen. Dabei könnte – wegen $(m - 1)$ im Nenner von (2.67) – die spezifische Teiloberfläche in diesem Abschnitt fast beliebig groß werden.

Wir entnehmen daraus als wichtige Folgerung: Bei der rechnerischen Bestimmung der spezifische Oberfläche aus gemessenen Partikelgrößenverteilungen sollte man immer darauf achten, dass die Messwerte genügend weit in den Feinstbereich hineinreichen, so dass dort eine ausreichend große Steigung vorliegt (Richtwert: $m \geq 3$). Das gilt übrigens nicht nur für die Potenzverteilung, sondern allgemein.

2.5.3.2 Logarithmische Normalverteilungsfunktion

Die logarithmische Normalverteilung (LNV) wird aus der (linearen) Normalverteilung (NV) abgeleitet. Daher soll die letztgenannte kurz rekapituliert werden. Sie heißt auch „Gauß'sche Fehlerfunktion". Als Verteilungsdichte stellt sie die bekannte „Glockenkurve" (Abb. 2.16) dar mit der Gleichung

$$q_r(x) = \frac{1}{\sigma_x \sqrt{2\pi}} \cdot \exp\left[-\frac{1}{2}\left(\frac{x - \bar{x}}{\sigma_x}\right)^2\right]. \qquad (2.68)$$

mit $\bar{x} \equiv x_{50,r}$: Medianwert der r-Verteilung, σ_x: Standardabweichung der Größe x.

Die Normalverteilung beschreibt die Verteilung der zufälligen Werte einer Größe x um einen zu erwartenden Mittelwert $\bar{x}$, wenn die Anzahl der Werte sehr groß (theoretisch unendlich groß) ist, und die Einzelwerte voneinander unabhängig sind. In diesem Fall ist die Abweichung nach oben vom Mittelwert genau so wahrscheinlich wie die nach unten.

Durch die Substitution

$$c \equiv \frac{x - \bar{x}}{\sigma_x} \qquad (2.69)$$

entsteht die dimensionslose (standardisierte) Form der Normalverteilung

$$q_r(c) = \frac{1}{\sqrt{2\pi}} \cdot e^{-\frac{c^2}{2}} \qquad (2.70)$$

mit dem Mittelwert 0 und der Standardabweichung 1 (s. Abb. 2.16).

$$Q_r(c*) = \int_{-\infty}^{c*} q_r(c) dc \qquad (2.71)$$

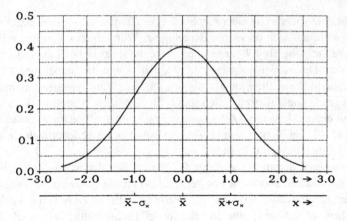

Abbildung 2.16 Normalverteilung („Glockenkurve")

ist die zugehörige Verteilungssumme. Sie ergibt im Wahrscheinlichkeitsnetz mit linearer Abszissenteilung eine Gerade. Ihre Werte sind in vielen Statistikbüchern tabelliert. Die Normalverteilung eignet sich im Allgemeinen nur zur Darstellung von sehr engen Partikelgrößenverteilungen, wie z.B. bei „Gleichkorn", zur Kennzeichnung der zufälligen Schwankungen der tatsächlichen Korngrößen um den Nominalwert.

Bei praktisch auftretenden, breiten Partikelgrößenverteilungen erweist sich in vielen Fällen die *logarithmische Normalverteilung* (LNV) als passende Darstellung (DIN 66144, (1974) in [2.3], ISO 9276-5, (2005) [2.4]). Sie entsteht aus der Normalverteilung (2.68) durch die Substitution

$$c = \frac{\ln(x/\bar{x})}{\sigma_{\ln}}. \tag{2.72}$$

Hierbei ist demnach nicht die Partikelgröße x, sondern ihr Logarithmus normalverteilt. Mit $\bar{x} = x_{50,r}$ Medianwert der r-Verteilung, $\sigma_{\ln}$ Standardabweichung des $\ln x$ erhält man für die Verteilungsdichte:

$$q_r(\ln x) = \frac{1}{\sigma_{\ln}\sqrt{2\pi}} \cdot \exp\left[-\frac{1}{2}\left(\frac{\ln(x/x_{50,r})}{\sigma_{\ln}}\right)^2\right], \tag{2.73}$$

und wegen $q_r(x) = q_r(\ln x) \cdot \frac{d(\ln x)}{dx} = \frac{1}{x} q_r(\ln x)^3$ folgt:

$$q_r(x) = \frac{1}{\sigma_{\ln}\sqrt{2\pi}} \cdot \frac{1}{x} \cdot \exp\left[-\frac{1}{2}\left(\frac{\ln(x/x_{50,r})}{\sigma_{\ln}}\right)^2\right]. \tag{2.74}$$

---

[3] Anschaulich drückt diese Beziehung die Tatsache aus, dass in einem Korngrößenintervall unabhängig von seiner Darstellung (also egal, ob linear oder logarithmisch aufgetragen) der identische Mengenanteil vorliegt: $dQ_r(\ln x) = dQ_r(x)$ bzw. $q_r(\ln x)d(\ln x) = q_r(x)\,d(x)$ (vgl. (2.92) und (2.93)).

Abbildung 2.17
Verteilungssumme und
-dichte einer logarithmischen
Normalverteilung

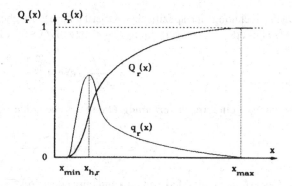

Die Darstellungen von Verteilungssumme und -dichte der logarithmischen Normalverteilung in Abb. 2.17 zeigen, dass sich diese Funktion besonders dann zur Näherung für gemessene Verteilungen eignet, wenn größere Feingutanteile vorliegen. Typisch sind beispielsweise Tropfengrößenverteilungen, wie sie bei der Zerstäubung entstehen.

Die zugehörige Verteilungssumme ergibt im *logarithmischen Wahrscheinlichkeitsnetz* eine Gerade (Abb. 2.18). Das heißt: Lassen sich gemessene Werte einer Verteilungssumme im logarithmischen Wahrscheinlichkeitsnetz durch eine Gerade verbinden, so ist die aufgetragene Größe logarithmisch normalverteilt. Im logarithmischen Wahrscheinlichkeitsnetz werden Verteilungssummen aller vorkommenden Mengenarten aufgetragen.

Einige Eigenschaften der LNV sind für ihre einfache Handhabung in der Praxis vorteilhaft:

Die Standardabweichung $\sigma_{\ln}$ kann einfach aus

$$\sigma_{\ln} = \ln \frac{x_{84}}{x_{50}} = \ln \frac{x_{50}}{x_{16}} = \frac{1}{2} \cdot \ln \frac{x_{84}}{x_{16}} \qquad (2.75)$$

berechnet werden. Mit x_{84}, x_{50}, bzw. x_{16} sind darin diejenigen Partikelgrößen bezeichnet, unterhalb derer 84%, 50% bzw. 16% der jeweiligen Menge liegen. Sie werden bei den Schnittpunkten der Verteilungsgeraden mit der 84%-, 50%- bzw. 16%-Horizontalen auf der Abszisse abgelesen. Die Standardabweichung ist unabhängig von der Mengenart nur durch die Steigung der Geraden gegeben und lässt sich daher an einem Randmaßstab ablesen, nachdem die Gerade parallel durch den Pol in der linken unteren Ecke des Netzes verschoben worden ist (s. Abb. 2.18).

Der Wechsel von einer Mengenart zur anderen, – also $Q_r(x) \rightarrow Q_s(x)$ – erfolgt durch Parallelverschiebung der Verteilungsgeraden $Q_r(x)$ durch den neuen Medianwert $x_{50,s}$, der aus dem gegebenen Medianwert $x_{50,r}$ mit der folgenden Beziehung berechnet wird:

$$x_{50,s} = x_{50,r} \cdot \exp\lfloor (s-r) \cdot \sigma_{\ln}^2 \rfloor \qquad (2.76)$$

Die Berechnung der spezifischen Oberfläche S_V ist ebenfalls einfach: Liegt eine *Volumen-* oder *Massenverteilung* $Q_3(x)$ bzw. $D(x)$ vor, dann gilt

$$S_V = \frac{6f}{x_{50,3}} \cdot \exp\left[\frac{\sigma_{\ln}^2}{2}\right]. \tag{2.77}$$

Ist dagegen eine *Anzahlverteilung* $Q_0(x)$ gegeben, dann gilt

$$S_V = \frac{6f}{x_{50,0}} \cdot \exp\left[-\frac{5 \cdot \sigma_{\ln}^2}{2}\right]. \tag{2.78}$$

Der erforderliche Medianwert kann entweder direkt aus der Auftragung im Netz abgelesen, oder nach (2.76) berechnet werden, wenn die Verteilung in einer anderen Mengenart vorliegt. Die „exp"-Funktionen hängen wie $\sigma_{\ln}$ nur von der Steigung der Geraden ab, und können daher nach dem Parallelverschieben durch den Pol ebenfalls an einem geeigneten Randmaßstab abgelesen werden.

Der Modalwert $x_{h,r}$ und sein zugehöriger Funktionswert $q_{r,\max}$ können mit Hilfe der beiden Parameter berechnet werden aus

$$x_{h,r} = x_{50,r} \cdot \exp[-\sigma_{\ln}^2] \tag{2.79}$$

und

$$q_r(x_{h,r}) = q_{r,\max} = \frac{1}{\sigma_{\ln}\sqrt{2\pi}} \cdot \frac{1}{x_{h,r}} \cdot \exp\left[\frac{1}{2}\sigma_{\ln}^2\right]. \tag{2.80}$$

Diese einfachen Zusammenhänge gelten, wenn die Verteilungssumme durch *eine* Gerade im log. Wahrscheinlichkeitsnetz über den nahezu ganzen Ordinatenbereich (0,1% bis 99,9%) approximiert werden kann. Machen die Messwerte mehrere Geradenstücke in einem Geradenzug erforderlich, ist die Vorgehensweise etwas aufwendiger. Sie kann aus DIN 66144 entnommen werden.

Beispiel 2.4 (Auswertung einer Auszählung) Gegeben ist die in der folgenden Tabelle aufgeführte Anzahlverteilungssumme $Q_0(x)$ als Ergebnis einer Auszählung von Tröpfchenbildern (Zählverfahren s. Abschn. 5.4).

x [μm]	6,0	8,5	12,0	17,0	24	34	48	65
Q_0 [%]	0,25	2,6	12,5	36,5	68,0	91,0	98,5	99,8

Die Auftragung von $Q_0(x)$ im logarithmischen Wahrscheinlichkeitsnetz ergibt eine Gerade (s. Abb. 2.18).

Gesucht sind:

1. Die kennzeichnenden Partikelgrößen der Anzahlverteilung,
2. die Standardabweichung,
3. der Medianwert der Volumenverteilung,

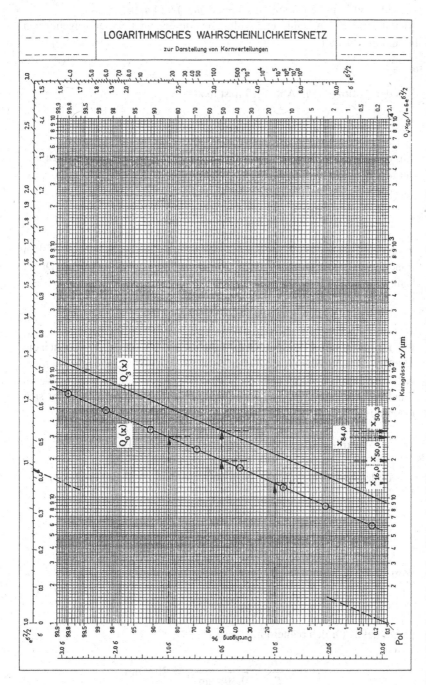

Abbildung 2.18 Logarithmisches Wahrscheinlichkeitsnetz zur Darstellung von Partikelgrößenverteilungen mit Eintragungen aus Beispiel 2.4

4. die spezifische Oberfläche S_V und der Sauterdurchmesser d_{32},
5. die Anzahl- und Volumenverteilungsdichten $q_0(x)$ und $q_3(x)$,
6. die Modalwerte der Anzahl- und Volumenverteilungen mit den zugehörigen Dichtefunktionswerten.

Lösung:

Zu 1.: Aus der Auftragung in Abb. 2.18 liest man ab:

$$x_{50,0} = 19,5 \ \mu m; \qquad x_{84,0} = 30,0 \ \mu m; \qquad x_{16,0} = 13,0 \ \mu m.$$

Zu 2.: Aus den obigen Werten berechnet man nach (2.75) die Standardabweichung, die für alle Mengenarten denselben Wert besitzt:

$$\sigma_{ln} = \frac{1}{2} \ln \frac{x_{84}}{x_{16}} = 0,5 \cdot \ln \frac{30,0}{13,0} = 0,42.$$

Zu 3.: Nach dem Parallelverschieben der Geraden durch den Pol liest man auf dem Randmaßstab (untere Skala) für $\sigma_{ln} \equiv \sigma$ ebenfalls den Wert 0,42 ab. Damit kann nach (2.76) der Medianwert der Volumenverteilung berechnet werden:

$$x_{50,3} = x_{50,0} \exp[3 \cdot \sigma_{ln}^2] = 19,5 \ \mu m \exp[3 \cdot 0,42^2] = 33,1 \ \mu m.$$

Zu 4.: Bei der Bestimmung der spez. Oberfläche nach (2.77) oder (2.78) können die „exp"-Werte entweder mit dem oben ermittelten $\sigma = 0,42$ berechnet werden, oder man liest – wieder an der parallelverschobenen Geraden – am äußeren Randmaßstab $\exp[\sigma^2/2]$ ab, um es in (2.77) zu verwenden. Es ergibt sich jedenfalls

$$\exp[\sigma^2/2] = 1,092 \quad \text{bzw.} \quad \exp[-5 \cdot \sigma^2/2] = 0,643.$$

Mit den bereits berechneten Medianwerten und mit dem Formfaktor $f = 1,0$ (Tropfen!) erhält man

$$S_V = 6 \cdot 1,0 \cdot \frac{1,092}{33,1 \ \mu m} = 0,198 \ \mu m^{-1} = 1980 \ cm^{-1}$$

bzw.

$$S_V = 6 \cdot 1,0 \cdot \frac{0,643}{19,5 \ \mu m} = 0,198 \ \mu m^{-1} = 1980 \ cm^{-1}.$$

(2.61) liefert für den Sauterdurchmesser

$$d_{32} = \frac{6}{S_V} = \frac{6}{0,198 \ \mu m^{-1}} = 30,3 \ \mu m.$$

Abbildung 2.19 Anzahl- und Volumenverteilungsdichten zu Beispiel 2.4

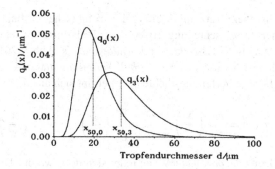

Zu 5: Die Verteilungsdichtefunktionen bildet man mit den unter 1. und 2. gefundenen Zahlenwerten nach (2.74):

$$q_0(x) = \frac{1}{0,42 \cdot \sqrt{2\pi}} \cdot \frac{1}{x} \cdot \exp\left[-\frac{1}{2}\left(\frac{\ln(x/19,5\,\mu m)}{0,42}\right)^2\right],$$

$$q_3(x) = \frac{1}{0,42 \cdot \sqrt{2\pi}} \cdot \frac{1}{x} \cdot \exp\left[-\frac{1}{2}\left(\frac{\ln(x/33,1\,\mu m)}{0,42}\right)^2\right]$$

mit x in μm. In Abb. 2.19 sind diese beiden Funktionen aufgetragen.

Zu 6: Nach (2.79) ergeben sich die Modalwerte zu $x_{h,0} = 16,3$ µm und $x_{h,3} = 27,8$ µm.

Die maximalen Höhen der Verteilungsdichten sind dort

$$q_{0,max} = 0,0532\,\mu m^{-1} \quad \text{und} \quad q_{3,max} = 0,0313\,\mu m^{-1}.$$

2.5.3.3 RRSB-Funktion

Die Funktion ist benannt nach **R**osin, **R**ammler, **S**perling und **B**ennet, die ursprünglich aus gemessenen Korngrößenverteilungen an fein gemahlener Kohle verbunden mit wahrscheinlichkeitstheoretischen Überlegungen die folgende Funktion entwickelten:

$$\left.\begin{aligned} D(x) &= 1 - \exp\left[-\left(\frac{x}{x'}\right)^n\right] \\ \text{bzw.} \quad R(x) &= \exp\left[-\left(\frac{x}{x'}\right)^n\right] \end{aligned}\right\} . \tag{2.81}$$

Durch zweimaliges Logarithmieren) erhält man:

$$\lg\lg\left(\frac{1}{R}\right) = n \cdot \lg x - n \cdot \lg x' + \lg\lg e,$$

$$\eta = n \cdot \xi + \text{const.}$$

In einem Netz mit zweifach-logarithmischer Ordinaten- und einfach-logarithmischer Abszissenteilung ergibt die RRSB-Funktion eine Gerade. Das zugehörige Netz heißt *RRSB-Netz* oder *Körnungsnetz* (s. Abb. 2.20). In der Statistik ist die Verteilungsfunktion auch als *Weibull-Verteilung* und das Netz als *Weibullnetz* bekannt.

Für die Verteilungsdichte $q_r(x)$ ergibt sich aus der Ableitung von $D(x)$ nach dx

$$q_r(x) = \frac{n}{x'} \cdot \left(\frac{x}{x'}\right)^{n-1} \cdot \exp\left[-\left(\frac{x}{x'}\right)^n\right] = \frac{n}{x'} \cdot \left(\frac{x}{x'}\right)^{n-1} \cdot \left[1 - D(x)\right]. \quad (2.82)$$

Der *Lageparameter* x' befindet sich dort, wo der Durchgang $D = 63{,}2\%$ (bzw. $R = 36{,}8\%$) ist, denn es gilt:

$$D(x') = 1 - e^{-1} = 0{,}632.$$

Der Streuungsparameter n gibt die Steigung der Geraden an. Man nennt n auch „*Gleichmäßigkeitszahl*". Je größer sie ist, desto enger ist die Verteilung. Wie bei der logarithmischen Normalverteilung lässt sich der Streuungsparameter n nach dem Parallelverschieben der Geraden durch den „Pol" in der linken unteren Ecke des Netzpapiers an einem geeigneten Randmaßstab (innere Skala) ablesen.

Kennt man zwei Punkte $D_1(x_1)$ und $D_2(x_2)$ auf der Geraden im Körnungsnetz, dann lassen sich die beiden Parameter der Verteilung berechnen aus

$$n = \frac{\ln\ln\frac{1}{1-D_1} - \ln\ln\frac{1}{1-D_2}}{\ln\frac{x_1}{x_2}} \quad (2.83)$$

und

$$x' = x_1 \cdot \left(\ln\frac{1}{1-D_1}\right)^{-\frac{1}{n}}. \quad (2.84)$$

Es sei jedoch davor gewarnt, unkritisch lediglich zwei *Messpunkte* zu wählen, denn die Messunsicherheiten können drastische Unterschiede bei den Parametern ergeben!

Gemessene Korngrößenverteilungen, besonders aus der Feinzerkleinerung stammende, ergeben relativ häufig Geraden im Körnungsnetz. Man sagt dann, die Partikelgrößen des Produkts sind RRSB-verteilt. Die Verteilung wird durch (2.81) mit speziellen Werten für x' und n wiedergegeben. Die weitere mathematische Behandlung ist allerdings aufwendig, weil sie auf (unvollständige) Γ-Funktionen führt.

Bei der Berechnung der spezifischen Oberfläche S_V ergibt sich, dass die dimensionslose Oberflächenkennzahl

$$K_s = S_V \frac{x'}{f} \quad (2.85)$$

(f: Formfaktor) nur eine Funktion der Geradensteigung ist. Daher kann sie ebenfalls – nach Parallelverschieben der Geraden durch den Pol – am Randmaßstab abgelesen

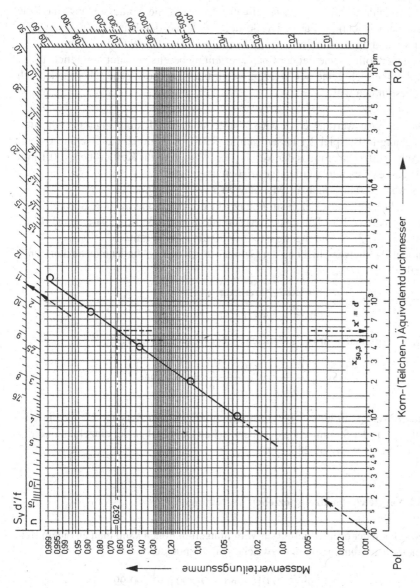

Abbildung 2.20 RRSB-Netz (Körnungsnetz) mit Werten aus Beispiel 2.1

werden (äußere Skala). So erhält man

$$S_V = \frac{K_S \cdot f}{x'}. \tag{2.86}$$

In den Zahlenwerten dieses Randmaßstabs steckt die Voraussetzung, dass die kleinste berücksichtigte Partikelgröße dort liegt, wo der Durchgang $D = 0,001$ ($= 0,1\%$), und die größte dort, wo der Durchgang $D = 0,999$ ($= 99,9\%$) ist.

Auch hier sollte – wie bei der Potenzverteilung bereits erwähnt – möglichst weit in den Feinbereich gemessen werden, wenn man die spezifische Oberfläche nach (2.86) bestimmen will.

Beispiel 2.5 (Auswertung einer RRSB-Verteilung) Die Durchgänge aus der Analysensiebung in Beispiel 2.1 lassen sich im RRSB-Netz durch eine Gerade verbinden (Abb. 2.20). Dabei muss der Verlauf der Verteilung für Korngrößen $< 0,1$ mm ($= 10^2$ µm) extrapoliert werden (gestrichelt dargestellt).

Aus Abb. 2.20 liest man ab: Medianwert $x_{50,3} = 450$ µm.

Es ergibt sich eine Übereinstimmung mit der Ablesung aus der linearen Auftragung in Abb. 2.12b. Die charakterisierende Korngröße (Lageparameter) dieser Verteilung bei 63,2% Durchgang ist $x' = 550$ µm $= 0,55$ mm.

Aus der Parallelverschiebung der Geraden durch den Pol findet man an den Randmaßstäben:

Streuungsparameter $n = 1,90$

Oberflächenkennzahl $K_S = 10,7$.

Daraus ergibt sich für die spezifische Oberfläche mit $f = 1,5$:

$$S_V = \frac{K_S \cdot f}{x'} = \frac{10,7 \cdot 1,5}{0,5 \text{ mm}} = 29,2 \text{ mm}^{-1}.$$

Dieser Wert ist in guter Übereinstimmung mit dem in Beispiel 2.2 für dieselbe Verteilung aus der Summierung der spezifischen Oberflächen der einzelnen Fraktionen errechneten Wert von $28,2$ mm^{-1}.

2.5.3.4 Vergleich der drei speziellen Verteilungen

Den Vergleich der drei aufgeführten Verteilungsfunktionen kann man an einem Beispiel demonstrieren, indem man zwischen die Fixpunkte

$$D(10 \text{ µm}) = 0,01 \quad \text{und} \quad D(200 \text{ µm}) = 0,99$$

in jedes der drei vorgestellten Netze eine Gerade zeichnet. Diese Verteilungen, ins Linearnetz (Abb. 2.21) übertragen, lassen die charakteristischen Unterschiede der Verteilungstypen deutlich zutage treten:

Abbildung 2.21 Vergleich
der drei genormten
Verteilungsfunktionen

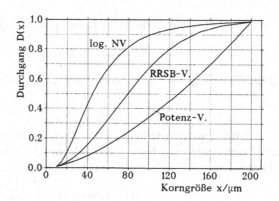

Logarithmische Normalverteilung:

| Medianwert | $x_{50,3} = 46\ \mu\text{m}$ |

hoher Feingutanteil   82% < 80 μm

rel. große spez. Oberfläche $S_V = 1636\ \text{cm}^{-1}$

geringe Mengenanteile weit ins Grobe hineinreichend (sog. „Grobgutschwanz").
  RRSB-Verteilung:

Medianwert $x_{50,3} = 79\ \mu\text{m}$

Fein- und Grobanteile etwa ausgeglichen   50% < 80 μm

spez. Oberfläche $S_V = 1065\ \text{cm}^{-1}$

Potenzverteilung:

Medianwert $x_{50,3} = 128\ \mu\text{m}$

geringer Feingutanteil   24% < 80 μm

rel. kleine spez. Oberfläche $S_V = 567\ \text{cm}^{-1}$

2.5.4 Zusammensetzung mehrerer Verteilungen

Ein Partikelkollektiv der allgemeinen Menge μ_I mit der Partikelgrößenverteilung $q_I(x)$ wird mit einem zweiten Kollektiv (Menge μ_{II}, Partikelgrößenverteilung $q_{II}(x)$ gemischt. Es entsteht ein neues zusammengesetztes Kollektiv mit der Menge μ_{ges}, dessen Größenverteilung $q_{ges}(x)$ berechnet werden soll. Die Gesamtbilanz lautet:

$$\mu_I + \mu_{II} = \mu_{ges}.$$

Wenn man die Mengenanteile der Komponenten in der Mischung mit

$$v_I = \mu_I / \mu_{ges} \quad \text{und} \quad v_{II} = \mu_{II} / \mu_{ges} \qquad (2.87)$$

bezeichnet, kann man für die Gesamtbilanz auch schreiben:

$$v_I + v_{II} = 1.$$

Die Partikelgrößenverteilung der Mischung erhält man aus der Fraktionsbilanz. Die Gesamtmenge einer Fraktion im Intervall $x \ldots (x + dx)$ setzt sich aus den Teilmengen der beiden Komponenten in eben diesem Intervall zusammen:

$$d\mu_I(x) + d\mu_{II}(x) = d\mu_{ges}(x).$$

Durch Erweitern mit μ_I bzw. μ_{II} und Dividieren durch μ_{ges} und dx erhält man:

$$\frac{\mu_I}{\mu_{ges}} \cdot \frac{d\mu_I(x)}{\mu_I \cdot dx} + \frac{\mu_{II}}{\mu_{ges}} \cdot \frac{d\mu_{II}(x)}{\mu_{II} \cdot dx} = \frac{d\mu_{ges}(x)}{\mu_{ges} \cdot dx}.$$

Dafür kann man auch schreiben:

$$v_I \cdot q_I(x) + v_{II} \cdot q_{II}(x) = q_{ges}(x). \qquad (2.88)$$

Durch Integration folgt daraus:

$$v_I \cdot Q_I(x) + v_{II} \cdot Q_{II}(x) = Q_{ges}(x). \qquad (2.89)$$

Die Verallgemeinerung für n Kollektive ergibt:

$$q_{ges}(x) = \sum_{i=1}^{n} v_i \cdot q_i(x) \qquad (2.90)$$

$$\text{bzw.} \quad Q_{ges}(x) = \sum_{i=1}^{n} v_i \cdot Q_i(x) \qquad (2.91)$$

mit $v_i = \frac{\mu_i}{\mu_{ges}}$ und $\mu_{ges} = \sum_{i=1}^{n} \mu_i$.

Diese Beziehungen gelten für jede Mengenart, wobei man aber selbstverständlich innerhalb der Additionen bei der einmal gewählten Mengenart bleiben muss.

Ganz analog kennzeichnet man die Klassierung, wenn ein Produkt nach dem Merkmal Partikelgröße getrennt werden soll (s. dazu Abschn. 6.2).

2.5.5 Umrechnung einer Partikelgrößenverteilung auf ein anderes Feinheitsmerkmal

Jeder allgemeinen Partikelgröße x kann im Prinzip ein anderes Feinheitsmerkmal ξ umkehrbar eindeutig zugeordnet werden. Dann gilt:

Eine bestimmte Partikelgröße, darstellbar als Merkmalsklasse entweder durch $x \ldots x + dx$ oder durch $\xi \ldots \xi + d\xi$, kommt unabhängig von ihrer Darstellungsweise mit ein und demselben Mengenanteil dQ im Partikelkollektiv vor. Daher gilt für die Umrechnung von einem Feinheitsmerkmal x auf ein anderes Feinheitsmerkmal ξ, bzw. von einer Darstellungsweise $\xi(x)$ auf x:

$$dQ(x) = dQ(\xi).\qquad(2.92)$$

Daraus folgt (vgl. (2.43)): $q(x)dx = q(\xi)d\xi$ bzw.

$$q(x) = q(\xi) \cdot \frac{d\xi}{dx}.\qquad(2.93)$$

Der Zusammenhang $\xi = \xi(x)$ zwischen den beiden Feinheitsmerkmalen muss dabei bekannt sein. Angewendet wurde diese Beziehung bereits in Abschn. 2.5.3.2 bei der logarithmischen Normalverteilung. Dort war $\xi = \ln x$.

Beispiel 2.6 (Umrechnung einer Partikelgrößenverteilung vom Merkmal Sinkgeschwindigkeit w_s auf ein Längenmerkmal x) Aus einer Messung sei die Volumenverteilung der Partikelgrößen in Abhängigkeit von der Sinkgeschwindigkeit w_s eines Partikelkollektives bekannt:

$$q_3(w_s) = \frac{dQ_3(w_s)}{dw_s}.$$

Gesucht ist die Verteilung $q_3(x)$ abhängig von einer linearen Partikelabmessung x. Unter der Bedingung, dass der Partikelgröße x eine Sinkgeschwindigkeit w_s umkehrbar eindeutig zugeordnet ist ($w_s = w_s(x)$), gilt:

$$dQ_3(x) = dQ_3(w_s).$$

Daraus folgt (vgl. (2.43))

$$q(x)dx = q(w_s)dw_s \quad \text{bzw.} \quad q(x) = q(w_s)\frac{dw_s}{dx}.$$

Bei kleinen Partikeln kann für den Zusammenhang $w_s(x)$ die Stokes-Gleichung (4.32) zugrunde gelegt werden. x ist damit als Stokes-Durchmesser festgelegt ($x \equiv d_{St}$), und man erhält

$$q(x) \equiv q(d_{St}) = q(w_s) \cdot \frac{\Delta\rho \cdot g}{9\eta} \cdot d_{St}.$$

2.5.6 Umrechnung einer Partikelgrößenverteilung in eine andere Mengenart

Im Folgenden wird zunächst ein spezieller Fall behandelt, um danach zur Verallgemeinerung zu kommen.

Berechnung der Volumenverteilung aus der Anzahlverteilung

Für eine Fraktion mit der mittleren Partikelgröße $\bar{x}_i$ und der Intervallbreite Δx_i ist der Anzahlanteil dieser Fraktion

$$q_{0,i} \cdot \Delta x_i = \frac{\Delta Z_i}{Z} \tag{2.94}$$

gegeben, worin ΔZ_i die Anzahl der Partikeln im Intervall i und Z die Gesamtzahl aller Partikeln bedeuten. Der Volumenanteil in diesem Intervall ist dann

$$\frac{\Delta V_i}{V} = \frac{Volumen\ einer\ Partikel \cdot Anzahl\ der\ Partikel\ im\ Intervall}{Gesamtvolu\,men\ aller\ Partikel}$$

und als Formel geschrieben

$$q_{3,i} \cdot \Delta x_i = \frac{k_V \cdot \bar{x}_i^3 \cdot q_{0,i} \cdot \Delta x_i}{\sum_{i=1}^{n} k_V \cdot \bar{x}_i^3 \cdot q_{0,i} \cdot \Delta x_i}.$$

Wenn der Formfaktor k_V – wie üblich – unabhängig von der Partikelgröße angenommen wird, kann er gekürzt werden und man erhält:

$$q_{3,i} = \frac{\bar{x}_i^3 \cdot q_{0,i}}{\sum_{i=1}^{n} \bar{x}_i^3 \cdot q_{0,i} \cdot \Delta x_i} \tag{2.95}$$

bzw. mit (2.94) in der für praktische Zwecke geeigneteren Form

$$q_{3,i} = \frac{\bar{x}_i^3 \cdot \Delta Z_i / \Delta x_i}{\sum_{i=1}^{n} (\bar{x}_i^3 \cdot \Delta Z_i)}. \tag{2.96}$$

Bei der Darstellung der Verteilungen durch stetige Funktionen gilt entsprechend (2.95)

$$q_3(x) = \frac{x^3 \cdot q_0(x)}{\int_{x_{min}}^{x_{max}} x^3 \cdot q_0(x) dx}. \tag{2.97}$$

Zur Berechnung der Volumenverteilungssumme muss im Zähler von (2.96) bzw. (2.97) jeweils bis zur gewünschten Partikelgröße summiert bzw. integriert werden. Man erhält dann mit $j \leq n$

$$Q_{3j} = \frac{\sum_{i=1}^{j} (\bar{x}_i^3 \cdot \Delta Z_i)}{\sum_{i=1}^{n} (\bar{x}_i^3 \cdot \Delta Z_i)} \tag{2.98}$$

bzw. bei stetiger Darstellung

$$Q_3(x^*) = \frac{\int_{x_{min}}^{x^*} x^3 \cdot q_0(x) dx}{\int_{x_{min}}^{x_{max}} x^3 \cdot q_0(x) dx} \tag{2.99}$$

mit $x^* \leq x_{max}$.

Verallgemeinerung der Umrechnung der Mengenart

Gegeben ist die Verteilung $q_r(x)$ der r-Menge. Gesucht wird die Verteilung $q_s(x)$ *desselben* Partikelkollektivs, ausgedrückt als Verteilungsdichte der s-Menge. Wählt man vorübergehend wieder den Buchstaben „μ" für die allgemeine Menge, kann man damit den Mengenanteil der r-Menge im Intervall $x \ldots x + dx$ schreiben

$$q_r(x)dx = \frac{d\mu_r(x)}{\mu_{rges}}, \tag{2.100}$$

$$\mu_{rges} = \int_{x_{min}}^{x_{max}} d\mu_r(x). \tag{2.101}$$

So ist z.B. der Anzahlanteil einer Partikelgröße

$$q_0(x)dx = \frac{d\mu_0(x)}{\mu_{0ges}}. \tag{2.102}$$

Die Menge $d\mu_r(x)$ einer anderen Mengenart als der Anzahl kann man durch die Menge *einer* Partikel mal der Anzahl der Partikeln im Intervall ausdrücken (beispielsweise ist das Volumen $dV(x)$ aller Partikeln mit der Größe x gleich dem Volumen *einer* Partikel mal der Anzahl der Partikeln mit der Größe x).

$$d\mu_r(x) = \Psi_r \cdot x^r \cdot d\mu_0(x). \tag{2.103}$$

Ψ_r hierin bedeutet einen Formfaktor. Konkret lauten also für das Beispiel „Volumen einer Partikel $V_1 = (\pi/6) \cdot d^3$" die Werte: $\Psi_r = k_V = \pi/6$, $x = d_V$ und $r = 3$. Ganz analog gilt das auch für eine andere Mengenart „s":

$$d\mu_s(x) = \Psi_s \cdot x^s \cdot d\mu_0(x). \tag{2.104}$$

Mit (2.103) erhält man:

$$d\mu_0(x) = \Psi_r^{-1} \cdot x^{-r} \cdot d\mu_r(x),$$

und wenn man das in (2.104) einsetzt, ergibt sich

$$d\mu_s(x) = \frac{\Psi_s}{\Psi_r} \cdot x^{s-r} \cdot d\mu_r(x). \tag{2.105}$$

Die gesamte s-Menge wird durch Integration erhalten:

$$\mu_{s,ges} = \frac{\Psi_s}{\Psi_r} \cdot \int_{x_{min}}^{x_{max}} x^{s-r} \cdot d\mu_r(x), \tag{2.106}$$

wobei durch das Herausziehen der Formfaktoren vor das Integral wiederum ihre Unabhängigkeit von x vorausgesetzt wird.

Für $d\mu_r(x)$ in (2.104) und (2.105) kann man wegen (2.100) schreiben:

$$d\mu_r(x) = \mu_{r,ges} \cdot q_r(x)dx.$$

Schließlich kann aus (2.105) und (2.106) die gesuchte Verteilung nach $q_s(x) = d\mu_s(x)/\mu_{s,ges}$ gebildet werden:

$$q_s(x) = \frac{x^{s-r} \cdot q_r(x)}{\int_{x_{min}}^{x_{max}} x^{s-r} \cdot q_r(x)dx}. \tag{2.107}$$

Die zugehörige Verteilungssumme geht aus der Integration dieses Ausdrucks zwischen der kleinsten und der aktuellen Partikelgröße x^* hervor:

$$Q_s(x^*) = \frac{\int_{x_{min}}^{x^*} x^{s-r} \cdot q_r(x)dx}{\int_{x_{min}}^{x_{max}} x^{s-r} \cdot q_r(x)dx}. \tag{2.108}$$

Die Beziehungen zur Umrechnung sind hier nur für die stetige Darstellung der Partikelgrößenverteilungen angegeben worden. Es dürfte aber keine besonderen Schwierigkeiten bereiten, entsprechende Beziehungen für die Intervalldarstellung aufzustellen.

2.5.7 Allgemeine Darstellung von integralen Mittelwerten einer Verteilung (statistische Momente)

In Abschn. 2.5.2 sowie bei der Umrechnung von Mengenarten auf den vorstehenden Seiten sind Mittelwerte der Form

$$\overline{x_r^k} = \int_{x_{min}}^{x_{max}} x^k \cdot q_r(x)dx \tag{2.109}$$

gebildet worden ((2.49), (2.50b), (2.51b), (2.54b), (2.58), sowie die Nenner in (2.97), (2.99), (2.107) und (2.108)). Es handelt sich dabei um integrale oder gewogene Mittelwerte. In der Statistik nennt man sie auch Erwartungswerte oder statistische *Momente*. Der letztgenannte Ausdruck lehnt sich an formal gleiche Berechnungsweisen in der Mechanik an, wie z.B. bei der Berechnung von Schwerpunktskoordinaten aus dem Momentengleichgewicht, wie Trägheitsmoment, Deviationsmoment u.a.

Die Verwendung der folgenden allgemeinen Schreibweise für integrale Mittelwerte führt zu sehr einfachen Beziehungen und erleichtert Umrechnungen wesentlich.

Definition Das vollständige k-te Moment der q_r-Verteilung von x ist

$$M_{k,r} = \int_{x_{min}}^{x_{max}} x^k \cdot q_r(x)dx \equiv \overline{x_r^k}. \tag{2.110}$$

Es stellt den Erwartungswert von x^k dar, wenn x mit der Verteilung $q_r(x)$ vorliegt. „Vollständig" heißt ein Moment, wenn es die gesamte Verteilung von der kleinsten bis zur größten Partikelgröße berücksichtigt wie in (2.110). Ein *unvollständiges Moment* dagegen mittelt nur über einen Teilbereich der vorkommenden Partikelgrößen:

$$M_{k,r}(x_1, x_2) = \int_{x_1}^{x_2} x^k \cdot q_r(x) dx \tag{2.111}$$

mit $x_{min} < x_1 \leq x \leq x_2 < x_{max}$ und $x_1 \neq x_2$.

Vollständige Momente mit $k = 0$ haben den Wert 1, denn mit $x^0 = 1$ in (2.110) folgt sofort die *Normierungsbedingung* (2.45). In der Momentenschreibweise lautet sie also

$$M_{0,r} = 1.$$

Nach (2.108) kann man auch die Verteilungssumme durch Momente ausdrücken:

$$Q_r(x^*) = \frac{M_{s-r,r}(x_{min}, x^*)}{M_{s-r,r}}. \tag{2.112}$$

Einige spezielle Mittelwerte aus Abschn. 2.5.2 lassen sich als Momente folgendermaßen schreiben:

Arithmetische Mittelwerte von x, x^2, x^3:

$$\bar{x} = M_{1,0} \quad \text{(vgl. (2.50b))} \tag{2.113}$$

$$\overline{x^2} = M_{2,0} \quad \text{(vgl. (2.51b))} \tag{2.114}$$

$$\overline{x^3} = M_{3,0} \quad \text{(vgl. (2.54b))} \tag{2.115}$$

spezifische Oberfläche S_V:

$$S_V = 6 f M_{1,3} \quad \text{(vgl. (2.58))} \tag{2.116}$$

$$S_V = 6 f \frac{M_{2,0}}{M_{3,0}} \quad \text{(vgl. (2.60))} \tag{2.117}$$

Sauterdurchmesser d_{32}:

$$d_{32} = \frac{1}{f} \cdot \frac{1}{M_{-1,3}} = \frac{1}{f} \cdot \frac{M_{3,0}}{M_{2,0}} \quad \text{(vgl. (2.61))} \tag{2.118}$$

Die allgemeine Umrechnung von Mengenarten nach (2.107) lautet in der Momentenschreibweise

$$q_s(x) = \frac{x^{s-r} \cdot q_r(x)}{M_{s-r,r}}. \tag{2.119}$$

Setzt man dies in

$$M_{k,s} = \int_{x_{min}}^{x_{max}} x^k \cdot q_s(x) dx$$

ein (vgl. (2.109)), dann erhält man mit

$$M_{k,s} = \frac{1}{M_{s-r,r}} \int_{x_{min}}^{x_{max}} x^{k+s-r} \cdot q_r(x)\,dx$$

die sog. Momentenbeziehung

$$M_{k,s} = \frac{M_{k+s-r,r}}{M_{s-r,r}}. \tag{2.120}$$

Sie erlaubt die einfache Umrechnung von integralen Mittelwerten bei verschiedenen Mengenarten. So können wir damit die spez. Oberfläche und den Sauterdurchmesser auch noch mit der Mengenart $r = 2$ schreiben, zusammenfassend also

$$S_V = 6f \cdot M_{-1,3} = \frac{6f}{M_{1,2}} = 6f \cdot \frac{M_{2,0}}{M_{3,0}} \tag{2.121}$$

und

$$d_{32} = \frac{1}{f} \cdot \frac{1}{M_{-1,3}} = \frac{1}{f} \cdot M_{1,2} = \frac{1}{f} \cdot \frac{M_{3,0}}{M_{2,0}}. \tag{2.122}$$

Für lineare Mittelwerte $M_{1,r}$ von x ist auch die Schreibweise $x_{1,r}$ gebräuchlich, insbesondere

$$x_{1,r} \equiv M_{1,2} = d_{32} \cdot f = \frac{6f}{S_V}. \tag{2.123}$$

2.5.8 Verteilungen bei besonderen Partikelformen

Bei manchen Anwendungen mit extremen Partikelformen wie Fasern oder Plättchen ist es sinnvoll, die Hauptabmessung als Partikelgröße x zu definieren: Bei Fasern die Länge ($x \equiv L$), bei Kreisplättchen den Durchmesser ($x \equiv D$) bzw. allgemeiner die Wurzel aus der großen Fläche A (Abb. 2.22).

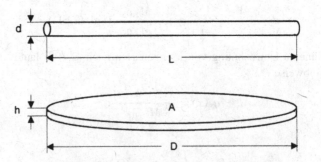

Abbildung 2.22 Partikelgröße bei Faser- und Plättchenform

In diesen Fällen sind sowohl das Volumen, wie auch die Oberfläche proportional zur Partikelgröße x, denn es gilt

– für Fasern mit $x \equiv L$ und $d \ll L$:

$$V_{Faser} = \pi/4 \cdot d^2 \cdot L,$$

$$S_{Faser} = \pi/2 \cdot d^2 + \pi \cdot d \cdot L \approx \pi \cdot d \cdot L.$$

– für plättchenförmige Partikeln mit $x \equiv D$ (bzw. $x \equiv A^{1/2}$) und $h \ll L$:

$$V_{Pl} = \pi/4 \cdot h \cdot D^2,$$

$$S_{Pl} = \pi/2 \cdot D^2 + \pi \cdot h \cdot D \approx \pi/2 \cdot D^2.$$

Damit wird die spezifische Oberfläche

$$S_{VFaser} = S_{Faser}/V_{Faser} \approx 4/d \quad \text{(für Fasern)} \tag{2.124}$$

bzw.

$$S_{VPl} = S_{Pl}/V_{Pl} \approx 2/h \quad \text{(für Plättchen)} \tag{2.125}$$

nicht mehr von der Hauptabmessung $x = L$ bzw. D, sondern nur noch von der jeweils kleinen Abmessung d bzw. h bestimmt und damit praktisch unabhängig von der jeweiligen Längen bzw. Durchmesserverteilung.

Das bedeutet aber auch, dass die Definitionen und Umrechnungen für Mengenarten und Momente nur für solche Partikelgrößendefinitionen richtig sind, für die $V \sim x^3$ und $S \sim x^2$ gilt.

2.6 Kennzeichnung von porösen Stoffsystemen

Poröse Systeme sind Erscheinungsformen der dispersen Systeme, bei denen Hohlräume zwischen meist festen Partikeln oder Fasern gebildet werden, die sich dauerhaft oder kurzzeitig gegenseitig berühren, oder bei denen Hohlräume im Inneren von Partikeln oder sonstigen porösen Körpern vorhanden sind (Abb. 2.23).

Die Hohlräume bzw. Poren können geschlossen oder offen sein. Die offenen sind durchströmbar, wenn sie im porösen System durchgehend sind. Sie sind zugänglich aber nicht durchströmbar, wenn sie nur eine Öffnung nach außen haben.

Bei porösen Partikelsystemen gibt die Struktur die Art der räumlichen Anordnung der Partikeln an. Man unterscheidet zwei Grenzfälle: Reguläre und gleichmäßige Zufallsanordnungen.

Reguläre Anordnungen

Wie Atome im idealen Kristallgitter sind hier die Partikeln in sich streng periodisch wiederholenden Elementarvolumina angeordnet, z.B. kubische oder hexagonal dichteste Kugelpackung. Solche Anordnungen werden generell auch als *Packungen* bezeichnet. Die Porosität kann für solche Fälle exakt berechnet werden. Außerdem ist die *Koordinationszahl k*, d.h. die Zahl der Berührungspunkte mit den Nachbarpartikeln, genau festgelegt. So ist die Koordinationszahl der kubisch regulären Packung gleichgroßer Kugeln $k = 6$ und die der dichtesten Kugelpackung $k = 12$. Die Koordinationszahl ist z.B für die Abschätzung der Festigkeiten von Agglomeraten von Bedeutung, da an den Kontaktpunkten die Kraftübertragung stattfindet.

Gleichmäßige Zufallsanordnung

Bei der gleichmäßigen Zufallsanordnung, auch *gleichmäßige Zufallsmischung* genannt, ist die Wahrscheinlichkeit, den Schwerpunkt einer beliebigen Partikel an einer beliebigen Stelle im Packungsvolumen vorzufinden, für jede Stelle in der Packung gleich. Ebenso ist die Orientierung einer beliebigen Partikel in jeder Raumrichtung gleich wahrscheinlich. Man spricht auch von *stochastischer Homogenität* oder von *idealer Unordnung*. In der Praxis wird meist mit einer gleichmäßigen Zufallsanordnung gerechnet, z.B. bei der Durchströmung poröser Systeme. Dadurch entledigt man sich der Notwendigkeit, eine Maßzahl (oder mehrere) zur Kennzeichnung der Packungsstruktur einzuführen. Poröse Systeme werden daher überwiegend nur mit zwei Kennwerten, nämlich der Porosität ε und einer charakteristischen Länge in der Packung (z.B. Sauterdurchmesser d_{32}, spezifische Oberfläche S_V oder hydraulischer Durchmesser d_h, (siehe Abschn. 2.6.2 und 4.5)) beschrieben. Allerdings treten in Wirklichkeit, besonders beim Aufschütten freifließender körniger Haufwerke, häufig Entmischungserscheinungen auf, die Inhomogenitäten zur Folge haben. Deren Erfassung und Beschreibung wird jedoch nur im Bedarfsfall durchgeführt. Eine eingehendere Darstellung der stochastischen Homogenität findet man im Abschn. 7.2.1.2 bei der Beschreibung von Mischungszuständen.

In erweitertem Sinne kann man auch konzentrierte Suspensionen, Staubwolken und überhaupt Mehrphasensysteme als „poröse" Systeme auffassen, die Grenzen sind fließend. In der Verfahrenstechnik haben hauptsächlich durchströmbare poröse Schichten eine große Bedeutung, wie die folgenden Beispiele zeigen.

- *Poröse Festkörper, nicht durchströmbar*: feste Schäume, Isolier- und Dämmplatten; *z.T. durchströmbar*: Filterkerzen, Gesteine, Sinterkeramik, Ziegelsteine, Membranen;
- *Faserschichten, durchströmbar*: Gewebe, Filze, Vliese, Papier, Siebe;
- *Haufwerke, Festbetten, durchströmbar:* Schichten aus ruhenden, sich gegenseitig berührenden und fixierenden Partikeln; Schüttungen aus Granulaten, Kies, Sand, Pulvern, Füllkörpern (s. Abschn. 4.5); Filterkuchen (s. Kap. 10, Bd. 2);
- *Agglomerate, Flocken*: Aufgrund von Haftkräften zusammengelagerte Partikeln, die einen Partikelverband bilden;
- *Wirbelschichten:* Gesamtheit von z.B. durch Strömungskräfte bewegten, sich kurzzeitig und wechselnd berührenden, aber sich nicht fixierenden Partikeln (s. Kap. 13, Bd. 2).

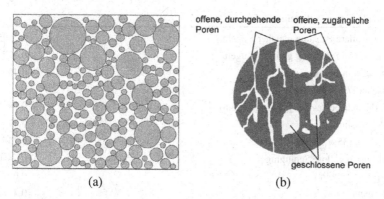

Abbildung 2.23 Poröse Stoffsysteme: (**a**) bestehend aus einzelnen Partikeln; (**b**) poröser Festkörper (Partikel)

Der Einfachheit halber stellen wir uns im Folgenden zunächst ein poröses System – eine poröse Schicht – aus festen Einzelpartikeln vor, zwischen denen der Hohlraum mit einem Fluid (z.B. Luft oder Wasser) gefüllt ist (Abb. 2.23a). Zur Kennzeichnung derartiger poröser Systeme sind vier Größen wichtig: *Porosität, Porenweite, mittlere Dichte* und *Schüttungs-* bzw. *Packungsstruktur.* Bei porösen Festkörpern spielt außerdem die *spezifische Oberfläche* noch eine entscheidende Rolle.

2.6.1 Porosität

2.6.1.1 Begriffe und Definitionen

Die Porosität ε gibt den Anteil des Hohlraums am Gesamtvolumen des Systems an (*Volumenporosität*)

$$\varepsilon = \frac{V_H}{V} = 1 - \frac{V_S}{V} \tag{2.126}$$

mit V: Gesamtvolumen, V_H: Hohlraum und V_S: Feststoffvolumen. ε wird oft auch als *relatives Lückenvolumen, Lückengrad* oder *Hohlraumanteil* bezeichnet.

Der Wertebereich für ε ist $0 < \varepsilon < 1$. Die Grenzwerte $\varepsilon = 0$ für den kompakten, hohlraumfreien Festkörper und $\varepsilon = 1$ für den reinen Hohlraum haben bei der Betrachtung poröser Systeme keinen Sinn. Vorkommende Porositäten sind in der folgenden Tabelle 2.7 aufgeführt.

Den Feststoffvolumenanteil

$$c_V = \frac{V_S}{V} = 1 - \varepsilon \tag{2.127}$$

nennt man auch die *Raumerfüllung* des Feststoffs.

Tabelle 2.7 Einige vorkommende Porositäten ε

dichteste reguläre Packung gleicher Kugeln	0,2595
kubische reguläre Packung gleicher Kugeln	0,477
Quarzsand, Naturkorn, gerüttelt	0,40
Quarzmehl (97% < 40 (µm)	0,61
Aerosil (hochdisperses SiO_2, $\bar{x} < 0,01$ (µm)	0,98
Getreide, geschüttet	0,37
Raschigringe ($35 \times 35 \times 4$)	0,75
Streichhözer, regellose Schüttung	0,78–0,86
Füllkörper allgemein	0,6-0,95
Wirbelschicht	0,4–0,95
Filterkuchen	0,4–0,9
Aufbaugranulate	0,35–0,7
Pressgranulate	0,05–0,4

$$\boxed{\text{Richtwert für Abschätzungen: } \varepsilon \approx 0,4}$$

Die *Porenziffer e* gibt das Verhältnis zwischen dem Feststoffvolumen und dem Hohlraumvolumen an:

$$e = \frac{V_S}{V_H} = \frac{1 - \varepsilon}{\varepsilon}. \qquad (2.128)$$

Die Porosität ε einer Schüttung in einem Behälter lässt sich bei bekannter Feststoffdichte ρ_s aus der Masse m_s des eingefüllten Feststoffs und dem Volumen V der Schüttung auch messtechnisch bestimmen:

$$\varepsilon = 1 - \frac{m_s}{\rho_s V}. \qquad (2.129)$$

Innere, äußere und Gesamtporosität

Wenn die Partikeln einer Schüttung in ihrem Inneren selbst noch Hohlräume aufweisen, dann muss zwischen dieser *inneren Porosität* ε_i und der die Zwischenräume kennzeichnenden *äußeren* oder *Schüttungs-Porosität* ε_a unterschieden werden. Die *Gesamtporosität* ε_{ges}, welche den inneren Hohlraum und den Zwischenraum zum Schüttungsvolumen ins Verhältnis setzt, ergibt sich dann aus:

$$\varepsilon_{ges} = \varepsilon_a + \varepsilon_i - \varepsilon_a \cdot \varepsilon_i \qquad (2.130)$$

(vgl. Aufgabe 2.12).

Flächenporosität

Betrachtet man einen ebenen Schnitt der Fläche A durch ein poröses System, so lässt sich eine *Flächenporosität* ε_F definieren. Sie ist der Anteil, den die Hohlraum-

Schnittfläche A_H an der Gesamtfläche A hat:

$$\varepsilon_F = A_H/A. \tag{2.131}$$

Je nach der zufälligen Lage des Schnitts durch ein poröses System kann diese Größe einen anderen Wert annehmen. Extreme Unterschiede können bei Packungen auftreten (z.B. erhält man bei der kubischen Kugelpackung für die Flächenporosität der Schnittebenen durch die Berührungspunkte den Wert $\varepsilon_F = 1$ und für die Schnittebene am größten Kugeldurchmesser der Wert $\varepsilon_F = 1 - \pi/4 = 0{,}215$, s. Abb. 2.24). Bei einer regelosen Partikelanordnung schwanken die einzelnen Werte um einen Mittelwert, den Erwartungswert $\bar{\varepsilon}_F$. Es lässt sich zeigen, dass für die gleichmäßige Zufallsanordnung der Partikeln dieser Mittelwert gleich der oben definierten Volumen-Porosität ε ist:

$$\bar{\varepsilon}_F = \lim_{n\to\infty} \frac{1}{n} \sum_{1}^{n} \varepsilon_{Fi} = \varepsilon. \tag{2.132}$$

Linienporosität

Ganz analog kann man eine *Linienporosität* ε_L durch den Längenanteil L_H/L einer geraden Strecke L definieren, den diese beim Durchtritt durch das poröse System im Hohlraum zurücklegt:

$$\varepsilon_L = L_H/L. \tag{2.133}$$

Auch hier stimmt der Mittelwert der örtlich schwankenden Einzelwerte für die gleichmäßige Zufallsanordnung mit der Volumen-Porosität ε überein

$$\bar{\varepsilon}_L = \lim_{n\to\infty} \frac{1}{n} \sum_{1}^{n} \varepsilon_{Li} = \varepsilon. \tag{2.134}$$

Anwendung finden diese Beziehungen in der Porositätsbestimmung. So wird z.B. bei porösen Festkörpern aus der Bildauswertung von Schliffbildern der Hohlflächenanteil ε_F oder sein Komplement, der Partikel-Schnittflächenanteil $(1 - \varepsilon_F)$ gemessen.

Partikelporosität

Eine Partikelporosität ε_P liegt dann vor, wenn die Einzelpartikel im Inneren Hohlräume hat (Abb. 2.24a). Man unterscheidet zugängliche, offene (Volumen V_{Ho}) und unzugängliche, geschlossene Poren (Volumen V_{Hg}). Das Verhältnis des Volumens V_{HP} aller Hohlräume zum Partikelvolumen V_P ist

$$\varepsilon_P = \frac{V_{HP}}{V_P} = \frac{V_{Ho} + V_{Hg}}{V_P}. \tag{2.135}$$

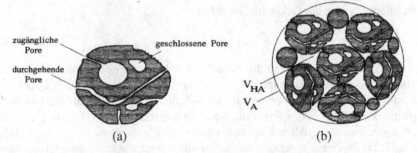

zugängliche Pore
geschlossene Pore
durchgehende Pore
V_{HA}
V_A

(a) (b)

Abbildung 2.24 Zur Definition von Porositäten (a) Partikelporosität, (b) Agglomeratporosität

Mit dem Feststoffvolumen V_S bildet man das Komplement zu ε_P, den Feststoffvolumenanteil

$$1 - \varepsilon_P = \frac{V_S}{V_P}. \tag{2.136}$$

Kann das Volumen V_{Hg} der geschlossenen Poren nicht gemessen werden, dann muss die Partikelporosität mit dem Volumen V_{Ho} der zugänglichen, offenen Poren gebildet werden.

$$\varepsilon'_P = \frac{V_{Ho}}{V_P}. \tag{2.137}$$

Agglomeratporosität

Die Agglomeratporosität ε_A (Abb. 2.24b) setzt das Volumen V_{HA} zwischen den Partikeln in einem Agglomerat ins Verhältnis zum Gesamtvolumen $V_A = V_P + V_{HA}$ des Agglomerats

$$\varepsilon_A = \frac{V_{HA}}{V_A}. \tag{2.138}$$

Damit gilt für das Komplement

$$1 - \varepsilon_A = \frac{V_P}{V_A}. \tag{2.139}$$

Sind die Partikeln porös, kann man auch das gesamte Hohlraumvolumen $V_{HA} + V_{HP}$ auf das Agglomeratvolumen beziehen und bekommt die *Gesamt-Agglomeratporosität*

$$\varepsilon_{AP} = \frac{V_{HA} + V_{HP}}{V_A}, \tag{2.140}$$

für die sich wegen

$$\frac{V_{HP}}{V_A} = \frac{V_{HP}}{V_P} \cdot \frac{V_P}{V_A} = \varepsilon_P \cdot (1 - \varepsilon_A),$$

$$\varepsilon_{AP} = \varepsilon_A + \varepsilon_P \cdot (1 - \varepsilon_A) \tag{2.141}$$

Abbildung 2.25 Zur Definition der Porosität einer Schüttung aus porösen Agglomeraten

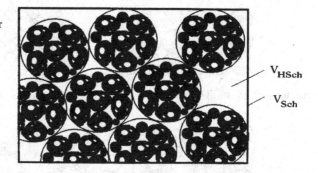

V_{HSch}

V_{Sch}

ergibt. Diese zunächst für ein einzelnes Agglomerat definierten Größen gelten als Mittelwerte auch für eine beliebig große Anzahl von Agglomeraten. Im Folgenden sollen unter V_S, V_P, V_{HA} usw. ohne weitere Kennzeichnung daher die Feststoff-, Partikel-, Agglomerat- usw. -Volumina in der Gesamtheit des betrachteten Haufwerks verstanden werden.

Schüttungsporosität

Bilden viele Agglomerate eine Schüttung (Abb. 2.27), so ist das Hohlraumvolumen zwischen den Agglomeraten im Verhältnis zum Volumen, das die Schüttung einnimmt, die Schüttungsporosität

$$\varepsilon_{Sch} = \frac{V_{Hsch}}{V_{Sch}}. \tag{2.142}$$

Nimmt man den gesamten Hohlraum – in den Primärpartikeln, in den Agglomeraten und in der Schüttung – zusammen, dann wird mit $V_{Hges} = V_{Ho} + V_{Hg} + V_{HA} + V_{HSch}$ die Gesamtporosität einer Schüttung aus porösen Agglomeraten durch

$$\varepsilon_{ges} = \frac{V_{Hges}}{V_{Sch}} = \frac{V_{Ho} + V_{Hg} + V_{HA} + V_{HSch}}{V_{Sch}} \tag{2.143}$$

bzw. ohne die unzugänglichen Poren durch

$$\varepsilon'_{ges} = \frac{V_{Hges}}{V_{Sch}} = \frac{V_{Ho} + V_{HA} + V_{HSch}}{V_{Sch}} \tag{2.144}$$

definiert. Den Zusammenhang zwischen den einzelnen Porositäten erhält man aus den zu (2.127) analogen Beziehungen für die jeweiligen Partikel-, Agglomerat- und Schüttgutvolumenanteile

$$1 - \varepsilon_P = \frac{V_S}{V_P}, \qquad 1 - \varepsilon_A = \frac{V_P}{V_A}, \qquad 1 - \varepsilon_{Sch} = \frac{V_A}{V_{Sch}} \quad \text{und} \tag{2.145}$$

$$1 - \varepsilon_{ges} = \frac{V_S}{V_{Sch}} = \frac{V_S}{V_P} \cdot \frac{V_P}{V_A} \cdot \frac{V_A}{V_{Sch}} \tag{2.146}$$

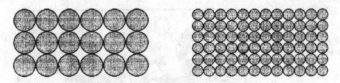

Abbildung 2.26 Partikelgrößenunabhängige Porosität bei regulären Anordnungen

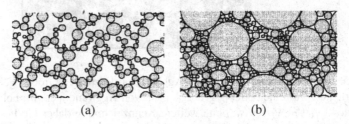

(a)   (b)

Abbildung 2.27 Einfluss der Partikelgrößenverteilung auf die Porosität. (**a**) Große Porosität bei sehr feinen Partikeln aufgrund von Haftkräften. (**b**) Kleine Porosität bei breiten Partikelgrößenverteilungen mit großen Partikeln in einem freifließenden Schüttgut

zu

$$1 - \varepsilon_{ges} = (1 - \varepsilon_P) \cdot (1 - \varepsilon_A) \cdot (1 - \varepsilon_{Sch}). \qquad (2.147)$$

2.6.1.2 Zur Partikelgrößenabhängigkeit der Porosität

Gleichkorn

Eine kubische Packung gleich großer Kugeln hat einen Hohlraumanteil von $\varepsilon = 1 - \pi/6 = 0{,}4764$, unabhängig vom Durchmesser der Kugeln (Abb. 2.24). Diese Unabhängigkeit der Porosität von der Partikelgröße gilt im Prinzip für jede reguläre Gleichkornanordnung.

Bei regellosen Zufallsanordnungen aus Gleichkorn hängt ε aber nur dann nicht von der Partikelgröße ab, wenn keinerlei Haftkräfte zwischen den Partikeln die Bildung der Packung beeinflussen. Das ist annähernd nur bei sog. kohäsionslosen, frei fließenden Schüttgütern mit Partikelgrößen über etwa 100 µm der Fall (s. Kap. 8).

Mit abnehmender Partikelgröße gewinnen jedoch die Haftkräfte über die Massenkräfte die Überhand. Dadurch bleiben Partikeln in Positionen haften, aus denen sie ohne Haftkräfte aufgrund z.B. der Schwerkraft in tiefer gelegene Lücken fallen könnten (Abb. 2.27a). Es bleiben also mehr Lücken unausgefüllt. Die Porosität sehr feinkörniger Pulver kann daher z.T. erheblich größer sein, als diejenige grobkörniger Schüttgüter (vgl. auch Tabelle 2.7). Durch eine gezielte Beeinflussung der Haftkräfte kann die Porosität von Haufwerken aus feinen Partikeln beeinflusst werden. Zusätzlichen Einfluss hat auch bei Gleichkorn die Kornform, so dass selbst bei immer gleicher Herstellung einer Schüttung die eigentlich partikelgrößenunabhängige Porosität ein stochastisch schwankender Wert ist.

Breite Partikelgrößenverteilung

In einer Mischung aus großen und kleinen Partikeln eines frei fließenden Gutes haben, je nach der Zusammensetzung, kleinere Partikeln die Möglichkeit, Lücken zwischen den großen zu besetzen. Dadurch kann die Porosität relativ klein werden (Abb. 2.27b). Außerdem nimmt die Zahl der Kontaktpunkte zwischen den Partikeln dadurch zu. Andererseits gilt das oben für sehr feinkörniges Gut Gesagte, nach dem ein hoher Feinstkornanteil die Porosität auch wieder erhöhen kann. Hier spielen die Art der Herstellung des porösen Systems (Schütten, Rütteln, Stampfen, Pressen, Anschwemmen) sowie die Wechselwirkungskräfte eine entscheidende Rolle.

Wandeffekt

Bei Schüttungen in Behältern und Kolonnen ist zu berücksichtigen, dass sich in der Nähe der glatten Behälterwand die Porosität gegenüber den wandfernen Bereichen erhöht. Das Verhältnis der Partikelgröße zum Behälterdurchmesser beeinflusst die radiale Porositätsverteilung. Ab einem Verhältnis Behälterdurchmesser zu Partikelgröße < 20 kann bei vielen Betrachtungen, insbesondere bei der Durchströmung und beim Wärmeaustausch, dieser Wandeffekt nicht mehr vernachlässigt werden.

2.6.2 Porenweite, Porenweitenverteilung

Porenweite

Die Größe von Poren reicht von einigen Nanometern z.B. in gesinterten Keramiken, Katalysatoren, Zeolithen u.ä. bis zu Millimetern und Zentimetern in Schüttungen von Sand, Kies und Steinen. Im besonders feinen Bereich trifft man bei porösen Festkörpern folgende Unterscheidung:

- Mikroporen ≤ 2 nm ($= 0,002\ \mu$m)
- Mesoporen $2 \ldots 50$ nm ($= 0,002 \ldots 0,05\ \mu$m)
- Makroporen ≥ 50 nm ($= 0,05\ \mu$m).

Vor allem für Durchströmungsvorgänge ist die Kenntnis der Porengrößen und ihrer Verteilung wichtig. Die Poren bilden bei den meisten durchströmbaren Systemen allerdings kein „diskret-disperses", d.h. aus separaten „Löchern" bestehendes Kollektiv, sondern ein zusammenhängendes Kanalgeflecht verschiedener Querschnitte und Längen. Man beschränkt sich häufig, in Anlehnung an die Vorgehensweise in der technischen Strömungslehre, zunächst auf die Angabe eines mittleren *hydraulischen Durchmessers* d_h nach folgender Definition:

$$d_h = 4 \cdot \frac{\text{Porenvolumen}}{\text{Porenoberfläche}} = 4 \cdot \frac{V_H}{S}. \tag{2.148}$$

Poren- und Feststoffoberfläche S sind identisch, und so ergibt sich durch geeignetes Erweitern

$$d_h = 4 \cdot \frac{V_H}{V} \cdot \frac{V}{V_s} \cdot \frac{V_s}{S} = 4 \cdot \varepsilon \cdot (1 - \varepsilon)^{-1} \cdot S_V^{-1},$$

$$d_h = 4 \cdot \frac{\varepsilon}{1 - \varepsilon} \cdot \frac{1}{S_V}. \tag{2.149}$$

Der Faktor 4 bewirkt, daß für zylindrische Poren der hydraulische Durchmesser dem Porendurchmesser gleich wird. Aus (2.149) läßt sich auch der Zusammenhang zwischen der mittleren Porenweite d_h und dem Sauterdurchmesser d_{32} als einer mittleren Korngröße der das Porensystem erzeugenden Partikeln herstellen. Nach (2.61) ist nämlich $S_V = 6/d_{32}$ und daher

$$d_h = \frac{2}{3} \cdot \frac{\varepsilon}{1 - \varepsilon} \cdot d_{32}. \tag{2.150}$$

Eine einfache Abschätzung mit $\varepsilon \approx 0{,}4$ für eine Sandschüttung liefert als Faustregel

$$d_h \approx 0{,}44 \cdot d_{32}.$$

Porenweitenverteilung

Sind die Poren isoliert, z.B. Blasen oder andere abgeschlossene Hohlräume in einer festen Matrix, dann können diese Hohlräume auch als „Partikeln" aufgefasst werden. Die Definition der „Porengröße" ist in diesem Fall, wie bei festen Partikeln auch, eng mit dem Messverfahren verbunden.

Wenn man sich das durchströmbare Kanalgeflecht der Hohlräume in einer Sandschüttung oder einem Schwamm vergegenwärtigt, dann wird man leicht verstehen, dass von einer Porengröße im gleichen Sinn wie Partikelgröße nicht mehr gesprochen werden kann. Hier werden durch zugehörige Messverfahren (z.B. Durchströmungsporosimetrie und/oder Quecksilber-Porosimetrie, s. Abschn. 5.7) Porenweiten als Kanal- bzw. Öffnungsweiten zwischen Porenvolumina definiert.

2.6.3 Dichte poröser Stoffsysteme

Schüttgutdichte bei kompakten Partikeln

Die auf das Gesamtvolumen bezogene Masse eines porösen Systems heißt seine *mittlere Dichte* oder *Schüttgutdichte* ρ_{Sch}. Sie setzt sich aus der Dichte ρ_s des Feststoffs und der Dichte ρ_f des den Hohlraum ausfüllenden Fluids entsprechend deren Volumenanteilen additiv zusammen:

$$\rho_{Sch} = \rho_s (1 - \varepsilon) + \rho_f \varepsilon. \tag{2.151}$$

Dabei ist vorausgesetzt, dass die Partikeln kompakt sind und der Hohlraum vollständig von einem einheitlichen Fluid ausgefüllt ist (Zweiphasensystem). Handelt es sich bei dem Fluid um ein Gas, so kann seine Dichte gegenüber der Feststoffdichte meist vernachlässigt werden ($\rho_f \ll \rho_s$), so dass man erhält:

$$\rho_{Sch} = \rho_s (1 - \varepsilon). \tag{2.152}$$

Je nach dem Zustandekommen spricht man bei Haufwerken aus körnigen Stoffen von *Schüttdichte* oder *Rütteldichte*, bei festen porösen Packungen von *Packungsdichte*.

Partikeldichte

Ist eine Partikel in sich porös, so hat die *Partikeldichte* das Partikelvolumen V_P einschließlich der inneren Hohlräume als Bezugsvolumen

$$\rho_P = \frac{m_S}{V_P}. \tag{2.153}$$

Agglomeratdichte

Für ein Agglomerat aus porösen Partikeln wird mit dem Agglomeratvolumen V_A die *Agglomeratdichte* ρ_A gebildet

$$\rho_A = \frac{m_S}{V_A}. \tag{2.154}$$

Schüttgutdichte bei porösen Partikeln und Agglomeraten

Schließlich nimmt eine Schüttung aus solchen Agglomeraten das Schüttvolumen V_{Sch} ein und hat die Schüttgutdichte

$$\rho_{Sch} = \frac{m_S}{V_{Sch}}. \tag{2.155}$$

Beziehungen

Zwischen den Porositäten und Dichten lassen sich einige Beziehungen aufstellen. Aus (2.155) folgt durch Erweitern und mit (2.146)

$$\rho_{Sch} = \frac{m_S}{V_S} \cdot \frac{V_S}{V_{Sch}} = \rho_S \cdot (1 - \varepsilon_{ges}) \tag{2.156}$$

und mit (2.147) zusätzlich

$$\rho_{Sch} = \underbrace{\rho_S \cdot (1 - \varepsilon_P) \cdot \overbrace{(1 - \varepsilon_A)}^{\rho_P}}_{\rho_A} \cdot (1 - \varepsilon_{Sch}).$$ (2.157)

Darin sind

$$\rho_P = \rho_S \cdot (1 - \varepsilon_P)$$ (2.158)

die Dichte der in sich porösen Partikeln und

$$\rho_A = \rho_P \cdot (1 - \varepsilon_A) = \rho_S \cdot (1 - \varepsilon_P) \cdot (1 - \varepsilon_A)$$ (2.159)

die Dichte des (trockenen) Agglomerats.

2.6.4 Kennzeichnungen des Flüssigkeitsinhalts poröser Stoffsysteme

Hierbei muss man volumenbezogene und massebezogene Kennwerte unterscheiden. Die erstgenannten setzen Volumina zueinander in Beziehung und sind daher stoffunabhängig, bei den anderen werden Massen bzw. Gewichte miteinander verglichen, und damit ist der Stoffwert „Dichte" einbezogen.

Volumenbezogene Kennwerte

Ist der Hohlraum nur zum Teil von einer Flüssigkeit ausgefüllt und zum anderen Teil mit einem Gas, dann definiert man den *(Flüssigkeits-)Sättigungsgrad s* durch den Volumenanteil der Flüssigkeit im Hohlraum

$$s = \frac{V_f}{V_H} = \frac{V_f}{\varepsilon V}.$$ (2.160)

Der Sättigungsgrad s gibt an, welcher Anteil des zur Verfügung stehenden Hohlraums mit Flüssigkeit erfüllt ist. Der Wertebereich von s ist daher $0 \leq s \leq 1$. Eine trockene Partikelschicht hat den Sättigungsgrad 0, eine vollständig mit Flüssigkeit ausgefüllte Schicht den Sättigungsgrad 1. Schichten mit überstehender Flüssigkeit, die also mehr Flüssigkeit enthalten als ihr Hohlraum ausmacht, schließt man bei dieser Betrachtung aus. Zur Bestimmung des Sättigungsgrads ist die Kenntnis von ε und V bzw. V_H erforderlich. Der mit der Gasphase ausgefüllte Volumenanteil ergibt sich zu $(1 - s)$.

Da s eine normierte Größe ist, eignet sie sich besonders für Vergleiche an unterschiedlichen porösen Systemen, allerdings nur, wenn deren Porosität sich nicht – z.B. durch Auspressen – ändert. Bei veränderlicher Porosität empfiehlt sich die

Verwendung der *Flüssigkeitsbeladung* X_V, welche das Flüssigkeitsvolumen auf das Feststoffvolumen bezieht:

$$X_V = \frac{V_f}{V_s}. \tag{2.161}$$

Die mittlere Dichte eines feuchten porösen Stoffsystems berechnet man dann unter Vernachlässigung der Gasdichte und mit ρ_f als Flüssigkeitsdichte wie folgt:

$$\rho_{Sch} = \rho_s(1 - \varepsilon) + \rho_f \varepsilon \cdot s. \tag{2.162}$$

Massebezogene Kennwerte

Die *Feuchte* (*Restfeuchte*) kann als Massenbeladung X_m (Verhältnis von Flüssigkeits- zu trockener Feststoffmasse)

$$X_m = \frac{m_f}{m_s} \tag{2.163}$$

oder als *Flüssigkeitsanteil* φ_{mf} (Verhältnis von Flüssigkeits- zu feuchter Gesamtmasse) angegeben werden:

$$\varphi_{mf} = \frac{m_f}{m_f + m_s}. \tag{2.164}$$

Man muss hierbei stets die Bezugsmasse angeben und beachten. Durch Wägungen sind sie zwar relativ einfach zu bestimmen, ihre Zahlenwerte sind wegen ihrer Stoffabhängigkeit für Stoffe mit unterschiedlichen Dichten im Vergleich zu den volumetrischen Kennwerten jedoch wenig aussagekräftig (vgl. nachfolgendes Beispiel).

Manchmal ist auch die Angabe des *Trockensubstanzgehalts TS* (= Trockensubstanzanteil φ_{ms}) sinnvoll. Man versteht darunter den Feststoffmasseanteil in einem feuchten Schüttgut, also das Komplement zu φ_{mf}

$$TS = \varphi_{ms} = \frac{m_s}{m_f + m_s} = 1 - \varphi_{mf}. \tag{2.165}$$

In Tabelle 2.8 sind die Umrechnungsformeln der verschiedenen Kennwerte für den Flüssigkeitsinhalt zusammengestellt. Die praktische Bestimmung von ε, s und X_V erfolgt meist über Massebestimmungen, so dass man *zuerst* die Kennwerte φ_{mf} und X_m erhält. Zur Berechnung der Volumina müssen dann die Stoffdichten bekannt sein.

Beispiel 2.7 (Kennzeichnungen des Flüssigkeitsinhalts) Bei der Kuchenfiltration sammelt sich der Feststoff auf einem Filtermittel und bildet den feuchten Filterkuchen. Ein solcher Filterkuchenausschnitt mit 20 mm Dicke und einer Fläche von 250 mm × 250 mm wiegt feucht 1,788 kg und nach dem Trocknen 1,040 kg. Die Feststoffdichte ist 2600 kg/m^3 (z.B. Feldspat), die Flüssigkeitsdichte 1000 kg/m^3 (Wasser). Gesucht sind die Porosität ε des Filterkuchens, die Flüssigkeitsgehalte s, X_V, X_m und φ_{mf} und der Trockensubstanzgehalt $TS = \varphi_{ms}$.

Tabelle 2.8 Umrechnungen von Kennwerten für den Flüssigkeitsinhalt

$$s = \frac{V_f}{V_H} \qquad = \frac{1-\varepsilon}{\varepsilon} \cdot X_V \qquad = \frac{\rho_s}{\rho_f} \cdot \frac{1-\varepsilon}{\varepsilon} \cdot X_m \quad = \frac{\rho_s}{\rho_f} \cdot \frac{1-\varepsilon}{\varepsilon} \cdot \frac{\varphi_{mf}}{1-\varphi_{mf}} \quad = \frac{\rho_s}{\rho_f} \cdot \frac{1-\varepsilon}{\varepsilon}$$
$$\qquad \qquad \qquad \qquad \qquad \qquad \qquad \qquad \qquad \qquad \qquad \qquad \qquad \cdot \frac{1-TS}{TS}$$

$$X_V = \frac{\varepsilon}{1-\varepsilon} \cdot s \qquad = \frac{V_f}{V_s} \qquad = \frac{\rho_s}{\rho_f} \cdot X_m \qquad = \frac{\rho_s}{\rho_f} \cdot \frac{\varphi_{mf}}{1-\varphi_{mf}} \qquad = \frac{\rho_s}{\rho_f} \cdot \frac{1-TS}{TS}$$

$$X_m = \frac{\rho_f}{\rho_s} \cdot \frac{\varepsilon}{1-\varepsilon} \cdot s \quad = \frac{\rho_f}{\rho_s} \cdot X_V \qquad = \frac{m_f}{m_s} \qquad = \frac{\varphi_{mf}}{1-\varphi_{mf}} \qquad = \frac{1-TS}{TS}$$

$$\varphi_{mf} = (1 + \frac{\rho_s}{\rho_f} \cdot \frac{1-\varepsilon}{\varepsilon \cdot s})^{-1} = (1 + \frac{\rho_s}{\rho_f} \cdot X_V^{-1})^{-1} = \frac{X_m}{1+X_m} \qquad = \frac{m_f}{m_f+m_s} \qquad = 1 - TS$$

$$TS = (1 + \frac{\rho_f}{\rho_s} \cdot \frac{\varepsilon \cdot s}{1-\varepsilon})^{-1} = (1 + \frac{\rho_f}{\rho_s} \cdot X_V)^{-1} = \frac{1}{1+X_m} \qquad = 1 - \varphi_{mf} \qquad = \frac{m_s}{m_f+m_s}$$

Lösung:
Porosität: Nach (2.126) ist $\varepsilon = 1 - V_s/V$.

$$V_s = m_s/\rho_s = 1{,}040/2600 \text{ m}^3 = 4{,}00 \cdot 10^{-4} \text{ m}^3,$$
$$V = 20 \cdot 250 \cdot 250 \text{ mm}^3 = 1{,}25 \cdot 10^6 \text{ mm}^3 = 1{,}25 \cdot 10^{-3} \text{ m}^3,$$
$$\varepsilon = 1 - 0{,}4/1{,}25 = 1 - 0{,}32 = 0{,}68 = 68\%.$$

Flüssigkeitsgehalte:

$$X_m = m_f/m_s = (1{,}788 - 2{,}040)/1{,}040 = 0{,}719,$$
$$\varphi_{mf} = m_f/(m_s + m_f) = (1{,}788 - 1{,}040)/1{,}788 = 0{,}418,$$
$$X_V = (\rho_s/\rho_f) \cdot X_m = 2{,}6 \cdot 0{,}719 = 1{,}870$$
$$s = \frac{1-\varepsilon}{\varepsilon} \cdot X_V = (0{,}32/0{,}68) \cdot 1{,}870 = 0{,}88.$$

Trockensubstanzgehalt:

$$TS = \varphi_{ms} = m_s/(m_f + m_s) = 1 - \varphi_{mf} = 1040/1{,}788 = 0{,}582.$$

Man erhält sehr unterschiedliche Zahlenwerte zur Kennzeichnung ein und desselben Sachverhalts. Zur evtl. besseren Bewertung kann man sie normieren, indem man sie auf ihre Werte bei vollständiger Sättigung $s = 1$ bezieht. Aus der Tabelle 2.8, erste Spalte, ist damit unmittelbar ablesbar, dass die normierten Werte für X_V und X_m dann identisch mit s sind. Lediglich für φ_{mf} ergibt sich

$$\varphi_{mf}^* = \frac{\varphi_{mf}}{\varphi_{mf,\text{max}}} = \frac{1 + \frac{\rho_s}{\rho_f} \cdot \frac{1-\varepsilon}{\varepsilon}}{1 + \frac{\rho_s}{\rho_f} \cdot \frac{1-\varepsilon}{\varepsilon \cdot S}} = \frac{2{,}224}{2{,}390} = 0{,}930$$

eine Zahl, deren Anschaulichkeit und Aussagefähigkeit auch nicht besser ist. Den Trockensubstanzgehalt auf denjenigen im Zustand vollständiger Sättigung zu beziehen erscheint nicht sinnvoll.

2.7 Haftkräfte

Außer der Größe und der Form der Einzelpartikel sind es die Haftkräfte zwischen den Partikeln untereinander und zwischen Wänden und Partikeln, die das Verhalten

Tabelle 2.9 Beispiele zur Relevanz der Haftkräfte in der Verfahrenstechnik

Erwünschte Haftung	
Partikel/Partikel-Haftung:	Aufbauagglomeration („Pillendrehen", Granulieren), Preßagglomeration (Tablettieren, Brikettieren, Sintern), verhindert Entmischung freifließender Schüttgüter Flockung in Flüssigkeiten und Gasen.
Partikel/Wand-Haftung:	Beschichtung mit Pulvern (Kreide an der Wandtafel, Farben, Gleitmittel, Trennmittel, Papierbeschichtung), Abscheiden von Partikeln an Filtermitteln (Körner, Fasern).
Unerwünschte Haftung	
Partikel/Partikel-Haftung:	„Klumpen" bildung bei feinen Pulvern verschlechtert die Homogenität (Lebensmittel, Farbpigmente), beeinträchtigt die Fließfähigkeit von Schüttgütern (Verstopfungen, Brückenbildung, Mischbehinderung)
Partikel/Wand-Haftung:	Wandansätze feiner Stäube verschmutzen Apparate u. Maschinen (Sichter, Mühlen, Mischer, Filter), behindern die Funktion von Werkzeugen (Zerkleinern), verstopfen Auslässe und Förderleitungen. Haften von kleinen an größeren Partikeln verunreinigt Mischungen (tonige Bestandteile in Sanden), verursacht Staubbildung bei der Anwendung, verfälscht die Ergebnisse der Partikelgrößenanalyse.

von dispersen Systemen in nahezu allen Bereichen der mechanischen Verfahrenstechnik bestimmen. „Wände" sind hier im weitesten Sinne als Festkörperbegrenzungen zu verstehen, die sehr viel größer sind als die Partikeln selbst. Es können also sowohl Apparate-, Behälter- oder Leitungswände gemeint sein, wie auch Mischoder Zerkleinerungswerkzeuge. Auch große Partikeln, Füllkörper oder Fasern, an denen kleine Partikeln haften bleiben, sollen darunter verstanden werden. Als Beispiele sind in der Tabelle 2.9 einige erwünschte und unerwünschte Vorgänge in der Verfahrenstechnik aufgelistet, bei denen Haftkräfte von Bedeutung sind, ohne dass dabei auf Einzelheiten eingegangen wird.

Eine physikalisch begründete Berechnung von Haftkräften ist nur für wenige sehr einfache Modellfälle näherungsweise möglich. Zusammenhänge zwischen den Haftkräften und verfahrenstechnischen Verarbeitungs- oder Anwendungs-Eigenschaften von Produkten sind tendenziell bekannt, aber nicht vorausberechenbar. Dennoch lässt sich aus den Modellen ein Grundverständnis für viele Vorgänge erlernen, mit Hilfe dessen dann praktische Maßnahmen gezielt ergriffen oder wenigstens Phänomene qualitativ richtig gedeutet werden können.

2.7.1 Haftkräfte in gasförmiger Umgebung

Rumpf (1958) [2.8] hat eine umfassende Übersicht über die Haftmechanismen gegeben, die für Feststoffpartikeln in gasförmiger Umgebung in Frage kommen. In vereinfachter Form nach Schubert (1979) [2.9] ist sie in Abb. 2.28 dargestellt. Dabei wird unterschieden zwischen stofflichen Kraftübertragungen über feste oder flüssige Materialbrücken und immateriellen Kraftübertragungen aufgrund von Feldern. Magnetfeld und Schwerefeld sind weggelassen, weil sie in diesem Zusammenhang keine Rolle spielen. Schließlich ist auch die formschlüssige Verbindung von Partikeln möglich, insbesondere bei faserigen und sehr flachen Teilchenformen (Verhaken, Verknäueln, Falten u.ä.).

2.7.1.1 Festkörperbrücken

Feste stoffliche Verbindungen zwischen Partikeln durch Sinter- oder Schmelzbrücken (Abb. 2.8a) können dann entstehen, wenn die Temperaturen an den Kontaktstellen ungefähr 60% der absoluten Schmelztemperatur erreichen und wenn die Kontaktzeit ausreichend lang ist. Das kann z.B. beim Verpressen durch lokale Energiekonzentration geschehen. Bei der Trocknung von feuchten Schüttgütern bilden sich an den Kontaktstellen Festkörperbrücken, wenn die verdampfende Flüssigkeit auskristallisierende Stoffe enthält (Abb. 2.8b). Diese beiden Arten von Festkörperbrücken übertragen relativ große Kräfte.

2.7.1.2 Flüssigkeitsbrücken

Adsorptionsschichten mit Schichtdicken von z.B. < 3 nm (Wasser) oder *zähflüssige Bindemittel* und *Klebstoffe* lassen sich als Übergang von festen zu flüssigen Brücken auffassen. Sie können den Feststoff anlösen und beim Trocknen Festkörperbrücken bilden, oder sie härten aus. Haftkraftbestimmend sind die Kohäsion im Bindemittel und die Adhäsion am Festkörper.

Frei bewegliche Flüssigkeitsbrücken bilden sich bei niedriger Zähigkeit der Flüssigkeit (z.B. Wasser) zwischen Partikeln. Die Haftkräfte beruhen auf der Randkraft, die wegen der Oberflächenspannung an der Berührungslinie der Flüssigkeitsbrücke wirkt, und auf dem Kapillardruck im Inneren der Brücke. Ist die Brückenoberfläche so gekrümmt, wie in Abb. 2.28d bzw. Abb. 2.29 gezeigt, dann herrscht im Inneren der Flüssigkeitsbrücke ein kapillarer Unterdruck, und die Partikeln werden zueinander hin gezogen.

Für rotationssymmetrische Brücken zwischen einfachen Körpern (Kugeln wie in Abb. 2.29, Kegeln, Platten) können die Haftkräfte abhängig von geometrischen (Abstand a, Kugeldurchmesser d, Füllwinkel 2β) und stofflichen Einflußgrößen (Oberflächenspannung γ, Randwinkel δ) berechnet werden (Schubert (1982) [2.10]).

2.7.1.3 Anziehungskräfte

Auf Grund von Dipol-Wechselwirkungen zwischen den Atomen und Molekülen der benachbarten Oberflächen wirken die *van-der-Waals-Kräfte*. Sie haben eine geringe Reichweite, sind aber bei engem Kontakt zwischen sehr kleinen, trockenen Partikeln von großer Bedeutung (Pressagglomeration). Durch Sorptionsschichten auf der

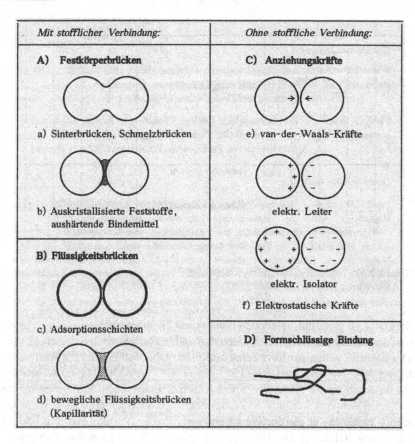

Mit stofflicher Verbindung:	Ohne stoffliche Verbindung:

Abbildung 2.28 Haftmechanismen zwischen Feststoffpartikeln (nach Rumpf [2.8] und Schubert [2.9])

Abbildung 2.29
Flüssigkeitsbrücke zwischen
zwei Kugeln

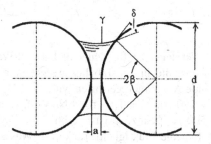

Oberfläche sowie durch Rauigkeiten kann sich die Haftkraft jedoch stark ändern. *Elektrostatische Anziehung* findet zwischen gegenpolig aufgeladenen Oberflächen statt. Elektrisch leitende Materialien laden sich durch Elektronenübertritt auf (Kontaktpotential), während isolierende Materialien durch Reibung, Zerkleinerung o.ä. Überschussladungen erhalten können. Wegen des unterschiedlichen Ladungsabflusses ist ihr Haftkraftverhalten jeweils anders.

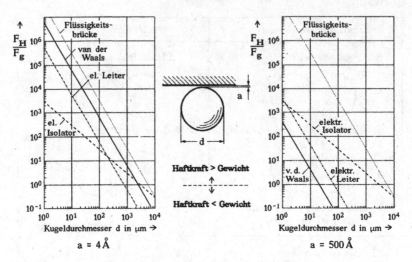

Abbildung 2.30 Vergleich Haftkraft/Gewicht abhängig von der Partikelgröße für Kontaktabstand $a = 4$ Å (Berührung) und für $a = 500$ Å

Tabelle 2.10 gibt zum Vergleich einige Formeln an, nach denen für die angegebenen Modellfälle die Haftkräfte berechnet werden können (nach Schubert [2.9]).

Die Formeln gelten für ideal reine und glatte Oberflächen und für Abstände a zwischen 4 Å und 500 Å (1 Å = 10^{-4} μm = 10^{-10} m). Obwohl sie wegen dieser Idealisierungen für Absolutberechnungen quantitativ kaum Praxisrelevanz haben, können dennoch wesentliche Zusammenhänge an ihnen erkannt werden. Die Modellfälle stehen für Partikel/Wand-Haftung, Partikel/Partikel-Haftung und für Flächenkontakt-Haftung. Die Größenordnung dieser Kräfte kann man sich am besten veranschaulichen, wenn man sie mit der Schwerkraft, also mit dem Gewicht der Kugel

$$F_g = \frac{\pi}{6} \rho_s g \cdot d^3$$

vergleicht.

Dieser Vergleich ist für den Fall Partikel/Wand-Haftung in Abb. 2.30 durchgeführt, wobei die in der Tabelle angegebenen Zahlenwerte benutzt und zusätzlich folgende Annahmen getroffen wurden: Kugeldichte $\rho_s = 3$ g/cm³, $U = 0,5$ V, $\varphi_1 = \varphi_2 = 100$ e/μm² = $1,6 \cdot 10^{-5}$ N/(Vm), Kontaktabstand $a = 4$ Å (Berührung) und $a = 500$ Å. Zusätzlich ist in Abb. 2.30 auch noch der entsprechende Zusammenhang für eine Flüssigkeitsbrücke mit Wasser bei $2\beta = 20°$ und vollständiger Benetzung ($\delta = 0°$) eingetragen (nach Schubert [2.9]).

Der Vergleich zeigt vor allem, dass unter idealen Bedingungen praktisch jede glatte Kugel unter ca. 1 mm Durchmesser an einer glatten Wand haften müsste, und zwar umso fester, je kleiner sie ist. Schon bei Teilchen unter 100 μm dürfte die Schwerkraft überhaupt keine Rolle mehr spielen. Dass die Haftkräfte in Wirklichkeit deutlich kleiner sind, wissen wir aus der Erfahrung und können es mit den vorliegenden Beziehungen aus der Abstandsvergrößerung a erklären. Ist die Ku-

Tabelle 2.10 Formeln zur Haftkraftberechnung für Modellfälle [2.8]

Modellfall	Platte/Kugel	Kugel/Kugel	Platte/Platte

van-der-Waals:

$$F_H = \frac{\hbar\omega}{16\pi} \cdot \frac{d}{a^2} \qquad F_H = \frac{\hbar\omega}{32\pi} \cdot \frac{d}{a^2} \qquad F_H = \frac{\hbar\omega}{8\pi^2} \cdot \frac{A}{a^3}$$

Elektrostatik:

Leiter:
$$F_H = \frac{\pi}{2}\varepsilon_0\varepsilon U^2 \cdot \frac{d}{a} \qquad F_H = \frac{\pi}{4}\varepsilon_0\varepsilon U^2 \cdot \frac{d}{a} \qquad F_H = \frac{1}{2}\varepsilon_0\varepsilon U^2 \cdot \frac{A}{a^2}$$

Isolator:
$$F_H = \frac{\pi}{2}\frac{\varphi_1\varphi_2}{\varepsilon_0\varepsilon} \cdot d^2 \qquad F_H = \frac{\pi}{4}\frac{\varphi_1\varphi_2}{\varepsilon_0\varepsilon} \cdot \frac{d^2}{(1+\frac{a}{d})} \qquad F_H = \frac{1}{2}\frac{\varphi_1\varphi_2}{\varepsilon_0\varepsilon} \cdot A$$

Bedeutungen der Formelzeichen:

$\hbar\omega$: van-der-Waals-Wechselwirkungsenergie ($\hbar\omega \approx 5$ eV $\approx 8 \cdot 10^{-19}$ Nm)

a: (kleinster) Abstand zwischen den Haftpartnern

d: Kugeldurchmesser

A: ebene Kontaktfläche im Fall Platte/Platte

ε_0: Influenzkonstante ($\varepsilon_0 = 8,855 \cdot 10^{-12}$ AS/Vm); 1 As/Vm = 1 N/V^2)

ε: relative Dielektrizitätskonstante ($\varepsilon = 1$ für Vakuum)

U: Kontaktpotential bei elektrischen Leitern (typische Werte $0,1 \ldots 0,7$ V)

φ_1, φ_2: Flächenladungsdichten der Haftpartner ($\varphi_1, \varphi_2 \leq 100$ e/µm^2)

(1e $= 1,6 \cdot 10^{-17}$ As; 1 As = 1 Nm/V)

gel – z.B. durch Oberflächenrauhigkeit – auf den Abstand 500 Å gebracht (das sind 0,05 µm!), dann verringern sich die van-der-Waals-Haftkraft mit dem Faktor $6,4 \cdot 10^{-5}$ und die elektrostatische Haftkraft mit dem Faktor $8 \cdot 10^{-3}$; solche und noch „größere" Abstände bringen diese beiden Kräfte praktisch völlig zum Verschwinden. Bei elektrisch isolierenden Stoffen liegt jedoch keine Abstandsabhängigkeit vor. Auch die Flüssigkeitsbrücke verringert ihre Anziehungskraft erst bei deutlich größeren Abständen, bevor sie ganz abreißt.

Man nutzt einerseits die starken Haftkräfte beim Verpressen trockener Stoffe zu Tabletten, Briketts u.ä. Andererseits spielen Oberflächenrauhigkeiten oder extrem feine Partikeln (Puder) als „Distanzhalter" eine große Rolle, weil sie unerwünschte Hafterscheinungen wirksam verhindern (Trennmittel, s. hierzu auch Aufgabe 2.15).

Bei Flächenkontakt (Platte/Platte) steigen die Haftkräfte proportional zur Größe A der Fläche an und werden drastisch kleiner mit wachsendem Abstand a. Eine Abschätzung der *Flächenpressung* F_H/A mit den in Tabelle 2.10 gegebenen Zahlenwerten liefert z.B. für die van-der-Waals-Haftung reiner Oberflächen bei direkter Berührung ($a = 4$ Å) ca. 160 N/mm^2 (!), und bei 500 Å Abstand nur noch ca. $8 \cdot 10^{-5}$ N/mm^2. Bei genügender Annäherung der Oberflächen von Partikeln können also allein durch die Haftkräfte so hohe lokale Flächenpressungen erreicht werden, dass das Material im Kontaktbereich plastisch verformt wird, eine größere Kontaktfläche entsteht und damit wiederum eine *Haftkraftverstärkung* erfolgt.

2.7.2 Haftkräfte in flüssiger Umgebung

Aus Abb. 2.30 kann man entnehmen, dass in gasförmiger Umgebung die bei weitem größten Haftkräfte von kapillar wirkenden Flüssigkeitsbrücken herrühren. Befinden sich die Partikeln in flüssiger Umgebung, dann entfallen die kapillaren Kräfte zwischen ihnen, und es bleiben nur die — wesentlich kleineren — Haftmechanismen *van-der-Waals* und *Elektrostatik* übrig, wenn man zunächst von formschlüssigen Verhakungen absieht. Was man im täglichen Leben als „Einweichen", „Waschen" oder „Spülen" kennt, beruht unter anderem auf eben diesem Effekt: Aufhebung der kapillaren Bindung von Schmutzpartikeln an der zu reinigenden Oberfläche. Dazu kommen dann die Beeinflussung der übrigen Haftmechanismen und der Abtransport der suspendierten Schmutzteilchen mit der Flüssigkeitsströmung.

Die van-der-Waals-Anziehung wirkt wie in gasförmiger Umgebung nur bei sehr geringen Abständen zwischen den Partikeln, während elektrostatische Wechselwirkungen größere Reichweiten haben. Die Flüssigkeiten in diesem Zusammenhang sind elektrolythaltige, wässrige Lösungen mit dissoziierten Ionen, z.B. wässrige Salzlösungen. Da in einer solchen Flüssigkeit suspendierte Partikeln immer von einer mehr oder weniger fest gebundenen (adsorbierten) Schicht von Molekülen oder Ionen umgeben sind, kann man durch geeignete Wahl und Konzentration dieser Moleküle und Ionen die gegenseitige Anziehung oder Abstoßung von Partikeln beeinflussen. Man nennt Flüssigkeitszusätze, die das Zusammenlagern von Partikeln fördern, *Flockungsmittel* und solche, die eine Abstoßung hervorrufen und damit Agglomeration verhindern, *Dispergiermittel*.

Bei den Abscheide- und Trennverfahren der Fest-Flüssig-Trennung sind Flockungsvorgänge erwünscht, um schnelleres Absetzen, bessere Filtrierbarkeit, günstigeres Auspressverhalten u.ä. zu erzielen. Unerwünscht sind Flockungs- und Agglomerationsvorgänge immer dann, wenn homogene Zustände erreicht und erhalten werden sollen, also z.B. in stabilen flüssigen Mischungen (Suspensionen, Dispersionen, Emulsionen) oder bei der Partikelgrößenanalyse der Primärpartikeln.

Auch hier sollen nur die prinzipiellen Zusammenhänge betrachtet werden.

Allgemein stellt man die Konkurrenz zwischen Abstoßung und Anziehung durch die Abhängigkeit der Wechselwirkungspotentiale vom gegenseitigen Partikelabstand in einem Diagramm wie Abb. 2.31 dar.

Wird bei Annäherung der Haftpartner (Verringerung des Abstands) das Potential größer, so liegt Abstoßung vor (Elektrostatik), nimmt das Potential dagegen ab, besteht Anziehung (van-der-Waals). Die Überlagerung der beiden Effekte ergibt einen Verlauf mit einer *Potentialschwelle*. Lage und Höhe des Maximums dieser Schwelle bestimmen die Stabilität bzw. das Flockungsverhalten einer Dispersion.

Die meisten Feststoffpartikeln in Flüssigkeiten sind mehr oder weniger stark negativ geladen. Das *Abstoßungspotential* kommt von dieser gleichnamigen Aufladung her. An den Partikeln ist eine Schicht positiver Ionen fest adsorbiert (*Sternschicht*), um sie herum befindet sich eine *diffuse Schicht* von Gegenionen. Je zahlreicher sie vorhanden sind, desto mehr schirmen sie die starke Abstoßung ab, desto niedriger wird das Abstoßungspotential in seiner Höhe und Reichweite, desto leichter wird also eine Agglomeration möglich sein. Umgekehrt wird eine Verarmung

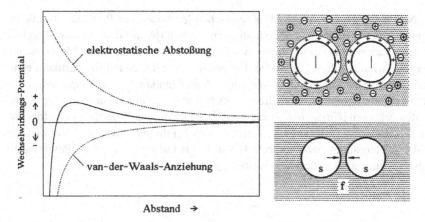

Abbildung 2.31 Prinzipieller Potentialverlauf der Partikel/Partikel-Wechselwirkungen in einer Flüssigkeit

an Ionen in der Flüssigkeit die gegenseitige Partikelabstoßung verstärken und das Haften verhindern. Ein Maß für dieses elektrostatische Verhalten ist das sog. *Zeta-Potential*, das man aus der Beweglichkeit der Partikeln samt ihrer Ionenschichten im elektrischen Feld bekommt (Müller (1996) [2.6]). Die gezielte Beeinflussung der Reichweite der Wechselwirkung erfolgt in der Praxis über die Elektrolytkonzentration (Ionenstärke), die des Zeta-Potentials über den pH-Wert.

Vor allem durch die Herabsetzung des pH-Werts kann die gegenseitige Abstoßung der Partikeln vermindert werden (*Destabilisierung*). Aber auch der Zusatz anorganischer Chemikalien wie z.B. Eisen-III-Chlorid oder Aluminiumsulfat verändert die Ionenstärke der die Partikeln umgebenden Flüssigkeit und setzt so das Zeta-Potential, das ja ursächlich für die elektrisch abstoßende Wirkung ihrer gleichnamigen Aufladungen in der Ionenumgebung ist, herab. Damit werden die gegenseitige Annäherung und die Agglomeration möglich. In der englischsprachigen Literatur wird dieser Mechanismus in Unterscheidung zum Folgenden häufig mit „*coagulation*" bezeichnet.

Ein anderer, sehr häufig verwendeter Flockungsmechanismus (engl. „*flocculation*" genannt), beruht auf der Zugabe von polymeren Flockungsmitteln. Das sind langkettige, hochmolekulare Kohlenwasserstoffe mit hoher Ladungsdichte auf der Oberfläche, so dass sie die fein verteilten kleinen Partikeln binden und zu großen Flockenverbänden (mm-Größe) vereinigen. Neben natürlichen Zusätzen dieser Art wie z.B. Stärke sind vor allem anionische und kationische Polyelektrolyte (z.B. Polyacrylamide) im Einsatz.

Das *Anziehungspotential* ist umso stärker, je größer eine von der Stoffpaarung Feststoff(s)/Flüssigkeit(f) abhängige sog. *Hamaker/van-der-Waals-Konstante* A_{sfs} ist, und diese ist wiederum umso größer, je mehr sich die entsprechenden Konstanten der einzelnen Stoffe (A_{ss} bzw. A_{ff}) voneinander unterscheiden. Bringt man eine Adsorptionsschicht auf den Feststoff auf, deren H./v.d.W.-Konstante etwa gleich derjenigen der Flüssigkeit ist (*Maskierung*), dann werden kaum Haftkräfte wirken können.

Neben den genannten physiko-chemischen Methoden, die Potentialschwelle besonders schwer oder leicht überwindbar zu machen (je nachdem, ob man Teilchenhaftung verhindern oder begünstigen will), gibt es noch mechanische Möglichkeiten zur Überwindung dieser Schwelle. Überträgt man nämlich auf die Partikeln genügend kinetische Energie, z.B. durch Ultraschall, dann können sie beispielsweise aus dem agglomerierten Zustand (links vom Potentialmaximum) in den desagglomerierten gelangen (*Ultraschall-Dispergieren*). Es kann bei hohem Energieeintrag aber auch eintreten, dass dispergierte Partikeln sich bei ihren Schwingungen soweit einander annähern, dass sie in Abb. 2.31 von rechts nach links über den Potentialberg rutschen und aneinander haften bleiben (*Ultraschall-Agglomerieren*).

Aufgaben zu Kapitel 2

Aufgabe 2.1 (Zum Feretdurchmesser) Gegeben ist ein Bild gleichgroßer Rechtecke, die in beliebigen Lagen zu sehen sind (s. Abb. 2.32). Die Seitenlängen der Rechtecke seien a und b.

Man gebe den größten und den kleinsten Feretdurchmesser dieser Rechtecke an und berechne seinen Mittelwert ohne Benutzung der Cauchy-Formel.

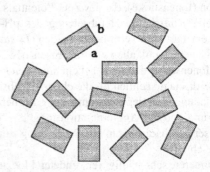

Abbildung 2.32 Partikelbild gleichgroßer Rechtecke

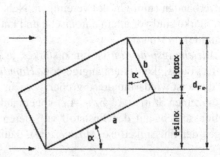

Abbildung 2.33 Zur Mittelwertbildung

Lösung:

$$d_{Fe,\max} = \sqrt{a^2 + b^2} \quad \text{(Diagonale)};$$

$$d_{Fe,\min} = b.$$

Äquivalent zur Mittelwertbildung ist die Drehung eines Rechtecks (Abb. 2.33):

$$\overline{d}_{Fe} = \frac{1}{\pi/2} \cdot \int_0^{\pi/2} d_{Fe}(\alpha)d\alpha,$$

$$d_{Fe}(\alpha) = a \cdot \sin\alpha + b \cdot \cos\alpha,$$

$$\overline{d}_{Fe} = \frac{2}{\pi} \cdot \int (a \cdot \sin\alpha + b \cdot \cos\alpha)d\alpha = \frac{2}{\pi} \cdot (a+b) = \frac{Umfang}{\pi}.$$

Die Lösung bestätigt für diesen speziellen Fall den Satz von Cauchy. Der allgemeine Beweis sowohl für ebene Flächen wie für räumliche Körper kann analog geführt werden.

Aufgabe 2.2 (d_V – Bestimmung mit dem Zähl-Wäge-Verfahren) Durch Auszählen und Wiegen der Partikeln einer Fraktion – z.B. der zwischen zwei Sieben eines Siebsatzes liegenden Körner – lässt sich deren Äquivalentdurchmesser d_V experimentell bestimmen („Zähl–Wäge–Verfahren"). Man entwickle eine Gleichung für d_V, welche die Messgrößen enthält. Welchen Stoffwert benötigt man?

Lösung:
Messwerte:

	Z = Anzahl der Partikeln in der Fraktion
	M = Masse aller gezählten Partikeln in der Fraktion
$m_E = M/Z$	mittlere Masse einer Partikel in der Fraktion
$V_E = m_E/\rho_s$	mittleres Volumen einer Partikel in der Fraktion
$d_V = \sqrt[3]{\dfrac{6 \cdot V_E}{\pi}}$	mittlerer Durchmesser der volumengleichen Kugel
$d_V = \sqrt[3]{\dfrac{6 \cdot M}{\pi \cdot Z \cdot \rho_s}}$	Die Dichte ρ_s der Partikel muss bekannt sein.

Aufgabe 2.3 (Äquivalentdurchmesser- und Formfaktor-Bestimmung) 150 Gleichkorn-Partikeln haben zusammen eine Masse von 4,5 mg. Die spezifische Oberfläche S_V ist an einer größeren Probe dieser Körner zu 293 cm^{-1} bestimmt worden. Die Stoffdichte beträgt 2,5 g/cm^3. Aus diesen Angaben berechne man:

- die Durchmesser d_V und d_S der volumen- bzw. oberflächengleichen Kugel,
- die Sphärizität Ψ_{Wa} und den Formfaktor φ sowie den Volumen-Heywoodfaktor f_V.

Lösung:
Gegebene Messwerte:
$M = 4,5 \cdot 10^{-3}$ g, $S_V = 293$ cm^{-1}, $Z = 150$, $\rho_s = 2,5$ g/cm^3.

$$m_E = M/Z = 3,0 \cdot 10^{-5} \text{ g} \qquad \text{mittlere Masse des Einzelkorns,}$$
$$V_E = m_E/\rho_s = 1,2 \cdot 10^{-5} \text{ cm} \qquad \text{mittleres Volumen des Einzelkorns,}$$
$$S_E = S_V \cdot V_E = 3,52 \cdot 10^{-3} \text{ cm}^2 \quad \text{mittlere Oberfläche des Einzelkorns.}$$

$$d_V = \sqrt[3]{\frac{6 \cdot V_E}{\pi}} = 2,84 \cdot 10^{-2} \text{ cm} = 284 \text{ μm}$$

$$d_S = \sqrt{S_E/\pi} = 3,35 \cdot 10^{-2} \text{ cm} = 335 \text{ μm}$$

$$\Psi_{Wa} = (d_V/d_S)^2 = 0,75, \qquad \varphi = f_V = 1/\Psi_{Wa} = 1,39.$$

Aufgabe 2.4 (Sphärizität und Heywoodfaktor regulärer Körper) Man berechne für Zylinder (Durchmesser a, Höhe b) und für Quader mit quadratischer Grundfläche (Seitenlänge a, Höhe b) die Sphärizität nach Wadell Ψ_{Wa} sowie den Heywoodfaktor f_a für die Partikelgröße $x = a$ abhängig vom Verhältnis b/a. (Vergleiche Diagramm Abb. 2.5.)

Lösung:

Sphärizitäten:

Zylinder: $S = 2 \cdot \frac{\pi}{4}a^2 + \pi ab, \qquad d_S^2 = \frac{S}{\pi} = \frac{a^2}{2} + ab$

$\qquad\qquad V = \frac{\pi}{4}a^2 b, \qquad d_V^2 = (\frac{6 \cdot V}{\pi})^{2/3} = (\frac{3}{2})^{2/3} \cdot (a^2 b)^{2/3}$

Spez. Oberfläche: $S_V = S/V = 2/b + 4/a$

$\qquad \Psi_{Wa} = (d_V^2/d_S^2) = \sqrt[3]{18} \cdot \frac{(b/a)^{2/3}}{1+2(b/a)}$

Quader: $S = 2a^2 + 4ab, \qquad d_S^2 = \frac{S}{\pi} = \frac{1}{\pi} \cdot (2a^2 + 4ab)$

$\qquad\qquad V = a^2 b, \qquad d_V^2 = (\frac{6V}{\pi})^{2/3} = (\frac{6}{\pi}a^2 b)^{2/3}$

Spez. Oberfläche: $S_V = S/V = 2/b + 4a$

$\qquad \Psi_{Wa} = (d_V^2/d_S^2) = \sqrt[3]{\frac{9 \cdot \pi}{2}} \cdot \frac{(b/a)^{2/3}}{1+2(b/a)}$

Heywoodfaktor für beide Formen:

$$f_a = S_V \cdot a/6 = \left(\frac{1}{b/a} + 2\right)/3.$$

Bemerkenswert hieran ist, dass der Heywoodfaktor auch Werte < 1 annehmen kann. Dies ist dann der Fall, wenn $b/a > 1$ ist, d.h. wenn die Körper längliche Formen haben.

Aufgabe 2.5 (Verteilungsdichten und Verteilungssummen) Zu den in Abb. 2.34 oben gegebenen Verteilungsdichten $q_r(x)$ zeichne man die zugehörigen Verteilungssummen $Q_r(x)$.

Lösung: Abb. 2.34 unten

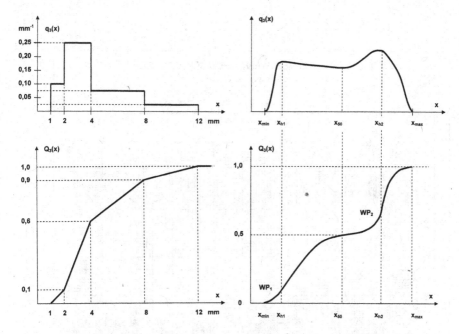

Abbildung 2.34 Aufgabenstellungen (*oben*) und Lösungen (*unten*) zu Aufgabe 2.5

Aufgabe 2.6 (Spezielle Anforderungen an Korngrößenverteilungen) Von einem Zerkleinerungsprodukt werde gefordert:

I: Mindestens 50% der Masse sollen ≤ 8 µm sein.

II: Die spez. Oberfläche S_V/f soll ≥ 10.000 cm^{-1} sein.

  a) Man zeichne im logarithmischen Wahrscheinlichkeitsnetz die log. Normalverteilung ein, welche die beiden Grenzforderungen (Gleichheitszeichen) genau erfüllt.

  b) Unterhalb welcher Korngröße erfüllt auch *Gleichkorn* die Forderung II? Ist hierfür auch die Forderung I erfüllt?

  c) Man prüfe, welche der Forderungen ein Produkt mit 5% > 40 µm und 5% ≤ 1 µm erfüllt, wenn man die logarithmische Normalverteilung seiner Korngrößen unterstellt.

Lösung: (s. zugehörige Abb. 2.35)

a) Gerade durch den Schnittpunkt der 50% -Linie mit der Senkrechten bei $x_{50,3} = 8$ µm mit der „Steigung" (Randmaßstab!)

$$e^{\sigma 2/2} = \frac{S_V \cdot x_{50,3}}{6f} = \frac{10.000 \text{ cm}^{-1} \cdot 8 \cdot 10^{-4} \text{ cm}}{6} = 1,33.$$

b) Gleichkorn heißt: alle Körner sind gleich groß, die Verteilung hat keine Streuung ($\sigma \equiv 0$).

    Aus $e^{\sigma^2/2} = e^0 = 1$ und $S_V/f = 10.000$ cm^{-1} folgt $x_{50,3} = x_{Gleichkorn} = 1 \cdot 6/10^4$ cm $= 6 \cdot 10^{-4}$ cm $= 6$ µm. Die Forderung I ist damit ebenfalls erfüllt.

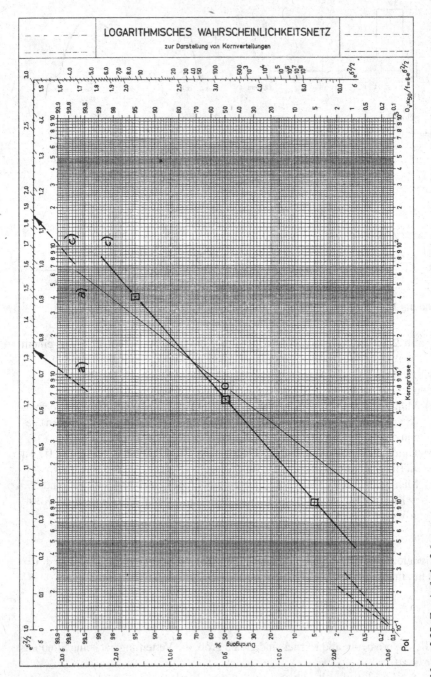

Abbildung 2.35 Zur Aufgabe 2.6

a) Beide Forderungen sind erfüllt, denn die Gerade durch die beiden gegebenen Wertepaare (Quadratpunkte) liefert bei 50% $x_{50,3} = 64$ μm. Nach Parallelverschieben durch den Pol liest man am Randmaßstab $e^{\sigma 2/2} = 1,88$ ab und damit erhält man

$$S_V/f = 6 \cdot e^{\sigma 2/2}/x_{50,3} = 6 \cdot 1,88/(6,4 \cdot 10^{-4}) \, \text{cm}^{-1} \approx 17.600 \, \text{cm}^{-1}.$$

Aufgabe 2.7 (Umrechnung der Mengenart, spezielle Kennwerte) In der untenstehenden Tabelle ist in den oberen beiden Zeilen die Anzahlverteilungsdichte der Korngrößen eines Partikelkollektivs gegeben.

a) Man berechne, die Tabelle fortsetzend, die Werte der Anzahlverteilungssumme $Q_{o,i}$.
b) Man trage diese Werte in das einfachlogarithmische Netz ein und lege eine sinnvolle Approximationskurve fest. Daraus bestimme man den Medianwert $x_{50,0}$ sowie durch Extrapolation x_{min} und x_{max}.
c) Für diese Näherung sind die Gleichungen von $Q_0(x)$ und $q_0(x)$ aufzustellen.
d) Man berechne die Volumenverteilungssumme $Q_3(x)$, zeichne sie ebenfalls in das halblogarithmische Netz ein und lese den Medianwert $x_{50,3}$ ab.
   Zur Kontrolle berechne man $x_{50,0}$ und $x_{50,3}$ aus den Näherungsfunktionen.
e) Sowohl aus der Anzahlverteilung wie aus der Volumenverteilung sind die volumenbezogene Oberfläche S_V, in cm²/cm³ und der Sauterdurchmesser d_{32} in μm für dieses Partikelkollektiv zu berechnen (Formfaktor $f = 1$).

$x/\mu m$	0	32	63	125	250	500
q_{0i}/mm^{-1}	6,25	6,45	3,23	1,60	0,80	
Lösung:						
$\Delta x/\text{mm}$	0,032	0,031	0,062	0,125	0,250	
$\Delta Q_{0,i}$	0,20	0,20	0,20	0,20	0,20	
$Q_{0,j}$		0,20	0,40	0,60	0,80	1,00

a) $Q_{0,j} = \sum_{i=1}^{j} \Delta Q_{0,i} = \sum_{i=1}^{j} q_{0,i} \cdot \Delta x_i \rightarrow$ s.o. Tabelle, letzte Zeile.
b) Eintrag s. Abb. 2.36 $\rightarrow$ Gerade im halblogarithmischen Netz. Daraus: $x_{50,0} = 90$ μm, $x_{min} = 16$ μm, $x_{max} = 500$ μm.
c) Mit der Substitution $z = \lg x$ gilt für $Q_0(z)$ die Geradengleichung

$$Q_0(z) = \frac{z - z_{min}}{z_{max} - z_{min}}$$

in den Grenzen $z_{min} < z \leq z_{max}$. Daraus erhält man durch Resubstitution

$$Q_0(x) = \frac{\lg(x/x_{min})}{\lg(x_{max}/x_{min})}.$$

Die Gleichung für Anzahlverteilungsdichte $q_0(x)$ bekommt man aus

$$q_0(x) = \frac{dQ_0(x)}{dx} = \frac{\lg e}{\lg(x_{max}/x_{min})} \cdot \frac{1}{x} = \frac{c_1}{x}.$$

d) Für die Volumenverteilungsdichte gilt nach (2.97)

$$q_3(x) = x^3 \cdot q_0(x) / \int_{x_{min}}^{x_{max}} x^3 \cdot q_0(x) dx.$$

Mit $q_0(x) = c_1/x$ ergibt sich daraus

$$q_3(x) = c_1 x^2 / \int_{x_{min}}^{x_{max}} c_1 x^2 dx = 3 \cdot x^2 / (x_{max}^3 - x_{min}^3) \quad \text{und}$$

$$Q_3(x) = \int_{x_{min}}^{x} q_3(x) dx = 3/(x_{max}^3 - x_{min}^3) \cdot \int_{x_{min}}^{x} x^2 dx \to Q_3(x)$$

$$= (x^3 - x_{min}^3)/(x_{max}^3 - x_{min}^3),$$

abgelesener Medianwert: $x_{50,3} \approx 400$ μm.
$x_{50,3}$ berechnet man aus $Q_3(x_{50,3}) = 0,5$, also aus:

$$0,5 = (x_{50,3}^3 - x_{min}^3)/x_{max}^3 - x_{min}^3,$$

aufgelöst nach $x_{50,3}$ ergibt sich

$$x_{50,3} = \sqrt[3]{0,5 \cdot (x_{max}^3 + x_{min}^3)} = 397 \text{ μm} \approx 400 \text{ μm}$$

und $x_{50,3}$ entsprechend aus $Q_0(x_{50,0}) = 0,5$:

$$0,5 = \lg(x_{50,0}/x_{min}) / \lg(x_{max}/x_{min}) \to x_{50,0}/x_{min} = (x_{max}/x_{min})^{0,5},$$

$$x_{50,0} = \sqrt{x_{max} \cdot x_{min}} = 89,4 \text{ μm} \approx 90 \text{ μm}.$$

e) Aus der Anzahlverteilung $q_0(x)$ berechnet man S_V nach (2.60)

$$S_V = 6f \cdot \left[\int_{x_{min}}^{x_{max}} x^2 q_0(x) dx / \int_{x_{min}}^{x_{max}} x^3 q_0(x) dx \right].$$

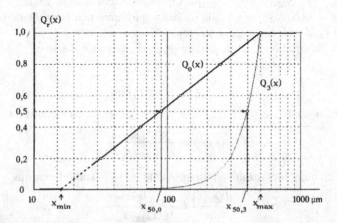

Abbildung 2.36 Verteilungssummen zu Aufgabe 2.9

Mit $q_0(x) = c_1/x$ und $f = 1$ ergibt sich

$$S_V = 6 \cdot \left[\int_{x_{min}}^{x_{max}} x\,dx \middle/ \int_{x_{min}}^{x_{max}} x^2 dx \right]$$

$$= 6 \cdot \left[\frac{1}{2}(x_{max}^2 - x_{min}^2) \middle/ \left\{ \frac{1}{3}(x_{max}^3 - x_{min}^3) \right\} \right]$$

$$= 9 \cdot \frac{x_{max}^2 - x_{min}^2}{x_{max}^3 - x_{min}^3} = 0,0180\ \mu m^{-1} = 180\ cm^{-1}.$$

Zum gleichen Ergebnis kommt man selbstverständlich mit der Volumenverteilungsdichte aus der Lösung zu d)

$$q_3(x) = 3 \cdot x^2/(x_{max}^3 - x_{min}^3) \quad \text{und} \quad f = 1 \quad \text{nach (2.58):}$$

$$S_V = 6f \int_{x_{min}}^{x_{max}} x^{-1} q_3(x)\,dx = 6 \cdot \frac{3}{x_{max}^3 - x_{min}^3} \cdot \int_{x_{min}}^{x_{max}} x\,dx = 9 \cdot \frac{x_{max}^2 - x_{min}^2}{x_{max}^3 - x_{min}^3}.$$

Wenn man die Funktionen $q_0(x)$ oder $q_3(x)$ nicht bestimmt hat, kann man S_V auch nach (2.59) berechnen:

$$S_V = 6f \frac{\sum_1^n \bar{x}_i^2 \cdot \Delta Q_{0,i}}{\sum_1^n \bar{x}_i^3 \cdot \Delta Q_{0,i}}.$$

Mit $\Delta Q_{0,i} = 0,2 = $ const., $f = 1$ und den arithmetischen Mittelwerten in den Intervallen nach (2.38) ergibt sich

$$S_V = 6 \cdot \frac{24^2 + 47,5^2 + 94^2 + 187,5^2 + 375^2}{24^3 + 47,5^3 + 94^3 + 187,5^3 + 375^3}\ \mu m^{-1}$$

$$= 0,0187\ \mu m^{-1} = 187\ cm^{-1}.$$

Der Sauterdurchmesser wird hiermit $d_{32} = 6/S_V = 321\ \mu m$ bzw. 333 μm mit $S_V = 180\ cm^{-1}$ (s.o.).

Aufgabe 2.8 (Partikelgrößenverteilung einer Mischung) Es stehen zwei Körnerkollektive des gleichen Materials zur Verfügung. Sie haben die in der folgenden Tabelle gegebenen Korngrößenverteilungen $D_1(x)$ bzw. $D_2(x)$.

x/mm	0,1	0,2	0,5	1,0	2,0	5,0	10,0	12,5
$D_1(x)$	0,09	0,20	0,39	0,60	0,78	0,99	1,00	1,00
$D_2(x)$	0	0	0,02	0,15	0,31	0,46	0,68	0,98

In welchem Massenverhältnis m_1/m_2 muss man die beiden Kollektive zusammenmischen, um den Massenanteil der Körner $\leq 1,0$ mm im Gemisch auf folgende Werte einzustellen: 0,15; 0,30; 0,45; 0,60?

Lösung:
Entsprechend (2.89) ist der Massenanteil $\leq x$ in der Mischung

$$D_M(x) = v_1 \cdot D_1(x) + v_2 \cdot D_2(x).$$

Mit $\quad v_1 = 1 - v_2$ ergibt sich $D_M(x) = D_1(x) + v_2 \cdot [D_2(x) - D_1(x)]$

bzw. $\quad v_2 = \frac{D_M(x) - D_1(x)}{D_2(x) - D_1(x)}$. Andererseits ist

$$v_2 = \frac{m_2}{m_1 + m_2} = \frac{1}{m_1/m_2 + 1} \quad \text{bzw.} \quad \frac{m_1}{m_2} = \frac{1}{v_2} - 1.$$

Damit wird das einzustellende Massenverhältnis

$$\frac{m_1}{m_2} = \frac{D_2(x) - D_1(x) - (D_M(x) - D_1(x))}{D_M(x) - D_1(x)} = \frac{D_2(x) - D_M(x)}{D_M(x) - D_1(x)}.$$

Mit $x = 1,0$ mm und den Werten $D_1(1,0 \text{ mm}) = 0,60$ und $D_2(1,0 \text{ mm}) = 0,15$ aus der gegebenen Tabelle ergeben sich für die geforderten Anteile $\leq 1,0$ mm folgende Mischungsverhältnisse:

$D_M(1,0 \text{ mm})$	0,15	0,30	0,45	0,60
m_1/m_2	0 (d.h. nur m_2)	0,50	2,0	∞ (d.h. nur m_1)

Aufgabe 2.9 (Umrechnung von Feinheitsmerkmalen; Anwendung von Momenten)
Mit dem Coulter-Counter (s. Kap. 5, Abschn. 5.4.3) wird die Anzahlverteilung $Q_0(V)$ bzw. $q_0(V)$ der Partikelvolumina $V = k_V \cdot x^3$ gemessen.
Man stelle aus der für die Dispersitätsgröße x gültigen Gleichung (2.117)

$$S_V = 6f \cdot \frac{M_{2,0}}{M_{3,0}}$$

eine Beziehung zur Berechnung des arithmetischen Mittelwerts $\bar{x}$ und der spezifischen Oberfläche S_V direkt aus Coulter-Counter-Meßdaten ($\Delta Q_{0,i}$; V_i) auf.

Lösung:
Allgemein ist nach (2.110)

$$M_{r,0} = \int_{x_{min}}^{x_{max}} x^r \cdot q_0(x)dx. \tag{$*$}$$

Darin ersetzt man die Größen im Integranden durch Umrechnung des Feinheitsmerkmals x auf das Feinheitsmerkmal $\xi \equiv V$ (vgl. (2.93))

$$q_0(x)dx = q_0(V)dV \quad \text{und} \quad x^r = k_V^{-\frac{r}{3}} \cdot V^{\frac{r}{3}} \quad (\text{aus } V = k_V \cdot x^3)$$

und bekommt aus ($*$)

$$M_{r,0}^{(x)} = k_V^{-\frac{r}{3}} \cdot \int_{V_{min}}^{V_{max}} V^{\frac{r}{3}} \cdot q_0(V)dV = k_V^{-\frac{r}{3}} \cdot M_{\frac{r}{3},0}^{(V)}, \tag{$**$}$$

Der arithmetische Mittelwert $\bar{x} = M_{1,0}$ wird mit $r = 1$ berechnet zu

$$\bar{x} = M_{1,0} = k_V^{-\frac{r}{3}} \cdot M_{\frac{1}{3},0}^{(V)}$$

$$\bar{x} = k_V^{-\frac{1}{3}} \cdot \int_{V_{min}}^{V_{max}} V^{1/3} \cdot q_0(V) dV \quad \text{bzw.} \quad \bar{x} = k_V^{-\frac{1}{3}} \cdot \sum_{i=1}^{n} V_i^{1/3} \cdot \Delta Q_{0,i}.$$

Für die spezifische Oberfläche erhält man aus (∗) sowie (∗∗) mit $r = 2$ im Zähler und $r = 3$ im Nenner

$$S_V = 6f \cdot \frac{M_{2,0}}{M_{3,0}} = 6f \cdot \frac{k_V^{-\frac{2}{3}} \cdot M_{\frac{2}{3},0}^{(V)}}{k_V^{-\frac{3}{3}} \cdot M_{\frac{3}{3},0}^{(V)}},$$

$$S_V = 6f \cdot k_V^{\frac{1}{3}} \cdot \frac{M_{\frac{2}{3},0}^{(V)}}{M_{1,0}^{(V)}}.$$

Darin sind

$$M_{\frac{2}{3},0}^{(V)} = \int_{V_{min}}^{V_{max}} V^{2/3} \cdot q_0(V) dV \quad \text{bzw.} \quad = \sum_{i=1}^{n} V_i^{2/3} \cdot \Delta Q_{0,i} \quad \text{und}$$

$$M_{1,0}^{(V)} = \int_{V_{min}}^{V_{max}} V \cdot q_0(V) dV \quad \text{bzw.} \quad = \sum_{i=1}^{n} V_i^{1/3} \cdot \Delta Q_{0,i},$$

so dass schließlich die spezifische Oberfläche aus

$$S_V = 6f \cdot k_V^{\frac{1}{3}} \cdot \frac{\sum_{i=1}^{n} V_i^{2/3} \cdot \Delta Q_{0,i}}{\sum_{i=1}^{n} V_i \cdot \Delta Q_{0,i}}$$

bestimmt wird.

Für die Formfaktor-Kombination $f \cdot k_V^{1/3}$ kann man eine sinnvolle Abschätzung vornehmen, indem für x der Durchmesser d_V der volumengleichen Kugel gesetzt wird. Dann ist $k_V = k_{V,v} = \pi/6$ und nach (2.26) $f \equiv f_V = \varphi$. Nicht allzu extreme Partikelformen haben φ-Werte um 1,5 (vgl. Abb. 2.5), so dass man

$$f \cdot k_V^{1/3} \approx 1,5 \cdot \left(\frac{1}{6}\right)^{1/3} = 1,5 \cdot 0,806 = 1,2$$

bekommt und verallgemeinernd schließen kann, dass der Vorfaktor $f \cdot k_V^{1/3}$ die Größenordnung 1 hat.

Aufgabe 2.10 (Faserstaub, Konzentration und Längenverteilung von Fasern) Die Auszählung von zylindrischen Stückchen eines Faserstaubs hat das in den ersten beiden Zeilen der unten stehenden Tabelle enthaltene Ergebnis ihrer Längenverteilung gebracht. Der Faserdurchmesser ist konstant 0,8 µm, die Dichte des Fasermaterials (Glas) 2,2 g/cm^3.

a) Wieviel Anzahl-% der Fasern sind lungengängig d.h. haben Längen unterhalb 10 µm, und wie viele sind länger als 200 µm?
b) Wie groß ist die spezifische Oberfläche des Staubs (Angabe in cm^{-1})?
c) Wieviele Faserpartikeln atmet ein Mensch täglich insgesamt ein, der sich in einem Raum mit einer Faserstaubkonzentration von 250.000 Fasern/m^3 befindet und pro Arbeitstag ca. 4,5 m^3 Luft umsetzt?
d) Wieviele Partikeln davon sind lungengängig ($<$10 µm)?
e) Welcher Partikelkonzentration in µg/m^3 entspricht die unter c) gegebene Faserstaubkonzentration?

$L/\mu m$	<1	1–2	2–5	5–10	10–20
$\Delta Q_0(L)$	0,3%	0,6%	1,1%	5%	11%

$L/\mu m$	20–50	50–100	100–200	200–500	500–1000
$\Delta Q_0(L)$	22%	23%	22%	11%	4%

Lösung:

$\bar{L}_i/\mu m$	0,5	1,5	3,5	7,5	15	35	75	150	350	750
$\Delta Q_{0,i}(L)$	0,003	0,006	0,011	0,05	0,11	0,22	0,23	0,22	0,11	0,040

a) Lungengängig sind: $Q_0(10\,\mu m) = 5\%$,
   länger als 200 µm sind $1 - Q_0(200\,\mu m) = 15\%$.
b) Nach (2.124) ist $S_V = 4/d = 5\,\mu m^{-1} = 5.000\,cm^{-1}$.
c) $Z_{ges} = 250.000/m^3 \cdot 4,5\,m^3/d = 1,125 \cdot 10^6$ Fasern/Tag.
d) $Z(L < 10\,\mu m) = 0,05 \cdot 1,125 \cdot 10^6$ Fasern/Tag $= 56.250$ lungengängige Fasern/Tag.
   Mittlere Masse einer Faser: $\bar{M}_P = \rho \cdot \bar{V}_P$

$$\text{mit } \bar{V}_P = \frac{\pi}{4}d^2 \cdot \bar{L} \text{ und } \bar{L} = \sum_1^{11} L_i \cdot \Delta Q_{0,i} \rightarrow$$

$$\bar{L} = 128,5\,\mu m \quad \bar{V}_P = 64.59\,\mu m^3 \quad \bar{M}_P = 1,42 \cdot 10^{-4}\,\mu g.$$

e) Bei 250.000 Fasern/m^3 ergeben sich $M_{Pges} = 35,5\,\mu g/m^3$.

Aufgabe 2.11 (Äußere und innere Porosität) Es sollen die Porosität im Inneren von porösen Granulatkörnern sowie die Schüttgutdichte bestimmt werden. Dazu füllt man z.B. 1 kg Granulat in einen Behälter, rüttelt ein und erzeugt damit eine äußere Porosität von $\varepsilon_a = 0,37$. Das Volumen, das die gesamte Schüttung in dem Behälter annimmt, sei $V = 3,55$ l, die Feststoffdichte des Kornmaterials beträgt 1,6 g/cm^3.

Lösung:
Gegeben: $\quad \varepsilon_a = 0,37 \qquad V = 3.550 \text{ cm}^3$,
$$\qquad\qquad m_s = 1000 \text{ g} \quad \rho_s = 1,60 \text{ g/cm}^3.$$

Mit $\quad V_{Gr} =$ Volumen der porösen Granulatkörner und
$\qquad V_s =$ Feststoffvolumen
ist die gesuchte innere Porosität $\varepsilon_i = \frac{V_{Gr} - V_s}{V_{Gr}} = 1 - \frac{V_s}{V_{Gr}}$.

$$V_s = m_s / \rho_s = 1.000/1,6 \text{ cm}^3 = 625 \text{ cm}^3,$$

$$V_{Gr} = V \cdot (1 - \varepsilon_a) = 3.550 \cdot (1 - 0,37) \text{ cm}^3 = 2.237 \text{ cm}^3,$$

$$\varepsilon_i = 1 - 625/2.237 = 0,72.$$

Die Schüttgutdichte ergibt sich aus

$$\rho_{Sch} = m_s / V = 1/3,55 \text{ kg/l} = 0,282 \text{ kg/l} = 0,282 \text{ g/cm}^3 = 282 \text{ kg/m}^3.$$

Aufgabe 2.12 (Gesamtporosität) Man leite die Beziehung Gleichung (2.130) $\varepsilon_{ges} = \varepsilon_a + \varepsilon_i - \varepsilon_i \cdot \varepsilon_a$ her.

Lösung:
Mit den Bezeichnungen $\quad V_{ges} =$ Gesamtvolumen der Schüttung,
$\qquad\qquad\qquad\qquad V_{H,Sch} =$ Hohlraum in der Schüttung,
$\qquad\qquad\qquad\qquad V_A =$ Volumen der (porösen) Partikeln,
$\qquad\qquad\qquad\qquad V_{H,A} =$ Hohlraum im Inneren der Partikeln
und $\varepsilon_a = V_{H,Sch}/V_{ges}$ sowie $\varepsilon_i = V_{H,A}/V_A$ ist zunächst

$$\varepsilon_{ges} = \frac{V_{H,Sch} + V_{H,A}}{V_{ges}} = \varepsilon_a + \frac{V_{H,A}}{V_{ges}} = \varepsilon_a + \varepsilon_i \cdot \frac{V_A}{V_{ges}}.$$

Daraus folgt dann wegen $\frac{V_A}{V_{ges}} = 1 - \varepsilon_a$ die (2.130): $\varepsilon_{ges} = \varepsilon_a + \varepsilon_i \cdot (1 - \varepsilon_a)$.

Aufgabe 2.13 (Flüssigkeitsbedarf bei der Feuchtagglomeration) Wieviel Liter Wasser sind je kg Feststoff erforderlich, wenn Feuchtagglomerate bei einer gegebenen Porosität ε_A den Sättigungsgrad s haben sollen?
Zahlenwerte: Feststoffdichte $\rho_s = 2700 \text{ kg/m}^3$; $\varepsilon_A = 40\%$; $s = 0,8$.

Lösung:

Gesucht ist das Verhältnis V_f / m_s.
Mit $s = V_f / V_{HA} = V_f/(\varepsilon_A V_A)$ erhält man: $V_f = s \cdot (\varepsilon_A V_A)$.
Andererseits ist $m_s = \rho_s \cdot V_s = \rho_s \cdot (1 - \varepsilon_A) \cdot V_A$.
Damit wird das gesuchte Verhältnis $\frac{V_f}{m_s} = \frac{s}{\rho_s} \cdot \frac{\varepsilon_A}{1 - \varepsilon_A}$.

Mit den gegebenen Zahlenwerten ergibt sich ein Flüssigkeitsbedarf von 0,20 l/kg.

Aufgabe 2.14 (Trockenes und feuchtes Holz) Die Dichte von trockenem Kiefernholz wird mit 400 kg/m^3 angegeben.

a) Wie groß ist seine Porosität, wenn die Dichte der festen Gerüstsubstanz 1600 kg/m^3 beträgt?
b) Bei welchem Wassergehalt (bezogen auf das Gesamtvolumen) sinken Späne aus Kiefernholz in Wasser?
c) Wie groß ist dann die Wasserbeladung, bezogen auf die Masse des trockenen Holzes?
d) Wie groß ist der Flüssigkeits-Sättigungsgrad s?

Lösung:

a) Entsprechend (2.129) bzw. ist $\varepsilon = 1 - \rho_{trKH}/\rho_S = 1 - 400/1600 = 0{,}75$.
b) $(m_S + m_f)/V_{ges} > 1000$ kg/m^3 $\rightarrow$ 1000 kg/m^3 $- \rho_S \cdot V_S/V_{ges}$ $m_f/V_{ges} > 600$ kg/m^3.

c) $\quad X_m = \dfrac{m_f}{m_S} = \dfrac{m_f}{V_{ges}} \cdot \dfrac{V_{ges}}{m_S} = 600\dfrac{\text{kg}}{\text{m}^3} \cdot \dfrac{V_{ges}}{\rho_S \cdot V_S} = \dfrac{600}{1600 \cdot 0{,}25} = 1{,}5.$

d) $\quad s = \dfrac{V_f}{V_H} = \dfrac{V_f}{V_{ges}} \cdot \dfrac{V_{ges}}{V_H} = \dfrac{m_f}{V_{ges}} \cdot \dfrac{1}{\rho_f \cdot \varepsilon} = \dfrac{600}{1000 \cdot 0{,}75} = 0{,}80.$

Aufgabe 2.15 (Haftkraftverringerung durch Rauigkeiten) Der Einfluß von Oberflächenrauigkeiten auf die van-der-Waals-Haftung soll für das in Abb. 2.37 links skizzierte Modell anhand der in Tabelle 2.10 angegebenen Formel für den Fall Platte/Kugel durch einfache Addition der auf die kleine Kugel (Rauhigkeitserhebung) und auf die große Kugel (Partikel) wirkenden Haftkräfte abgeschätzt werden. Man rechne mit dem Kontaktabstand $a_0 = 4 \cdot 10^{-4}$ µm ($= 4$ Å) und mit $\hbar\omega = 5$ eV.

Für die Partikeldurchmesser $D = 100$ µm und $D = 10$ µm zeichne man den Verlauf von F_{vdW} über dem Durchmesser d der Rauhigkeitserhebung in ein doppeltlogarithmisches Netz.

Lösung:
Die kleine Halbkugel hat den Kontaktabstand a_0 während die große Kugel von der kleinen auf die Distanz $a = a_0 + d/2$ zur Platte gebracht wird.
Daher ist die Haftkraft auf die kleine Kugel

$$F_d = \frac{\hbar\omega}{16\pi} \cdot \frac{d}{a_0^2}$$

und auf die große Kugel

$$F_D = \frac{\hbar\omega}{16\pi} \cdot \frac{D}{(a_0 + d/2)^2}.$$

Dabei wird unrealistischerweise das *ganze* Volumen der kleinen Kugel berücksichtigt, und dadurch seine eine Hälfte doppelt gerechnet. Im Rahmen der Näherung ist das jedoch unerheblich. Addition ergibt

$$F_{vdW} = \frac{\hbar\omega}{16\pi} \cdot \left(\frac{d}{a_0^2} + \frac{D}{(a_0 + d/2)^2} \right).$$

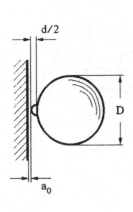

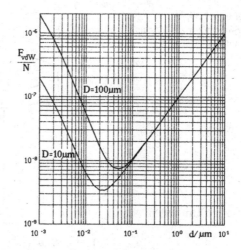

Abbildung 2.37 Einfluß einer Rauhigkeitserhebung auf die van-der-Waals-Haftkraft

Setzt man die Zahlenwerte ein und trägt wie gefordert F_{vdW} über d auf, ergibt sich der in Bild 2.37 rechts gezeigte Verlauf.

Bei sehr kleinen Rauhigkeiten (hier $d <$ ca. 10^{-2} µm, linker Ast) überwiegt die auf die große Kugel wirkende Haftkraft (zweites Glied in der Klammer). Die Gesamt-Haftkraft ist stark von der Partikelgröße D abhängig. Man verzeichnet mit zunehmendem Abstand ($a_0 + d/2$) einen drastischen Abfall der Haftkraft.

Bei größeren Rauhigkeitserhebungen (hier $d >$ ca. 10^{-1} µm, rechter Ast) ist der erste Summand in der Klammer viel größer als der zweite, die auf die kleine Kugel wirkende Haftkraft steigt mit zunehmendem Durchmesser d und übertrifft schließlich die auf die große Kugel wirkende. Die Partikelgröße D spielt keine Rolle mehr.

Aufgabe 2.16 (Haftkraft-Messung durch Abzentrifugieren) Haftkräfte können als Trennkräfte gemessen werden, indem an einem Zentrifugenrotor haftende Partikeln (Abb. 2.38) abgeschleudert werden. Die erforderliche Zentrifugalkraft F_Z wird der Haftkraft F_H, gleichgesetzt. Die Messung von van-der-Waals-Kräften muß im Hochvakuum ausgeführt werden, damit Einflüsse von Adsorptionsschichten ausgeschlossen bleiben.

Welche Drehzahl n des Zentrifugenrotors mit $D = 2$ cm Durchmesser ist nötig, damit ein durch v.d.Waals-Bindung haftendes Aluminium-Kügelchen von $d_K = 5$ µm Durchmesser (Dichte $\rho_K = 2{,}7$ g/cm) gerade abgeschleudert wird?

Das Wievielfache der Schwerebeschleunigung wird damit realisiert? Man rechne mit dem Kontaktabstand $a = 4 \cdot 10^{-4}$ µm und mit $\hbar\omega = 5$ eV.

Lösung:
Aus dem Kräftegleichgewicht zwischen Haftkraft Platte/Kugel (s. Tabelle 2.10) und Zentrifugalkraft auf die Kugel

$$\frac{\hbar\omega}{16\pi} \cdot \frac{d_K}{a^2} = \rho_K \cdot \frac{\pi}{6} d_K^3 \cdot \frac{D}{2} (2\pi n)^2$$

Abbildung 2.38
Zentrifugenrotor zur Messung
von Haftkräften

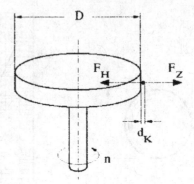

folgt durch Umstellen

$$n = \frac{1}{4\pi^2} \cdot \left(\frac{3\hbar\omega}{\rho_K D} \right)^{1/2} \cdot \frac{1}{a \cdot d_K}.$$

Mit den angegebenen Zahlenwerten erhält man daraus

$$n = 2670 \text{ s}^{-1} = 160.200 \text{ min}^{-1}.$$

Die Schleuderziffer $z = D\omega_z^2/2g$ mit der Winkelgeschwindigkeit $\omega_z = 2\pi n$ des Rotors gibt gerade das gesuchte Vielfache an. Die Zahlenwerte liefern

$$z = 2{,}87 \cdot 10^5.$$

Diesen Wert kann man auch als Verhältnis Haftkraft F_H/Gewicht F_g aus Abb. 2.30 links (für $a = 4$ Å) beim Kugeldurchmesser 5 μm ablesen.

Aufgabe 2.17 (Partikelgrößen, Orientierungsabhängigkeit) Welche der in Abschn. 2.3 definierten Partikelgrößen sind bei Messverfahren abhängig von ihrer räumlichen Orientierung bzw. der Messrichtung und welche nicht?

Lösung:
Orientierungsabhängig: $x_{Fe}, x_{Ma}, x_{Cmax}, d_P, d_{Pe}, d_w, d_{St}, d_{ae}, d_{Sca}, d_e$.
Orientierungsunabhängig: d_V, d_S.

Literatur

[2.1]   Allen T (1996) Particle Size Measurement. Volume 1: Surface Area and Pore Size Determination Volume 2: Powder Sampling and Particle Size Measurement. Springer, Dordrecht
[2.2]   Bender W, Koglin B (1986) Mechanische Trennung von Bioprodukten. Chem.-Ing.-Tech. **58**:565–577
[2.3]   DIN-Taschenbuch 133 (2004) Partikelmesstechnik; Normen, Ausgabe auf CD-ROM oder als Netzwerkversion. Beuth-Verlag GmbH, Berlin
[2.4]   ISO 9276 (2005) Darstellung der Ergebnisse von Partikelgrößenanalysen – Teil 5: Logarithmisches Normalverteilungsnetz. Beuth-Verlag GmbH, Berlin

[2.5]   Mandelbrot BB (1991) Die fraktale Geometrie der Natur. Birkhäuser, Basel
[2.6]   Müller RH (1996) Zetapotential und Partikelladung in der Laborpraxis. Wiss. Verlagsgesellschaft, Stuttgart
[2.7]   Pahl M, Schädel G, Rumpf H (1973) Zusammenstellung von Teilchenformbeschreibungsmethoden. Aufber.-Techn. **14**(5):257–264. Nr. 10, 672–683; Nr. 11, 759–764
[2.8]   Rumpf H (1958) Grundlagen und Methoden des Granulierens. Chem.-Ing.-Techn. **30**:144–158
[2.9]   Schubert H (1979) Grundlagen des Agglomerierens. Chem.-Ing.-Techn. **51**:266–277
[2.10] Schubert H (1982) Kapillarität in porösen Feststoffsystemen. Springer, Berlin
[2.11] Wadell H (1932/1933) Volume, Shape and Roundness of Rock Particles. J Geol. **40**:443–445, 41, 310
[2.12] Walz (1936) Die Betonstraße **11**:27–36

Kapitel 3
Ähnlichkeitslehre und Dimensionsanalyse

3.1 Ähnlichkeit

Die Lösungen vieler technischer Probleme vor allem der Mechanik und dort besonders der Fluidmechanik, aber auch der Thermodynamik können nicht vorausberechnet, sondern müssen durch sinnvolle Experimente ermittelt werden. Oft sind die Originalobjekte, -prozesse oder -anlagen zu groß oder zu komplexer Natur, so dass die Versuche zu teuer, wegen der eingesetzten Stoffe und extremer Temperaturen zu gefährlich oder schlicht unmöglich sind. Man muss daher systematische Experimente an kleineren Modellen durchführen und aus den Ergebnissen auf das zu erwartende Verhalten in der Originalausführung schließen. Insbesondere bei der Entwicklungsarbeit ist ein solches Vorgehen sehr hilfreich.

Einige Beispiele sollen das verdeutlichen:

- Windkanalversuche für Tragflügel, Flugzeugrümpfe, Autokarosserien,
- Schiffsmodelle, Strömungen in Flüssen und Kanälen,
- Bodenströmungen im Erdreich,
- Apparatemodelle für Strömungsvorgänge in Rührapparaten und Kolonnen,
- Wärme- und Stoffübertragung in großen Apparaten,
- Strömungsmechanisches und thermodynamisches Verhalten extremer Fluide (Schmelzen, heiße Gase, toxische und ätzende Flüssigkeiten)

Die Modelle und die Versuchsbedingungen in der Modellausführung müssen gewisse Bedingungen erfüllen, damit die Ergebnisse durchschaubar und übertragbar werden. Das sind vor allem *geometrische* und *physikalische Ähnlichkeit*.

Geometrische Ähnlichkeit

Das Modell ist eine linear verkleinerte Ausführung der Originalausführung, d.h. alle Längenabmaße stehen im gleichen, konstanten Verhältnis. Mit der Indizierung „M" für Modell und „H" für Hauptausführung bedeutet das beispielsweise für einen zylindrischen Körper (Abb. 3.1)

$$L_H/L_M = d_H/d_M = \mu = \text{const.} \qquad (3.1)$$

Man nennt μ den Maßstabsfaktor oder Vergrößerungsfaktor.

Die geometrische Ähnlichkeit ist in den meisten Fällen relativ leicht einzuhalten. Sie gilt streng genommen aber z.B. auch für Rauhigkeiten auf den Oberflächen von Hauptausführungen, ist dabei jedoch wegen der sehr großen Unterschiede bei den Originalmaßen meist nicht erfüllbar.

M. Stieß, *Mechanische Verfahrenstechnik - Partikeltechnologie 1*,
doi: 10.1007/978-3-540-32552-9, © Springer 2009

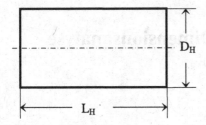 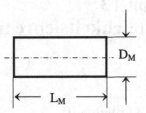

Abbildung 3.1 Geometrische Ähnlichkeit

Physikalische Ähnlichkeit

Die betrachteten physikalischen Vorgänge sollen im Modell denen der Hauptausführung möglichst genau entsprechen. Aus der Fluidmechanik beispielsweise ist bekannt, dass bei Strömungsvorgängen das Verhältnis von Impulsstrom als Kraft F_I zur Reibungskraft F_R die Strömungsformen laminar und turbulent bestimmt. Ist dies Verhältnis in Haupt- und Modellausführung gleich, liegt auch die gleiche Strömungsform vor. Man nennt dieses Verhältnis *Reynoldszahl*.

$$\text{Re} \sim \frac{\dot{m} \cdot w}{\tau \cdot A} \sim \frac{\rho \cdot w^2 \cdot l}{\eta \cdot w} = \frac{\rho \cdot w \cdot l}{\eta}. \tag{3.2}$$

Die Ähnlichkeitsbedingung ist damit

$$\text{Re}_M = \text{Re}_H.$$

Je nach dem Strömungsproblem (z.B. Rohrdurchströmung, Kugelumströmung) sind für w eine charakteristische Geschwindigkeit und für l eine charakteristische Abmessung zu wählen. In der Regel versucht man, im Modell mit dem gleichen Stoff zu arbeiten wie in der Hauptausführung. Wenn das aus z.B. sicherheitstechnischen Gründen (toxische Flüssigkeiten, heiße Gase) nicht möglich ist, muss man entweder einen anderen Stoff suchen, der bei gegebenem Maßstabsfaktor $\mu = l_H/l_M$ die Einhaltung der Ähnlichkeitsbedingung möglich macht, oder Kompromisse bzgl. aller Größen (hier μ, w und η/ρ) schließen.

Andere physikalische Ähnlichkeiten beinhalten thermodynamische Größen (z.B. Druck, Temperatur, Stoff- oder Wärmeübergangszahl usw.) und nahezu immer sind Stoffwerte (z.B. Dichte, Viskosität, Wärmeausdehnungskoëffizient) einzubeziehen, bei gegebenem Einfluss auch die Erdbeschleunigung. Mehr als zwei Ähnlichkeitsbedingungen einzuhalten, ist in der Regel nicht möglich, ohne dass man auf die gleiche Größe von Modell- und Hauptausführung ($\mu = 1$) kommt.

Eng mit der Ähnlichkeitslehre verbunden ist die Dimensionsanalyse, die die zur Einhaltung von Ähnlichkeiten nötigen dimensionslosen Kennzahlen liefert.

An vielen Stellen dieses Buches wird auf diese Zusammenhänge eingegangen, so dass hier nur eine kurze Einführung gegeben wird. Insbesondere wird auf den Abschn. 7.5 verwiesen, wo für den Grundvorgang „Rühren" ausführlich Anwendungen der Dimensionsanalyse und des Scale-up mit Hilfe der Ähnlichkeitslehre behandelt werden.

Tabelle 3.1 Kräfte in Strömungen

Impulsstrom	$F_I = \dot{m} \cdot w \sim \rho_f \cdot l^2 \cdot w^2$
Reibungskraft	$F_R = \tau \cdot A \sim \eta \cdot l \cdot w$
Druckkraft	$F_p = \Delta p \cdot A \sim \Delta p \cdot l^2$
Schwerkraft	$F_g = m \cdot g \sim \rho_f \cdot l^3 \cdot g$
Randkraft der Oberflächen-spannung	$F_\gamma = \gamma \cdot L \sim \gamma \cdot l$
Schwerkraft – Auftrieb	$F_g - F_A = (\rho_P - \rho_f) \cdot V_P \cdot g \sim \Delta\rho \cdot l^3 \cdot g$

Ausführliche Darstellungen gibt es u.a. von Grassmann (1983) [3.1], Pawlowski (1971) [3.2], Zlokarnik (2000) [3.3]. Görtler (1975) [3.4].

3.2 Dimensionslose Kennzahlen

Bereits im vorigen Abschnitt sind aus der geometrischen Ähnlichkeit Längenver-hältnisse und beispielhaft aus der physikalischen Ähnlichkeit die Reynoldszahl als Verhältnis zweier in Strömungen wirkender Kräfte erwähnt. Die wichtigsten Kräfte in Strömungen sind in Tabelle 3.1 gezeigt.

Die zuletzt genannte Differenz zwischen Schwerkraft und Auftrieb spielt bei Zweiphasenströmungen mit verschiedenen Dichten der beiden Phasen wie Partikeln (Körner, Tropfen, Blasen) der Dichte ρ_P in Fluiden der Dichte ρ_f eine wichtige Rolle. Das sind in der mechanischen Verfahrenstechnik u.a. die Sinkgeschwindig-keit von Partikeln, das Homogenisieren von Flüssigkeiten verschiedener Dichten sowie die Wirbelschichten.

Außer den bereits erwähnten charakteristischen Werten l und w bedeuten hierin ρ_f, η und γ die Stoffwerte Dichte, dynamische Viskosität und Oberflächenspan-nung des Newtonschen Fluids sowie τ die Schubspannung und A die Fläche an der sie wirkt.

Daraus lassen sich zunächst vier einfache Kräfteverhältnisse bilden, die als di-mensionslose Kennzahlen in der technischen Literatur und in der Praxis üblich ge-worden sind: Re, Fr, Eu und *We* (Zeilen 1–4 in Tabelle 3.2). Für Zweiphasenströ-mungen sind zwei weitere dimensionslose Kennzahlen gebräuchlich, die mit der Differenz aus Schwerkraft und Auftrieb gebildet werden: *Ar* und Ω.

Weitere dimensionslose Kennzahlen in der Verfahrenstechnik sind entweder Produkt- bzw. Potenz-Kombinationen aus den in Tabelle 4 genannten, oder mit *Sim-plizes* wie dem Verhältnis von Dichtedifferenz zu Fluiddichte $\Delta\rho/\rho_f$ multiplizierte einfache Kennzahlen (s. vor allem in Abschn. 7.5). In der thermischen und chemi-schen Verfahrenstechnik spielen mit thermodynamischen bzw. reaktionstechnischen Größen gebildete (z.B. Nußeltzahl *Nu*, Fourierzahl *Fo*, Grashofzahl *Gr*, Galileizahl *Ga*, Pecletzahl *Pe*, Sherwoodzahl *Sh*, Damköhlerzahlen I–IV Da_I–Da_{IV}) oder rei-ne Stoffwertkombinationen (z.B. Prandtlzahl *Pr*, Schmidtzahl *Sc*) eine große Rolle. Ebenso sind natürlich Verhältnisse aus Größen mit gleicher Einheit dimensionslos

Tabelle 3.2 Dimensionslose Kennzahlen der Fluidmechanik

$$\text{Re} = \frac{F_I}{F_R} \sim \frac{\dot{m} \cdot w}{\tau \cdot A} \sim \frac{\rho_f \cdot w \cdot l}{\eta} \qquad\qquad\qquad \text{Reynoldszahl}$$

$$Fr = \frac{F_I}{F_g} \sim \frac{\rho_f \cdot l^2 \cdot w}{\rho_f \cdot l^3 \cdot g} = \frac{w^2}{l \cdot g} \qquad\qquad\qquad \text{Froudezahl}$$

$$Eu = \frac{F_p}{F_I} \sim \frac{\Delta p \cdot l^2}{\rho_f \cdot l^2 \cdot w^2} = \frac{\Delta p}{\rho_f \cdot w^2} \qquad\qquad\qquad \text{Eulerzahl}$$

$$We = \frac{F_I}{F_\gamma} \sim \frac{\rho_f \cdot l^2 \cdot w^2}{\gamma \cdot l} = \frac{\rho_f \cdot l \cdot w^2}{\gamma} \qquad\qquad\qquad \text{Weberzahl}$$

$$Ar = \frac{(F_g - F_A) \cdot F_I}{F_R^2} \sim \frac{\Delta\rho \cdot l^3 \cdot g \cdot \rho_f \cdot l^2 \cdot w^2}{(\eta \cdot l \cdot w)^2} \qquad\qquad \text{Archimedeszahl}$$

$$= \frac{\Delta\rho \cdot l^3 \cdot g}{\rho_f \cdot v^2} \quad mit \quad v = \frac{\eta}{\rho_f} : kinematische Viskosität$$

$$\Omega = \frac{F_I^2}{F_R \cdot (F_g - F_A)} \sim \frac{\rho_f^2 \cdot (l \cdot w)^4}{\eta \cdot l \cdot w \cdot \Delta\rho \cdot l^3 \cdot g} = \frac{\rho_f \cdot w^3}{v \cdot \Delta\rho \cdot g} \qquad \text{Omegazahl}$$

(z.B. Machzahl Ma, Knudsenzahl Kn, Porosität ε). Einige davon werden in diesem Buch in den Zusammenhängen näher erläutert, wo sie gebräuchlich sind, für die anderen sei auf die spezielle Literatur und die verfahrenstechnischen Grundlagenwerke verwiesen. Auch in vielen Büchern zur Fluidmechanik findet man mehr oder weniger ausführliche Darstellungen: Zierep (1991) [3.5], Strauß (1991) [3.6], Oertel et al. (1995) [3.7], Spurk (1999) [3.8]. Eine Zusammenstellung von 375 (!) Kennzahlen der Verfahrenstechnik hat Wetzler (1985) [3.9] veröffentlicht.

Alle diese Kennzahlen haben außer ihrer formalen – als dimensionslose Verhältniszahlen – auch eine entweder geometrische oder physikalische Bedeutung, indem sie Einflussgrößen auf reale Erscheinungen und Vorgänge sinnvoll zusammenfassen und damit sowohl das Verständnis erleichtern wie auch den Versuchsaufwand zur experimentellen Ermittlung von theoretisch nicht oder schwer zugänglichen Zusammenhängen verringern. Außerdem dienen sie durch die Ähnlichkeitsbedingung „gleiche Kennzahl in Modell- wie in Hauptausführung" als wertvolle Hilfsmittel bei der Planung und Durchführung von empirisch zu suchenden Lösungen technischer Probleme.

3.3 Das Π-Theorem (Buckingham-Theorem)

Eine physikalische Größe wird durch ihren *Zahlenwert* und ihre *Einheit* bestimmt.

$$\text{Physikalische Größe} = \text{Zahlenwert} \cdot \text{Einheit.} \tag{3.3}$$

Beispielsweise ist die dynamische Viskosität $\eta \approx 10^{-3}$ Pas (für Wasser bei ca. 20°C). Die Einheit Pas (Pascalsekunde) kann wiederum durch die *Basiseinheiten*

(*Dimensionen*) Masse M, Länge L und Zeit T ausgedrückt werden:

$$1 \, \text{Pa s} = 1 \, \text{kg m}^{-1} \text{s}^{-1}.$$

Die Dimension ist also $M^1 L^{-1} T^{-1}$. Die Anzahl g_j der Basiseinheiten ist hier 3 (wie übrigens bei nahezu allen dynamischen Größen der Mechanik).

Allein aufgrund der Tatsache, dass ein sinnvoller Zusammenhang zwischen physikalischen Größen x_i dimensionsrichtig sein muss, unabhängig davon, ob er bekannt ist oder nicht, lässt sich Folgendes sagen:

Der Zusammenhang

$$f(x_1, x_2, \ldots, x_n) = 0 \tag{3.4}$$

zwischen n dimensionsbehafteten Größen x_i lässt sich darstellen durch eine Funktion

$$F(\Pi_1, \Pi_2, \ldots, \Pi_p) = 0 \tag{3.5}$$

worin Π_j dimensionslose Potenzprodukte (Kennzahlen) sind, deren Anzahl p um eine Zahl r kleiner ist als die Anzahl n der dimensionsbehafteten Größen.

$$p = n - r. \tag{3.6}$$

Das ist das sog. Π-*Theorem* oder *Buckingham-Theorem*. Die Zahl r ist der Rang der „Dimensionsmatrix",

	x_1	x_2	$\ldots$	x_n
g_1	a_{11}	$.a_{12}$	$\ldots$	a_{1n}
g_2	a_{21}	a_{22}	$\ldots$	
$\ldots$	$\ldots$	$\ldots$	$\ldots$	$\ldots$
g_m	a_{m1}	a_{m2}	$\ldots$	a_{mm}

die aus den Koëffizienten der x_i-Werte und den g_j Dimensionen ihrer Einheiten gebildet wird (s. folgendes Beispiel in Abschn. 3.4). Es gilt $r \leq p \leq n$.

Das Π-Theorem stellt an sich nur einen mathematischen Sachverhalt dar und ist ein Werkzeug für den Anwender. Er kann damit eine *Zielgröße* x_1 abhängig von den relevanten *Einflussgrößen* $x_2, \ldots, x_n$ auf eine Funktion mit weniger Variablen reduzieren.

Der entscheidende Punkt bei unbekannten Zusammenhängen $f(x_1, \ldots, x_n) = 0$ ist aber, dass die Liste der relevanten Einflussgrößen (*Relevanzliste*) zutreffend und vollständig sein muss. Man muss also vorher schon wissen oder richtig vermuten, von welchen Einflüssen die Zielgröße abhängt.

3.4 Bestimmung dimensionsloser Kennzahlen

In den genannten Werken [3.1, 3.2, 3.3] findet man ausführliche Darstellungen zur Herleitung dimensionsloser Kennzahlen. Hier soll anhand eines Beispiels gezeigt werden wie solche Kennzahlen relativ einfach gewonnen werden können. Das

Tabelle 3.3 Einflussgrößen und ihre Einheiten

Größe	Einheit	Basiseinheit
P	$\mathrm{kg\,m^2\,s^{-3}}$	$\mathrm{M^1\,L^2\,T^{-3}}$
D	m	$\mathrm{L^1}$
d	m	$\mathrm{L^1}$
η	$\mathrm{kg^1\,m^{-1}\,s^{-1}}$	$\mathrm{M^1\,L^{-1}\,T^{-1}}$
ρ	$\mathrm{kg^1\,m^{-3}}$	$\mathrm{M^1\,L^{-3}}$
n	$\mathrm{s^{-1}}$	$\mathrm{T^{-1}}$
g	$\mathrm{m^1\,s^{-2}}$	$\mathrm{L^1\,T^{-2}}$

Beispiel betrifft den Zusammenhang zwischen Leistung P eines Rührers mit dem Durchmesser d, der in einem Behälter mit dem Durchmesser D eine newtonsche Flüssigkeit (Stoffwerte η und ρ) mit der Drehzahl n durchmischen soll. Weil es in Rührbehältern oft zur Bildung von Tromben kommt, wird auch die Schwerkraft, berücksichtigt durch die Erdbeschleunigung g als Einflussgröße berücksichtigt.

Die mit Einheiten behaftete Funktion aus dieser *Relevanzliste* lautet also

$$f(P, D, d, \rho, \eta, n, g) = 0. \tag{3.7}$$

Das sind 7 Einflussgrößen. Ihre Einheiten und die Ausdrücke für die Basiseinheiten sind in Tabelle 3.3 zusammengestellt.

Die allgemeine Form aller Π_i muss lauten

$$\Pi_i = P^{a_1} \cdot D^{a_2} \cdot d^{a_3} \cdot \eta^{a_4} \cdot \rho^{a_5} \cdot n^{a_6} \cdot g^{a_7} \tag{3.8}$$

und die Einheit dementsprechend

$$
\begin{aligned}
[\Pi_i] &= \left(kg^{a_1} \cdot m^{2a_1} \cdot s^{-3a_1}\right) \cdot m^{a_2} \cdot m^{a_3} \left(kg^{a_4} \cdot m^{-a_4} \cdot s^{-a_4}\right) \cdot \left(kg^{a_5} \cdot m^{-3a_5}\right) \cdot s^{-a_6} \\
&\quad \times \left(m^{a_7} \cdot s^{-2a_7}\right) \\
&= \left(kg^{a_1+a_4+a_5}\right) \cdot \left(m^{2a_1+a_2+a_3-a_4-3a_5+a_7}\right) \cdot \left(s^{-3a_1-a_4-a_6-2a_7}\right) = 1. \tag{3.9}
\end{aligned}
$$

$[\Pi]_i = 1$ gilt nur, wenn alle Exponenten Null sind und das führt zu dem linearen Gleichungssystem

$$a_1 + 0 + 0 + a_4 + a_5 + 0 + 0 = 0, \tag{3.10}$$

$$2 \cdot a_1 + a_2 + a_3 - a_4 - 3a_5 + 0 + a_7 = 0, \tag{3.11}$$

$$-3 \cdot a_1 + 0 + 0 - a_4 + 0 - a_6 - 2 \cdot a_7 = 0. \tag{3.12}$$

Die Koëffizientenmatrix dieses Gleichungssystems ist

	P	D	d	η	ρ	n	g
M	1	0	0	1	1	0	0
L	2	1	1	-1	-3	0	1
T	-3	0	0	-1	0	-1	-2

Sie hat den Rang $r = 3$, also gibt es $p = n - r = 7 - 3 = 4$ dimensionslose Kennzahlen. In den allermeisten technischen Problemen stimmt übrigens der Rang der Koëffizientenmatrix so wie hier mit der Zahl der Basiseinheiten überein. D.h. im Allgemeinen gilt für Kinematik (Basiseinheiten L und T) $r = 2$, für dynamische Probleme (M, L, T) $r = 3$ und für thermodynamische Beziehungen (M, L, T, θ) $r = 4$.

Man hat 3 Gleichungen für 7 Unbekannte und damit beliebig viele Lösungen. Oder: Für jeweils 4 der unbekannten a_i-Werte hat man die freie Wahl. Diese Wahlen sollen nun durch Vorüberlegungen sinnvoll getroffen werden.

Eine der 4 dimensionslosen Zahlen wird aus dem Verhältnis der beiden Größen mit gleicher Einheit gebildet (D, d):

$$\Pi_1 = D/d. \tag{3.13}$$

Die Zielgröße Leistung P sollte in der zweiten Kennzahl im Zähler mit der 1. Potenz stehen: $a_1 = 1$; außerdem soll wegen (3.13) nur eine der beiden Abmessungen (nämlich d) maßgeblich sein: $a_2 = 0$. Wenn $a_6 = 0$ und $a_7 = 0$ gesetzt werden, bedeutet dies, dass in der zweiten Kennzahl η und g nicht vorkommen werden.

Aus (3.10) erhält man $a_5 = -1$, aus (3.12) $a_6 = -3$ und aus (3.11) $a_3 = -5$. Damit lautet die zweite Kennzahl (*Newtonzahl*)

$$\Pi_2 = P^1 \cdot d^{-5} \cdot \rho^{-1} \cdot n^{-3} = \frac{P}{\rho \cdot d^5 \cdot n^3} = Ne. \tag{3.14}$$

Die Zielgröße P soll in der dritten Kennzahl nicht mehr vorkommen: $a_1 = 0$. Ebenso soll wieder nur eine Abmessung dabei sein: $a_2 = 0$. Für die Drehzahl n wird $a_6 = 1$ gesetzt, und der Schwerkrafteinfluss wird durch $a_7 = 0$ eliminiert. Dann erhält man aus (3.10) $a_4 = -a_5$ und aus (3.11) $a_4 = -a_6 = -1$, so dass $a_4 = -1$ und $a_5 = 1$ werden. Schließlich liefert (3.12) $a_3 = 2$. Die dritte Kennzahl wird als *Rührer-Reynoldszahl* bezeichnet.

$$\Pi_3 = d^2 \cdot \eta^{-1} \cdot \rho^1 \cdot n^1 = \frac{d^2 \cdot n \cdot \rho}{\eta} = Re. \tag{3.15}$$

Für die vierte Kennzahl werden gewählt: $a_1 = 0$ und $a_2 = 0$ (wie oben), außerdem $a_4 = 0$ (Viskosität nicht enthalten) und $a_3 = 1$. Dann folgt aus (3.10) $a_5 = 0$, aus (3.11) $a_3 = -a_7$ und $a_7 = -1$, sowie aus (3.12) $a_6 = 2$. Damit entsteht als vierte Kennzahl die *Rührer-Froudezahl*

$$\Pi_4 = d \cdot n^2 \cdot g^{-1} = \frac{d \cdot n^2}{g} = Fr. \tag{3.16}$$

Diese vier Kennzahlen haben in der Praxis Einzug gefunden. Alle anderen sinnvollen Möglichkeiten für die frei wählbaren Koëffizienten ergeben Kombinationen aus den 4 hier bestimmten.

Die Beziehung (3.7) kann damit ersetzt werden durch

$$F(D/d, Ne, Re, Fr) = 0 \tag{3.17}$$

bzw. $Ne = F^*(D/d, Re, Fr)$.

In Abschn. 7.5 wird auf diese Darstellung zurückgegriffen.

Jede weitere Einflussgröße würde zu einer weiteren dimensionslosen Kennzahl führen. Geht man aber z.B. von geometrischer Ähnlichkeit aus, dann ist das Verhältnis D/d konstant und entfällt als Kenngröße. Ebenso entfällt die Froudezahl, wenn die Schwerkraft bei dem Rührproblem keinen Einfluss hat.

Andere Möglichkeiten, sinnvolle dimensionslose Kennzahlen zu erhalten, sind die Bildung von – auch nicht-trivialen – Verhältnissen aus Größen gleicher Einheiten (Beispiel: Trägheitsparameter aus Abbremsweg und geometrischer Abmessung in Abschn. 4.2.3) sowie das Dimensionslos-Machen von physikalischen Gleichungen, wie es das folgende Beispiel zeigt.

Beispiel 3.1 (Dimensionslose Bernoulli-Gleichung) Man stelle die Beziehung für die stationäre Strömung einer idealen (reibungslosen, inkompressiblen) Flüssigkeit unter dem Einfluss von Druckdifferenz und Erdschwere (Bernoulli-Gleichung) so um, dass bekannte dimensionslose Kennzahlen entstehen.

Die Bernoulli-Gleichung für diesen einfachsten Fall lautet

$$\Delta p + \rho \cdot w^2/2 + \rho \cdot g \cdot h = \text{const.}$$

Division durch $\rho \cdot g \cdot h$ ergibt

$$\frac{\Delta p}{\rho \cdot w^2} + \frac{w^2}{2 \cdot g \cdot h} + 1 = \text{const.}$$

und mit den Kennzahlen aus Tabelle 3.2

$$Eu + \frac{1}{2}Fr + 1 = \text{const.}$$

Die Bestimmung eines einzigen Wertepaares (Eu–Fr) und der Konstanten reicht demnach aus, um die Funktion in einem Diagramm als Gerade darzustellen.

Literatur

[3.1]   Grassmann P (1982) Physikalische Grundlagen der Verfahrenstechnik, 3. Aufl. Salle, Frankfurt a. M.; Sauerländer, Aarau

[3.2]   Pawlowski J (1971) Die Ähnlichkeitstheorie in der physikalisch-technischen Forschung. Springer, Berlin

[3.3]   Zlokarnik M (2005) Scale-up – Modellübertragung in der Verfahrenstechnik. 2. vollst. überarb. u. erw. Aufl. Wiley-VCH, Weinheim

[3.4]   Görtler H (1975) Dimensionsanalyse. Springer, Berlin

[3.5]   Zierep J (1991) Ähnlichkeitsgesetze und Modellregeln in der Strömungslehre. 3. Aufl. Braun, Karlsruhe

[3.6]   Strauß K (1991) Strömungsmechanik – Eine Einführung für Verfahrensingenieure. VCH, Weinheim

[3.7]   Oertel H, Böhle M, Ehret T (1995) Strömungsmechanik – Methoden und Phänomene. Springer, Berlin

[3.8]   Spurk JH (1999) Dimensionsanalyse in der Strömungslehre. Springer, Berlin

[3.9]   Wetzler H (1985) Kennzahlen der Verfahrenstechnik. Hüthig, Heidelberg

Kapitel 4
Fluidmechanische Grundlagen

In der mechanischen Verfahrenstechnik spielen Vorgänge, an denen mit Partikeln, Flüssigkeiten und Gasen zwei oder drei Phasen beteiligt sind, eine überragende Rolle. Daher werden hier einige dazu gehörende Grundlagen der Mehrphasen-Fluidmechanik zusammengestellt. Elementare Kenntnisse der Fluidmechanik, die in vielen Werken zur Strömungslehre zu finden sind, werden vorausgesetzt, so dass umfassende Ausführungen nicht nötig sind. Hinsichtlich der Mehrphasenströmungen wird auf die Bücher von Brauer (1971) [4.1] und Molerus (1982, 1993) [4.4, 4.5] sowie auf den Beitrag von White (1985) in [4.10] verwiesen.

4.1 Kräfte auf Partikeln im Fluid

Befinden sich die Partikeln eines dispersen Systems (Körner, Tropfen, Blasen) in einem Fluid (Gas oder Flüssigkeit), dann übt das Fluid sowohl in Ruhe (ohne Relativgeschwindigkeit) wie bei Bewegung (mit Relativgeschwindigkeit) auf jede Partikel Kräfte aus, die an ihrer Oberfläche wirken, nämlich Druck- und Reibungskräfte. Diesen Oberflächenkräften stehen solche Kräfte gegenüber, die an der Partikel aufgrund ihrer Masse angreifen. Dies sind die durch Beschleunigungsfelder hervorgerufenen Massenkräfte wie z.B. Schwerkraft, Fliehkraft, Trägheitskraft. Zusätzlich können noch weitere Feldkräfte (elektrische und magnetische) sowie Diffusionskräfte wirken.

Die Oberflächenkräfte bei gegenseitiger Bewegung heißen Widerstandskräfte F_W und erweisen sich allgemein als proportional zur Partikelgröße x (nur Reibung) bis proportional zu x^2 (nur Druckwiderstand)

$$F_W \sim x^1 \ldots x^2. \tag{4.1}$$

Für die Massenkräfte gilt mit der Partikeldichte ρ_P

$$F_M \sim \rho_p x^3. \tag{4.2}$$

Das Kräfteverhältnis F_W/F_M kann also folgendermaßen geschrieben werden:

$$F_W/F_M \sim 1/\rho_p x^2 \ldots 1/\rho_p x^1. \tag{4.3}$$

Für die Partikelbewegung in Fluiden bedeutet (4.3) qualitativ folgendes: Je kleiner und je spezifisch leichter eine Partikel ist, desto eher wird ihr Verhalten, z.B. ihre Bewegungsbahn durch Widerstandskräfte bestimmt, während größere und spezifisch schwerere Partikeln eher durch Massenkräfte beeinflusst werden. Zunächst

M. Stieß, *Mechanische Verfahrenstechnik - Partikeltechnologie 1*, doi: 10.1007/978-3-540-32552-9, © Springer 2009

seien die Ausdrücke für die wichtigen Kräfte in Strömungsfeldern zusammen gestellt. Dabei gehen wir allgemein von der Kugelform der Partikeln aus (Kugeldurchmesser d). Für andere Partikelformen bedeuten die Kugeldurchmesser dann „Äquivalentdurchmesser" (vgl. Abschn. 2.3.2).

4.1.1 Massenkräfte

4.1.1.1 Schwerkraft

$$\vec{F}_g = m_p \cdot \vec{g} = \rho_p \cdot V_p \cdot \vec{g} \qquad (4.4)$$

mit m_p: Partikelmasse, ρ_p: Partikeldichte und $V_p = \frac{\pi}{6} \cdot d_V^3$ Partikelvolumen.
Zu d_V s. Abschn. 2.3.2.1.

4.1.1.2 Trägheitskräfte

Führt die Partikel eine geradlinig beschleunigte Bewegung aus (Beschleunigung $\vec{a}$), so wirkt entgegengesetzt zu dieser Beschleunigung die *Trägheitskraft*

$$\vec{F}_T = -m_p \cdot \vec{a} = -\rho_p \cdot V_p \cdot \vec{a}. \qquad (4.5)$$

Die *Corioliskraft* ist ebenfalls eine Trägheitskraft. Sie tritt bei einer Relativbewegung der Partikel gegenüber einem rotierenden Bezugssystem auf, hat aber im Allgemeinen einen vergleichsweise so kleinen Betrag, dass sie meist vernachlässigt werden kann.

Eine Kraftwirkung ist auch notwendig, um eine Partikel aus einer geradlinigen (translatorischen) Bahn abzulenken. Bewegt sich eine Partikel auf einer gekrümmten Bahn, so ist zu dieser Richtungsänderung eine Kraft entgegengesetzt zum Krümmungsradius nötig (Zentripetalkraft). Diese Kraft wirkt z.B. auf einen Stein, der an einer Schnur befestigt im Kreis geschleudert wird. Auf die Partikel wirkt die *Zentrifugalkraft F_z*:

$$\vec{F}_z = m_p \cdot \vec{r} \cdot \omega^2 = \rho_p \cdot V_p \cdot \vec{r} \cdot \omega^2 \qquad (4.6)$$

mit $\vec{r}$: Abstand des Partikelschwerpunkts von der Drehachse und ω: Winkelgeschwindigkeit der Drehbewegung um die Achse.

4.1.2 Oberflächenkräfte

4.1.2.1 Druckkräfte

Statischer Auftrieb

Jedes Beschleunigungsfeld (z.B. Schwere- oder Zentrifugalfeld) bewirkt in einem Fluid einen Druckgradienten. Integriert man für einen im Fluid eingetauchten Körper (Partikel) die dadurch wirkenden Druckkräfte über seine Oberfläche, so erhält man den *statischen Auftrieb* F_A.

$$\vec{F}_A = -V_p \cdot \text{grad}(p).$$ (4.7)

Er wirkt entgegengesetzt zu dem Beschleunigungsfeld, das den Druckgradienten erzeugt. Bei ruhendem bzw. mit konstanter Geschwindigkeit strömendem Fluid gilt

$$\text{im Schwerefeld} \qquad \text{grad}(p) = \rho_f \cdot \vec{g},$$
$$\text{und im Zentrifugalfeld} \qquad \text{grad}(p) = \rho_f \cdot \vec{r} \cdot \omega^2.$$

ρ_f ist darin die Dichte des Fluids. Daher sind die zugehörigen Auftriebskräfte

$$(\vec{F}_A)_g = -V_p \cdot \rho_f \cdot \vec{g}$$ (4.8)

und

$$(\vec{F}_A)_z = -V_p \cdot \rho_f \cdot \vec{r} \cdot \omega^2.$$ (4.9)

Dynamischer Auftrieb

Wird ein Körper – wegen des Strömungsprofils, der Körperform oder weil er rotiert – unsymmetrisch umströmt, so erfährt er durch die hierdurch hervorgerufene unsymmetrische Druckverteilung an seiner Oberfläche senkrecht zur Anströmungsrichtung eine Kraftkomponente, den *dynamischen Auftrieb*.

Für seinen Betrag gilt ein zur Widerstandskraft (4.11) analoger Ansatz

$$F_D = c_D \cdot A \cdot \frac{\rho_f}{2} \cdot w^2,$$ (4.10)

worin die „Widerstandszahl" c_D als *Auftriebsbeiwert* vor allem für Tragflügelprofile aus der Aerodynamik bekannt ist. Für Partikeln spielen vor allem drei Effekte eine Rolle:

- *Unregelmäßige Form:* Es entsteht ein Drehmoment, das zur Rotation der Partikel führt.
- *Rotierende Partikel.* Auch bei regelmäßigen Formen (Kugel, Zylinder) erzeugt eine aufgeprägte Rotation für unsymmetrische Umströmung und einen sogenannten dynamischen *Quertrieb* (Magnus-Effekt).
- *Wandnähe*: An der Wand haftende oder nahe an der Wand befindliche Partikeln werden durch das Schergefälle in der Grenzschicht ebenfalls unsymmetrisch umströmt, wodurch eine von der Wand weg gerichtete Auftriebskraft entsteht.

4.1.2.2 Widerstandskraft

Zusätzliche Oberflächenkräfte treten bei Relativbewegungen zwischen Fluid und Partikel auf. In der Fluidmechanik fasst man die vom Fluid auf die Oberfläche eines umströmten Körpers ausgeübten Druck- und Reibungskräfte zusammen und betrachtet ihre Komponenten in Anströmungsrichtung (Widerstandskraft) und senkrecht dazu (dynamischer Auftrieb s.o.).

Die Widerstandskraft wird mit folgendem Ansatz erfasst:

$$\vec{F}_W = c_w(\mathrm{Re}_x) A \frac{\rho_f}{2} \cdot |w| \cdot \vec{w}. \tag{4.11}$$

Darin sind

- $\vec{w}$ die Relativgeschwindigkeit zwischen Fluid und Partikel. Sie wird von der Partikel aus betrachtet und heißt daher auch *„Anströmgeschwindigkeit"*. Die Richtung der Widerstandskraft stimmt dann mit derjenigen von $\vec{w}$ überein;
- A der Anströmquerschnitt (Projektionsfläche in Anströmrichtung). Für die Kugel gilt: $A = d^2 \cdot (\pi/4)$.
- $c_w(\mathrm{Re}_x)$ die dimensionslose Widerstandszahl bzw. Widerstandsfunktion. Sie stellt das Verhältnis der Widerstandskraft zur fiktiven Kraft dar, die aufgrund des Staudruckes am Anströmquerschnitt A wirken würde.

Die Widerstandsfunktion ist von der für die Umströmung relevanten Reynoldszahl (hier: Partikel-Reynoldszahl)

$$\mathrm{Re}_x = \frac{w \cdot x \cdot \rho_f}{\eta} \quad \text{bzw.} \quad \mathrm{Re}_d = \frac{w \cdot d \cdot \rho_f}{\eta} \quad \text{bzw.} \quad \mathrm{Re}_p = \frac{w \cdot d_p \cdot \rho_f}{\eta} \tag{4.12}$$

abhängig, die mit der Anströmgeschwindigkeit w und der charakteristischen Partikelgröße (allgemein x oder d_p, speziell Kugeldurchmesser d) zu bilden und entsprechend zu indizieren ist. Als Fluideigenschaften gehen die Dichte ρ_f und die dynamische Zähigkeit η ein. Von der Widerstandsfunktion $c_w(\mathrm{Re}_x)$ liegen für verschiedene regelmäßige Körper Messergebnisse in Form Gleichungen und Diagrammen vor. Für die Kugel ist der Zusammenhang in Abb. 4.1 aus tabellierten Werten nach Allen (1996) [2.1] dargestellt.

Man kann drei Bereiche unterscheiden, deren Abgrenzung fließend ist:

„Stokesbereich" (Bereich I): Bereich der zähen Umströmung, $\mathrm{Re}_d <$ ca. 0,25. Es handelt sich in diesem Bereich um überwiegenden Reibungswiderstand. Für sehr kleine Geschwindigkeiten ($\mathrm{Re}_d \to 0$) und die dabei vorliegende laminare Strömung hat Stokes die Widerstandskraft der Kugel berechnet zu

$$F_{WSt} = 3\pi \cdot d \cdot \eta \cdot w. \tag{4.13}$$

Führt man dies in den allgemeinen Ansatz (4.11) ein, ergibt sich für die Widerstandsfunktion

$$c_w(\mathrm{Re}_d) = \frac{24 \cdot \eta}{w \cdot d \cdot \rho_f} = \frac{24}{\mathrm{Re}_d}. \tag{4.14}$$

In der doppelt-logarithmischen Auftragung von Abb. 4.1 entspricht das der Geraden mit der Steigung -1 durch den Punkt $c_w = 24$ bei $\mathrm{Re}_d = 1$. Gemessene Werte weichen bis zu Re_d-Zahlen von ca. 0,25 von dieser Geraden nur wenig nach oben ab ($+3\%$), bei $\mathrm{Re}_d = 1$ erreichen die Abweichungen ca. $+12\%$.

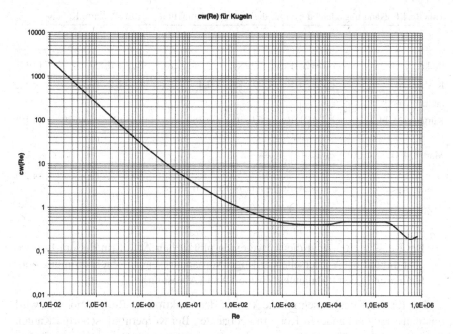

Abbildung 4.1 c_w-Diagramm für die Kugel (nach [2.1])

„**Übergangsbereich**" (**Bereich II**): Bereich der zäh-turbulenten Umströmung, $0,25 < \mathrm{Re}_d < 2 \cdot 10^3$.

Der Widerstand wird mit zunehmender Geschwindigkeit auch von Trägheits-kräften der bewegten Flüssigkeit beeinflusst, die zu Ablösungen und Wirbelbil-dungen hinter der Kugel führen und eine unsymmetrische Druckverteilung um die Kugel bewirken. Eine geschlossene, physikalisch abgeleitete Widerstands-funktion ist nicht bekannt. Es gibt aber zahlreiche empirische Näherungsfunk-tionen für die gemessene Abhängigkeit $c_w(\mathrm{Re}_d)$ in diesem Bereich (Beispiele s. Tabelle 4.1).

„**Newtonbereich**", „quadratischer Bereich" (**Bereich III**): Bereich der vollturbu-lenten Umströmung, $1 \cdot 10^3 < \mathrm{Re}_d < $ ca. $2 \cdot 10^5$.

Die Widerstandskraft rührt in diesem Bereich ganz überwiegend von Trägheits-kräften des hinter der Kugel verwirbelten Fluids her. Die Widerstandsfunktion ist annähernd konstant, d.h. unabhängig von der Reynoldszahl und hat im Mittel den Wert

$$c_w \approx 0,44. \tag{4.15}$$

Mit (4.11) erhält man für die Widerstandskraft einer Kugel in diesem Bereich

$$F_W = 0,17 \cdot d^2 \cdot \rho_f \cdot w^2. \tag{4.16}$$

Von der Proportionalität der Widerstandskraft zu w^2 hat dieser Bereich auch den Namen „*quadratischer Bereich*".

Tabelle 4.1 Näherungsgleichungen für die Widerstandsfunktion c_w(Re) für starre Kugeln

Autor(en)	Gleichung	Gültigkeitsbereich	
Stokes	$c_w = 24/\text{Re}_d$	$\text{Re}_d < 0,25$	(4.17)
Kaskas zit. nach [4.1]	$c_w = 24/\text{Re}_d + 4/\sqrt{\text{Re}_d} + 0,4$	$\text{Re}_d < 2 \cdot 10^5$	(4.18)
Kürten et al. [4.2]	$c_w = 21/\text{Re}_d + 6/\sqrt{\text{Re}_d} + 0,28$	$0,1 < \text{Re}_d < 4 \cdot 10^3$	(4.19)
Martin [4.3]	$c_w = \dfrac{1}{3} \cdot \left[\sqrt{\dfrac{72}{\text{Re}_d} + 1} \right]^2$ $= 24/\text{Re}_d + 5,66/\sqrt{\text{Re}_d} + 0,33$	$\text{Re}_d < 2 \cdot 10^5$	(4.20)

Bei Re $\cong 3 \cdot 10^5$ zeigt die Kurve einen plötzlichen Abfall. In diesem Bereich geht die auf der Vorderseite der Kugel vorhandene Grenzschichtströmung vom laminaren in den turbulenten Zustand über (Ablösung).

Der für die Kugel beschriebene Verlauf der Funktion $c_w(\text{Re}_x)$ (Abb. 4.1) wird qualitativ auch bei anderen Körpern beobachtet. Bei Körpern mit scharfen Kanten liegt die Ablösestelle der Strömung fest. Bei stetig abgerundeten Körpern ändert sich ihre Lage mit veränderter Anströmung, wie bei der Kugel. Rauigkeitsspitzen von Partikeln wirken wie eine Abrisskante. Turbulenzen in der Anströmung bestimmen maßgebend die Verhältnisse des plötzlichen Abfalls des c_w-Wertes im Bereich hoher Reynoldszahlen.

4.1.3 Diffusionskräfte

Sehr kleine Partikeln ($x <$ ca. 10 µm) werden in stark verdünnten Gasen, d.h. bei kleinen Drücken bzw. Dichten sowie bei hohen Temperaturen in ihren Bewegungen zunehmend von den Zufallsstößen der umgebenden Gasmoleküle beeinflusst (Brown'sche Bewegung). Daraus resultiert eine makroskopisch zu beobachtende Bewegung von Stellen höherer Konzentration zu niedrigerer Konzentration (*Diffusion*). Außerdem kann nicht mehr vorausgesetzt werden, dass die unmittelbar an der Partikeloberfläche befindlichen Gasmoleküle an der Oberfläche haften. Es tritt ein „Schlupf" auf, und daher wird die Widerstandskraft kleiner sein als die nach Stokes berechnete. Man führt einen nach Cunningham benannten Korrekturfaktor $Cu > 1$ in die Stokesgleichung (4.13) ein

$$F_{WSt} = 3\pi d\eta w/Cu, \qquad (4.21)$$

der dann praktische Bedeutung erhält, wenn die Partikelgröße x und die *mittlere freie Weglänge* λ der Gasmoleküle in der gleichen Größenordnung sind. Man nennt das Verhältnis dieser beiden Größen *Knudsenzahl*

$$Kn = \frac{\lambda}{x}.$$ (4.22)

Insbesondere bei der Sedimentation feinster Partikel z.B. in der Aerosoltechnik (Nebel, Feinststäube, Nanopartikeln) ist diese Kennzahl von Bedeutung.

Ein einfacher Ansatz für die Cunningham-Korrektur lautet (zit. nach Brauer (1971) [4.1])

$$Cu = (1 + 1{,}72 \cdot Kn)^{-1}.$$ (4.23)

Ein weiterer Ansatz wird in Abschn. 4.2 bei der Sinkgeschwindigkeit im Stokesbereich angegeben.

Für die mittlere freie Weglänge λ der Moleküle in einem Gas gilt (s. Lehrbücher der physikalischen Chemie)

$$\lambda = \frac{kT}{\pi \sqrt{2} \cdot d_M^2 \cdot p}$$ (4.24)

mit $k = 1{,}3804 \cdot 10^{-23}$ [Nm/K] Boltzmannkonstante, $d_M = 3{,}62 \cdot 10^{-10}$ [m] mittlere Molekülgröße im Gas (Luft), T [K] Temperatur, p [N/m^2] Druck des Gases.

Damit berechnet man für Luft mit einer Temperatur von 293 K und einem Druck von 1 bar ($= 10^5$ N/m^2) eine mittlere freie Weglänge $\lambda = 0{,}0695$ µm. Bei einer Druckabsenkung wird diese Weglänge entsprechend (4.24) größer.

Im Bereich $Kn > 10$ wird die Bewegung der Partikeln hauptsächlich durch die Brownsche Bewegung und die darauf beruhende Diffusion bestimmt (freimolekularer Bereich). Ab $Kn < 0{,}01$ kann das umgebende Medium als fluides Kontinuum behandelt werden (Kontinuumsbereich). Es liegt dann eine zähe Umströmung vor und der Einfluss der Diffusion auf die Partikelbewegung kann vernachlässigt werden. Im Bereich $0{,}01 < Kn < 0{,}2$ geht man auch noch von den Ansätzen der Kontinuumsströmung aus, die jedoch dann durch den Cunninghamfaktor korrigiert werden.

In Flüssigkeiten ist die Diffusion sehr viel geringer als in Gasen, so dass sie außer im molekularen Maßstab (Lösungen) vor allem im Bereich von Nanopartikeln ($\ll 1$ µm) eine Rolle spielt.

4.1.4 Elektrische und magnetische Feldkräfte

Im elektrischen Feld wird auf eine elektrische Ladung eine Kraft ausgeübt. Auf eine Partikel mit der Ladung Q wirkt in einem elektrischen Feld mit der Feldstärke E die Kraft

$$\vec{F}_C = Q\vec{E}.$$ (4.25)

Heinrich Schubert (1996) [4.8] gibt eine obere Abschätzung für das Verhältnis von elektrischer Feldkraft F_C und Gewicht F_g einer Kugel (Durchmesser d).

Bei einer in Luft maximal möglichen Ladungsdichte Q/S auf der Oberfläche $S = \pi \cdot d^2$ der Kugel von ca. $3 \cdot 10^{-5}$ [C/m^2] und einer maximalen Feldstärke von $3 \cdot 10^{-5}$ [V/m] ergibt sich

$$\frac{F_{Cmax}}{F_g} = \frac{55}{\rho \cdot d} \qquad (4.26)$$

mit ρ in [kg/m^3] und d in [m]. Je kleiner also die Partikeln sind, umso mehr werden sie gegenüber der Schwerkraft von der elektrischen Feldkraft beeinflusst.

Bedeutsam ist das vor allem für die elektrische Partikelabscheidung aus Gasen und für die Elektrosortierung in der Aufbereitungstechnik.

Ein magnetisches Feld übt auf magnetische oder magnetisierbare Partikeln dann eine Kraft aus, wenn es einen räumlichen Gradienten aufweist, wenn es also inhomogen ist. Die Richtung der Kraft ist die des Gradienten und ihre Größe hängt von der magnetischen Feldstärke H und von ihrem Gradienten, von der Magnetisierung M der Partikel und vom Partikelvolumen V_P ab. Außerdem geht die magnetische Feldkonstante μ_0 ein.

$$F_M = V_P \cdot \mu_0 \cdot M \cdot H \cdot \operatorname{grad} H. \qquad (4.27)$$

Näheres findet man bei Schubert (1996) [4.8].

4.2 Partikelbewegung im Schwerefeld

4.2.1 Partikelbewegung im ruhenden Fluid

4.2.1.1 Sinkgeschwindigkeit

Sinkgeschwindigkeit w_s heißt die stationäre Fallgeschwindigkeit einer einzelnen Partikel in einem unendlich ausgedehnten ruhenden Fluid unter der Wirkung einer Feldkraft (z.B. Schwerkraft oder Fliehkraft). Sie hängt von der Zähigkeit des Fluids, vom Dichteunterschied zwischen Partikel und Fluid, von der Partikelgröße und von der Partikelform ab.

Lässt man eine Partikel – ihre Dichte sei größer als die des umgebenden Fluids – im Schwerefeld zum Zeitpunkt $t = 0$ fallen, hat sie im ersten Moment die Geschwindigkeit $w_s = 0$. Es besteht ein Kräftegleichgewicht zwischen der beschleunigenden Gewichtskraft F_g, dem statischen Auftrieb F_A und der Trägheitskraft F_T (Abb. 4.2a). Da die Kräfte auf einer lotrechten Geraden wirken, kann auf die vektorielle Schreibweise verzichtet werden. Mit zunehmender Geschwindigkeit w_s nimmt die – bremsende – Widerstandskraft F_W ebenfalls zu (Abb. 4.2b), die Beschleunigung und mit ihr die Trägheitskraft nehmen ab, bis sie schließlich verschwunden sind und nur noch die Kräfte F_g, F_A und F_W im Gleichgewicht stehen (Abb. 4.2c).

Die Partikel sinkt dann mit einer konstanten Sinkgeschwindigkeit ab. Diese – auch *„stationäre End-Fallgeschwindigkeit"* genannte – Sinkgeschwindigkeit wird im Folgenden betrachtet. Man kann nachweisen (vgl. das Beispiel

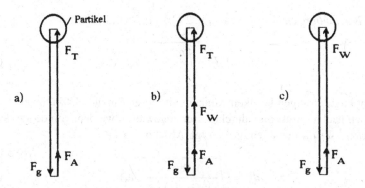

Abbildung 4.2 Kräftegleichgewicht an sinkender Partikel. (a) Zeitpunkt $t = 0$; (b) Beschleunigungsphase; (c) stationäres Sinken. (Die Pfeile sind zur Veranschaulichung nebeneinander gezeichnet, obwohl die Kräfte auf *einer* Wirkungslinie liegen)

in Abschn. 4.2.3.1), dass die Beschleunigungswege und -zeiten bis zum praktischen Erreichen dieser Sinkgeschwindigkeit für sehr viele Anwendungen in der Verfahrenstechnik vernachlässigbar klein sind. Das Kräftegleichgewicht gemäß Abb. 4.2c lautet demnach

$$F_g - F_A = F_W$$

bzw. mit (4.4), (4.8) und (4.11)

$$(\rho_p - \rho_f) \cdot \frac{\pi}{6} d^3 \cdot g = \frac{\rho_f}{2} w_s^2 \cdot \frac{\pi}{4} d^2 \cdot c_w(\text{Re}_d).$$

Daraus erhält man den allgemeinen Zusammenhang zwischen der Sinkgeschwindigkeit w_s einer Kugel und ihrem Durchmesser d

$$w_s = \sqrt{\frac{4}{3} \cdot \frac{\rho_p - \rho_f}{\rho_f} \cdot \frac{g \cdot d}{c_w(\text{Re}_d)}} \qquad (4.28)$$

mit

$$\text{Re}_d = \frac{w_s \cdot d \cdot \rho_f}{\eta}. \qquad (4.29)$$

Da die beiden Größen w_s und d in $c_w(\text{Re}_d)$ noch einmal enthalten sind, ist der Zusammenhang in (4.28) nicht explizit.

Für den Stokesbereich (Bereich I) und den Newtonbereich (Bereich III) lässt sich (4.28) mit den Beziehungen (4.17) bzw. (4.15) jedoch nach w_s bzw. nach d auflösen. Die Sinkgeschwindigkeit ergibt sich also im *Stokesbereich* ($\text{Re}_d <$ ca. 0,25, $c_w = 24/\text{Re}_d$) zu:

$$w_{sSt} = \frac{\rho_p - \rho_f}{18\eta} \cdot g \cdot d^2 \qquad (4.30)$$

und im *Newtonbereich* ($1 \cdot 10^3 < \text{Re}_d < 2 \cdot 10^5$, $c_w \approx 0{,}44$) zu:

$$w_{sN} = 1{,}74 \cdot \sqrt{\frac{\rho_p - \rho_f}{\rho_f} \cdot g \cdot d}. \tag{4.31}$$

Nicht kugelförmigen Partikeln können mit diesen Sinkgeschwindigkeiten durch Umstellen nach d Äquivalentdurchmesser zugewiesen werden, von denen der *Stokesdurchmesser* d_{st} der Wichtige ist (vgl. Abschn. 2.3.2):

$$d_{St} = \sqrt{\frac{18\eta}{(\rho_p - \rho_f) \cdot g} \cdot w_{sSt}}. \tag{4.32}$$

Im *Übergangsbereich* ($0{,}25 < \text{Re}_d < 1 \cdot 10^3$) kann man verschiedene Methoden zur Berechnung von w_s aus d oder umgekehrt wählen:

- Eine analytische oder numerische Näherungslösung, wenn eine geeignete Näherungsfunktion für $c_w(\text{Re}_d)$ vorliegt (s. Tabelle 4.1);
- die Iteration, wenn $c_w(\text{Re}_d)$-Werte aus einem Diagramm entnommen werden (s. Abb. 4.1 und Aufgabe 4.3);
- die Verwendung der dimensionslosen Parameterdarstellung im Ω-Ar-bzw. W^*-D^*-Diagramm (s. folgender Abschnitt).

4.2.1.2 Dimensionslose Darstellung

Der allgemeine Zusammenhang zwischen Sinkgeschwindigkeit w_s und Partikelgröße d in (4.28) ist nicht explizit. Er kann aber sehr einfach in eine dimensionslose Form gebracht werden, aus der man eine explizite Darstellung erhält. Die dabei entstehenden Kennzahlen Ω (Omegazahl) und Ar (Archimedeszahl) bzw. W^* und D^* sind für Zweiphasenströmungen von allgemeiner Bedeutung.

Multipliziert man die quadrierte Form von (4.28)

$$w_s^2 = \frac{4}{3} \cdot \frac{\rho_P - \rho_f}{\rho_f} \cdot \frac{g \cdot d}{c_w(\text{Re}_d)} \quad \text{mit} \quad \frac{w_s}{\eta \cdot g} \cdot \frac{\rho_f^2}{\rho_P - \rho_f}, \tag{4.33}$$

so erhält man die dimensionslose Fassung

$$\frac{w_s^3}{\nu \cdot g} \cdot \frac{\rho_f}{\Delta\rho} = \frac{4}{3} \cdot \frac{\text{Re}_d}{c_w(\text{Re}_d)} \equiv \Omega, \tag{4.34}$$

worin $\nu = \eta/\rho_f$ die kinematische Zähigkeit des Fluids und $\Delta\rho = \rho_p - \rho_f$ die Dichtedifferenz zwischen Partikel und Fluid bedeuten. Die rechte Seite von (4.34) verwendet noch die Partikel-Reynoldszahl $\text{Re}_d = w_s \cdot d/\nu$. Die linke Seite enthält jetzt die Sinkgeschwindigkeit, aber nicht mehr die Partikelgröße. Man bezeichnet die links stehende dimensionslose Größe als *Omegazahl*.

Multipliziert man (4.28) dagegen mit $\frac{d^2 \rho_f^2}{\eta^2} = \frac{d^2}{v^2}$ und stellt so um, dass auf der rechten Seite wieder nur eine Funktion von Re stehen bleibt, so erhält man

$$\frac{g \cdot d^3 \cdot \Delta\rho}{v^2 \cdot \rho_f} = \frac{3}{4} \cdot \text{Re}_d^2 \cdot c_w(\text{Re}_d) \equiv Ar. \qquad (4.35)$$

Die dabei links entstehende Größe enthält nur noch die Partikelgröße, aber nicht mehr die Sinkgeschwindigkeit w_s. Sie heißt *Archimedeszahl*.

Aus der Parameterdarstellung

$$\Omega = \frac{4}{3} \cdot \frac{\text{Re}_d}{c_w(\text{Re}_d)} \qquad (4.36)$$

und

$$Ar = \frac{3}{4} \cdot \text{Re}_d^2 \cdot c_w(\text{Re}_d) \qquad (4.37)$$

kann man nun mit Hilfe einer $c_w(\text{Re}_d)$-Beziehung – sei es als Diagramm oder als Näherungsfunktion – durch Vorgabe von Re_d-Werten Wertepaare Ω-Ar ermitteln und in ein Diagramm eintragen (Abb. 4.4). Dieses Ω-Ar-Diagramm ist damit nichts anderes, als ein umformuliertes c_w-Diagramm, und zu jeder anderen Widerstandsfunktion $c(\text{Re})$ lässt sich auf die gleiche Weise ein zugehöriges Ω-Ar-Diagramm gewinnen.

Abbildung 4.4 zeigt im doppelt-logarithmischen Netz die Auftragung

$$W^* = \sqrt[3]{\Omega} = \left[\frac{1}{v \cdot g} \cdot \frac{\rho_f}{\Delta\rho} \right]^{\frac{1}{3}} \cdot w_s \qquad (4.38)$$

über

$$D^* = \sqrt[3]{Ar} = \left[\frac{g}{v^2} \cdot \frac{\Delta\rho}{\rho_f} \right]^{\frac{1}{3}} \cdot d, \qquad (4.39)$$

also die dimensionslose Sinkgeschwindigkeit W^* über der dimensionslosen Partikelgröße D^*. Im *Übergangsbereich* kann dieses Diagramm vorteilhaft zur Bestimmung der Sinkgeschwindigkeit w_s aus der Partikelgröße d und umgekehrt verwendet werden (vgl. Aufgabe 4.3).

Der Stokesbereich mit $\text{Re}_d \leq 0,25$ und $c_w \geq 96$ entspricht hier dem Bereich $\Omega \leq 3,5 \cdot 10^3$ und $Ar \leq 4,5$ bzw. $W^* \leq 0,15$ und $D^* \leq 1,65$, der Newtonbereich mit $\text{Re}_d \geq 2 \cdot 10^3$ und $c_w = 0,44$ umfasst das Gebiet $\Omega \geq 6,0 \cdot 10^3$ und $Ar \geq 1,3 \cdot 10^6$ bzw. $W^* \geq 18$ und $D^* \geq 110$.

Im *Übergangsbereich* bietet die Näherung (4.20) nach Martin (1980) [4.3] die Möglichkeit der expliziten Darstellungen $\text{Re}_d = f(Ar)$ und $\text{Re}_d = f(\Omega)$:

$$\text{Re}_d = 18 \cdot \left[\sqrt{1 + \frac{1}{9}\sqrt{Ar}} - 1 \right]^2 \qquad (4.40)$$

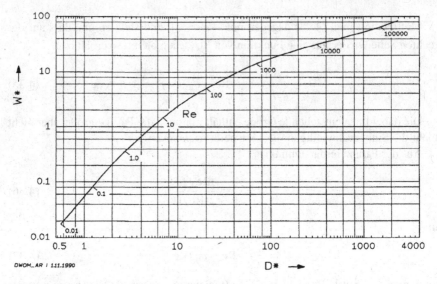

DWOM_AR / 111.1990

Abbildung 4.3 Dimensionsloses Sinkgeschwindigkeits-Partikelgröße-Diagramm

und

$$\text{Re}_d = 288 \cdot \left[\sqrt{\frac{67{,}9}{\sqrt{\Omega}} + 1} - 1 \right]^{-2}. \tag{4.41}$$

Anwendung ebenfalls in Aufgabe 4.3.

4.2.2 Partikelbewegung im stationär strömenden Fluid

4.2.2.1 Partikelbewegung in senkrechter Aufwärtsströmung – Gleichgewichts-Partikelgröße

Die Aufwärtsgeschwindigkeit v des Fluids sei zeitlich und örtlich konstant. Dann sinkt eine Partikel, die als Kugel mit dem Durchmesser d angenommen sei, relativ zum Fluid mit der in Abschn. 4.2.1.1 berechneten Sinkgeschwindigkeit w_s. Die Absolutgeschwindigkeit u der Partikel (relativ also zu einem Apparat) ist gegeben durch

$$u = v - w_s. \tag{4.42}$$

Wenn daher eine Partikel wegen ihrer Größe, Dichte oder Form eine dem Betrag nach *größere* Sinkgeschwindigkeit w_s hat, als die aufwärts gerichtete Fluidgeschwindigkeit v, dann wird sie sich mit der Geschwindigkeit u nach *unten* im Apparat bewegen (*Grobgut, Schwergut* Abb. 4.4a). Ist ihre Sinkgeschwindigkeit jedoch *kleiner* als die Fluidgeschwindigkeit, dann bewegt sie sich mit $u = v - w_s$ nach *oben* (*Feingut, Leichtgut* Abb. 4.4b). Partikeln, deren Sinkgeschwindigkeit gerade der Geschwindigkeit v entspricht, bleiben daher – zumindest theoretisch – in der Schwebe.

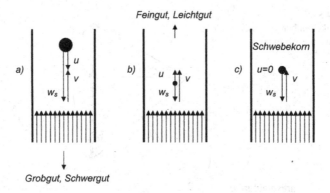

Abbildung 4.4 Prinzip der Gleichgewichts-Gegenstrom-Klassierung (**a**) Absinken des Grobguts (Schwerguts) nach unten (**b**) Aufwärtstransport des Feinguts (Leichtguts) nach oben (**c**) In-Schwebe-Bleiben des Gleichgewichtskorns

Ihre Absolutgeschwindigkeit u im Apparat ist Null (*Schwebekorn* Abb. 4.4c). Man nennt das Schwebekorn auch, *Gleichgewichtskorn* oder *Trennkorn* (Index „t"). Auf dieser Trennung beruht das Prinzip der Schwerkraft-Gegenstrom-Klassierung. Aus der Bedingung $u_t = 0$ für das Gleichgewichtskorn, bzw. $|w_{st}| = |v|$ ergeben sich (s. Abschn. 4.2.1.1) im Stokes- bzw. im Newtonbereich die äquivalenten Kugelgrößen dieser Gleichgewichtspartikel:

$$d_{St,t} = \sqrt{\frac{18\eta}{(\rho_p - \rho_f) \cdot g} \cdot v} \quad \text{im Stokesbereich,} \tag{4.43}$$

$$d_{N,t} = 0{,}33 \cdot \frac{\rho_f}{(\rho_p - \rho_f)} \cdot \frac{v^2}{g} \quad \text{im Newtonbereich.} \tag{4.44}$$

Im Übergangsbereich der Partikelumströmung muss eines der in Abschn. 4.2.1.1 erwähnten Näherungsverfahren zur Ermittlung der Gleichgewichts-Partikelgröße verwendet werden.

4.2.2.2 Partikelbewegung in geradliniger Strömung beliebiger Richtung

Die konstante Strömungsgeschwindigkeit $\vec{v}$ des Fluids sei jetzt in eine beliebige, aber feste Raumrichtung ausgerichtet. Dann liegt eine ebene Strömung vor, und man kann $\vec{v}$ in eine horizontale und eine vertikale Komponente zerlegen: $\vec{v} = [v_x; v_y]$. Zwischen Fluid und Partikel besteht die Relativgeschwindigkeit $\vec{w}$, und im Raum (d.h. im Apparat, im Labor, im Schwerefeld) bewegt sich die Partikel mit der Absolutgeschwindigkeit $\vec{u}$. Die Beziehung zwischen diesen Geschwindigkeiten lautet

$$\vec{u} = \vec{v} + \vec{w}. \tag{4.45}$$

Man berechnet die Geschwindigkeiten $\vec{w}$ und $\vec{u}$ über ihre Komponenten in x- und y-Richtung, indem man in jeder dieser Richtungen das Kräftegleichgewicht

Abbildung 4.5
Geschwindigkeiten bei
ebener, stationärer Strömung
$(w_f \equiv w_s)$

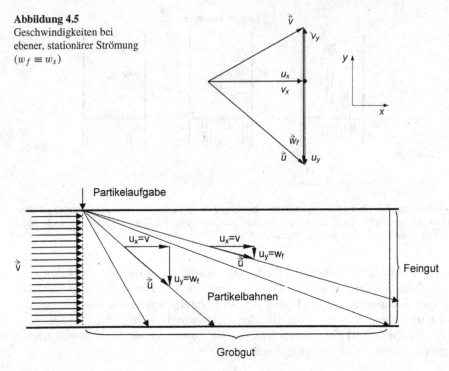

Abbildung 4.6 Stationäre Partikelbewegung in horizontaler Strömung Prinzip der Schwerkraft-Querstrom-Klassierung

aufstellt. Die oben getroffene Vereinbarung stationärer Strömungsverhältnisse bedeutet dabei, dass keine Trägheitskräfte, sondern wie bisher nur die Widerstandskraft in Richtung von $\vec{w}$, sowie Schwerkraft und Auftrieb in vertikaler Richtung zu berücksichtigen sind.

In *horizontaler Richtung* kann demnach nur *eine* Kraft wirken, die Horizontalkomponente F_{Wx} der Widerstandskraft F_W. Wegen des Kräftegleichgewichts muss dann $F_{Wx} \equiv 0$ sein, und das bedeutet, dass die Relativgeschwindigkeit zwischen der Partikel und dem Fluid auch keine Horizontalkomponente hat. Die Partikel bewegt sich also in Horizontalrichtung genau so schnell wie das Fluid ($u_x = v_x$) (s. Abb. 4.5).

In *vertikaler Richtung* wirken Gewicht, Auftrieb und Widerstandskraft wie im vorher behandelten Fall rein vertikaler Fluidströmung. Die Relativgeschwindigkeit ist daher wie dort gleich der Sinkgeschwindigkeit – $w_y = w_s$.

Die Vertikalkomponente u_y der Absolutgeschwindigkeit ergibt sich aus der Addition von Sinkgeschwindigkeit w_s und Vertikalkomponente v_y der Fluidgeschwindigkeit

$$u_y = v_y - w_s.$$

Im Fall *senkrechter* Aufwärtsströmung ($v_x = 0$; $u_x = 0$; $u_y = u$; $v_y = v$) resultiert (4.42).

Im speziellen Fall *waagerechter*, über den Querschnitt gleichverteilter Fluidströmung ($v_x = v = $ const.; $v_y = 0$) bewegt sich die Partikel im Apparat mit $u_x = v$ in horizontaler und mit $u_y = w_s$ in vertikaler Richtung. Partikeln mit kleiner Sinkgeschwindigkeit (geringe Größe und/oder kleiner Dichteunterschied zwischen Partikel und Fluid) werden daher weiter in x-Richtung mitgenommen als solche mit großer Sinkgeschwindigkeit.

Auf dieser Auffächerung der Partikelbahnen beruht das Prinzip der Schwerkraft-Querstrom-Klassierung in Feingut und Grobgut (Abb. 4.6). Mit der Höhe H des Trennraums und seiner Länge L ergibt sich für das Trennkorn

$$w_{s,t} = v \cdot (H/L). \tag{4.46}$$

Man kann zeigen (z.B. in: Löffler and Raasch (1992) [1.5]), dass dies auch für nicht-ideale Querströmung, d.h. für ein Strömungsprofil $v \equiv v(y) \neq$ const gilt. Führt man noch die Breite B des Trennraums ein, dann kann durch

$$B \cdot H \cdot v = \dot{V} \tag{4.47}$$

der Durchsatz als Volumenstrom berücksichtigt werden und das Trennkorn hat die Sinkgeschwindigkeit

$$w_{s,t} = \frac{\dot{V}}{B \cdot L}. \tag{4.48}$$

$B \cdot L$ ist die Grundfläche des Trennraums. Dies Ergebnis ist insofern bemerkenswert, als bei vorgegebenem Durchsatz die Trennkornpartikelgröße umso kleiner wird je größer diese Fläche ist. Die Sinkhöhe geht nicht ein, eine Tatsache, die für Klärbecken bei der Fest-Flüssig-Trennung von Bedeutung ist.

4.2.3 Beschleunigte Bewegung

Das allgemeine Kräftegleichgewicht unter Einbeziehung der Trägheitskraft F_T bei der beschleunigten Bewegung einer Partikel durch ein ruhendes oder mit konstanter Geschwindigkeit bewegtes Fluid lautet

$$\vec{F}_g + \vec{F}_A + \vec{F}_T + \vec{F}_W = 0. \tag{4.49}$$

Beschränkt man sich auf kugelförmige Partikeln (Durchmesser d, Dichte ρ_p), dann gilt für die einzelnen Summanden

$$\vec{F}_g = \frac{\pi}{6} d^3 \cdot \rho_p \cdot \vec{g}, \tag{4.50}$$

$$\vec{F}_A = -\frac{\pi}{6} d^3 \cdot \text{grad } p, \tag{4.51}$$

$$\vec{F}_T = -\frac{\pi}{6}d^3 \cdot (\rho_p + \alpha \cdot \rho_f) \cdot \frac{d\vec{w}}{dx}, \tag{4.52}$$

$$\vec{F}_W = -\frac{\pi}{4}d^2 \cdot c_w(\text{Re}) \cdot \frac{\rho_f}{2} \cdot |\vec{w}| \cdot \vec{w}. \tag{4.53}$$

In F_T muss infolge der Verdrängung des umgebenden Mediums und der anhaftenden Fluidmasse noch eine zusätzliche Masse berücksichtigt werden. Deren Volumenanteil α geht durch das Verhältnis $\alpha = V/V_P < 1$ in die beschleunigte Gesamtmasse ein. Der genaue Wert für α ist nicht bekannt. Für Flüssigkeiten wird ein Wert von 0,5 vorgeschlagen, bei Gasen kann der Anteil $\alpha \cdot \rho_f$ wegen der geringen Gasdichte vernachlässigt werden.

Damit erhält man für die Bewegung einer kugelförmigen Partikel in einem inkompressiblen, stationär fließenden Fluid als allgemeine Bewegungsgleichung:

$$(\rho_p - \rho_f) \cdot \frac{\pi}{6}d^3 \cdot \vec{g} + (\rho_p + \alpha \cdot \rho_f) \cdot \frac{\pi}{6}d^3 \cdot \frac{d\vec{w}_r}{dt} + c_w \frac{d^2\pi}{4} \frac{\rho_f}{2} |\vec{w}_r| \vec{w}_r = 0 \tag{4.54}$$

bzw.

$$\frac{d\vec{w}_r}{dt} = -\frac{(\rho_p - \rho_f) \cdot \vec{g}}{(\rho_p + \alpha \cdot \rho_f)} - \frac{3c_w\rho_f|\vec{w}_r|}{4 \cdot (\rho_p + \alpha \cdot \rho_f) \cdot d}\vec{w}_r, \tag{4.55}$$

$\vec{w}_r$ ist die Relativgeschwindigkeit.

Zwei aufschlussreiche Sonderfälle sollen hier behandelt werden: Das beschleunigte Fallen einer Kugel im Schwerefeld und der Abbremsweg in ruhendem Gas unter Vernachlässigung der Schwerkraft.

4.2.3.1 Beschleunigtes Fallen im Schwerefeld

Ausgehend von Abb. 4.2b lautet das Kräftegleichgewicht in $+g$-Richtung (nur die Vertikalrichtung kommt vor (daher skalar!), die Relativgeschwindigkeit ist gleich der Sinkgeschwindigkeit)

$$F_g - F_A - F_T - F_W = 0. \tag{4.56}$$

Setzt man noch voraus, dass das Absinken im Stokesbereich erfolgt, dann erhält man die Differentialgleichung

$$\frac{dw_s}{dt} = \frac{(\rho_p - \rho_f) \cdot g}{(\rho_p + \alpha \cdot \rho_f)} - \frac{18\eta}{(\rho_p + \alpha \cdot \rho_f) \cdot d^2}w_s \tag{4.57}$$

mit der Lösung

$$w_s(t) = \frac{(\rho_p - \rho_f)}{18\eta} \cdot g \cdot d^2 \cdot \left[1 - \exp\left(-\frac{18\eta}{(\rho_p + \alpha\rho_f)d^2} \cdot t\right)\right]. \tag{4.58}$$

Vor der Klammer steht die stationäre Sinkgeschwindigkeit w_{sSt} nach Stokes, in der Klammer kann die Abkürzung

$$t^* = \frac{(\rho_p + \alpha \cdot \rho_f) \cdot d^2}{18\eta} \tag{4.59}$$

verwendet werden. Damit kann man schreiben

$$w_s(t) = w_{sSt} \cdot [1 - \exp(-t/t^*)]. \tag{4.60}$$

t^* ist wegen $w(t^*) = w_{sSt} \cdot (1 - e^{-1}) = 0{,}632 \cdot w_{sSt}$ die Zeit, die es dauert, bis die Geschwindigkeit 63,2% der stationären Sinkgeschwindigkeit im Stokesbereich w_{sSt} erreicht hat. Außerdem sieht man, dass diese sich theoretisch erst nach $t \to \infty$ einstellt.

Für die zurückgelegte Wegstrecke $s(t)$ gilt

$$s(t) = \int_0^t w_s(t) \cdot dt. \tag{4.61}$$

Nach der Integration erhält man

$$s(t) = w_{sSt} \cdot \left\{ t - t^* \cdot \lfloor 1 - \exp\left(t/t^*\right)\rfloor \right\}. \tag{4.62}$$

Das folgende Beispiel erhellt die Größenordnungen.

Beispiel 4.1 (Beschleunigungswege und -zeiten beim Absinken kleiner Partikeln in Wasser und in Luft) Für Kugeln der Dichte $\rho_p = 2.5 \cdot 10^3$ kg/m^3, die so klein sind, dass sie noch im Stokesbereich absinken, berechne man die Zeiten und Strecken, die sie beim Fallen in Wasser bzw. Luft benötigen, um von der Geschwindigkeit Null auf 99% der stationären End-Fallgeschwindigkeit zu gelangen.

Stoffwerte Wasser (ca. 20°C): $\rho_W = 1{,}0 \cdot 10^3$ kg/m^3; $\eta_W = 1{,}0 \cdot 10^{-3}$ Pas; Kugeldurchmesser: $d = 60$ µm; $\alpha = 0{,}5$;
Stoffwerte Luft (ca. 20°C): $\rho_L = 1{,}2$ kg/m^3; $\eta_L = 1{,}8 \cdot 10^{-5}$ Pas; Kugeldurchmesser: $d = 35$ µm, $\alpha = 0$.
(Die Kugeldurchmesser sind so gewählt, dass ihr Absinken bei den gegebenen Stoffwerten am oberen Rand des Stokesbereichs liegt.)

Lösung:
Die Bedingung, dass die momentane Sinkgeschwindigkeit 99% der stationären sein soll, führt über $w(t_{99})/w_{sSt} = 0{,}99$ auf $\exp(-t_{99}/t^*) = 0{,}01$, und daraus erhält man sofort

$$t_{99} = -t^* \cdot \ln 0{,}01 = 4{,}61 \cdot t^*. \tag{4.63}$$

Mit den gegebenen Kugelgrößen und den Stoffwerten für Wasser und Luft lauten die Zahlenwerte für die *Beschleunigungszeiten*

$$(t^*)_W = 6{,}0 \cdot 10^{-4} \text{ s} \quad \text{und} \quad (t_{99})_W = 2{,}8 \cdot 10^{-3} \text{ s} \approx 0{,}003 \text{ s} \quad \text{in Wasser,}$$
$$(t^*)_L = 9{,}5 \cdot 10^{-3} \text{ s} \quad \text{und} \quad (t_{99})_L = 43{,}5 \cdot 10^{-3} \text{ s} \approx 0{,}044 \text{ s} \quad \text{in Luft.}$$

Die Beschleunigungsstrecken ergeben sich aus (4.62) mit $t = t_{99}$:

$$s_{99} = w_{sSt} \cdot \lfloor t_{99} - t^* \left(1 - \exp\left(-t_{99}/t^* \right) \right) \rfloor, \tag{4.64}$$

$$s_{99} = w_{sSt} \cdot \left[t_{99} - 0,99t^* \right]$$

$$= 3,62 \cdot w_{sSt} \cdot t^* = 1,12 \cdot 10^{-2} \cdot \frac{\Delta\rho(\rho_p + \alpha \cdot \rho_f) \cdot g}{\eta^2} \cdot d_{St}^4. \tag{4.65}$$

Die gegebenen Zahlenwerte führen auf folgende Beschleunigungsstrecken:

$$(s_{99})_W = 6,4 \cdot 10^{-6} \text{ m} = 6,4 \text{ μm} \quad \text{in Wasser,}$$

$$(s_{99})_L = 3,2 \cdot 10^{-3} \text{ m} = 3,2 \text{ mm} \quad \text{in Luft.}$$

Geht man davon aus, dass der Beschleunigungsvorgang dann vernachlässigt werden kann, wenn die Dauer betrachteter Bewegungen (z.B. Absetzzeiten in Sedimentationsbecken) und die dabei zurückgelegten Strecken (z.B. Sinkhöhen in Apparaten) wesentlich größer als die für die Beschleunigung erforderlichen Zeiten und Strecken sind, dann zeigen diese Ergebnisse, dass sowohl in Flüssigkeiten wie auch in Gasen bei praktisch allen Sedimentationsvorgängen mit der stationären Sinkgeschwindigkeit gerechnet werden kann. Ausnahmen können bei Partikeln mit sehr hoher Dichte, beim Absinken in evakuierten Behältern und vor allem beim Absetzen in Zentrifugen ($r\omega^2 \gg g$) von praktischer Bedeutung sein.

4.2.3.2 Abbremsweg in Gasen

Bei kleinen Partikeln in Gasen ist es oft ausreichend, nur die Relativgeschwindigkeit gegenüber dem Fluid unter Vernachlässigung der Schwerkraft und des Auftriebs zu betrachten. Außerdem kann wegen der geringen Gasdichte der Einfluss der Beschleunigung des die Partikel umgebenden Gases vernachlässigt werden ($\alpha = 0$), so dass man als Bewegungsgleichung zunächst vektoriell

$$\frac{d\vec{w}_r}{dt} = \frac{3c_w \rho_f |\vec{w}_r|}{4 \cdot \rho_p \cdot d} \vec{w}_r \tag{4.66}$$

erhält. Auf die Vektorschreibweise kann verzichtet werden, weil Widerstandskraft, Trägheitskraft und Relativgeschwindigkeit auf der gleichen Wirkungslinie liegen. Beschränkt man sich auf kleine kugelförmige Partikel, so dass für den c_w-Wert die Gleichung nach Stokes (4.14) gilt, so erhält man

$$\frac{dw_r}{dt} = -\frac{18\eta}{\rho_p \cdot d^2} w_r. \tag{4.67}$$

Unter Berücksichtigung von t^* nach (4.59) mit $\alpha = 0$ erhält man durch Integrieren die Geschwindigkeit zu Zeiten $t > 0$, wenn die Relativgeschwindigkeit zur Zeit $t = 0$ $w_{r,0}$ betragen hat:

$$w_r(t) = w_{r,0} \cdot \exp\left(-t/t^* \right). \tag{4.68}$$

Die Beziehung liefert den Zusammenhang für

a) die Beschleunigung einer ruhenden Partikel durch einen bewegten Gasstrom,
b) die Abbremsung einer bewegten Partikel in einem ruhenden Gas.

Nimmt man die Geschwindigkeit v des umgebenden Mediums als konstant an, so gilt für die Partikelgeschwindigkeit w_P wegen $w_r = v - w_P$

$$\frac{dw_r}{dt} = -\frac{dw_P}{dt}. \tag{4.69}$$

Zu a) Bei der Beschleunigung einer ruhenden Partikel durch einen Gasstrom mit konstanter Geschwindigkeit ist die Relativgeschwindigkeit zu Beginn gleich der Gasgeschwindigkeit $w_{r0} = v$. Für die Relativgeschwindigkeit kann man damit schreiben

$$w_r(t) = v \cdot \exp(-t/t^*) \tag{4.70}$$

und für die Partikelgeschwindigkeit $w_P(t)$

$$w_P(t) = v - w_r(t) = v\lfloor 1 - \exp(-t/t^*)\rfloor. \tag{4.71}$$

Zu b) Für den Fall der Abbremsung einer mit der Anfangsgeschwindigkeit $w_{P,0}$ in ein ruhendes Gas eintretende Partikel erhält man mit $w_P = -w_r$:

$$w_P(t) = w_{P,0} \cdot \exp(-t/t^*). \tag{4.72}$$

Die Integration über die Zeit liefert für den Weg s, den die Partikel zurücklegt

$$s(t) = \int_0^t w_P(t) \cdot dt = w_{P,0} \cdot t^* \cdot [1 - \exp(-t/t^*)]. \tag{4.73}$$

Für $t \to \infty$ erhält man

$$s_\infty = w_{P,0}t^* = w_{P,0} \cdot \frac{\rho_s \cdot d^2}{18\eta}, \tag{4.74}$$

einen endlichen Wert, der den *Abbremsweg* bzw. die *Eindringtiefe* einer mit $w_{P,0}$ in ein Gas eintretenden Partikel bedeutet. Von Bedeutung ist diese Größe u.a. bei der Trägheitsabscheidung kleinster Partikeln in Faser-Staubfiltern und bei der Feinstzerkleinerung in Prallmühlen.

Bezieht man den Abbremsweg s_∞ auf eine charakteristische Abmessung in einem Strömungsfeld – z.B. auf den Faserdurchmesser d_F einer Faserfiltermatte –, so erhält man – verallgemeinert noch mit einer charakteristischen Anfangsgeschwindigkeit w_0 – als dimensionslose Kennzahl den sog. *Trägheitsparameter*

$$\Psi = \frac{s_\infty}{d_F} = \frac{\rho_p \cdot d^2}{18\eta} \cdot \frac{w_0}{d_F}. \tag{4.75}$$

4.2.4 Einflüsse auf die Sinkgeschwindigkeit

In den vorigen Abschnitten wurden insofern idealisierte Verhältnisse betrachtet, als die Bewegung einer einzelnen Partikel in einem Newtonschen Fluid, also in einem Kontinuum, ohne Wechselwirkung mit anderen Partikeln oder mit Wänden des Behälters vorausgesetzt worden ist. In diesem Abschnitt werden einige Einflüsse behandelt, die in der verfahrenstechnischen Praxis von Bedeutung sind. Im Wesentlichen handelt es sich dabei um Korrekturen, die aufgrund von Messungen und Erfahrungen an den Beziehungen für ideale Vorgänge und Verhältnisse angebracht werden.

4.2.4.1 Diffusionseinfluss (Cunningham-Korrektur)

Wie bereits in Abschn. 4.1.3 ausgeführt, wirken auf Partikeln, die in ihrer Größe d vergleichbar mit der mittleren freien Weglänge λ der Moleküle im Fluid sind, Diffusionskräfte durch die Brownsche Molekularbewegung. Kriterium ist die Knudsenzahl (4.22)

$$Kn = \frac{\lambda}{d}. \tag{4.76}$$

Weil es sich um sehr kleine Partikeln handelt, kommt nur der Stokesbereich der Partikelumströmung in Betracht. Man verwendet die für Kontinuumsströmung geltende Stokesgleichung (4.30) und bringt als Korrektur den Cunningham-Faktor $C > 1$ an. Die reduzierte Widerstandskraft führt zu einer Erhöhung der Sinkgeschwindigkeit um diesen Faktor. Nach Davies (1945) (zit. in [1.1]) ist

$$w_{sSt}^{*} = w_{sSt} \cdot \{1 + Kn \cdot [2{,}514 + 0{,}8 \cdot \exp(-0{,}55/Kn)]\}. \tag{4.77}$$

Aus der Tabelle 4.2 sind für Luft von $T = 293$ K bei Normaldruck und drei Unterdruck-Stufen die mittlere freie Weglänge λ, die Knudsenzahl Kn und das Verhältnis der Sinkgeschwindigkeiten w_{sSt}^{*}/w_{sSt} für drei Partikelgrößen ersichtlich. Die Erhöhungen sind bei kleinen Partikeln und niedrigen Drücken beträchtlich.

4.2.4.2 Wandeinfluss

Bewegt sich eine Partikel nahe an einer Wand, so hat der Abstand z zu dieser Wand Einfluss auf den Strömungswiderstand. Dimensionsanalytisch betrachtet wird dieser Einfluss durch das Verhältnis von Wandabstand zu Partikelgröße z/x zu berücksichtigen sein: $c_w(\mathrm{Re}, z/x)$. Konkrete Beziehungen liegen für den Stokesbereich der Umströmung von Kugeln ($x \equiv d$) vor, die sich parallel oder senkrecht zur Wand bewegen (Lorenz nach [4.10]), sowie für Kugeln, die in einem Kreisrohr (Durchmesser D) parallel zur Achse absinken (Abb. 4.7 links). Für die Partikelbewegung

Tabelle 4.2 Auswirkungen der Cunningham-Korrektur bei verschiedenen Unterdrücken auf die Sinkgeschwindigkeit in Luft

p/Pa		10^5	10^4	10^3	10^2
λ/µm		$7 \cdot 10^{-2}$	$7 \cdot 10^{-1}$	7	70
	$d = 10\,\mu m$	$7 \cdot 10^{-3}$	$7 \cdot 10^{-2}$	$7 \cdot 10^{-1}$	7
Kn	$d = 1{,}0\,\mu m$	$7 \cdot 10^{-2}$	$7 \cdot 10^{-1}$	7	70
	$d = 0{,}1\,\mu m$	$7 \cdot 10^{-1}$	7	70	700
	$d = 10\,\mu m$	$1{,}017$	$1{,}18$	$3{,}00$	$23{,}6$
w_{sSt}^*/w_{sSt}	$d = 1{,}0\,\mu m$	$1{,}18$	$3{,}00$	$23{,}6$	231
	$d = 0{,}1\,\mu m$	$3{,}00$	$23{,}6$	231	2303

Abbildung 4.7 zum Wandeinfluss auf den Umströmungswiderstand

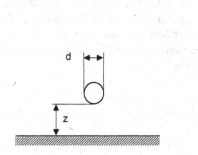

parallel zur Wand gilt

$$c_w = \frac{24}{Re} \cdot \left\{ 1 - \frac{9}{16} \cdot \left(1 + 2\frac{z}{d}\right)^{-1} \right\}^{-1}. \tag{4.78}$$

Der Widerstand nimmt demnach zu, je näher die Partikel sich an der Wand befindet. Abstände $z > 10 \cdot d$ machen nur noch weniger als 3% Unterschied zum unbehinderten Umströmen aus.

Für Bewegungen senkrecht zur Wand wird folgende Beziehung angegeben

$$c_w = \frac{24}{Re} \cdot \left\{ 1 - \frac{9}{8} \cdot \left(1 + 2\frac{z}{d}\right)^{-1} \right\}^{-1}. \tag{4.79}$$

Auch hierbei nimmt der Widerstand mit Annäherung an die Wand zu und geht mit großen Abständen asymptotisch gegen denjenigen bei freier Umströmung.

Beim Fallen einer Kugel zentrisch im senkrechten Rohr (Abb. 4.7 rechts) spielt das Verhältnis d/D eine Rolle. Nach Ladenburg (zit. in [1.1]) gilt

$$c_w = (24/Re) \cdot \{1 + 2{,}104 \cdot (d/D)\}. \tag{4.80}$$

Für Durchmesserverhältnisse $d/D < 0{,}02$ bleibt die Abweichung zum unbehinderten Absinken unter 5%.

Abbildung 4.8 Exponent
der Richardson-Zaki-
Gleichung

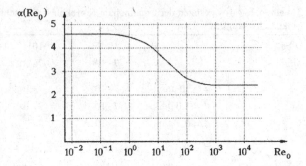

4.2.4.3 Konzentrationseinfluss

Das Bisherige gilt unter der Voraussetzung, dass das Absinken der Einzelpartikeln
von benachbarten unbeeinflusst bleibt. Bei höheren Konzentrationen ist das nicht
mehr der Fall. Bei der Sedimentation als technischem Trennverfahren in Flüssigkeiten muss man zwischen zwei Fällen unterscheiden: Sedimentation *ohne* und *mit*
Flockung der Partikeln.

Sedimentation ohne Flockung

Die Haftkräfte zwischen den Partikeln sind im Vergleich zu den Massen- und Druck-
kräften nicht so stark, dass sie die Bildung von Agglomeraten, Flocken, Clustern ermöglichen. Jede Partikel nimmt beim Absinken einen nahen Umgebungsbereich an
Flüssigkeit mit sich nach unten, und verdrängt seitlich ein gewisses Volumen. Mit
steigender Partikelkonzentration nimmt der abwärts transportierte Volumenstrom
zu, und es muss aus Kontinuitätsgründen einen gleichgroßen Aufwärtsstrom in den
Zwischenräumen geben. Außerdem beeinflussen sich die in der Umgebung der Partikeln zur Seite bewegten Flüssigkeitselemente gegenseitig durch einen verstärkten
Impulsaustausch. Dies führt insgesamt zu einer Behinderung des Absinkens. Die
sog. *Schwarmsinkgeschwindigkeit* w_{ss} wird mit zunehmender Partikelkonzentration kleiner als die der Einzelpartikeln. Es ist aus dem Gesagten auch verständlich,
dass die Volumen-Konzentration c_V die relevante Einflussgröße ist. Für Konzentrationen unterhalb von ca. 0,2 Vol% (bei Messungen) bzw. ca. 1 Vol% (bei technischen
Trennungen) spielen die genannten Effekte praktisch keine Rolle.

Der bekannteste Ansatz zur empirischen Beschreibung der behinderten Sedimentation ist die *Richardson-Zaki-Gleichung*

$$\frac{w_{ss}}{w_s} = (1 - c_V)^{\alpha(Re_0)}. \tag{4.81}$$

Re_0 ist die mit der unbeeinflussten Sinkgeschwindigkeit w_s gebildete Partikel-
Reynoldszahl. (4.81) ist anwendbar bis zu Konzentrationen von ca. 30 Vol%. Richardson u. Zaki (1954) [4.6] stellten im Stokesbereich ($Re_0 \leq 0,25$) für den Exponenten $\alpha = 4,65$ fest. Mit wachsender Reynoldszahl nimmt die Funktion $\alpha(Re_0)$ ab,

bis sie oberhalb von $\text{Re}_0 \approx 500$ den konstanten Wert $\alpha = 2,4$ erreicht (s. Abb. 4.8). Für rechnerische Auswertungen sind im VDI-Wärmeatlas (2006) [4.9] für α bereichsabhängige Näherungsformeln angegeben:

$$a(\text{Re}_0) = 4,65 \qquad \text{für } \text{Re}_0 < 0,2,$$
$$a(\text{Re}_0) = 4,35 \cdot \text{Re}_0^{-0,03} \qquad \text{für } 0,2 < \text{Re}_0 < 1,$$
$$a(\text{Re}_0) = 4,45 \cdot \text{Re}_0^{-0,10} \qquad \text{für } 1 < \text{Re}_0 < 500,$$
$$a(\text{Re}_0) = 2,39 \qquad \text{für } \text{Re}_0 > 500.$$

Sedimentation mit Flockung

Sehr feinkörnige Feststoffe und solche, deren Dichte nur sehr wenig verschieden von der Flüssigkeitsdichte ist, sinken im Schwerefeld nur sehr langsam ab. Man versucht daher, solche Stoffe zu „flocken", d.h. sie durch physiko-chemische Bindungen derart aneinander haften zu machen, dass sie als größere Gebilde, eben Flocken, gemeinsam mit höherer Geschwindigkeit absinken. Auch bei Gleichkorn bzw. bei sehr engen Partikelgrößenverteilungen kann es wegen der geringen Sinkgeschwindigkeitsunterschiede vorkommen, dass sich mehrere oder viele Partikeln zusammenlagern und gemeinsam schneller absinken, als es die Einzelteilchen täten. Weil weder die Größe, noch die Dichte dieser Flocken vorher bestimmbar sind, weil sie sich gegenseitig beeinflussen, und weil sie selbst sowohl umströmte als auch durchströmte Systeme darstellen, ist das Absinken geflockter Suspensionen nicht vorausberechenbar. Vielmehr muss man Absetzversuche in senkrechten Zylindergefäßen machen. Was man dabei häufig feststellt, ist die sog. *Zonensedimentation* (Abb. 4.9):

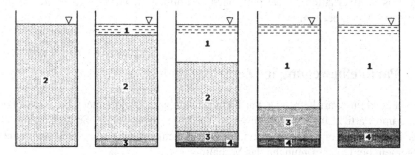

Abbildung 4.9 Zonensedimentation. *1* Klarflüssigkeitszone, *2* Sedimentationszone, *3* Kompressionszone, *4* verdichtetes Sediment

Ausgehend von einer gleichmäßig durchmischten Suspension bildet sich nach einer Weile von oben nach unten zunehmend eine Zone mit klarer Flüssigkeit (1), die relativ scharf von der darunter befindlichen Suspension (2) abgegrenzt bleibt. Am

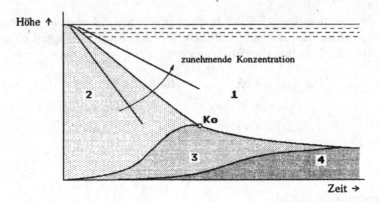

Abbildung 4.10 Zeitlicher Verlauf der Zonensedimentation (Absetzkurve) *Ko*: Kompressionspunkt, Zonen 1...4 wie in Abb. 4.9

Boden des Gefäßes komprimiert sich der abgesetzte Feststoff zu einer stärker werdenden Schlammschicht (3), auch *Dickschlamm* genannt. Eventuell ist auch noch eine Zone mit weiter verdichtetem Sediment (4) zu beobachten.

Für die Anwendung entscheidend ist die „Sinkgeschwindigkeit" der Klarflüssigkeitsgrenze zwischen den Zonen 1 und 2 (*Absetzgeschwindigkeit*). Oft beobachtet man ein zeitlich lineares Absinken dieser Grenze bis zu dem Zeitpunkt, wo die Zonen 1 und 3 zusammenkommen. Dann ist der Kompressionspunkt „Ko" erreicht und das weitere Absetzen erfolgt deutlich langsamer (Abb. 4.10).

Der Verlauf der *Absetzkurven* ist bei der Zonensedimentation vor allem von der Konzentration abhängig. Bei kleinen Konzentrationen ist die Absetzgeschwindigkeit höher und der Kompressionspunkt wird früher und in geringeren Bodenabständen erreicht, als bei großen Konzentrationen.

Absetzkurven für verschiedene Konzentrationen liefern wichtige Informationen über das Stoffverhalten der Suspensionen und bilden die Grundlage für die Auslegung von Absetzbecken.

4.3 Partikelbewegung im Zentrifugalfeld

Um sehr kleine Partikeln oder Partikeln mit kleinem Dichteunterschied zwischen Fluid und Partikel im Fluid zu bewegen, reicht in der Regel die Schwerkraft nicht aus. Man erzeugt ein Zentrifugalfeld mit der Beschleunigung $r \cdot \omega^2$ und bezeichnet allgemein bei Drehströmungen das Verhältnis

$$z = \frac{r \cdot \omega^2}{g} \qquad (4.82)$$

als *Schleuderzahl, Schleuderziffer, Zentrifugenkennzahl, Beschleunigungszahl* o.ä. Im Allgemeinen realisiert man in Apparaten und Maschinen mit Drehströmungen Zentrifugalbeschleunigungen, die wesentlich größer als die Erdbeschleunigung sind, so dass die Schleuderzahl Werte $\gg 1$ annimmt. Man kann dann meistens die Schwerkraft gegenüber der Zentrifugalkraft vernachlässigen.

$$r \cdot \omega^2 \gg g \rightarrow z \gg 1. \tag{4.83}$$

Das Fliehkraftfeld kann auf zweierlei Weise erzeugt werden: Entweder, indem ein rotierender Behälter mit dem darin in Ruhe befindlichen Fluid in Drehung versetzt wird, oder indem die Strömung im ruhenden Behälter zwangsweise in eine gekrümmte Bahn umgelenkt wird. Modellhaft unterscheidet man dann zwei technisch wichtige Drehströmungsfelder: Den *Starrkörperwirbel* und den *Potentialwirbel*. Beim ersten wird die Bewegung der Partikeln analog zum Schwerefeld durch die Konkurrenz von Flieh- und Widerstandskraft erzeugt. Bei letzterem muss für den radialen Transport des Fluids (und damit auch von Partikeln) durch den Apparat der rein tangentialen Strömung noch eine radial nach innen gerichtete Komponente, die *Potentialsenke*, überlagert sein. Zusammen mit dem Potentialwirbel entsteht dadurch die *Wirbelsenke*.

4.3.1 Partikelbewegung im Starrkörperwirbel

Das Zentrifugalfeld wird hervorgerufen, indem man einen Behälter mit dem Fluid in Drehung versetzt. Hierbei soll sich das Fluid relativ zum Behälter nicht bewegen. Zusammen mit ihm rotiert es mit konstanter Winkelgeschwindigkeit ω wie ein starrer Körper um die Drehachse (Modell *Becherzentrifuge* Abb. 4.11):

$$\omega = \text{const.} \tag{4.84}$$

Die Partikel (Kugel) befindet sich momentan auf dem Radius r von der Achse entfernt. Sie unterliegt in vertikaler Richtung der Schwerebeschleunigung $\vec{g}$ und in radialer Richtung der Zentrifugalbeschleunigung $\vec{r} \cdot \omega^2$.

Nur mit der Bedingung (4.83) ist es gerechtfertigt, die Becherachsen senkrecht von der vertikalen Drehachse abstehen zu lassen und die Flüssigkeitsoberfläche als ein Stück Zylindermantel anzusehen, wie es in Abb. 4.11 dargestellt ist.

Auf die Kugel mit dem Durchmesser d wirken in radialer Richtung (= Absetzrichtung) drei Kräfte, wenn man bei dieser Betrachtung kleine Kräfte, wie die Corioliskraft und die Trägheitskraft vernachlässigt (ρ_p: Partikeldichte)

- Fliehkraft $\qquad \vec{F}_z = \rho_p \cdot \frac{\pi}{6} d^3 \cdot \vec{r} \cdot \omega^2$
- Auftrieb $\qquad \vec{F}_A = \rho_f \frac{\pi}{6} d^3 \cdot \vec{r} \cdot \omega^2$
- Widerstandskraft $\quad \vec{F}_W = c_w(\text{Re}_d) \cdot \frac{\pi}{4} d^2 \cdot \frac{\rho_f}{2} |w_{sz}| \cdot \vec{w}_{sz}.$

Da alle drei Kräfte in radialer Richtung wirken, ist auch die Absetzgeschwindigkeit w_{sz} radial gerichtet, und zwar nach außen, wenn die Kugel spezifisch schwerer als das Fluid ist, und nach innen, wenn sie spezifisch leichter ist (z.B. Blasen in einer Flüssigkeit). Das Kräftegleichgewicht in $+r$-Richtung ergibt analog zu den

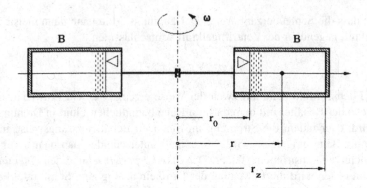

Abbildung 4.11 Becherzentrifuge (schematisch)

Ausführungen in Abschn. 4.2.1.1 für den Betrag der Sinkgeschwindigkeit im Zentrifugalfeld

$$w_{sz}^2(r) = \frac{4}{3} \cdot \frac{\rho_p - \rho_f}{\rho_f} \cdot \frac{r \cdot \omega^2 \cdot d}{c_w(\mathrm{Re}_d)}. \tag{4.85}$$

Darin ist gegenüber (4.28) lediglich die Erdbeschleunigung durch die Zentrifugalbeschleunigung $r \cdot \omega^2$ ersetzt worden. Das Folgende soll auf die zähe Umströmung der Partikeln beschränkt werden, also auf den Stokesbereich, weil das Zentrifugieren in aller Regel für das Absetzen so kleiner Partikeln angewendet wird, dass die kennzeichnende Reynoldszahl

$$\mathrm{Re}_z = \frac{w_{sz} \cdot d \cdot \rho_f}{\eta} \tag{4.86}$$

kleiner als ca. 0,25 bleibt. In Zweifelsfällen sollte diese Voraussetzung allerdings überprüft werden. Weil die Absetzgeschwindigkeit w_{sz} nach (4.85) mit dem Radius r veränderlich ist, hat man es eigentlich mit einem instationären Umströmungsvorgang zu tun und müsste die Trägheitskraft berücksichtigen. Ihre Vernachlässigung ist daher nur zulässig, wenn die zeitliche Änderung der Radialgeschwindigkeit der Partikel sehr viel kleiner als die Zentrifugalbeschleunigung bleibt. Dies sei zunächst einfach vorausgesetzt. Für die Geschwindigkeit w im Stokesbereich kann man daher analog zu (4.30) mit $r \cdot \omega^2$ anstelle von g schreiben

$$w_{sz} = \frac{dr}{dt} = \frac{\rho_p - \rho_f}{18\eta} \cdot d^2 \cdot \omega^2 \cdot r. \tag{4.87}$$

Hieraus lässt sich entweder die Stelle $r(t)$ berechnen, an der sich eine Partikel zur Zeit t befindet, oder die Absetzzeit $t_E(r)$ bestimmen, die eine Partikel zum Erreichen des Radius' r benötigt, wenn sie zum Zeitpunkt $t = 0$ an der Stelle $r = r_0$ gestartet ist. Durch Trennung der Variablen und Integration erhält man

$$r(t) = r_0 \cdot \exp\left[\frac{\rho_p - \rho_f}{18\eta} \cdot d^2 \cdot \omega^2 \cdot t\right] \tag{4.88}$$

$$\text{bzw.} \quad t_E(r) = \frac{18\eta}{(\rho_p - \rho_f) \cdot d^2\omega^2} \cdot \ln\frac{r}{r_0}. \tag{4.89}$$

Der Vergleich der Sinkgeschwindigkeiten im Zentrifugalfeld und im Schwerefeld, ergibt aus (4.87) und (4.30)

$$\frac{w_{sz}}{w_{sSt}} = \frac{r \cdot \omega^2}{g} = z(r). \tag{4.90}$$

Damit z eine fest angebbare Zahl wird, setzt man für r meist den Innenradius r_z des Rotors ein

$$\frac{w_{sz}}{w_{sSt}} = \frac{r_z\omega^2}{g} = z \gg 1. \tag{4.91}$$

Die Absetzzeiten für die Absetzstrecke $r_z - r_0$ (s. Abb. 4.11) im Zentrifugal- und im Schwerefeld stehen zueinander im Verhältnis

$$\frac{t_z}{t_g} = \frac{t_E(r_z) \cdot w_{sSt}}{r_z - r_0} = \frac{\ln(r_z/r_0)}{r_z - r_0} \cdot \frac{g}{\omega^2} = \frac{\ln(r_z/r_0)}{1 - r_0/r_z} \cdot \frac{1}{z}. \tag{4.92}$$

Anwendung finden diese Beziehungen bei der Berechnung von *Absetzzentrifugen* (Sedimentationszentrifugen) und *Abweiseradsichtern*.

4.3.2 Partikelbewegung in der Wirbelsenke

4.3.2.1 Wirbelsenke

Bei der Strömungsklassierung z.B. in Sichtern und Zyklonen (s. Kap. 6, Abschn. 6.4) spielt die *Wirbelsenke* eine wichtige Rolle. Da es sich um eine Potentialströmung handelt, ist sie reibungsfrei und hat an jedem Punkt im gesamten Strömungsfeld die gleiche volumenbezogene Energie. Die Wirbelsenke kommt durch die Überlagerung des *Potentialwirbels* mit der *Senkenströmung* zustande (Abb. 4.12). Sie ist die Modellform für den *freien Wirbel* in durchströmten Apparaten z.B. für den Zentrifugalsichter und den Zyklon.

Der *Potentialwirbel* (Abb. 4.12a) ist die Strömung in konzentrischen Kreisen, bei der die Umfangsgeschwindigkeit v_φ umgekehrt proportional zum Radius r ist

$$v_\varphi \cdot r = c_1 = \text{const.} \tag{4.93}$$

Er erzeugt ein Fliehkraftfeld mit der radial nach außen gerichteten Beschleunigung $r\omega^2 = v_\varphi^2/r$. Man nennt c_1 die *Wirbel-* oder *Zirkulationsstärke* in [m²/s].

Bei der *Senkenströmung* (Abb. 4.12b) werden die Stromlinien radial nach innen mit der Radialgeschwindigkeit v_r durchlaufen. Für sie gilt

$$v_r \cdot r = c_2 = \text{const.} \tag{4.94}$$

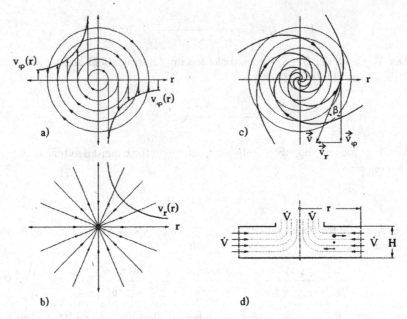

Abbildung 4.12 Zusammensetzung der Wirbelsenke. (**a**) Potentialwirbel + (**b**) Potentialsenke =
(**c**) Wirbelsenke. (**d**) Volumenstrom durch den Zentrifugalsichter

Die Geschwindigkeitskomponente v_r dient zur Mitnahme von Partikeln nach innen durch die Widerstandskraft entgegengesetzt zur nach außen gerichteten Fliehkraft. Der Wert von c_2 gibt die *Senkenstärke* an. Sie hat eine technisch relevante Bedeutung, denn durch die Zylindermantelfläche ($2\pi r \cdot H$) des in Abb. 4.12d gezeigten Schnitts durch einen Zentrifugalsichtraum strömt mit v_r in radialer Richtung nach innen der Volumenstrom

$$\dot{V} = v_r \cdot 2\pi r H. \tag{4.95}$$

Daraus ergibt sich mit (4.94), dass die Senkenstärke

$$v_r \cdot r = c_2 = \frac{\dot{V}}{2\pi H} \tag{4.96}$$

(Einheit [m^2/s]) direkt mit dem Durchsatz $\dot{V}$ und einer charakteristischen Apparatehöhe H verknüpft ist. (s. auch Abschn. 6.4.2).

Abbildung 4.12c zeigt die Geschwindigkeit $\vec{v}$ der Wirbelsenke mit v_r als Radial- und v_φ als Umfangskomponente. Die Stromlinien der Wirbelsenke sind logarithmische Spiralen; sie schneiden alle konzentrischen Kreise um das Wirbelzentrum unter dem gleichen Winkel β. Die konstante Steilheit dieser Spirale

$$\tan\beta = v_r/v_\varphi = c_2/c_1 = \text{const.} \tag{4.97}$$

gibt als Verhältnis von Senkenstärke c_2 zu Wirbelstärke c_1 auch das Verhältnis von Radial- zu Tangentialgeschwindigkeit an. Es ist demnach in jedem Punkt des Strömungsfeldes gleich.

4.3.2.2 Gleichgewichts-Partikelgröße

Eine Partikel – wir betrachten sie wieder als Kugel – ist unter den gleichen vereinfachenden Voraussetzungen wie in Abschn. 4.3.1 (quasistationäre Bewegung, d.h. verschwindend kleine Trägheits- und Corioliskraft, Vernachlässigung der Schwerkraft) den folgenden drei Kräften unterworfen:

- 1. und 2. Der Zentrifugalkraft F_z-radial nach außen und dem statischen Auftrieb F_A radial nach innen

$$\vec{F}_z = \rho_p \cdot \frac{\pi}{6}d^3 \cdot \vec{r}\omega^2 \quad \text{und} \quad \vec{F}_A = -\rho_f \cdot \frac{\pi}{6}d^3 \cdot \vec{r}\omega^2.$$

Mit $r\omega^2 = v_\varphi^2/r$ ergibt das in $+r$-Richtung

$$F_z - F_A = (\rho_p - \rho_f) \cdot \frac{\pi}{6}d^3 \cdot v_\varphi^2/r; \tag{4.98}$$

- 3. Der Widerstandskraft $\vec{F}_W$ in Richtung der Relativgeschwindigkeit zwischen Partikel und Fluid. Teilt man diese Kraft in eine Radial- und eine Tangentialkomponente (F_{Wr} und $F_{W\varphi}$) auf, dann ist $F_{W\varphi}$ die einzige tangential wirkende Kraft, so dass die Partikel die Umfangsgeschwindigkeit der Strömung annimmt. Damit besteht eine Relativgeschwindigkeit nur in Radialrichtung (w_{sr}) und die Widerstandskraft lautet

$$F_{Wr} = c_w(\text{Re}_d) \cdot \frac{\pi}{4}d^2 \cdot \frac{\rho_f}{2}w_{sr}^2.^1 \tag{4.99}$$

Sie steht im Gleichgewicht mit den oben angegebenen Kräften ($F_z - F_A = F_{Wr}$), woraus sich zunächst für die radiale Relativgeschwindigkeit der Partikel gegenüber dem strömenden Fluid

$$w_{sr} = \frac{4}{3} \cdot \frac{(\rho_p - \rho_f)}{\rho_f} \cdot \frac{d \cdot v_\varphi^2/r}{c_w(\text{Re}_d)} \tag{4.100}$$

ergibt. Im Rahmen der getroffenen Vereinfachungen gilt das nur für kleine Partikeln, die der Umfangsgeschwindigkeit der Strömung praktisch trägheitslos folgen,

---

[1]Mit diesem Ansatz wird stillschweigend die Unabhängigkeit des c_w-Werts von der Art der umgebenden Strömung vorausgesetzt!

so dass man einerseits die Reynoldszahl mit w_{sr} bilden und sich andererseits auch hier auf den Stokesbereich beschränken kann:

$$\text{Re}_d = \frac{w_{sr} \cdot d \cdot \rho_f}{\eta}; \qquad c_w(\text{Re}_d) = \frac{24}{\text{Re}_d} = \frac{24 \cdot \eta}{w_{sr} \cdot d \cdot \rho_f}.$$

Daraus erhält man für die Radialgeschwindigkeit

$$w_{sr}(r) = \frac{(\rho_p - \rho_f) \cdot d^2}{18\eta} \cdot v_\varphi^2(r)/r, \qquad (4.101)$$

übrigens – wie bei den Voraussetzungen nicht anders zu erwarten – ganz entsprechend der Sedimentation im Starrkörperwirbel $w_{sr}(r) \equiv w_{sz}(r)$.

Analog zur Schwerkraft-Sedimentation gibt es auch hier ein *Schwebekorn* als Trennkorn. Unter der Bedingung, dass die radiale Strömungsgeschwindigkeit $v_r(r)$(nach innen) und die radiale „Sink"-Geschwindigkeit $w_{sr}(r)$ der Partikel relativ zur Strömung (nach außen) gleich sind, bleibt diese Partikel, absolut gesehen, auf einem bestimmten Radius in der Schwebe, rotiert also auf einer Kreisbahn. Indiziert man die Größe dieses Korns wieder mit „t" (für Trennkorngröße), so wird mit der Bedingung

$$(w_{sr})_t\,(r) = v_r\,(r) \qquad (4.102)$$

aus (4.101)

$$d_t(r) = \sqrt{\frac{18\eta}{(\rho_p - \rho_f)}} \cdot \sqrt{\frac{r \cdot v_r(r)}{v_\varphi^2(r)}}. \qquad (4.103)$$

4.4 Benetzung, Kapillarität, Flüssigkeitsbindung

Nicht nur in der Natur gibt es vielfältige Benetzungs- und Kapillarerscheinungen. Sie haben ihre Ursache in der sog. *Oberflächenspannung* von Flüssigkeiten, zwischen verschiedenen Phasen auch als *Grenzflächenspannung* bezeichnet. Sie ist beispielsweise der Grund dafür, dass kleine Tröpfchen Kugelform annehmen, sie hält den Wasserläufer auf der Wasseroberfläche und bedingt die Form von Tropfen auf einer Festkörperoberfläche. Sie bewirkt das Aufsaugen von Tinte mit dem Löschpapier und das sprichwörtliche Abperlen des Wassers vom Wachstuch.

4.4.1 Benetzung

Gibt man einen Tropfen Flüssigkeit auf eine Glasplatte, dann bildet der Rand des Tropfens eine Grenzlinie zwischen den drei Phasen „fest/flüssig/gasartig". Je nach der Beschaffenheit der Flüssigkeit und der Feststoffoberfläche beobachtet man einen flachen, sich ausbreitenden, *benetzenden* Tropfen (z.B. Öl) oder einen zusammengezogenen, fast kugeligen, nicht *benetzenden* Tropfen (z.B. Quecksilber) (Abb. 4.13a

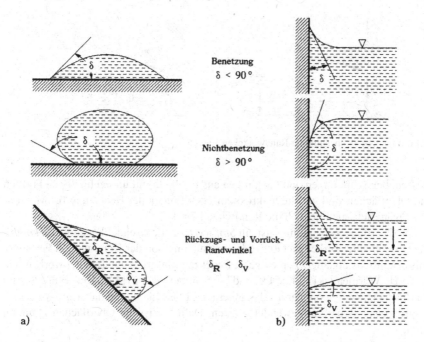

Abbildung 4.13 Benetzung und Randwinkel δ

oben). Ganz ähnlich ist es bei einer senkrecht in die Flüssigkeit gehaltenen Wand (Abb. 4.13b oben). Die benetzende Flüssigkeit breitet sich an der Wand nach oben aus, während die nicht-benetzende weniger Wandfläche zu berühren bestrebt ist.

Man charakterisiert die Benetzung durch den *Randwinkel* δ (Abb. 4.13) nach folgender Einteilung:

$\delta = 0°$: vollständige Benetzung;
$\delta \leq 90°$: Teilbenetzung;
$\delta \geq 90°$: Nichtbenetzung.

Lässt man den Tropfen von der schief gehaltenen Glasplatte herunterrinnen (Abb. 4.13a unten), dann erscheint die Vorderseite weniger benetzend als die Rückseite der ablaufenden Flüssigkeit. Auch die auf und ab bewegte senkrechte Platte (Abb. 4.13b unten) zeigt, dass zwischen dem *Vorrück-Randwinkel* δ_v und dem *Rückzugs-Randwinkel* δ_R unterschieden werden muss. An Ecken und Kanten ist der Randwinkel unbestimmt, wie man sich anhand von Abb. 4.14 leicht veranschaulichen kann; und daher kommt es, dass er offenbar nicht nur von der Stoffpaarung sondern auch noch von der Oberflächenbeschaffenheit des Feststoffs und den Bewegungsrichtungen abhängt.

Das Vorrücken entspricht der Befeuchtung, der Rückzug der Entfeuchtung. Die Unterschiede zwischen δ_v und δ_R bewirken die sog. *Randwinkelhysterese* bei aufeinander folgendem Ent- und Befeuchten. Eine Vorausberechnung von Randwinkeln ist für reale Stoffe nicht möglich. Man kann sie in geometrisch einfachen Fällen

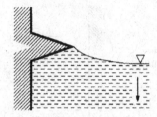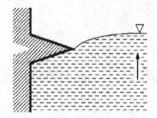

Abbildung 4.14 Unbestimmter Randwinkel an Kanten

messen, bei Schüttungen und Packungen aus Partikeln mit unregelmäßigen Formen und Oberflächen sind nur die makroskopischen Folgen der Benetzung für Messungen zugänglich, nicht jedoch die Randwinkel direkt.

Die Oberflächenspannung γ ist ein *Stoffwert*, oder passender benannt: ein *kombinierter Stoffwert*, weil er als Grenzflächenspannung von der Kombination Feststoff-Flüssigkeit-Gas abhängt. Zahlenwerte findet man in größeren Tabellenwerken wie dem VDI-Wärmeatlas (2006) [4.9] und bei Schubert (1982) [4.7]. Eine Flüssigkeitsoberfläche ist energiereicher als das Innere der Flüssigkeit, und daher muss zu ihrer Vergrößerung Arbeit aufgewendet werden. Definiert ist die Oberflächenspannung durch

$$\gamma = \frac{Arbeit\ zur\ Erzeugung\ neuer\ Oberfläche}{neue\ Oberfläche} = \frac{dW}{dS} \left[\frac{Nm}{m^2} = \frac{N}{m} \right]. \qquad (4.104)$$

Sie ist also keine „Spannung" im Sinne der Mechanik, sondern eine tangential zur Oberfläche wirkende auf die Länge der Begrenzungslinie Feststoff-Flüssigkeit bezogene Kraft, eine *Linien-* bzw. *Randkraft*.

4.4.2 Kapillarität

In einer senkrechten zylindrischen Kapillare mit dem Innendurchmesser d steigt eine benetzende Flüssigkeit von der Dichte ρ aufgrund der Oberflächenspannung γ um die kapillare Steighöhe h_k gegenüber der umgebenden Flüssigkeit an (Abb. 4.15).

Sie ergibt sich aus dem Kräftegleichgewicht zwischen dem Gewicht der Flüssigkeitssäule und der Vertikalkomponente der Randkraft zu

$$h_k = \frac{4 \cdot \gamma \cdot \cos\delta}{\rho \cdot g \cdot d}. \qquad (4.105)$$

Unter dem Kapillarmeniskus entsteht der sog. *Kapillardruck* p_k

$$p_k = \rho \cdot g \cdot h_k = \frac{4 \cdot \gamma \cdot \cos\delta}{d}. \qquad (4.106)$$

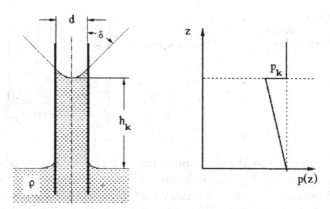

Abbildung 4.15 Kapillare Steighöhe und kapillarer Unterdruck in einer Zylinderpore

Er wird als Unterdruck positiv angesetzt. In Abb. 4.15 ist der Druckverlauf über der Höhe eingezeichnet. Je enger die Kapillaren sind, desto höhere Werte hat dieser Unterdruck, und desto höher steigt deswegen die Flüssigkeit in der Kapillare an.

Eine poröse Schicht aus Partikeln hat keine zylindrischen Poren, sondern ein Geflecht aus engeren und weiteren, miteinander verbundenen Porenräumen und – kanälen. Man kann daher in erster Näherung anstelle des Zylinderkapillarendurchmessers in (4.105) den *mittleren hydraulischen Porendurchmesser* d_h nach (4.113), (4.114) in Abschn. 4.5 einsetzen und zur Anpassung an die Realität noch einen Korrekturfaktor α, der in der Nähe von 1 liegt. Dann erhält man

$$h_k = \alpha \cdot \frac{4 \cdot \gamma \cdot \cos\delta}{\rho \cdot g \cdot d_h} = \alpha \cdot \frac{\gamma \cdot \cos\delta}{\rho \cdot g} \cdot \frac{1-\varepsilon}{\varepsilon} \cdot S_V$$

$$= 6\alpha \cdot \frac{\gamma \cdot \cos\delta}{\rho \cdot g} \cdot \frac{1-\varepsilon}{\varepsilon} \cdot \frac{1}{d_{32}}. \qquad (4.107)$$

Damit wird im Wesentlichen der Porositätseinfluss auf die kapillare Steighöhe beschrieben. Messungen haben für den Vorfaktor ergeben:

$$6\alpha = 6 \qquad \text{für Kugeln,}$$

$$6\alpha = 6{,}5\ldots 8 \qquad \text{für unregelmäßig geformte Partikeln.}$$

Wenn man den schwer zu ermittelnden Randwinkel δ und die Porosität ε nicht kennt, kann es auch sinnvoll sein, mit Hilfe der an einer Probe der porösen Schicht gemessenen mittleren kapillaren Steighöhe $\bar{h}_k$ durch die Umstellung von (4.106) einen *äquivalenten mittleren Kapillarendurchmesser*

$$\bar{d}_k = \frac{4 \cdot \gamma}{\rho \cdot g \bar{h}_k} \qquad (4.108)$$

zu definieren (Abb. 4.16). Alle unbekannten Einflüsse von Korn- bzw. Porenform, Porosität und Benetzung sind in dieser Größe enthalten. Sie gilt daher nur für die

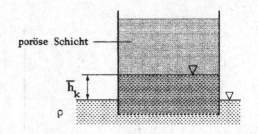

Abbildung 4.16 Zur Definition des äquivalenten mittleren Porendurchmessers

in der Messanordnung gegebenen geometrischen und physikalischen Bedingungen, reicht aber in manchen Fällen zur Charakterisierung oder zu Vergleichszwecken aus. Die Messung ist übrigens nicht ganz unproblematisch, weil jede Schüttschicht in Wandnähe – nur dort ist die Flüssigkeitsgrenze in einem Glasgefäß sichtbar – eine etwas höhere Porosität und größere Porenweiten aufweist als im Inneren.

4.4.3 Flüssigkeitsbindung und Sättigungsgradbereiche

Flüssigkeit kann im Hohlraum zwischen Feststoffpartikeln verschieden gebunden sein:

Haftflüssigkeit

Hierbei handelt es sich um sehr dünne adsorbierte oder kondensierte Flüssigkeitsschichten auf der Feststoffoberfläche. Sie haften relativ fest, sind daher nicht frei beweglich und mechanisch nicht zu entfernen. Ihr Volumenanteil ist sehr klein ($X_V \ll 1‰$) (Abb. 4.17a).

Zwickel- und Brückenflüssigkeit

Zwickelflüssigkeit sammelt sich zunächst durch Kapillarkondensation an den Kontaktstellen zwischen den Partikeln und bildet dort Flüssigkeitsbrücken. Bei höheren Flüssigkeitsanteilen können auch an Nahstellen isolierte Flüssigkeitsbrücken auftreten (dort sind sich die Partikeln zwar nahe, haben jedoch keinen Kontakt). Man spricht vom „Brückenbereich" des Sättigungsgrades, solange die Flüssigkeitsbrücken keine hydraulische Verbindung zueinander haben. Ihr Anteil kann dabei bis zu ca. 30% des Hohlraumvolumens ausmachen. Sie sind – abhängig von Oberflächenspannung und Zähigkeit – frei beweglich und daher im Prinzip mechanisch abtrennbar. Allerdings nimmt die Kapillarbindung in Zwickeln mit kleiner werdender Spaltweite ($\hat{=}$ Krümmungsradius der Oberfläche) stark zu, so dass die mechanische Beeinflussbarkeit Grenzen hat. Poröse Schichten in diesem Sättigungsgradbereich sind luftdurchlässig (Abb. 4.17b).

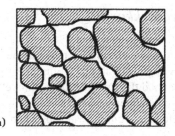 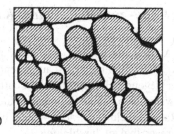

Abbildung 4.17 Sättigungsgradbereiche poröser Schichten (schematisch) (**a**) Adsorptionsschichten, (**b**) Zwickel- und Brückenbereich

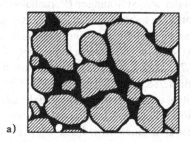 

Abbildung 4.18 Sättigungsgradbereiche poröser Schichten (schematisch) (**a**) Übergangsbereich, (**b**) Sättigungsbereich

Kapillarflüssigkeit (Übergangsbereich)

Sie füllt den Hohlraum zwischen den Partikeln in zusammenhängenden Bereichen (Flüssigkeitsinseln) aus. Der Sättigungsgrad reicht von ca. 30% bis ca. 80%. Wie bei den Brücken ist sie frei beweglich und in den erwähnten Grenzen mechanisch entfernbar. In Kanälen sind solche Schichten ebenfalls durchströmbar (Abb. 4.18a).

Kapillarflüssigkeit (Sättigungsbereich)

Bildet die Flüssigkeit im Schichtinneren eine zusammenhängende Masse, evtl. mit einigen Luftinseln (Sättigungsgrad > ca. 80%), dann ist sie nicht mehr von Luft durchströmbar (Abb. 4.18b).

Innenflüssigkeit

Wenn die Partikeln innere Poren haben, so kann auch darin Flüssigkeit kapillar gebunden sein. Wegen der im Allgemeinen sehr kleinen Abmessungen dieser Poren ist die kapillare Bindung dieser Flüssigkeitsanteile so stark, dass sie mechanisch nur durch Auspressen zu überwinden ist. Das setzt jedoch voraus, dass die Partikeln deformierbar, und dass die Poren nach außen offen bzw. zu öffnen sind.

4.4.4 Ent- und Befeuchten, Kapillardruckkurve

Ein Modellporensystem, das aus lauter parallelen gleichgroßen Poren bestünde (Abb. 4.19a), könnte man – ausgehend vom Sättigungsgrad $s = 1$ – durch Aufgeben eines Gegendrucks Δp von oben entfeuchten, und die Entfeuchtungs „kurve" sähe aus wie in Abb. 4.19b. Sie wäre im Idealfall – Gleichgewichtseinstellungen und keine Randwinkelunterschiede – auch beim Befeuchten durch Druckabsenken gültig, also reversibel zu durchlaufen.

In einem realen Porensystem sind die Verhältnisse anders: Die Oberfläche der Schicht hat verschieden große Zugänge, die sich zu größeren und kleineren Hohlräumen erweitern, die wiederum durch enge oder weite Öffnungen (Porenhälse) untereinander verbunden sind, und auch die Partikeln haben unterschiedliche Größen und Oberflächenbeschaffenheit. Daher hat ein solches System eine Kapillardruckverteilung. Ein sehr anschauliches ebenes Modell für die Entfeuchtung einer Partikelschicht stammt von Schubert (1982) [4.7] (Abb. 4.20). Die Poren entsprechen im Modell den zwischen quadratisch angeordneten Kreisen liegenden Zwischenräumen, die Porenhälse haben verschiedene Weiten, die im Modell durch Zufallszahlen zwischen 1 (engster Porenhals) und 10 (weitester Porenhals) symbolisiert sind.

Die bei $s = 1$ beginnende Entfeuchtung durch einen Überdruck oberhalb der Schicht entleert zuerst die Poren mit den weitesten Zugängen (Ziffern 10 und 9).

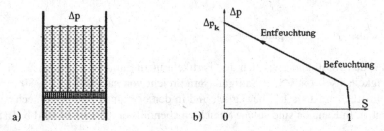

Abbildung 4.19 Modellporensystem paralleler, gleicher Poren mit Entfeuchtungs- und Befeuchtungskurve

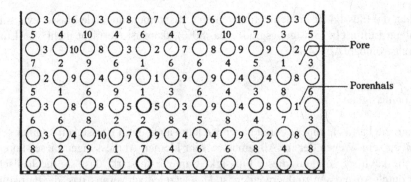

Abbildung 4.20 Ebenes Modell einer Zufallsverteilung von Porenhalsweiten (nach [4.7])

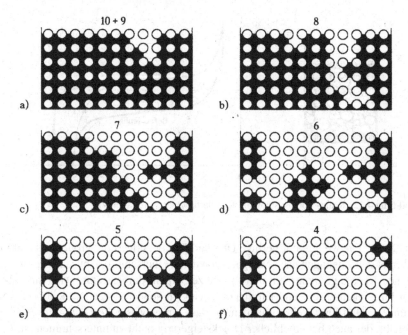

Abbildung 4.21 Schrittweise Entfeuchtung des ebenen Porenmodells von Abb. 4.20

Mit steigendem Druck werden nacheinander die Poren mit den Zugangsweiten 8, 7, 6 usf. entleert (Abb. 4.21a–f).

Deutlich wird hierbei vor allem, dass es keinen horizontalen, gleichmäßig absinkenden Flüssigkeitsspiegel gibt, sondern dass abhängig von der zufälligen örtlichen Verteilung der Porenzugänge relativ früh durchgehende Kanäle entstehen sowie gesättigte Bereiche mit relativ fest gebundenem Flüssigkeitsinhalt.

Auch das ebene Modell liefert eine nur qualitativ zutreffende Vorstellung von den wirklichen Verhältnissen bei realen porösen Schichten. Die wieder beim Sättigungsgrad $s = 1$ beginnende Entfeuchtung durch Druckerhöhung und anschließende Befeuchtung durch Druckabsenkung kann nicht mehr vorausberechnet, sondern nur aus Messungen erhalten werden. Der dem in Abb. 4.19b entsprechende Verlauf heißt *Kapillardruckkurve* und sieht qualitativ wie in Abb. 4.22b gezeigt aus.

Entfeuchtung: Zunächst erfolgt die Ausbildung der relativ kleinen Menisken (kleine Krümmungsradien) an den oberflächlichen Porenzugängen und deren Überwindung, verbunden mit nur geringer Flüssigkeitsabnahme aber erheblicher Druckerhöhung, bis das Gas in das Porensystem „eintreten" kann. Der *Eintritts-Kapillardruck* p_E kennzeichnet diesen Schritt. Er hat für den Beginn der mechanischen Entfeuchtung von Filterkuchen erhebliche Bedeutung. Man ermittelt p_E wie in Abb. 4.22b gezeigt aus dem Schnittpunkt zweier Tangenten. Rechnerisch lässt sich p_E durch die (4.107) entsprechende Beziehung

$$p_E = \alpha \cdot \gamma \cdot \cos\delta \cdot \frac{1-\varepsilon}{\varepsilon} \cdot S_V = 6 \cdot \alpha \cdot \frac{\gamma \cdot \cos\delta}{d_{32}} \cdot \frac{1-\varepsilon}{\varepsilon} \tag{4.109}$$

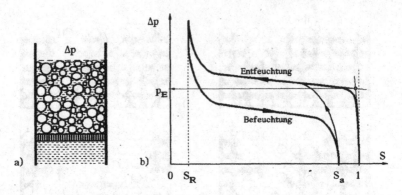

Abbildung 4.22 Reales Porensystem und Kapillardruckkurve (qualitativ)

abschätzen. Die weitere nur geringe Druckerhöhung entleert die größeren Hohlräume hinter den Zugängen nach Maßgabe von deren Querschnitten, bis das Gas durchgehende Kanäle gefunden hat und die ganze Schicht durchströmt. Dann sind aber noch Flüssigkeitsinseln und kapillar in Zwickeln sowie an der Partikeloberfläche gebundene Haftflüssigkeit vorhanden, so dass ein gewisser *Restsättigungsgrad* s_R verbleibt, der auch bei erheblicher Drucksteigerung nicht zu unterschreiten ist. Ein Teil davon kann auf mechanischem Wege mit Hilfe von Massenkräften (Zentrifugieren oder Vibrieren) noch ausgetrieben werden, aber einige Prozent bleiben dennoch, die nur durch thermische Trocknung zu entfernen sind.

Befeuchtung: Lässt man mit dem Druck Δp über der Probe wieder nach, erhält man den Befeuchtungszweig der Kapillardruckkurve. Er liegt unter dem Entfeuchtungszweig, weil viele Poren, die sich nach oben hin erweitern, durch Kapillarwirkung bei der Befeuchtung nicht oder nur zum Teil gefüllt werden können. Außerdem ist das Benetzungsverhalten beim Befeuchten anders als beim Entfeuchten (Randwinkelhysterese). Es bleiben auch bei völliger Zurücknahme des Druckes gasgefüllte Hohlräume übrig, der Sättigungsgrad endet bei $s_a < 1$. Eine anschließende erneute Entfeuchtung verläuft so, dass sie in die ursprüngliche Entfeuchtungskurve einmündet.

Der Verlauf der Kapillardruckkurve mit seiner Hysterese hat prinzipielle Bedeutung nicht nur beim Be- und Entfeuchten von porösen Körpern, Partikeln und Schichten, sondern auch für den Agglomerationsprozeß und für die Festigkeit von Agglomeraten, die durch kapillare Kräfte zusammengehalten werden.

Im Rahmen der Fest-Flüssig-Trennung gibt die Kapillardruckkurve vor allem bei der Entfeuchtung von Filterschichten wichtige Aufschlüsse. So muss unterhalb von $s = 1$ die gesamte zur Entfeuchtung aufzuwendende Druckdifferenz immer um mindestens p_k größer sein, als sie für die reine Durchströmung erforderlich wäre

$$\Delta p = \Delta p_{Durchstr.} + p_k. \tag{4.110}$$

Oder mit anderen Worten: Für die tatsächliche Entfeuchtung des Filterkuchens ist lediglich die Differenz aus aufgewendetem minus Kapillardruck wirksam. Daran liegt es, dass Filterkuchen aus sehr kleinen Partikeln (mittlere Partikelgrößen unterhalb von etwa 5 μm) durch Vakuum ($\Delta p < 1$ bar) nicht mehr entwässert werden können, wie das folgende Beispiel zeigt.

Beispiel 4.2 (Eintrittskapillardruck und Entfeuchtung) Welchen Eintrittskapillardruck hat eine Filterkuchenschicht aus unregelmäßigen Partikeln mit einer mittleren Größe von $d_{32} = 5$ μm (s. Beispiel 4.3)?

Der Filterkuchen ist mit Wasser gesättigt. Seine Porosität beträgt $\varepsilon = 0,5$, für die Oberflächenspannung des Wassers samt Randwinkeleinfluss gilt $\gamma \cdot \cos \delta = 7 \cdot 10^{-2}$ N/m, und außerdem soll $6\alpha = 8$ sein.

Lösung:
Aus (4.109) ergibt sich der Eintrittskapillardruck zu

$$p_E = 6\alpha \cdot \frac{\gamma \cdot \cos \delta}{d_{32}} \cdot \frac{1 - \varepsilon}{\varepsilon} = 8 \cdot \frac{7 \cdot 10^{-2}}{5 \cdot 10^{-6}} \cdot \frac{0,5}{0,5} \, \text{Pa} = 1,12 \cdot 10^5 \, \text{Pa} = 1,12 \, \text{bar}.$$

In Beispiel 4.3 (Abschn. 4.5.2.3) wird gezeigt, dass ein Druckunterschied von 1,2 bar durch eine solche Filterkuchenschicht 1 Liter/(m² s) Wasser strömen lässt.

Aus diesen beiden Ergebnissen kann man für die Vakuumfiltration folgenden Schluss ziehen: Weil Druckdifferenzen von mehr als ca. 0,8 bar in Vakuumfiltern praktisch nicht zu realisieren sind – übliche Werte liegen zwischen 0,5 und 0,7 bar –, ist zwar die Vakuumfiltration (Durchströmung) durch eine solche Filterschicht im Prinzip möglich, eine nachfolgende Entwässerung des gesättigten Filterkuchens durch „Trockensaugen" jedoch nicht mehr.

4.5 Durchströmung von porösen Schichten

Die Durchströmung poröser Schichten ist nicht nur in der Verfahrenstechnik ein immer wiederkehrender Grundvorgang. Das Einsickern von Regenwasser in den Boden oder die Grundwasserströmungen, die filternde (!) Nahrungsaufnahme vieler Meerestiere oder das schützend vor Mund und Nase gehaltene Taschentuch sind andere Beispiele. In verfahrenstechnischen Reaktoren werden Fest- und Fließbetten von Flüssigkeiten und von Gasen durchströmt, in der thermischen Verfahrenstechnik sind es Füllkörperkolonnen ebenso wie zu trocknende poröse Faser- oder Pulverschichten. Hier sei von all den vielfältigen verfahrenstechnischen Problemen, die bei den genannten Beispielen auftreten können, nur der fluidmechanische Teil behandelt: Wie ist der Zusammenhang zwischen dem energetischen Aufwand für die Durchströmung (Druckunterschied), dem erzielten Ergebnis (Volumenstrom bzw. Durchströmungsgeschwindigkeit) und relevanten Eigenschaften der Schicht und des Fluids. Diesen Zusammenhang nennt man *Durchströmungsgleichung*.

Zunächst sei die geometrische Kennzeichnung der Schicht wiederholt (Abschn. 2.6.1 und 2.6.2). Den Hohlraumanteil beschreibt die Porosität ε (2.126)

$$\varepsilon = V_H / V = 1 - V_s / V, \tag{4.111}$$

und der *Feststoffvolumenanteil* (Raumerfüllung des Feststoffs) nach (2.39) ist

$$c_v = V_s/V = 1 - \varepsilon, \tag{4.112}$$

worin V das Gesamtvolumen, V_H das Hohlraumvolumen und V_s das Feststoffvolumen bedeuten.

Der *hydraulische Durchmesser* d_h als mittlere Porengröße steht mit der volumenbezogenen spezifischen Oberfläche S_V bzw. der zugehörigen mittleren Partikelgröße, dem Sauterdurchmesser d_{32} in folgendem Zusammenhang:

$$d_h = 4 \cdot \frac{\varepsilon}{1 - \varepsilon} \cdot \frac{1}{S_V} \tag{4.113}$$

$$\text{bzw.} \quad d_h = \frac{2}{3} \cdot \frac{\varepsilon}{1 - \varepsilon} \cdot d_{32}. \tag{4.114}$$

4.5.1 Dimensionsanalytischer Ansatz für die Durchströmungsgleichung

Vorgang und Einflussgrößen sind aus Abb. 4.23 ersichtlich. Eine homogene und isotrope poröse Schicht der Länge L und des konstanten Querschnitts A wird stationär und isotherm von einem inkompressiblen Newton'schen Fluid durchströmt. Die Partikeln in der Schicht und damit auch die Porenweiten sind sehr viel kleiner als die Abmessungen L und $\sqrt{A}$ der Schicht, so dass Einströmungs- und Wandeinflüsse keine Rolle spielen. Die Einflüsse des Schichtaufbaus (Partikelform und Oberflächenrauhigkeit, Packungsstruktur, Korngrößen- und Porengrößenverteilung) sollen ebenfalls unberücksichtigt bleiben. Im Sinne der Dimensionsanalyse bedeutet dies, dass sich hinsichtlich dieser Parameter alle betrachteten Schichten gleichen.

Eine Durchströmungsgleichung gibt wie gesagt den Zusammenhang zwischen der charakteristischen Durchströmungsgeschwindigkeit w, dem Druckunterschied Δp, den Fluideigenschaften ρ und η und der Schichtgeometrie an. Die äußere Geometrie der Schicht wird durch die durchströmte Länge L, die innere Geometrie durch die Porosität ε und eine für die Poren charakteristische Länge x berücksichtigt.[2]

Die Wahl der charakteristischen Geschwindigkeit w und der charakteristischen Länge x ist im Prinzip frei. Man kann etwa aus den beiden Größen Volumenstrom $\dot{V}$ und durchströmter Querschnitt A entweder die *Leerrohrgeschwindigkeit*

$$\bar{w} = \frac{\dot{V}}{A} \tag{4.115}$$

---

[2]Nach Molerus [4.4] sind drei geometrische Parameter zur Charakterisierung der inneren Geometrie homogener poröser Schichten notwendig und ausreichend.

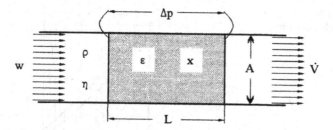

Abbildung 4.23 Durchströmung einer porösen Schicht

oder die effektive mittlere Geschwindigkeit in der Schicht

$$w^* = \frac{\bar{w}}{\varepsilon} = \frac{\dot{V}}{\varepsilon \cdot A} \qquad (4.116)$$

als Durchströmungsgeschwindigkeit w bilden. Für die charakteristische Länge x bieten sich eine – zunächst noch nicht näher definierte – mittlere Partikelgröße $\bar{x}$ (oft auch mit d_p bezeichnet) bzw. der Sauterdurchmesser d_{32} oder die Porenweite d_h an.

Die *Relevanzliste* aller dimensionsbehafteten Einflussgrößen enthält hier 7 Größen: Δp, w, x, L, ρ, η, ε. Nach den Regeln der Dimensionsanalyse (s. Kap. 3) kann der Zusammenhang

$$f(\Delta p, w, x, L, \rho, \eta, \varepsilon) = 0 \qquad (4.117)$$

zwischen diesen *sieben* dimensionsbehafteten Größen – dimensionslos gemacht – auch als eine Funktion von nur *vier* Größen geschrieben werden:

$$F(\Pi_1, \Pi_2, \Pi_3, \Pi_4) = 0. \qquad (4.118)$$

Ein sinnvoller vollständiger Satz solcher dimensionsloser Kennzahlen lautet

$$\Pi_1 \equiv \frac{\Delta p}{\rho w^2} = Eu \qquad \text{(Eulerzahl)}, \qquad (4.119)$$

$$\Pi_2 \equiv \frac{w \cdot x \cdot \rho}{\eta} = \mathrm{Re} \qquad \text{(Reynoldszahl)}, \qquad (4.120)$$

$$\Pi_3 \equiv \frac{L}{x} \qquad \text{(Längensimplex)}, \qquad (4.121)$$

$$\Pi_4 \equiv \varepsilon \qquad \text{(Porosität)}. \qquad (4.122)$$

Trifft man noch die Annahme, dass die Funktion (4.118) nach der Eulerzahl auflösbar ist, und führt außerdem wegen der Gleichmäßigkeit (Homogenität und Isotropie) der porösen Schicht die plausible Proportionalität zwischen dem Druckabfall Δp und der durchströmten Länge L ein, dann wird aus (4.118)

$$Eu = \frac{L}{d} \cdot f(\mathrm{Re}, \varepsilon). \qquad (4.123)$$

Abbildung 4.24
Widerstandsfunktion für die
Durchströmung

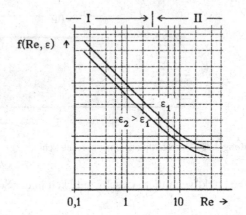

Für die erwähnten Voraussetzungen ist dies der allgemeine dimensionsanalytische Ansatz für alle Durchströmungsgleichungen. Die Funktion f (Re, ε) entspricht einer Widerstandsfunktion ganz analog zum Rohrreibungsbeiwert λ(Re, k/d) bei der Durchströmung rauher Rohre (Rauhigkeitsmaß k, Rohrdurchmesser d) oder zum Widerstandsbeiwert c_w(Re) bei der Umströmung von Partikeln (vgl. Abschn. 4.1). Auch die Newtonzahl Ne in der Rührtechnik (s. Abschn. 7.5) ist eine solche Widerstandszahl. Sie muss aus Messungen gewonnen werden und hat bei doppeltlogarithmischer Auftragung den in Abb. 4.24 gezeigten prinzipiellen Verlauf. Man unterscheidet wie bei der Umströmung einen Bereich I der zähen Durchströmung für kleine Reynoldszahlen von einem Übergangsbereich (Bereich II) mit zäh-turbulenter Durchströmung bei höheren Re-Werten. Durchströmungsvorgänge, die so hochturbulent sind, dass der Einfluss der Fluidzähigkeit vernachlässigbar und die Eulerzahl unabhängig von der Reynoldszahl wird, sind in der Verfahrenstechnik praktisch ohne Bedeutung, so dass hier kein Bereich III betrachtet wird.

4.5.2 Empirische Durchströmungsgleichungen

4.5.2.1 Zähe Durchströmung[3]

Zähe Durchströmung liegt vor, wenn der Durchströmungswiderstand praktisch nur auf Reibungskräften beruht. Das ist für kleine Porenweiten (x klein), für langsame Geschwindigkeiten (w klein) und/oder für große Zähigkeiten der Fluide (η groß) der Fall, zusammengefasst also für kleine Reynoldszahlen. In diesem Bereich spielt von den Stoffeigenschaften nur die dynamische Viskosität η eine Rolle, nicht jedoch

---

[3]Von „laminarer", d.h. von „Schichten"strömung zu sprechen, erscheint angesichts der vielfach gewundenen, umgelenkten, vereinigten und verzweigten, erweiterten und verengten Strömungskanäle in den meisten realen porösen Schichten nicht gerechtfertigt.

die Dichte ρ des Fluids. Wie bei den anderen Widerstandsfunktionen gilt hier die umgekehrte Proportionalität der Widerstandsfunktion zur Re-Zahl

$$f(\text{Re}, \varepsilon) = \frac{\text{const.}(\varepsilon)}{\text{Re}}, \qquad (4.124)$$

wobei zu beachten ist, dass die „Konstante" von ε abhängen muss. In diesem Bereich haben zwei Gleichungen praktische Bedeutung erlangt, die aus dem allgemeinen dimensionsanalytischen Ansatz hergeleitet werden können.

Darcygleichung

Als charakteristische Länge in der Schicht wählt man eine mittlere Partikelgröße $\bar{x}$, als charakteristische Geschwindigkeit die Leerrohrgeschwindigkeit $\bar{w} = \dot{V}/A$. Setzt man die *Partikel-Reynoldszahl*

$$\text{Re}_x = \frac{\bar{w}\bar{x}\rho}{\eta} \qquad (4.125)$$

in (4.124) ein und dies wiederum in den allgemeinen Ansatz (4.123), so erhält man

$$\frac{\Delta p}{L} = \frac{\text{const.}(\varepsilon)}{\bar{x}^2} \cdot \eta \cdot \bar{w}. \qquad (4.126)$$

Die Eigenschaften der Schicht (ε und $\bar{x}$) fasst man in der sog. *Durchlässigkeit B* zusammen

$$B \equiv \frac{\bar{x}^2}{\text{const.}(\varepsilon)}. \qquad (4.127)$$

Sie hat die Einheit [m^2] und ist eine die Poren*querschnitte* charakterisierende Konstante für die jeweilige Schicht und muss empirisch ermittelt werden. Damit vereinfacht sich (4.126) zur *Darcygleichung*, die als Druckabfall-Gleichung geschrieben so lautet

$$\frac{\Delta p}{L} = \frac{\eta \cdot \bar{w}}{B}, \qquad (4.128)$$

bzw. für die mittlere Durchströmungsgeschwindigkeit $\bar{w}$ geschrieben

$$\bar{w} = \dot{V}/A = \frac{B}{\eta} \cdot \frac{\Delta p}{L}. \qquad (4.129)$$

Ihr Gültigkeitsbereich erstreckt sich auf kleine Reynoldszahlen ($\leq$ ca. 3) nach der Definition von (4.125). Zu beachten sind außerdem die starke Abhängigkeit der Durchlässigkeit B von der Partikelgröße ($B \sim \bar{x}^2$), der unbekannte Einfluss von ε, sowie die – übrigens für alle zähen Strömungen zutreffende – Proportionalität des Druckabfalls zur Geschwindigkeit und zur dynamischen Viskosität: $\Delta p/L \sim \eta \cdot \bar{w}$.

Carman-Kozeny-Gleichung

Sie beschreibt ebenfalls die zähe Durchströmung, vermittelt aber etwas detailliertere Angaben als die Darcy-Gleichung zum Einfluss der Porosität ε auf das Durchströmungsverhalten. Man kann sie aus dem allgemeinen Ansatz (4.123) gewinnen, wenn man einerseits für die charakteristische Geschwindigkeit die effektive mittlere Geschwindigkeit (Gl. (4.116))

$$w \equiv w^* = \bar{w}/\varepsilon = \dot{V}/(\varepsilon \cdot A), \tag{4.130}$$

also den auf den im Innern der Schicht tatsächlich freien Querschnitt $(\varepsilon \cdot A)$ bezogenen Volumenstrom, und andererseits für die charakteristische Länge x den hydraulischen Durchmesser d_h der Poren setzt

$$x \equiv d_h = \frac{4\varepsilon}{1-\varepsilon} \cdot \frac{1}{S_V} = \frac{2}{3} \cdot \frac{\varepsilon}{1-\varepsilon} \cdot d_{32}. \tag{4.131}$$

Mit diesen Größen wird zunächst die Reynoldszahl zu

$$\mathrm{Re}_h = \frac{w^* d_h \rho}{\eta} = \frac{2}{3 \cdot (1-\varepsilon)} \cdot \frac{\bar{w} d_{32} \rho}{\eta} \tag{4.132}$$

und dann die Widerstandsfunktion entsprechend (4.124) zu

$$f(\mathrm{Re}_h, \varepsilon) = \frac{\mathrm{const.}(\varepsilon)}{\mathrm{Re}_h} = \frac{3 \cdot (1-\varepsilon) \cdot \mathrm{const.}(\varepsilon)}{2} \cdot \frac{\eta}{\bar{w} d_{32} \rho}.$$

Damit ergeben sich für die Durchströmungsgleichung die Schreibweisen

$$\frac{\Delta p}{L} = k(\varepsilon) \cdot \frac{(1-\varepsilon)^2}{\varepsilon^3} \cdot S_V^2 \cdot \eta \cdot \bar{w} \tag{4.133}$$

bzw. $$\bar{w} = \frac{1}{k(\varepsilon)} \cdot \frac{\varepsilon^3}{(1-\varepsilon)^2} \cdot \frac{1}{S_V^2} \cdot \frac{1}{\eta} \cdot \frac{\Delta p}{L}. \tag{4.134}$$

Dies ist die *Carman-Kozeny-Gleichung*. Sie gleicht im Aufbau der Darcygleichung (4.128) bzw. (4.129), weist die gleichen Abhängigkeiten zwischen Druckabfall, Geschwindigkeit und Partikelgröße auf $\Delta p/L \sim \eta \cdot \bar{w}$ bzw. ($\Delta p/L \sim S_V^{-2}$ mit $S_V \sim 1/d_{32}$) und gibt zusätzlich die Möglichkeit, wenigstens näherungsweise den ε-Einfluss zu beschreiben. Messungen haben nämlich im interessierenden Bereich $0,3 \leq \varepsilon \leq 0,65$ nur eine schwache Abhängigkeit $k(\varepsilon)$ ergeben, so dass im allgemeinen $k(\varepsilon) = \mathrm{const.} \approx 4$ gesetzt wird. Bei Bedarf muss für eine vorliegende Schicht oder eine Probe davon eine Kalibrierungsmessung zur Bestimmung der „Kozeny-Konstanten" $k(\varepsilon)$ durchgeführt werden. Auf der Carman-Kozeny-Gleichung beruht auch die Messung der spezifischen Oberfläche eines Pulvers mit dem Durchströmungsverfahren (s. Abschn. 5.7.3).

4.5.2.2 Zäh-turbulente Durchströmung

Der allgemein übliche Ansatz zur Berücksichtigung eines turbulenten Anteils am Gesamtwiderstand der Schicht besteht in der Addition eines „turbulenten" Druckabfallgliedes $(\Delta p/L)_t = K_t \cdot (1/x) \cdot \rho w^2$ zu dem „laminaren" Glied. Mit $x = d_h$ nach (4.131) und $w = w^*$ nach (4.130) wird

$$\left(\frac{\Delta p}{L}\right)_t = K_t \frac{(1-\varepsilon)}{\varepsilon^3} \cdot \rho \bar{w}^2 \cdot S_V.$$

Insgesamt ist dann die Summe aus diesem „turbulenten" und einem „zähen" Anteil entsprechend (4.133)

$$\frac{\Delta p}{L} = K_1 \frac{(1-\varepsilon)^2}{\varepsilon^3} \cdot \eta \bar{w} \cdot S_V^2 + K_t \frac{(1-\varepsilon)}{\varepsilon^3} \cdot \rho \bar{w}^2 \cdot S_V. \qquad (4.135)$$

Die Konstanten K_1 und K_t sind Anpassungsgrößen an experimentelle Ergebnisse.

Ergungleichung

Für Schüttungen aus gebrochenem Mahlgut (Koks, Erz, Steine) mit relativ engen Korngrößenverteilungen erhielt Ergun

$$\frac{\Delta p}{L} = 150 \cdot \frac{(1-\varepsilon)^2}{\varepsilon^3} \frac{\eta \bar{w}}{d_{32}^2} + 1,75 \cdot \frac{(1-\varepsilon)}{\varepsilon^3} \cdot \frac{\rho \bar{w}^2}{d_{32}}. \qquad (4.136)$$

Die Ergungleichung gilt gut im Reynoldszahlenbereich $3 \le \mathrm{Re}_p \le 10^4$. Bei breiten Verteilungen muss nach Brauer (1971) [4.1] die ganze rechte Seite der Gleichung mit $(\varepsilon_M/\varepsilon)^{0,75}$ multipliziert werden. Darin sind ε_M die Porosität eines monodispersen Gutes gleicher Kornform und ε die tatsächliche Porosität bei breiter Korngrößenverteilung. Im allgemeinen ist $\varepsilon < \varepsilon_M$, so dass der Korrekturfaktor $(\varepsilon_M/\varepsilon)^{0,75} > 1$ ist.

Die zutreffende Berechnung des Druckabfalls in einer Schicht mit Hilfe der Ergungleichung setzt voraus, dass die geometrischen Eigenschaften der Schicht (ε und d_{32}) möglichst genau bekannt sind, weil die Abhängigkeit von ihnen relativ stark ist. Die Porosität ε lässt sich bei bekannter Feststoffdichte ρ_s aus der Masse m_s des eingefüllten Feststoffs und dem Volumen V der Schicht berechnen:

$$\varepsilon = 1 - \frac{m_s}{\rho_s V}. \qquad (4.137)$$

Für d_{32} wird bei körnigen Schichten aus Sand u.ä. im Allgemeinen eine aus der Siebung genommene mittlere Korngröße angegeben. Sie liefert jedoch oft nicht befriedigende Vorausberechnungen für den Druckabfall. Mit der Ergun-Gleichung kann jedoch aus der relativ einfachen Messung des Druckabfalls an Modellschichten mit dem Originalmaterial die für die Durchströmung relevante Korngröße ermittelt werden, indem (4.136) nach der Partikelgröße d_{32} aufgelöst wird.

$$d_{32} = 0,875 \cdot \frac{(1-\varepsilon)}{\varepsilon^3} \cdot \frac{\rho \bar{w}^2}{\Delta p} \cdot L \cdot \left\{ 1 + \sqrt{1 + 196 \cdot \varepsilon^3 \cdot \frac{\nu}{\bar{w}} \cdot \frac{\Delta p}{\rho \bar{w}^2} \cdot \frac{1}{L}} \right\}. \quad (4.138)$$

Darin ist noch die kinematische Zähigkeit $\nu = \eta/\rho$ verwendet worden.

4.5.2.3 Dimensionslose Darstellung

Alle empirischen Durchströmungsgleichungen lassen sich in der Form (4.123) darstellen, wenn die Widerstandsfunktionen $f(\text{Re}, \varepsilon)$ entsprechend konkretisiert sind. Das Ergebnis dieser Darstellungen lautet dann zusammengefasst

$$\frac{\Delta p}{\rho \bar{w}^2} = \frac{L}{x} \cdot f(\text{Re}_x, \varepsilon) \quad \text{mit } \text{Re}_x = \frac{\bar{w} \cdot x \cdot \rho}{\eta},$$

und im Einzelnen für die drei behandelten Gleichungen:

Darcygleichung:

$$f(\text{Re}_x, \varepsilon) = \text{const.}(\varepsilon) \cdot \text{Re}_x^{-1},$$

$$Eu = \frac{L}{x} \cdot \frac{\text{const.}(\varepsilon)}{\text{Re}_x}. \quad (4.139)$$

Carman–Kozeny–Gleichung:

$$f(\text{Re}_x, \varepsilon) = \frac{36 \cdot \psi \cdot k(\varepsilon) \cdot (1-\varepsilon)^2}{\varepsilon^3} \cdot \text{Re}_x^{-1} \approx 150 \cdot \frac{(1-\varepsilon)^2}{\varepsilon^3} \cdot \text{Re}_x^{-1}$$

(Faktor 150 aus $\psi \cdot k(\varepsilon) \approx 4,2$; ψ: Formfaktor)

$$Eu = \frac{L}{x} \cdot 150 \cdot \frac{(1-\varepsilon)^2}{\varepsilon^3} \cdot \frac{1}{\text{Re}_x}. \quad (4.140)$$

Ergungleichung:

$$f(\text{Re}_x, \varepsilon) = 150 \cdot \frac{(1-\varepsilon)^2}{\varepsilon^3} \cdot \text{Re}_x^{-1} + 1,75 \frac{1-\varepsilon}{\varepsilon^3},$$

$$Eu = \frac{L}{x} \cdot \left\{ 150 \cdot \frac{(1-\varepsilon)^2}{\varepsilon^3} \cdot \frac{1}{\text{Re}_x} + 1,75 \frac{1-\varepsilon}{\varepsilon^3} \right\}. \quad (4.141)$$

Beispiel 4.3 (Durchströmung und Durchlässigkeit) a) Welche Druckdifferenz ist erforderlich, damit durch eine 1 cm dicke und 1 m^2 große Filterschicht aus sehr kleinen Partikeln ($d_{32} = 5$ µm), die eine Porosität von 50% hat, gerade 1 Liter/s Wasser von ca. 20°C strömt? Die dynamische Zähigkeit von Wasser bei dieser Temperatur ist 0,001 Pas, die Dichte 10^3 kg/m^3.

b) Welche Durchlässigkeit B in m^2 hat diese Schicht?

Lösung:

a) Zur Überprüfung der Reynoldszahlen berechnet man zunächst die Durchströmungsgeschwindigkeit

$$\bar{w} = \dot{V}/A = 10^{-3} \text{ m/s}$$

und bildet dann nach (4.120) mit $x \equiv d_{32}$ und $w \equiv \bar{w}$ die Partikel-Reynoldszahl

$$\text{Re}_x \equiv \text{Re}_{32} = \bar{w} \cdot d_{32} \cdot \rho/\eta = 5 \cdot 10^{-3}$$

oder nach (4.132)

$$\text{Re}_h = \frac{2}{3 \cdot (1 - \varepsilon)} \cdot \text{Re}_{32} = 6,7 \cdot 10^{-3}.$$

Beide sind wesentlich kleiner als 3, es handelt sich um zähe Durchströmung, und man kann die die Druckdifferenz aus der Carman-Kozeny-Gleichung (4.133)

$$\Delta p = L \cdot k(\varepsilon) \cdot \frac{(1 - \varepsilon)^2}{\varepsilon^3} \cdot S_V^2 \cdot \eta \cdot \bar{w}$$

mit dem Zusammenhang $S_V = 6/d_{32}$ zwischen spezifischer Oberfläche und Partikelgröße berechnen:

$$\Delta p = 36 \cdot L \cdot k(\varepsilon) \cdot \frac{(1 - \varepsilon)^2}{\varepsilon^3} \cdot \frac{\eta \cdot \bar{w}}{d_{32}^2}.$$

Die gegebenen Zahlenwerte und $k(\varepsilon) = 4$ eingesetzt ergibt

$$\Delta p = 1,2 \cdot 10^5 \text{ Pa} = \mathbf{1,2 \ bar}.$$

b) Die Durchlässigkeit folgt entweder aus der Darcygleichung (4.128) sofort mit dem berechneten Δp-Wert

$$B = \frac{\eta \cdot \bar{w}}{\Delta p} \cdot L = 8,7 \cdot 10^{-14} \text{ m}^2,$$

oder – und das ist aufschlussreicher – durch Vergleich mit der Carman-Kozeny-Gleichung (mit selbstverständlich demselben Ergebnis)

$$B = \frac{d_{32}^2}{36 \cdot k(\varepsilon)} \cdot \frac{\varepsilon^3}{(1 - \varepsilon)^2} = 8,7 \cdot 10^{-14} \text{ m}^2.$$

Zur Beurteilung dieser etwas unanschaulich kleinen Zahl kann man die Durchlässigkeit noch mit dem hydraulischen Porendurchmesser d_h nach (4.131) bilden und stellt mit $k(\varepsilon) \approx 4 \approx$ const.

$$B = \frac{\varepsilon \cdot d_h^2}{16 \cdot k(\varepsilon)} \approx \varepsilon \cdot (d_h/8)^2$$

fest. Sie ist also einem mit dem hydraulischen Durchmesser gebildeten mittleren Porenquerschnitt und – abgesehen von der geringen ε-Abhängigkeit von $k(\varepsilon)$ – der Porosität proportional. Im Zusammenhang mit der Kuchenfiltration wird auf diese Größe Bezug genommen.

Aufgaben zu Kapitel 4

Aufgabe 4.1 (Kräfte bei senkrechter Bewegung nach oben) Eine Partikel wird zur Zeit $t_0 = 0$ mit der Anfangsgeschwindigkeit $w_0 > 0$ senkrecht nach oben in ruhende Luft eingeschossen.

Welche Kräfte wirken auf die Kugel

a) am Beginn der Bewegung $t = t_0$,
b) während der Aufstiegsphase $t_0 < t < t_U$,
c) am Umkehrpunkt $t = t_U$,
d) während des beschleunigten Fallens $t > t_U$,
e) beim stationären Fallen?

Man zeichne analog zu Abb. 4.2 die Kräftepfeile für jede Phase.

Lösung:

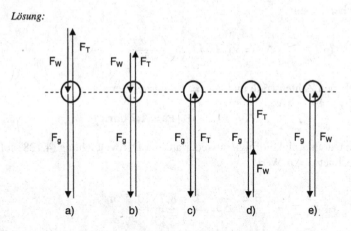

Abbildung 4.25 Kräfte bei beschleunigter Senkrechtbewegung

Aufgabe 4.2 (Pneumatische Senkrechtförderung) Im vertikalen Teil einer pneumatischen Förderleitung soll ein Kunststoffgranulat durch die Aufwärtsströmung von Luft stationär transportiert werden. Welcher Volumenstrom in m³/h ist erforderlich, damit die mittlere absolute Aufwärtsgeschwindigkeit der Partikeln 1 m/s beträgt?

Gegeben: Partikeldurchmesser $d = 3{,}0$ mm (Kugelform);
           Partikeldichte $\rho_s = 1050$ kg/m³;
           Luftdichte $\rho_L = 1{,}2$ kg/m³; Luftzähigkeit $\eta = 1{,}8 \cdot 10^{-5}$ Pas;
           Rohrdurchmesser $D = 80$ mm.

Annahme: Die Partikeln bewegen sich ohne gegenseitige Beeinflussung.

Lösung:
In (4.42) ($u = v - w_s$) soll v um 1 m/s größer sein als w_s.

Aufgrund der Partikelgröße und der Tatsache, dass das Fluid ein Gas ist, kann man vermuten, dass die Umströmung im Übergangsbereich stattfindet, so dass sich (4.40) zur Berechnung der Sinkgeschwindigkeit w_s aus der gegebenen Partikelgröße anbietet. Mit Re nach (4.12) bekommt man

$$w_s = \frac{18 \cdot \eta}{d \cdot \rho_L} \cdot \left[\sqrt{1 + \sqrt{Ar}/9} - 1 \right].$$

Die Archimedeszahl ist nach (4.35)

$$Ar = \frac{g \cdot d^3 \cdot \Delta \rho}{v^2 \cdot \rho_f} = 1{,}03 \cdot 10^6,$$

so dass die Sinkgeschwindigkeit $w_s = 8{,}4$ m/s wird und die erforderliche Luftgeschwindigkeit demzufolge $v = 9{,}4$ m/s.

Der Luftvolumenstrom wird damit $\dot{V} = \frac{\pi}{4} \cdot D^2 \cdot v = 4{,}73 \cdot 10^{-2} \, [\frac{m^3}{s}] = 170 \, [\frac{m^3}{h}]$

Aufgabe 4.3 (Sinkgeschwindigkeit im Übergangsbereich) Es ist die Sinkgeschwindigkeit (stationäre Fallgeschwindigkeit) einer Stahlkugel von 1,0 mm Durchmesser in ruhendem Wasser zu bestimmen.

Man benutze   a) das c_w(Re)-Diagramm Abb. 4.1
　　　　　　　b) und c) die Näherungsformeln von Kaskas und Martin
　　　　　　　d) das W^*–D^*-Diagramm Abb. 4.3.
Stoffwerte: Stahl: $\rho_{St} = 7850$ kg/m^3
　　　　　　　Wasser: $\rho_W = 1000$ kg/m^3, $v = 10^{-6}$ m^2/s (ca. 20°C).

Lösung:

a) Mit der Vermutung, im Übergangsbereich rechnen zu müssen, kann man z.B. von einem zwar willkürlich, aber sinnvoll gewählten Anfangswert für c_w(Re) ausgehen und ihn in (4.28) einsetzen. Gleichbedeutend wäre eine Anfangsschätzung von Re oder w_f. Rein rechnerisch ist es vorteilhaft, zunächst $c_w = 1$ zu setzen.

$$w_s = [4(\rho_{St} - \rho_W) \cdot g \cdot d/(3\rho_W)]^{1/2} \cdot [1/c_w]^{1/2} = 0{,}299 \text{ m/s} \cdot [1/c_w]^{1/2}$$

0. Näherung: $c_w = 1 \rightarrow w_f^{(0)} = 0{,}299$ m/s $\rightarrow$ Re $= w_f \cdot d/v = 299$; c_w(Re) $= 0{,}64$;
1. Näherung: $c_w = 0{,}64 \rightarrow w_f^{(1)} = 0{,}299$ m/s $\cdot 1{,}25 = 0{,}374$ m/s $\rightarrow$ Re $= 374$; $\rightarrow c_w = 0{,}62$;
2. Näherung: $c_w = 0{,}62 \rightarrow w_f^{(2)} = 0{,}299$ m/s $\cdot 1{,}27 = 0{,}380$ m/s $\rightarrow$ Re $= 380$. Eine weitere Iteration ist wegen der begrenzten Ablesegenauigkeit aus dem c_w(Re)-Diagramm nicht mehr sinnvoll. Der letzte Wert unterscheidet sich

vom vorhergehenden um nur 1,6%, so daß als Ergebnis angegeben werden kann:

$$w_{fa)} = 0,380 \text{ m/s}.$$

b) Näherungsformel von *Kaskas*: Bei gleichem Einstieg ($c_w = 1$) erhält man wie oben zunächst Re = 299. Damit lassen sich jetzt mit (4.18) für c_w(Re) die folgenden Näherungsschritte berechnen:

1. Näherung: $c_w = 0,711 \to w_f^{(1)} = 0,355$ m/s $\to$ Re = 355
2. Näherung: $c_w = 0,680 \to w_f^{(2)} = 0,363$ m/s $\to$ Re = 363
3. Näherung: $c_w = 0,676 \to w_{fb)} = 0,364$ m/s.

Auch hier ist eine weitere Iteration nicht mehr sinnvoll.

c) Die Näherungsformel von *Martin* hat zu den expliziten Gleichungen (4.40) und (4.41) geführt. Wegen des gegebenen Kugeldurchmessers ist zunächst die Archimedeszahl zu bestimmen ((4.35) und dann (4.40)) anzuwenden. Es ergibt sich

$$Ar = \frac{g \cdot \Delta\rho}{\nu^2 \cdot \rho_f} \cdot d^3 = 6,72 \cdot 10^4$$

und damit

$$\text{Re}_d = 18 \cdot \left[\sqrt{1 + \frac{1}{9}\sqrt{Ar}} - 1 \right]^2 = 357,9.$$

Mit (4.12) für Re_d ergibt sich die Geschwindigkeit zu

$$w_{s,c)} = \text{Re}_d \cdot \frac{\nu}{d} = 0,358 \text{ m/s}.$$

d) Aus der unter c) berechneten Archimedes-Zahl bekommt man D^*:

$$D^* = \sqrt[3]{Ar} = 40,7,$$

wofür aus Abb. 4.3 $W^* = 9,2$ abzulesen ist, und damit berechnet man die Sinkgeschwindigkeit zu

$$w_{s,d)} = \frac{1}{\nu \cdot g} \cdot \frac{\rho_W}{\Delta\rho} = 0,374 \text{ m/s}.$$

Ein Vergleich der verschiedenen Werte zeigt, daß sie sich um weniger als 10% unterscheiden, und das kann als gute Übereinstimmung bezeichnet werden.

Aufgabe 4.4 (Gleichfälligkeitsbedingung) a) Man gebe die Bedingung an, unter der im Stokesbereich und im Newtonbereich der Umströmung Partikeln unterschiedlicher Dichte und Korngröße in einem gegebenen Fluid gleiche Sinkgeschwindigkeit haben („Gleichfälligkeitsbedingung").

b) Für die Stoffpaarung Ferrosilizium/Quarzsand soll das Korngrößenverhältnis von in Wasser gleichfälligen Partikeln für den Stokesbereich berechnet werden.

c) Bis zu welchen maximalen Korngrößen reicht die Gültigkeit von b) wenn $Re_d = 1$ als Obergrenze des Stokesbereichs zugelassen ist?

Stoffwerte: Wasser: $\rho_W = 1{,}0 \cdot 10^3$ kg/m^3; $\eta_W = 1{,}0 \cdot 10^{-3}$ Pas;
Ferrosilizium: $\rho_{FeSi} = 6700$ kg/m^3;
Quarz: $\rho_{Qu} = 2650$ kg/m^3.

Lösung:
a) Im Stokesbereich ist nach (4.30)

$$w_{sSt} = \frac{\Delta\rho \cdot g \cdot d^2}{18\eta} = \text{const.} \quad \text{für } \Delta\rho \cdot d^2 = \text{const.},$$

im Newtonbereich nach (4.31)

$$w_{sN} = 1{,}74 \cdot \left(\frac{\Delta\rho}{\rho_W} \cdot g \cdot d\right)^{1/2} = \text{const.} \quad \text{für } \Delta\rho \cdot d = \text{const.}$$

b) Das Ergebnis aus a) ergibt für den Stokesbereich

$$\frac{d_{FeSi}}{d_{Qu}} = \left(\frac{\rho_{Qu} - \rho_W}{\rho_{FeSi} - \rho_W}\right)^{1/2} = \left(\frac{1650}{5700}\right)^{1/2} = 0{,}538.$$

d) Aus der Partikel-Reynoldszahl (4.29)

$$Re_d = \frac{w_{sSt} \cdot d \cdot \rho_W}{\eta_W} \leq 1$$

mit der Stokesgeschwindigkeit (4.30) s.o. erhält man für die zulässigen Partikelgrößen (Stokesdurchmesser)

$$d_{St}^3 \leq \frac{Re_{dmax} \cdot 18\eta^2}{\Delta\rho \cdot g \cdot \rho_W},$$

und das ergibt

für FeSi in Wasser ($\Delta\rho = 5700$ kg/m^3): $\quad d_{St} \leq 68{,}5\ \mu m \approx 70\ \mu m$
für Quarz in Wasser ($\Delta\rho = 1650$ kg/m^3): $\quad d_{St} \leq 103{,}6\ \mu m \approx 105\ \mu m$

Aufgabe 4.5 (Becherzentrifuge) In einer Becherzentrifuge wie in Abb. 4.11 sollen sich Feststoffpartikeln außen absetzen.

a) Man leite eine Beziehung her für den Zusammenhang zwischen Drehzahl n und Partikelgröße d, die die Obergrenze des Stokesbereichs ($Re_z = 0{,}25$) abhängig von den Stoffwerten (ρ_f, η, ρ_p) und der Größe (r_z) der Zentrifuge angibt.

b) Für folgende Werte soll die Grenzpartikelgröße berechnet werden:

$$n = 6000\,\text{min}^{-1}, \ r_z = 15\ \text{cm},$$

$$\text{Flüssigkeit: } \rho_f = 10^3 \text{ kg/m}^3, \quad \eta = 10^{-3} \text{ kg/(m s)},$$

$$\text{Feststoff: } \rho_p = 1,2 \cdot 10^3 \text{ kg/m}^3.$$

Lösung:

a) Nach (4.86) ist $\mathrm{Re}_z = \frac{w_{sz} \cdot d \cdot \rho_f}{\eta}$ mit $w_{sz} = \frac{\rho_p - \rho_f}{18\eta} \cdot d^2 \cdot \omega^2 \cdot r$.

Maximalwerte davon sind $(\mathrm{Re}_z)_{max} = 0,25$ bei $r = r_z$. Die Drehzahl n und ω sind durch $\omega = 2\pi \cdot n$ verbunden. Dies zusammengeführt ergibt

$$n^2 \cdot d^3 = 0,25 \cdot \frac{18}{4\pi^2} \cdot \frac{\eta^2}{(\rho_p - \rho_f) \cdot \rho_f} \cdot \frac{1}{r_z}.$$

b) Mit den gegebenen Zahlenwerten erhält man für die *n-d*-Kombination *dieser* Stoffe in *dieser* Zentrifuge

$$n^2 \cdot d^3 = 3,80 \cdot 10^{-12} \text{ [m}^3/\text{s}^2]$$

und für die vorgegebene Drehzahl $n = 60 \text{ s}^{-1}$: $d_{max} = 10,2 \text{ μm}$.

Aufgabe 4.6 (Filterkerzenprüfung) Aus Kugeln von 160 μm Durchmesser gesinterte Filterkerzen sollen serienmäßig auf ihre Porosität geprüft werden, die innerhalb von 0,36 und 0,38 liegen muss. Dazu werden die Probekerzen in ein Gefäß mit einer den Feststoff benetzenden Flüssigkeit gestellt und die Höhe gemessen, bis zu der die Flüssigkeit kapillar angesaugt wird (s. Abb. 4.26). Mit einer Kalibrierkerze der bekannten Porosität $\varepsilon_0 = 0,372$ wird die Höhe $h_{k0} = 129$ mm gemessen.

Bei welchen Höhen muss man Markierungen für die Toleranzgrenzen von ε anbringen?

Lösung:
Nach (4.107) ist bei gleichen Stoffwerten und gleicher Partikelgröße

$$h_k = K \cdot \frac{1 - \varepsilon}{\varepsilon}$$

mit konstantem K, das sich aus den gegebenen Werten errechnen lässt:

$$K = h_{k0} \cdot \frac{\varepsilon_0}{1 - \varepsilon_0} = 76,41 \text{ mm}.$$

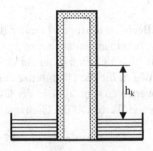

Abbildung 4.26
Filterkerzenprüfung

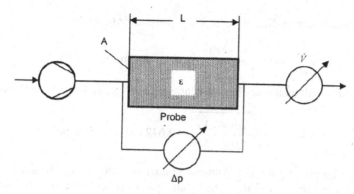

Abbildung 4.27 Zur S_V-Bestimmung aus der Durchströmung

Damit muss die obere Markierung für $\varepsilon_1 = 0,36$ bei

$$h_{k1} = K \cdot \frac{1 - \varepsilon_1}{\varepsilon_1} = 136 \,\text{mm}$$

und die untere Markierung für $\varepsilon_2 = 0,38$ bei

$$h_{k2} = K \cdot \frac{1 - \varepsilon_2}{\varepsilon_2} = 125 \,\text{mm}$$

liegen.

Aufgabe 4.7 (S_V-Bestimmung aus der Durchströmung) Mit der unten schematisch skizzierten Messeinrichtung in Abb. 4.27 kann bei stationärer Durchströmung einer Pulverprobe mit Luft deren spezifische Oberfläche S_V bestimmt werden.

a) Mit welcher Beziehung ist das möglich?

b) An einer Kalibriersubstanz mit $S_{VK} = 3900 \,\text{cm}^{-1}$ bei $\varepsilon = 0,5$, mit $L = 2$ cm, Querschnitt $A = 1,0 \,\text{cm}^2$ (Blaine-Gerät, s. Abschn. 5.7.3, Abb. 5.11) wurden folgende Messwerte registriert:

$$\Delta p_{VK} = 27,4 \,\text{hPa}, \qquad \dot{V}_K = 0,5 \,\text{cm}^3/\text{s}.$$

Welche spezifische Oberfläche hat ein Pulver, das bei gleichen Probenabmessungen (L und A), gleicher Porosität und gleicher Temperatur ($\rightarrow \nu \approx 10^{-6} \,\text{m}^2/\text{s} = $ const.) folgende Messwerte liefert:

$$\Delta p_{VP} = 18,3 \,\text{hPa}, \qquad \dot{V}_K = 0,81 \,\text{cm}^3/\text{s}.$$

c) Man begründe, dass die Verwendung der gewählten Beziehung gerechtfertigt ist.

Lösung:

a) Wenn man die plausible Annahme macht, dass es sich um zähe Durchströmung handelt, ist die Carman-Kozeny-Gleichung anwendbar (4.133)

$$\frac{\Delta p}{L} = k(\varepsilon) \cdot \frac{(1-\varepsilon)^2}{\varepsilon^3} \cdot S_V^2 \cdot \eta \cdot \bar{w} \quad \text{mit } \bar{w} = \dot{V}/A.$$

b) Daraus erhält man unter Berücksichtigung aller gleich bleibenden Größen

$$S_{VP} = S_{VK} \cdot \sqrt{\frac{\Delta p_{VP}}{\Delta p_{VK}} \cdot \frac{\dot{V}_K}{\dot{V}_P}} = 0{,}642 \cdot S_{VK} = 2504 \text{ cm}^{-1}.$$

c) Zur Überprüfung der o.a. Annahme bildet man die Reynoldszahl, und zwar mit dem Sauterdurchmesser $d_{32} = 6/S_V$ als charakteristischer Abmessung und den Werten für die gröbere Probe, weil sie damit die größere der beiden ist.

$$\mathrm{Re} = \frac{\dot{V}}{A} \cdot \frac{6}{S_V} \cdot \frac{1}{\nu} = 0{,}194 < 3.$$

Die Verwendung der Carman-Kozeny-Gleichung ist also gerechtfertigt.

Aufgabe 4.8 (Fragen zur Durchströmung poröser Schichten) Eine poröse Platte mit vorgegebener Dicke wird von Luft durchströmt. Für einen bekannten Wert der Luftgeschwindigkeit ist der Druckabfall gemessen worden. Die Stoffwerte ρ_L und η_L der Luft sind ebenfalls bekannt.

a) Unter welcher Voraussetzung ist der Druckabfall für die vierfache Durchströmungsgeschwindigkeit viermal so groß?

b) Durch welche zusätzliche Information können Sie entscheiden, ob diese Voraussetzung erfüllt ist?

c) Wie berechnen Sie den erhöhten Druckabfall, wenn die Voraussetzung aus a) nicht erfüllt ist, und welche Größen müssen Sie außer den gegebenen zusätzlich wissen?

Lösungen:

a) $\Delta p/L \sim w$ gilt nur für zähe Durchströmung, das muss auch für die erhöhte Geschwindigkeit $w_2 = 4 \cdot w_1$ noch gelten.

b) Auch $\mathrm{Re}_2 = 4 \cdot \mathrm{Re}_1 = 4 \cdot w_1 \cdot x \cdot \rho/\eta$ muss noch < ca. 3 sein. Dazu ist die Kenntnis der mittleren Partikelgröße x zusätzlich erforderlich.

c) Wenn $\mathrm{Re} >$ ca. 3 ist, dann gilt die Ergungleichung (4.136), zu deren Auswertung außer den gegebenen Größen noch die Porosität ε sowie die spezifische Oberfläche $S_V = 6/d_{32}$ bekannt sein müssen.

Aufgabe 4.9 (Kritische Reynoldszahlen) Gegeben sind (s. untenstehende Skizzen, Abb. 4.28)

a) ein leeres Kreisrohr mit dem Durchmesser d_R, das vom Volumenstrom $\dot{V}_R$ eines newtonschen Fluids stationär durchströmt wird,

b) ein Rohr mit dem Durchmesser d_R, das auf einer Länge L mit einer Kornschüttung (Porosität ε, mittlere Korngröße x) gefüllt ist und ebenfalls vom Volumenstrom $\dot{V}_R$ eines newtonschen Fluids stationär durchströmt wird,

Abbildung 4.28 Durch- und Umströmung

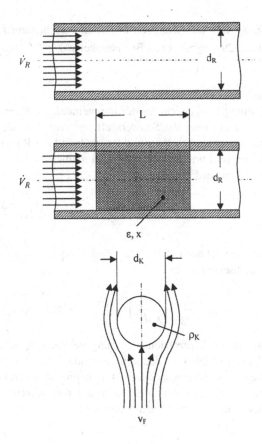

c) eine Kugel mit dem Durchmesser d_K und der Dichte ρ_K, die von einer Aufwärtsströmung der Geschwindigkeit v_F in einem newtonschen Fluid in der Schwebe gehalten wird.

Das Fluid hat in allen drei Fällen die Stoffwerte ρ_f und η.

Man schreibe die jeweils relevanten Reynoldszahlen mit den gegebenen Größen auf und gebe die ungefähren Zahlenwerte an, die den laminaren (zähen) Strömungsbereich nach oben begrenzen (sog. " kritische" Reynoldszahlen Re_c).

Lösungen:

$$\text{a)}\quad \mathrm{Re}_{a)} = \frac{4 \cdot \dot{V}}{\pi \cdot d_R} \cdot \frac{\rho_f}{\eta} \qquad \mathrm{Re}_c \approx 2300$$

$$\text{b)}\quad \mathrm{Re}_{b)} = \frac{4 \cdot \dot{V}}{\pi \cdot d_R^2} \cdot x \cdot \frac{\rho_f}{\eta} \qquad \mathrm{Re}_c \approx 3$$

$$\text{c)}\quad \mathrm{Re}_{c)} = v_F \cdot d_K \cdot \frac{\rho_f}{\eta} \qquad \mathrm{Re}_c \approx 0{,}25$$

Aufgabe 4.10 (Beziehungen zwischen verschiedenen Partikelgrößendefinitionen) Die in (2.29) angegebenen Beziehungen $d_{St} \approx \psi_{Wa}^{3/4} \cdot s \approx \psi_{Wa}^{1/4} \cdot d_V$ sollen abgeleitet werden.

Lösung:
Im Kräftegleichgewicht an der unregelmäßigen Partikel beim Sinken im Stokes-Bereich kann man die Schwerkraft und den Auftrieb mit dem Durchmesser d_V der volumengleichen Kugel bilden, während der Reibungswiderstand an der Oberfläche angreift und daher mit dem Durchmesser d_S der oberflächengleichen Kugel beschrieben wird. So folgt aus

$$\Delta\rho \cdot g \cdot \frac{\pi}{6} d_V^3 = 3\pi \eta w_{sSt} \cdot d_S \quad \text{einerseits} \quad \frac{\Delta\rho \cdot g}{18\eta} \cdot \frac{d_V^3}{d_S} = w_{sSt};$$

andererseits ist nach (4.30) $w_{sSt} = \frac{\Delta\rho \cdot g}{18\eta} \cdot d_{St}^2$.
Gleichsetzen ergibt

$$d_{St}^2 = \frac{d_V^3}{d_S} = \left(\frac{d_V}{d_S}\right)^3 \cdot d_S^2 = \frac{d_V}{d_S} \cdot d_V^2 = \psi_{Wa}^{3/2} \cdot d_S^2 = \psi_{Wa}^{1/2} \cdot d_V^2,$$

woraus durch Wurzelziehen die angegebenen Beziehungen entstehen. Die „$\approx$"-Zeichen in (2.29) sind dadurch begründet, dass zum einen alle darin enthaltenen Größen letztlich gemessen werden müssen und andererseits der an der Partikeloberfläche angreifende Reibungswiderstand nur näherungsweise dem an einer oberflächengleichen Kugel entsprechen wird.

Literatur

[4.1]   Brauer H (1971) Grundlagen der Einphasen- und Mehrphasenströmungen. Sauerländer, Aarau Frankfurt
[4.2]   Kürten H, Raasch J, Rumpf H (1966) Beschleunigung eines kugelförmigen Feststoffteilchens im Strömungsfeld konstanter Geschwindigkeit. Chem.-Ing.-Tech. **38**:941–948
[4.3]   Martin H (1980) Wärme- und Stoffübertragung in der Wirbelschicht. Chem.-Ing.-Tech. **52**:199–209
[4.4]   Molerus O (1982) Fluid-Feststoffströmungen. Springer, Berlin
[4.5]   Molerus O (1993) Priciples of Flow in Disperse Systems. Chapman & Hall, London
[4.6]   Richardson JF, Zaki WN (1954) Sedimentation and Fluidization. Trans. Inst. Chem. Eng. **2**:35–53
[4.7]   Schubert Helmar (1982) Kapillarität in porösen Feststoffsystemen. Springer, Berlin
[4.8]   Schubert Helmar (1996) Aufbereitung fester mineralischer Rohstoffe, Bd. 2, Sortierprozesse, 4. völl. neub. Aufl. Spektrum Akademischer Verlag
[4.9]   VDI-Gesellschaft Verfahrenstechnik u. Chemieingenieurwesen (Hrsg.) (2006) VDI-Wärmeatlas. 10., bearb. u. erw. Aufl. Springer, Berlin
[4.10] White BR (1985) Particle Dynamics in Two-Phase-Flows. in: Cheremisinoff NP Encyclopedia of Fluid Mechanics, Solids and Gas-Solids-Flow, vol. 4. Gulf Publishing Comp., Houston, pp. 239–282

Kapitel 5
Partikelmesstechnik

5.1 Einführung

Bei der Herstellung, Umwandlung und Anwendung disperser Stoffsysteme besteht die Aufgabe, den dispersen Zustand zu beschreiben und die davon abhängigen Stoffeigenschaften zu ermitteln (s. Eigenschaftsfunktionen in Abschn. 1.3). Nur wenn der disperse Zustand erfasst wird, können Veränderungen solcher Stoffsysteme festgestellt und Verfahren zu ihrer Umwandlung geplant bzw. bewertet werden.

Die Partikelmesstechnik allgemein umfasst

- die Größen- und Formanalyse einzelner Partikel,
- die Messung der Größenverteilung von Partikelkollektiven,
- die Oberflächenmessung an dispersen Stoffen,
- die Konzentrationsbestimmung von Partikeln in Flüssigkeiten und Gasen,
- die Bestimmung der Partikelgeschwindigkeit bzw. der Relativgeschwindigkeit zwischen Partikel und umgebendem Fluid sowie,
- die Messung von Haftkräften zwischen Partikeln untereinander und an Wänden.

Wie bei allen Messungen zur Qualitäts- und Prozesskontrolle kommt der Probennahme und Probenvorbereitung eine große Bedeutung zu.

Die Partikelmesstechnik ist besonders dann von Bedeutung, wenn qualitätsrelevante Eigenschaften eines Stoffsystems bzw. eines Produktes, auf messbare Parameter des dispersen Zustandes zurückzuführen sind (siehe Abschn. 1.3). In solchen Fällen ist die Partikelmesstechnik eine Grundlage zur Qualitätsbeschreibung von Produkten, zur Qualitätssicherung und zur Regelung und Steuerung von verfahrenstechnischen Prozessen.

Hier kann nur auf eine Auswahl von Meßmethoden und -geräten zur Partikelgrößenanalyse und zur Oberflächenmessung, sowie zur Staubmesstechnik und der Probennahme und Probenpräparation eingegangen werden, weitere, z.T. ausführlichere Darstellungen gibt es von Allen (1997, 2004) [5.1], Leschonski et al. (1974, 1975) [5.2], Bernhardt (1990, 1994) [5.3, 5.3.a] und Webb u. Orr [5.4]. Die einschlägigen deutschen Normen sind im DIN-Taschenbuch 133 (2004) [5.5] zusammengestellt. Internationale Literatur und zahlreiche Normen zu einzelnen Verfahren findet man auch unter „particle size measurement" und verwandten Stichworten im Internet. Dortselbst harrt auf Downloader und Leser auch das amüsant geschriebene Skriptum „Krümelkunde" von Alex (2001) [5.55].

5.2 Siebverfahren

Die Analysensiebung eignet sich zur Bestimmung der Massenanteile (Fraktionen), die in einzelnen Korngrößenintervallen zwischen je zwei Sieben verschiedener Maschenweite enthalten sind. Der Partikelgrößenbereich für die Anwendung der Analysensiebung erstreckt sich von ca. 5 µm bis 125 mm Sieböffnungsweite, wobei bevorzugte Anwendungsbereiche einzelner Verfahren noch zu uterscheiden sind:

- Vibrationssiebung   ca. 90 µm bis 125 mm
  (Maschinen- oder Handsiebung trockener Güter)
- Luftstrahlsiebung   ca. 20 µm bis 500 µm
- Nasssiebung auf „Normal" sieben   ca. 100 µm bis 25 mm
- Nasssiebung auf Mikropräzisionssieben   ca. 5 µm bis 50 µm.

5.2.1 Grundlagen

Partikelgröße und Mengenart

Beim Sieben wird jedes einzelne Korn (Partikel) in seiner Abmessung mit einer durch Bewegung zufällig erreichten Maschen- bzw. Lochweite w verglichen. Das Feinheitsmerkmal x ist die Maschen- bzw. Lochweite w. Damit ist die Partikelgröße definiert: $x \equiv w$. Geht die Partikel durch die Masche hindurch, rechnet man sie zum „Durchgang", bleibt sie zurück, gehört sie zum „Rückstand". Meist werden der Durchgang oder der Rückstand gewogen, so dass man beide in der Mengenart „Masse" erhält. Handelt es sich um einen Stoff einheitlicher Dichte, ist sie der Mengenart „Volumen" äquivalent (s. Kap. 2, Abschn. 2.5.1).

Siebvorgang

Damit die Partikeln (Körner) durch die Maschen eines Siebbodens hindurch treten können, müssen sie bewegt und Kräften ausgesetzt werden. In Frage kommen:

- die Schwerkraft,
- die Impulsänderung („Stoßkraft") und
- die Strömungswiderstandskraft („Schleppkraft").

Die *Schwerkraft* verursacht keine Bewegung quer zum Siebboden, so dass ihre Wirkung bei der Siebanalyse alleine nicht ausreicht und mindestens eine der anderen beiden Kräfte zusätzlich wirken muss. Durch regelmäßige (Schwing-, Vibrationssiebung) oder unregelmäßige (Handsiebung) periodische Bewegungen werden Impulse vom Siebrahmen und Siebboden auf das Siebgut übertragen. Es wird aufgelockert und durch zusätzliche, der Schwerkraft überlagerte *Stoßkräfte* zu den Sieböffnungen transportiert. Bei der Luftstrahlsiebung und der Nasssiebung werden Auflockerung und Transport von der *Widerstandskraft* eines strömenden Fluids bewirkt, z.T. zusätzlich zu Trägheitskräften durch Vibrationen.

Der Transport zum Siebboden, d.h. die Beweglichkeit der Partikeln in der Gutschicht und der Durchgang eines Korns durch die Maschen des Siebbodens werden beeinflusst durch

- die Siebmaschine,
- die Betriebsweise und
- das Siebgut und seine Materialeigenschaften.

Bei den *Siebmaschinen* unterscheidet man verschiedene Bewegungsarten zur Erzeugung der nötigen Beschleunigungen: Plansiebmaschinen führen Kreis- oder elliptische Bewegungen nur in der — meist horizontalen — Ebene der Siebfläche aus. Bei Wurfsiebmaschinen besitzt die Bewegung Geschwindigkeitskomponenten auch vertikal zur Siebfläche (Linear-, Planar- oder 3D-Bewegung).

Betriebsweisen sind zum einen die Trockensiebung (Vibrationssiebung, Luftstrahlsiebung) und die Nasssiebung (Vibrationssiebung, auch mit Hilfe von Ultraschall, mit einer strömenden oder nicht strömenden Flüssigkeit). Auch die verschiedenen Variationen der Bewegung hinsichtlich Intensität (Amplitude, Beschleunigung) und Richtungsänderung der Schwingungen, Siebdauer, Zeitintervalle für Unterbrechungen, sowie die Verwendung von Siebhilfen (z.B. Gummikugeln, -würfel) bestimmen die Betriebsweise.

Sehr großen Einfluss auf das Ergebnis der Analyse haben folgende *Eigenschaften des Siebguts:*

Verhältnis Korngröße x zur Maschenweite w
Bei $\frac{x}{w} \ll 1$ ist der Durchtritt leicht, bei $0{,}8 \leq \frac{x}{w} \leq 1{,}5$ spricht man von siebschwierigem „Grenzkorn" mit erschwertem Durchtritt, und wenn die Korngröße sehr nahe bei der Maschenweite liegt ($1{,}0 \leq \frac{x}{w} \leq 1{,}2$), handelt es sich um das sog. „Klemmkorn", das die Verstopfung der Maschen bewirkt.

Partikelformen
Längliche oder plättchenförmige Partikeln lassen sich schwerer sieben als kubische oder kugelige.

Aufgabegutmenge
Je dicker die Gutschicht auf dem Siebboden ist, desto länger dauert es, bis alle Partikeln mit $x \leq w$ sie passiert haben und eine geeignete Masche zum Durchtritt gefunden haben.

Haftkräfte (s. auch Abschn. 2.6)
Zwischen den Partikeln untereinander bzw. zwischen Partikeln und Siebboden und -wand treten umso größere Haftkräfte auf, je größer die Gutfeuchte ist, je unregelmäßiger die Partikelformen sind, je leichter eine elektrostatische Aufladung möglich ist und je höher die Feinanteile < ca. 100 µm sind. Feine Partikeln haften leichter aneinander (Agglomeration) oder an größeren Partikeln als gröbere, bleiben daher im Rückstand und werden zu den gröberen gerechnet.

Da alle diese verschiedenen Einflüsse das Ergebnis einer Analysensiebung mehr oder weniger stark und zumeist in quantitativ unbekanntem Ausmaß bestimmen, muss man bestrebt sein, zum einen die Analyse so genau wie möglich – d.h. mit allen möglichen Einfluss-Parametern – zu protokollieren und zum anderen bei der Durchführung der Analyse möglichst immer gleiche Bedingungen zu schaffen.

5.2.2 Trockene Vibrationssiebung

Am häufigsten wird zur Siebung trockener Produkte die Maschinensiebung mit vibrierendem Siebsatz eingesetzt. Den prinzipiellen Aufbau einer Analysensiebmaschine zeigt Abb. 5.1.

Ein mechanisch oder elektromagnetisch arbeitendes Aggregat (1) zur Erzeugung der schwingenden Siebbewegung setzt die federnd gelagerte Grundplatte (2) in Bewegung. Dauer und Intensität (Amplitude, Beschleunigung) der Siebbewegung können am Gerät eingestellt werden. Auf der Grundplatte ist der Siebsatz (3) mit einer Haltevorrichtung (4) befestigt. Im Siebsatz sind über einem Auffangboden (Siebpfanne) (5) die Siebe (6) mit ansteigender Maschenweite übereinander gesetzt und durch einen Deckel (7) abgeschlossen. Das einzelne Sieb besteht aus dem Siebrahmen (Siebring) (8) und dem Siebboden (Siebbelag, Bespannung) (9), der ein Gewebe – meist aus Draht – oder ein Lochblech sein kann.

Die Grundlagen der „Siebanalyse" findet man in DIN 66 165 Teil 1 (1987, in [5.5]). Siebböden für Analysensiebe sind hinsichtlich ihrer Maschen- bzw. Lochweiten, Drahtstärken, Toleranzen usw. in DIN ISO 3310 (2001, in [5.5] bzw. [5.6.a, 5.6.b, 5.6.c]) genormt.

Die *Siebbewegung* dient dazu,

- das Siebgut auf dem Siebboden gleichmäßig zu verteilen,
- jedem Korn die Möglichkeit zu schaffen, eine freie Maschenöffnung zu erreichen,
- verstopfte Maschenöffnungen wieder freizubekommen.

Nach der Bewegungsart unterscheidet man *Wurfsiebe*, deren Bewegung senkrecht zur Siebbodenebene, auch kombiniert mit horizontalen und vertikalen Komponenten stattfindet, oder die eine dreidimensionale Taumelbewegung ausführen, und *Plansiebe*, die ihre Bewegung nur in der Ebene des Siebbodens ausführen.

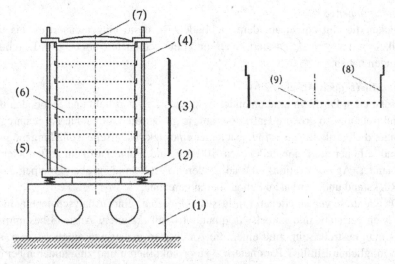

Abbildung 5.1 Analysensiebmaschine (Erläuterungen s. Text)

Die geeignete *Aufgabemenge* für die üblichen Siebe mit ca. 200 mm Durchmesser bei Siebdauern um 20 Minuten ist etwa 100 ... 200 g. Bei zu großer Aufgabemenge wird die Siebdauer unnötig verlängert, und die Trennschärfe[1] der einzelnen Siebe ist ungenügend. Eine zu geringe Aufgabemenge beeinträchtigt die Genauigkeit der Messung und zwar besonders dort, wo die Anteile sehr klein sind.

Richtwerte für *Siebdauern* bei „normalen", nicht siebschwierigen Gütern sind

- bei Maschenweiten > 160 μm: > 10 Min.
- bei Maschenweiten 71–160 μm: > 20 Min.
- bei Maschenweiten 40–71 μm: > 30 Min.

Zur experimentellen Ermittlung der Siebdauer s. DIN 66 165 (1987), Teil 1 in [5.5].

Höhere Feingutanteile (Richtwert: mehr als etwa 10% unter ca. 30 μm) oder geringfügig feuchtes Siebgut erschweren die Siebung auf den kleinmaschigen Böden (< ca. 125 μm) erheblich, so dass entweder sehr lange Zeit (> 1 h) gesiebt oder ein größerer systematischer Fehler im Feinbereich hingenommen werden muss. Solchen unangenehmen Erscheinungen kann man in vielen Fällen durch Siebhilfen oder andere Siebmethoden (Luftstrahl- bzw. Nasssiebung) begegnen.

5.2.3 Luftstrahlsiebung und Nasssiebung

Für siebschwierige (feuchte, haftende, verhakende) Güter eignet sich oft auch die *Luftstrahlsiebung* als Trockensiebverfahren.

Den Querschnitt durch das Hosokawa-Alpine-Luftstrahlsieb zeigt Abb. 5.2. Auf dem Siebrahmen sitzt ein Plexiglasdeckel **d**, der den Siebgutraum abdichtet. Die Luft wird durch ein Sauggebläse bei **g** angesaugt, so dass im gesamten Innenraum Unterdruck herrscht. Bei **f** tritt die angesaugte Luft ein, wird aus einer unter dem Siebgewebe **h** rotierenden Schlitzdüse **e** als schmaler, scharfer Luftstrahl unter den

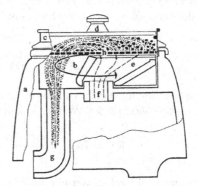

Abbildung 5.2
Luftstrahlsieb der Fa.
Hosokawa-Alpine, Augsburg
(Erläuterungen s. Text)

---

[1]Zum Begriff der Trennschärfe s. Kap. 6, Abschn. 6.2.1 oder DIN ISO 9276-4 (Charakterisierung eines Trennprozesses).

Siebboden geführt, wirbelt das Siebgut auf und dispergiert es. Die Feinanteile passieren mit dem nach unten austretenden Luftstrom das Siebgewebe und werden aus dem Feingutraum **b** mit der Luft abgesaugt und in einem Kleinzyklon bzw. einem Filter abgeschieden. Hier ist also die Strömungswiderstandskraft für den Transport des Feinguts durch die Maschenöffnungen maßgeblich.

Die Untergrenze für die Anwendbarkeit der Luftstrahlsiebung wird mit etwa 10 μm angegeben.

Für feuchte, siebschwierige Produkte sowie für Partikeln, die sich ohnehin in einer Flüssigkeit befinden (Suspensionen), wird die *Nasssiebung* (Aufhebung von starken Haftkräften, s. Kap. 2) angewendet. Bei Korngrößen > ca. 100 μm erfolgt sie im vibrierenden Siebsatz mit abgedichteten Analysensieben durch Bebrausen des Siebguts und Auffangen der unter dem untersten Sieb ablaufenden Suspension mit der feinsten Fraktion. Diese Suspension kann bei Bedarf dann z.B. mit einem Sedimentations- oder einem optischen Verfahren weiter untersucht werden. Sehr geringe Probemengen (< ca. 10 g) werden mit geätzten Mikropräzisionssieben noch bei 5 μm „Maschenweite" (Lochweite) gesiebt, wobei die Dispergierung und der Flüssigkeitsdurchtritt mit Ultraschallerregung bewirkt wird. Zur Überwindung des Kapillareffekts bei so kleinen Öffnungen muss in der Regel mit Netzmitteln (Tensiden) gearbeitet werden, die die Oberflächenspannung der Flüssigkeit senken.

5.3 Sedimentationsverfahren

5.3.1 Sinkgeschwindigkeit als Feinheitsmerkmal

Bei allen Sedimentationsverfahren der Partikelgrößenanalyse ist die Sinkgeschwindigkeit w_s das primäre Feinheitsmerkmal. Nach den Ausführungen in Abschn. 4.2.1.1 wird durch sie den unregelmäßig geformten Partikeln der Sinkgeschwindigkeits-Äquivalentdurchmesser als Größe zugeordnet. Da Sedimentationsverfahren überwiegend für sehr kleine Partikeln angewendet werden, kommt vor allem der durch (4.32) definierte Stokesdurchmesser in Betracht

$$d_{St} = \sqrt{\frac{18\eta}{(\rho_p - \rho_f) \cdot g} \cdot w_{sSt}}. \tag{5.1}$$

Gültigkeitsbedingung hierfür ist, dass die mit dem Stokesdurchmesser d_{St} gebildete *Partikel-Reynoldszahl* den Wert 0,25 nicht wesentlich überschreitet.

$$\mathrm{Re}_p \equiv \mathrm{Re}_{St} = \frac{w_f \cdot d_{St} \cdot \rho_f}{\eta} \leq 0,25. \tag{5.2}$$

Dieser Äquivalentdurchmesser gilt übrigens auch für solche Analysenverfahren, die die Sedimentation im Fliehkraftfeld benutzen.

Voraussetzung für eine zutreffende Partikelgrößenanalyse mit Sedimentationsverfahren ist einerseits eine Volumenkonzentration $c_V < 0,2\%$ und andererseits eine ausreichende Dispergierung des Feststoffs. Das bedeutet, dass vor Messbeginn Agglomerate und anhaftende Feinstpartikeln von ihren Haftpartnern getrennt werden müssen (z.B. durch Schütteln oder Ultraschall-Anwendung), und dass während der Messung keine Reagglomeration stattfinden darf. Dazu müssen zum Feststoff passende Sedimentationsflüssigkeiten und in vielen Fällen zusätzlich Dispergierhilfsmittel eingesetzt werden, um die Haftkräfte zwischen den Partikeln zu überwinden und Abstoßungskräfte aufrechtzuerhalten bzw. zu erzeugen (zu Konzentrationseinfluss und Stabilisierung der Dispersion s. auch Abschn. 5.9.2.3).

Die Grundlagen der Partikelgrößenanalyse mit Sedimentationsverfahren im Schwerefeld sind ausführlich in DIN 66111 (in [5.5]) sowie in ISO 13317-1 [5.7] dargestellt. Dort, sowie bei Allen [5.1] und bei Bernhardt [5.3, 5.3.a] findet man Zusammenstellungen von geeigneten Sedimentationsflüssigkeiten und Dispergiermitteln für eine Vielzahl von Feststoffen.

5.3.2 Systematik der Sedimentationsverfahren

Bei den Sedimentationsverfahren der Partikelgrößenanalyse unterscheidet man nach Leschonski et al. (1974, 1975) [5.2]

A *Suspensionsverfahren:* Der Feststoff ist zu Beginn der Messung gleichmäßig in der Sedimentationsflüssigkeit verteilt.
B *Überschichtungsverfahren:* Der Feststoff ist zu Beginn der Messung in einer dünnen Schicht über der reinen Sedimentationsflüssigkeit konzentriert.

Die Mengenmessung kann nach zwei grundsätzlich verschiedenen Methoden erfolgen:

1 *Inkrementale Methode:* Es wird der zeitliche Verlauf der lokalen Feststoffkonzentration während des Absetzens in einer bestimmten Höhe (Messebene) des Sedimentationsgefäßes gemessen.
2 *Kumulative Methode:* Es wird die unterhalb (bzw. oberhalb) einer bestimmten Messebene sich ansammelnde (bzw. verbleibende) Feststoffmenge oder eine eindeutig mit ihr korrelierte Größe abhängig von der Zeit gemessen.

Alle vier Möglichkeiten können sowohl im Schwerefeld als auch im Fliehkraftfeld realisiert werden. Die einzelnen Verfahren unterscheiden sich in der konkreten Art der Mengenmessung. Überschichtungsverfahren (**B**) sind relativ selten wegen der prinzipiellen Schwierigkeiten mit der instabilen Schichtung einer Suspension über der reinen Suspendierflüssigkeit.

Das inkrementale und das kumulative Suspensionsverfahren sollen als die klassischen und besonders typischen Methoden näher betrachtet werden.

5.3.3 Inkrementalverfahren

Messprinzip

In einer zu Versuchsbeginn homogen durchmischten Suspension wird in einer relativ dünnen Schicht oberhalb des Bodens (Messebene) der zeitliche Verlauf der Feststoffkonzentration festgestellt. Diesen Konzentrationsverlauf kann man sich anhand einer vereinfachenden Modellvorstellung von einer Suspension mit nur drei verschiedenen Partikelgrößen klarmachen (Abb. 5.3).

Solange zu Beginn des Vorgangs noch Partikeln aller vorhandenen Größen beim Absinken die Messebene passieren, ändert sich dort die Konzentration nicht: $c = c_0$. Ab dem Zeitpunkt $t_1 = H/w_{f\,max}$, zu dem die größten Partikeln die Sedimentationshöhe H durchmessen haben, nimmt die Konzentration in der Messebene ab; in dem Modell sprungartig, denn ab diesem Zeitpunkt werden nur noch die beiden kleineren Partikelgrößen registriert. Jedes Mal, wenn eine Partikelgrößen-Klasse vollständig unter die Messebene gesunken ist, nimmt die Konzentration weiter ab.

In dieser Ebene sind dann nur noch kleinere Partikeln enthalten und zwar in ihrer ursprünglichen Konzentration. Man erhält daher durch die „momentane" Mengenmessung in der Messebene den Mengenanteil aller Partikeln, deren Sinkgeschwin-

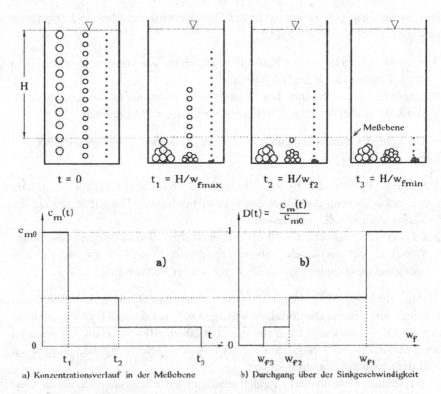

a) Konzentrationsverlauf in der Meßebene   b) Durchgang über der Sinkgeschwindigkeit

Abbildung 5.3 Inkrementales Suspensionsverfahren (Modell)

digkeit kleiner als die aus der Sedimentierhöhe H und der jeweiligen Sedimentierzeit t errechnete Sinkgeschwindigkeit $w_f = H/t$ ist. Bei der Masse als Mengenart nennt man das den Durchgang, und daher ist

$$D(t) = \frac{c_m(t)}{c_{m0}} \qquad (5.3)$$

mit $c_m(t)$: Feststoff-Massenkonzentration zum Zeitpunkt t, c_{m0}: Anfangs-Feststoff-Massenkonzentration bei homogener Suspension.

Abbildung 5.3b zeigt diesen Durchgangsverlauf für das Modell mit drei Partikelgrößen. Auf der Abszisse sind die Zeiten noch in die zugehörigen Sinkgeschwindigkeiten umgerechnet:

$$t_2 = 3 \cdot t_1 \rightarrow w_{s2} = H/t_2 = H/(3t_1) = w_{s1}/3;$$

$$t_3 = 6 \cdot t_1 \rightarrow w_{s3} = H/t_3 = H/(6t_1) = w_{s1}/6.$$

Um schließlich den Durchgang $D(x)$ abhängig von der Partikelgröße x zu bekommen, müssen die Sinkgeschwindigkeiten noch – z.B. mit der „Stokes-Formel" (4.32) – auf Stokesdurchmesser ($x \equiv d_{St}$) umgerechnet werden.

Im Realfall sind die Stufen natürlich so klein, dass man einen glatten Verlauf der Konzentrationsabnahme erhält (Abb. 5.4). Bis die größten Partikeln abgesunken sind (Zeitpunkt t_1), bleibt jedoch auch hierbei die Anfangskonzentration erhalten.

Grundsätzlich wichtig ist:

Inkrementale Suspensionsverfahren liefern aus der Mengenmessung direkt die Verteilungssumme.

Die Mengenart hängt allerdings vom Messverfahren ab:

Beim *Pipette-Verfahren* nach Andreasen, ausführlich beschrieben in DIN 66115 (in [5.5]) und ISO 13317-2 (2001) [5.8], werden zu vorgewählten Zeitpunkten in der Messebene immer gleichgroße Suspensionsproben (10 ml) gezogen und durch Eindampfen und Wiegen auf ihren Feststoffgehalt untersucht, ein zeitaufwendiges Verfahren und daher kaum noch verwendet. Die Mengenart ist hier die *Masse*.

Das *Fotosedimentometer* arbeitet mit der Schwächung eines durch die Suspension dringenden Lichtstrahls und liefert eine mit dem Partikelquerschnitt zusammenhängende *Fläche* als Mengenart (s. hierzu auch fotometrische Extinktionsmessung in Abschn. 5.4.2.3). Für Metallpulver ist das Verfahren in DIN ISO 10076 (2001) [5.9] genormt.

Im *Röntgen-Sedimentometer* (ISO 13317-3 (2001) [5.10]) wird die Schwächung eines Röntgenstrahls durch die in der Probe enthaltene Partikelmasse zur Konzentrationsbestimmung benutzt. Daher erhält man hier eine Massen-Verteilungssumme. Abbildung 5.5 zeigt schematisch den Aufbau des Röntgen-Sedimentometers „Sedigraph".

Die dispergierte Suspension (Probe) befindet sich in einem Becherglas und wird bis zum Start der Messung durch die Probenzelle gepumpt. Ein Röntgenstrahl durchdringt die gefüllte Probenzelle und wird abhängig von der Massenkonzentration des Feststoffs abgeschwächt. Mit dem Start der Messung stoppt die Umwälzung der Suspension, in der Probenzelle beginnen die Partikeln zu sinken. Sobald alle

Abbildung 5.4 Realer
Konzentrations-Zeit-Verlauf
beim Inkrementalverfahren

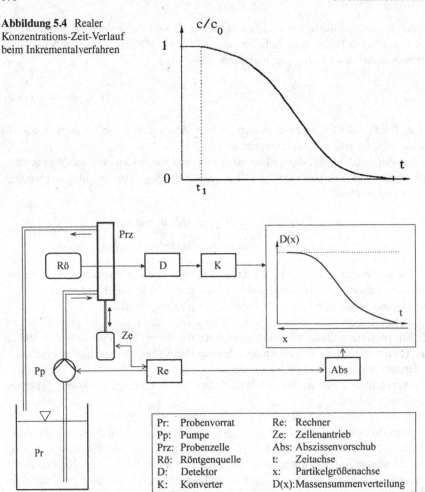

Abbildung 5.5 Aufbau des Röntgen-Sedimentometers (schematisch)

größten vorhandenen Partikeln den Messstrahl passiert haben, nimmt die Massen-konzentration ab, die Intensität des durchgehenden Röntgenstrahls nimmt zu. Dieses Signal liefert über einen Detektor und einen Konverter die Massenanteilsumme $D(x)$ für die Ordinate der Partikelgrößenverteilung.

Zur Verkürzung der Messzeit bewegt sich die Messzelle langsam nach unten, so dass die Sinkhöhe kontinuierlich abnimmt. Ein ebenfalls im Gerät integrierter Rechner berechnet aus $H(t)$ und t, sowie aus vorher einzugebenden Stoffdaten den Schreibervorschub auf der Abszisse. Sie zeigt demnach den Stokesdurchmesser an ($x \equiv d_{sSt}$). Wegen der Höhenverstellung können Partikelgrößen bis hinunter zu ca. 0,3 µm innerhalb von ca. 1 Stunde erfasst werden. Der Feststoff sollte ein Element mit einer Ordnungszahl > 13 im periodischen System der Elemente in genügender Menge enthalten, damit die Röntgenstrahl-Absorption ausreichend hoch wird, ohne dass die Konzentration Werte deutlich größer als 0,2 Vol% annehmen muss, die die Anwendung der Stokes-Beziehung einschränken oder verbieten.

5.3.4 Kumulativverfahren

Messprinzip

Das Prinzip dieser Schwerkraft-Sedimentations-Verfahren soll der Anschaulichkeit halber am Beispiel der Sedimentationswaage erläutert werden.

Ausgehend von einer zu Beginn homogenen Suspension wird die Masse gewogen, die im Laufe der Zeit auf den als Wägeteller ausgebildeten Boden des Sedimentationszylinders absinkt. Betrachtet man wieder die Modellsuspension mit nur drei Feststoff-Fraktionen (Abb. 5.6), so kann man sich den prinzipiellen Verlauf der Masse-Zeit-Funktion leicht klarmachen:

Für $0 \leq t \leq t_1 = H/w_{f\,max}$, also bis zu dem Zeitpunkt, an dem die letzten Partikeln der größten Fraktion auf der Waagschale ankommen, ist die Zunahme der Masse pro Zeit konstant. Man erhält eine Gerade vom Nullpunkt aus (Abb. 5.7).

Danach, also für $t_1 < t \leq t_2 = H/w_{f2}$, fehlt die größte Fraktion unter den ankommenden Partikeln, die Massenzunahme auf dem Wägeteller fällt kleiner aus, ist aber ebenfalls konstant. Ganz analog verhält es sich im folgenden Zeitabschnitt ($t_2 < t \leq t_3 = H/w_{f\,min}$), wo wiederum eine kleinere, konstante Massenzunahme zu verzeichnen ist. Wenn schließlich die kleinsten Partikeln ab t_3 restlos abgesunken sind, bleibt die Masse konstant und die Masse-Zeit-Kurve verläuft horizontal. Reale Messkurven für $m(t)$ verlaufen natürlich nicht mit Knickpunkten, sondern stetig zunehmend (Abb. 5.8).

Wie bekommt man nun aus einer Messkurve wie in Abb. 5.7 die Partikelgrößenverteilung als Durchgangskurve $D(x)$? Dazu überlegt man sich, was zu einem be-

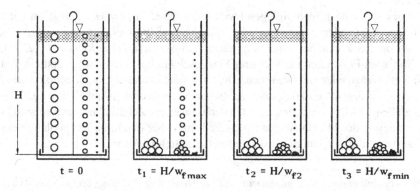

Abbildung 5.6 Modellsuspension in der Sedimentationswaage

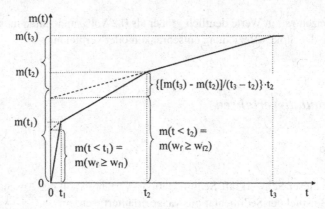

Abbildung 5.7 Massenzunahme für die Modellsuspension

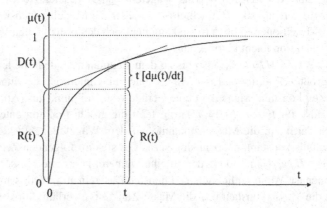

Abbildung 5.8 Graphische Bestimmung des Rückstands aus der Messkurve der Sedimentationswaage

stimmten festen Zeitpunkt $t = t_1$ auf dem Wägeteller angekommen ist. Es sind zwei Anteile.[2]

Alles, was eine größere Sinkgeschwindigkeit hat als $w_{f1} = H/t_1$, liegt komplett auf dem Wägeteller ($m(w_f \geq w_{f1})$). Bezogen auf die Gesamtmasse m_0 ist das gerade der Rückstand bei dieser Sinkgeschwindigkeit $R(w_{f1}) = R(t_1) = 1 - D(t_1)$.

Von allen Fraktionen mit kleinerer Sinkgeschwindigkeit ist jeweils erst ein Teil auf dem Wägeteller angekommen. Dieser zweite Anteil ist auch schon vorher ($t < t_1$) mit demselben konstanten zeitlichen Massenzuwachs auf dem Wägeteller angefallen, ist kleiner als der Gesamtzuwachs im ersten Zeitabschnitt, und entspricht der Steigung der Messkurve für $t \geq t_1$. Er kann daher durch die Extrapolation der Messkurve für $t \geq t_1$ auf die Ordinate $t = 0$ ermittelt werden.

---

[2]Diese, gegenüber der 1. Auflage einfachere und anschaulichere Herleitung der Odenschen Gleichung verdanke ich Herrn Prof. Dr.-Ing. H. H. Gildemeister.

Entsprechendes gilt für jeden folgenden Zeitabschnitt. In Abb. 5.7 ist es für den Zeitpunkt t_2 ausgeführt, dort gilt

$$m(t_2) = m(w_f \geq w_{f2}) + \frac{m(t_3) - m(t_2)}{t_3 - t_2} \cdot t_2. \tag{5.4}$$

Normiert man mit der Gesamtmasse m_0 und führt für den Massenanteil $m(t)/m_0$ den Buchstaben $\mu(t)$ ein, erhält man

$$\mu(t_2) = \frac{m(t_2)}{m_0} = \frac{m(w_f \geq w_{f2})}{m_0} + \frac{\mu(t_3) - \mu(t_2)}{t_3 - t_2} \cdot t_2.$$

Darin ist der erste Summand gerade $R(w_{f2}) = R(t_2) = 1 - D(t_2)$, so dass man auch

$$\mu(t_2) = R(t_2) + \frac{\Delta\mu_3}{\Delta t_3} \cdot t_2 \tag{5.5}$$

schreiben kann. Verallgemeinert und für eine stetige Messkurve wie in Abb. 5.8 gebildet führt das auf

$$\left. \begin{aligned} \mu(t) &= R(t) + t \cdot \frac{d\mu(t)}{dt} \\ \text{bzw.} \quad R(t) &= \mu(t) - t \cdot \frac{d\mu(t)}{dt} \end{aligned} \right\} \quad \text{(Oden'sche Gleichung).} \tag{5.6}$$

Diese Gleichung erlaubt auf sehr einfache Weise die Bestimmung des Rückstands $R(t)$ aus der Messkurve $\mu(t)$ und ihrer Steigung $d\mu(t)/dt$. Graphisch ergibt sich $R(t)$ als der Ordinatenabschnitt, den die Tangente an die Messkurve im Punkt t anzeigt (Abb. 5.8).

Näheres zur Ausführung und Auswertung der Partikelgrößenanalyse mit der Sedimentationswaage findet man in DIN 66116 in [5.5].

Grundsätzlich wichtig ist:

Bei der Auswertung aller Kumulativverfahren muss eine – graphische oder numerische – Differentiation des Messwert-Zeit-Verlaufs durchgeführt werden, damit man die Verteilungssummenkurve erhält. (Vergleiche auch Aufgabe 5.3).

Alle Sedimentations-Messmethoden, die mit dem Schwerefeld arbeiten, haben als untere Grenze der Partikelgrößen etwa 2 µm, wenn nicht, wie im oben beschriebenen Sedigraphen, die Sinkhöhe verstellt wird. Wegen der langen Messzeiten und aufwändigen Auswertung sowie wegen des relativ geringen Partikelgrößenbereichs beschränkt sich die Anwendung der Sedimentationswaage praktisch nur noch auf Referenzmessungen.

5.3.5 Sedimentation im Zentrifugalfeld

In Abschn. 4.3 ist bereits die Sinkgeschwindigkeit im Zentrifugalfeld behandelt. Sie ist nach (4.90) bei positiver Dichtedifferenz zwischen disperser Phase und Flüssigkeit um das z-fache (z ist das Beschleunigungsverhältnis $r \cdot \omega^2/g$) höher als im Schwerefeld, so dass einerseits die Sedimentierzeiten drastisch verkürzt werden können ($\sim 1/z$, vgl. (4.92)) und andererseits der Messbereich zu kleineren Partikeln, nämlich von etwa 5 µm bis in den nahen Submikronbereich bis ca. 0,1 µm erweitert werden kann. Zudem ermöglicht das Zentrifugieren auch die Größenanalyse von Partikeln, deren Dichte sich nur wenig von derjenigen der Flüssigkeit unterscheidet. Das kann bei der Anwendung auf Emulsionen mit kleiner – positiver oder negativer – Dichtedifferenz eine Rolle spielen.

Messprinzipien

Sedimentationszentrifugen arbeiten praktisch nur mit der inkrementalen Methode der Mengenbestimmung, d.h. mit dem zeitlichen Verlauf einer Konzentrationsmessung in der hier zylinderförmigen „Messebene" M (Abb. 5.9). Sowohl das Suspensionsverfahren wie auch das Überschichtungsverfahren sind üblich. In der Messebene werden die Mengenanteile beim Überschichtungsverfahren photometrisch bestimmt, während beim Suspensionsverfahren ausschließlich die Röntgenstrahlmessung angewendet wird, weil sie eine höhere lokale Konzentration in der Messebene erfordert.

Die Partikelgrößen (Stokesdurchmesser) sind im Fall der inkrementalen Suspensionsmethode nach

$$d_{St} = \sqrt{\frac{18 \cdot \eta \cdot \ln(r/r_0)}{(\rho_p - \rho_f) \cdot \omega^2 \cdot t}} \tag{5.7}$$

zu bilden. Darin sind (s. Abb. 5.9)

r der Radius der „Messebene" M,
r_0 der Radius des Flüssigkeitsspiegels,
ω die Winkelgeschwindigkeit des Zentrifugenrotors,
t die Absinkzeit (Zeit vom Beginn der Messung an),
$\rho_p - \rho_f$ die Dichtedifferenz zwischen Partikeln und Flüssigkeit.

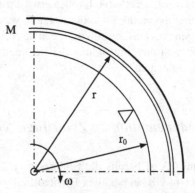

Abbildung 5.9 Inkrementale
Messung im Zentrifugalfeld

Verfahren, die die Sedimentation im Zentrifugalfeld benutzen, sind in ISO 13318 (2001) Part 1: (Prinzipien) [5.11], Part 2: (Fotosedimentation) [5.12] und Part 3 (Röntgenstrahlen-Absorption) [5.13] beschrieben.

5.4 Optische Verfahren, Zählverfahren

Es ist nicht zwangsläufig, dass optische Messverfahren der Partikelgrößenanalyse und Zählverfahren gemeinsam behandelt werden. Aber es zeigt sich, dass viele optische Verfahren „zählende" sind. Alle Zählverfahren haben als Mengenart die Anzahl, d.h. man misst Anzahlverteilungssummen $Q_0(x)$ oder Anzahlverteilungsdichten $q_0(x)$. Die evtl. gewünschte Umrechnung in Volumen- bzw. Massenverteilungen kann nach Abschn. 2.5.6 erfolgen. Das Feinheitsmerkmal (Dispersitätsgröße) ist bei den einzelnen Meßmethoden sehr verschieden (s. die Abschn. 5.4.1–5.4.3).

Bei „optischen" Verfahren werden entweder das Feinheitsmerkmal oder die Mengenanteile oder beide mit optischen Geräten erfasst. Sie lassen sich einteilen in *abbildende Verfahren* und *Streulicht-Verfahren*.

Bei allen Zählverfahren besteht das Problem, eine genügend große Anzahl von Partikeln auszuzählen, so dass auch für Fraktionen, die im Partikelkollektiv mit nur geringen Anteilen vorkommen, eine ausreichende Aussagesicherheit erreicht wird. Dieses Problem der *Mindestprobengröße bei Zählverfahren* wird in Abschn. 5.9.2.2 behandelt.

5.4.1 Abbildende Verfahren, Bildauswertung

Von den Partikeln der Analysenprobe wird ein Bild (Fotografie oder Monitorbild) hergestellt. Jede abgebildete Partikel wird einzeln vermessen, nach ihrer „Größe" einer bestimmten Kornklasse zugewiesen und gezählt.

Von der Biologie, der Medizin und der Metallurgie (Gefügekunde) herkommend gibt es eine Reihe direkter mikroskopischer Beobachtungs- und Zuordnungsmethoden für Partikelgrößen und -formen mit Hilfe von speziell entwickelten Okularnetzen. Die Einzelauswertung von Hand ist sehr mühselig und spielt in der Partikelgrößenanalyse praktisch keine Rolle. Vielmehr werden halb- oder vollautomatische Systeme der Bildauswertung eingesetzt. Abbildung 5.10 zeigt schematisch den prinzipiellen Aufbau eines solchen Systems (nach Hermes u. Kesten (1981) [5.14]).

Messprinzip

Das optisch gewonnene Bild wird durch Grauwertabstufungen mit ausreichend hoher Auflösung digitalisiert. Zeilenweises Abtasten des Bildes (s. Abb. 5.11) liefert dann elektrische Signale, deren Höhe, Länge (Dauer) und Anzahl als Basis für die Auswertung dienen. Als *Größe* der Partikeln können dabei z.B. die in Abschn. 2.3.1

Abbildung 5.10 Aufbau
eines automatischen
Bildauswerte-Systems (nach
[5.14])

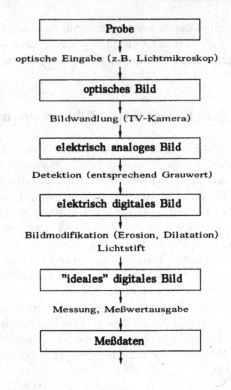

definierten statistischen Längen, aber auch – durch Ausmessen von Fläche und Umfang des Bildes – äquivalente Kreisdurchmesser genommen werden. Auch Form-
analysen sind möglich, und Formfaktoren lassen sich bilden (s. Abschn. 2.4).

Nachteilig kann unter Umständen der grundsätzliche Informationsverlust über
die räumliche Ausdehnung der Partikeln sein, der allen Bildauswertungen anhaftet.
Außerdem werden die Partikeln oft in einer bestimmten raumorientierten „stabilen"

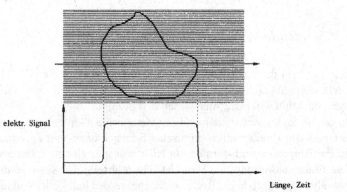

Abbildung 5.11 Zeilenweises Abtasten eines Partikelbildes

Lage abgebildet. So zeigen z.B. flache Partikeln auf dem Objektträger eines Mikroskops in aller Regel ihre größte Projektionsfläche.

Verwendet man ein Lichtmikroskop, so ist die untere Grenze der erfassbaren Partikelgrößen etwa 2 μm. Kleinere Partikeln erzeugen wegen ihrer der Wellenlänge des sichtbaren Lichts (ca. 0,4 μm ... 0,7 μm) vergleichbaren Größe zu viel Beugung an ihren Rändern, als dass noch von einem „Bild" im gleichen Sinne wie bei größeren Partikeln die Rede sein kann.

Diesen Nachteilen bei den abbildenden Verfahren der Partikelgrößenanalyse stehen Vorteile gegenüber, wie die Möglichkeiten der Vergrößerung bzw. Verkleinerung von Bildern, der Speicherung und Vervielfältigung von Informationen z.B. zu Dokumentationszwecken.

Zudem erweitern Bilder aus Elektronenmikroskopen die erfassbaren Partikelgrößen bis in den Nanometerbereich (s. Abschn. 5.5.1). Am anderen Ende der Größenskala liegen Luft- oder Satellitenaufnahmen, die kilometergroße – und größere – Objekte abbilden, und die zur Bildauswertung herangezogen werden.

An die Bilder von Partikelkollektiven müssen gewisse Anforderungen gestellt werden, damit eine Auszählung, Größen- und Formanalyse sinnvoll durchgeführt werden können:

- Es muss eine ausreichend große Anzahl an Partikeln abgebildet sein, denn es soll ja jede Kornklasse durch eine ihrem Anzahlanteil entsprechende Menge an Partikeln in der Probe (das ist das Bild!) vertreten sein. (s. hierzu Abschn. 5.9.2.2). Evtl. müssen mehrere verschiedene Bilder ausgewertet werden.
- Die Partikeln sollen einzeln, d.h. optisch voneinander getrennt, auf dem Bild zu sehen sein. Andernfalls kann man meist nicht zwischen Agglomeraten und großen Einzelpartikeln unterscheiden. Hier liegen z.T. praktische Probleme bei der Präparation der Probe.
- Die Bilder müssen ausreichend kontrastreich sein, so dass wenigstens die Partikelbegrenzungen eindeutig erkennbar sind.
- Schließlich gibt es Partikelformen, die sich nur bedingt oder gar nicht für eine Bildauswertung eignen (z.B. lange, verknäulte Fasern, Hohlkugelschalen u. ä.).

Man unterscheidet statische und dynamische Bildanalysemethoden (ISO 13322-1 (2004) [5.15] und ISO 13322-2 (2006) [5.16]). Bei den statischen liegen die Partikeln fixiert, etwa auf Glasträgern (Mikroskop) oder als Bilder vor. Sie eignen sich vor allem für enge Verteilungen mit einem Verhältnis von maximaler zu minimaler Partikelgröße von etwa 10:1. Bei den dynamischen Bildanalyseverfahren werden Momentaufnahmen von bewegten Partikeln in einem Flüssigkeits- bzw. Gasstrom ausgewertet. Es werden Geräte angeboten, bei denen eine oder mehrere Digitalkameras bewegte Partikeln erfassen. Zur guten Ausleuchtung wird der Partikelstrom zweckmäßigerweise vor einer Leuchtwand gleichmäßig verteilt. Bei Systemen mit zwei Digitalkameras findet eine Aufgabenteilung dahingehend statt, dass eine Kamera die gesamte Leuchtwand erfasst und die großen Partikeln genau abgebildet, während die zweite als Zoom-Kamera die kleinen Partikeln erfasst. So kann ein Partikelgrößenbereich von etwa 0.03 bis 30 mm analysiert werden. Außerdem lässt sich eine Formanalyse durchführen. Die Messsysteme arbeiten weitgehend automatisch und können in einen laufenden Produktionsprozess integriert werden.

5.4.2 Streulichtverfahren

Einer Darstellung von Umhauer (1988) [5.17] folgend werden hierunter alle Methoden verstanden, die Streuung und Absorption von Licht an einzelnen Partikeln oder
Partikelkollektiven ausnutzen, um über Größe und Konzentration der Partikeln Aussagen machen zu können. Damit sind auch Extinktionsmessungen eingeschlossen.
Zu Streulicht-Konzentrationsmessungen für Stäube s. Abschn. 5.6.3.2.

5.4.2.1 Streulichtmessung an Einzelpartikeln

Messprinzip

Trifft eine ebene Lichtwelle (Wellenlänge λ) auf eine Partikel (Kugel mit dem
Durchmesser d, Brechungsindex n), so tritt eine teilweise Ablenkung, eine Streuung
der Welle ein. Unter Streuung wird allgemein die Richtungsänderung der Ausbreitung des Lichts verstanden. Die physikalischen Ursachen können Beugung, Brechung und Reflexion sein (Abb. 5.12). Außerdem erfolgt eine Drehung der polari-
siert einfallenden Welle.

Die Intensität I des gestreuten Lichts im Raum um die Partikel herum im Verhältnis zu derjenigen des einfallenden Lichts I_0 hängt ab von: Streuwinkel Θ, Polarisationswinkel Φ, Brechungsindex n, Lichtwellenlänge λ, Partikelgröße d:

$$\frac{I}{I_0} = f(\Theta, \Phi, n, \lambda, d). \tag{5.8}$$

Unter Streuwinkel versteht man dabei den Winkel gegenüber der Beleuchtungs-
richtung, von dem aus man das von der beleuchteten Partikel gestreute Licht betrachtet. Der Polarisationswinkel wird in der Ebene senkrecht zur Einfallsrichtung
gemessen. Die Einflüsse von λ und d gehen gemeinsam ein durch das Verhältnis
von Kugelumfang $\pi \cdot d$ zu Wellenlänge λ in der Form

$$\alpha = \frac{\pi d}{\lambda}. \tag{5.9}$$

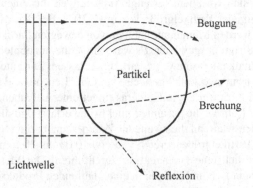

Abbildung 5.12 Streuung an
der Einzelpartikel

Damit wird

$$\frac{I}{I_0} = f(\Theta, \Phi, n, \alpha). \tag{5.10}$$

Mie hat diese Intensitätsverteilung theoretisch berechnet (Mie-Theorie), konkrete Lösungen sind jedoch erst durch den Einsatz leistungsfähiger Rechner möglich geworden. Die Mie-Theorie gilt für beliebige (α- und n-Werte, vereinfacht sich jedoch für $\alpha \ll 1$ bzw. $\alpha \gg 1$, so dass man mit α drei Streubereiche unterscheiden kann:

Rayleigh-Bereich: $\alpha \ll 1$ (etwa $\alpha < 1$). Bei den Wellenlängen des sichtbaren Lichts (um 0,5 µm) entspricht das Partikelgrößen unter etwa 0,02 µm.

Mie-Bereich im engeren Sinne: $0,1 \leq \alpha \leq 10$. Dieser Bereich ist demnach gültig für Partikelgrößen zwischen etwa 0,02 µm und 2 µm.

Fraunhofer-Bereich: $\alpha \gg 1$ (ab etwa $\alpha \approx 10$). Dies ist der Bereich der geometrischen Optik; er trifft für Partikeln oberhalb von etwa 2 µm Größe zu.

Besonders im Mie-Bereich ist die räumliche Winkelverteilung der Intensität für die streuende Kugel und eine einzige Wellenlänge (monochromatisches Licht) eine komplizierte Funktion, wie Abb. 5.13 zeigt. Dadurch wird eine umkehrbar eindeutige Zuordnung von Partikelgröße und Streulichtintensität unter Umständen unmöglich.

Durch die Verwendung von weißem Licht (Glühlampe) und mit der Erfassung von einem mehr oder weniger großen Streuwinkelbereich $\Delta\Theta$ können diese Schwierigkeiten aber überwunden werden.

In der Praxis werden nach dem Streulichtverfahren arbeitende Instrumente mit nahezu monodispersen Standard-Pulvern bekannter Partikelgrößen kalibriert, weil eine rechnerische Zuordnung Streulichtintensität-Partikelgröße nicht möglich ist. So gewonnene Kalibrierkurven haben dann natürlich nur Gültigkeit für solche Stoffe, deren optische Eigenschaften (besonders Brechungsindex und Reflexionsvermögen) denen des Kalibriermaterials ähnlich sind.

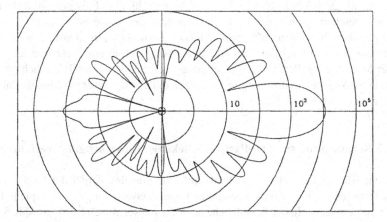

Abbildung 5.13 Streulicht-Intensitätsverteilung um eine Kugel (3-µm-Wassertropfen) (Naqwi [5.18])

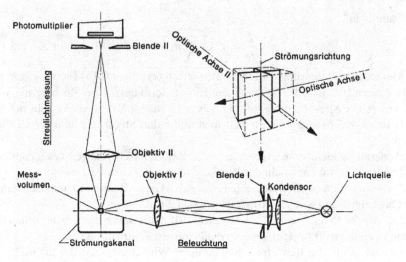

Abbildung 5.14 Optische Anordnung eines Streulicht-Partikelgrößen-Zählers (aus [5.19])

Als Beispiel für einen Streulicht-Partikelzähler ist in Abb. 5.14 schematisch eine 90°-Anordnung gezeigt. In einem Strömungskanal – das partikelbeladene Gas strömt senkrecht zur dargestellten Bildebene – wird optisch ein sehr kleines quaderförmiges Messvolumen ausgeschnitten. Das Messvolumen und die Partikelkonzentration im Messgasstrom müssen sehr klein sein, damit nicht zwei oder mehr Partikeln gleichzeitig erfasst werden und eine größere Partikel vortäuschen (Koinzidenzfehler).

In Richtung der optischen Achse I findet eine homogene Ausleuchtung statt, in Richtung II wird ein größerer Winkelbereich (um $\Theta = 90°$ herum) des Streulichts erfasst und auf einen Fotomultiplier zur Umwandlung in Spannungsimpulse geleitet. Durch die Unmittelbarkeit des Zusammenhangs zwischen Signalhöhe und Partikelgröße entfällt der bei den abbildenden Verfahren nachteilige Informationsverlust.

Eine Speicherung der elektrisch gewonnenen Messwerte ist möglich. Besonders vorteilhaft können unmittelbare Zählverfahren auch zur „On-line-Messung" (s. Abschn. 5.9.2.1) direkt parallel zu einem Produktstrom eingesetzt werden, z.B. bei der Messung der Partikelgrößenverteilung von Stäuben oder Tröpfchen (Aerosolen) in beladenen Gasströmungen, aus denen ein Teilstrom für die Messung abgezogen wird (s. Abschn. 5.6.2.1).

5.4.2.2 Streulichtmessung an Partikelkollektiven (Laserbeugungsverfahren)

Trifft ein Bündel parallelen Laserlichts auf eine einzelne Kugel der Größe x_i in dem zu messenden Kollektiv, entsteht eine Intensitätsverteilung, wie beispielhaft in Abb. 5.13 gezeigt ist. In der Brennebene einer nachgeschalteten Linse (s. Abb. 5.15) lässt sich diese Intensitätsverteilung im sog. Vorwärtsbereich der Streuung, d.h. unter relativ kleinen Streuwinkeln Θ als Beugungsspektrum in Form konzentrischer

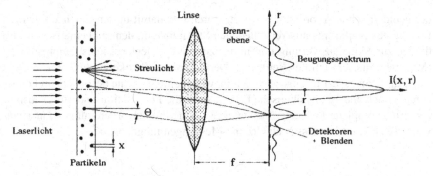

Abbildung 5.15 Prinzip der Laserbeugung an einer Partikelfraktion

Ringe verschiedener Intensität feststellen $I(x_i, r)$. Die ΔZ_i Partikeln einer Fraktion erzeugen eine ΔZ_i mal so große Intensität. Mit $\Delta Z_i = Z_{ges} \cdot q_{0i} \cdot \Delta x_i$ (vgl. (2.46) ist demnach die Intensität des Beugungsspektrums einer Fraktion

$$I^*(x_i, r) = Z_{ges} \cdot I(x_i, r) \cdot q_{0i} \cdot \Delta x_i \tag{5.11}$$

und das gemessene Spektrum aller n Fraktionen, also der gesamten Verteilung

$$I(r) = \sum_{i=1}^{n} [Z_{ges} \cdot I(x_i, r) \cdot q_{0i} \cdot \Delta x_i] \tag{5.12}$$

bzw. bei Annahme einer stetigen Partikelgrößenverteilung

$$I(r) = \int_{x_{min}}^{x_{max}} Z_{ges} \cdot I(x, r) \cdot q_0(x) dx. \tag{5.13}$$

Das Spektrum ist unabhängig von der Geschwindigkeit und der Lage der Partikeln im Messvolumen. Für die Intensitätsverteilung $I(x, r)$ einer streuenden Kugel gilt

$$I(x, r) = I_0 \cdot \left(\frac{\pi x^2}{2f}\right) \cdot \left(\frac{J_1(z)}{z}\right)^2 \tag{5.14}$$

mit $z = \frac{\pi r x}{\lambda f}$, worin f die Brennweite der Linse, λ die Wellenlänge des Laserlichts und $J_1(z)$ die Besselfunktion 1. Art und 1. Ordnung sind.

Gleichung (5.13) ist eine Fredholm'sche Integralgleichung, die im Integranden die gesuchte Funktion, nämlich die Anzahlverteilung enthält. Sie kann im Prinzip analytisch gelöst werden, für die Anwendung auf Partikelgrößenverteilungen sind jedoch numerische Lösungen vorteilhafter. Näheres findet man z.B. bei Heuer, Leschonski (1984) [5.20], und bei Xu (2002) [5.21] sowie in der zugehörigen internationalen Norm ISO 13320-1 (1999) [5.22].

Die auf dem Laserbeugungsverfahren beruhenden Geräte erfassen das Beugungsspektrum mit ringförmigen Detektoren in der Brennebene einer Optik, und haben einen internen Rechner für die umfangreiche Auswertung. Sie unterscheiden sich in der geometrischen Anordnung der Detektoren und damit in der gleichzeitigen Erfassung des Spektrums aus verschiedenen Streuwinkeln, den mathematischen Methoden zur Signalauswertung und in der zugrunde gelegten Lichtstreuungstheorie (Mie- oder/und Fraunhofer-Beugung). Der erfassbare Partikelgrößenbereich reicht insgesamt von ca. 0,1 μm bis zu ca. 3 mm, wobei einige Geräte besonders im Feinstbereich noch andere physikalische Effekte (z.B. die Polarisationsänderung) ausnutzen. Eine komplette Partikelgrößenanalyse – ohne Probenvorbereitung – dauert nur wenige Sekunden, so dass auch On-line-Messungen möglich sind.

5.4.2.3 Extinktionsmessungen

Bei einer Extinktionsmessung wird die Intensitätsschwächung eines Lichtstrahls beim Durchgang durch ein Fluid erfasst. Sind in dem Fluid dispergierte Partikeln enthalten, so kann die Schwächung des Lichtstrahls dadurch wesentlich beeinflusst werden (Abb. 5.16).

Befinden sich viele Partikeln im Strahlengang (Messraumquerschnitt), so wird auch bei bewegten Partikeln (z.B. durch ein strömendes Fluid) ein von der Bewegung einzelner Partikel unabhängiges Signal erzeugt. Solche Messgeräte werden auch als *Trübungssensoren* bezeichnet.

Die Intensitätsschwächung wird durch das *Lambert-Beersches Gesetz* beschrieben:

$$\frac{I}{I_0} = \exp[-C_{ext} \cdot c_0 \cdot s].$$ (5.15)

Darin bedeuten

I_0: Intensität des auf den Sensor fallenden Lichts bei reinem Fluid (Partikelkonzentration Null),

  I: Intensität bei einem durch Partikeln „getrübten" Fluid,

C_{ext}: Extinktionsquerschnitt (Streuquerschnitt, optisch wirksamer Querschnitt); z.B. in cm^2

  c_0: Anzahlkonzentration der Partikeln im Volumen z.B. in cm^{-3},

  s: Länge des Lichtwegs durch die Probe z.B. in cm.

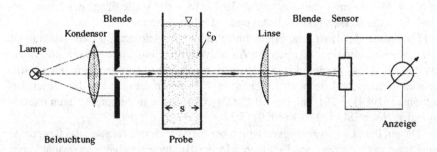

Abbildung 5.16 Fotometrische Extinktionsmessung

Abbildung 5.17
Extinktionsquerschnitt in
Abhängigkeit von der
Partikelgröße
(Siliziumdioxid,
Brechungsindex $n = 1{,}45$,
Wellenlänge $\lambda = 632$ nm,
Apertur $= 0°$)

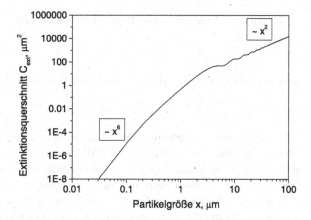

Üblich sind außerdem folgende Bezeichnungen:

$$\text{Transmission:} \quad T = I/I_0 \tag{5.16}$$

$$\text{Extinktion:} \quad E = C_{ext} \cdot c_0 \cdot s \tag{5.17}$$

Das Lambert-Beer'sche Gesetz schreibt sich damit:

$$E = \ln \frac{1}{T}. \tag{5.18}$$

Der Verlauf des Extinktionsquerschnitts in Abhängigkeit von der Partikelgröße ist in Abb. 5.17 dargestellt. Die Berechnung wurde unter Berücksichtigung der Streulichttheorie nach Mie durchgeführt.

Für Partikelgrößen von einigen Mikrometern ergibt sich eine Abhängigkeit $\sim x^2$; zu kleineren Partikeln hin fällt der Extinktionsquerschnitt sehr stark ab. Im Bereich um $0{,}1$ μm ist die Extinktion sehr gering. In diesem Bereich gilt eine Proportionalität von etwa $\sim x^6$.

Der Zusammenhang zwischen dem Extinktionsquerschnitt C_{ext} und dem geometrischen Querschnitt, also der Projektionsfläche A_{pm} in mittlerer Lage der Partikeln wird durch den *Extinktionskoeffizienten K* beschrieben

$$K = \frac{C_{ext}}{A_{pm}}. \tag{5.19}$$

Er ist eine von den Streueigenschaften der Partikeln abhängige Funktion. Insbesondere im Mie-Bereich der Streuung ($0{,}1 \le \alpha \le 10$) weist K einen komplizierten, nicht umkehrbar eindeutigen Verlauf über α auf, so dass fotometrische Extinktionsmessungen hier, d.h. bei Partikelgrößen unter etwa 2 μm mit größeren Unsicherheiten behaftet sein können. Häufig werden Extinktionsmessungen zur Konzentrationsbestimmung verwendet. Dann interessiert allerdings weniger die Anzahl- als die Massenkonzentration c_m z.B. in g/l. Wenn mit m_e die mittlere Masse einer Partikel bezeichnet wird, gilt

$$c_m = m_e \cdot c_0.$$

Dementsprechend führt man dann einen massebezogenen Streuquerschnitt

$$C_m = C_{ext}/m_e$$

(z.B. in [cm²/g]) ein und erhält für die Extinktion nach (5.17)

$$E = C_m \cdot c_m \cdot s. \tag{5.20}$$

Bei Partikelgrößenverteilungen ist C_m ein über die Verteilung gemittelter massebezogener Streuquerschnitt. Nach (5.20) kann man ihn experimentell bestimmen, indem man die Konzentration c_m einstellt und die Extinktion $E = \ln(I/I_0)$ misst. Der Lichtweg s ist dabei durch die Messanordnung vorgegeben. Bei einer späteren Messung muss der Lichtweg durch die Probe an die zu messende Konzentration angepasst sein, damit die Transmission im messtechnisch günstigen Bereich von 0,05 bis 0,95 erfasst werden kann.

Im Fotosedimentometer dient der Streuquerschnitt des Feststoffs im Messvolumen als Mengenmaß bei der Messung der Partikelgrößenverteilung aus der zeitlichen Änderung der Konzentration im Messvolumen. (Mengenart: Fläche).

Eine Anordnung wie in Abb. 5.16 kann auch zur fotometrischen Oberflächenmessung verwendet werden, s. Abschn. 5.7.4.

Dynamische Extinktionsmessung

Die Zählung einzelner Partikeln mit einer Anordnung entsprechend Abb. 5.16 stellt praktisch eine dynamische Extinktionsmessung dar, da das über der Zeit auftretende Streulicht bei einem Winkel von 180° (also in Vorwärtsrichtung) erfasst und ausgewertet wird. Der Vorteil dabei ist, dass über einen weiten Partikelbereich das Streulicht in Vorwärtsrichtung eine besonders hohe Intensität aufweist (siehe Abb. 5.13). Bei Zählverfahren werden die zugeführten Dipersionen so stark verdünnt, dass jeweils nur das durch eine Partikel verursachte Signal ausgewertet wird. Partikelüberlappungen (Koinzidenzen) werden somit weitgehend vermieden.

Es werden auch dynamische Extinktionsverfahren genutzt, bei denen Koinzidenzen zugelassen werden und der schwankende (fluktuierende) Signalverlauf zur Partikelanalyse ausgewertet wird. In Abb. 5.18 ist ein entsprechender optischer Aufbau und der auftretende Signalverlauf dargestellt. Gröbere Partikeln verursachen

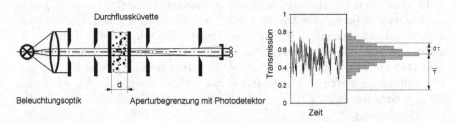

Abbildung 5.18 Transmissionsmessung mit statistischer Signalauswertung

dabei vergleichsweise größere Signalschwankungen als feinere. Bei einer statistischen Auswertung des zeitlichen Signalverlaufes wird neben dem mittleren Transmissionsgrad die Standardabweichung der Transmission erfasst. Für Partikelgrößen > 0.5 µm ist auf dieser Basis die simultane Bestimmung einer mittleren Partikelgröße und der Partikelkonzentration möglich (Wessely (1998) [5.23], Ripperger et al. [5.24]). Es können damit Agglomerationsprozesse sowie Fällungs- und Kristallisationsvorgänge on-line bzw. in-line überwacht werden.

5.4.3 Nichtoptische Zählverfahren nach dem Feldstörungsprinzip

Die Partikeln passieren bei diesen Verfahren wie beim Streulichtzähler einzeln ein möglichst kleines Messvolumen und rufen dort durch die Störung eines – z.B. elektrischen – Feldes ein Signal hervor. Die Intensität der Feldstörung und damit die Signalhöhe muss ein Maß für die Größe der einzelnen Partikel sein. Die Signale werden als elektrische Impulse gezählt und nach ihrer Höhe klassiert.

Wie bei den optischen Einzelpartikel-Zählern sind folgende Anforderungen an ein solches Verfahren zu beachten:

Das Messvolumen muss deutlich größer als die größten zu zählenden Partikeln sein, sonst kann außer Verstopfung auch eine Nichtlinearität zwischen Messsignal und Partikelgröße auftreten.

Im Messvolumen darf jeweils nur *eine* Partikel vorhanden sein (Koinzidenzfehler vermeiden).

Der in der Regel sehr kleine Messvolumenstrom muss eine für den Gesamt-Produktstrom repräsentative Probe enthalten.

Ein typisches Gerät für die unmittelbare Partikel-Zählung und -Größenanalyse ist der *Coulter-Counter*, dessen prinzipieller Aufbau in Abb. 5.19 dargestellt ist.

Ein Becherglas enthält die in einem Elektrolyten dispergierten Feststoffpartikeln („Suspension"). In dem inneren Glasgefäß befindet sich zunächst reiner Elektrolyt. Dieses Gefäß hat bei A eine sog. Zählöffnung. Das ist eine sehr kleine Bohrung

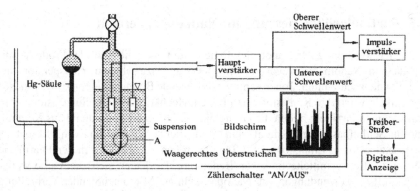

Abbildung 5.19 Funktionsschema des Coulter-Counter (Fa. Beckman Coulter)

mit z.B. 100 μm Durchmesser. Sie stellt das Messvolumen dar. Legt man eine Spannung an die beiden Elektroden, so fließt ein elektrischer Strom durch diese Öffnung. Durch das Absinken einer vorher hochgezogenen Quecksilbersäule wird Suspension durch die Zählöffnung gesaugt. Immer wenn dabei eine Partikel das Messvolumen passiert, ändert sich der elektrische Widerstand proportional zum Volumen der Partikel. Diese Widerstandsänderung wird bei konstant gehaltenem (elektrischem) Strom als Spannungs- bzw. Impedanzänderung registriert. Ihre Höhe stellt das Maß für die Partikelgröße dar. Mit Hilfe eines „Impulshöhendiskriminators" werden die Signale dann nach ihrer Höhe klassiert und die Anzahlen der Signale in jeder Klasse registriert. Zwei elektrische Kontakte, die der Quecksilberfaden zu Beginn und am Ende der Messung berührt, definieren das geprüfte Suspensionsvolumen.

Der Coulter-Counter definiert als Feinheitsmerkmal also das Partikelvolumen, genauer: das Volumen eines Körpers aus einem Kalibriermaterial (Latex), der die gleiche Widerstandsänderung hervorruft wie die Partikel. Nach Abschn. 2.3.2.2 handelt es sich um ein physikalisches Äquivalentvolumen, proportional zu x^3 mit x als Partikelgröße.

Man misst daher mit dem Coulter-Counter Anzahlverteilungssummen Q_0 (x^3) bzw. -dichten $q_0(x^3)$ des Partikelvolumens. Evtl. erforderliche Umrechnungen in andere Darstellungsweisen (z.B. $Q_3(x)$) erfolgen nach den in Abschn. 2 gegebenen Regeln (s. auch Aufgabe 2.9).

Die Einsatzgrenzen hinsichtlich der Partikelgrößen richten sich einerseits nach dem Durchmesser der Zählöffnung (obere Grenze) und andererseits nach der Höhe des elektronischen Grundrauschens, in dem die Signale sehr kleiner Partikeln untergehen (untere Grenze). Je Zählöffnung werden Partikelgrößen zwischen dem 0,02- und dem 0,6-fachen des Öffnungsdurchmessers erfasst. Durch den Einsatz von Messgefäßen mit verschieden großen Zählöffnungen ergibt sich insgesamt ein Messbereich von ca. 0,6 μm bis 1.200 μm. Als geeignete Konzentrationen werden 10^{-4} bis 10 g/1 entsprechend etwa 10^3 bis 10^6 Partikeln pro ml angegeben.

Das Prinzip ist in der internationalen Norm ISO 13319 (2000) [5.25] beschrieben. Sie enthält auch eine Auflistung geeigneter Elektrolytlösungen zu den verschiedensten Feststoffen.

5.5 Partikelgrößenmessung im Nanometerbereich

Mit der Entwicklung der Nanotechnologie nimmt auch die Zahl der Produkte mit Partikeln im Nanometerbereich (<1 μm) stetig zu. Dazu zählen u. a. Dispersionsfarben, Sonnenschutzmittel, Toner, schmutzabweisende Beschichtungen sowie mit Nanopartikeln verstärkte Kunststoffe und Folien. Hochkonzentrierte Suspensionen mit nanoskaligen Partikeln bilden die Grundlage für hochwertige Bauteile aus Keramik und für Schleifpasten und Schleif-Slurries, die bei der Herstellung von Mikrochips eingesetzt werden. Emulsionen mit Tropfengrößen <1 μm sind in der Pharmazie und in der Lebensmitteltechnik von Bedeutung. Es deuten sich zahlreiche weitere zukünftige Anwendungen von Nanopartikeln an. Mit zunehmender Verbreitung werden auch Fragen nach den Risiken laut, die mit der Herstellung und Verwendung

Abbildung 5.20 Rußpartikel aus Dieselabgasen, TEM-Aufnahme, (Quelle: Dr. P. Hofer, Empa, Dübendorf/Schweiz)

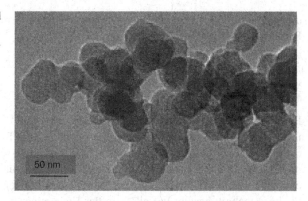

von Nanopartikeln verbunden sind. Sie betreffen u. a. die vermuteten Pfade der Partikeln innerhalb des Körpers oder die Wechselwirkungen der Partikeln mit der Umwelt. Die letzte Fragestellung ist direkt mit der Feinstaubproblematik verbunden, da Feinstaub auch den Größenbereich der Nanopartikeln abdeckt. Im Vordergrund stehen hierbei Nanopartikeln aus natürlichen Quellen und aus den Emissionen des Verkehrs, der Haushalte und der Industrie.

Das zunehmende Interesse an feinen Partikeln findet seinen Niederschlag auch in der Entwicklung von Methoden zu ihrer Analyse. Sie werden eingesetzt zur Qualitätsüberwachung der Produkte, zur Emissions- und Immissionsüberwachung, zur Reinheitskontrolle von Stoffströmen sowie zur Entwicklung und Testung von Verfahren zur Abscheidung feinster Partikeln. Neben der Partikelgröße müssen vielfach auch die chemische Zusammensetzung der Partikeln, ihre Oberflächeneigenschaften sowie ihre Neigung Agglomerate zu bilden beachtet werden. Hierbei interessiert neben der Agglomeratgröße auch die Größe der so genannten Primärpartikeln, aus denen diese sich zusammensetzen. Als Beispiel ist in Abb. 5.20 eine Rußpartikel abgebildet.

Im nahen Submikronbereich (ca. $0,1-1\ \mu m$) können, wie in Abschn. 5.3.5 bereits beschrieben, Sedimentationszentrifugen eingesetzt werden. Der „Nanobereich" im engeren Sinne betrifft jedoch die Partikeln < ca. 100 nm (= $0,1\ \mu m$). Hierfür werden im Folgenden eingeführte Methoden und Geräte zu Partikelgrößenmessung kurz behandelt. Dabei ist zu beachten, dass die Ergebnisse maßgeblich auch von dem jeweils verwirklichten physikalischen Messprinzip und der zugrunde gelegten Auswertung der Messsignale beeinflusst werden können. Vergleiche sind daher – gleiche Probenpräparation vorausgesetzt – nur bei gleichen Messprinzipien, besser noch gleichen Messgeräten und Auswertungen zulässig.

5.5.1 Elektronenmikroskopie

Gegenüber der Lichtmikroskopie, die eine größen- und formgerechte Abbildung für Partikeln < ca. 2 μm nicht ermöglicht, sind mit den Methoden der Elektronenmikroskopie Partikeln mit einer Auflösung bis zu ca. 0,1 nm abbildbar. So können die in Abschn. 5.4.1 erwähnten Verfahren der Bildauswertung auch auf Nanometer-Partikeln angewendet werden.

Messprinzipien

Beim *Raster-Elektronen-Mikroskop* (REM) tastet ein Elektronenstrahl die Oberfläche der Partikeln ab. Primär werden physikalische Eigenschaften der Probenoberfläche (Emissions-, Transmissions- bzw. Reflexionsvermögen) gerastert, die je nach Messverfahren verschiedene Informationen auch über die Oberflächengestalt enthalten und entsprechend umgerechnet werden können. Der Vorteil für die Partikelmesstechnik besteht vor allem in der Erzeugung anschaulich dreidimensional erscheinender Bilder, die nanoskalige Oberflächenstrukturen, Agglomerationen und dergleichen erkennen lassen. Das *Transmissions-Elektronen-Mikroskop* (TEM) arbeitet wie das Durchlicht-Mikroskop mit der Durchstrahlung der Probe. Sie darf maximal 1 μm dick sein, und daher eignet sich das TEM eher für die Analyse dünner Schichten (Mikrotom-Schnitte).

Wegen der aufwändigen Präparation der Proben ist die Elektronenmikroskopie zeit- und kostenintensiv und nur off-line anwendbar. Außerdem kann nur jeweils eine geringe Anzahl von Partikeln analysiert werden, was die statistische Zuverlässigkeit beeinträchtigt. Die Bestimmung physikalischer Partikeleigenschaften steht daher im Vordergrund gegenüber geometrischen Aussagen über Partikelkollektive (Größenverteilungen, Mittelwerte usw.).

5.5.2 Dynamische Lichtstreuung (PCS, QELS)

Die dynamische Lichtstreuung ist auch unter den Bezeichnungen *Photonenkorrelations-Spektroskopie* (PCS) oder *quasielastische Lichtstreuung* (QELS) bekannt. Sie eignet sich zur Messung an Partikeln zwischen einigen Nanometern und ca. 1 μm.

Messprinzip

Suspendierte Nanopartikeln streuen das Licht mit einer geringen Intensität in alle Raumrichtungen nahezu gleich, weshalb die alleinige Messung des Streulichts als Maß für die Partikelgröße nicht geeignet ist. Suspendierte Nanopartikeln, aber auch Makromoleküle, unterliegen der Braunschen Molekularbewegung. Diese hat zur Folge, dass das gestreute Licht in seiner Intensität schwankt. Die Streulichtfrequenz korreliert direkt mit der Partikelgröße. Bei der dynamischen Lichtstreuung werden daher die Fluktuationen des gestreuten Lichts erfasst und zur Ermittlung einer Partikelgröße bzw. Partikelgrößenverteilung genutzt.

Abbildung 5.21
Schematischer Aufbau zur
PCS-Messung

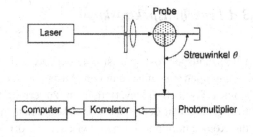

Kleine Partikel bewegen sich aufgrund der Brown'schen Molekularbewegung schneller als große. Darauf beruht auch ihre schnellere Diffusion, so dass der Diffusionskoeffizient D ein Maß für diese Schwankungsbewegung darstellt. Die Frequenz der Intensitätsschwankung des Streulichts entspricht damit direkt der Partikelgröße, so dass auch aus der zeitlichen Abhängigkeit der Intensitätsfluktuationen auf die Partikelgröße geschlossen werden kann. Der direkte Zusammenhang setzt voraus, dass das Streulicht den Detektor ohne zusätzliche Einflüsse anderer Partikel erreicht. Solche Konditionen sind nur bei stark verdünnten Suspensionen erreichbar, was wiederum mit einem geringen Streulicht und einem geringen Signal/Rausch-Verhältnis verbunden ist. Die Anzahl der Partikel im Messraum stellt daher eine der Optimierungsgrößen der Messmethode dar. Bei der Rückstreu-Technik („back scatter" Technik) wird die Mehrfachstreuung auch bei höheren Konzentrationen dadurch vermindert, dass lediglich in einer dünnen Randschicht der Probe gemessen wird (Kätzel et al. (2006) [5.26]).

Die Intensitätsfluktuationen des gestreuten Lichtes der Partikeln einer Suspension werden mit einem Detektor erfasst (Abb. 5.21). Die Auswertung der Streulichtsignale erfolgt meist mit Hilfe der Autokorrelation, d.h. man vergleicht die erfassten Signalverläufe verschiedener Zeitpunkte miteinander. Bei der Auswertung der erhaltenen Autokorrelationsfunktion kann ein intensitätsgewichteter hydrodynamischer Mittelwert für den Partikeldurchmesser ermittelt werden (Koppel (1972) [5.27]). Wird die Autokorrelationsfunktion durch ein Polynom angepasst, ergibt sich aus den Koeffizienten der linearen und quadratischen Glieder dann die mittlere Partikelgröße x_{PCS} und der Polydispersitätsindex (PDI) bzw. die Standardabweichung einer Partikelgrößenverteilung. Die Bestimmung dieser Größen einschließlich des theoretischen Hintergrunds ist in der internationalen Norm ISO 13321 (1996) [5.28] dargestellt.

Bei anderen Auswerteverfahren wird eine Dateninversion vorgenommen und daraus eine Partikelgrößenverteilung erhalten. Das Auflösungsvermögen der dynamischen Lichtstreuung zur Ermittlung von Partikelgrößenverteilungen ist begrenzt. Bei Vergleichsmessungen wurde festgestellt, dass insbesondere die Erkennbarkeit von mehrmodalen oder breiten Partikelgrößenverteilungen schwierig ist (Finsy (1992, 1993) [5.29, 5.30]).

5.5.3 Ultraschallspektroskopie

Die Ultraschallspektroskopie ist eine der wenigen Messmethoden, die unter Prozessbedingungen an unverdünnten Dispersionen (z.B. Kolloide, Emulsionen, Schlämme) Partikelgrößenverteilungen zu ermitteln erlaubt. Nach ISO 20998 (2006) [5.31]] reicht der typische Partikelgrößenbereich von ca. 10 nm bis 3 mm und die Konzentrationen können zwischen ca. 0,1 Vol% und 50 Vol% liegen, abhängig vom Dichteunterschied zwischen den Phasen des Systems. Für eine genaue Messung ist die Kenntnis der Konzentration und der für die Schalldämpfung relevanten Stoffparameter erforderlich.

Messprinzip

Bei der Ultraschallspektroskopie werden akustische Signale mehrerer Frequenzen in das disperse Stoffsystem eingestrahlt und die Schwächung, die die Schallsignale in der Probe erfahren, messtechnisch erfasst. Damit ist es möglich, die Schalldämpfung in der Probe in Abhängigkeit von der Schallfrequenz zu beschreiben. Aus dieser Funktion, dem sog. *Schalldämpfungsspektrum*, können u.a. Partikelgröße bzw. -verteilung ermittelt werden.

Schallwellen werden in Dispersionen aufgrund der folgenden sich gegenseitig überlagernden Mechanismen gedämpft:

• die stoffspezifische Schallabsorption im Fluid und in der dispersen Phase,
• die Streuung der Ultraschallwellen an den Partikeln,
• die Pulsation der Partikeln infolge der Druckschwankungen im Fluid,
• die oszillierende Relativbewegung zwischen den Partikeln und dem Fluid infolge des Impulsaustausches und der unterschiedlichen Trägheitseigenschaften (Dichten) der Phasen,
• die wechselnde Deformation der die Partikel umhüllende diffuse Ionenwolke und
• die Wechselwirkungen zwischen den Partikeln untereinander.

Je nach Stoffsystem sind nur einige der Mechanismen dominierend.

Zum physikalischen und mathematischen Hintergrund sei auf Riebel u. Löffler (1989) [5.32] verwiesen, eine Übersicht über die akustische und elektroakustische Spektroskopie von Dispersionen, Emulsionen und Mikroemulsionen geben Dukhin et al. (2000) [5.33], umfassend zur einschlägigen Ultraschallmesstechnik informiert das Buch von Dukhin u. Goetz (2002) [5.34].

In Abb. 5.22 ist der schematische Aufbau der Ultraschall-Messzelle eines handelsüblichen Geräts (DT 1200, Fa. Dispersion Technology) dargestellt. Zur Einstellung optimaler Dämpfungswerte wird die Spaltweite zwischen Sender und Empfänger frequenzabhängig variiert.

Abbildung 5.22
Schematischer Aufbau eines
Ultraschall-Spektrometers
mit einem Sensor zur
Messung des
Kolloid-Vibrations-Stroms
(CVI) nach Diss. Babick
(2005) [5.35]

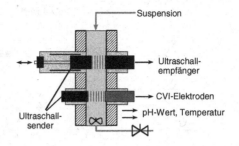

5.5.4 Elektroakustische Spektroskopie

Messprinzip

Bei der elektroakustischen Spektroskopie werden die Partikeln einer Dispersion durch ein hochfrequentes elektrisches Feld zum Schwingen angeregt. Die meist unterschiedlichen Dichten von Partikeln und Fluid haben dabei lokale Druckschwankungen und ein Ultraschallsignal (ESA – Electro Sonic Amplitude) zur Folge, das zur Partikelgrößenanalyse genutzt werden kann.

Die unterschiedlichen Trägheitsmomente von disperser und kontinuierlicher Phase führen auch hier zur Ausbildung einer Relativbewegung der Partikeln zum umgebenen Fluid. Diese Partikelbewegung bewirkt eine Verschiebung der die Partikeln umgebenen elektochemischen Doppelschicht, so dass sie beginnen als elektrische Dipole zu agieren. Die Beschaffenheit der Doppelschicht hängt vom Oberflächenpotenzial der Partikeln und der Zusammensetzung des Fluids ab. Messtechnisch kann der Vorgang als eine schwankende Spannung (CVP – Colloid Vibration Potenzial) oder als ein schwankender Strom (CVI – Colloid Vibration Current) detektiert werden. Das CVI und ESA-Signal stellen reziproke Größen dar. Sie werden wesentlich von der Volumenkonzentration und elektrokinetischen Mobilität der dispersen Phase sowie der Dichtedifferenz zwischen den Phasen beeinflusst.

Werden elektroakustische Größen (z.B. CVI oder ESA) bei mehreren Frequenzen ermittelt, so besteht die Möglichkeit auch die Partikelgrößenverteilung zu bestimmen. Zur Berechnung der Verteilungen nutzt man u. a. das Modell nach O'Brien (1988) [5.36]. Das Zetapotenzial kann über den messtechnisch zugänglichen Kolloid-Vibration-Strom (CVI) ermittelt werden. Oft wird diese Möglichkeit im Zusammenhang mit der Ultraschallspektroskopie genutzt (siehe Abb. 5.22).

5.5.5 Thermische Feldflussfraktionierung

Messprinzip

Die Feldflussfraktionierung (FFF) bewirkt eine Klassierung der Partikeln in einer Probe, die einen ebenen Trennkanal (typische Kanalhöhen: 100–250 μm) laminar durchströmt. Die Klassierung erfolgt durch Wechselwirkung mit einem senkrecht zur Transportrichtung wirkenden Feld. Man unterscheidet einzelne Methoden nach

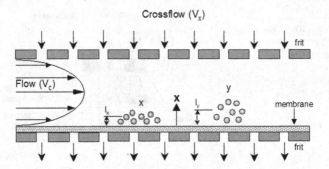

Abbildung 5.23 Prinzip der Fluss-Feldflussfraktionierung (TU Dresden, FB Chemie [5.38])

der Art des Feldes: hydrodynamisches, thermisches, elektrisches und Gravitations-Feld (Beister (2001)) [5.37]. Anwendung findet die FFF vor allem zur Klassierung und Größencharakterisierung von Makromolekülen, Proteinen, Viren, Emulsionen usw. in der Chemie und Biotechnologie.

Für die Größenbestimmung besonders geeignet sind die hydrodynamische und die thermische FFF. Erstere wird auch als „Fluss-FFF" bzw. „Asymmetrische-Fluss-FFF" bezeichnet (Abb. 5.23). Dabei ist der Kanalströmung durch permeable Wände eine Querströmung (cross flow) überlagert. Die Diffusion wirkt dem Querstrom entgegen, so dass die Partikeln sich wieder zur Kanalmitte zurück bewegen und zwar kleinere Partikeln eher als große. Sie werden demnach wegen des laminaren Strömungsprofils schneller weitertransportiert und zu unterschiedlichen Zeiten ausgetragen.

Bei der thermischen Feldflussfraktionierung wird dies durch das Anlegen eines Temperaturgradienten zwischen Kanaloberseite (beheizt) und Kanalunterseite (gekühlt) realisiert (Abb. 5.24). Nach Injektion der zu analysierenden Probe in den Kanal werden die Partikeln infolge des Temperaturgradienten in Richtung der gekühlten Kanalunterseite (Akkumulationswand) getrieben. Dieser Bewegung entgegen wirkt die Brownsche Diffusion. Die Diffusionsbewegung infolge des Temperaturgradienten ist im Gegensatz zur Brownschen Diffusion relativ unabhängig von der Partikelgröße. Die Wirkung beider Diffusionsmechanismen hat eine Konzentrationsverteilung über die Kanalhöhe zur Folge. Auch hierbei ordnen sich die Partikeln entsprechend ihrer Größe in unterschiedlichen Entfernungen von den Wänden an und werden infolge des bei laminarer Strömung sich ausbildenden parabolischen Geschwindigkeitsprofils verschieden schnell im Kanal transportiert und ausgetragen. Der Größenbereich der Partikeln bei der thermischen FFF liegt zwischen ca. 1 nm und 100 nm.

Da die Diffusion infolge des Temperaturgradienten in der Regel nicht berechnet werden kann und damit auch der Klassiervorgang sich einer theoretischen Berechnung entzieht, wird die Feldflussfraktionierung mit einem Detektor zur Bestimmung der Partikelgröße der fraktionierten Partikelklassen kombiniert. Bei feinsten Partikeln wird z.B. eine statische Mehrwinkelstreulichtmessung eingesetzt, bei der das Streulicht unter bis zu 18 Winkeln gleichzeitig im durchfließenden Strom detektiert

Abbildung 5.24 (a) Aufbau und (b) Messprinzip der thermischen Feldflussfraktionierung

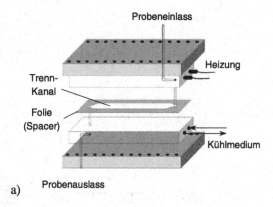

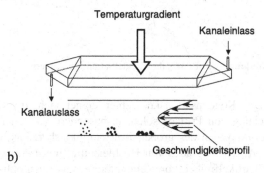

wird. Hiermit ist es möglich, jeder Fraktion einen Partikeldurchmesser zuzuordnen und die jeweiligen Mengen zu erfassen.

5.5.6 Kondensationskernzähler (CPC, CNC)

Zur Zählung sehr kleiner Aerosolpartikeln im Größenbereich zwischen etwa 3 nm und einigen μm (bevorzugt: Nanopartikeln < 0,1 μm) eignet sich der Kondensationskernzähler (CPC = condensation particle counter oder CNC = condensation nucleus counter). Man kann Anzahlkonzentrationen von ca. 500 bis $5 \cdot 10^6$ Partikeln/cm^3 feststellen.

Das **Messprinzip** ist das gleiche wie bei der Nebelkammer: Die Partikeln werden durch einen Behälter mit gesättigtem Dampf von Alkohol (z.B. Butanol) oder Wasser geführt. Der Dampf wird durch Abkühlung übersättigt, die mit dem angesaugten Luftstrom eingeführten Partikeln wirken als Kondensationskeime, so dass sich annähernd gleichgroße Tröpfchen bilden, die deutlich größer als die Aerosolpartikeln sind und optisch registrierbare Signale liefern (bei hoher Partikelkonzentration durch Extinktion, bei geringer Konzentration durch Streulicht (s. Abschn. 5.4.2). Das Prinzip dieser *heterogenen Kondensation* ist in Abb. 5.25 gezeigt.

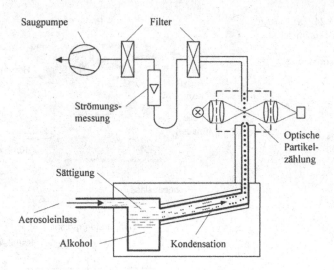

Abbildung 5.25 Prinzip des Kondensationskernzählers

Der Kondensationskernzähler eignet sich zur Charakterisierung und Überwachung von Prüfaerosolen, insbesondere zur Überwachung der Anzahlkonzentration. Wegen des großen Konzentrationsbereichs findet er bei der Bestimmung des Abscheidegrades von Hochleistungsfiltern Anwendung. Bei der Überprüfung der Partikelfreiheit von Reinräumen kann er den optischen Partikelzähler ergänzen und den Messbereich zu kleinen Partikeln hin erweitern (s. VDI-RL 3489 (1995), Bl.2 [5.39]).

Eine Partikelgrößenverteilung kann man mit Geräten dieser Art nicht messen. Durch Kombination mit einem Klassierer, bei dem die Größenklassen einzeln abgezogen und dem Kondensationskernzähler zugeführt werden können, ist jedoch auch dies möglich. Üblich ist z.B. die Kombination mit einer Diffusionsbatterie oder einem elektrostatischer Klassierer (Differential Mobility Analyser, DMA).

5.5.7 Diffusionsbatterie

Das **Messprinzip** beruht auf der Tatsache, dass Partikeln im Nanometerbereich (< ca. 0,2 µm) der Brownschen Molekularbewegung unterworfen sind und zwar umso stärker, je kleiner sie sind. So stoßen die kleinsten Partikeln am häufigsten mit anderen und mit Hindernissen zusammen. In der Diffusionsbatterie wird eine Folge von Moduln hintereinander durchströmt, wobei die erste Stufe mit *einem* Sieb (typische Maschenweite 20 µm), die zweite mit zweien und so fort bestückt ist (s. Abb. 5.26).

Aufgrund ihrer Mobilität treffen die Partikeln auf die Siebe auf und bleiben an ihnen haften. In der ersten Stufe werden die feinsten (beweglichsten) Partikeln zurückgehalten, in den folgenden jeweils die nächst größeren, usw. Die Zuordnung der

Abbildung 5.26
Diffusionsbatterie
(schematisch)

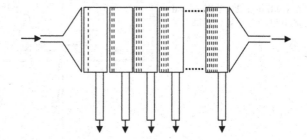

Partikelgrößen zu den Stufen erfordert eine Kalibrierung. Aus jeder Stufe kann eine Fraktion abgezogen werden, die dem Anteil „größer als …" entspricht. Man führt diese Fraktionen zur Mengenbestimmung einem Kondensationskernzähler zu und erhält auf diese Weise die Anzahlverteilung der Partikelgrößen (s. VDI-RL 3489, Bl.6 (1995) [5.40]).

5.5.8 Elektrostatischer Klassierer (DMA,) und Scanning Mobility Particle Sizer (SMPS)

Eine weitere Möglichkeit, in Kombination mit dem Kondensationskernzähler Partikelgrößenverteilungen zu messen, bietet der elektrostatische Klassierer (Differential Mobility Analyser, DMA). Er findet hauptsächlich in der Aerosol- und Feinstaub-Messtechnik Anwendung.

Messprinzip

Die Funktion geht aus Abb. 5.27 hervor. Der Klassierer besteht im Wesentlichen aus einem zylindrischen Ringspalt, in dem ein elektrisches Feld aufgebaut wird. Das polydisperse, vorher elektrostatisch aufgeladene Aerosol wird am oberen Ende des äußeren Ringspalts in den Klassierraum zugeführt. Gleichzeitig wird ein partikelfreier Hüllluftstrom in den inneren Ringspalt zugegeben. Ohne Wirkung eines elektrischen Feldes strömen die beiden Teilströme laminar und damit ohne Vermischung durch den Klassierraum. Bei Anliegen eines elektrischen Feldes wird die Zentralelektrode zur Kathode und positiv geladene Partikeln werden zu ihr hin bewegt. Negativ geladene Partikeln wandern zur Mantelelektrode. Am unteren Ende der Zentralelektrode befindet sich ein Schlitz, den bei einer bestimmten axialen Strömungsgeschwindigkeit und elektrischen Feldstärke nur Partikeln einer bestimmten Wanderungsgeschwindigkeit erreichen. Die Partikelgröße der am Schlitz abgeführten Fraktion ist von der eingestellten Feldstärke abhängig. Durch eine stufenweise Veränderung der Feldstärke im DMA und Messung der entsprechenden Anzahlkonzentration mit dem Kondensationskernzähler kann die Anzahlverteilung des elektrischen Mobilitätsdurchmessers des Aerosols ermittelt werden.

Abbildung 5.27 Differential
Mobility Analyser, DMA

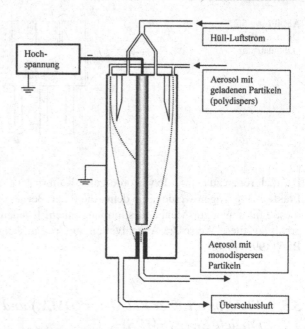

Zur Partikelgrößenanalyse ist sicherzustellen, dass Partikeln oberhalb der Mess-bereichsgrenze vorher abgeschieden werden und, dass eine gleichförmige bipolare elektrische Ladungsverteilung der Partikeln im Aerosol vorliegt. Daher werden Par-tikeln, die den Messbereich überschreiten, in einem vorgeschalteten Impaktor abge-trennt. Die bipolare Ladungsverteilung der Partikeln erfolgt durch Kontakt mit der gleichförmigen bipolaren Ionenatmosphäre einer Kr-85-Quelle. Nach dem Kontakt der Partikeln mit den negativen und positiven Ionen heben sich die Ladungen der einfach bzw. mehrfach geladenen Partikeln gerade auf, so dass die Krypton-Quelle oft auch als „Neutralisator" bezeichnet wird.

Die Kombination von DMA und CNC – auch in einem Gerät – ist auch unter dem Namen Scanning Mobility Particle Sizer (SMPS) eingeführt.

5.5.9 *Laserinduzierte Inkandeszenz (LII)*

Die laserinduzierte Glühtechnik (laser-induced incandescence; LII) ist ein Verfah-ren, das hauptsächlich zur Rußanalyse bei Verbrennungsprozessen entwickelt wur-de.

Messprinzip

Heiße Rußpartikeln emittieren als schwarze Körper Licht nach dem Planckschen Strahlungsgesetz. Dies ist z.B. an der orangenen Farbe rußender Flammen zu erken-

nen. Bei der laserinduzierten Glühtechnik werden die Rußpartikel durch einen ener-
giereichen Laserstrahl stark aufgeheizt. Dieses laserinduzierte Glühen führt zu einer
Veränderung des Emissionsverhaltens der aufgeheizten Partikel (intensivere Strah-
lung, blauverschobenes Emissisonsmaximum, andere zeitliche Charakteristik). Das
LII-Signal ist direkt proportional zur Ruß-Volumenkonzentration. Wird auch die
Abkühlung der aufgeheizten Partikel auf Basis des zeitlichen Verlaufs der Strah-
lungsemission gemessen, so kann unter Zugrundelegung geeigneter Modelle auch
die Partikelgrößenverteilung bestimmt werden (Schittkowski (2005) [5.41]). In diesem Fall spricht man von der zeitaufgelösten laserinduzierten Glühtechnik (time-
resolved laser-induced incandescence; TIRE-LII).

5.6 Staubmesstechnik

5.6.1 Allgemeines

5.6.1.1 Stäube und Aerosole

Stäube und Aerosole sind in Gasen (meist Luft) dispergierte Partikelkollektive, wobei Aerosole sowohl aus festen wie aus flüssigen Partikeln (Tröpfchen) bestehen
können und Größen zwischen etwa 10 nm und 10 μm haben. Stäube entstehen bei
der Produktion industrieller Güter in Anlagen ebenso wie auf der Straße oder in
der Landwirtschaft. Man spricht von lokalen und von diffusen Staubquellen, sowie
von technischen Stäuben und Naturstäuben. Abfallstäube sind unerwünschte Neben-
produkte verfahrenstechnischer Prozesse, während Nutzstäube gezielt pulverförmig
erzeugte Produkte sind.

Abbildung 5.28 zeigt an einigen wenigen Beispielen die Partikelgrößenbereiche,
in denen verschiedene Stäube vorkommen.

Die Fraktionen unter etwa 10 μm sind „lungengängig", d.h. sie werden beim
Atmen nicht in den oberen Atemwegen bereits abgeschieden, sondern können je
kleiner sie sind, umso weiter in die Bronchien und die Lunge eindringen. Unter
„Feinstaub" versteht man – auch international – diese lungengängigen Fraktionen,
wobei die Bezeichnungen PM10, PM2,5 und PM1 in Gebrauch sind. PM10 steht
für „Particulate Matter < 10 μm", den Massenanteil der Partikeln mit einem aero-
dynamischen Durchmesser (Definition s. unten) < 10 μm, entsprechend $< 2,5$ μm
und < 1 μm. Grobe Industriestäube können Partikelgrößen von bis zu 100 μm und
darüber haben.

Aerodynamischer Durchmesser

Definition Der aerodynamische Durchmesser d_{ae} einer Partikel von unregelmäßiger Form und mit der Dichte ρ_x ist definiert als der Durchmesser derjenigen
Kugel mit der Dichte $\rho_1 = 1$ g/cm$^3 = 1 \cdot 10^3$ kg/m^3, die die gleiche Sinkgeschwindigkeit hat, wie die unregelmäßige Partikel.

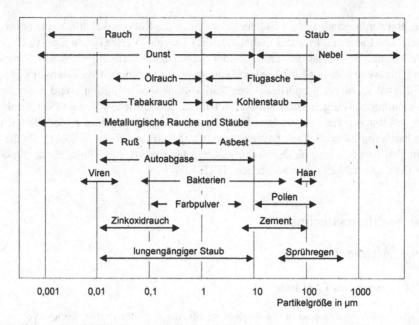

Abbildung 5.28 Partikelgrößenbereiche einiger Stäube

Da es sich aussschließlich um luftgetragene, sehr kleine Partikeln handelt, kann die Dichte der Luft gegenüber ρ_1 und ρ_x vernachlässigt werden und es ist der Vergleich mit dem Stokesdurchmesser d_{St} sinnvoll.

Aus $\quad w_{s1} = \dfrac{\rho_1 \cdot g}{18 \cdot \eta} \cdot d_{ae}^2 = w_{s,St} = \dfrac{\rho_x \cdot g}{18 \cdot \eta} \cdot d_{St}^2 \quad$ folgt

$$d_{ae} = \sqrt{\frac{\rho_x}{\rho_1}} \cdot d_{St}.$$

D.h. im Allgemeinen ist für Feststoffstäube ($\rho_x > 1$ g/cm^3) $d_{ae} > d_{St}$ und für flüssige Aerosole ($\rho_x \approx 1$ g/cm^3) $d_{ae} \approx d_{St}$.

Schwebstaub

Als „Schwebstaub" werden in der Aerosol- und Staubtechnik nach der Technischen Anleitung zur Reinhaltung der Luft (TA Luft) (2002) [5.44] Partikeln definiert, deren aerodynamischer Durchmesser kleiner als 5 μm ist ($d_{ae} < 5$ μm).

5.6.1.2 Ziele und Messgrößen der Staubmesstechnik

Die Staub- und Aerosolmesstechnik spielt im Umweltschutz, bei der Arbeitsplatzhygiene und bei der Qualitätssicherung in vielen Produktionen und Prozessen (z.B.

Reinraumtechnik) eine Rolle, d.h. in allen Bereichen, wo Luft und andere Gase hinsichtlich partikelförmiger Verunreinigungen kontrolliert werden müssen.
Daraus ergeben sich zunächst drei Messaufgaben:

- Messung der Staubkonzentration
- Messung der Partikelgrößenverteilung
- Messung von Inhaltsstoffen der Partikeln.

In diesem Abschnitt wird hauptsächlich die erste dieser Aufgaben behandelt. Man unterscheidet hierbei noch zwischen Gesamtstaub- und Feinstaub-Konzentrationsmessung.
Die Messung der Partikelgrößenverteilungen erfolgt mit Methoden, die in den Abschnitten 5.4 und 5.5 behandelt werden. Hierbei sind insbesondere spezielle Zählverfahren von Bedeutung.
Die Messung von Inhaltsstoffen der Staub- und Aerosolpartikeln ist eine Aufgabe der chemischen Analytik.
Eine umfassende Darstellung der Aerosolmesstechnik geben Baron und Willeke (2001) [5.42], außerdem enthält das Buch über die Luftreinhaltung von Baumbach (1992) [5.54] einen großen Abschnitt über Messtechniken zur Erfassung von Luftverunreinigungen.
Alle einschlägigen Analysen und Messverfahren sind im VDI/DIN-Handbuch Reinhaltung der Luft – Band 4 [5.43] vorgeschrieben. Sie sind weitgehend auch Gegenstand der fortschreitenden internationalen Normung auf diesem Gebiet.
Die Ergebnisse dienen dazu,

- Staubquellen hinsichtlich ihrer Emissionen zu charakterisieren,
- Offene und geschlossene Räume sowie die Umwelt hinsichtlich der Staubbelastung (Immission) zu kennzeichnen,
- Staubabscheider hinsichtlich ihrer Trenneigenschaften zu beurteilen,
- Staubabscheider hinsichtlich ihrer Eignung für eine Trennaufgabe auszuwählen.

5.6.1.3 Emission und Immission

Nach der TA Luft [5.44] versteht man unter Emissionen „die von einer Anlage ausgehenden Luftverunreinigungen", also nicht nur Stäube und Aerosole, sondern überhaupt feste, flüssige und gasförmige luftfremde Bestandteile. Immissionen sind „auf Menschen, Tiere, Pflanzen, den Boden, das Wasser die Atmosphäre oder Kultur- und Sachgüter einwirkende Luftverunreinigungen". In der TA Luft sind Emissionsbegrenzungen für bestimmte Staubklassen – je nach Gefährdungspotential – angegeben, ebenso sind Immissionswerte vorgeschrieben, die nicht überschritten werden dürfen.
Außerdem gibt es bei der Überwachung von Anlagen Vorschriften darüber, ob laufende (kontinuierliche) oder Einzelmessungen (diskontinuierliche) durchzuführen sind.
Sowohl für Emissions- wie für Immissionsmessungen sind eine Reihe von speziellen Messverfahren entwickelt worden.
Die wichtigsten Messgrößen sind in Tabelle 5.1 zusammengestellt

Tabelle 5.1 Messgrößen der Staubmesstechnik

In Emission:		
Staubgehalt Massenkonzentration	Masse Staub/Volumen Luft	g/m^3, mg/m^3
Anzahlkonzentration	Partikelzahl/Volumen Luft	m^{-3}; cm^{-3}
Staubmassenstrom	Staubmasse/Zeiteinheit	kg/h; g/h; mg/h ...
Staubanteil	emittierter Staub/Masse des erzeugten, verarbeiteten oder transportierten Produkts	g/t; kg/t,
In Immission:		
Staubniederschlag (Deposition)	Masse Staub/Flächen- und Zeiteinheit	$g/(m^2\,d)$
Massenkonzentration	Masse Staub/Volumen Luft	g/m^3, mg/m^3
Anzahlkonzentration	Partikelzahl/ Volumen Luft	m^{-3}
z.B. bei Asbestfasern	Faseranzahl/ Volumen Luft	

5.6.2 Probennahme für die Staubmesstechnik

5.6.2.1 Isokinetische Absaugung bei Emissionsmessungen

Emissionsmessungen werden vor allem bei großen Abgasströmen vorgenommen, z.B. an Kaminen oder Ausblaskanälen von Filteranlagen. Die Messungen müssen daher an Proben erfolgen. Um repräsentative Proben aus einem Gasstrom zu entnehmen ist es erforderlich, dass geschwindigkeitsgleich *(isokinetisch)* abgesaugt wird. Man muss daher die Strömungsgeschwindigkeit an der Probennahmestelle messen und die Absauggeschwindigkeit entsprechend einstellen. Da häufig im Kamin eine andere Temperatur als an der Absaugepumpe („Gasuhr") herrscht, ist zusätzlich eine Temperaturmessung und die entsprechende Umrechnung des Volumenstroms nötig. Der abzusaugende Volumenstrom an der Gasuhr ist

$$\dot{V}_G = \dot{V}_M \cdot \frac{p_M - p_{Ms}}{p_G - p_{Gs}} \cdot \frac{T_G}{T_M} \tag{5.21}$$

mit $\dot{V}_M = w_M \cdot \frac{\pi}{4} d$.

Abbildung 5.29 zeigt eine Einrichtung zur isokinetischen Absaugung in einem Kamin. Der Filterkopf wird zur anschließenden gravimetrischen Bestimmung des Staubgehalts entnommen.

Die in (5.21) mit „M" indizierten Größen sind die an der Messstelle im Kanal herrschenden Werte für Geschwindigkeit, Druck und Temperatur, die mit „G" indizierten diejenigen an der Gasuhr. Die Sättigungsdrucke p_{Ms} und p_{Gs} sind Funktionen der jeweiligen Taupunktstemperatur.

Erfolgt die Absaugung mit zu geringer Geschwindigkeit, dann können größere Partikeln aufgrund ihrer trägen Masse der Umlenkung des Gasstroms um die Ansaugöffnung nicht folgen und gelangen überrepräsentiert in die Messöffnung, so dass ein zu großer Staubgehalt gemessen wird. Umgekehrt bewirkt eine zu

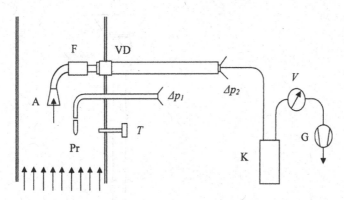

Abbildung 5.29 Einrichtung zur isokinetischen Absaugung aus einem Abgaskamin *A*: Absaugesonde; *F*: Filterkopf; *G*: Absaugpumpe; *K*: Kondensatabscheider; *Pr*: Prandtl-Staurohr; *VD*: Venturidüse; *V*: Gasuhr zur Messung des abgesaugten Gasvolumens. Messgrößen: Δp_1 zur Geschwindigkeitsmessung am Prandtl-Staurohr; Δp_2 zur Messung der Absauggeschwindigkeit; *T* Temperaturmessung

hohe Absauggeschwindigkeit, dass die größeren Partikeln unterrepräsentiert sind, die Messung ergibt einen systematisch zu geringen Staubgehalt. Der zweitgenannte Fehler ist jedoch nicht so gravierend, daher sollte in der Praxis eher eine etwas zu hohe als eine zu geringe Absauggeschwindigkeit gewählt werden.

5.6.2.2 Probennahme für Immissionsmessungen

Niederschlagsmessungen trockener Stäube werden im einfachsten Fall durch das Aufstellen von Auffanggläsern („Einmachgläser") mit waagerecht ausgerichteter Öffnung nach oben über eine bestimmte Zeit (30 Tage) realisiert (Bergerhoffgerät, Abb. 5.30). Regen-Niederschläge werden ebenfalls erfasst, lassen beim anschließenden Trocknen jedoch unter Umständen Eindampfrückstände zurück, die den Feststoffanteil verfälschen.

Um grobe Partikeln (Blätter u. ä.) sowie Regen-Niederschläge nicht aufzufangen, sind Probennahmeeinrichtungen für die Immission aus der ruhenden Luft mit Schutzhauben versehen, die Luft wird von unten oder seitlich angesaugt. Zur vorherigen Abscheidung von größeren Staubpartikeln haben sie einen Umlenk-Vorabscheider. Auf diese Weise lassen sich z.B. für die PM10-Bestimmung Partikeln > 10 μm schon bei der Probennahme eliminieren. Ein Beispiel zeigt Abb. 5.31. Entsprechende Filterköpfe sind für die Probennahme bei der PM5 bzw. PM2,5-Bestimmung vorgesehen und in der EN 12341 (1998) [5.45] genormt.

Abbildung 5.30
Bergerhoffgerät

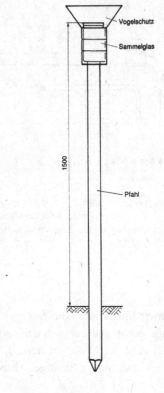

Abbildung 5.31
Probennahmekopf PM10
(schematisch) zur
Vorabscheidung von Partikeln
≤10 μm

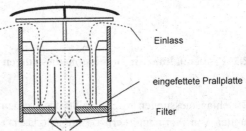

5.6.3 Messprinzipien und Geräte

5.6.3.1 Gravimetrische Staubgehaltsmessung

Messprinzip

Die anschaulichste und prinzipiell einfachste Methode ist die gravimetrische Messung. Man saugt ein bestimmtes Gasvolumen durch ein Filter, das alle Staubpartikeln zurückhält, wiegt die abgeschiedene Staubmasse und bezieht sie auf das abgesaugte Gasvolumen. Die Messung ist zwar sehr genau, aber in ihrer praktischen Ausführung zeit- und arbeitsaufwändig, weil das Verfahren diskontinuierlich ist und

Abbildung 5.32
Planfilterkopf und
Hülsenfilterkopf nach VDI
2066 [5.43]

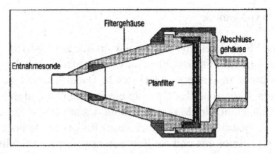

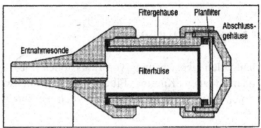

weitgehend von Hand ausgeführt werden muss. Für die Emissionsmessung muss
die Absaugung (Probennahme) isokinetisch erfolgen, erfordert also entsprechenden
Zusatzaufwand (s. Abschn. 5.6.2.1). Bei der Präparation der auf dem Filter zurück-
gehaltenen Masse muss deren Verdampfungs-, Kristallisations- bzw. Löseverhalten
berücksichtigt werden. Unter Beachtung dieser Besonderheiten liefert die Methode
zuverlässige, leicht nachvollziehbare Werte und wird daher zur Kalibrierung neuer
Messeinrichtungen, bei Abnahmeversuchen und bei nur gelegentlichen Überprüfun-
gen eingesetzt. Von Vorteil ist auch, dass der abgeschiedene Staub in der Regel für
die weitere Untersuchung von Staubinhaltsstoffen zur Verfügung steht.

Gravimetrische Emissionsmessungen sind nach der VDI-Richtlinie 2066 (in
[5.43]) durchzuführen. Dort sind Messköpfe mit Planfiltern bzw. Glasfaser- oder
Edelstahlhülsen und Quarzwatte als Staubfänger vorgeschrieben, wie sie Abb. 5.32
zeigt. Planfilter werden vor allem dann eingesetzt, wenn nur sehr wenig Staub zu
erwarten ist, so dass auch eine mikroskopische Untersuchung in Frage kommt.

Alle filternden gravimetrischen Methoden haben den Nachteil, dass das Filterma-
terial ausgewechselt oder durch Weitertransport ersetzt werden muss, so dass keine
kontinuierliche bzw. nur eine quasikontinuierliche Messung möglich ist.

Ein weiteres Problem bei gravimetrischen Messungen kann die Probengröße
sein. Auf der Reingasseite einer Entstaubungsanlage oder bei der Überprüfung von
niedrigen Emissions- bzw. Immissionsgrenzwerten fallen derart kleine Mengen an,
dass Messdauern von weit mehr als 12 Stunden erforderlich werden, bis eine wäg-
bare Masse aufgefangen ist.

TEOM-Methode

Eine Möglichkeit, die Staubmasse quasikontinuierlich zu messen, bietet das TEOM-Messprinzip (Tapered Element Oscillating Microbalance), ausführlich beschrieben bei Baron u. Willeke (2001) [5.42]. Dabei befindet sich ein Filter auf einem konischen Trägerrohr, das einseitig eingespannt ist und in Schwingungen versetzt wird. Mit zunehmender Massenbeladung des am freien Ende befindlichen Filters nimmt die Frequenz der Einheit ab. Einsatz findet die Methode z.B. bei der Abgasmessung an Dieselmotoren und bei Immissionsmessungen (Födisch (2004)) [5.46].

5.6.3.2 Optische Methoden

Zur laufenden Überwachung von Emissionen mit Abgasströmen aus z.B. Feuerungen oder Anlagen (Kamine, Filteranlagen in Stahlwerken u. ä.) werden als Messprinzipien optische, radiometrische und einige Sonder-Methoden herangezogen.

Optische Reflexion (Rußzahlbestimmung)

Die Rußzahl (RZ) ist ein ganzzahliger Kennwert für die Schwärzung, die staubförmige Emissionen auf einem Filter hervorrufen. Dabei wird die optische Reflexion nach einem in DIN 51402 Teil 1 (1986) bzw. VDI RL 2066 Blatt 8 (1995) (in [5.43]) genormten Verfahren gemessen. Die Abnahme des Reflexionsvermögens um 10% entspricht einer Erhöhung der Rußzahl um 1. Anwendung findet diese Methode bei kleinen und mittleren Ölfeuerungsanlagen.

Grauwertbestimmung (Ringelmannskala)

Die durch staubförmige Emissionen hervorgerufene Graufärbung der Abgasfahne oberhalb der Schornsteinmündung wird durch augenscheinlichen Vergleich mit den sechs Grauwert-Feldern der sog. Ringelmannskala beurteilt (1. BImSchV (2001), [5.47]). Die Methode wird bei Kleinfeuerungsanlagen für feste Brennstoffe eingesetzt.

Fotometrie

Bei der *Rauchdichtebestimmung* wird die Abschwächung der Transmission T von sichtbarem Licht durch die Staubwolke über eine bestimmte Strecke s – z.B. quer durch einen Kamin – gemessen. Je höher die Staubkonzentration c_m ist, desto geringer ist die Transmission. Mit Hilfe des Lambert-Beerschen Gesetzes (s. Extinktionsmessung in Abschn. 5.4.2.3)

$$T = \exp(-E) \quad \text{mit } E = A_m \cdot c_m \cdot s$$

lässt sich ein quantitativer Zusammenhang zwischen der Staubmassenkonzentration c_m und der Extinktion E herstellen, sofern der massebezogene mittlere Streuquerschnitt A_m des Staubes bekannt ist. Andernfalls muss eine Kalibrierung erfolgen.

Der Transmissionsgrad T hat den Wertebereich 1 bis 0 bzw. 100% bis 0%. Sein Komplement wird auch als *Opazität Op* bezeichnet

$$Op = 1 - T \quad \text{bzw.} \quad Op\% = 100\% - T\%.$$

Das Prinzip wird z.B. in Rauchmeldeanlagen realisiert.

Streulichtmessungen

Sie werden zur Konzentrationsmessung bei Stäuben in der Regel am Partikelkollektiv vorgenommen. Der Staubluftstrom wird mit einem Lichtbündel beleuchtet und das Streulicht, das unter einem bestimmten Streuwinkel gegenüber der Einfallsrichtung abgelenkt wird, fotometrisch erfasst. Man spricht von Vorwärtsstreuung, wenn der Streuwinkel klein (z.B. 15°, s. Abb. 5.33) ist, sonst von 90°-Streuung bzw. Rückwärtsstreuung.

Das Signal hängt nicht nur von der Staubkonzentration, sondern auch von der Größenverteilung sowie weiterer optischen Eigenschaften der Staubpartikeln ab. Daher wird in der Regel eine Kalibrierung mit einer gravimetrischen Vergleichsmessung durchgeführt. Eine Anordnung zeigt schematisch Abb. 5.34 (nach Christen u. Rogner (1998) [5.48]).

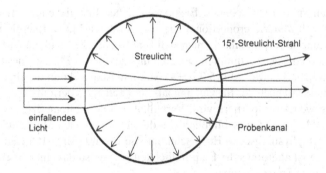

Abbildung 5.33 Prinzip der Streulichtmessung im nahen Vorwärtsbereich (15°)

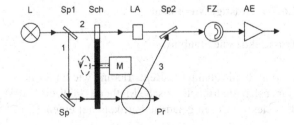

Abbildung 5.34 Anordnung zur Streulichtmessung niedriger Staubkonzentrationen

Abbildung 5.35
β-Strahlen-Absorption zur
Staubgehaltsmessung
(schematisch) β-*Str*:
β-Strahler; *Det*: Detektor;
FB: Filterband;
M: Messgerät;
Pr: Staubprobe auf dem
Filterband; *Tstr*: Teilstrom
mit Staub

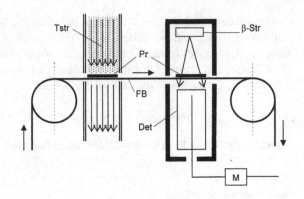

Weißlicht aus der Lichtquelle L wird durch einen halbdurchlässigen Spiegel Sp1 in einen Messstrahl 1 und einen Referenzstrahl 2 geteilt. Eine rotierende Lochscheibe Sch gibt abwechselnd den Strahl 1 und den Strahl 2 frei, bzw. dunkelt das Licht ganz ab. Der Messstrahl passiert den staubführenden Kanal – die Probe Pr –, und das am Staub gestreute Licht 3 trifft über einen weiteren halbdurchlässigen Spiegel SP2 abwechselnd mit dem Referenzstrahl auf die Fotozelle FZ, deren Signale nachfolgend ausgewertet werden (AE). Eine definierte Lichtabschwächung LA des Referenzstrahls dient dem Vergleich bzw. der Kalibrierung.

5.6.3.3 Radiometrische Methode

Von β-Strahlern werden schnelle Elektronen hoher Energie emittiert, die beim Durchtritt durch Materie proportional zur durchstrahlten Masse Energie verlieren. Diese Strahlungsabsorption macht man sich zunutze, um die Staubmasse zu bestimmen, die während einer bestimmten Zeit auf einer definierten Fläche eines Filterbandes zurückgehalten wurde (Abb. 5.35). Der Vorgang ist quasikontinuierlich dadurch, dass das Filterband nach der Bestaubung aus dem Teilstrom periodisch zur Massenbestimmung weitertransportiert wird. Vorteilhaft bei der radiometrischen Methode ist, dass das Messsignal ausschließlich von der absorbierenden Masse abhängt und keine weiteren physikalischen Eigenschaften von Einfluss sind. Bei sehr geringen Staubgehalten ist allerdings die Empfindlichkeit gering, so dass hierfür eher Streulichtmethoden in Frage kommen.

5.6.3.4 Sonstige Methoden

Triboelektrische Staubmessung

Sowohl für die qualitative Registrierung wie für die quantitative Massenbestimmung eignet sich die triboelektrische Methode (Födisch (2004) [5.46]). Sie beruht darauf, dass elektrostatisch geladene Partikeln auf einen quer zum Gasstrom angeordneten leitenden Sondenstab treffen, dort ihre Ladung abgeben und so einen Strom erzeugen der als Signal gemessen wird. Die elektrische Aufladung der Partikeln erfolgt durch Reibung beim gegenseitigen Stoß. Die Größe des elektrischen Stroms ist proportional zur Staub-Massenkonzentration, aber auch noch von der Gasgeschwindigkeit, der Temperatur sowie von der Größe und der Ladung der Partikeln abhängig.

Einfach ist daher der Einsatz der triboelektrischen Methode zur qualitativen Überwachung von Filteranlagen auf der Reingasseite, denn dabei geht es lediglich um die Feststellung, ob z.b. durch Undichtigkeit eines Filterschlauchs ein erhöhter Staubgehalt vorhanden ist. Aufwändiger ist dagegen die quantitative Messung von Staubkonzentrationen, weil dabei die verschiedenen oben genannten Einflüsse zu berücksichtigen sind.

Kaskadenimpaktor

Als Messprinzip verwendet man die Trägheitsabscheidung der Partikeln an Prallplatten durch Strömungsumlenkung an (*Impaktorprinzip*, Abb. 5.36). Große Partikeln auf einer Stromlinie (punktiert) können durch ihre Trägheit die Umlenkung nicht mitmachen und treffen auf die Prallplatte, wo sie haften bleiben, während kleine Partikeln der Stromlinie weitgehend folgen und um die Prallplatte herum gelenkt werden.

Mehrere Impaktorstufen hintereinander mit fortschreitend schärferer Umlenkung (*Kaskadenimpaktor*, Abb. 5.37) bewirken, dass immer feinere Partikeln an den Prallplatten abgeschieden werden. Am Ende fängt ein sog. *Absolutfilter* auch die feinsten Partikeln auf. Die auf den Prallplatten abgeschiedenen Partikelgrößen hängen von der Gasgeschwindigkeit, von den Abmaßen Düsendurchmesser D und Prallplattenabstand s, sowie von den Partikeleigenschaften Dichte und Form ab. Jede Stufe hat eine spezielle Trenngradkurve (s. Kap. 6 Abschn. 6.2.1), deren mittlere Partikelgröße (Trenngrenze) dieser Stufe zugeordnet wird. Zur Kalibrierung werden die Partikelgrößen mikroskopisch bestimmt. Durch Wiegen der Prallplatten vor und nach der Abscheidung erhält man die Massen der Fraktionen, so dass als Messergebnis eine Massenverteilung der Staubpartikeln resultiert. Von Vorteil ist, dass die Fraktionen außer für die gravimetrische Bestimmung auch für weitere nachträgliche (mikroskopische, chemische, biologische) Analysen zur Verfügung stehen. Nachteilig ist das aufwändige und zeitintensive Handling.

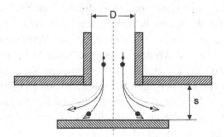

Abbildung 5.36
Impaktorprinzip

Abbildung 5.37
Kaskadenimpaktor

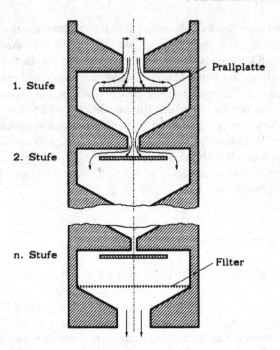

Kaskadenimpaktoren mit 4 bis 11 Stufen werden im Partikelgrößenbereich $d_{ae} \approx$ 0,01 μm ... 0,4 μm ... 20 μm und für Luftvolumenströme von 1 l/min bis mehr als 80 l/min, in der Regel in Verbindung mit der isokinetischen Absaugung eingesetzt.

Einige weitere Messprinzipien für sehr kleine Aerosolpartikeln, die allgemein in der Nanopartikeltechnik, aber auch in der Physik der Atmosphäre, sowie in der Umweltforschung und -technik (z.B. Dieselabgas) und in der Reinraumtechnik vielfach Anwendung finden (Kondensationskernzähler (CNC), Elektrostatischer Klassierer (DMA), Scanning Mobility Particle Sizer (SMPS), Diffusionsbatterie) sind in Abschn. 5.5 behandelt.

5.7 Oberflächenmessung

5.7.1 Äußere und innere Oberfläche

Die Oberfläche feindisperser Stoffe (Pulver, Stäube, Aerosole) ist bei vielen chemischen und physikalisch-chemischen Prozessen von großer Bedeutung; beispielsweise bei der heterogenen Katalyse, bei der Verbrennung, beim Trocknen und Sintern, beim Lösen und Kristallisieren, bei allen Durchströmungsvorgängen sowie bei allen durch Partikel-Haftkräfte bestimmten Vorgängen wie z.B. Agglomerieren und Fließen von feinkörnigen Schüttgütern aus Behältern und Silos.

Bei der Messung der Oberfläche solcher Stoffe verhält es sich wie bei der Partikelgrößenanalyse auch: durch das Messverfahren wird definiert, was mit „Oberfläche" zu bezeichnen ist.

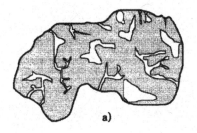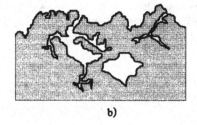

a) **b)**

Abbildung 5.38 Zur Definition von **(a)** äußerer und **(b)** innerer Oberfläche

Man unterscheidet nach den wichtigsten Verfahren der Oberflächenmessung die *äußere* und die *innere* Oberfläche eines dispersen Stoffes (Abb. 5.38).

Die *äußere Oberfläche* berücksichtigt weder Poren noch Rauhigkeiten, sie gibt die der geometrischen Gestalt der Partikeln entsprechende Oberfläche an (Abb. 5.38a).

Die *innere Oberfläche* enthält alle dem Messverfahren zugänglichen Rauhigkeiten und Poren und schließt damit die äußere Oberfläche ein (Abb. 5.38b). Messverfahren für die innere Oberfläche liefern daher meist deutlich größere Werte als solche für die äußere Oberfläche.

Außer der indirekten Bestimmung der spezifische Oberfläche S_v durch die Berechnung aus der Partikelgrößenverteilung (s. Abschn. 2.5.2) werden in der Praxis hauptsächlich drei verschiedene Methoden zur Oberflächenmessung benutzt: *Sorptionsverfahren*, *Durchströmungsverfahren* und *fotometrische Verfahren*. Zu jeder Methode sollen kurz das Messprinzip und ein Gerät vorgestellt werden.

5.7.2 Gasadsorptionsverfahren

Messprinzip

Die Moleküle eines inerten Messgases (z.B. N_2, Ar, CO_2) werden durch Physisorption (also ohne chemische Bindung) an der Oberfläche des porösen oder feindispersen Feststoffs gebunden. Wegen des inerten Verhaltens des Gases zum Feststoff hängt die Menge des adsorbierten Gases nur von der für die Messgasmoleküle zugänglichen Oberfläche ab.

Kennt man die für die Bedeckung *einer* Molekülschicht erforderliche Gasmenge z.B. in Mol („Monoschichtkapazität" n_m) und den Platzbedarf f eines Moleküls z.B. in m^2/Molekül, so kann man die Oberfläche S der eingewogenen Feststoffprobe absolut bestimmen:

$$S = n_m \cdot f \cdot N_A. \tag{5.22}$$

Darin ist $N_A = 6{,}022 \cdot 10^{23}$ Moleküle/Mol die Avogadro-Zahl. Das Stickstoffmolekül hat den Platzbedarf $f_{N2} = 0{,}162 \text{ nm}^2 = 0{,}162 \cdot 10^{-18} \text{ m}^2$.

Abbildung 5.39
Adsoptionsisotherme „Typ 2"

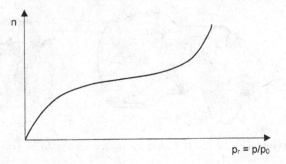

Die praktischen Verfahren zur Adsorptionsmessung der Oberfläche unterscheiden sich durch die Methoden zur Bestimmung der Monoschichtkapazität n_m. (s. Lehrbücher der physikalischen Chemie und DIN 66 131 in [5.5]).

Adsorptionsisotherme

Den empirischen Zusammenhang zwischen der insgesamt je Gramm Feststoff adsorbierten Feststoffmenge und dem Gleichgewichtsdruck über der adsorbierenden Probe bei einer bestimmten Temperatur beschreibt die Adsorptionsisotherme. Es gibt verschiedene Grundtypen solcher Isothermen. Für den häufigsten „Typ 2" der Adsorptionsisotherme (Abb. 5.39) haben **B**runauer, **E**mmet und **T**eller einen physikalisch und statistisch begründeten Zusammenhang abgeleitet („BET-Isotherme", s. auch DIN ISO 9277 (2003) [5.49]):

$$\frac{n}{n_m} = \frac{C \cdot p_r}{(1 - p_r) \cdot (1 - p_r + C \cdot p_r)}. \tag{5.23}$$

Darin sind

  n die adsorbierte Gasmenge in Mol,
  n_m die zur monomolekularen Bedeckung benötigte Gasmenge in Mol (Monoschichtkapazität),
  C eine dimensionslose Konstante (enthält die Adsorptionsenergien),
$p_r = p/p_0$ das Druckverhältnis aus
  p über der Probe gemessenem Gasdruck und
  p_0 Sättigungsdampfdruck des Messgases bei der Messtemperatur.

Gleichung (5.23) gibt gemessene Adsorptionsisothermen im Bereich $0{,}05 < p_r < 0{,}3$ meist gut wieder. Sie kann umgeformt werden in eine Geradengleichung (BET-Gerade, Abb. 5.40)

$$\frac{p_r}{n(1 - p_r)} = \frac{1}{n_m C} + \frac{C - 1}{n_m C} \cdot p_r,$$

$$y = a + b \cdot x. \tag{5.24}$$

Abbildung 5.40
BET-Gerade und ihre
Vereinfachung
(Einpunktmethode)

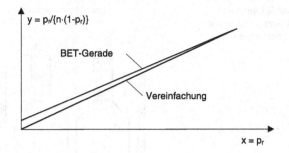

Aus dem Ordinatenabschnitt $a = \frac{1}{n_m C}$ und der Steigung $b = \frac{C-1}{n_m C}$ der BET-Geraden können die Konstante C sowie die Monoschichtkapazität n_m berechnet werden:

$$C = 1 + b/a, \qquad n_m = 1/(a + b).$$

Vereinfachung (Einpunktmethode)

Für technische Anwendungen ergibt sich noch eine Vereinfachung aus der Tatsache, dass in der Regel $C \gg 1$ ist. Der Achsenabschnitt a wird damit vernachlässigbar und dann lässt sich die BET-Gerade durch

$$\frac{p_r}{n(1 - p_r)} = \frac{1}{n_m} \cdot p_r \quad \text{bzw.} \quad y = \frac{1}{n_m} \cdot x$$

annähern, woraus für die Monoschichtkapazität der Kehrwert der Steigung der vereinfachten BET-Geraden

$$n_m = n(1 - p_r) = x/y. \tag{5.25}$$

folgt. Dadurch, dass die Gerade durch den Koordinatenursprung gelegt wird, genügt die Messung nur eines Punktes der Adsorptionsisothermen, um die Steigung der Geraden bestimmen zu können. Dieser Punkt sollte allerdings am oberen Gültigkeitsrand ($p_r > 0{,}2$) liegen, damit die Genauigkeitseinbuße im Rahmen der Messfehler bleibt.

Ein einfaches Verfahren, das nach der Einpunktmethode arbeitet, ist in DIN 66132 (in [5.5]) beschrieben. Es arbeitet mit Stickstoff als Messgas und eignet sich für Oberflächen zwischen ca. 7 und 50 m^2 bei Probenmengen von ca. 0,1 bis 10 g. Ein typisches Anwendungsgebiet ist die Oberflächenmessung an Katalysatoren, Aktivkohle und ähnlichen Substanzen. Abbildung 5.41 zeigt das Schema.

Von zwei volumengleichen Gefäßen enthält eines die Probe, das andere ist leer. Beide werden bei Raumtemperatur und Umgebungsdruck mit Stickstoffgas gefüllt und dann gegeneinander und gegen die Umgebung abgeschlossen. Abkühlung der beiden Gefäße im Flüssig-Stickstoffbad bewirkt im probehaltigen Gefäß eine Stickstoffadsorption am Feststoff. Dadurch sinkt der Druck tiefer als im leeren Vergleichsgefäß. Aus der Druckdifferenz, der Einwaage und dem Umgebungsdruck kann die massenbezogene spezifische Oberfläche berechnet werden.

Abbildung 5.41
Adsorptionsapparatur
(schematisch)

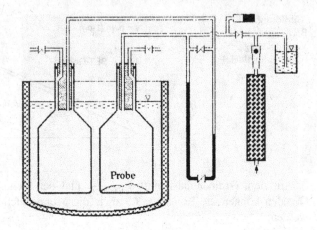

Probe

Mit Adsorptionsmethoden lassen sich auch Porositätsmessungen durchführen (s. Abschn. 5.8).

5.7.3 Durchströmungsverfahren

Messprinzip

Eine definiert hergestellte poröse Probe einer pulverigen Substanz wird von einem Fluid durchströmt. Sie setzt dieser Durchströmung einen umso größeren Widerstand entgegen, je größer ihre volumenbezogene Oberfläche ist. Der Druckabfall längs der durchströmten Probe stellt dabei das Maß für die spezifische Oberfläche dar. Im Bereich der zähen Durchströmung – wenn also nur die dynamische Zähigkeit η des Fluids und nicht noch seine Dichte ρ den Widerstand bestimmt – kann der Zusammenhang zwischen Druckabfall und spezifischer Oberfläche durch die Carman-Kozeny-Gleichung (Gl. (4.133)) beschrieben werden:

$$\frac{\Delta p}{L} = k \cdot \frac{(1 - \varepsilon)^2}{\varepsilon^3} \cdot S_V^2 \cdot \eta \cdot \bar{w}. \tag{5.26}$$

Darin bedeuten

L die durchströmte Länge der Probe,
Δp die Druckdifferenz über der durchströmten Länge der Probe,
k eine Anpassungskonstante ($3 < k < 7$),
ε die Porosität der Probe,
S_V die volumenbezogene spezifische Oberfläche der Probe,
η die dynamische Zähigkeit des Fluids,
$\bar{w} = \dot{V}/A$ die auf den Leerrohrquerschnitt A der Probe bezogene Durchströmungsgeschwindigkeit (Leerrohrgeschwindigkeit).

Abbildung 5.42
Blaine-Gerät (schematisch)

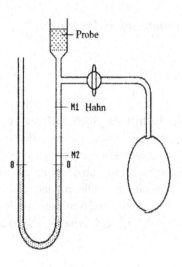

Zu weiteren allgemeinen Grundlagen der Durchströmung poröser Systeme s. Abschn. 4.5, zu den Grundlagen der Oberflächenmessung mit dieser Methode DIN 66126 in [5.5] sowie DIN EN 196-6 (Entwurf 2008) [5.56]. Ein einfaches Gerät nach dem Durchströmungsprinzip ist das in der Zementindustrie zur Bestimmung der Mahlfeinheit von Zement verwendete und genormte *Blaine-Gerät*, dessen schematischer Aufbau aus Abb. 5.42 ersichtlich ist. In den Probenzylinder mit porösem Boden wird eine festgelegte Probenmasse auf ein bestimmtes Volumen verdichtet, so dass eine genau bekannte Porosität entsteht. Die Sperrflüssigkeit im U-Rohr wird angesaugt, bis sie über der Marke M_1 steht. Bei geschlossenem Hahn saugt die Flüssigkeitssäule beim Absinken zwischen den Marken M_1 und M_2 ein bestimmtes Luftvolumen durch die Probe. Die Zeitspanne Δt, die sie hierzu benötigt, ist ein Maß für den Durchströmungswiderstand und damit für die spezifische Oberfläche.

Die Auswertung der Messung erfolgt nach der Formel

$$S_V^2 = K_{Bl} \cdot \frac{\varepsilon^3}{(1-\varepsilon)^2} \cdot \frac{\Delta t}{\eta_{Luft}}, \qquad (5.27)$$

worin K_{Bl} eine Gerätekonstante ist, die durch Kalibrierung festgestellt werden muss. Die Voraussetzungen in der Carman-Kozeny-Gleichung (s. Abschn. 4.5.2.1) beschränken die Anwendbarkeit des Blaine-Tests auf spezifische Oberflächen bis maximal etwa 14.000 cm^2/cm^3. Bei größerer spezifischer Oberfläche sind die Porenweiten so klein, dass die Strömung der Luft in ihnen nicht mehr als reine Kontinuumsströmung gelten kann. Für Zemente werden „Blaine-Werte" zwischen etwa 2800 und 4600 cm^2/g angegeben. Darin ist noch die Umrechnung der volumenbezogenen spezifischen Oberfläche S_V in die massenbezogene S_m nach (2.15) enthalten.

5.7.4 Fotometrisches Verfahren

Messprinzip

Ein paralleler Lichtstrahl durch eine den Feststoff enthaltende Suspension erfährt eine Intensitätsschwächung, die von der Feststoffkonzentration, vom Lichtweg und vom Streuquerschnitt – einem partikelspezifischen Flächenmaß – nach dem Lambert-Beerschen Gesetz abhängt. Kennt man den Zusammenhang zwischen dem Streuquerschnitt und der äußeren Oberfläche der Partikeln, kann die letztere aus einer Transmissionsmessung bestimmt werden.

Das Lambert-Beersche Gesetz Gl. (5.15) aus Abschn. 5.4.2.3 lässt sich auch in der Form

$$\left. \begin{array}{l} T = \frac{I}{I_0} = \exp[-A_V \cdot c_V \cdot s] \\[2mm] \text{bzw.} \quad \ln T = -A_V \cdot c_V \cdot s \end{array} \right\} \tag{5.28}$$

schreiben. Neben den dort definierten Größen I, I_0 und s bedeuten hier

A_V den volumenbezogenen Streuquerschnitt (z.B. in cm^2/cm^3)

c_V die Volumenkonzentration des Feststoffs in der Suspension (z.B. in cm^3 Feststoff/cm^3 Suspension).

Die Messung der Transmission T bei vorgegebener Konzentration c_V erlaubt demnach die Bestimmung von A_V nach

$$A_V = -\frac{\ln T}{c_V \cdot s}. \tag{5.29}$$

Für den Zusammenhang zwischen spezifischer Oberflächer S_V und A_V gilt im Bereich $150\,cm^{-1} < A_V < 15.000\,cm^{-1}$ mit guter Näherung

$$S_V = 13{,}1 \cdot (A_V)^{0{,}77} \quad (S_V \text{ und } A_V \text{ in } cm^{-1}). \tag{5.30}$$

Für S_V ergibt das den Gültigkeitsbereich $620\,cm^{-1} < S_V < 21.500\,cm^{-1}$ und für die Korngrößen (bei angenommener Kugelform der Partikeln) $3\,\mu m < x < 100\,\mu m$.

Vor allem die untere Grenze bei den Partikelgrößen ist so zu verstehen, dass keine oder fast keine Partikeln unter $3\,\mu m$ in der Suspension enthalten sein sollen, weil deren Einfluss auf den Zusammenhang zwischen S_V und A_V groß ist und durch (5.30) nicht mehr erfasst wird. Wichtig ist auch, dass (5.30) nur für eine sog. Kleinwinkel-Anordnung mit einem optischen Öffnungswinkel von ca. 1° bei Verwendung von weißem Licht gilt.

5.8 Porosimetrie

5.8.1 Bestimmung der Porosität

Die mittlere Porosität einer Schüttung aus trockenen Körnern oder Fasern oder eines porösen Festkörpers kann aus (2.129)

$$\varepsilon = 1 - \frac{V_s}{V} = 1 - \frac{m_s}{\rho_s \cdot V} \qquad (5.31)$$

unter der Voraussetzung bestimmt werden, dass die Feststoffmasse m_s, die Dichte ρ_s des Feststoffs sowie das Gesamtvolumen V der Schüttung oder des porösen Körpers messbar bzw. bekannt sind. Dabei ist außerdem vorausgesetzt, dass sich in den Hohlräumen Luft bzw. ein Gas vernachlässigbarer Dichte befindet. Ist die poröse Schicht zum Teil oder ganz mit Flüssigkeit gefüllt, müssen zusätzlich deren Dichte sowie der Sättigungsgrad s bekannt sein (s. Abschn. 2.6.4)

Bei porösen Festkörpern (z.B. Keramik, Sinterkörper) lässt sich der Hohlraumanteil an Schliffbildern mit Hilfe der *Bildanalyse* zunächst als Flächenporosität ε_F ermitteln, und wenn man von homogener und isotroper Struktur ausgeht, dann ist die aus mehreren Schliffbildern gewonnene mittlere Flächenporosität der mittleren Volumen-Porosität ε gleich.

Analoges gilt für die Linienporosität ε_L (s. Abschn. 2.6.1). Man misst die Linienporosität z.B. mit Hilfe eines Röntgenstrahls, dessen Absorption durch die Probe mit der durch den kompakten Feststoff verglichen wird. Weil die Absorption dem Lambert-Beerschen Gesetz folgt

$$I = I_0 \cdot e^{-\mu \cdot s} \qquad (5.32)$$

mit

I: Intensität des geschwächten Strahls,
I_0: Intensität des ungeschwächten Strahls,
μ: Absorptionskoëffizient des Feststoffs,
s: Länge des absorbierenden Weges in der Probe,

kann die Längenporosität aus

$$\varepsilon = 1 - \frac{\ln(I_0/I_1)}{\ln(I_0/I_2)} \qquad (5.33)$$

berechnet werden, worin der Index 1 für die poröse Probe und der Index 2 für den kompakten Körper steht.

5.8.2 Messung von Porengrößen und Porengrößenverteilungen

5.8.2.1 Durchströmbare Schichten

Die folgenden drei genannten Messmethoden basieren auf der Kapillarwirkung von benetzenden, bzw. nichtbenetzenden Fluiden im Porensystem. Dabei muss sowohl die Zugänglichkeit wie die Durchgängigkeit, also die Durchströmbarkeit der Poren vorausgesetzt werden.

Maximale Porengröße, Blaspunkt-Methode (bubble-point-test)

Dieser Test wird im Bereich der Makroporen bei porösen Schichten, insbesondere Filterschichten aus Fasern, gesinterten Filterkörpern u. ä. als Standardmethode angewendet, um die Weite der größten Pore zu bestimmen. Die mit kapillar gebundener Flüssigkeit vollständig gesättigte Schicht wird auf der einen Seite mit steigendem Überdruck von Luft beaufschlagt. Zunächst ist die Schicht dicht und erst, wenn die größte Pore – die ja den niedrigsten Kapillardruck bewirkt – durchbrochen wird, kann Luft durch die Schicht treten. Der dazu erforderliche Überdruck p liefert über

$$d_{max} = \frac{4 \cdot \gamma \cdot \cos\delta}{p} \qquad (5.34)$$

den äquivalenten Kapillarendurchmesser dieser Pore. Man muss daher sowohl die Oberflächenspannung γ wie auch den Benetzungs-Randwinkel δ für die Stoffpaarung Feststoff/Flüssigkeit kennen. Sind mehrere Poren gleichen Durchmessers vorhanden, so lässt sich das durch den entsprechend großen Volumenstrom messen. Dabei kann man von zäher Durchströmung der Schicht ausgehen.

Mittlere Porengröße: Kapillare Steighöhe

Mit derselben physikalischen Grundlage kann aus der gemessenen kapillaren Steighöhe h_K einer benetzenden Flüssigkeit (bekannte Stoffdaten: ρ, γ, δ) im Gleichgewichtszustand auf die mittlere Porenweite in einer porösen Schicht geschlossen werden:

$$d_m = \frac{4 \cdot \gamma \cdot \cos\delta}{\rho \cdot g \cdot h_K}. \qquad (5.35)$$

Porengrößenverteilung: Quecksilber-Eindring-Methode

Diese Methode wird für Makroporen im Bereich von ca. 0,01 bis ca. 100 μm angewendet. Sie basiert ebenfalls auf (5.34). Um die nicht-benetzende Flüssigkeit Quecksilber in eine durchgehende Pore eindringen zu lassen, benötigt man einen

Überdruck Δp, der umso größer ist, je kleiner die Porenweite ist. Lässt man daher Quecksilber in eine vorher evakuierte Probe mit steigendem Druck in Stufen bis zum jeweiligen Gleichgewicht eindringen, so kann aus der Druckmessung mit Hilfe der o.g. Gleichung (hier heißt sie *Washburn-Gleichung*)

$$d_{Pore} = -\frac{4 \cdot \gamma \cdot \cos \delta}{\Delta p} \tag{5.36}$$

auf die Porengröße und aus dem eindringenden Volumen auf das Volumen der zur jeweiligen Größe gehörenden Poren geschlossen werden. Wären alle Poren gerade Zylinder in Durchströmungsrichtung, dann bekäme man eine exakte Durchmesserverteilung dieser Zylinderporen und – bei gleich bleibenden Stoffwerten – sowohl beim Befüllen unter Druckanstieg, wie beim Entleeren unter abnehmendem Druck würde man dieselbe Kurve messen. In der Realität hat man es aber mit einem Porengeflecht aus in ihrer Weite zu- und abnehmenden Kanälen zu tun, so dass die erste befüllte Pore diejenige mit dem weitesten *Zugang* ist. Entsprechendes gilt für die folgenden Poren. Man misst daher bei der Drucksteigerung eine Größenverteilung der Porenzugänge als Verteilungssumme. Problematisch sind Poren, die zwar enge Zugänge haben, sich dahinter aber erweitern *(„Ink-Bottle"-Poren)*, denn sie werden auf der Größenachse zu den kleinen Poren gerechnet, während das eindringende Volumen das der hinter ihnen liegenden (größeren) Poren wiedergibt. Die kleinen Poren werden damit volumenmäßig überbewertet.

Beim Entleeren unter Druckabsenkung wird das Quecksilber unter der Wirkung der Oberflächenspannung wieder aus den Poren herausgedrückt, und zwar werden bei zylindrischen Poren diejenigen zuerst entleert, die die kleinsten Weiten aufweisen. Die Ink-Bottle-Poren dagegen werden hierbei nicht mehr vollständig entleert, so dass größere Volumenanteile zurückbleiben und damit eine Hysteresekurve entsteht (Abb. 5.43). Ein weiterer Grund für die beobachtete Hysterese ist die Tat-

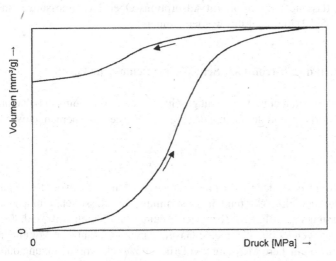

Abbildung 5.43 Hg-Porosimetrie, Messkurve mit Hysterese (qualitativ)

sache, dass der Vorrück-Randwinkel und der Rückzugs-Randwinkel verschieden sind.

Man muss auch hier die Oberflächenspannung γ von Quecksilber gegenüber dem Feststoff des porösen Systems kennen, sowie den Randwinkel δ. Beides ist in der Regel nur annähernd bekannt. In der Praxis rechnet man mit $\gamma \approx 0.48$ N/m und $\delta \approx 130°-140°$ (z.T. bis $180°$, oft $143,1° = 2,50$ rad). Die Druckbereiche werden üblicherweise geteilt in einen Niederdruckbereich bis etwa 0,4 MPa und einen Hochdruckbereich bis über 400 MPa, so dass damit Porenweiten zwischen wenigen nm bis zu 950 μm erfasst werden. Probleme können durch die hohen Drücke entstehen, bei denen sich manche Proben verformen, so dass sich die Porosität während der Messung ändert. Genormt ist diese auch *„Quecksilberintrusion"* genannte Methode in DIN 66133 (1993) in [5.5].

Porengrößenverteilung: Gasadsorption

Für poröse Adsorptionsmittel wie z.B. Aktivkohle, Tonerde, Bentonit, Kieselgel und Molekularsiebe sind sowohl Mikroporen (< 2 nm) wie Mesoporen (2 nm bis 50 nm) und Makroporen (> 50 nm) von Bedeutung. Die Mesoporenverteilung lässt sich mit Hilfe der Gasadsorption z.B. aus der Stickstoff-Sorptionsisotherme nach DIN 66134 (1998) in [5.5] ermitteln, die Mikroporencharakterisierung nach verschiedenen Auswertemethoden ist in DIN 66135, Teile 1–4 (2001) in [5.5] beschrieben. Die Methoden beruhen im Prinzip darauf, dass bei Messungen des adsorbierten Volumens als Funktion des Drucks (Isothermenmessung) ausgehend von sehr niedrigen Drücken ($p/p_0 = 0,001$, p_0: Sättigungsdampfdruck) mit steigendem Druck sich immer größere Poren mit dem Adsorbat füllen Abb. 5.44. Die Auswertungen benötigen Modellisothermen abhängig von der Molekülart des Adsorbats und des Feststoffs, von der Temperatur und der Porengeometrie. Die Messgeräte sind so konzipiert, dass sie gemeinsam mit Adsorptions-Oberflächenmessungen nach BET (s. Abschn. 5.7.2) durchgeführt werden können.

5.8.2.2 Nicht durchströmbare Schichten, geschlossene Poren

Die Gesamtporosität einer Probe mit geschlossenen Poren kann bei bekannter Dichte des Feststoffs ρ_s und der Dichte des porösen Körpers ρ_P berechnet werden aus

$$\varepsilon = 1 - \frac{\rho_P}{\rho_s}. \tag{5.37}$$

Dichtemessungen werden für die hier interessierenden Stoffe in der Regel gaspyknometrisch durchgeführt. Während die Bestimmung der Masse sehr einfach ist, bedeutet die Messung des Volumens (bzw. der Volumina) größeren Aufwand. Die Gaspyknometrie verwendet die allgemeine Gasgleichung und führt die Volumenmessung damit auf die einfachere Messung von Drücken zurück. Voraussetzung dabei ist allerdings, dass der Feststoff soweit zerkleinert ist, dass alle Poren für das Messgas

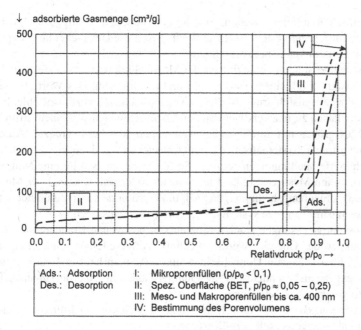

Abbildung 5.44 Sorptionsisothermen zur Porengrößenmessung (nach Fa. Quantachrome GmbH)

(meist ein Edelgas, z.B. Krypton) zugänglich gemacht sind. Das Verfahren ist in der Norm DIN 66137 (2003) (in [5.5]) beschrieben.

Eine weitere Möglichkeit ist die in Abschn. 5.4.1 erwähnte *Bildanalyse*, bei der die Fächenporosität eines Schnitts oder Schliffs durch den porösen Körper bestimmt wird und bei der unter der Voraussetzung, dass es sich um einen repräsentativen Schnitt handelt, auf die Volumenporosität geschlossen wird. Außerdem lässt sich eine Porengrößenverteilung ermitteln, wenn man zuvor festgelegt hat, welche Definition der Porengröße nach Abschn. 2.3.1 (statistische Längen) gelten soll.

5.9 Probennahme und Probenvorbereitung

5.9.1 Allgemeine Problematik

5.9.1.1 Begriffe

In der Messtechnik muss unterschieden werden zwischen *Exemplarmessungen* und *Repräsentativmessungen*. Der Unterschied wird an Beispielen deutlich. Exemplarmessungen beantworten Fragen wie: Wie viel wiegt dieses Stück Wurst? Oder: Wie viele Kilometer bin ich heute gefahren? Dabei ist nur *ein* Messwert an *einem* Messgegenstand von Interesse. Repräsentativmessungen dagegen erfolgen grundsätzlich an Proben aus meist sehr viel größeren Grundgesamtheiten. Beispiele: Welchen

Schadstoffgehalt hat dieser Boden? Wie fein ist dieses Farbstoffpigment, von dem 20 Tonnen im Jahr hergestellt werden? Wichtig ist diese Unterscheidung wegen der Arten von Fehlern, die dabei vorkommen.

Bei Einzelmessungen treten die aus der Messtechnik bekannten Mess- und Auswertefehler auf. Sie können systematisch und zufällig sein. Das Wort „Fehler" ist zumindest bei Zufallsfehlern insofern missverständlich, als man diese Fehler begeht, ohne etwas falsch zu machen. Gemeint sind Abweichungen von einem Mittelwert, die bei Messgrößen mit zufälligen Schwankungen oder bei begrenzter Ablesegenauigkeit auftreten. Systematische Fehler (Abweichungen) dagegen sind solche, die auf falschen Messbedingungen beruhen. So führen beispielsweise eine Nullpunktsverschiebung am Messgerät (z.B. Thermometer) oder sich während der Messdauer ändernde Umgebungsbedingungen (z.B. unkontrollierte Temperaturänderung bei der Viskositätsmessung) zu systematisch fehlerhaften Aussagen.

Repräsentativmessungen spielen in allen stoffbezogenen Branchen der Verfahrenstechnik, in der Chemie, Werkstofftechnik, Aufbereitungstechnik, Lebensmitteltechnik, Pharmazie, im Umweltschutz und allgemein bei der Beurteilung sehr großer Mengen, insbesondere bei der Qualitätssicherung eine überragende Rolle, wie die folgenden Beispiele zeigen:

Wareneingangskontrolle: Es soll der Vanadiumgehalt einer Lieferung Schlacke (50 Eisenbahnwaggons voll) geprüft werden.

Prozessüberwachung: Viskosität und Temperatur einer Suspension müssen im Rührprozess auf bestimmte Werte eingestellt und konstant gehalten werden.

Umweltschutz: Die Staubniederschlagsmenge an einer viel befahrenen Straßenkreuzung ist zu überwachen.

Produktqualität: Eine Qualitätsprüfung von Bleistiften erfolgt durch Messung der Bruchfestigkeit der Bleistiftminen.

Die z.T. sehr großen Mengen, für die stoffbezogene Messwerte gewonnen werden müssen, machen es zwingend erforderlich, dass die Messungen an *Proben* vorgenommen werden. Die Probengrößen (Probenmenge als Masse oder Volumen, oder auch als Anzahl) werden z.T. durch das Messverfahren bzw. das Messgerät, im Falle grobdisperser Güter auch durch die größten vorkommenden Partikeln bestimmt. Fast immer sind die Probengrößen sehr viel kleiner als die Gesamtmengen (Grundgesamtheiten), die zu charakterisieren sind. Dennoch müssen die Proben repräsentativ für diese Grundgesamtheiten sein.

„*Repräsentativ*" heißt allgemein: Die Proben stimmen im Rahmen von statistisch angebbaren Grenzen bezüglich der zu untersuchenden Merkmale (stoffliche Zusammensetzung, Farbe, Feuchte, Partikelgrößenverteilung ...) mit der Grundgesamtheit überein.

Grundgesamtheiten (auch *Partien* genannt) sind beispielsweise Lieferungsmengen in Fässern, Containern, Säcken, Flaschen oder Behälterinhalte von Bunkern und Silos bis hin zu ganzen Ladungen von Lastwagen, Eisenbahnzügen oder Schiffen. Grundgesamtheiten sind aber auch Produkte, die über längere Zeiträume (z.B. Jahre) in insgesamt großen Mengen mit immer gleicher Qualität produziert werden, z.B. Lackfarben. Auch Lagerstätten für Bodenschätze und evtl. kontaminierte Bereiche im Erdreich sind Grundgesamtheiten.

Es genügt nun nicht, die nötige Analysenmenge willkürlich aus der Grundgesamtheit zu entnehmen. Denn wenn diese nur schlecht oder gar nicht durchmischt ist, kann sie ja zufällig eine ganz andere als deren Zusammensetzung haben. Vielmehr müssen sehr viele Proben aus möglichst verschiedenen, zufällig oder systematisch ausgewählten Bereichen der Grundgesamtheit genommen werden *(Probennahme)*. Sie werden dann zur *Sammelprobe* vereinigt. Sie ist die Stichprobe im Sinne der Statistik und muss repräsentativ im oben genannten Sinne sein.

Die so erhaltene Sammelprobe kann einige Kilogramm bis zu mehreren Tonnen umfassen. Daher muss sie auf die Analysenmenge reduziert („verjüngt", „eingeengt") werden, ohne dass die Eigenschaft, repräsentativ für die Grundgesamtheit zu sein, verloren geht. Hierzu dient die *Probenteilung*. Dabei wird wieder eine große Anzahl von kleinen Proben systematisch oder zufällig aus der zu teilenden Gesamtmenge entnommen und zu der nächst kleineren Probenmenge *(Teilprobe)* vereinigt. Falls sie für das Labor oder die Analyse noch zu groß ist, wird der Vorgang wiederholt.

Im Prinzip muss jede Grundgesamtheit lückenlos bis auf die Größe der Analysenmenge geteilt werden. Die praktische Ausführung erfolgt bei großen Grundgesamtheiten zunächst durch regelmäßige Entnahme von Einzelproben und anschließende Teilung. Unzulässig ist in jedem Fall die willkürliche Entnahme einer einzigen Probe zur Analyse, auch wenn sie nachträglich geteilt wird. Denn dabei kann bereits zu Beginn ein großer und vor allem unbekannter und bleibender Fehler auftreten (s. unten).

Abbildung 5.45 zeigt schematisch eine mögliche Probennahmekette mit zweifacher Probenteilung.

5.9.1.2 Probenarten, Fehlerarten

Probenarten

Je nach Anwendung oder Zielsetzung lassen sich folgende Probenarten unterscheiden:

Gebrauchsprobe

Sie wird durch die Anwendung definiert. Meist handelt es sich um Kleinstgebinde oder einzelne Entnahmemengen. Beispiele: Tablette, Dosen-, Suppentüten-, Schachtel-, Tuben-Inhalt, Mundvoll, Zahnpasta-Strang, Pinselstrich, Bleistiftmine usw. Wie diese Beispiele zeigen, beurteilt der Anwender als Endverbraucher das Produkt häufig nur nach *einer* solchen Gebrauchsprobe.

Einzelprobe (auch *Inkrement*)

Sie wird mit einem Probennahmegerät aus einer Grundgesamtheit meist nach vorgeschriebenen Regeln entnommen. Die Regeln bestimmen auch die Größe und die Anzahl der gezogenen Einzelproben.

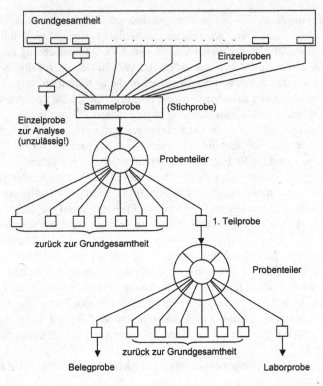

Abbildung 5.45 Probennahmekette

Sammelprobe

Zusammenfassung der gezogenen Einzelproben. Im Allgemeinen sollen die Einzel-
proben-Mengen zur Zusammenstellung einer Sammelprobe gleich sein.

Rückstellprobe (Belegprobe)

Probe, die für Bestätigungs- oder Schiedszwecke für eine bestimmte Zeit aufbe-
wahrt wird. Die Rückstellprobe wird z.B. bei der Probenteilung wie in Abb. 5.45
oder durch Teilung der Einzelproben in je zwei Hälften gewonnen.

Laborprobe

Die einem Untersuchungslabor übergebene Probe, die aus einer Lieferung oder der
Produktion gezogen und evtl. noch geteilt worden ist (s. o. Probennahmekette). Sie
wird aus betrieblicher Sicht gelegentlich auch mit *Analysenprobe* bezeichnet, weil
ab der Einlieferung ins Labor die Analyse beginnt. Diese Bezeichnung ist jedoch
nur dann gerechtfertigt, wenn die gesamte Laborprobe analysiert wird.

Analysenprobe

Jedes Messgerät erfordert eine mehr oder weniger festgelegte Probengröße. So werden auf Analysensiebe etwa 100 bis 300 g aufgegeben, während die Objektträger von Mikroskopen Proben im Milligrammbereich aufnehmen können. Zwischen Laborprobe und Analysenprobe kann daher noch eine erhebliche Mengenreduzierung liegen.

Messprobe

Als Messprobe bezeichnen wir den Teil der auf das Messgerät gegebenen Analysenprobe, der tatsächlich die Messsignale erzeugt. Das kann die ganze Analysenprobe sein (z.B. bei der Siebung), muss es aber keineswegs (z.B. Mikroskopie). Die Messprobe wird in ihrer Größe definiert durch die erfasste räumliche Umgebung des Sensors sowie durch die Anzahl und die Zeitdauer der Messungen. Sie kann – wie das Beispiel Mikroskopie zeigt – extrem klein sein (s. hierzu Aufgabe 5.4).

Fehlerarten

Eine zusammenfassende Darstellung der gesamten Probennahme- und Messkette zur Bestimmung von Produkteigenschaften (Abb. 5.46) macht die möglichen Feh-

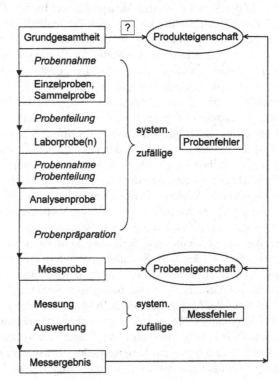

Abbildung 5.46
Grundsätzliche Fehlerarten
bei der Messung von
Produkteigenschaften

lerarten anhand des Ablaufs der Repräsentativmessung einer zu kennzeichnenden Grundgesamtheit klar. Man macht *Probenfehler* und *Messfehler* und muss streng trennen zwischen ihnen.

Die Grundgesamtheit sei so groß, dass viele Einzelproben genommen werden müssen, die zu einer Sammelprobe vereinigt werden. Darauf ist die eventuell mehrfache Teilung dieser Sammelprobe erforderlich (vgl. Abb. 5.45). Je nach dem zu bestimmenden Merkmal können auch in dieser Phase bereits andere Präparationsschritte erforderlich sein, wie z.B. eine sog. „Aufschlusszerkleinerung" für eine nachfolgende chemische Analyse. Schließlich erhält man die Laborprobe, die dem Labor zur Analyse übergeben wird. Im Labor folgt häufig eine weitere „Verjüngung" (Reduzierung der Probenmenge) auf die für das Analysengerät erforderliche Größe, sowie weitere Präparationen der Proben, bis die dem Messgerät zuzuführende Analysenmenge erzeugt ist. Alle diese Schritte müssen darauf geprüft werden, ob sie Veränderungen der zu bestimmenden Produkteigenschaft hervorrufen. Man muss sie den Probenfehlern zurechnen, weil sie nur mit der Probennahme und Proben aufbereitung, jedoch mit der eigentlichen Messung noch nichts zu tun haben. Selbst im Inneren eines Messgeräts können noch solche Probenfehler gemacht werden, dann nämlich, wenn die Analysenprobe dort transportiert, gerührt, erwärmt, bestrahlt, verdünnt, vermischt, d.h. irgendwie behandelt wird, bevor sie – oder ein Teil von ihr (innere Probenteilung!) – zur Erzeugung der Messsignale dient.

Fazit: Alle Fehler, die die Proben betreffen, von der ersten Entnahme aus der Grundgesamtheit über die Behandlung (Teilung, Transport, Präparation) bis zur Auswahl der Signal gebenden Messprobe sind Probenfehler.

Genau wie Messfehler können auch Probenfehler systematischer und zufälliger Natur sein. Ein *systematischer* Probenfehler liegt z.B. bei wiederholter Entnahme der Probe an einer untypischen Stelle der Grundgesamtheit vor. *Zufällige* Probenfehler betreffen vor allem die Größe (den „Umfang") der Probe. So erfordert eine nur selten in der Gesamtheit vorkommende Korngröße eine gewisse Mindestprobengröße, damit sie mit ausreichender Wahrscheinlichkeit und Genauigkeit in der Probe repräsentiert ist. Hierauf wird im Rahmen der Mindestprobengröße bei Zählverfahren der Partikelgrößenanalyse (Abschn. 5.9.2.2) noch näher eingegangen.

Erst die bei der darauf folgenden eigentlichen Messung einschließlich der Auswertung (Verarbeitung der Messdaten) auftretenden Fehler lassen sich als Messfehler bezeichnen. Als Ergebnis der Messungen bekommt man zunächst „Signale" also Messwerte oder *Rohdaten*. In manchen Fällen – bei traditionellen Wägungen etwa – sind sie sofort anschaulich und verwertbar. Vielfach jedoch handelt es sich um elektrische oder in elektrische umgewandelte sonstige physikalische (z.B. optische) Signale, die mit Hilfe eines physikalischen Modells in den gewünschten Ergebniswert umgerechnet werden (z.B. Streulichtspektren in Partikelgrößenverteilungen). Dann kommt der Qualität der Auswertung, von der Stimmigkeit des physikalischen Modells bis zur Datenanalyse eine bedeutende Rolle zu. Die Fehler, die dabei sowohl auf der Seite des Messgeräts wie auch bei der Verarbeitung der Daten (Auswertung) – also im gesamten Messsystem – gemacht werden können, sind die Messfehler. Sie können – wie bereits ausgeführt – zufälliger oder systematischer Natur sein.

Aus dem Ergebnis – ein Messwert oder viele solche, z.B. eine Partikelgrößenverteilung – schließt man nun zurück auf die Eigenschaft der Grundgesamtheit. Streng

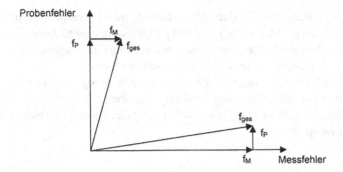

Abbildung 5.47 Zur Veranschaulichung der Fehleraddition

genommen hat man aber lediglich die Eigenschaft der Messprobe bestimmt, und zwar nur so gut, wie das Messgerät einschließlich der Auswertemethode das hergibt. Der Rückschluss auf die Laborprobe bzw. auf die Grundgesamtheit setzt voraus, dass *alle* die Probennahme, -teilung und -präparation betreffenden Schritte an der Repräsentativität der Probe nichts – oder nicht viel – geändert haben. Jeder nach außen gehende Laborbericht enthält aus diesem Grund einen Satz, der darauf hinweist, dass die Messergebnisse sich lediglich auf die dem Labor übergebene Probe beziehen.

Probenfehler und Messfehler kommen bei praktisch jeder Messung vor, müssen streng voneinander unterschieden werden und *immer beide* Beachtung finden. Der zufällige Gesamtfehler f_{ges} einer Messung setzt sich nämlich geometrisch-additiv aus zufälligem Probenfehler f_p und zufälligem Messfehler f_M zusammen (Abb. 5.47) und ist daher mindestens so groß, wie der größere der beiden.

$$f_{ges} = \sqrt{f_p^2 + f_M^2}. \tag{5.38}$$

Man sieht hieran vor allem, dass ein Probenfehler durch eine noch so genaue nachfolgende Messung in keinem Fall „wieder gut gemacht" werden kann. Auch hat es wenig Sinn, die Genauigkeit eines Messverfahrens wesentlich verschieden von der Genauigkeit der Probennahme zu wählen. Bei jeder Messung muss man sich daher mindestens über die ungefähre Größe der Probenfehler im Klaren sein.

Einen anschaulichen Einblick in diese Fehlermöglichkeiten geben die folgenden beiden einfachen Beispiele. Als Hinweis auf die allgemeine Gültigkeit ist außer der Anwendung auf die Partikelgrößenanalyse als weiteres Beispiel aus der Verfahrenstechnik die Temperaturmessung in einem Rührkessel, angeführt.

Beispiel Partikelgrößenanalyse

- Grundgesamtheit: 1 Waggon Düngemittel.
- systematischer Probenfehler: Probe an nur *einer* Stelle aus entmischtem Haufwerk entnommen.

- zufälliger Probenfehler: Zu kleine Probe ist nicht für alle Fraktionen repräsentativ.
- Analysenprobe (= Messprobe): Ca. 150 g Düngemittel zur Siebung.
- systematischer Messfehler: Nullpunktsverschiebung der Waageanzeige; defektes Sieb (effektive Maschenweite $\neq$ Nenn-Maschenweite)
- zufälliger Messfehler: Anzeigeschwankungen, Ableseungenauigkeit.
- Ergebnis: Korngrößenverteilung der Analysenprobe.
- Rückschluß: Das Produkt im Waggon hat die gleiche Korngrößenverteilung wie die Analysenprobe.

Beispiel Temperaturmessung im Rührkessel

- Grundgesamtheit: Gesamter Kesselinhalt.
- systematischer Probenfehler: Temperaturfühler zu nahe an der Heizschlange im Kessel angeordnet.
- zufälliger Probenfehler: Zu kurze Messzeit im Vergleich zu Temperaturschwankungen wegen Turbulenz.
- Messprobe: Unmittelbare örtliche und zeitliche Umgebung des Temperaturfühlers.
- systematischer Messfehler: Nullpunktsverschiebung der Temperaturanzeige.
- zufälliger Messfehler: Anzeige- und Ableseschwankungen.
- Ergebnis: Temperatur an der Messstelle.
- Rückschluß: Der Kesselinhalt hat die gemessene Temperatur.

Man erkennt hieran, wie außerordentlich wichtig die sorgfältige Vorbereitung und Aufbereitung von Proben ist, wenn man so zuverlässige Messwerte erhalten will, wie sie für Gewährleistungen und Qualitätskontrollen nötig sind.

5.9.1.3 Repräsentative Probennahme

Bei der Probennahme – insbesondere bei dispersen Stoffen – stellen sich in der Praxis zunächst drei Fragen:

- Wie groß muss die einzelne Probe sein?
- Wie viele Proben muss man nehmen?
- Wo müssen die Proben genommen werden?

Die Antworten auf diese Fragen sind einerseits von den Erwartungen an die Aussagesicherheit der Messergebnisse abhängig, also ein statistisches Problem, andererseits hängen sie aber auch entscheidend davon ab, ob die Grundgesamtheit gut oder schlecht durchmischt ist. Man muss (oder sollte) also vorher schon etwas über den Mischungszustand des Produkts wissen, obwohl man ihn häufig gerade durch die Analyse der Proben charakterisieren will (s. Kap. 7, Abschn. 7.2 und 7.3).

Homogene Grundgesamtheit

Am einfachsten ist es, wenn die Grundgesamtheit „homogen gemischt" ist, denn das bedeutet, dass zu jeder Zeit und an jedem Ort (d.h. in jedem sinnvollen Teilvolumen) in der Grundgesamtheit die exakt gleiche Zusammensetzung besteht. Dann ist es gleichgültig, wie groß die Probe ist (selbstverständlich muss sie eine sinnvolle Größe haben, darf also z.B. bei einem Mehrkorngemisch nicht nur 1 oder 2 Partikeln umfassen). Außerdem genügt eine einzige Probe, und es spielt keine Rolle, an welcher Stelle diese Probe genommen wird. Das erscheint trivial und ist es auch. Aber in der Umkehrung verdient diese Vorgehensweise durchaus Beachtung. Denn wenn man willkürlich aus einer Grundgesamtheit an beliebiger Stelle eine Probe entnimmt und schließt allein aus deren Eigenschaften zurück auf diejenigen der Grundgesamtheit, dann setzt man stillschweigend – und meist unbewusst (!) – die Homogenität bereits voraus. Um möglichst wenige Proben nehmen zu müssen, wird häufig ein Mischvorgang vor die Probenentnahme gestellt. Übrigens ist die Probenteilung – richtig und sorgfältig durchgeführt – zugleich ein sehr guter Mischprozess.

Inhomogene Grundgesamtheit

In der Regel wird man aber voraussetzen müssen, dass die Grundgesamtheit nicht gut gemischt, also inhomogen ist. Dann sollte man auch Kenntnisse über die Arten der Inhomogenitäten haben. Gemeint sind dabei

- *zeitliche* Schwankungen der Eigenschaftswerte während eines kontinuierlichen Prozesses,
- *örtliche* Schwankungen der Eigenschaftswerte, d.h. die Größe von Inhomogenitätsbereichen innerhalb der Grundgesamtheit.

Hierfür lauten die Antworten auf die oben gestellten Fragen anders und man kann sie sich zunächst qualitativ anhand von schematischen Darstellungen der Eigenschafts-Schwankungen klarmachen.

Wie groß muss die Probe sein?

Unter Probengröße versteht man entweder die Anzahl der Elemente (hier Partikeln) in der Probe, oder das Volumen bzw. die Masse der Probe. Anschaulich ist klar, dass die Probe umso größer sein muss, je größer die Partikeln sind, je schlechter die Grundgesamtheit gemischt ist, je kleiner der Anteil der festzustellenden Komponente ist und je höher die Anforderungen an die Aussagesicherheit sind.

In Abb. 5.48 unterliegt die zu messende Eigenschaft **E** zeitlichen und örtlichen Schwankungen und es ist unmittelbar einleuchtend, dass die Sammelprobe größer sein muss als eine „Periode" der Inhomogenität, bzw. ein Inhomogenitätsbereich. Weil aber die Perioden ebenso wie die Schwankungshöhen von **E** in der Regel nicht genau bekannt und auch nicht regelmäßig sind, sollte die Sammelprobe so groß wie

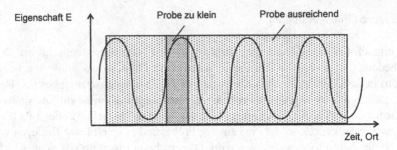

Abbildung 5.48 Zur Größe der Proben bei schwankender Eigenschaft

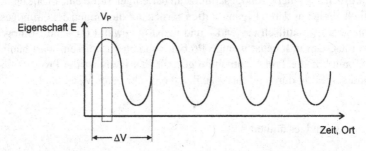

Abbildung 5.49 Zur Anzahl der Proben

möglich sein. Sie wird in aller Regel viel größer als die Labor- bzw. die Analysenprobe sein, so dass dazwischen noch Probenteilungsschritte, evtl. auch andere Probenverarbeitungen liegen. Für die Einzelproben ergibt sich die Forderung, dass sie so zahlreich und zufällig genommen werden müssen, dass die obige Forderung für die Sammelprobe erfüllt wird.

Wie viele Einzelproben muss man nehmen?

Zunächst gibt es Minimalforderungen aus den Voraussetzungen „Eigenschaftsschwankung" und „Probengröße" (s. o.): Wenn ΔV die Größe (z.B. das Volumen) eines Inhomogenitätsbereiches ist und V_P die Größe einer Einzelprobe, dann muss die Anzahl n der zu ziehenden Proben $n > \Delta V / V_P$ sein (s. Abb. 5.49). Um überhaupt eine statistische Bewertung zu erreichen, nämlich eine Varianz oder einen Vertrauensbereich berechnen zu können, muss $n \geq 3$ sein.

Darüber hinaus ist die Anzahl der zu nehmenden Einzelproben vor allem eine Vereinbarung zwischen Kunde und Produzent. Sie einigen sich bezüglich des Sollwerts μ_S („Standard") und der zulässigen Abweichung von diesem Sollwert $\pm A$ („Akzeptanzbereich"), sowie über die Wahrscheinlichkeit **D** („Aussagesicherheit", z.B. 95%), mit der der wahre Wert der Eigenschaft im Akzeptanzbereich liegt. Die tatsächliche Lage dieses wahren Wertes ist in der Regel nicht bekannt. Das Produkt wird abgelehnt, wenn z.B. der 95%-Vertrauensbereich der Messungen nicht innerhalb des Akzeptanzbereichs liegt, und wird akzeptiert, wenn er innerhalb liegt.

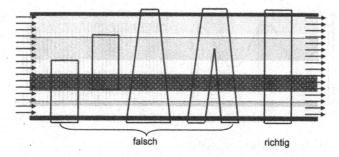

falsch   richtig

Abbildung 5.50 Zur Probennahme aus bewegtem, entmischtem Gutstrom

Das **Kundenrisiko** besteht darin, dass aufgrund von Messungen ein Produkt akzeptiert wird, dessen wahrer Eigenschaftswert außerhalb des Akzeptanzbereichs liegt.

Das **Produzentenrisiko** besteht darin, dass das Produkt aufgrund von Messungen abgelehnt wird, obwohl es in Ordnung ist. Um das Produzentenrisiko klein zu halten, müssen daher möglichst viele Proben genommen werden.

Da große Probenzahlen natürlich auch hohe Kosten verursachen, müssen sie zwischen Kunde und Produzent abgesprochen werden. Um sowohl die Größe wie die Anzahl der Proben zu reduzieren, wird man auch bestrebt sein, wann immer es möglich und sinnvoll ist, Mischvorgänge in die Probenaufbereitung einzubeziehen.

Ausführlicher dargestellt findet man die statistischen Grundlagen der Probennahme in Kap. 7, Abschn. 7.3 im Zusammenhang mit der Untersuchung von Feststoffmischungen.

Die grundlegenden Normen, die im Rahmen des Qualitätsmanagements für die statistischen Grundlagen der Probennahme gelten, sind im DIN-Taschenbuch 225 (2005) [5.50] enthalten.

Wo müssen die Proben genommen werden?

Der Ort, die Stelle der Probennahme richtet sich weitgehend nach der lokalen Situation. Grundsätzlich ist es vorteilhaft, aus dem bewegten Gut Proben zu nehmen, also von Förderbändern, bei Abwurfstellen, aus durchströmten Rohren oder Kanälen. Zwingend notwendig ist es dabei, den jeweils ganzen Querschnitt des Gutstroms, und zwar gleichmäßig, zu erfassen (Abb. 5.50).

Bei zeitlich schwankenden Guteigenschaften sollte wiederum die Kenntnis über Schwankungsfrequenzen vorliegen, damit nicht systematische Probennamefehler auftreten, wie links in Abb. 5.51 gezeigt.

Aus ruhenden Produkten in Behältern wie Säcken, Fässern, Silos, auf Halden u.ä. kann ein Probennameplan, wie ihn Abb. 5.52 zeigt, statistische Sicherheit bieten („Zufallsprobennahme"). Er beruht zunächst auf Vereinbarungen hinsichtlich Probengröße V_P und Probenanzahl n. Dann wird die Gesamtzahl $N = V_{ges}/V_P$ aller möglichen Proben gebildet, ein nummeriertes Raster über die Gesamtheit gelegt

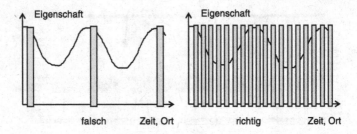

Abbildung 5.51 Zur regulären Probennahme

Abbildung 5.52
Zufallsprobennahme

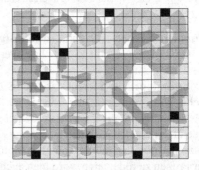

und nach dem Zufallszahlenprinzip die Nummern und damit die Orte der n zu ziehenden Proben ermittelt. Das ist – zugegeben – sehr aufwendig, man wird daher
wann und wo immer möglich auf die Entnahme aus bewegtem Gut zurückgreifen.

Goldene Regeln

Zum Merken sind die Prinzipien der Probennahme in sog. Goldenen Regeln für die
Probennahme zusammengefasst:

- Man nehme die Proben möglichst aus dem fließenden Schüttgut.
- Man nehme die Proben immer über den ganzen Querschnitt des Gutstroms.
- Man nehme besser häufig viele, kleine Proben als einmal nur eine größere (oder
  über längere Zeit genommene) Probe.

5.9.1.4 Probennahme für Schüttgüter

Gemeint sind hier grobkörnige Produkte, die in größeren Mengen anfallen, z.B. Erze, Kohle, Gesteine, Salze, aber auch Abfälle und kontaminierte Böden. Die Partikelgrößen liegen im mm- bis cm-Bereich, bei grobem, stückigem Gut auch deutlich
größer als 10 cm. Wegen der großen wirtschaftlichen Bedeutung einer zutreffenden
Bestimmung von Eigenschaften (z.B. Wertstoffgehalte) dieser Massengüter, haben

sich in jeder Branche detaillierte Regelwerke etabliert, nach denen die Probennahmen von der Lagerstätten-Exploration über die Prozesskontrolle bis zur Gewährleistung der Produktqualität vorzunehmen sind. Diese Regelwerke geben oft über viele Jahrzehnte empirisch gewonnene Erfahrungen wieder. Auf der anderen Seite sind Normen erstellt worden, die allgemeine Regeln zur Probennahme bei der Eigenschaftsbestimmung enthalten (in [5.50]). Eine theoretisch fundierte und praxisnah aufbereitete Darstellung zur Probennahme von Pulvern und körnigen Massengütern gibt Sommer (1979) [5.53].

An den Normen zur Probennahme und allgemein zur Eigenschaftsprüfung derartiger Güter wird laufend in den Normenausschüssen weitergearbeitet. So gelten – um nur einige wenige Beispiele zu nennen – folgende Normen:

- In DIN 51701, Teile 1 bis 4 (2006) ist die „Prüfung fester Brennstoffe" genormt (international in ISO 9411: Fester Brennstoff, automatische Probenahme aus Gutströmen),
- in DIN 52101 (2005) werden „Prüfverfahren für Gesteinskörnungen – Probenahme",
- in ISO 13909, Teile 1 bis 8 (2001), die mechanische Probennahme für Steinkohle und Koks festgeschrieben.
- ISO 3082 (2000) enthält für Eisenerze die Verfahrensweise zur Probenahme und Probenvorbereitung.
- ISO 6644 (2002) legt die Anforderungen für die automatische Probennahme von Cerealien wie Getreide und gemahlene Getreideprodukte aus fließendem Gutstrom zur Qualitätsprüfung fest.
- EN ISO 13690 (1999, 2005) regelt die Probennahme aus statischen Partien von Getreide und Hülsenfrüchten sowie gemahlenen Erzeugnissen.

Hier wird auf Vollständigkeit und detaillierte Ausführungen verzichtet, weil die Zielsetzungen abgesehen von den oben dargestellten allgemeinen Grundsätzen branchenspezifisch sehr verschieden sind und den Rahmen dieses Buches sprengen würden. Es sei aber noch auf ein Werk zur Qualitätssicherung von Stoffsystemen im Abfall- und Umweltbereich verwiesen: Rasemann (Hrsg) (1999) [5.51].

5.9.2 Probennahme und Probenvorbereitung für die Partikelmesstechnik

Neben den oben genannten allgemeinen Grundsätzen der Probennahme treten bei der Partikelmesstechnik, insbesondere bei der Partikelgrößenbestimmung für feine Produkte, noch einige weitere Probleme auf. Das liegt zum einen daran, dass oft nur sehr kleine Mengen das eigentliche Messergebnis (Messproben!) liefern und zum anderen, dass etliche moderne Verfahren nur mittelbar, d.h. über physikalische oder physikalisch-chemische Modelle den Zusammenhang zwischen Partikelgröße und anderen Partikeleigenschaften herstellen. Sie sollen hier etwas eingehender behandelt werden. Auf die Probennahme bei Staubmessungen wird im Abschn. 5.6.2 eingegangen.

5.9.2.1 Mess-Situationen

Zunächst muss man sich darüber klar werden, was man überhaupt wissen will, was das Ziel der Messung sein soll. Übliche Ziele sind:

- die Qualität – hier: die Feinheit – als den erreichbaren Zustand eines Zwischen- oder Endprodukts bzw. den Anlieferungszustand eines Produkts zu messen,
- einen Zustand des Produkts während des Produktionsprozesses zu charakterisieren und evtl. laufend zu verfolgen.

Besonders im Hinblick auf die Qualitätssicherung und Produktionskontrolle sind folgende allgemein gültige Mess-Situationen zu erwägen: Off-line, On-line-, In-line und In-Situ-Messungen sowie die Echtzeitmessung.

Off-line-Messung (s. Abb. 5.53)

Aus dem ruhenden oder fließenden Produkt werden Einzelproben gezogen, und der in Abb. 5.46 dargestellten Prozedur unterzogen. Das Messgerät befindet sich außerhalb der Produktionslinie, z.B. in einem Zentrallabor. Charakteristisch ist, dass die Zeit zwischen Probennahme und Ergebnisausgabe sehr lang ist (Stunden, evtl. Tage). Das bedeutet, dass nur lang andauernde, langsame Veränderungen erfassbar sind. Beeinflussungen des Produktzustands durch Transport, Mischen, Teilen, Verdünnen usw. müssen gering bleiben oder in ihren Auswirkungen auf das Messergebnis bekannt sein. Anwendung findet sie z.B. bei der Anlieferung, Produktion und Auslieferung von Massengütern.

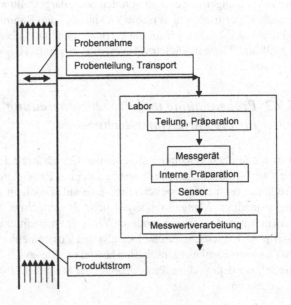

Abbildung 5.53
Off-line-Messung

On-line-Messung (Abb. 5.54)

Die aus dem Produktstrom gezogene Probe wird – oft noch nach geeigneten Präpa-
rationsschritten – direkt dem Messgerät zugeführt, auch im Bypass. Das Messgerät
ist damit in die Produktionslinie integriert. Die Zeit zwischen Probennahme und
Ergebnisausgabe ist kurz (Minuten, Sekunden). Entsprechend kurzfristige Schwankungen der Produkteigenschaften können festgestellt werden. In der mechanischen
Verfahrenstechnik wird diese Methode häufig bei Zerkleinerungs- und Agglome-
rierprozessen sowie beim Klassieren angewendet.

In-line-Messung (Abb. 5.55)

Der Sensor zur Erfassung der Rohdaten befindet sich direkt im Produktstrom, erfasst
unter Umständen nur einen Teil des Produktstroms (Probennahme!) und leitet die
Signale unmittelbar zur Auswerteeinheit des Messgeräts. Die Probe ist die zeitliche
und lokale Umgebung des Sensors, eine Präparation findet nicht statt. Daher muss
der Sensor dem zu messenden Produkt angepasst werden. Messung, Messwertver-
arbeitung und Ergebnisausgabe liegen zeitlich sehr nahe beieinander.

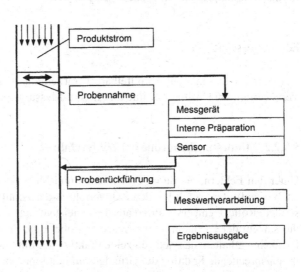

Abbildung 5.54 On-line
Messung mit
Bypass-Rückführung

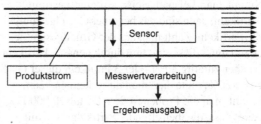

Abbildung 5.55
In-line-Messung

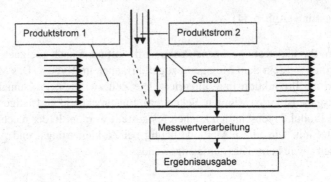

Abbildung 5.56 In-situ-Messung

In-situ-Messung (Abb. 5.56)

Die Messung „vor Ort" ist der In-line-Messung sehr verwandt. Der Sensor ist ebenfalls direkt im Produktstrom angeordnet, z.B. in der Reaktionszone zur Zugaberegelung von Reagenzien, um zeitgleich den Reaktionsverlauf zu verfolgen. Da keine Präparation möglich ist, muss auch hier – wie bei der In-line-Messung – der Sensor für das Originalprodukt im Prozess geeignet sein.

Echtzeitmessung

Darunter versteht man die unmittelbare Verarbeitung der Messdaten ohne zeitliche Verzögerung bei On-line-, In-line und In-situ-Messungen.

5.9.2.2 Mindestprobengröße bei Zählverfahren

Unter den Fehlern, die durch Probenahme und Messung bei jeder Partikelgrößenanalyse auftreten, spielt bei den Zählverfahren der zufällige Probenfehler eine besondere Rolle. Denn er resultiert aus der – meist geringen – Probengröße, das ist hier die Anzahl der Partikeln in der Analysenprobe. Eine Probe muss nämlich so viele Partikeln enthalten, dass jede einzelne Fraktion nur mit einem begrenzten Fehler die ihr entsprechende Fraktion der Grundgesamtheit repräsentiert.

Nimmt man beispielsweise an, eine bestimmte Fraktion enthält 0,2 Anzahl-% der Partikeln, dann sind das bei einer Grundgesamtheit von 10^{12} Partikeln immerhin $2 \cdot 10^{9}$ Partikeln. Zählt man aus der Grundgesamtheit eine Probe von 1000 Partikeln aus, dann muss diese Fraktion durch genau 2 Partikeln repräsentiert sein. Enthält die Probe aber zufällig nur 1 oder 3 Partikeln dieser Größe, dann ist der relative Fehler bereits ±50%, ohne dass man das erkennen kann.

Erhöht man die Probengröße z.B. auf 10.000 Partikeln, wächst die Wahrscheinlichkeit, dass die betreffende Partikelgröße mit geringerem Fehler repräsentiert wird. Denn bei 20 Partikeln, die in diesem Beispiel jetzt der „Wahrheit" entsprächen, macht eine Partikel mehr oder weniger nur noch $\pm 5\%$ relativen Fehler aus.

Den statistischen Zusammenhang zwischen dem Erwartungswert einer Messgröße, dem zu erwartenden Fehler, seiner Wahrscheinlichkeit und der hierbei erforderlichen Partikelanzahl kann man unter folgenden Voraussetzungen herleiten:

- Die Probenahme ist zufällig,
- die Anzahl Z der Partikeln in der Probe ist sehr viel kleiner als die Anzahl der Partikeln in der Grundgesamtheit. Mit anderen Worten: Durch die Probenahme wird die Zusammensetzung der Grundgesamtheit nicht merklich geändert.
- Die Anzahl ΔZ_i der Partikeln einer Klasse i ist $\gg 1$.

Der gemessene Anzahlanteil $\Delta Q_{0i} = \Delta Z_i / Z$ einer Klasse soll vorübergehend abgekürzt werden durch

$$\xi \equiv \Delta Q_{0i} = \Delta Z_i / Z.$$

Er ist allgemein eine um einen Mittelwert p zufällig schwankende Größe, eine „stochastische Variable". ξ kann daher auch für die Messwerte

$$Q_{0j} = \sum_{1}^{j} (\Delta Z_i / Z)$$

der Verteilungssumme stehen. Als Verteilung dieser Größe kann man nach den Voraussetzungen eine Normalverteilung $h(\xi)$ zugrunde legen (Abb. 5.57). Die gemessenen Werte liegen mit 68% Wahrscheinlichkeit in dem durch die Standardabweichung

$$\sigma_p = +\sqrt{\frac{p(1-p)}{Z}} \tag{5.39}$$

gegebenen Intervall um den Mittelwert p herum. Diese 68% entsprechen dem Flächenanteil $D(-\sigma_p, +\sigma_p)$ zwischen $(p - \sigma_p)$ und $(p + \sigma_P)$ der Dichtekurve $h*(\xi)$ der Normalverteilung in Abb. 5.57a und der mit $0,68 = 68\%$ entsprechend gekennzeichneten Ordinatendifferenz bei der Verteilungssumme in Abb. 5.57b.

Die Abszisse mit ihrem in der Regel dimensionsbehafteten „Merkmal" ξ wird im allgemeinen mit der Standardabweichung so auf die Variable z normiert, dass der Mittelwert bei $z = 0$ liegt und die Standardabweichung den Wert 1 hat.

Die substituierte Variable z ist daher durch

$$z = \frac{\xi - p}{\sigma} = \frac{\Delta \xi}{\sigma} \tag{5.40}$$

definiert. In dieser normierten Form ist die Summenfunktion $H(z)$ der Normalverteilung in Statistikbüchern tabelliert.

Die Wahrscheinlichkeit D, dass die Abweichung $\Delta \xi$ der Fraktionszusammensetzung ξ vom wahren Wert p innerhalb der vorgegebenen Grenzen $\pm \Delta \xi_g$ liegt (der Index „g" steht für „Grenze"), ist durch den schraffierten Flächenanteil in

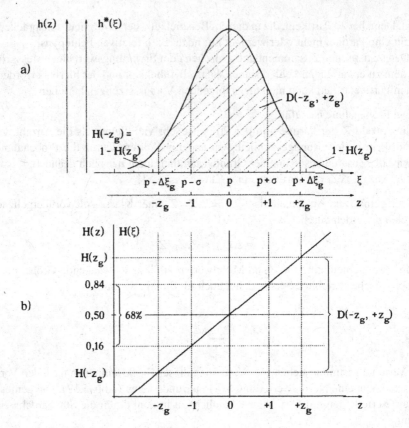

Abbildung 5.57 Normalverteilung (**a**) Wahrscheinlichkeitsdichte, (**b**) Wahrscheinlichkeitssumme

Tabelle 5.2 Übliche Wahrscheinlichkeiten D und zugehörige z_g-Werte

D	68,3%	90,0%	95,0%	97,5%	99,0%	99,5%	99,9%
$z_g(D)$	1,0	1,65	1,96	2,24	2,58	2,81	3,29

Abb. 5.57a dargestellt (zweiseitige Begrenzung). Er entspricht in der Summendarstellung von Abb. 5.57b der Differenz der zu $+z_g$ und $-z_g$ gehörenden Ordinatenwerte $H(z_g) - H(-z_g)$.

Man schreibt dafür

$$D\{|\xi - p| < \Delta\xi_g\} = D\{-z_g < z < +z_g\} = H(z_g) - H(-z_g)$$

$$= 1 - 2[1 - H(z_g)] = 2 \cdot H(z_g) - 1. \qquad (5.41)$$

Die zuletzt stehende Aussage resultiert aus der Symmetrie der Normalverteilung. Die Schranke z hängt von der gewählten Wahrscheinlichkeit D ab und kann der Tabelle 5.2 entnommen werden.

Wenn man insgesamt n Proben zieht, dann liegt der – meist unbekannte – wahre Wert p mit der Wahrscheinlichkeit D in einem Vertrauensbereich (Konfidenzintervall) a um den Messwert ξ, so dass

$$p = \xi \pm a(D, n) \tag{5.42}$$

$$\text{mit} \quad a = z_g(D) \cdot \sigma / \sqrt{n}. \tag{5.43}$$

Hier interessiert nur *eine* Probe. Die Standardabweichung der Probenzusammensetzung bei Zufallsmischung gleichgroßer Partikeln (s. Kap. 7, Abschn. 7.2) ist

$$\sigma = p(1 - p)/Z. \tag{5.44}$$

Bei *einer* entnommenen Probe ($n = 1$) gilt also mit $a = p - \xi = \Delta\xi$ und den (5.43) und (5.44)

$$\Delta\xi = z_g(D) \cdot \sqrt{p(1 - p)}/\sqrt{Z}. \tag{5.45}$$

Bildet man noch die relative Abweichung $y = \Delta\xi/p$, dann erhält man

$$y = \frac{\Delta\xi}{p} = z_g(D) \cdot \sqrt{(1 - p)/p}/\sqrt{Z} \tag{5.46}$$

und für die gesuchte Mindestanzahl Z_{min} an Partikeln in der Probe, wenn eine maximale relative Abweichung y_{max} nicht überschritten werden soll

$$Z_{min} = \left(\frac{z(D)}{y_{max}}\right)^2 \cdot \frac{1 - p}{p}. \tag{5.47}$$

Bei der Anwendung geht man dann folgendermaßen vor: Man gibt sich eine Wahrscheinlichkeit D vor, mit der eine vorgegebene Abweichung nicht überschritten werden soll. Aus Tabelle 5.3 ergibt sich für diese Wahrscheinlichkeit die Schranke $z(D)$. Für die gewünschte oder zulässige Abweichung gibt man y_{max} oder $\Delta\xi_g$ vor.

Anmerkungen:
Wenn p sehr kleine Werte nahe Null annimmt, sind die nach (5.47) erforderlichen Partikelzahlen sehr groß. Im Übrigen widersprechen kleine relative Partikelzahlen (Anzahlanteile) auch der Voraussetzung c), so dass die Benutzung der Normalverteilung nicht mehr zulässig ist.

Wie bereits erwähnt, kann anstelle der Anzahlanteile ΔQ_{0i} in einer Fraktion natürlich auch der Anzahlanteil Q_{0i}, unterhalb einer Korngröße x_i als stochastische Variable gelten. Die Größe p stellt dann den wahren Wert von Q_{0i} dar.

Das Diagramm in Abb. 5.58 gibt die nach (5.47) berechneten erforderlichen Partikelanzahlen Z_{min} an, so dass mit 95% Wahrscheinlichkeit gemessene Werte Q_0 bzw. ΔQ_0 um höchstens $y\%$ vom wahren Wert p abweichen. Wie sich das Diagramm benutzen lässt, zeigen die folgenden – gestrichelt eingezeichneten – Beispiele:

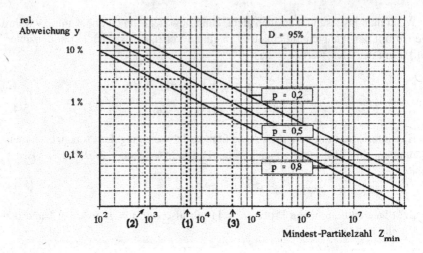

Abbildung 5.58 Erforderliche Mindestprobengrößen Z_{min} bei Zählverfahren

– Um einen Q_0-Wert von ca. 0,5 mit 95% Wahrscheinlichkeit innerhalb $\pm 3\%$ relativer Fehlergrenzen bestimmen zu können, müssen knapp 5000 Partikeln ausgezählt werden (1). Oder umgekehrt:
– Von insgesamt 800 ausgezählten Partikeln (2) liegen z.B. 160 in einem Intervall i. Es ist also $\Delta Q_{0i} = 160/800 = 0,2$. Mit welchem relativen Fehler ist dieser Wert etwa behaftet? Von $Z = 800$ auf der Abszisse bis zur Geraden für $p = 0,2$ nach oben und von dort zur Ordinate weist einen relativen Fehler von ca. 15% aus.
– Wenn der Fehler auf 2% reduziert werden soll, müssen rund 40.000 Partikeln gezählt werden (3).

5.9.2.3 Anforderungen, Einflüsse und Präparation im Feinstbereich

Wie bereits gezeigt wurde, nimmt die gegenseitige Beeinflussung der Partikeln mit abnehmender Partikelgröße zu. Im Feinstbereich können Haftkräfte zur Agglomeration führen, so dass nicht mehr die Verteilung der Primärpartikeln, sondern die von zufällig und unkontrolliert sich bildenden Agglomeraten gemessen wird. In flüssiger Umgebung ist das Problem geringer als im trockenen Zustand, daher wird häufig auch aus trocken anfallenden Pulvern eine Suspension hergestellt, an der gemessen wird. Dabei gilt es, für die Präparation der Proben folgende Maßnahmen gezielt und mit möglichst geringen Auswirkungen auf die Repräsentativität der Probe einzusetzen:

• Verwendung einer geeigneten Suspendierflüssigkeit
• Verdünnung
• Dispergierung und
• Stabilisierung der Suspension während der Messdauer

Geeignete Suspendierflüssigkeiten

Die Flüssigkeit darf die Partikeln weder chemisch (durch Reagieren) noch physikochemisch (durch Lösen) noch physikalisch (durch Quellen) beeinflussen, sie soll inert gegenüber dem Feststoff sein. Vielfach können Wasser oder wässrige Lösungen verwendet werden. Unpolare Flüssigkeiten sind für viele wasserlösliche Substanzen geeignet. Eine Übersicht und umfassende Zusammenstellungen von geeigneten Paarungen Feststoff/Flüssigkeit sind bei Bernhardt (1994) [5.3] bzw. [5.3.a] bzw. im DIN-Taschenbuch 133 2004 [5.5] zu finden sowie in der internationalen Norm zur Sedimentationsanalyse ISO 13317 (2001) [5.7] enthalten.

Verdünnung

Es gibt Messverfahren, bei denen eine sehr geringe Volumenkonzentration in der Messprobe erforderlich ist, z.B. Laserbeugungsverfahren und Einzelpartikelzähler im Feinstbereich. Der Grund ist der, dass die gegenseitige Beeinflussung aufgrund von zu geringen absoluten Abständen zwischen den Partikeln vermieden werden muss. Dann ist bei der Nasspräparation eine Verdünnung unerlässlich.

Den prinzipiellen Zusammenhang zwischen Partikelgröße, Partikelabstand und Volumenkonzentration kann man sich anhand der Modellvorstellung idealer Homogenität klarmachen:

Jede einzelne Partikel des Durchmessers d sei von einem Würfel der Kantenlänge a umgeben. Den Mittenschnitt durch zwei Würfel zeigt Abb. 5.59.

Der Abstand x bis zur nächsten Partikel ist dann $x = a - d$ und die Volumenkonzentration

$$c_V = \frac{V_P}{V} = \frac{\pi}{6} \cdot \frac{d^3}{a^3} = \frac{\pi}{6} \cdot \frac{d^3}{(x+d)^3}. \tag{5.48}$$

Hieraus erhält man nach einigen Umformungen

$$\frac{x}{d} = \sqrt[3]{\frac{\pi}{6} \cdot \frac{1}{\sqrt[3]{c_V}}} - 1. \tag{5.49}$$

Tabelle 5.3 gibt für einige Konzentrationswerte die Verhältnisse x/d an.

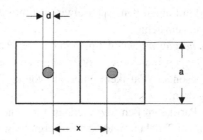

Abbildung 5.59 Zum Zusammenhang Konzentration, Partikelgröße und Partikelabstand

Tabelle 5.3

c_V /%	0,1	0,2	0,5	1	2	5	10
x/d	7,06	5,40	3,75	2,74	1,97	1,19	0,74

Die üblicherweise für die Sedimentationsanalyse von Partikelgrößen angegebene Konzentrationsobergrenze von 0,2% bedeutet demnach, dass der mittlere Partikelabstand das 5,4-fache der Partikelgröße nicht unterschreitet. Die kleinsten Partikeln, die durch Röntgensedimentometrie messbar sind, haben Partikelgrößen von 0,2 bis 0,5 μm und damit mittlere Abstände von ca. 1,1 bis 2,7 μm voneinander. Bei Konzentrationen um 2% betragen die mittleren Partikelabstände nur noch das etwa 2-fache ihres Durchmessers. Bei Messungen im Nanometerbereich können die Abstände die Größenordnung der elektrischen Doppelschicht erreichen, die unabhängig von der Partikelgröße ist. Sie hängt von der Ionenstärke der Suspendierflüssigkeit und dem pH-Wert ab und kann daher bei Verdünnungen einen erheblichen Einfluss auf die Agglomeratbildung (Koagulation) haben.

Beim Verdünnen ändern sich jedoch nicht nur der mittlere Partikelabstand und die Koagulationswahrscheinlichkeit, und damit die Gleichgewichtseinstellung, sondern vielfach auch die Viskosität und damit die Beweglichkeit der Partikeln.

Dispergierung

Allgemein wird unter „Dispergieren" das Feinverteilen von Partikeln in einem Fluid verstanden. Das kann auch die Zerkleinerung von Agglomeraten und festen Partikeln bzw. das Zerteilen von Tröpfchen beinhalten und als ein verfahrenstechnischer Prozess gesehen werden. Hier ist jedoch die Dispergierung als Präparationsschritt für die Partikelgrößenanalyse gemeint mit dem Ziel, dass die auszumessenden Partikeln möglichst einzeln vorliegen.

Man unterscheidet Trocken- und Nass-Dispergierung. Je nach Produkt und Messaufgabe hat das eine oder andere seine Vorzüge und Nachteile.

Die *Trockendispergierung* braucht größere Probenmengen, was die statistische Zuverlässigkeit der Ergebnisse erhöht und das Teilen teilweise erspart. Es entfallen die aufwändige Präparation mit geeigneter Flüssigkeit, das Verdünnen, und die geschilderten Folgen von Wechselwirkungen mit der Flüssigkeit, so dass auch eine Zeitersparnis entsteht.

Nassdispergierung wendet man in der Regel an, wenn entweder das Produkt ohnehin in Suspension vorliegt, oder wenn es trocken stark zur Agglomeratbildung neigt. Insbesondere Partikeln unterhalb von ca. 1 μm sind trocken nur sehr schwer zu dispergieren.

In den Partikelgrößen-Messgeräten für feine Produkte sind in aller Regel Vorrichtungen zur Trocken- und Nassdispergierung integriert.

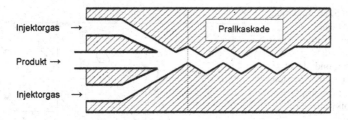

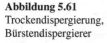

Abbildung 5.60 Trockendispergierung, Prinzip der Prallkaskade

Abbildung 5.61
Trockendispergierung,
Bürstendispergierer

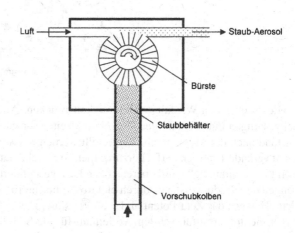

Trockendispergierung

Vielfach findet die Trockendispergierung im Gasstrom statt, wobei eine Kombination aus Scherströmung und Prall am effektivsten ist (Prallkaskade, s. Abb. 5.60).

Mit zunehmender Beanspruchung durch Erhöhung der Strömungsgeschwindigkeit werden immer festere Agglomerate zerteilt, so dass damit auch eine zumindest qualitative Vorstellung von der Festigkeit dieser Agglomerate gewonnen werden kann. Für Partikeln um die 10 µm Größe sind zur vollständigen Dispergierung Geschwindigkeiten über 200 m/s erforderlich! Bei zu hoher Geschwindigkeit kann allerdings auch eine Zerkleinerung der Primärpartikeln eintreten, die eine Messung der Partikelgrößenverteilung natürlich verfälscht und daher zu vermeiden ist.

Eine weitere Methode der Trockendispergierung bietet der Bürstendispergierer (Abb. 5.61), der zur Aerosolerzeugung in der Staubmesstechnik eingesetzt sowie zur Deglomeration von Agglomeraten und Verteilung dispergierter Partikeln in einer Gasströmung Verwendung findet.

Nassdispergierung

Grundsätzlich sind feine Partikelkollektive in Flüssigkeiten leichter zu dispergieren als im trockenen Zustand, weil die gegenseitigen Haftkräfte geringer sind, insbe-

Abbildung 5.62 Änderung der gemessenen Partikelgrößenverteilung abhängig von der Dispergierart und -dauer (Rühren: 10 min; Vibration: 10 min; US: 2 s, 5 s, 10 s, 10 min, Polke et al. (1991) [5.52])

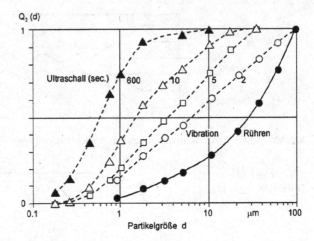

sondere durch den Wegfall von Flüssigkeitsbrücken. Allerdings werfen die Wechselwirkungen mit der flüssigen Umgebung weitere Probleme auf, weil der Produktzustand nach der Messaufgabe eingestellt werden muss und während der Messung nicht verändert werden darf. Hierzu werden sog. Stabilisatoren eingesetzt. Die meist nötige „Verdünnung" wurde bereits oben kurz geschildert, auch mögliche Veränderungen des Produktzustands durch elektrochemische Einflüsse wie die Ionenstärke, den pH-Wert, das Zeta-Potential der Suspension müssen bedacht und in aller Regel experimentell ermittelt werden. Vorteilhaft für die Stabilisierung ist immer: Zuerst Verdünnen, dann Dispergieren.

Dispergieren bedeutet Energieeintrag in das System. Übliche Dispergiermethoden sind – geordnet nach steigendem Energieeintrag

- Rühren im Gefäß
- Vibration (Schütteln, Vibrieren) des Gefäßes
- Ultraschall (US), entweder in der US-Wanne oder durch eine Sonotrode.

Einflussgrößen sind die Dauer und die Intensität des Energieeintrags, sowie die lokale Energiedichte, die von der Strömungsführung im Dispergiergefäß abhängt. Abb. 5.62 zeigt beispielhaft den Einfluss der Dispergierart (-intensität) und der Dispergierdauer auf das Ergebnis der Partikelgrößenanalyse eines agglomerierenden Produkts.

5.9.3 Probennehmer und Probenteiler

5.9.3.1 Probennehmer

Für die *Probennahme aus ruhendem Gut* werden im einfachsten, aber auch ungenauesten Fall Schaufeln oder Spatel verwendet, vorteilhaft nach einem Probennahmeplan, wie in Abschn. 5.9.1.3 beschrieben. Für Schüttgüter in Behältern (Fässer,

Abbildung 5.63 Einfacher
Hand-Probenstecher

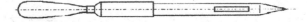

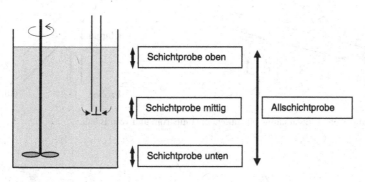

Abbildung 5.64 Probennahme aus Suspensionen

Säcke, Container) aber auch frei ruhende Güter sowie für Pasten und Böden stehen Probenstecher verschiedener Ausführungsformen zur Verfügung. Sie sind z.B. hohle Doppelrohre, die in das Gut eingestochen werden und nach Drehen oder Verschieben der Rohre gegeneinander ein bestimmtes Volumen zur Aufnahme der Probe freigeben, das nach dem Herausziehen die Einzelprobe darstellt (Abb. 5.63). Entscheidend bei ihrer Anwendung ist, dass sie beim Einstechen so wenig wie möglich, oder besser gar keine Verdichtung des Guts bewirken, so dass ein freies und immer gleiches Einfließen in das Probenvolumen möglich ist und dass keinerlei klassierende Effekte stattfinden.

Für Flüssigkeiten (Suspensionen, Abwässer) gibt es eine Vielzahl von „Samplern", Bechern und Stechhebern zur Probenentnahme aus Fässern, Becken, Gewässern.Bei der Probennahme aus Suspensionen ist immer mit lokalen Konzentrationsunterschieden zu rechnen, so dass Schichtproben (Abb. 5.64), die oben, mittig oder unten bzw. als Allschichtprobe genommen werden, unterschiedliche Ergebnisse zeitigen. Von Einfluss sind die Eintauchtiefe der Öffnung, die Einströmbedingungen in das Tauchrohr, die Art, Position und Drehzahl des Rührers sowie das Sedimentierverhalten des Feststoffs.

Für die Probennahme aus bewegtem Gut gibt es bei Massengütern, d.h. bei strömenden Flüssigkeiten und Feststoffen in der Produktion und im Umweltschutz (z.B. Wasserqualität) sowohl die Einzel-Probenentnahme, wie auch die stationäre automatisierte Probennahme. Zwei Beispiele sind in Abb. 5.65 gezeigt.

Probennehmer für Flüssigkeiten erfassen häufig nur einen Teil des Querschnitts eines Rohrs. Dabei wird also eine ausreichend gute Quervermischung vorausgesetzt. Gerade bei Suspensionen ist das aber nicht immer der Fall.

Wichtig bei allen eingebauten Probennahmegeräten für fließende Medien ist die *Totraumfreiheit*, so dass wirklich nur der aktuelle Materialzustand im Prozess erfasst wird.

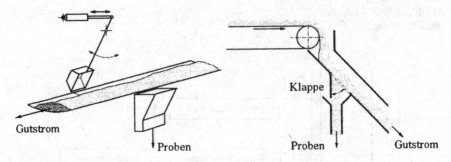

Gutstrom

Proben

Klappe

Proben   Gutstrom

Abbildung 5.65 Probennahme aus fallendem Gutstrom und vom Band

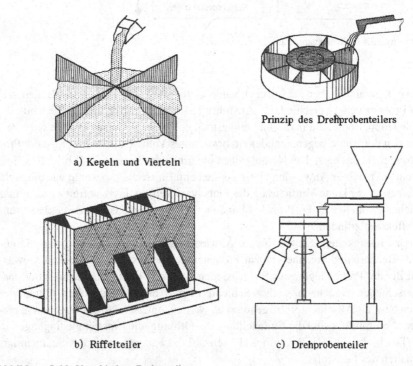

Prinzip des Drehprobenteilers

a) Kegeln und Vierteln

b) Riffelteiler

c) Drehprobenteiler

Abbildung 5.66 Verschiedene Probenteiler

5.9.3.2 Probenteiler

Die einfachste Art der Probenteilung ist das manuelle *Kegeln und Vierteln*
(Abb. 5.66a). Ein über der Mitte eines Kreuzes aus zwei senkrechten Wänden auf-
geschütteter Gutkegel wird durch eben diese Wände geviertelt. Je zwei gegenü-
berliegende Mengen werden zur Teilprobe vereinigt, die beiden anderen Viertel
verworfen. Diese Mengenhalbierung wird bis zum Erreichen der Labor- bzw. Ana-

lysenmenge fortgesetzt. An diese Art der Probenteilung können allerdings keine hohen Genauigkeitsansprüche gestellt werden.

Besser ist der *Riffelteiler* (Abb. 5.66b), bei dem die zu teilende Menge – möglichst gleichmäßig über die Breite verteilt – auf eine größere Anzahl von Rutschkanälen gegeben wird. Je zwei benachbarte Kanäle leiten ihren Anteil nach verschiedenen Seiten. Man erhält ebenfalls eine Halbierung der Probemenge, allerdings aus einer größeren Anzahl von Teilungsvorgängen.

Die besten Ergebnisse werden mit dem *Drehprobenteiler* erzielt (Abb. 5.66c). Hier wird die aufgegebene Probe z.B. in 8 Teilproben geteilt, von denen jede bei jeder Umdrehung mit einer Kleinst-Teilmenge beschickt wird. Dadurch wird auch bei stark entmischtem Aufgabegut eine ausgezeichnete Vergleichmäßigung erreicht.

Damit wirklich eine repräsentative Probe gewonnen wird, darf die Probenteilungskette, wie schon gesagt, an keiner Stelle unterbrochen werden. Es ist also nicht zulässig, eine durch Teilung erhaltene Probe von z.B. 84,35 g auf genau 100,00 g aufzufüllen. Unsinnig ist es auch, eine anfangs willkürlich entnommene Einzelprobe nach allen Regeln der Kunst zu teilen, denn die damit erreichte Analysenprobe kann dann bestenfalls repräsentativ für die Anfangsprobe sein. Deren – zufällige und daher unbekannte – Abweichung von der Zusammensetzung der Grundgesamtheit bleibt in voller Höhe als Fehler erhalten. Weitere Ausführungen findet man im Abschn. 7.3.2 (Mischgüteuntersuchungen).

Aufgaben zu Kapitel 5

Aufgabe 5.1 (Vergleich Luftstrahl- und Vibrationssiebung) An zwei gleich genommenen und geteilten Proben wurde je eine Analysensiebung vorgenommen, einmal auf einem Siebsatz mit Vibrationssiebung (VS), einmal mit einem Luftstrahlsieb (LS).

Die Ergebnisse sind in der folgenden Tabelle aufgelistet:

$x_i/\mu m$	45	63	90	125	180	250
Siebsatz	$D(x)/\%$	< 2	6	13	28	47	75
Luftstrahlsieb	$D(x)/\%$	7	11,5	18,5	30	50	77

a) Tragen Sie die Ergebnisse in das Potenznetz ein.
b) Stellen Sie die geeignete Funktion für das Ergebnis der Luftstrahlsiebung auf.
c) Woher kommen die Unterschiede zwischen den beiden Ergebnissen?

Lösung:

a)

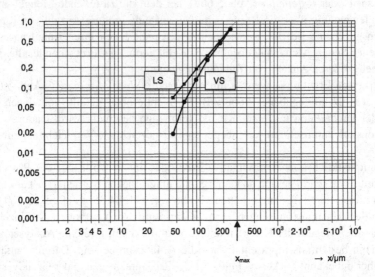

Abbildung 5.67 Verteilungen zu Aufgabe 5.1

b) Potenzfunktion mit $x_{max} = 300$ μm und mit
$$D_0(x_{max}) = 1,0 \text{ und } D_1(x_1 = 45 \text{ μm}) = 0,07$$

$$m = \frac{\lg 1,0 - \lg D_1}{\lg x_{max} - \lg x_1} = 1,40$$

$$D(x) = \left(\frac{x}{x_{max}}\right)^m = \left(\frac{x}{300}\right)^{1,40} \quad \text{mit } x \text{ in μm.}$$

c) Im Partikelgrößenbereich $<$ ca. 100 μm haften die kleineren Partikeln zunehmend an größeren bzw. aneinander. Diese Agglomerationserscheinungen werden bei der Luftstrahlsiebung weitestgehend vermieden, der Luftstrahl wirkt dispergierend, der Feinanteil wird höher.

Aufgabe 5.2 (Inkrementales Sedimentationsverfahren) Die Korngrößenverteilung eines mineralischen Pulvers wird mit einem inkrementalen Sedimentationsverfahren im Schwerefeld gemessen, wobei die Höhe der Messebene verstellbar ist. In der folgenden Tabelle sind zu den Messzeiten t nach Beginn der Sedimentation die Höhen h unter der Flüssigkeitsoberfläche und die festgestellten Massenkonzentrationen in % angegeben.

t/min	0	1,5	3,0	5,5	10,0	20,0
h/cm	–	4,5	3,5	1,5	0,9	0,5
c/%	0,25	0,218	0,128	0,0375	0,0125	0,0035

Stoffwerte: Feststoffdichte: $\rho_s = 2,22 \cdot 10^3$ kg/m^3
Flüssigkeitsdichte: $\rho_f = 1,02 \cdot 10^3$ kg/m^3
Viskosität: $\eta = 0,001$ Pas

a) Man berechne tabellarisch die Massensummenverteilung $D(d_{St})$ für dieses Produkt.

b) In welchem Netz ergibt $D(d_{St})$ eine Gerade und was bedeutet das?

c) Aus der Eintragung in das geeignete Netz bestimme man

- den Medianwert der Verteilung,
- Lage- und Streuparameter der Verteilung,
- die Näherungsgleichung *dieser* Verteilung,
- die spezifische Oberfläche S_V und
- den Sauterdurchmesser d_{32} (Formfaktor $f_{St} = 1,5$).

d) Welche Oberfläche in m^2 hat 1 kg dieses Pulvers?

e) Wieviel Massen-% dieses Pulvers sind kleiner als 50 µm?

Lösung:

a) $D(d_{St}(t)) = c(t)/c(t=0)$ und $d_{St}(t) = \sqrt{\dfrac{18\eta}{\Delta\rho g}\dfrac{h}{t}}$

t/min	1,5	3,0	5,5	10,0	20,0
d_{St}/µm	27,7	17,2	8,3	4,8	2,5
$D(d_{St})$	0,872	0,512	0,150	0,050	0,014

b) Die Auftragung von D über d_{St} ergibt im RRSB-Netz eine Gerade, und das bedeutet, dass die Verteilung mathematisch durch die RRSB-Funktion beschrieben werden kann (s. unter c).

c) Aus der Auftragung im RRSB-Netz (Abb. s.u.) entnimmt man
Medianwert $x_{50,3} = 17$ µm,
Lageparameter $x' = 20$ µm,
Streuparameter $n = 2,06$ („Gleichmäßigkeitszahl").
Gleichung dieser Verteilung
$D(d_{St}) = 1 - \exp[-(d_{St}/20 \text{ µm})^{2,06}]$ mit d_{St} in µm
Oberflächenkennzahl $K_S = 9,8 \rightarrow S_V = K_S \cdot f/x'$ (nach (**??**))
spez. Oberfläche: $S_V = 9,8 \cdot 1,5/(20 \cdot 10^{-4}$ cm$) = 7350$ cm^{-1}
Sauterdurchmesser: $d_{32} = 6/S_V = 8,2$ µm.

d) Die massebezogene Oberfläche ist nach (2.13) $S_m = S_V/\rho_s$
$S_m = 7350/2,22$ cm^2/g $= 3311$ cm^2/g $= 331$ m^2/kg

e) Kleiner als 50 µm sind nach der Extrapolation im RRSB-Netz 99,9%, also praktisch alles.

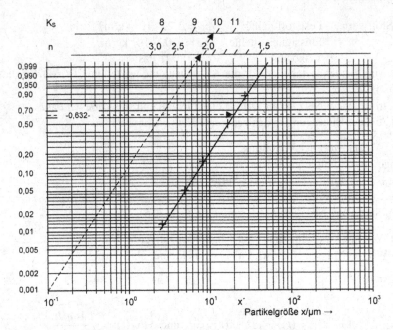

Abbildung 5.68 Korngrößenverteilung zu Aufgabe 5.2 im RRSB-Netz

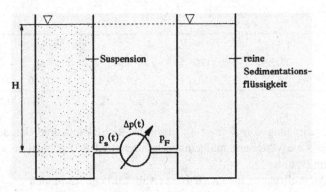

Abbildung 5.69 Sedimentations-Manometer (Funktionsschema)

Aufgabe 5.3 (Sedimentations-Manometer (kumulatives Verfahren)) Das Sedimentations-Manometer zur Partikelgrößenanalyse arbeitet im Schwerefeld nach dem in Abb. 5.69 gezeigten Prinzip.

a) Man leite in Anlehnung an die Oden'sche Gleichung (Gl. (5.6)) die Auswerte-Gleichung $R(t) = f(\Delta p(t))$ her.

b) Man berechne die Größe des Druckunterschieds Δp_0 zu Beginn des Absetz-vorgangs für folgende Daten:

$$H = 20 \text{ cm}; \qquad c_V = 0,5\%; \qquad \rho_s = 2,5 \text{ g/cm}^3; \qquad \rho_f = 1,0 \text{ g/cm}^3.$$

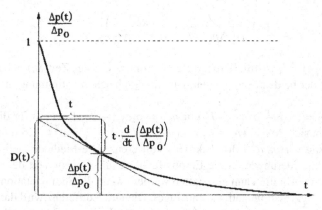

Abbildung 5.70 Messkurve zum Sedimentations-Manometer (qualitativ)

Lösung:

a) Bezeichnet man das im Behälterabschnitt der Höhe H befindliche Volumen mit V, sowie die zur Zeit $t > 0$ oberhalb der Messstelle noch vorhandene Feststoffmasse mit $m_s(t)$, dann ist der Druckunterschied an der Messstelle

$$\Delta p(t) = p_s(t) - p_F = (\rho_m(t) - \rho_f) \cdot g \cdot H = \frac{m_s(t)}{V} \cdot g \cdot H$$

mit $\rho_m = (m_s(t) + m_f)/V$. Da die Feststoffmasse im Laufe der Zeit abnimmt und den Wert Null erreicht, sobald die kleinsten Partikeln die Messstelle passiert haben, hat die Differenzdruckkurve qualitativ den in Abb. 5.70 gezeigten Verlauf. Auf die Einwaagemasse m_0 bezogen sei

$$\frac{m_s(t)}{m_0} \equiv \mu^*(t) = 1 - \mu(t),$$

worin $\mu(t)$ wie in (5.5) den unter die Messebene abgesunkenen Massenanteil bedeutet. Zur Einwaagemasse m_0 gehört die Anfangsdruckdifferenz

$$\Delta p_0 = (m_0/V)gH.$$

Es ist also

$$\mu(t) = 1 - \mu^*(t) = 1 - \frac{m_s(t)}{m} = 1 - \frac{\Delta p(t)}{\Delta p_0}$$

und

$$\frac{d\mu(t)}{dt} = -\frac{d}{dt}\left(\frac{\Delta p(t)}{\Delta p_0}\right).$$

Dies in die Oden'sche Gleichung (Gl. (5.6)) eingeführt ergibt

$$R(t) = 1 - \frac{\Delta p(t)}{\Delta p_0} + t \cdot \frac{d}{dt}\left(\frac{\Delta p}{\Delta p_0}\right) \quad \text{bzw.}$$

$$D(t) = \frac{\Delta p(t)}{\Delta p_0} - t \cdot \frac{d}{dt}\left(\frac{\Delta p(t)}{\Delta p_0}\right).$$

Weil $\frac{d}{dt}(\frac{\Delta p(t)}{\Delta p_0}) < 0$ ist (die Druckdifferenz nimmt mit der Zeit ab), addieren sich die Beträge der beiden Summanden, wie die graphische Bestimmung in Abb. 5.70 zeigt.

Aus $\Delta p_0 = (\rho_{m0} - \rho_f) \cdot g \cdot H$ mit $\rho_{m0} = \rho_s c_{V0} + \rho_f(1 - c_{V0})$ für die mittlere Dichte ergibt sich $\Delta p_0 = (\rho_s - \rho_f) \cdot c_{V0} \cdot g \cdot H = 14{,}72$ N/m$^2 \approx 1{,}5$ mmWS.

Das ist die *maximal* auftretende Druckdifferenz. Die Methode stellt demnach sehr hohe Anforderungen an die Empfindlichkeit und Genauigkeit der Differenzdruckmessung. Abhilfe kann geschaffen werden, wenn die Sedimentation im Fliehkraftfeld erfolgt (Sedimentationszentrifuge). Die Druckdifferenz wird dann um den Faktor $z = R\omega^2/g \gg 1$ (Schleuderziffer) größer. Allerdings ist dann auch der apparative Aufwand wesentlich höher.

Aufgabe 5.4 (Masse einer Probe aus Partikelanzahl und -größenverteilung) In der untenstehenden Tabelle ist die Anzahlverteilungsdichte $q_0(x)$ aus der Auszählung von insgesamt 1680 Partikeln eines mikroskopischen Präparats gegeben. Der Stoff hat die Dichte $\rho_s = 1{,}80$ g/cm^3.

i		1		2		3		4		5		6	
x_i/µm	0		4		6		9		14		20		30
q_{0i}/µm^{-1}		0,1028		0,1330		0,0575		0,0138		0,00823		0,00315	

Es ist die Gesamtmasse m_{ges} der gezählten Partikeln zu berechnen mit folgenden Annahmen:

- $x \equiv d_{pm} = d_S$, d.h. die Partikeln haben keine konkaven Oberflächenstücke,
- der Formfaktor $f_V \equiv \varphi = 1{,}4$ gelte unabhängig von der Partikelgröße.

Lösung:

$m_{ges} = \sum_1^6 \Delta m_i$ mit Δm_i = Masse der Partikeln in der Fraktion i,

$\Delta m_i = m_{Ei} \cdot \Delta Z_i$ mit ΔZ_i = Anzahl der Partikeln in der Fraktion i,

und m_{Ei} = Masse *einer* Partikel in der Fraktion i,

$$\Delta Z_i = Z_{ges} \cdot \Delta Q_{0i} = Z_{ges} \cdot q_{0i} \cdot \Delta x_i,$$

$$m_{Ei} = \frac{\pi}{6} \cdot d_V^3 \cdot \rho_s = \frac{\pi}{6} \cdot \left(\frac{d_V}{d_S}\right)^3 \cdot d_S^3 \cdot \rho_s.$$

Mit $f_V = (d_S/d_V)^2$ und $d_S = \bar{x}_i$ erhält man

$$m_{Ei} = \frac{\pi}{6} \cdot (f_V)^{-3/2} \cdot \bar{x}_i^3 \cdot \rho_s,$$

so dass sich für die gesuchte Gesamtmasse ergibt:

$$m_{ges} = \frac{\pi}{6} \cdot (f_V)^{-3/2} \cdot \rho_s \cdot Z_{ges} \cdot \sum_1^6 \bar{x}_3^i \cdot q_{0i} \cdot \Delta x_i$$

$$= 955{,}85 \cdot 10^{-12} \frac{g}{\mu m^3} \cdot [2^3 \cdot 0{,}1028 \cdot 4 + 5^3 \cdot 0{,}133 \cdot 2 + 7{,}5^3 \cdot 0{,}0575 \cdot 3$$

$$+ 11{,}5^3 \cdot 0{,}0138 \cdot 5 + 17^3 \cdot 0{,}00823 \cdot 6 + 25^3 \cdot 0{,}00315 \cdot 10] \ \mu m^3,$$

$$m_{ges} = 9{,}07 \cdot 10^{-7} \ g = 0{,}907 \ \mu g$$

Das Ergebnis zeigt, welch extrem kleine Probenmengen (<1 μg!) bei der Mikroskopanalyse für eine Grundgesamtheit repräsentativ sein müssen. Das stellt an die Probennahme, Probenteilung und an die Präparation sehr hohe Anforderungen.

Aufgabe 5.5 (Faserstaub, Konzentration und Längenverteilung von Fasern) Die Auszählung von zylindrischen Stückchen eines Faserstaubs hat das in den ersten beiden Zeilen der unten stehenden Tabelle enthaltene Ergebnis gebracht. Der Faserdurchmesser ist konstant 0,8 μm, die Dichte des Fasermaterials (Glas) 2,2 g/cm³.

a) Wieviel Anzahl-% der Fasern sind lungengängig d.h. haben Längen unterhalb 10 μm, und wie viele sind länger als 200 μm?

b) Wie groß ist die spezifische Oberfläche des Staubs (Angabe in cm^{-1})?

c) Wieviele Faserpartikeln atmet ein Mensch täglich insgesamt ein, der sich in einem Raum mit einer Faserstaubkonzentration von 250.000 Fasern/m³ befindet und pro Arbeitstag ca. 4,5 m³ Luft umsetzt?

d) Wieviele Partikeln davon sind lungengängig (< 10 μm)?

e) Welcher Partikelkonzentration in μg/m³ entspricht die unter c) gegebene Faserstaubkonzentration?

$L/\mu m$	< 1	1–2	2–5	5–10	10–20
$\Delta Q_0(L)$	0,3%	0,6%	1,1%	5%	11%

$L/\mu m$	20–50	50–100	100–200	200–500	500–1000
$\Delta Q_0(L)$	22%	23%	22%	11%	4%

Lösung:

$\bar{L}_i/\mu m$	0,5	1,5	3,5	7,5	15	35	75	150	350	750
$\Delta Q_{0,i}(L)$	0,003	0,006	0,011	0,05	0,11	0,22	0,23	0,22	0,11	0,040

a) Lungengängig sind: $Q_0(10 \ \mu m) = 5\%$, und länger als 200 μm sind $1 - Q_0(200 \ \mu m) = 15\%$.

b) Nach (2.124) ist $S_V = 4/d = 5\ \mu\mathrm{m}^{-1} = 5.000\ \mathrm{cm}^{-1}$.

c) $Z_{ges} = 250.000/\mathrm{m}^3 \cdot 4{,}5\ \mathrm{m}^3/\mathrm{Tag} = 1{,}125 \cdot 10^6$ Fasern/Tag.

d) $Z(L < 10\ \mu\mathrm{m}) = 0{,}05 \cdot 1{,}125 \cdot 10^6$ Fasern/Tag $= 56.250$ lungengängige Fasern/Tag.

Mittlere Masse einer Faser: $\bar{M}_P = \rho \cdot \bar{V}_P$

e) mit $\quad \bar{V}_P = \frac{\pi}{4}d^2 \cdot \bar{L} \quad$ und $\quad \bar{L} = \sum_1^{11} L_i \cdot \Delta Q_{0,i} \rightarrow$

$\bar{L} = 128{,}5\ \mu\mathrm{m}$, $\bar{V}_P = 64.59\ \mu\mathrm{m}^3$, $\bar{M}_P = 1{,}42 \cdot 10^{-4}\ \mu\mathrm{g}$.

Bei 250.000 Fasern/m^3 ergeben sich $M_{P\,ges} = 35{,}5\ \mu\mathrm{g/m}^3$.

Aufgabe 5.6 (Oberflächenmessung: Durchströmung – Adsorption) Begründen Sie, warum mit einer Adsorptionsmessung der Oberfläche feinkörniger Pulver höhere Werte gemessen werden als mit der Durchströmungsmethode.

Lösung:
Bei der Adsorptionsmessung werden auch Poren und Oberflächenrauigkeiten mit gemessen, die bei der Durch- und Umströmung der Partikelschicht nicht erfasst werden.

Aufgabe 5.7 (BET-Oberflächenbestimmung Vereinfachung) Bei der Einpunktmethode der BET-Oberflächenbestimmung begeht man durch die Vereinfachung einen Fehler.

a) Welcher Art ist dieser Fehler?

b) Bestimmt man dabei eine etwas zu große oder eine etwas zu kleine Oberfläche gegenüber der exakten Auswertung der Isotherme? (Nachweis!)

Lösung:
Es handelt sich um einen *systematischen Messfehler*, denn zur Messung gehört auch die Auswertung (s. Abschn. 5.9.1.2)

Die Oberfläche wird prinzipiell etwas zu klein bestimmt.

Nachweis: Exakt bekommt man aus (5.24)

$$\frac{1}{n_{m1}} = a + \frac{y_1}{x}.$$

Für die Näherung ist

$$n_{m2} = \frac{x}{a + y_1}.$$

Der Vergleich ergibt

$$\frac{n_{m2}}{n_{m1}} = \frac{x \cdot a + y_1}{a + y_1}.$$

Weil $x \equiv p_r < 1$ ist, ist auch $x \cdot a < a$ und daher $n_{m2} < n_{m1}$.

Aufgabe 5.8 (Oberflächenmessungen Vergleich)

a) Beschreiben Sie die prinzipiellen physikalischen Unterschiede zwischen den beiden folgenden Methoden zur Messung der Oberfläche pulveriger Feststoffe:

Adsorptionsverfahren
Durchströmungsverfahren
b) Nennen Sie typische Anwendungsbeispiele (Produkte) für beide Methoden.

Lösung:

a) **Adsorptionsverfahren** benutzen als „Fühler (= Sensoren) zum Abtasten der Oberfläche" die Moleküle des Messgases (z.B. N_2) und erfassen dadurch alle Oberflächenrauhigkeiten und offenen Poren, die für die Moleküle zugänglich sind. **Durchströmungsverfahren** beruhen auf dem Reibungswiderstand, den das über die Partikel- bzw. Porenoberfläche strömende Fluid erfährt. Dabei bildet sich wegen der Haftbedingung des Fluids an der Oberfläche eine „laminare Unterschicht", die Rauhigkeitserhebungen, die kleiner sind als diese Schicht, nicht erfasst, die gemessene Oberfläche wird geglättet, Kleinstrauhigkeiten „zugeschmiert". Die Oberfläche von Poren, die zwar zugänglich aber nicht durchströmbar sind, wird ebenfalls nicht erfasst. Die Oberflächenmessergebnisse aus Adsorptionsverfahren sind daher nahezu immer größer als diejenigen aus Durchströmungsverfahren.

b) **Adsorptionsverfahren**: Adsorptionsmittel wie z.B. Aktivkohle, Kieselgel, Tonerdegel, Molekularsiebe.

Durchströmungsverfahren: Zement u. a. mineralische Feinmehle wie z.B. Kalkstein-, Quarz-, Flussspat-, Schwerspatmehl.

Aufgabe 5.9 (Äußere und innere Porosität) Man leite die Beziehung zur Berechnung der Gesamtporosität aus äußerer und innerer Porosität ((2.130) $\varepsilon_{ges} = \varepsilon_a + \varepsilon_i - \varepsilon_i \cdot \varepsilon_a$) her.

Lösung:

Mit den Bezeichnungen

V_{ges} = Gesamtvolumen der Schüttung,
$V_{H,Sch}$ = Hohlraum in der Schüttung,
V_A = Volumen der (porösen) Partikeln,
$V_{H,A}$ = Hohlraum im Inneren der Partikeln

und $\varepsilon_a = V_{H,Sch}/V_{ges}$ sowie $\varepsilon_i = V_{H,A}/V_A$
ist zunächst $\varepsilon_{ges} = \frac{V_{H,Sch}+V_{H,A}}{V_{ges}} = \varepsilon_a + \frac{V_{H,A}}{V_{ges}} = \varepsilon_a + \varepsilon_i \cdot \frac{V_A}{V_{ges}}$.
Daraus folgt dann wegen $\frac{V_A}{V_{ges}} = 1 - \varepsilon_a$ die (2.130):

$$\varepsilon_{ges} = \varepsilon_a + \varepsilon_i \cdot (1 - \varepsilon_a).$$

Aufgabe 5.10 (Innere Porosität und Schüttgutdichte) Es soll die Porosität im Inneren von porösen Granulatkörnern sowie die Schüttgutdichte bestimmt werden. Dazu füllt man z.B. 1 kg Granulat in einen Behälter, rüttelt ein und erzeugt damit eine äußere Porosität von $\varepsilon_a = 0{,}37$. Das Volumen, das die gesamte Schüttung in dem Behälter annimmt, sei $V = 3{,}55 l$, die Feststoffdichte des Kornmaterials beträgt $1{,}6$ g/cm^3.

Lösung:

Gegeben: $\varepsilon_a = 0{,}37$, $V = 3.550$ cm^3,
$m_s = 1000$ g $\rho_s = 1{,}60$ g/cm^3.

Mit V_{Gr} = Volumen der porösen Granulatkörner und
V_s = Feststoffvolumen
ist die gesuchte innere Porosität $\varepsilon_i = \frac{V_{Gr}-V_s}{V_{Gr}} = 1 - \frac{V_s}{V_{Gr}}$.

$$V_s = m_s/\rho_s = 1.000/1,6 \text{ cm}^3 = 625 \text{ cm}^3,$$

$$V_{Gr} = V \cdot (1 - \varepsilon_a) = 3.550 \cdot (1 - 0,37) \text{ cm}^3 = 2.237 \text{ cm}^3$$

$$\varepsilon_i = 1 - 625/2.237 = 0,72$$

Die Schüttgutdichte ergibt sich aus
$$\rho_{Sch} = m_s/V = 1/3,55 \text{ kg/l} = 0,282 \text{ kg/l} = 0,282 \text{ g/cm}^3 = 282 \text{ kg/m}^3.$$

Aufgabe 5.11 (Porositätsbeurteilung Filterstaub) Für einen sehr feinen trockenen Filterstaub wurde gaspyknometrisch die Feststoffdichte $\rho_s = 3,33$ g/cm^3 gemessen. Schüttet man diesen Staub in ein Gefäß, nehmen 39,96 g ein Volumen von 83,25 cm^3 ein.

a) Welche Schüttdichte ρ_{Sch} und welche Porosität $\varepsilon_{a)}$ hat die Filterstaubschüttung?

b) Ist der Porositätswert besonders hoch oder besonders niedrig?

c) Wie erklären Sie, dass er so hoch bzw. niedrig ist?

d) Zu der Filterstaubschüttung werden 50 ml Wasser gegeben, es entsteht eine blasenfreie Suspension. Der Filterstaub ist nicht löslich. Nach dem Absetzen nimmt der Schlamm ein Volumen von 31,0 cm^3 ein. Wie groß ist jetzt die Porosität im Schlamm?

e) Wie erklären Sie qualitativ die Veränderung gegenüber der Porosität im trockenen Zustand?

f) Welches Gesamtvolumen nehmen Schlamm und überstehendes Wasser im Behälter ein?

Lösung:

a) $\rho_{Sch} = m_{St}/V = 39,96/83,25$ g/cm$^3 = 0,480$ g/cm^3
$\varepsilon_{a)} = 1 - V_{St}/V = 1 - m_{St}/(\rho_{St} \cdot V) = 1 - \rho_{Sch}/\rho_{St} = 0,856$.

b) Besonders hoch.

c) Der Filterstaub ist sehr fein, Haftkräfte können durch die Schwerkraft und Trägheitskräfte kaum oder gar nicht überwunden werden, daher bleiben die Partikeln in Positionen, die eine sehr lockere Schüttung ergibt.

d) $V_{Schlamm} = 31$ cm^3; $\varepsilon_{Schlamm} = 1 - m_{St}/(\rho_{St} \cdot V_{Schlamm}) = 0,613$.

e) Die starken Haftkräfte zwischen den trockenen Partikeln werden in flüssiger Umgebung weitgehend aufgehoben, daher ist die Porosität geringer.

f) $V_{Susp} = m_{St}/\rho_{St} + V_W = (12,0 + 50,0)$ cm$^3 = 62,0$ cm^3.

Aufgabe 5.12 (Fehlerarten: Siebung, Sedimentation, allgemein) Um welche Fehlerart(en) handelt es sich, wenn

a) bei der Analysensiebung eine zu kurze Siebdauer gewählt worden ist?

b) In welcher Weise wird dadurch das Ergebnis der Analysensiebung verfälscht? (Lage der „falschen" und der „richtigen" Verteilungssumme qualitativ angeben).

Abbildung 5.71
Auswirkung zu kurzer
Siebzeit

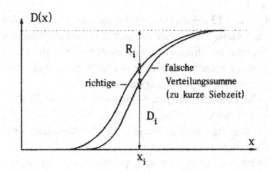

c) aus einer Sedimentationsanalyse mit 3-minütiger vorheriger Ultraschall-Dispergierung eine gröbere Verteilung hervorgeht als mit 10-minütiger Dispergierung?

d) beim Vergleich von drei völlig korrekt durchgeführten Partikelgrößenanalysen mit demselben Gerät an drei getrennten, aber aus einer Probeteilung hervorgegangenen Proben Abweichungen von ca. 3...5% festgestellt werden?

e) Welche systematischen Mess- und Probenfehler kann man bei der Partikelgrößenanalyse mit Sedimentationsverfahren (allgemein) und mit Zählverfahren (allgemein) machen? (Tabellarische Zusammenstellung von Beispielen)

Lösungen:

a) systematischer Messfehler

b) s. Abb. 5.71. *Erklärung*: Bei zu kurzer Siebzeit ist der Durchgang D_i durch das Sieb mit der Maschenweite x_i zu klein, bzw. der Rückstand R_i zu groß.

c) Systematischer Probenfehler, weil durch nicht ausreichende Dispergierung vermeidbar zu große Partikeln vorgetäuscht werden und die Dispergierung zur Probenpräparation – zwar im Messgerät, aber nicht zur Wägung des Messverfahrens „Sedimentationsanalyse" gehört.

d) Summe aus zufälligen Mess- und Probenfehlern.

e)	systematische Messfehler	systematische Probenfehler
Sedimentations-verfahren	Sedimentationshöhe verstellt, Einwaage stimmt nicht,	Probe aus nicht völlig durchmischter Suspension entnommen
	Nullpunktverschiebungen bei Schreiber, Uhr, Waage... Probe nicht ausreichend dispergiert	Trenneffekte beim Probenziehen aus völlig durchmischter Suspension
Zählverfahren	bestimmte Teilchengrößen (besonders die sehr kleinen) werden bei der *Zählung* nicht berücksichtigt	bestimmte Teilchengrößen werden bei der *Probennahme* nicht erfaßt (Sichteffekt bei der Entnahme aus einem Luftstrom, Entnahme aus abgesetzter Suspension)

Aufgabe 5.13 (Fehlerarten Granulatvermessung) Aus einem Granulierteller werden in einem Praktikumsversuch zur Bestimmung der mittleren Agglomeratmasse und -größe aus einer zwischen zwei Sieben erhaltenen Fraktion (Kornklasse) in einer Einzelprobe 8 Agglomerate entnommen und einzeln in jeweils 3 Raumrichtungen vermessen und gemeinsam gewogen.

a) Man beschreibe mit Stichworten, welche Probenfehler dabei gemacht werden und wie man sie verringern kann.

b) Man beschreibe ebenso, welche Messfehler dabei gemacht werden können und wie man sie verringern kann.

In beiden Fällen unterscheide man noch zwischen systematischen und zufälligen Fehlern.

Hinweise:

1.) Eine Siebfraktion enthält eine unbekannte Größenverteilung zwischen der oberen und unteren Siebmaschenweite.

2.) Die Agglomerate sind nicht genau kugelförmig sondern eher wie Kartoffeln geformt.

Lösung:

a) *Systematische Probenfehler*: Entnahme von nur besonders großen oder besonders kleinen Agglomeraten für die Einzelprobe.

Verringerung: Eine nach Augenschein „gute Mischung" von kleineren und größeren Agglomeraten entnehmen.

Zufälliger Probenfehler: Auswahl der Fraktion: eine zweite entnommene Fraktion würde ein anderes Gewicht haben, Anzahl der entnommenen Agglomerate (8 ist sehr wenig!)

Verringerung durch Entnahme von mehreren dieser Einzelproben, bzw. Entnahme einer größeren Anzahl von Agglomeraten in einer Probe.

b) *Systematische Messfehler*: Nicht kalibrierte Waage (z.B. falsche Taraeinstellung), Vermessung der 3 „Durchmesser" nur in stabiler Lage der Agglomerate auf der Unterlage.

Verringerung durch Kalibrierung der Waage und Wahl von z.B. drei senkrecht aufeinander stehenden Raumrichtungen zur Größenbestimmung.

Zufällige Messfehler: Ableseungenauigkeit beim Wiegen (bei zu wenig empfindlicher Waage), Auswahl der Messrichtungen beim Ermitteln der Größen.

Verringerung: Geeigneten Wägebereich bei der Wahl der Waage beachten. Mehr als drei und zufällig ausgesuchte Messrichtungen wählen.

Alle Fehler werden vermieden bzw. verringert durch die Anwendung eines dynamischen Bildanalyseverfahrens wie in Abschn. 5.4.1 erwähnt.

Aufgabe 5.14 (Probenpräparation für Sedimentationsanalyse) Worauf ist bei der Probenpräparation zur Messung der Partikelgrößenverteilung mit einem Sedimentationsverfahren zu achten? Mindestens drei Kriterien!

Lösung:

• Feststoffvolumenkonzentration $< 0,2\%$
• ausreichende Dispergierung (Zeit und Intensität)

- keine Wechselwirkungen (Reaktionen, Lösen, Quellen ...) zwischen Feststoff und Flüssigkeit, d.h. geeignete Dispergierflüssigkeit wählen
- repräsentative Probe durch z.B. „Anteigen" mit sehr wenig Flüssigkeit zu einem „Brei".

Aufgabe 5.15 (Messverfahren für Partikeln zwischen 5 und 50 μm) Geben Sie mindestens drei Verfahren an, um die Partikelgrößenverteilung eines feinkörnigen Produkts im Bereich zwischen 5 μm und 50 μm zu messen.

Geben Sie jeweils dazu an, welche Mengenarten (MA) und welche Partikelgrößendefinitionen (PG) zu den genannten Verfahren gehören?

Lösung:

- Luftstrahlsiebung. MA: Masse, PG: Maschenweite
- Zählverfahren (bildgebend, z.B. Mikroskopie). MA: Anzahl, PG: Statistischer Äquivalentdurchmesser
- Zählverfahren (Streulicht). MA: Anzahl, PG: Streulicht-Äquivalentdurchmesser
- Sedimentationsverfahren (Röntgen-Sedimentation). MA: Masse, PG: Sinkgeschwindigkeits-Äquivalentdurchmesser
- Sedimentationsverfahren (Sedimentationswaage). MA: Masse, PG: Sinkgeschwindigkeits-Äquivalentdurchmesser.

Aufgabe 5.16 (Rundloch und Quadratlochsiebung) Auf einem Siebsatz mit quadratischen Sieböffnungen wurde die in Abb. 5.72 gezeigte Partikelgrößenverteilung eines gebrochenen Sandes gemessen (durchgezogene Linie). Wie wird qualitativ die gemessene Verteilungskurve aussehen, wenn man dasselbe Produkt auf einem Siebsatz mit Rundlochsieben der gleichen „Nennmaschenweiten" unter sonst gleichen Bedingungen analysiert?

Lösung:
gestrichelte Linie in Abb. 5.72.

Begründung: Durch ein kreisrundes Loch können weniger (eine geringere Menge) unregelmäßig geformte Sandkörner treten, als durch ein quadratisches Loch. Daher ist bei einer bestimmten Maschenweite x_1 der Durchgang beim Rundloch kleiner als beim Quadratloch.

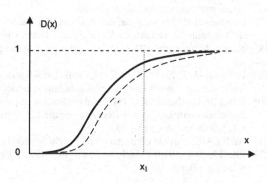

Abbildung 5.72 Zu Aufgabe 5.16

Literatur

[5.1]   Allen T (1997) Particle Size Measurement. vol 1: Surface area and pore size determination, vol. 2: Powder sampling and particle size measurement, Particle Technology Series, vol. 7. Springer, Berlin, 5th edn.

[5.2]   Leschonski K, Alex W, Koglin B (1974, 1975) Teilchengrößenanalyse. Artikelserie in Chemie-Ing. Tech. 46 und 47. Verlag Chemie, Weinheim

[5.3]   Bernhardt C (1990) Granulometrie – Klassier- und Sedimentationsmethoden. 1. Aufl. Wiley-VCH, Weinheim

[5.3.a] Bernhardt C (1994) ParticleSize Analysis: Classification and Sedimentation methods. Chapman & Hall. 1st edn. GB. 428 pp.

[5.4]   Webb PA, Orr C (1997) Analytical Methods in Fine Particle Technology. Micromeritics Instrument Corp., Norcross, GA, USA

[5.5]   DIN- Taschenbuch 133 (2004) Partikelmesstechnik – Normen. Ausgabe auf CD-ROM oder als Netzwerkversion. Beuth, Berlin

[5.6.a] ISO 3310-1 (2001) Analysensiebe – Technische Anforderungen und Prüfung – Teil 1: Analysensiebe mit Metalldrahtgewebe. Beuth, Berlin

[5.6.b] ISO 3310-2 (2001) Analysensiebe – Technische Anforderungen und Prüfung – Teil 2: Analysensiebe mit Lochblechen. Beuth, Berlin

[5.6.c] ISO 3310-3 (1990) Analysensiebe; Anforderungen und Prüfung; Teil 3: Analysensiebe aus galvanisch hergestellten Lochfolien. Beuth, Berlin

[5.7]   ISO 13317-1 (2001) Determination of particle size distribution by gravitational liquid sedimentation methods – Part 1: General principles and guidelines. Beuth, Berlin

[5.8]   ISO 13317-2 (2001) Determination of particle size distribution by gravitational liquid sedimentation methods – Part 2: Fixed pipette method. Beuth, Berlin

[5.9]   DIN ISO 10076 (2001) Metallpulver – Ermittlung der Teilchengrößenverteilung durch Schwerkraftsedimentation in einer Flüssigkeit und Messung der Abschwächung (deutsche Übersetzung der Internationalen Norm ISO 10076:1991). Beuth, Berlin

[5.10] ISO 13317-3 (2001) Determination of particle size distribution by gravitational liquid sedimentation methods – Part 3: X-ray gravitational technique. Beuth, Berlin

[5.11] ISO 13318-1 (2001) Determination of particle size distribution by centrifugal liquid sedimentation methods – Part 1: General principles and guidelines. Beuth, Berlin

[5.12] ISO 13318-2 (2001) Determination of particle size distribution by centrifugal liquid sedimentation methods – Part 2: Centrifugal photosedimentation method. Beuth, Berlin

[5.13] ISO 13318-3 (2001) Determination of particle size distribution by centrifugal liquid sedimentation methods – Part 3: Centrifugal X-ray method. Beuth, Berlin

[5.14] Hermes K, Kesten U (1981) Die Bildanalyse als modernes Verfahren der Partikelmesstechnik. Chem.-Ing.-Tech. **53**:780–786

[5.15] ISO 13322-1 (2004) Particle size analysis – Image analysis methods – Part 1: Static image analysis methods

[5.16] ISO 13322-2 (2006) Particle size analysis – Image analysis methods – Part 1: Dynamic image analysis methods. Beuth, Berlin

[5.17] Umhauer H (1988) Staubmesstechnik – in: Staubabscheiden, Kontaktstudium am Institut für Mechanische Verfahrenstechnik und Mechanik, Univ. Karlsruhe (TH)

[5.18] Naqwi, A Programm STREU, Univ. Erlangen-Nürnberg, Lehrstuhl für Strömungsmechanik

[5.19] Umhauer H (1975) Ermittlung von Partikelgrößenverteilungen in Aerosolströmungen hoher Konzentration mit Hilfe einer Streulichtmesseinrichtung, VDI Bericht Nr 232

[5.20] Heuer M, Leschonski K (1984) Erfahrungen mit einem neuen Gerät zur Messung von Partikelgrößenverteilungen aus Beugungsspektren. 3. Europ. Symposium Partikelmesstechnik, Nürnberg 1984, 515–538

[5.21] Xu R (2002) Particle Characterization: Light Scattering Methods. Springer, Berlin

[5.22] ISO 13320-1 (1999) Particle size analysis – laser diffraction methods – Part 1: General principles. Beuth, Berlin

[5.23] Wessely B (1998) Extinktionsmessung von Licht zur Charakterisierung disperser Systeme. Diss. TU Dresden

[5.24] Ripperger S, Wessely B, Feller U (1999) Erfassung von Dispersitätseigenschaften mittels der dynamischen Extinktionsmessung. Chem. Technik **51**(5):258–262

[5.25] ISO 13319 (2000) Determination of particle size distributions – Electrical sensing zone method. Beuth, Berlin

[5.26] Kätzel U, Stintz M, Ripperger S (2006) Applikationsuntersuchungen zur Photonenkorrelationsspektroskopie im Rückstreubereich. Chem. -Ing. -Techn. **76**(1–2):66–69

[5.27] Koppel DE (1972) Analysis of Macromolecular Polydispersity in Intensity Correlation Spectroscopy: The Method of Cumulants. Journal of Chemical Physics **57**(11):4814–4820

[5.28] ISO 13321 (1996) Particle size analysis – Photon correlation spectroscopy in [5.5]

[5.29] Finsy R, de Jaeger N, Sneyers R, Geladé E (1992) Particle Sizing by Photon Correlation Spectroscopy. Part 3: Mono and Bimodal Distributions and Data Analysis. Part. Part. Syst. Charact. **9**:125–137

[5.30] Finsy R et al. (1993) Particle Sizing by Photon Correlation Spectroscopy. Part 4: Resolution of Bimodals and Comparison with other Particle Sizing Methods. Part. Part. Syst. Charact. **10**:118–128

[5.31] ISO 20988 (2006) Measurement and characterization of particles by acoustic methods – Part 1: Concepts and procedures in ultrasonic attenuation spectroscopy. Beuth, Berlin

[5.32] Riebel U, Löffler F (1989) The Fundamentals of Particle Size Analysis by Means of Ultrasonic Spectrometry. Part. Part. Syst. Charact. **6**:135–143

[5.33] Dukhin AS, Goetz PJ, Wines TH, Somasundaran P (2000) Acoustic and electroacoustic spectroscopy. Colloids & Surfaces, A **173**(1–3):127–158

[5.34] Dukhin AS, Goetz PJ (2002) Ultrasound for characterizing colloids – particle sizing, zetapotential, rheology. Elsevier, Amsterdam

[5.35] Babick F (2005) Schallspektroskopische Charakterisierung von submikronen Emulsionen. Diss. TU Dresden

[5.36] O'Brien RW (1988) Electro-acoustic Effects in a dilute Suspension of Spherical Particles. J. Fluid. Mech. **190**:71–86

[5.37] Beister J (2001) Bestimmung von Molmassen, Teilchengrößen und deren Verteilungen an hydrophob und hydrophil modifizierten Cellulosederivaten. Diss. Univ. Hamburg

[5.38] TU Dresden, FB Chemie, Makromolekulare Chemie Skriptum

[5.39] VDI-RL 3489 Blatt 2 (1995) Messen von Partikeln; Methoden zur Charakterisierung von Prüfaerosolen; Kondensationskernzähler mit kontinuierlichem Durchfluss. Beuth, Berlin

[5.40] VDI RL 89 Blatt 6 (1995) Messen von Partikeln – Methoden zur Charakterisierung und Überwachung von Prüfaerosolen – Netz-Diffusionsbatterie mit Kondensationskernzähler. Beuth, Berlin

[5.41] Schittkowski T (2005) Laserinduzierte Inkandeszenz (LII). Logos Verlag, Berlin

[5.42] Baron PA, Willeke K (2001) Aerosol Measurement – Principles, Techniques and Application, 2nd edn. John Wiley and Sons, New York

[5.43] VDI/DIN-Handbuch Reinhaltung der Luft–Band 4, Kommission Reinhaltung der Luft (KRdL) im VDI ind DIN-Normenausschuss (Hrsg.), Beuth, Berlin

[5.44] "TA Luft" (2002) Technische Anleitung zur Reinhaltung der Luft; Erste Allgemeine Verwaltungsvorschrift zum Bundes-Immissionsschutzgesetz vom 24. Juli 2002

[5.45] EN 12341 X (1998) Luftbeschaffenheit – Ermittlung der PM10-Fraktion von Schwebstaub – Referenzmethode und Feldprüfverfahren zum Nachweis der Gleichwertigkeit von Meßverfahren und Referenzmeßmethode. Beuth, Berlin

[5.46] Födisch H (2004) Staubemissionsmesstechnik. Expert Verlag, Renningen

[5.47] Erste Verordnung zur Durchführung des Bundes-Immissionsschutzgesetzes (Verordnung über kleine und mittlere Feuerungsanlagen – 1. BImSchV), August 2001

[5.48] Christen R, Rogner A (1998) Continuous monitoring of low particulate matter concentrations using scattered light, Presentation at CEM'98 conference NPL, London 1998, Fa. Sigrist Photometer AG, CH-6373 Ennetbürgen, Switzerland

[5.49] DIN ISO 9277 (2003) Bestimmung der spezifischen Oberfläche von Feststoffen durch Gasadsorption nach dem BET-Verfahren. Beuth, Berlin

[5.50]   DIN-Taschenbuch 225 (2005) Statistik – Probenahme und Annahmestichprobenprüfung
         Normen, 3. Aufl. Beuth, Berlin

[5.51]   Rasemann W (Hrsg.) (1999) Qualitätssicherung von Stoffsystemen im Abfall- und
         Umweltbereich – Probenahme und Datenanalyse. Trans Tech Publications, Clausthal-
         Zellerfeld

[5.52]   Polke R, Schäfer M, Scholz N (1991) Preparation technology for fine Particle measure-
         ment. Part. Part. Syst. Charact. 8:1–7

[5.53]   Sommer K (1979) Probennahme von Pulvern und körnigen Massengütern. Springer-
         Verlag, Berlin

[5.54]   Baumbach G (1992) Luftreinhaltung. Entstehung, Ausbreitung und Wirkung von Luftver-
         unreinigungen – Messtechnik, Emissionsminderung und Vorschriften, 2. Aufl. Springer-
         Verlag, Berlin

[5.55]   Alex W (2004) Krümelkunde – Gemeinfassliche Darstellung des Krümelwesens und ver-
         wandter Gebiete. (Skriptum) http://www.alex-weingarten.de/skripten/kruemel.pdf

[5.56]   DIN EN 196-6 (Entwurf 2008) Prüfverfahren für Zemment – Teil 6: Bestimmung der
         Mahlfeinheit. Beuth, Berlin

Kapitel 6
Mechanische Trennverfahren I –
Trockenklassieren

6.1 Allgemeines zu den mechanischen Trennverfahren

In der Verfahrenstechnik gehören die Trennverfahren zu den wichtigsten und viel-fältigsten Operationen überhaupt. Das liegt daran, dass sowohl die Rohstoffe wie auch Zwischenprodukte, aus denen letztlich Endprodukte mit bestimmten Eigen-schaften hergestellt werden sollen, fast nie in reiner Form, sondern praktisch immer als Gemische aus meist sehr vielen verschiedenen Komponenten mit unterschied-lichen Eigenschaften vorliegen. Diese Unterschiede in den Eigenschaften der Ge-mischkomponenten muss die Verfahrenstechnik für die Trennung ausnutzen.

Stoffe werden also immer nach typischen Eigenschaften, nach *Merkmalen* ge-trennt. Die wichtigsten Trennmerkmale in der mechanischen Verfahrenstechnik sind *geometrische Merkmale* (z.B. Feinheitsmerkmale) und *stoffliche Merkmale*. Dabei gilt allerdings kein „entweder – oder", wie man an einem sehr einfachen Beispiel erkennen kann: Eine Mischung aus groben Senfsamen und feinen Mohnkörnchen lässt sich eindeutig nach dem geometrischen Merkmal *Korngröße* trennen und ist damit auch stofflich getrennt. Dennoch trifft man generell die genannte Unterschei-dung, weil es sich als praktisch sinnvoll erwiesen hat.

Die physikalischen Prinzipien, nach denen die Trennapparate arbeiten, müssen sich nach den Stoffeigenschaften richten, die als Trennmerkmale geeignet sind. Das können – müssen aber nicht – auch anwendungsrelevante Eigenschaften sein.

6.1.1 Merkmale

Feinheitsmerkmale

Unter Feinheitsmerkmalen sind zunächst alle diejenigen Merkmale von Partikeln zu verstehen, die ihre *Größe*, also ihre geometrische Ausdehnung kennzeichnen. Dazu gehören alle linearen Partikelgrößen, wie die statistischen Durchmesser, die geometrischen und physikalischen Äquivalentdurchmesser sowie das Volumen, die Oberfläche, die Projektionsfläche und auch die volumenbezogene spezifische Ober-fläche als reziproke Partikelgröße (s. Abschn. 2.3).

Auch durch ihre *Form* können Partikeln sich unterscheiden. Sie ist zwar streng genommen kein Feinheitsmerkmal, wird als geometrische Eigenschaft jedoch in diesen Zusammenhang gestellt. Trennen nach Feinheitsmerkmalen heißt allgemein *Klassieren*.

Beispiel Siebklassieren: Ein Haufwerk aus verschieden großen Körnern wird nach dem Merkmal *Siebmaschenweite* in zwei oder mehr Kornklassen getrennt.

M. Stieß, *Mechanische Verfahrenstechnik - Partikeltechnologie 1*,
doi: 10.1007/978-3-540-32552-9, © Springer 2009

Stoffliche Merkmale

Unter stofflichen Merkmalen werden hier zunächst alle chemischen und physikalischen Eigenschaften verstanden, in denen sich die zu trennenden Stoffe unterscheiden. Für die mechanische Verfahrenstechnik sind vor allem diejenigen relevant, die das Angreifen mechanisch wirkender Kräfte für die Trennung erlauben.

Die wichtigsten darunter sind die *Phase* (fest, flüssig, gasförmig), die *Dichte, magnetische Suszeptibilität, elektrische Aufladbarkeit, Leitfähigkeit, Benetzbarkeit* der Oberfläche sowie *optische Eigenschaften* (Streuung, Absorption, Reflexion, Beugung, Farbe), die sich über geeignete Sensoren zur Steuerung von Kräften verwenden lassen. Auch unterschiedliche *Formen* können zur stofflichen Trennung dienen. Trennen von Feststoffen nach stofflichen Merkmalen heißt allgemein *Sortieren*.

Für die *Phasentrennung* gibt es verschiedene Spezialgebiete mit eigenen Bezeichnungen:

- *Staubabscheiden, Tropfenabscheiden* für die möglichst vollständige Trennung von festen oder flüssigen Partikeln aus Gasen (Abluftreinigung).
- *Fest-Flüssig-Trennen* für folgende nach ihrer Zielsetzung verschiedene Verfahren:
  - *Klären*, wenn die reine Flüssigkeit gewonnen werden soll (z.B. Wasser, Schmieröl, Getränke),
  - *Eindicken* für die Konzentrationserhöhung in einer Suspension mit teilweiser Abtrennung der Flüssigkeit (z.B. Klärschlamm, mineralische Trüben),
  - *Filtrieren* und *Zentrifugieren*, wenn die mechanische Trennung durch Massenkräfte möglichst vollständig sein soll (alle Suspensionen),
  - *Entfeuchten, Entwässern, Auspressen* sind zusätzliche mechanische verfahren zur weitergehenden Reduzierung der Restfeuchte in Feststoff-Produkten (z.B. Filterkuchen, Getränkemaischen, Textilien).
- *Emulsionstrennen* (gelegentlich auch *Emulsionsspalten*) nennt man das teilweise oder vollständige Auftrennen disperser Gemische ineinander nicht löslicher Flüssigkeiten (Emulsionen) wieder in ihre Komponenten (z.B. Magermilch – Sahne, Trennen von Extraktphase und Raffinatphase bei der Flüssig-Flüssig-Extraktion, Öl-Wasser-Gemische).
- *Entgasen* ist das Austreiben von Gasbläschen aus – meist zähen – Flüssigkeiten (z.B. Lebensmittel, Pasten. Öl, Getränke).

Verfahrenstechnische Sortierprozesse sind sehr weit gestreut und reichen von der Aufbereitungstechnik für Bodenschätze (Steine und Erden, Mineralien, Kohle, Erze) über die Reinigung und Auslese von Naturprodukten (Getreide, Obst, Nüsse) bis zur Hausmüllsortierung in kompostierbare Stoffe, metallische und nichtmetallische Baustoffe, magnetischen und unmagnetischen Schrott, Leichtstoffe (Folien Textilien, Fasern), Glas usw.

Teilen

Eine gewisse Sonderstellung nimmt der Trennprozess *Teilen* ein. Teilen meint das Trennen nach dem ausschließlichen Merkmal *Menge*. Das Aufgabegut auf den

Trenn- bzw. Teilapparat wird so in – mindestens zwei – Teilmengen getrennt, dass deren Zusammensetzung hinsichtlich aller anderen Merkmale außer der Menge mit derjenigen des Aufgabegutes übereinstimmt. (Vgl. Probeteilung Abschn. 5.9).

6.1.2 Grundprinzip der mechanischen Trennungen

Wie die vorstehende Aufzählung zeigt, handelt es sich bei den mechanischen Trennverfahren im Wesentlichen um die Trennung disperser Systeme voneinander oder von einer kontinuierlichen Phase. Praktisch alle Trennverfahren benutzen dabei das gleiche Grundprinzip:

Durch die Einwirkung konkurrierender Kräfte auf die verschiedenen Komponenten werden diese zu verschiedenen Stellen (Orten) des Trennapparats bevorzugt oder ausschließlich transportiert und dort entnommen.

Man kann daher eine systematische Gliederung der mechanischen Trennverfahren nach den wirkenden Kräften vornehmen und die technischen Realisierungen diesen Gesichtspunkten unterordnen. Eine ausführliche Systematik dieser Art stammt von Koller u. Pielen (1980) [6.1] und wird in der Konstruktionsmethodik des Maschinenbaus eingesetzt (Koller u. Kastrup (1998) [6.2]). Hier soll jedoch eine der Praxis entnommene Einteilung der Verfahren Vorrang haben: *Trockenklassieren* (Sieben und Sichten). *Partikelabscheidung aus Gasen (Staubabscheiden)* und *Fest-Flüssig-Trennen*. Das Sortieren bleibt ausgespart, hierzu sei auf das Buch von Heinrich Schubert (1996) [6.3] verwiesen.

In allen drei behandelten Gebieten wird auf Grundlagen aus den Kapiteln 2 (Partikeln und disperse Systeme), 3 (Ähnlichkeitslehre und Dimensionsanalyse) und 4 (fluidmechanische Grundlagen) zurückgegriffen.

6.2 Kennzeichnung der Klassierung

6.2.1 Begriffe und Definitionen

Allgemeine Grundlagen der „Darstellung und Kennzeichnung von Trennungen disperser Güter" sind in DIN 66142, Teil 1 genormt, ihre Anwendung bei analytischen Trennungen in Teil 2 und bei betrieblichen Trennungen in Teil 3 dieser Norm (in DIN-Taschenbuch 133 [2.3]. Eine zusammenfassende Darstellung von Leschonski findet man in Ullmanns Encyclopedia (1988) [1.14].

Ziel der klassierenden Trennung ist es, ein Aufgabegut, das Partikeln verschiedener Größen enthält, mit einem Klassierer so zu trennen, dass *alle* Partikeln, die größer als eine bestimmte *Trennkorngröße* x_t sind, in die Klasse „Grobgut" und alle Partikeln $\leq x_t$ in die Klasse „Feingut" gelangen. Diese ideale Klassierung ist technisch nicht erreichbar. Vielmehr wird auch das Grobgut noch Partikeln $< x_t$ und das Feingut solche mit $x > x_t$ enthalten. Man spricht dann von *Fehlkorn*. Die Klassierung ist aber umso besser („schärfer"), je geringer die Mengenanteile dieser sog. *Fehlkornausträge* sind, und je näher ihre Partikelgrößen bei x_t liegen.

Abbildung 6.1
Benennungen beim
Klassieren

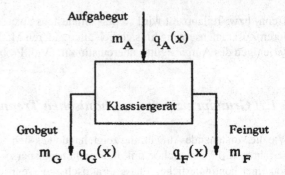

6.2.1.1 Bilanzen

Zunächst soll das Klassiergerät als „black box" betrachtet werden (Abb. 6.1). Das Aufgabegut mit der Masse m_A und der Partikelgrößenverteilung $q_A(x)$ wird darin in das Grobgut (Masse m_G, Partikelgrößenverteilung $q_G(x)$) und das Feingut (Masse m_F, Partikelgrößenverteilung $q_F(x)$) getrennt. Anstelle der Massen können auch Massenströme gesetzt werden. Dann gilt das Folgende unverändert unter der Voraussetzung zeitlich konstanter Massenströme, also stationären Betriebs.

Damit kann man die Massenbilanzen für das Gesamtgut und für eine beliebige Fraktion (Kornklasse) zwischen x und $x + dx$ aufstellen.[1]

Gesamtbilanz

$$m_A = m_G + m_F. \tag{6.1}$$

Division durch m_A ergibt

$$\text{mit} \quad g = m_G/m_A \quad \textit{Grobgut-Massenanteil} \tag{6.2}$$

$$\text{und} \quad f = m_F/m_A \quad \textit{Feingut-Massenanteil} \tag{6.3}$$

$$g + f = 1. \tag{6.4}$$

In Anlehnung an Bezeichnungen aus der Aufbereitungstechnik nennt man g bei betrieblichen Trennungen auch „Grobgut-Masseausbringen" und f „Feingut-Masseausbringen".

Fraktionsbilanz

Bei ideal scharfer Klassierung gäbe es im Grob- und im Feingut keine gemeinsamen Partikelgrößen: Alles Grobgut wäre größer als die Trennkorngröße x_t, und

---

[1] Alle Betrachtungen werden hier wegen der Anschaulichkeit und der praktischen Bedeutung für die Mengenart „Masse" angestellt. Sie gelten sinngemäß für jede andere Mengenart (z.B. „Anzahl").

alles Feingut höchstens so groß wie x_t. In Wirklichkeit existiert jedoch ein Partikelgrößenbereich zwischen einer unteren Grenze x_u ($< x_t$) und einer oberen Grenze x_o ($> x_t$), in dem sich die Partikeln zum Teil im Grobgut und zum anderen Teil im Feingut befinden. Die Klassierung ist unscharf.

Analog zu (6.1) lautet die Bilanz für die Fraktion $dm_A(x) = dm_G(x) + dm_F(x)$, und daraus bekommt man wie bei der Zusammensetzung (Mischung) von Partikelkollektiven mit bekannten Größenverteilungen (vgl. Abschn. 2.5.4)

$$q_A(x) = g \cdot q_G(x) + f \cdot q_F(x) \tag{6.5}$$

bzw. durch Integrieren von der kleinsten Partikelgröße im Aufgabegut x_{min} bis zur laufenden Größe x

$$D_A(x) = g \cdot D_G(x) + f \cdot D_F(x), \tag{6.6}$$

worin $D(x)$ die Massenverteilungssummen (Durchgänge) bedeuten. Aus (6.4) bzw. (6.5) folgen mit $g = 1 - f$ bzw. $f = 1 - g$ nach einfacher Umformung

$$g = \frac{q_A(x) - q_F(x)}{q_G(x) - q_F(x)}, \tag{6.7}$$

$$f = \frac{q_A(x) - q_G(x)}{q_F(x) - q_G(x)}, \tag{6.8}$$

$$g = \frac{D_A(x) - D_F(x)}{D_G(x) - D_F(x)}, \tag{6.9}$$

$$f = \frac{D_A(x) - D_G(x)}{D_F(x) - D_G(x)}. \tag{6.10}$$

In Abb. 6.2a ist die Fraktionsbilanz (6.5) dargestellt.

6.2.1.2 Trenngrad, Trenngrenze, Trennschärfe

Der Trenngrad gibt an, welcher Anteil einer Aufgabegut-Fraktion oder – Partikelgröße nach der Klassierung im Grobgut enthalten ist

$$T(x) = \frac{g \cdot q_G(x)}{q_A(x)} \; (\equiv T_{AG}(x)). \tag{6.11}$$

Die Indizierung „AG" zeigt an, dass die Berechnung aus Aufgabe- und Grobgut erfolgt (*Grobgut-Trenngrad*), weitere Möglichkeiten s. (6.12) bis (6.14).

Als Funktion heißt $T(x)$ auch *Trenngradkurve, Trennkurve, Teilungskurve, Tromp'sche Kurve* und in der Entstaubungstechnik *Fraktionsabscheidegrad*.

Aus der Auftragung von $q_A(x)$ und $g \cdot q_G(x)$ wie in Abb. 6.2a lässt sich die Trenngradkurve punktweise als Streckenverhältnis bestimmen.

Sie hat aufgrund ihrer Definition folgende Eigenschaften:

- Unterhalb von x_u hat sie den Wert Null, d.h. nichts mit diesen Partikelgrößen befindet sich im Grobgut,
- oberhalb von x_o hat sie den Wert 1, d.h. alle Partikeln mit Partikelgrößen ab x_o sind im Grobgut,
- sie nimmt den Wert 0,5 genau dort an, wo $g \cdot q_G(x_T) = f \cdot q_F(x_T)$ ist, also beim Schnittpunkt der Grobgut- mit der Feingut-Anteilkurve in Abb. 6.2a. Die spezielle Partikelgröße x_T heißt *Median-Trenngrenze* (s.u.).

Bisher war stillschweigend angenommen worden, dass zur Bestimmung der Trenngradkurve Aufgabe- und Grobgut zur Analyse vorliegen. Das ist jedoch nicht immer der Fall. Aus den Bilanzgleichungen (6.4) und (6.5) kann der Trenngrad nach (6.11) aber leicht für die Berechnung aus Fein- und Aufgabegut bzw. Grob- und Feingut gebildet werden: Man bekommt

aus Feingut- und Aufgabegut-Verteilung (*Feingut-Trenngrad*)

$$T(x) = \frac{q_A(x) - f \cdot q_F(x)}{q_A(x)} = 1 - f \cdot \frac{q_F(x)}{q_A(x)} \ (\equiv T_{AF}(x)), \qquad (6.12)$$

aus Grobgut- und Feingut-Verteilung (*rechnerischer Trenngrad*)

$$T(x) = \frac{g \cdot q_G(x)}{g \cdot q_G(x) + f \cdot q_F(x)} \ (\equiv T_{GF}(x)). \qquad (6.13)$$

Wenn alle drei Verteilungen (Aufgabe-, Grob- und Feingut) bekannt sind, nicht aber die Massenanteile g oder f, dann kann der Trenngrad aus (6.11) zusammen mit (6.7) bestimmt werden. Einfaches Einsetzen und Umformen ergibt

$$T(x) = \frac{1 - q_F(x)/q_A(x)}{1 - q_F(x)/q_G(x)} \ (\equiv T_{AGF}(x)). \qquad (6.14)$$

Sind zusätzlich die Anteile g bzw. f bekannt, dann lässt sich eine Genauigkeitskontrolle bzw. Fehlerkorrektur für die Trenngradkurve durchführen (s. Abschn. 6.2.3.2). Denn wegen der Bilanzen müssen die drei nach (6.11) bis (6.13) berechneten Trenngrade für alle x übereinstimmen, in Wirklichkeit weichen sie jedoch auf Grund von Proben- und Messfehlern voneinander ab.

Trenngrenze (Trennschnitt), Fehlaustrag, Normalaustrag

Prinzipiell kann man jede beliebige Partikelgröße zwischen x_u und x_o als Trenngrenze (oder Trennkorngröße) x_t definieren.

Fehlaustrag wird dann der Mengenanteil genannt, der auf der falschen Seite des Klassierapparats ausgetragen wird, der also entweder kleinere Partikelgrößen als x_t enthält und dennoch auf der Grobgutseite erscheint (*Grobgut-Fehlaustrag*) oder mit größeren Partikelgrößen als x_t auf der Feingutseite auftritt (*Feingut-Fehlaustrag*). Es gilt demnach bezüglich der allgemeinen Trennkorngröße x_t

Fehlaustrag im Grobgut: $g \cdot \displaystyle\int_{x_u}^{x_t} q_G(x)dx = g \cdot Q_G(x_t),$ $\qquad$ (6.15)

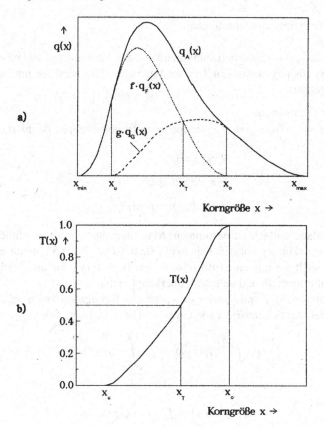

Abbildung 6.2 (a) Graphische Darstellung der Fraktionsbilanz, (b) Trenngradkurve

Fehlaustrag im Feingut: $\quad f \cdot \int_{x_t}^{x_o} q_F(x)dx = f \cdot (1 - Q_F(x_t)).$ (6.16)

Unter *Normalaustrag* versteht man demgegenüber den auf der richtigen Seite des Klassierers ausgetragenen Anteil des Grob- bzw. Feinguts. So gilt

Normalaustrag im Grobgut: $\quad g \cdot \int_{x_t}^{x_{max}} q_G(x)dx = g \cdot (1 - Q_G(x_t)),$ (6.17)

Normalaustrag im Feingut: $\quad f \cdot \int_{x_{min}}^{x_t} q_F(x)dx = f \cdot Q_F(x_t).$ (6.18)

Zu beachten ist, dass sowohl Normal- wie Fehlausträge immer nur *in Bezug auf eine Trenngrenze* bestimmt sind. In den Abbn. 6.3a und 6.3b sind die Fehl- bzw. Normalausträge bezüglich der unten definierten Ausgleichs-Trenngrenze x_A dargestellt.

Spezielle Trenngrenzen-Definitionen

Man unterscheidet statistische Definitionen aus den Verteilungen und physikalische Definitionen aus physikalischen Trennbedingungen. Hier sind die praktisch wichtigsten aufgeführt:

Statistische Definitionen
   a) Die *Median-Trenngrenze* x_T (präparative Trenngrenze) ist definiert durch

$$T(x_T) = 0{,}5 \tag{6.19}$$

Für sie gilt also

$$g \cdot q_G(x_T) = f \cdot q_F(x_T). \tag{6.20}$$

Sie ist relativ einfach zu bestimmen: Man muss nur ein kleines Stück aus der Mitte der Trennkurve gemessen haben, um sie bei $T(x_T) = 0{,}5$ ablesen zu können. Allerdings stellt sie nur einen Einzelwert der Trennkurve dar und berücksichtigt deren Verlauf oberhalb und unterhalb überhaupt nicht.

   b) Die *Ausgleichs-Trenngrenze* x_A (*analytische Trenngrenze*) wird definiert durch die Gleichheit der Fehlausträge von Grob- und Feingut (Abb. 6.3):

$$g \cdot \int_{x_u}^{x_A} q_G(x)dx = f \cdot \int_{x_A}^{x_o} q_F(x)dx \tag{6.21}$$

bzw.

$$g \cdot Q_G(x_A) = f \cdot (1 - Q_F(x_A)). \tag{6.22}$$

Setzt man (6.21) in die für x_A geschriebene Gleichung (6.6)

$$Q_A(x_A) = g \cdot Q_G(x_A) + f \cdot Q_F(x_A) \tag{6.23}$$

ein, dann erhält man

$$Q_A(x_A) = f \cdot (1 - Q_F(x_A)) + f \cdot Q_F(x_A)$$

und damit

$$Q_A(x_A) = f. \tag{6.24}$$

Die analytische Trenngrenze x_A ist demnach mit der Kenntnis von f sehr einfach aus der Aufgabegutverteilung bestimmbar (Abb. 6.4).

Physikalische Definition

An dieser Stelle soll nur eine dieser Definitionen exemplarisch vorgestellt werden, die Strömungs-Trenngrenze, auch *Gleichgewichts-Trenngrenze* genannt (vgl. die Abschn. 4.2.2.1 und 4.3.2.2). Sie gibt die Größe derjenigen Partikeln an, die in einer

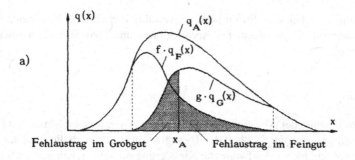

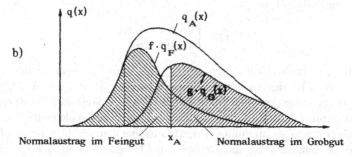

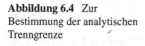

Abbildung 6.3 (a) Fehlausträge bzgl. x_A, (b) Normalausträge bzgl. x_A

Abbildung 6.4 Zur Bestimmung der analytischen Trenngrenze

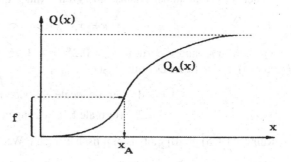

Strömung unter der Einwirkung zweier konkurrierender Kräfte (z.B. Schwerkraft nach unten und Strömungswiderstand nach oben) theoretisch keine die Klassierung vollziehende Relativbewegung gegenüber dem Apparat ausführen („schweben").

Als Beispiel sei die theoretische Trennkorngröße bei zäher Umströmung der Partikeln (Stokesbereich) angeführt

$$d_{St,t} = \sqrt{\frac{18\eta}{\Delta\rho \cdot a} \cdot w_{rel}}, \qquad (6.25)$$

wobei $\Delta\rho$ die Differenz zwischen Partikel- und Fluid-Dichte, η die dynamische Zähigkeit des Fluids, a die Beschleunigung des Kraftfelds (z.B. Schwerebeschleunigung g oder Zentrifugalbeschleunigung $r\omega^2$) und w_{rel}, die Relativgeschwindigkeit der Partikel gegenüber dem Fluid im Kraftfeld bedeuten. Anwendung findet diese Trenngrenze bei allen Strömungstrennverfahren wie bei der Sedimentation in Absetzbecken und Zentrifugen, bei Aerozyklonen und Hydrozyklonen sowie bei Windsichtern.

Trennschärfe

Zur Kennzeichnung der Abweichung einer realen von der idealen Klassierung dient die *Trennschärfe*. Aus der Steilheit der Trenngradkurve lässt sich die Güte der Klassierung erkennen. Ideal scharf wäre die Klassierung mit dem Trenngrad als Sprungfunktion von Null auf Eins:

$$T(x) = \begin{cases} 0 & \text{für } x \le x_t, \\ 1 & \text{für } x > x_t. \end{cases}$$

Je steiler also eine reale Trenngradkurve verläuft, und je enger der Bereich zwischen x_u und x_o ist, desto schärfer ist die Klassierung. Eine derartige Beurteilung setzt die Kenntnis der gesamten Trenngradkurve voraus. Weil aber deren praktische Bestimmung oft einen erheblichen Aufwand erfordert und gerade in den Randbereichen weniger genau als im mittleren Bereich ist, hat man für diesen Mittenbereich verschiedene Kennwerte für die Steilheit zur Charakterisierung der Trennschärfe vorgeschlagen.

Üblich ist vor allem der *Trennschärfegrad* κ (nach Eder)

$$\kappa = x_{25}/x_{75} \qquad\qquad (6.26)$$

x_{25} bzw. x_{75} sind die zu $T(x) = 0,25$ bzw. $0,75$ gehörenden Partikelgrößen (Abb. 6.5). Nach dieser Definition ist

$\kappa = 1$ für die ideale Klassierung,

$\kappa < 1$ für reale Klassierungen.

Rumpf (1975) [1.10] gibt als praktisch erreichte Werte an:

$\sim 0,8 \ldots \kappa \ldots \sim 0,9$ für scharfe Analysen-Klassierungen,

$\sim 0,6 \ldots \kappa \ldots \sim 0,8$ für scharfe technische Klassierungen,

$\sim 0,3 \ldots \kappa \ldots \sim 0,6$ für übliche technische Klassierungen.

Je nach Anwendungsfall kann die Bildung des Trennschärfegrades auch mit anderen zu x_T ($\equiv x_{50}$) symmetrischen Partikelgrößen sinnvoll sein, z.B.

$$x_{10}/x_{90}, \qquad x_{16}/x_{84}, \qquad x_{35}/x_{65}.$$

Alle diese Maße haben zwar den Vorteil relativ einfacher Bestimmung, sind in ihrer Aussagekraft jedoch eingeschränkt. So bedeutet gleicher κ-Wert durchaus nicht immer gleich gute Klassierung. Insbesondere dann, wenn es auf die Enden der Trenngradkurve ankommt, wenn also z.B. „kein Überkorn im Feingut" oder „möglichst wenig Unterkorn im Grobgut" gefordert wird, muss auf die Angabe der Fehlkornausträge zurückgegriffen werden.

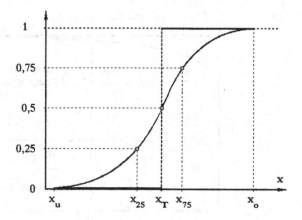

Abbildung 6.5 Zur Definition des Trennschärfegrades κ nach Eder

6.2.1.3 Abscheidegrade

Unter Abscheiden versteht man die komplette Abtrennung von Partikeln aus einem Fluid (Staubabscheiden, Klären von Flüssigkeiten), unabhängig von ihren Partikelgrößen. Auch dies lässt sich als eine spezielle Art der Klassierung durch eine Trenngradkurve darstellen. Nur sieht dabei die Bewertung der Abscheide-Trenngradkurve anders aus: Die Abscheidung ist dann ideal, wenn auch die kleinsten Partikeln vollständig auf die Grobgutseite verwiesen werden, wenn also $T(x) = 1$ für alle vorkommenden x gilt.

In Abb. 6.6 sind Trenngradkurven für die Klassierung und die Abscheidung einander gegenübergestellt. Der Funktionssprung **a** zeigt die ideale Klassierer-Trennkurve an, während **b** die ideale Abscheidung kennzeichnet Die Kurve **c** bedeutet zwar eine gute, weil scharfe Klassierung, aber eine schlechte Abscheidung, denn die feinen Partikeln $\leq x_u$ verbleiben vollständig im Fluid. Umgekehrt ist die Abscheidung nach einer Trenngradkurve wie **d** relativ gut, die Klassierwirkung aber schlecht.

Teilen

Auch den Vorgang des Teilens kann man als Spezialfall der Klassierung ansehen und dementsprechend durch einen Teilungsgrad bzw. eine Trenngrad „kurve" charakterisieren. Aus der Definition des Teilens „Alle Partikeln einer Größe werden exakt nach ihren Anteilen in der Grundgesamtheit auf n (z.B. 2) Teilmengen aufgeteilt" folgt sofort, dass die Trenngradkurve (hier ist $n = 2$) eine Horizontale bei $T = g$ sein muss. Formal erhält man diese Aussage aus der Forderung, dass in (6.11), (6.12) und (6.13) die Partikelgrößenverteilungen von Aufgabe-, Grob- und Feingut miteinander übereinstimmen müssen. In jedem Falle folgt daraus

$$T = g = 1 - f. \qquad (6.27)$$

Diese Trenngrad „kurve" ist als Gerade **e** in Abb. 6.6 eingetragen.

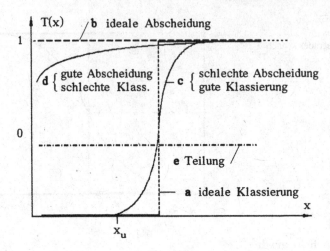

Abbildung 6.6 Zur Beurteilung von Trenngradkurven

Ausbringen

In DIN 66 142 (1981) [6.4] sind noch einige weitere Kennwerte zur Qualitätsbeurteilung einer Trennung angegeben, die vor allem in der Aufbereitungstechnik verwendet werden. Von ihnen seien hier zwei genannt: *Feinkorn-Ausbringen* K_{Af} und *Grobkorn-Ausbringen* K_{Ag}.

Ausbringen allgemein bezeichnet das Verhältnis des Normalaustrags im Fein- bzw. Grobgut zu der im Aufgabegut vorhandenen entsprechenden Menge, wiederum bezogen auf die Trenngrenze x_t. Demnach gilt

$$K_{Af} = \frac{f \cdot Q_F(x_t)}{Q_A(x_t)} = f \cdot \int_{x_{min}}^{x_t} q_F(x)dx / \int_{x_{min}}^{x_t} q_A(x)dx, \qquad (6.28)$$

$$K_{Ag} = \frac{g \cdot (1 - Q_G(x_t))}{1 - Q_A(x_t)} = g \cdot \int_{x_t}^{x_{max}} q_G(x)dx / \int_{x_t}^{x_{max}} q_A(x)dx. \qquad (6.29)$$

6.2.2 Reihen- und Parallelschaltung von Klassierern

Bei vielen praktischen Klassieraufgaben reicht ein einziger Trennvorgang nicht aus, um die gewünschte Trennschärfe zu erreichen. Dann werden mehrere Trennungen hintereinander vollzogen. Diese Reihenschaltung führt zu einer Verbesserung der Trennschärfe.

Häufig ist eine gute Trennschärfe aber nur in relativ kleinen Apparaten oder bei geringem Durchsatz zu erzielen. Um dennoch große Massenströme bei guter Klassierqualität zu bewältigen, müssen mehrere gleichartige Klassierapparate parallel zueinander betrieben werden. Die Trennschärfe der parallel geschalteten, gleichen Apparate unterscheidet sich bei jeweils gleicher Betriebsweise im Allgemeinen nicht von derjenigen des Einzelapparats.

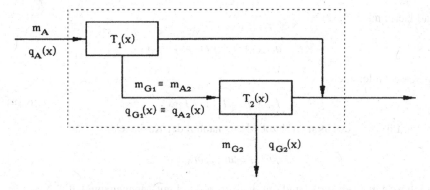

Abbildung 6.7 Grobgutseitige Reihenschaltung zweier Klassierer

6.2.2.1 Reihenschaltung („Kaskade")

Da ein Trennapparat zwei Ausgänge hat (hier: Grobgut und Feingut), kann man einen weiteren entweder auf der Grobgut- oder auf der Feingutseite dahinter schalten.

Zunächst seien zwei grobgutseitig hintereinander geschaltete Klassierer mit den Trennkurven $T_1(x)$ und $T_2(x)$ betrachtet. Das Grobgut aus dem ersten wird dem zweiten Klassierer als Aufgabegut zugeführt (Abb. 6.7).

Dann ist mit den Bezeichnungen in Abb. 6.7 der gesamte Trenngrad für die gestrichelt umrandete Kaskade

$$T_{ges}(x) = \frac{m_{G2} \cdot q_{G2}(x)}{m_A \cdot q_A(x)}. \tag{6.30}$$

Für die einzelnen Trennstufen 1 und 2 gilt

$$T_1(x) = \frac{m_{G1} \cdot q_{G1}(x)}{m_A \cdot q_A(x)} \tag{6.31}$$

$$\text{und} \quad T_2(x) = \frac{m_{G2} \cdot q_{G2}(x)}{m_{A2} \cdot q_{A2}(x)}. \tag{6.32}$$

Weil das Grobgut aus 1 identisch mit dem Aufgabegut für 2 ist

$$m_{G1} \cdot q_{G1}(x) \equiv m_{A2} \cdot q_{A2}(x),$$

kann für $T_2(x)$ auch

$$T_2(x) = \frac{m_{G2} \cdot q_{G2}(x)}{m_{G1} \cdot q_{G1}(x)} \tag{6.33}$$

geschrieben werden. In (6.30) ersetzt man jetzt den Zähler aus (6.33)

$$m_{G2} \cdot q_{G2}(x) = T_2(x) \cdot m_{G1} \cdot q_{G1}(x)$$

und hierin nach (6.31)

$$m_{G1} \cdot q_{G1}(x) = T_1(x) \cdot m_A \cdot q_A(x),$$

so dass sich letztlich

$$T_{ges}(x) = T_1(x) \cdot T_2(x) \tag{6.34}$$

ergibt. Für den gesamten Grobgut-Mengenanteil der Kaskade

$$g = m_{G2}/m_A$$

erhält man ganz entsprechend mit den Einzel-Grobgut-Mengenanteilen

$$\text{und} \quad \left. \begin{aligned} g_1 &= m_{G1}/m_A \\ g_2 &= m_{G2}/m_{G1} \end{aligned} \right\}, \tag{6.35}$$

$$g = g_1 \cdot g_2. \tag{6.36}$$

Verallgemeinerung

Hat die Trennkaskade n Stufen mit den Trenngraden $T_i(x)$ $(i = 1, 2, 3, \ldots, n)$, und sind die Stufen jeweils grobgutseitig hintereinander geschaltet, dann ergibt sich der Gesamt-Trenngrad aus dem Produkt der Einzeltrenngrade zu

$$T_{ges}(x) = \prod_{i=1}^{n} T_i(x). \tag{6.37}$$

Das bedeutet, dass wegen $T_i < 1$ der Gesamt-Trenngrad $T_{ges} < T_i$ ist und damit für alle x unterhalb der kleinsten Einzeltrenngrad-Werte liegt oder allenfalls mit ihnen übereinstimmt. Der Verlauf des Gesamt-Trenngrads muss also steiler sein und die Trennung damit schärfer, als für den einzelnen Klassierer.

In manchen praktischen Fällen stimmen die einzelnen Stufen in ihrer Klassierwirkung miteinander überein: $T_1(x) = T_2(X) = \cdots = T_n(x) \equiv T_e(x)$. Dann ergibt sich für den Gesamt-Trenngrad

$$T_{ges}(x) = T_e^n(x). \tag{6.38}$$

Anstelle des Grobguts kann natürlich auch das Feingut jeweils auf die folgende Stufe gegeben werden, wie es in der Entstaubungstechnik üblich ist. Dort entspricht dem Feingut der Reststaub, der mit dem sog. *Reingas* noch ausgetragen wird. Analoge Überlegungen wie oben führen für die Gesamt-Trenngradkurve $T_{ges}(x)$ zu

$$1 - T_{ges}(x) = \prod_{i=1}^{n} (1 - T_i(x)) \tag{6.39}$$

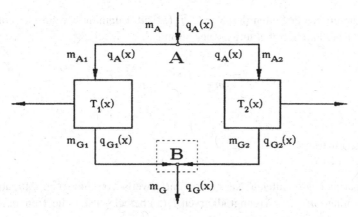

Abbildung 6.8 Parallelschaltung zweier Klassierer mit Grobgutzusammenführung

und für den Gesamtabscheidegrad g_{ges} zu

$$1 - g_{ges} = \prod_{i=1}^{n}(1 - g_i). \tag{6.40}$$

6.2.2.2 Parallelschaltung

Das Aufgabegut wird gemäß Abb. 6.7 in – vorerst – zwei parallelen Strömen auf zwei Klassierer gegeben. In ihren *Mengen* können die beiden Ströme durchaus verschieden sein. Ihre Partikelgrößenverteilungen müssen allerdings übereinstimmen. Denn wäre das nicht der Fall, handelte es sich um eine in Reihe vorgeschaltete Klassierung. Der Punkt **A** in Abb. 6.8 ist also ein Teilungspunkt im gleichen Sinne, wie „Teilen" in Abschn. 6.2.1, Abb. 6.6 beschrieben wurde.

Mit den Bezeichnungen aus Abb. 6.8 kann man dann schreiben

$$T_{ges}(x) = \frac{m_G \cdot q_G(x)}{m_A \cdot q_A(x)}, \tag{6.41}$$

$$T_1(x) = \frac{m_{G1} \cdot q_{G1}(x)}{m_{A1} \cdot q_A(x)}, \tag{6.42}$$

$$T_2(x) = \frac{m_{G2} \cdot q_{G2}(x)}{m_{A2} \cdot q_A(x)}. \tag{6.43}$$

Die Bilanz um den Vereinigungspunkt **B** liefert

$$m_G \cdot q_G(x) = m_{G1} \cdot q_{G1}(x) + m_{G2} \cdot q_{G2}(x).$$

Darin kann man die beiden Summanden rechts mit (6.42) und (6.43) ausdrücken

$$m_G \cdot q_G(x) = T_1(x) \cdot m_{A1} \cdot q_A(x) + T_2(x) \cdot m_{A2} \cdot q_A(x).$$

Dividieren beider Seiten durch $m_A \cdot q_A(x)$ führt unmittelbar zur Gesamttrenngradkurve bei Parallelschaltung zweier Ströme

$$T_{ges}(x) = \frac{m_{A1}}{m_A} \cdot T_1(x) + \frac{m_{A2}}{m_A} \cdot T_2(x). \qquad (6.44)$$

Verallgemeinerung

Bei n parallel geschalteten Kassierern mit jeweils verschiedenen Aufgabemengen (-strömen) m_{Ai} und Trenngradkurven $T_i(x)$ berechnet sich die Trenngradkurve $T_{ges}(x)$ der ganzen Anordnung nach

$$T_{ges}(x) = \sum_{i=1}^{n} \left(\frac{m_{Ai}}{m_A} \cdot T_i(x) \right). \qquad (6.45)$$

Das ist der mit den Massenanteilen gewichtete Mittelwert der Einzeltrenngrade. Dabei wird – wie erwähnt – vorausgesetzt, dass auf alle Klassierer Güter mit der gleichen Partikelgrößenverteilung aufgegeben werden. Geht man auch von gleichen Mengen für jeden der n Klassierer aus, dann gilt wegen

$$\frac{m_{A1}}{m_A} = \frac{m_{A2}}{m_A} = \cdots = \frac{m_{An}}{m_A} = \frac{1}{n},$$

$$T_{ges}(x) = \frac{1}{n} \cdot \sum_{i=1}^{n} T_i(x). \qquad (6.46)$$

Sind schließlich auch noch die Trenneigenschaften $T_i(x)$ der einzelnen Klassierer gleich, wie es bei der Parallelschaltung lauter gleicher Apparate mit jeweils gleicher Betriebsweise zu erwarten ist, dann stimmt der Trenngrad der Anordnung mit dem des Einzelapparats überein

$$T_{ges}(x) = T_i(x). \qquad (6.47)$$

Ganz entsprechend lässt sich für die feingutseitige Zusammenführung nach dem Durchgang durch die n parallelen Einzelklassierer (Abb. 6.2.9) zeigen, dass

$$T_{ges}(x) = 1 - \sum_{i=1}^{n} \left(\frac{m_{Ai}}{m_A} \cdot (1 - T_i(x)) \right) \qquad (6.48)$$

ist.

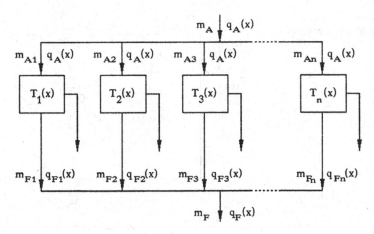

Abbildung 6.9 Parallelschaltung von Klassierern mit Feingutzusammenführung

6.2.3 Praktische Bestimmung von Trenngradkurven

6.2.3.1 Differenzenformel

Nach (6.11) und (6.2)

$$T(x) = g \cdot \frac{q_G(x)}{q_A(x)} \quad \text{mit } g = \frac{m_G}{m_A}$$

bzw. nach (6.12) und (6.13) muss man zur Aufnahme einer Trenngradkurve mindestens zwei der drei Partikelgrößenverteilungen $q_A(x)$, $q_G(x)$ und $q_F(x)$, sowie zwei von drei Massen (oder Massenströmen $\dot{m}_A$, $\dot{m}_G$ und $\dot{m}_F$) messen.

Partikelgrößenverteilungen werden nur selten als stetige Verteilungsdichtekurven $q(x)$ gemessen, sondern oft als Histogramme oder als Verteilungssummenwerte an bestimmten Stützstellen i. Daher ist für die praktische Ermittlung die folgende Differenzenformel geeignet:

$$T_i = \frac{m_G}{m_A} \cdot \frac{q_{Gi} \cdot \Delta x_i}{q_{Ai} \cdot \Delta x_i} = \frac{m_G}{m_A} \cdot \frac{\Delta D_{Gi}}{\Delta D_{Ai}}. \tag{6.49}$$

Die erforderlichen Differenzen in jedem Intervall entnimmt man der graphischen Darstellung der Verteilungen (Abb. 6.10) oder berechnet sie tabellarisch wie im nachfolgenden Beispiel. Man erhält dementsprechend den Trenngrad dann als eine Stufenfunktion. In der Entstaubungstechnik spricht man daher auch von *Stufenentstaubungsgrad*.

Beispiel 6.1 (Trenngradbestimmung) In der folgenden Tabelle sind die Partikelgrößenverteilungen von Aufgabe- und Grobgut z.B. aus einem Sichter gegeben. Von 9t/h, die dem Sichter aufgegeben werden, verlassen ihn 5t/h auf der Feingutseite.

Zu bestimmen sind die Trenngradkurve $T(x)$, die Trenngrenze x_T und der Trennschärfegrad κ nach Eder.

Abbildung 6.10 Zur
Berechnung des Trenngrades

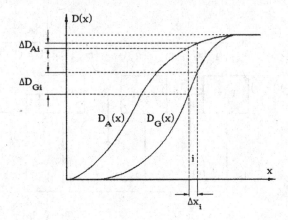

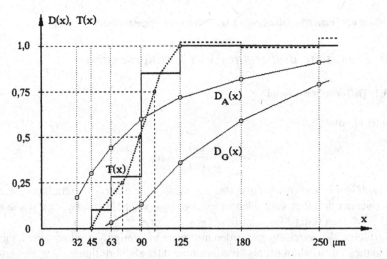

Abbildung 6.11 Zu Beispiel 6.1 Trenngradbestimmung

$x/\mu m$	32	45	63	90	125	180	250
$D_A(x)$	0,17	0,30	0,44	0,60	0,72	0,82	0,91
$D_G(x)$	0	0	0,03	0,13	0,36	0,59	0,79

Lösung:
Den Grobgutmengenanteil g berechnet man aus (6.2) mit (6.1) zu

$$g = \frac{m_A - m_F}{m_A} = \frac{9 - 5}{9} = 0,444.$$

Die Berechnung der Trenngradwerte T_i erfolgt tabellarisch nach (6.49), wobei zu beachten ist, dass die den Intervallen zugeordneten Größen ΔD_{Ai}, ΔD_{Gi} und T_i

Tabelle 6.1 Zum Beispiel 6.1

i	$x/\mu m$	D_{Ai}	D_{Gi}	ΔD_{Ai}	ΔD_{Gi}	T_i
1				0,17	0	0
	32	0,17	0			
2				0,13	0	0
	45	0,30	0			
3				0,14	0,03	0,10
	63	0,44	0,03			
4				0,16	0,10	0,28
	90	0,60	0,13			
5				0,12	0,23	0,85
	125	0,72	0,36			
6				0,10	0,23	1,02
	180	0,82	0,59			
7				0,09	0,20	0,99
	250	0,91	0,79			
(8)				0,09	0,21	1,04
	?	1,00	1,00			

zeilenversetzt zwischen die den Intervallgrenzen zugeordneten Größen geschrieben werden müssen.

Die Ergebnisaussage für das Intervall Nr. 4 beispielsweise lautet: 28% der Fraktion zwischen 63 µm und 90 µm werden auf der Grobgutseite des Sichters ausgebracht.

Die graphische Darstellung ergibt ein Stufendiagramm mit den Trenngraden der einzelnen Fraktionen (Abb. 6.11).

Eine geschlossene Trenngradkurve könnte man beispielsweise durch die Mittelwerte x_i bei den T_i-Werten legen. Allerdings müssen die Endpunkte $T = 0$ bei 45 µm und $T = 1$ bei 125 µm liegen, damit die Messergebnisse richtig wiedergegeben werden: Nichts unterhalb von 45 µm erscheint im Grobgut und oberhalb von 125 µm wird alles zum Grobgut verwiesen.

Aus dieser Trenngradkurve lässt sich dann ablesen: $x_T = 89$ µm bei $T = 0,5$, $x_{25} = 73$ µm bei $T = 0,25$ und $x_{75} = 102$ µm bei $T = 0,75$, so dass die gesuchten Werte angegeben werden können:

$$\text{Trenngrenze:} \quad x_T = 89 \text{ µm},$$
$$\text{Trennschärfegrad:} \quad \kappa = 73/102 = 0,72.$$

Es handelt sich also um eine relativ scharfe technische Sichtung.

Anzumerken bleibt noch, dass die – theoretisch unerlaubten, weil sinnlosen – Werte des Trenngrades über 1 von den relativ groben Angaben der Korngrößenverteilung herrühren. Besonders an den Rändern der Verteilung sind die Messungenauigkeiten wegen der Differenzenbildungen oft groß, und daher kommen solche (und noch viel größere) Abweichungen häufig vor. Der Trenngradverlauf wird dann ab dort $= 1$ gesetzt, wo er es zum ersten Mal wird.

6.2.3.2 Fehlerkorrektur der Trenngradkurve

Zufallsfehler

Die im vorstehenden Beispiel genannten zufälligen Fehler bei der Messung der Partikelgrößenverteilungen schmälern den Aussagewert der daraus berechneten Trenngrade und der übrigen Kennwerte der Klassierung oft erheblich. Hier kann nach einem einfachen, von Herrmann u. Leschonski (1986) [6.5] angegebenen Verfahren die Aussagesicherheit dann verbessert werden, wenn alle drei Partikelgrößenverteilungen (Aufgabe-, Grob- und Feingut) sowie der Mengenanteil g (bzw. f) gemessen worden sind.

Man benutzt (6.49)

$$T_i = \frac{m_G}{m_A} \cdot \frac{\Delta D^*_{Gi}}{\Delta D^*_{Ai}} \tag{6.50}$$

mit korrigierten Durchgangsdifferenzen ΔD^*. Sie werden aus den gemessenen Verteilungen $D_A(x)$, $D_G(x)$ und $D_F(x)$ folgendermaßen berechnet:

$$D^*_A(x) = D_A(x) - \frac{\varepsilon(x)}{1 + f^2 + g^2}, \tag{6.51}$$

$$D^*_G(x) = D_G(x) + g \cdot \frac{\varepsilon(x)}{1 + f^2 + g^2}, \tag{6.52}$$

$$D^*_F(x) = D_F(x) + f \cdot \frac{\varepsilon(x)}{1 + f^2 + g^2}. \tag{6.53}$$

Darin ist $\varepsilon(x)$ die Abweichung von der für jede Fraktion (bzw. Partikelgröße x) gültigen Bilanz (6.6)

$$\varepsilon(x) = D_A(x) - (g \cdot D_G(x) + f \cdot D_F(x)) \neq 0. \tag{6.54}$$

Der Trenngrad einer Fraktion wird hierbei aus Partikelgrößenverteilungen berechnet, die nach der Methode der kleinsten Fehlerquadrate so korrigiert sind, dass die Fraktionsbilanzen stimmen. Vorausgesetzt wird außerdem, dass die Mengenanteile g und f fehlerfrei bestimmt sind, und dass alle drei Partikelgrößenverteilungen die gleiche Messungenauigkeit aufweisen.

Systematischer Fehler

Ein systematischer Fehler bei der Bestimmung der Trenngradkurve kann auftreten, wenn der Klassierung in der Trennzone eines Apparats eine Teilung überlagert ist. Dabei passiert ein bestimmter Mengenanteil τ den Klassierer ohne jede

Abbildung 6.12
Trenngradkurve $T(x)$ der
Klassierung mit überlagerter
Teilung

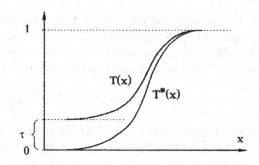

Abbildung 6.13 Schaltung
der Klassierung mit
überlagerter Teilung.
A: Teilungspunkt,
B: Vereinigungspunkt

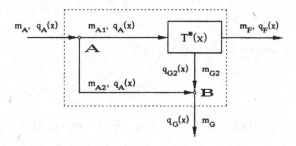

Veränderung seiner Partikelgrößenverteilung. Abb. 6.12 zeigt die typische Erscheinungsform der dabei auftretenden Trenngradkurve $T(x)$ und Abb. 6.13 das Ersatz-Schaltbild gemäß Abschn. 6.2.2 für diesen Vorgang.

Die einfache Bilanzierung nach den Regeln von Abschn. 6.2.1 ergibt für die gemessene Trenngradkurve $T(x)$ der Gesamtanordnung (gestricheltes Bilanzgebiet) mit $\tau = m_{A2}/m_A$

$$T(x) = \frac{m_G}{m_A} \cdot \frac{q_G(x)}{q_A(x)} = \tau + (1 - \tau) \cdot T^*(x). \tag{6.55}$$

Die eigentliche Klassierung erfolgt gemäß der Trenngradkurve $T^*(x)$, die demnach aus

$$T^*(x) = \frac{T(x) - \tau}{(1 - \tau)} \tag{6.56}$$

berechnet werden kann (s. Abb. 6.12).

6.2.3.3 Berechnung von Gesamt- und Teil-Massenausbringen

Im Folgenden wird von der in der Praxis häufig berechtigten – und noch häufiger gemachten – Annahme ausgegangen, dass die Trenngradkurve eine bekannte und feststehende Eigenschaft des Klassierapparats in folgendem Sinne ist:

Gibt man ein Aufgabegut auf den Klassierer, so trennt er es bei bestimmten Betriebsbedingungen nach Maßgabe „seiner" Trenngradkurve.

Ist also die Größenverteilung des Aufgabegutes bekannt, dann können einerseits die ausgebrachten Mengenanteile g und f vorausberechnet werden, andererseits aber auch Teilausträge, beispielsweise oberhalb oder unterhalb bestimmter Partikelgrößen. Zur Berechnung des Grobgutmengenanteils g bildet man aus (6.11)

$$g \cdot q_G(x)dx = T(x) \cdot q_A(x)dx \tag{6.57}$$

und integriert von x_u bis x_{max} also über den ganzen Partikelgrößenbereich des Grobguts. Nach der Normierungsbedingung für Verteilungsdichten ist

$$\int_{x_u}^{x_{max}} q_G(x)dx = 1,$$

so dass die Integration von (6.57)

$$g = \int_{x_u}^{x_{max}} T(x) \cdot q_A(x)dx \tag{6.58}$$

liefert. Da zwischen x_o und x_{max} der Trenngrad $T(x) = 1$ ist, kann man auch

$$g = \int_{x_u}^{x_o} T(x) \cdot q_A(x)dx + \int_{x_o}^{x_{max}} q_A(x)dx$$

schreiben. Das zweite Integral hierin ist gerade $1 - D_A(x_o)$ und daher resultiert

$$g = 1 - D_A(x_o) + \int_{x_u}^{x_o} T(x) \cdot q_A(x)dx. \tag{6.59}$$

Von der Aufgabegutverteilung $D_A(x)$ muss also nur der Bereich bekannt sein, der im Unschärfebereich $x_u \ldots x_o$ der Klassierung liegt.

Wenn die Verteilung als Histogramm und die Trenngradkurve als Stufenfunktion gegeben sind, wird g nach (6.60) berechnet:

$$g = 1 - D_A(x_o) + \sum_{i=u}^{o} T_i \cdot q_{Ai}\Delta x_i = \sum_{i=u}^{o} T_i \cdot \Delta D_{Ai}. \tag{6.60}$$

Sind nur Teilausträge gesucht, so ist beispielsweise der Mengenanteil unterhalb einer Korngröße x^* im Grobgut

$$D_G(x^*) = \int_{x_u}^{x^*} q_G(x)dx = \frac{1}{g} \cdot \int_{x_u}^{x^*} T(x) \cdot q_A(x)dx \tag{6.61}$$

und im Feingut

$$D_F(x^*) = \int_{x_{min}}^{x^*} q_F(x)dx = \frac{1}{1-g} \cdot \int_{x_{min}}^{x^*} (1 - T(x)) \cdot q_A(x)dx. \tag{6.62}$$

Die entsprechenden Formeln für's Tabellenrechnen (Histogramm, Stufen-Trenngrad) lauten

$$D_G(x^*) = \frac{1}{g} \cdot \sum_{i=u}^{i*} T_i \cdot q_{Ai}\Delta x_i = \frac{1}{g} \cdot \sum_{i=u}^{i*} T_i \cdot \Delta D_{Ai}, \tag{6.63}$$

$$D_F(x^*) = \frac{1}{1-g} \cdot \sum_{i=1}^{i*} (1 - T_i) \cdot q_{Ai}\Delta x_i = \frac{1}{1-g} \cdot \sum_{i=1}^{i*} (1 - T_i) \cdot \Delta D_{Ai}. \tag{6.64}$$

In allen Fällen ist g nach (6.59) bzw. (6.60) zu bestimmen. Will man schließlich wissen, welcher Anteil des im Aufgabegut unterhalb der Partikelgröße x^* vorhandenen Gutes noch im Grob- bzw. Feingut zu finden ist, so sind nach (6.6)

$$D_A(x^*) = g \cdot D_G(x^*) + (1 - g) \cdot D_F(x^*)$$

die aus den obigen Gleichungen (6.63) und (6.64) errechneten Durchgänge mit g bzw. $f = 1 - g$ zu multiplizieren, so dass nur noch die Summen gebildet werden müssen (s. nachfolgendes Beispiel).

Beispiel 6.2 (Staubabscheidung) Von einem Staub sei die Partikelgrößenverteilung $D_A(x)$ gegeben (s. Tabelle 6.2, Spalten (2) und (3)). Der Staubabscheider scheidet nach dem ebenfalls in der Tabelle gegebenen Trenngrad T_i (Stufenentstaubungsgrad, Spalte (4)) ab. Aus diesen Vorgaben können berechnet werden:
  a) der Gesamtabscheidegrad g des Staubabscheiders,
  b) die Partikelgrößenverteilungen des abgeschiedenen Staubes (= Grobgut) und des noch in der Reinluft verbliebenen Staubes (= Feingut),
  c) die in der Reinluft verbleibenden Mengenanteile unterhalb einer bestimmten Partikelgröße x^* bezogen auf die ursprünglich, d.h. in der Rohluft (= Aufgabegut) enthaltene Menge unterhalb dieser Partikelgröße.

Lösung:
Zu a) Da im Fall eines Staubabscheiders $x_o = x_{max}$ und deswegen $D_A(x_o) = 1$ ist, vereinfacht sich (6.60) zu

$$g = \sum_{i=1}^{n} T_i \cdot \Delta D_{Ai}.$$

Das damit geforderte Aufsummieren der Spalte (6) ergibt für den Gesamtabscheidegrad $g = 0,9455$. D.h. rund 94,6% des Staubs werden abgeschieden, 5,4% verbleiben im Reingas.
  Zu b) Für die Partikelgrößenverteilung $D_G(x)$ errechnet man die Stützwerte D_{Gi} in Spalte (7) nach (6.63). So ergibt sich z.B. für $i = 3$:

$$D_{G3} = \frac{1}{g} \cdot \sum_{i=1}^{3} T_i \cdot \Delta D_{Ai} = \frac{1}{0,9455} \cdot (0,0056 + 0,0355 + 0,0316) = 0,077.$$

Tabelle 6.2 Zum Beispiel 6.2 Staubabscheidung

(1)	(2) $x_i/\mu m$	(3) D_{Ai}	(4) T_i	(5) ΔD_{Ai}	(6) $T_i \cdot \Delta D_{Ai}$	(7) D_{Gi}	(8) $(1-T_i) \cdot \Delta D_{Ai}$	(9) $\sum(8)$	(10) D_{Fi}
			0,56	0,01	0,0056		0,0044		
1	0,2	0,01				0,006		0,0044	0,081
			0,71	0,05	0,0355		0,0145		
2	0,4	0,06				0,043		0,0189	0,347
			0,79	0,04	0,0316		0,0084		
3	0,6	0,10				0,077		0,0273	0,501
			0,85	0,07	0,0595		0,0105		
4	1,0	0,17				0,140		0,0378	0694
			0,92	0,15	0,1380		0,0120		
5*	2,0	032				0,286		0,0498	0,914
			0,97	0,10	0,0970		0,0030		
6	3,0	0,42				0,388		0,0528	0,969
			0,99	0,14	0,1386		0,0014		
7	5,0	0,56				0,535		0,0542	0,995
			0,999	0,26	0,2597		0,0003		
8	10,0	0,82				0,810		0,0545	0,999
			1,00	0,18	0,1800		0		
9	20,0	1,00				1,000		0,0545	1,000
					$\sum(6)=g$ $=0,9455$				

Analog verfährt man mit (6.64) für die Stützwerte D_{Fi} in Spalte (10) zur Berechnung der Partikelgrößenverteilung $D_F(x)$.

Die Auftragung der ermittelten Funktionen in Abb. 6.14 zeigt einige bemerkenswerte Eigenschaften dieser Klassierung:

- Die Partikelgrößenverteilung des abgeschiedenen Staubs stimmt nahezu überein mit derjenigen des Aufgabestaubs. Das ist eine Folge sowohl des hohen Wertes von g als auch der Breite der Trenngradkurve, die über fast den ganzen Partikelgrößenbereich geht.
- Der im Reingas verbleibende Reststaub enthält vor allem die feinsten Partikelgrößen, denn je feiner sie sind, desto weniger werden sie abgeschieden. So sind z.B. 91,4% dieses Staubes ≤ 2 μm (in der Tabelle Spalte (10) unterstrichen).

Zu c) Als Beispiel sei $x^* = 2,0$ μm gewählt. Welcher Mengenanteil von den Partikeln, die im Aufgabegut ≤ 2 μm sind, verbleibt noch im Feingut (Reingas)? Es ist

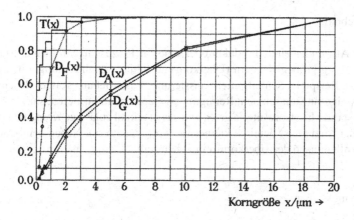

Abbildung 6.14 Stufenentstaubungsgrad (Trenngrad „kurve") und Partikelgrößenverteilungen im Beispiel 6.2 (Staubabscheidung)

dies

$$f \cdot D_F(x^*) = (1 - g)D_F(x^*) = \sum_1^5 (1 - T_i) \cdot \Delta D_{Ai} = 0,0498$$

ebenfalls in der Tabelle unterstrichen, Spalte (9)). Knapp 5% der Staubmenge unter 2 µm Partikelgröße verbleiben also im Reingasstrom.

6.3 Siebklassieren

6.3.1 Grundaufgaben des Siebens

Von den verfahrenstechnischen Zielen her lassen sich für die *Produktionssiebung* (im Gegensatz zur Analysensiebung) nach Schmidt (1984) [6.7] folgende Grundaufgaben des Siebens unterscheiden:

Klassiersiebung

Aus Produkten mit breiter Korngrößenverteilung sollen zwei oder mehr Größenklassen (Fraktionen, „Körnungen") abgetrennt werden. Beispiel: Schotter, Kies, Splitt, Sand aus dem Vorkommen in einer Kiesgrube oder aus dem Brechgut von einem Steinbruch.

Kennzeichnend ist die gleiche Größenordnung der Maschenweite w der Siebe und der Korngrößen x der Produkte ($w \approx x$). Als Beurteilungskriterien für die Klassiersiebung dienen die Trennschärfe und der Durchsatz.

Schutzsiebung

Um den Anwender eines Produkts oder eine im Prozess nachfolgende Maschine vor unzulässig groben Körnern (Überkorn) zu schützen, wird häufig eine Siebung eingesetzt. Beispiele: Schleifmittel-Klassierung; Vorabsiebung vor der Beschickung von Zerkleinerungsmaschinen; Reinigungssiebung (beim Sortieren, s.u.).

Hier ist die Maschenweite so groß, wie das maximal zulässige Korn, die Produktkorngrößen sind meist deutlich kleiner ($w \geq x_{max}$, $w \gg x$). Neben dem Durchsatz wird vor allem nach der Überkornfreiheit beurteilt.

Entstaubungssieben

Damit ist das Befreien eines oft grobkörnigen Produkts von meist anhaftendem Staub und Abrieb gemeint. Den prinzipiell gleichen Vorgang als Naßsiebung nennt man „Waschen".

Beispiele: Kunststoffgranulat von seinem Staub trennen, Abrieb von Tabletten absieben nach oder während der Entfernung der Grate, die beim Verpressen entstehen. Die Maschenweite des Siebs muss hierbei deutlich kleiner als die kleinste Produktkorngröße sein ($w \ll x_{min}$).

Bewertet wird nach der Reinheit des Produkts, also nach der Vollständigkeit der *Feinkornabtrennung*.

Sortieren

Wenn sich in einem Mehrstoffgemisch die einzelnen Bestandteile ganz oder überwiegend auch durch ihre Korngröße unterscheiden, dann lässt sich durch Sieben auch eine stoffliche Trennung erreichen. Dabei können sowohl Klassier- wie Schutz- wie Reinigungssiebungen auftreten, wie die folgenden Beispiele zeigen.

- Herstellung verschiedener Mahlprodukte der Getreidemüllerei (Schrot, Gries, Dunst, Kleie, Mehle) durch abwechselndes Mahlen und „Sichten"[2] (Klassiersiebung).
- Vorabtrennung von Fremdbestandteilen aus einem Aufgabegut für z.B. Brecher, Mischer, Förderschnecken oder -bänder (Schutzsiebung).
- Reinigen und Sortentrennung von Samen- oder Hülsenfruchtgemischen (Schutz-, Entstaubungs- und Sortier-Siebung).
- Die Nass-Siebung als Fest-Flüssig-Trennung auf Entwässerungssieben ist oft mit einem Auswaschen feinster Fremdbestandteile verbunden. Auch zu grobe Bestandteile lassen sich mit Sieben aus einer Flüssigkeit entfernen (Grob-Rechen in Kläranlagen, Flusensieb in der Waschmaschine).

---

[2]In der Getreidemüllerei spricht man von „Sichten", wenn im Sinne der mechanischen Verfahrenstechnik eine – allerdings oft von einem Luftstrahl unterstützte – Siebung gemeint ist.

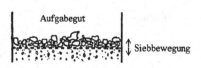 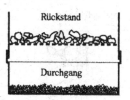

Abbildung 6.15 Grundvorgang des Siebens, Bezeichnungen

Formtrennung

In speziellen Fällen werden auch Trennungen nach der Kornform (runde und kantige Partikeln, wie z.B. die Trennung von ganzen und gebrochenen Haselnusskernen) auf siebähnlichen Maschinen durchgeführt.

6.3.2 Grundlagen des Schwerkraftsiebens

6.3.2.1 Grundvorgänge

Beim Sieben wird jedes einzelne Korn des Aufgabegutes nach seiner geometrischen Größe und Form mit der Sieböffnung (Masche, Loch) verglichen, indem es diese Öffnung zu passieren versucht. Trennmerkmal ist also die geometrische Gestalt. Gelangt das Korn hindurch, zählt es zum Durchgang oder *Siebunterlauf*, bleibt es auch nach allen Versuchen *(Siebwürfen)* auf dem Siebboden, gehört es zum Rückstand oder *Siebüberlauf* (Abb. 6.15).

Für den Transport der Körner auf dem Sieb und durch die Maschen hindurch sind Kräfte erforderlich. Hierfür kommen in Frage:

- Massen- bzw. Volumenkräfte (Schwerkraft, Stoßkräfte (Impulsänderungen), Fliehkraft),
- Oberflächenkräfte (Strömungswiderstand).

Weil es zeitlich und örtlich schwankend auch Kräfte und geometrische Verhältnisse gibt, die das Passieren der Körner durch die Maschen erschweren oder behindern, muss möglichst jedem Korn aus dem Aufgabegut mehrfach Gelegenheit gegeben werden, sich an einer Masche zu messen. Dazu dient eine periodische Auflockerung und Umwälzung der auf dem Sieb liegenden Gutschicht z.B. durch Vibrationen des Siebes. Bei kontinuierlich betriebenen Siebmaschinen bewirkt diese Vibration gleichzeitig den Transport des Siebguts über den Siebboden.

Für die technische Siebung werden überwiegend kontinuierlich durchlaufene Siebmaschinen eingesetzt (Abb. 6.16).

Das Aufgabegut wird auf den meist geneigten Siebboden geschüttet und bildet im stationären Betrieb dort eine Gutschicht. Der Siebboden vibriert und versetzt so die Schicht in Bewegung. Diese Bewegung hat zwei Aufgaben: Erstens muss sie die Gutschicht vertikal auflockern, damit die kleinen Körner zum Siebboden

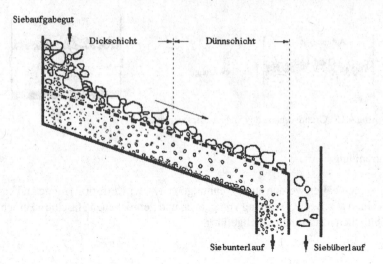

Abbildung 6.16 Kontinuierliche Produktionssiebung

hingelangen können (Segregation). Zweitens sorgt sie zusammen mit der Neigung des Siebbodens für den Längstransport des Gutes auf dem Sieb zum Überlauf hin. Allerdings hat die vibrierende Bewegung der Gutschicht durch das zufällige Wegbewegen der Partikeln vom Siebboden auch noch eine Durchmischung zur Folge (diffusive Rückvermischung). Dies ist der Trennung natürlich abträglich und sollte daher durch geeignete Anpassung der Siebbewegung und Neigung an die Guteigenschaften in Grenzen gehalten werden.

Aufgrund des Durchtritts von Feingut verringert sich die Schichtdicke längs des Siebbodens. Man spricht von *Dickschicht* am Anfang und von *Dünnschicht* am Ende des Siebbodens. Aus der Dickschicht werden bevorzugt die Partikeln ausgesiebt, die sehr viel kleiner als die Öffnungsweite sind, weil ihre vertikale Beweglichkeit in der Gutschicht am größten ist und sie daher eine hohe Durchtrittswahrscheinlichkeit haben (s.u.). Im vorderen Bereich des Siebs ist daher der Durchsatz hoch, und das durchfallende Gut ist im Mittel etwas feiner als am Ende des Siebs.

Dort findet die Absiebung des siebschwierigeren Grenzkorns statt, dessen Korngröße in der Nähe der Öffnungsweite liegt (s. Abschn. 6.3.2.3 Durchgangswahrscheinlichkeit). Der Durchsatz ist hier wesentlich kleiner, die Dünnschicht hat in der Regel nur noch die Dicke einer Korngröße. Daraus lässt sich bereits erkennen, dass eine Siebung umso schärfer sein wird, je länger das Sieb in Transportrichtung und je kleiner die Transportgeschwindigkeit, d.h. je größer die Verweilzeit ist.

6.3.2.2 Einzelkorndynamik

Modellhaft kann man einige Zusammenhänge zwischen Sieb- und Kornbewegung erfassen, indem man Abwurf und Auftreffen von Einzelkörnern auf einer schwingenden Unterlage betrachtet.

Abbildung 6.17 Zur Kinematik des Linearschwingsiebs

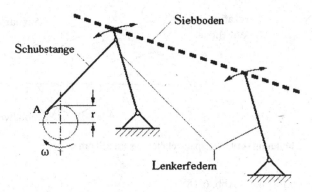

Abbildung 6.18 Beschleunigungen am Abwurfpunkt

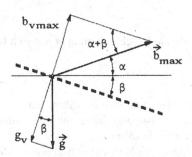

Der Einfachheit halber sei ein linear schwingendes Sieb gewählt, wie es schematisch in Abb. 6.17 gezeigt ist. Streng genommen handelt es sich bei dem Schwingweg um ein kurzes Kreisbogenstück, das aber wegen seiner geringen Länge als gerade angesehen wird. Der Antrieb dreht mit der konstanten Winkelgeschwindigkeit ω und hat die Amplitude r. Die daraus entstehende konstante Zentrifugal- (bzw. Zentripetal-)beschleunigung des Punktes A in radialer Richtung $r \cdot \omega^2$ wird ins Verhältnis zur Erdbeschleunigung g gesetzt und als *Maschinenkennzahl K* bezeichnet. Sie ist für die Konstruktion und Festigkeitsberechnung der Siebmaschine eine wichtige Auslegungsgröße.

$$K = \frac{r \cdot \omega^2}{g}. \tag{6.65}$$

Von der verfahrenstechnischen Seite interessiert die Bewegung eines als Massenpunkt gedachten Korns. Es wird mit der maximalen Beschleunigung $\vec{a}_{max}$ unter dem Abwurfwinkel α von dem um den Winkel β geneigten Siebboden abgeworfen. Beide Winkel sind gegen die Horizontale gerechnet (Abb. 6.18).

Maßgebend sind die zum Siebboden senkrechten Komponenten a_{vmax} und g_v der Beschleunigungen $\vec{a}_{max}$ und $\vec{g}$. Ihr Verhältnis heißt *Siebkennziffer K_v*

$$K_v = \frac{a_{vmax}}{g_v} \tag{6.66}$$

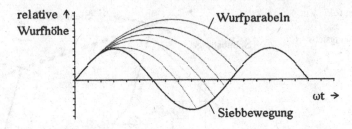

Abbildung 6.19 Wurfparabeln für das Einzelkorn

und ist nach Abb. 6.18

$$K_v = \frac{|a_{max}| \cdot \sin(\alpha + \beta)}{g \cdot \cos\beta}. \tag{6.67}$$

Die maximale Beschleunigung ergibt sich bei einer direkten Übertragung wie in Abb. 6.17 zu

$$|a_{max}| = r \cdot \omega^2. \tag{6.68}$$

Der Winkel α ist durch die Stellung der Lenkerfedern zum Siebboden konstruktiv vorgegeben, ebenso sind die Amplitude r und der Siebneigungswinkel β von der Konstruktion her bestimmt.

Ein Abheben des Korns vom Siebboden wird erst für $a_{vmax} \geq g_v$, also für $K_v \geq 1$ möglich. Je größer K_v ist, desto höher und weiter wird das Korn geworfen. Es folgt nach dem Abheben einer Wurfparabel und trifft an der Stelle wieder auf den Siebboden, wo die Wurfparabel die schwingende Siebbodenfläche schneidet. Diese idealisierten Verhältnisse zeigt Abb. 6.19.

Der Siebboden ist beim Auftreffen des Korns immer dann gerade wieder in der anfänglichen Abwurfposition, wenn die Wurfzeit bis zum Auftreffen ein ganzzahliges Vielfaches der Siebbodenschwingung ist. Man spricht von *statistischer Resonanz*. Für die Siebkennziffer K_v heißt das:

$$K_v = \sqrt{1 + i\pi^2} \quad \text{mit } i = 1, 2, 3 \dots \tag{6.69}$$

In diesen Fällen ist auch die Relativgeschwindigkeit zwischen Korn und Siebboden am größten. Für $i = 1$ ergibt sich $K_v = 3,30$. Kleinere K_v–Werte bedeuten schonendere Siebung, größere Werte wegen der höheren Beschleunigungen schärferes Absieben. Letzteres wird bei Verstopfungsgefahr durch Einklemmen von Grenzkorn gewählt oder, wenn siebschwieriges – d.h. haftendes, feuchtes – Gut abzusieben ist.

Die eingangs beschriebene Schichtsiebung bringt wegen der inneren Reibung in der Schicht eine starke Dämpfung der Schwingungen des Gutes mit sich und damit auch Phasenverschiebungen der Gutbewegung gegenüber der Siebbewegung. Obwohl es sich also bei der Einzelkorndynamik auf dem Siebboden um ein stark vereinfachendes Modell handelt, wird die Siebkennzahl K_v zur Kennzeichnung der Intensität für die Schichtsiebung angewendet. Tabelle 6.3 zeigt einige praktisch verwendete Siebkennzahlen für Wurfsiebe.

Tabelle 6.3 Praktisch verwendete Siebkennzahlen K_v für Wurfsiebe

K_v	Anwendung und Beispiel
1,6 … 1,8	Schonende Absiebung für leicht absiebbares Gut (z.b. Nachklassieren von Steinkohle), Wurfwinkel $\alpha = 30° … 40°$
2,1 … 2,3	Schonende Absiebung für schwer absiebbares Gut (z.b. Nachklassieren von Koks mit Klemmkorngefahr), Wurfwinkel $\alpha = 30°–60°$
3,0 … 3,2	Scharfe Absiebung für schwer siebbares Material mit großen Mengen an Unterkorn (z.b. Vorklassieren von Steinkohle, Klassieren von Erz, Absieben von Schotter und Splitt), Wurfwinkel $\alpha > 60°$ erforderlich
5 … 6	Besonders siebschwieriges Gut

Abbildung 6.20 Zur Durchtrittswahrscheinlichkeit beim Sieben (Quadratmasche)

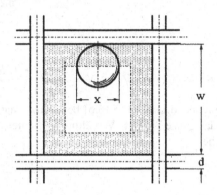

6.3.2.3 Durchtrittswahrscheinlichkeit

Ob und mit welcher Wahrscheinlichkeit ein Korn durch eine Sieböffnung fällt, hängt vor allem vom Verhältnis der Korngröße x zur Öffnungs- oder Maschenweite w ab, außerdem von der Kornform im Vergleich zur Maschenform bei der momentanen Orientierung des Korns, vom Auftreffwinkel gegenüber der Siebebene, sowie von der Summe der beim Trennvorgang auf das Korn wirkenden Kräfte.

Als einfachstes Modell betrachten wir den senkrechten Durchtritt eines kugelförmigen Korns mit dem Durchmesser x durch eine quadratische Masche mit der Maschenweite w und der Drahtdicke d, wie in Abb. 6.20 skizziert.

Nach Abb. 6.20 tritt die Kugel nur dann durch die Sieböffnung, wenn ihr Mittelpunkt auf die frei gelassene Quadratfläche trifft. Damit kann die Durchtrittswahrscheinlichkeit W als das Flächenverhältnis von Durchtrittsquerschnitt zu Maschenfläche gebildet werden

$$W = \frac{(w - x)^2}{(w + d)^2}. \tag{6.70}$$

Die Anzahl N der zum erfolgreichen Durchtritt erforderlichen Schwingungsperioden (Siebwürfe) ist im Mittel gleich dem Kehrwert dieser Durchtrittswahrschein-

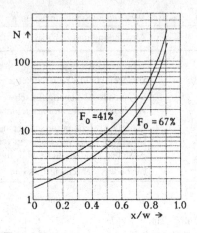

lichkeit

$$N = \frac{1}{W} = \frac{(w+d)^2}{(w-x)^2}. \tag{6.71}$$

Entsprechend DIN 4185 [6.6] bezeichnet man sowohl für die einzelne Masche wie für das ganze Sieb das Verhältnis der lichten (offenen) Siebfläche zur gesamten Siebfläche

$$F_0 = \frac{w^2}{(w+d)^2} \tag{6.72}$$

mit *Sieböffnungsgrad* und kann damit für N schreiben

$$N = \frac{1}{F_0(1 - x/w)^2}. \tag{6.73}$$

Der Verlauf von N über x/w ist für das Sieb mit 1 mm Maschenweite bei zwei typischen Sieböffnungsgraden nach DIN 4189, Blatt 1 in Abb. 6.21 aufgetragen.

Danach brauchen Kugeln, die sehr viel kleiner als die Maschenweite sind, nur wenige Gelegenheiten (= Siebwürfe) zum Durchtritt, haben also eine große Durchtrittswahrscheinlichkeit. Kugeln mit Durchmessern nahe der Maschenweite dagegen benötigen sehr viele Gelegenheiten. Bei unregelmäßig geformten Partikeln sind die Verhältnisse prinzipiell gleich: Körner mit Größen im Bereich $0,8 \leq x/w \leq$ 1,4 bilden das siebschwierige *Grenzkorn* mit kleiner Durchtrittswahrscheinlichkeit. Außerdem besteht umso größere Einklemmgefahr, je näher Korngröße und Maschenweite beieinander liegen. Vor allem aber können Haftkräfte bei sehr feinen und bei elektrisch aufgeladenen Partikeln den Siebdurchtritt erheblich beeinträchtigen.

Dass überhaupt Körner mit $x > w$ im Durchgang erscheinen können, hat zwei Gründe: Zum einen liegt es an der Kornform. Bei geeigneter Gut- und Siebbewegung können länglich geformte Körner mit einem Durchmesser der volumengleichen Kugel ($x \equiv d_V$), der größer als die Nennmaschenweite w ist, in Längsrichtung durch Quadratmaschen ins Feingut gelangen. Körner mit $d_V >$ ca. $1,5 \cdot w$ bleiben

Abbildung 6.22
Veränderung des Trenngrads
mit der Zahl N der Siebwürfe
beim Sieben

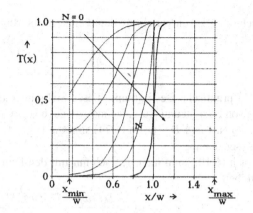

allerdings mit Sicherheit im Rückstand. Zum anderen hat jedes Sieb eine Maschen-
weitenverteilung. Es gibt also auch Maschen mit größeren Öffnungen als w, durch
die dementsprechend größere Partikeln hindurch fallen können.

6.3.2.4 Trenngrenze, Trennschärfe, Siebgütegrad

Die unterschiedlichen Durchtrittswahrscheinlichkeiten sind auch der Grund dafür,
dass sich der Trenngrad und mit ihm Trenngrenze und Trennschärfe mit der Anzahl der Siebwürfe, also mit der Siebzeit ändern. Qualitativ ist die Veränderung der
Trenngradkurve für ein einzelnes Sieb mit der Anzahl N der Würfe in Abb. 6.22 zu
sehen.

Die Trenngrenze x_T (Mediantrenngrenze) – definiert als die Korngröße, die je
zur Hälfte auf und unter dem Sieb vorkommt ($T(x_T) = 0,5$) – steigt mit jedem
Wurf an und kann, wie oben gesehen, die Nennmaschenweite sogar überschreiten.
Die Trennschärfe – die Steilheit der Trenngradkurve ist dafür ein Maß – nimmt mit
der Wurfzahl N ebenfalls zu. Zur praktischen Beurteilung der Qualität einer technischen Siebung wird die Trenngradkurve wegen ihrer aufwendigen Bestimmung
allerdings nur sehr selten herangezogen. Zum einen interessieren die Fehlkornausträge – entweder Unterkorn im Rückstand (Sieb-Überlauf) oder Überkorn im Durchgang (Sieb-Unterlauf). Zum anderen will man kennzeichnen, wieviel von dem, was
im Durchgang sein sollte, auch tatsächlich dort enthalten ist.

So hat sich als Maß für die Trenngüte der sog. *Siebgütegrad*

$$\eta_S = \frac{\text{Unterkorn im Durchgang}}{\text{Unterkorn im Aufgabegut}}$$

eingebürgert. *Unterkorn* bezieht sich dabei entweder auf die Nennmaschenweite
w des Siebs oder auf die maximale Korngröße x_o im Durchgang nach Abschluss
der Siebung. In der Terminologie von DIN 66142 Teil 1 (1981) [6.4] und nach

Abschn. 6.2.1.3 entspricht η_S dem Feinkornausbringen K_{Af} (6.27) und ist daher

$$\eta_S = f \cdot \frac{D_F(w)}{D_A(w)}. \tag{6.74}$$

Die praktische Bestimmung dieses Siebgütegrades erfolgt durch Analysensiebung von Feingut und Aufgabegut (evtl. auch vom Grobgut) mit ausreichender Siebzeit. $D_F(w)$ und $D_A(w)$ in (6.74) sind die bei w festgestellten Durchgänge dieser Analysensiebung.

  Nach (6.10) kann man η_S auch nur mit den Durchgängen der Analysensiebung schreiben:

$$\eta_S = \frac{D_A(w) - D_G(w)}{D_F(w) - D_G(w)} \cdot \frac{D_F(w)}{D_A(w)}. \tag{6.75}$$

Wie die Trennschärfe technisch zu beeinflussen ist, kann man sich zumindest qualitativ durch folgende Überlegung klarmachen:

Abbildung 6.22 zeigt, dass die Trennung mit steigender Anzahl N der Siebwürfe besser wird. Das Sieb schwingt mit der Frequenz (oder *Hubzahl*) n, die Verweildauer des Gutes auf dem Sieb sei $\bar{t}$. Die Anzahl der Würfe ist also $N = n \cdot \bar{t}$. Wenn man die Länge des Siebs in Transportrichtung mit L und die mittlere Transportgeschwindigkeit des Gutes über das Sieb mit $\bar{v}$ bezeichnet, dann ist $\bar{t} = L/\bar{v}$; und damit ergibt sich für N

$$N = n \cdot L/\bar{v}. \tag{6.76}$$

Die Trennung wird also umso schärfer sein,

- je höher die Frequenz der Siebschwingungen ist,
- je länger das Sieb gebaut ist und
- je kleiner die Transportgeschwindigkeit über das Sieb ist.

Selbstverständlich gibt es andere Kriterien, die hieraus folgende Beeinflussungsmöglichkeiten einschränken. So bedeutet kleine Transportgeschwindigkeit auch kleinen Durchsatz, und sowohl der Frequenz wie der Baulänge sind konstruktive und festigkeitsbedingte Grenzen gesetzt.

6.3.2.5 Durchsatzabschätzung bei kontinuierlicher Siebung

Der je m^2 Siebfläche von einer Siebmaschine durchgesetzte Aufgabegut-Massenstrom $\dot{M}_A$ wird von so vielen Einflussgrößen mitbestimmt, dass eine physikalisch begründete und praktisch brauchbare Vorausberechnung nicht möglich ist.

Folgende Überlegung erlaubt aber eine Abschätzung für stationäre kontinuierliche Absiebung:

Der Gesamtdurchsatz $\dot{M}_A$ teilt sich in Überlauf $\dot{M}_R$ und Unterlauf $\dot{M}_D$.

$$\dot{M}_A = \dot{M}_R + \dot{M}_D. \tag{6.77}$$

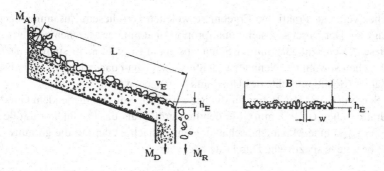

Abbildung 6.23 Zur Durchsatzabschätzung bei kontinuierlicher Siebung

Wenn man bei der effektiven Trenngrenze x_t des Siebs in erster Näherung von der Gleichheit der Fehlkornausträge ausgeht, ist der auf den Gesamtdurchsatz $\dot{M}_A$ bezogene Durchgangsmassenstrom $\dot{M}_D$ gleich dem Durchgang des Aufgabeguts bei der Trennkorngröße x_t

$$\dot{M}_D / \dot{M}_A = D(x_t).$$

Für den Siebüberlauf gilt entsprechend

$$\dot{M}_R = [1 - D(x_t)] \cdot \dot{M}_A. \tag{6.78}$$

Für diesen Siebüberlauf lässt sich andererseits annehmen, dass er am Ende des Siebs aus einer einzigen Kornschicht (Dünnschicht) besteht, die Schichtdicke h_E hat und einen über die Siebbreite B gemittelten Feststoffvolumenanteil $(1 - \varepsilon)$ von ca. 0,1 bis 0,4 (Abb. 6.23).

Führt man jetzt noch die mittlere Schüttgutdichte $\rho_{Sch} = (1 - \varepsilon) \cdot \rho_s$ (mit ρ_s als Feststoffdichte) ein, erhält man für den Überlauf-Massenstrom

$$\dot{M}_R = (1 - \varepsilon) \cdot \rho_s \cdot B \cdot h_E \cdot v_E, \tag{6.79}$$

worin v_E die von Siebneigung, Frequenz, Amplitude und Schwingungsform abhängige Austragsgeschwindigkeit am Siebende bedeutet. Bei der *Langsamsiebung* liegt sie bei etwa 0,2 bis 0,5 m/s, bei *Schnellsiebung* etwa zwischen 2 und 5 m/s. Für den Gesamt-Massendurchsatz der Siebmaschine ergibt sich

$$\dot{M}_A = \frac{(1 - \varepsilon) \cdot \rho_s}{1 - D(x_t)} \cdot B \cdot h_E \cdot v_E, \tag{6.80}$$

bzw. für den Schüttgutvolumenstrom

$$\dot{V} = \frac{\dot{M}}{(1 - \varepsilon) \cdot \rho_s} = \frac{B \cdot h_E \cdot v_E}{1 - D(x_t)}. \tag{6.81}$$

Setzt man in erster Näherung die Schichthöhe h_E proportional zur Maschenweite w, dann nimmt unter sonst gleichen Bedingungen der Durchsatz linear mit der

Maschenweite zu. Praktische Ergebnisse weichen von diesem Zusammenhang allerdings ab: Der Durchsatz steigt unterproportional mit der Maschenweite.

Diese Abschätzungen sind für Schutzabsiebungen nicht mehr sinnvoll. Denn in (6.80) gehen sowohl der Nenner (wegen $w \gg x_{max}$ und daher $D(x_t) \to 1$) als auch der Zähler (Schüttgutdichte des Überlaufs $\to$ 0) gegen Null.

P. Schmidt (1984) [6.7] gibt für die Rieselsiebung von frei fließendem Gut durch Quadratmaschen ($w \geq 1$ mm), die deutlich größer als die Produktkorngröße sind ($w \geq 3 \cdot x_{max}$) eine Maximalabschätzung an. Danach ist der auf die gesamte Siebfläche bezogene spezifische Durchsatz höchstens

$$\dot{m} = \dot{M}/A = (0{,}5...0{,}9) \cdot \rho_s \cdot \sqrt{g} \cdot \frac{(w-x)^{5/2}}{(w+d)^2}. \tag{6.82}$$

6.3.2.6 Bestimmung der Siebfläche

Wie aus den Überlegungen der vorigen Abschnitte hervorgeht, wird die Breite der Siebfläche einer Siebmaschine vom geforderten Durchsatz bestimmt, während ihre Länge von der Anforderung an die Trennqualität abhängt. Diese wiederum wird durch Produkteigenschaften wie Rieselfähigkeit, Feuchte, Korngrößenverteilung sowie durch Betriebseinstellungen (Frequenz, Amplitude, Art der Vibrationen, Neigungswinkel usw.) beeinflußt. Eine Vorausberechnung ist daher praktisch kaum möglich, man muss Versuche mit dem Originalprodukt auf einer mit dem vorgesehenen Siebgewebe bespannten Technikums-Siebmaschine machen, wie sie schematisch in Abb. 6.24 dargestellt ist.

Für jeden mit getrenntem Durchgangs-Auffangbehälter versehenen Längenabschnitt des Siebs lässt sich die Trennqualität z.B. nach DIN 66142 als Fehlaustrag im Unterlauf f_{Di} bzw. als Fehlaustrag im Überlauf f_{Ri} bestimmen. Wir bezeichnen im Siebabschnitt i (s. Abb. 6.24) mit

- M_{Ri} die Rückstandsmasse (Siebüberlaufmasse),
- M_{Di} die Durchgangsmasse (Siebunterlaufmasse),
- M_{fRi} die Feingutmasse $< x_t$ im Rückstand (Überlauf) und mit
- M_{gDi} die Grobgutmasse $> x_t$ im Durchgang (Unterlauf).

Dann sind die Fehlausträge definiert durch

$$f_{Ri} = M_{fRi}/M_{Ri} \tag{6.83}$$

und

$$f_{Di} = \sum_{j=1}^{i} M_{gDj} \Big/ \sum_{j=1}^{i} M_{Dj}. \tag{6.84}$$

Die Summation ist hier wegen des Einzelauffangens aus den Siebabschnitten erforderlich. Der Überlauf wird nicht in dieser Weise separiert.

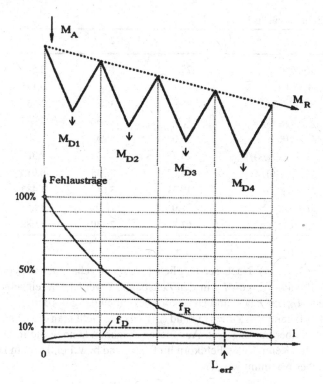

Abbildung 6.24 Zur Bestimmung der erforderlichen Sieblänge L_{erf} (s. auch Beispiel 6.3)

Die f_{Di}-Werte können unmittelbar aus Messwerten bestimmt werden, für die f_{Ri}-Werte muss man eine Rückrechnung vornehmen:

$$f_{Ri} = \frac{M_{fRn} + \sum_{j=i+1}^{n}(M_{Dj} - M_{gDj})}{M_A - \sum_{j=1}^{i} M_{Dj}} \quad (i = 1, 2, \ldots, n). \tag{6.85}$$

Die Summe im Zähler nimmt für $i = n$ den Wert Null an (s. Beispiel unten). Über der Länge aufgetragen nimmt f_{Ri} ab (Abb. 6.24), und dort, wo er eine vorzugebende Toleranzgrenze (z.B. 10%) schneidet, ist die erforderliche Sieblänge für die gewählten Betriebsbedingungen abzulesen. In der Regel wird man auf die so ermittelte Sieblänge noch einen Sicherheitszuschlag geben, indem man die nächst längere Ausführung aus dem Typenprogramm eines Herstellers wählt.

Die Breite B_M des Modellsiebs und der erzielte Durchsatz $\dot{M}_M$ können direkt linear auf die Hauptausführung (Breite B_H, Durchsatz $\dot{M}_H$) hochgerechnet werden:

$$B_H = B_M \cdot \dot{M}_H / \dot{M}_M. \tag{6.86}$$

Beispiel 6.3 (Auswertung einer Versuchssiebung zur Sieblängen-Bestimmung) Eine Versuchs-Siebmaschine mit konstanter Maschenweite nach Abb. 6.24 ist mit 4 Auffangbehältern für die getrennte Entnahme des Durchgangs längs des Siebweges

Tabelle 6.4   Zum Beispiel 6.3

$i =$		1	2	3	4
(1)	M_{Di}/kg	25	10	2,5	1,0
(2)	M_{gDi}/kg	1,25	0,6	0,175	0,09
(3)	$\sum_1^i M_{Dj}/\mathrm{kg}$	25	35	37,5	38,5
(4)	$\sum_1^i M_{gDj}/\mathrm{kg}$	1,25	1,85	2,025	2,115
(5)	$F_{Di} \cdot 100\%$	5,00	5,29	5,40	5,49
(6)	$(M_{Di} - M_{gDi})/\mathrm{kg}$	23,75	9,40	2,325	0,910
(7)	$\sum_{j=i+1}^n (6)_j/\mathrm{kg}$	12,635	3,235	0,910	0
(8)	M_{fRi}/kg	13,21	3,81	1,485	0,575
(9)	M_{Ri}/kg	25,0	15,0	12,5	11,5
(10)	$f_{Ri} \cdot 100\%$	52,84	25,40	11,88	5,00

versehen ($i = 1, \ldots, 4$). Nach der möglichst stationär gehaltenen Absiebung einer bestimmten Produktmenge M_A in der Zeitspanne t werden die einzelnen Durchgangsmassen M_{Di} auf Über- und Unterkorn bezüglich der geforderten Trenngrenze x_t untersucht (Tabelle 6.4, Zeilen (1) und (2)). Ebenso stellt man die Unterkornmenge M_{fR} im Siebüberlauf M_R fest. Aus diesen Angaben können die in DIN 66142, Teil 1 definierten Kenngrößen Fehlkorn im Rückstand bzw. Fehlkorn im Durchgang längs des Siebes bestimmt werden.

6.3.3 Weitere Siebungsarten, Siebhilfen

Um den Durchtritt des Unterkorns durch die Sieböffnungen zu ermöglichen oder zu erleichtern, kann man drei weitere grundsätzliche Einflußnahmen benutzen, die über die Wirkung der reinen periodischen Siebbewegung hinausgehen:

- Verringerung der Haftkräfte zwischen den Gutpartikeln auf dem Sieb, besonders bei feinkörnigen Produkten;
- Erleichterung des Partikeldurchtritts durch zusätzliche Kräfte, insbesondere Strömungskräfte (Luftstrahlen, Flüssigkeiten);
- Freihalten der Sieböffnungen von Verstopfungen durch zusätzliche mechanische Mittel.

Konkrete, realisierte Maßnahmen sind folgende:

Nasssiebung

Siebschwierige, feuchte und klebende Güter können u.U. in Wasser suspendiert gesiebt oder während des Siebvorgangs mit Wasser überspült werden. Dabei wird so-

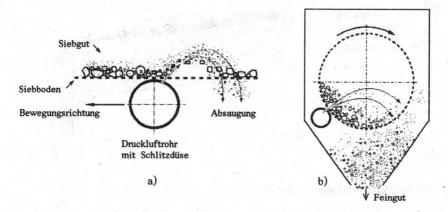

Abbildung 6.25 Luftstrahlsiebung, (**a**) Prinzip, (**b**) Luftstrahl-Trommelsieb (Schema)

wohl anhaftendes Feinstkorn (staubige oder tonige Bestandteile) von gröberen Partikeln und vom Siebboden getrennt (Waschen, Bebrausen), als auch die Agglomeration der Feinstbestandteile verhindert, indem die kapillaren Bindemechanismen (Adsorptionsschichten, Flüssigkeitsbrücken) zwischen den Partikeln aufgehoben werden. Außerdem nimmt das durchströmende Wasser Feinkornpartikeln mit.

Luftstrahlsiebung (Abb. 6.25)

Von der Feingutseite her wird gegen das Siebgewebe ein linienförmiger Luftstrahl geblasen, der einerseits verstopfte Sieböffnungen frei bläst und andererseits das darüber befindliche Gut stark auflockert. Dadurch können Haftstellen zwischen den Partikeln aufgelöst und Agglomerate zerteilt werden. Der Luftstrom wird dann wieder durch die Sieböffnungen gelenkt und kann dabei feine Partikeln mitnehmen. Die Strömungswiderstandskraft („Schleppkraft") dient hier also als zusätzliche Transporthilfe für den Partikeldurchtritt.

Trennmittel

Bei der *Trockensiebung* können Haftkräfte zwischen den Partikeln manchmal auch durch die Zugabe von kleinen Mengen extrem feiner Stoffe (sog. Trennmittel, z.B. hochdisperse Kieselsäure) verringert werden (vgl. Aufgabe 2.15).

Mechanische Siebhilfen

Die Zugabe von Gummikugeln oder Gummiwürfeln auf einem Siebboden oder in eigens dafür vorgesehenen Zwischendecks einer Siebmaschine (Abb. 6.26) helfen

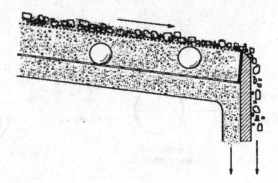

Siebboden
Kugeln
Zwischenboden
Sammelboden

Abbildung 6.26 Gummikugeln als Siebhilfen

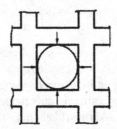 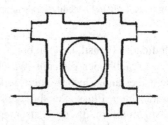

Abbildung 6.27 Befreien von Klemmkorn durch Dehnen der Sieböffnung

einerseits, Agglomerate zu zerteilen, und andererseits, verstopfte Maschen freizu-
halten. Große Einzelpartikeln des Siebgutes können ebenso wirken. Selbstverständlich darf die Bewegung dieser Siebhilfen nicht zur Zerkleinerung des Gutes führen.
Auch Abrieb ist Zerkleinerung! Durch die unregelmäßigen Stöße dieser Siebhilfen entstehen zusätzliche Frequenzen, die die Schwingbewegung überlagern und
die zusätzliche Trägheitskräfte hervorrufen. Solche Effekte lassen sich auch durch
Anschläge erzielen, die die freie Schwingung des Siebs behindern (Amplitudenbe-
grenzung). Eine andere Art mechanischer Siebhilfen sind Bürsten, die – mit den
Borsten schräg nach oben – von unten den Siebboden von Klemmkorn und Verstopfungen freihalten. Aber Vorsicht! Bei gewebten Sieben besteht die Gefahr, dass sich
Bürstenhaare verklemmen und beim Wegziehen die Maschenweite verändern.

Verformende Siebböden

Durch periodische Vergrößerung und Verkleinerung der Sieböffnungen bei gum-
mielastischen Siebböden (Abb. 6.27) oder durch Querverzerrung und Biegung von
Siebgeweben lässt sich besonders siebschwieriges Gut besser absieben, weil die
Verstopfung der Öffnungen mit Klemmkorn ($x \approx w$) vermieden wird und Brücken
durch agglomerierendes, brückenbildendes *Haftkorn* ($x \ll w$) immer wieder zerstört werden.

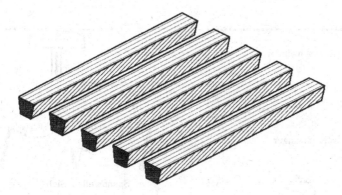

Abbildung 6.28 Profilstangen für Siebroste

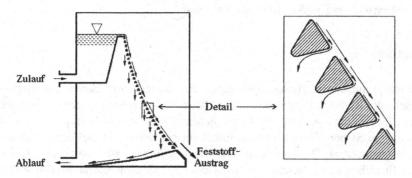

Abbildung 6.29 Bogensieb (Spaltsieb) zur Entwässerung grobkörniger Produkte

6.3.4 Bauarten von Siebmaschinen

Bei den Produktionssieben bzw. -siebmaschinen kann man nach der Bewegungsart *feste Siebe* oder Roste, *Wurfsiebe, Plansiebe, Taumelsiebe, Trommelsiebe* und Sonderbauarten unterscheiden. Eine detaillierte Darstellung findet man bei Schmidt et al. (2003) [6.8].

Feste Siebe

Feste Siebe oder Roste aus Profilstangen (Abb. 6.28 werden nicht bewegt. Sie weisen daher meist eine starke Neigung gegen die Horizontale auf, damit der Guttransport über das Sieb bzw. den Rost gewährleistet bleibt. Sie dienen z.B. zum Vorabsieben (Schutzsiebung) und als Aufgaberoste für grobkörniges bis stückiges Gut (≥ ca. 40 mm), oder in der Fest-Flüssig-Trennung auch als *Bogensiebe* (Abb. 6.29) zum Entwässern von z.B. Kohle oder grobem Klärschlamm.

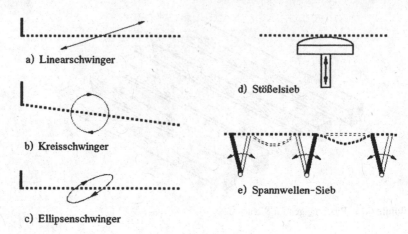

a) Linearschwinger

d) Stößelsieb

b) Kreisschwinger

e) Spannwellen-Sieb

c) Ellipsenschwinger

Abbildung 6.30 Verschiedene Typen von Wurfsieben

Wurfsiebe

Sie haben immer eine Bewegungskomponente senkrecht zum Siebboden. Man unterscheidet zunächst Linearschwinger (Abb. 6.30a), Kreisschwinger (Abb. 6.30b) und Ellipsenschwinger (Abb. 6.30c). *Linearschwinger* transportieren auch bei horizontalem Siebboden (flache Bauweise!) entsprechend dem Bewegungsanteil in Siebbodenrichtung. Die Vertikalauflockerung des Siebguts ist relativ gering, so dass zum Erreichen guter Trennschärfen nur dünne Schichten gesiebt werden sollten. Außerdem beansprucht die Beschleunigung in nur *einer* Richtung Klemmkörner zu wenig. *Kreisschwinger* werfen das Gut mit großem Abwurfwinkel α vom Siebboden ab, so dass eine ausreichende Transportgeschwindigkeit mit größeren Siebneigungen ($\geq 10°$) erreicht werden muss. Die Auflockerung des Siebguts sowie die wechselnde Beanspruchung von Klemmkorn sind vorteilhaft. *Elliptisch schwingende Siebe* sind verfahrenstechnisch bezüglich Transport, Durchsatz und Trennschärfe am anpassungsfähigsten, wenn – durch eine konstruktiv aufwändige Ausführung ermöglicht – die Achsen der Schwingellipse und die Frequenz frei wählbar sind.

Stößelsiebe (auch *Schallsiebe* genannt) sind Wurfsiebe mit ruhendem Kasten. Der stark geneigte Siebboden wird punkt- oder linienförmig zu Vertikalschwingungen (bezogen auf die Siebebene) angeregt (Abb. 6.30d). Der Vorteil besteht darin, dass wesentlich kleinere Massen zu bewegen sind, und dass die Oberschwingungen des als Membran wirkenden Siebbodens ausgenutzt werden können. Sie eignen sich besonders für Fein- und Feinstkornabsiebungen ($0{,}05 \ldots 0{,}5$ mm) und erzielen dabei relativ hohe spezifische Durchsätze. Schließlich kann man auch das mit verformbarem Gummi-Siebboden bespannte *Spannwellen-Sieb* (Abb. 6.30e) noch den Wurfsieben zurechnen. Das abwechselnde Spannen und Lockern einzelner Bereiche erzeugt hohe Beschleunigungen und vermeidet wirksam Klemmkorn (s. auch Abb. 6.27). Alle diese Wurfsiebe werden meist als Rechtecksiebe mit Längen/Breiten-Verhältnissen zwischen 3:1 und 2:1 gebaut.

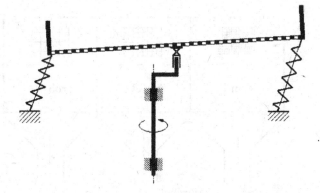

Abbildung 6.31 Bewegungsschema eines Taumelsiebs

Plansiebe

Plansiebe schwingen nur in der Siebboden-Ebene. Sie sind daher für feinkörniges und siebfreundliches Gut besonders geeignet, wenn eine Vertikalauflockerung nicht erforderlich oder erwünscht ist. In der Getreidemüllerei ist diese Siebbauart als „Plansichter" weit verbreitet. Dort werden allerdings häufig auch noch mit einem Luftstrom durch das Sieb Durchtritt und Transport erleichtert.

Taumelsiebe

Sie kombinieren Plansieb- und Wurfsieb-Bewegung, indem der Kreisschwingung in der Siebebene eine taumelnde Hubkomponente überlagert wird (Abb. 6.31). Durch die vielen voneinander unabhängigen Freiheitsgrade ihrer Bewegungen sind sie sehr anpassungsfähig.

Trommelsiebe

Die Siebfläche bildet hier den Mantel eines Zylinders, meist eines Kreiszylinders, aber auch sechseckige und andere Formen kommen vor. Die Siebtrommel dreht sich um ihre ein wenig gegen die Horizontale geneigte Achse, gelegentlich werden noch Vibrationen überlagert. Der Füllungsgrad der Siebtrommel beträgt in der Regel um 30%, so dass es sich um eine reine Dickschicht-Siebung handelt. Die Durchmischung ist sehr gut, besonders wenn noch Hubleisten oder andere Einbauten vorhanden sind. Allerdings wird das Siebgut auch stark beansprucht (Vorteil: Desagglomeration, Nachteil: Abrieb, Zerkleinerung).

Längere Trommelsiebe werden in Kammern unterteilt, die jeweils mit verschiedenen Maschen- bzw. Lochweiten versehen sind, am Einlauf mit der kleinsten beginnend (Abb. 6.32).

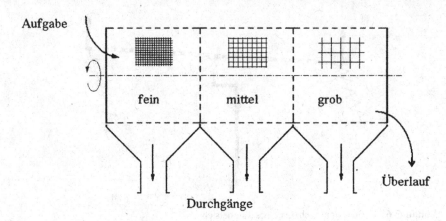

Abbildung 6.32 Trommelsieb (schematisch)

Abbildung 6.33
Arbeitsweise des Sizer
(Fa. Mogensen, Wedel)

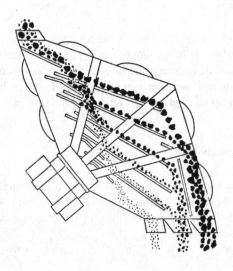

Sizer

Eine Sonderstellung nimmt der *Sizer* ein (Abb. 6.33). Für ihn ist kennzeichnend, dass für einen Trennschnitt mehrere Siebe mit verschiedenen Öffnungsweiten deutlich größer als die Trennkorngröße übereinander eingesetzt sind. Außerdem sind die Siebbodenneigungen sehr groß. Dadurch werden die Durchtrittswahrscheinlichkeiten groß, so dass insgesamt merklich höhere Durchsätze als auf konventionellen Siebmaschinen erreicht werden können. Die dabei zwangsläufig auftretende Verschlechterung der Trennschärfe je Siebboden wird durch die Zusammenfassung der Rückstände aus mehreren Siebebenen zu einer Fraktion wieder ausgeglichen.

Zahlreiche Details und weitere Informationen findet man im Buch von Schmidt et al. (2003) [6.8].

6.4 Strömungsklassieren – Windsichten

Das Windsichten ist eine uralte Technik, mit der bereits die Völker der Antike nach dem Dreschen des Getreides die Spreu vom Weizen trennten. Das Prinzip ist einfach: Man wirft bei Wind das Gemisch in die Luft und die leichten Partikeln – die Spreu – wird weiter weg getragen als die schwereren Körner. In diesem Fall bewirkt das Windsichten also eine stoffliche Trennung, eine Sortierung. Zum Klassieren lässt sich das Prinzip selbstverständlich ebenfalls nutzen, wenn statt Schwergut „Grobkorn" und statt Leichtgut „Feinkorn" gesetzt wird. Die fluidmechanischen Grundlagen sind in Kap. 4, Abschn. 4.2 und 4.3 behandelt.

6.4.1 Aufgaben des Windsichtens

Ziel der technischen Windsichtung ist das Trennen von – z.T. sehr großen – Produktmengenströmen in zwei, selten mehrere Kornklassen. Als Trennmerkmal ergibt sich aus den auf die Partikeln wirkenden konkurrierenden Kräften die Sinkgeschwindigkeit w_s. Da sie Größe, Form und Dichte der Partikeln enthält, kann durch Windsichten sowohl klassiert als auch sortiert werden. Produkte aus einheitlichen Stoffen (z.B. Zement) werden nach ihrer Feinheit (Korngröße) klassiert, während Produkte mit etwa einheitlicher Partikelgröße, aber verschiedener Form und Dichte nach diesen beiden Kriterien sortiert werden, wie das genannte Beispiel „Trennung von Spreu und Weizen im Wind" zeigt.

In der Landwirtschaftstechnik, in der holzverarbeitenden Industrie, bei der Abfallaufbereitung dient die Windsichtung überwiegend zur Trennung eher grobkörniger Produkte, z.B. Reinigung von Getreide und Hülsenfrüchten, Abtrennung von Spänen, Aussortieren von Leichtstoffen wie Folien und Textilien aus dem Müll. Bei der Herstellung von feinen und feinsten Produkten in der chemischen, pharmazeutischen und keramischen Industrie ebenso wie bei der Lebensmittelverarbeitung und der Mineralmehlerzeugung – um nur wenige Einsatzgebiete zu nennen – findet sie meist im Zusammenwirken mit Mühlen in Anlagen zur Produktion von Zwischen- und Endprodukten verbreitet Anwendung.

Im *Mühle-Sichter-Kreislauf* wird das gemahlene Produkt einem Sichter aufgegeben, der das ausreichend Feingemahlene (Feingut) als Fertigprodukt austrägt, während das Grobgut zurück in die Mühle geführt wird. Mühlen, bei denen der Sichter im gleichen Gehäuse integriert ist, heißen *Sichtermühlen*. Zu den Qualitätsanforderungen an gemahlene Produkte gehören oft große Feinheiten und möglichst enge Partikelgrößenverteilungen. Sie bedeuten bei den Sichtern hohe Ansprüche an Trenngrenze und Trennschärfe.

Tabelle 6.5 Einteilung der Windsichter nach Leschonski [6.9]

	Schwerkraftfeld	Fliehkraftfeld
Gegenstrom-	Steigrohrsichter	freie Wirbelströmung
	Zick-Zack-Sichter	Spiralwindsichter
		erzwungene Wirbelströmung
		Abweiseradsichter
Umlenk-	Gegenstromsichter	
Querstrom-	Grobkornabscheider	Querstrom-Fliehkraftsichter
		Umluftsichter

6.4.2 Sichtprinzipien und Trenneigenschaften

6.4.2.1 Sichtprinzipien

Einer von Leschonski (1968) [6.9] gegebenen Einteilung folgend (Tabelle 6.5) unterscheidet man je nach der Anströmrichtung relativ zur Partikelbahn *Gegenstromsichtung* und *Querstromsichtung* und nach der Art des trennenden Feldes *Schwerkraftsichtung* und *Fliehkraftsichtung*. Bei der Fliehkraftsichtung muss noch nach freiem Drehströmungsfeld im ruhenden Sichtraum (Spiralwindsichter) und von einem Rotor erzwungener Drehströmung (Abweiseradsichter) unterschieden werden. Einen Spezialfall des Fliehkraftsichtens stellt das Prinzip der *Umlenksichtung* dar: Hier werden durch eine möglichst scharfe Umlenkung der Strömung – meist weniger als 360° – die in der strömenden Luft enthaltenen Partikeln durch ihre je nach Masse verschiedene Trägheit aufgefächert und separat entnommen. Auch dies kann im Schwerkraftfeld oder im Fliehkraftfeld erfolgen. Viele Sichter, z.B. die großtechnisch weit verbreiteten Umluftsichter kombinieren mehrere dieser Sichtprinzipien in einem Apparat.

Höffl (1986) [6.12] in seiner ausführlichen Darstellung der Klassierer unterscheidet zusätzlich noch nach der Luftführung Durchfluss- und Umluftsichter. Die erstgenannten sind solche Sichter, bei denen die Trägerluft durch den Apparat gezogen wird, d.h. mit dem Aufgabegut oder danach (zur Dispergierung) eintritt und nach der Abscheidung des Feinguts wieder austritt, während beim Umluftsichter ein internes Ventilatorrad den erforderlichen Sichtluftstrom erzeugt, der aber den Apparat nicht verlässt. Hier findet die notwendige Abscheidung des Feinguts vom Luftstrom meist auch im Inneren des Sichters statt.

In Abb. 6.34 sind die Trennprinzipien zusammenfassend schematisch dargestellt.

6.4.2.2 Trennkorngrößen

Trennkorngröße der Schwerkraftsichtung

Zur Erläuterung muss auf die Abschn. 4.2 und 4.3 in Kap. 4 zurückgegriffen werden. Dort sind für die in Abb. 6.34 gezeigten Trennprinzipien die fluidmechanischen

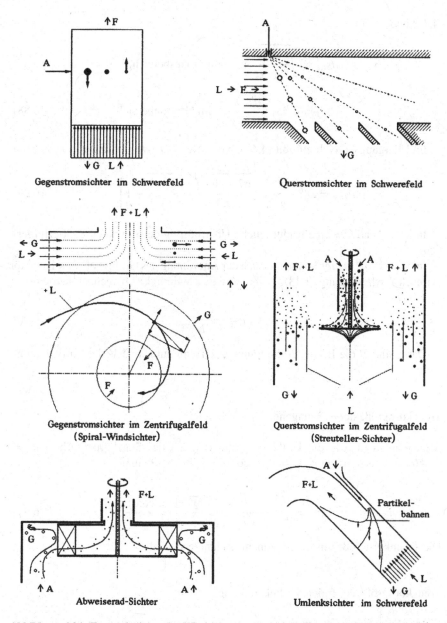

Abbildung 6.34 Trennprinzipien der Windsichtung. A: Aufgabegut; F: Feingut; G: Grobgut; L: Luft

Grundlagen bereitgestellt. Wenn man die Luftdichte ρ_L gegenüber der Feststoffpartikeldichte ρ_p vernachlässigen kann und stationäre Strömungen voraussetzt, dann ergibt sich für die Trenngrenze $x_t \equiv d_t$ im *Schwerkraft-Gegenstromsichter*, bei dem die Sinkgeschwindigkeit gleich der Aufwärtsgeschwindigkeit der Luft v_L ist nach

(4.43) und (4.44)

$$d_{St,t} = \sqrt{\frac{18\eta}{\rho_p \cdot g}} \cdot v_L \quad \text{im Stokesbereich,} \tag{6.87}$$

$$d_{N,t} = 0{,}33 \cdot \frac{\rho_L}{\rho_p} \cdot \frac{v_L^2}{g} \quad \text{im Newtonbereich.} \tag{6.88}$$

Im Übergangsbereich gilt mit (4.41), worin $\mathrm{Re} = v_L \cdot d_{\ddot{U},t}/v$ und $v = \eta/\rho_L$ sind

$$d_{\ddot{U},t} = 288 \cdot \frac{v}{v} \cdot \left[\sqrt{\frac{67{,}9 \cdot v \cdot g}{v^3} \cdot \frac{\rho_p}{\rho_L} + 1} - 1 \right]^{-2}. \tag{6.89}$$

In jedem Falle ist eine nachträgliche Überprüfung der Reynolds-Zahl erforderlich.

Im *Querstromsichter* können je nach der Anordnung des Grobgutabzugs Trennkörner nach der Bedingung (4.48) für ihre Sinkgeschwindigkeit berechnet werden

$$w_{s,t} = \frac{\dot{V}}{B \cdot L}. \tag{6.90}$$

Darin sind B die Breite, L die Länge des Trennraums und $\dot{V}$ der Luftvolumenstrom.

Trennkorngröße der erzwungenen Drehströmung

Setzt man in (4.103) die Umfangsgeschwindigkeit des Starrkörperwirbels $v_\varphi = \omega \cdot r\,(\omega = \text{const.})$ sowie $r \cdot v_r = c_2 = \text{const.}$ ein, bekommt man

$$d_t(r) = \sqrt{\frac{18\eta}{(\rho_p - \rho_f)}} \cdot \sqrt{\frac{c_2}{\omega^2} \cdot \frac{1}{r}} = \frac{\text{const.}}{r}. \tag{6.91}$$

Die Trennkorngröße nimmt mit zunehmendem Radius ab.

Trennkorngröße der freien Wirbelströmung

Da der *Spiralwindsichter* mit seinem freien Drehströmungsfeld eine Wirbelsenke erzeugt, können die Grundlagen zur Berechnung der Gleichgewichtspartikelgröße aus Abschn. 4.3.2 übernommen werden. Mit den Beziehungen (4.93) und (4.92) für die logarithmische Spiralenströmung folgt aus (4.103)

$$d_t(r) = \sqrt{\frac{18\eta}{(\rho_p - \rho_f)}} \cdot \sqrt{\frac{c_2}{c_1^2}} \cdot r = \text{const.} \cdot r. \tag{6.92}$$

Die Trennkorngröße wird mit dem Radius linear größer. Kleine Trennkorngrößen erzielt man daher mit kleinen Apparatedurchmessern. Die Trennzone in einem Apparat mit einer solchen Spiralenströmung liegt zwischen dem Innenradius r_i und dem Außenradius r_A (vgl. Abb. 6.35).

Zum Grob- oder Schwergut werden nur diejenigen Partikeln verwiesen, die den Außenradius r_a erreichen, deren Korngröße d_t also mindestens

$$d_t(r) = \sqrt{\frac{18\eta}{(\rho_p - \rho_f)}} \cdot \sqrt{\frac{c_2}{c_1^2}} \cdot r_a \qquad (6.93)$$

beträgt. Und als Fein- oder Leichtgut werden die Partikeln nach innen ausgetragen, die mit der Strömung den Innenradius r_i passieren können. Ihre Größe kann höchstens den Wert

$$d_t(r) = \sqrt{\frac{18\eta}{(\rho_p - \rho_f)}} \cdot \sqrt{\frac{c_2}{c_1^2}} \cdot r_i \qquad (6.94)$$

annehmen. Dazwischen liegt ein Bereich prinzipieller Unschärfe der Trennung. Die Partikeln bleiben theoretisch auf dem ihrer Größe entsprechenden Radius „in Schwebe". In Wirklichkeit werden sie einerseits wegen der Turbulenz der Strömung und andererseits wegen ihrer Anreicherung (bei kontinuierlicher Gutzugabe auf einen solchen Trennapparat) zufallsbedingt nach außen oder nach innen gelangen. Der Unschärfebereich ist umso kleiner, je näher die beiden Radien r_a und r_i beieinander liegen, je schmaler also die Trennzone ist. Reale Spiralströmungen sind reibungsbehaftet, dadurch weicht die Spiralenform von der logarithmischen ab. Eine einfache Näherung ist durch den Ansatz

$$v_\varphi \cdot r^n = c_1 = \text{const.} \quad (\text{mit } n < 1, \text{ meist } n < 0{,}5),$$
$$v_r \cdot r = c_2 = \text{const.} \qquad (6.95)$$

möglich. Damit wird die Trennkorngröße

$$d_t(r) \sim r^n \qquad (6.96)$$

analog zu (6.92), die r-Abhängigkeit wird schwächer, aber die weiteren Aussagen bleiben qualitativ gleich.

Trennkorngröße der Abweiseradsichtung

In einem Abweiseradsichter, wie er schematisch in Abb. 6.40 (oben) gezeigt ist, liegt zwischen dem Außenrand der Beschaufelung (Radius r_R) und seinem Innenrand (Radius r_a) Starrkörperwirbel vor, während im nicht beschaufelten Innenbereich zwischen r_i und r_a freier Wirbel herrscht. Unter der Voraussetzung, dass die Lufteinströmung bei r_R stoßfrei erfolgt, dass also die Umfangsgeschwindigkeiten von Luft und Rotor übereinstimmen und daher keine Verwirbelung im Inneren der

Abbildung 6.35 Trennzone
$r_i \ldots r_a$ in der Wirbelsenke

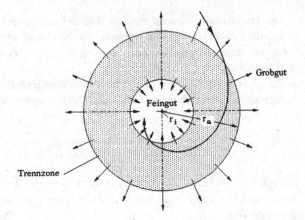

Abbildung 6.36 Verlauf der
Trennkorngröße im
Abweiseradsichter

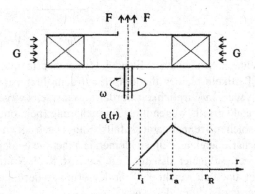

Schaufelkanäle auftritt, sieht der Verlauf der Trennkorngröße $d_t(r)$ prinzipiell wie in Abb. 6.36 gezeigt aus.

Nach Leschonski (1968) [6.9] kann eine gute Trennschärfe nur erreicht und die Anreicherung von Partikeln in der Trennzone nur vermieden werden, wenn die Trennkorngröße in Strömungsrichtung ansteigt, wie es im beschaufelten Teil des Rotors der Fall ist. Partikeln mit Größen $d > d_t(r_R)$, die zufällig von außen ins Innere der Beschaufelung geraten, werden eher nach innen bis r_a mitgenommen, als wieder ausgeschleudert, während im freien Wirbel ($r < r_a$) Partikeln mit $d > d_t(r)$ nach außen ebenfalls bis $r = r_a$ gelangen. So reichern sich bei r_a diese Partikeln an und bewirken eine Unschärfe der Klassierung.

Grenzabschätzung für die Trennkorngröße im Abweiseradsichter

Aus (4.103) und (4.96) kann man für das Produkt aus Trennkorngröße und Umfangsgeschwindigkeit

$$d_t(r) \cdot v_\varphi(r) = \sqrt{\frac{18\eta}{(\rho_p - \rho_f)}} \cdot \sqrt{\frac{\dot{V}}{2\pi H}} \tag{6.97}$$

bilden. Die erste Wurzel enthält Stoffwerte, die zweite einerseits den Betriebswert „Durchsatz" ($\dot{V}$), andererseits die Höhe des Trennraums als eine charakteristische Apparateabmessung. Typische Werte der Senkenstärke $c_2 = v_r \cdot r = \dot{V}/(2\pi H)$ liegen nach Leschonski (1968) [6.9] für die Windsichtung bei (0,01 bis 0,1) m²/s, so dass für Stoffe mit Dichten ρ_p um 2500 kg/m³ (viele mineralische Stoffe) und Luft von etwa 20°C ($\rho_f = \rho_L = 1,2$ kg/m³; $\eta = \eta_L = 1,8 \cdot 10^{-5}$ Pas) das Produkt aus Trennkorngröße und Umfangsgeschwindigkeit einen Wertebereich

$$d_t(r)v_\varphi(r) \approx (3,6 \cdot 10^{-5} \text{ bis } 1,2 \cdot 10^{-4}) \text{ m}^2/\text{s}$$

annimmt. Bei einer maximalen Umfangsgeschwindigkeit von 100 m/s ergibt diese Abschätzung kleinste Trennkorngrößen zwischen ca. 0,4 und 1,2 µm. Praktisch sind so kleine Werte in freien Wirbelströmungen jedoch nicht erreichbar.

6.4.2.3 Trenngradkurven für Windsichter

Für den stationären Sichtprozess sowohl im Schwerkraft- wie im Fliehkraftfeld sind mehrere physikalisch begründete Modelle entwickelt worden, die es erlauben, explizite Trenngradkurven aufzustellen. Sie müssen noch mit Anpassungsgrößen versehen werden. Smigerski (1993) [6.10] hat dafür eine vergleichende Zusammenstellung gegeben.

Danach bietet das Modell von Husemann (1990) [6.11] für Abweiseradsichter mit allerdings 4 Anpassungsparametern eine sehr gute Übereinstimmung mit Messwerten technischer Sichter. Es gestattet die Berücksichtigung sowohl von geometrischen Auslegungswerten (Schaufelabstand, Sichtradbreite, Sichtraumbreite und Dicke der einzelnen Schaufel) als auch von Betriebswerten (Sichtraddrehzahl, Feststoffmassendurchsatz, Luftdurchsatz) und Stoffwerten (Dichten von Feststoff und Luft, Partikelgrößenverteilung). Abbildung 6.37 (nach [6.10]) zeigt den Vergleich von experimentell ermittelten Trenngraden an zwei Produktionssichtern (Hosokawa-Sichter MS-1 und Alpine-Sichter ATP 200) mit berechneten Verläufen nach dem Modell von Husemann.

6.4.3 Zur Technik des Windsichtens

Allgemein arbeitet ein Windsichter umso besser, je gleichmäßiger die Trennbedingungen für jede einzelne Partikel eingehalten werden können. Das heißt: Sowohl Strömungs- wie Kraftfeld sollten zeitlich gleich bleibend (stationär) und möglichst einfach und übersichtlich sein. Der Trennvorgang selbst ist aber nicht allein maßgebend für die Qualität einer Klassierung durch Windsichtung. Vielmehr ist er eingebunden in eine Reihe von vor- und nachgeschalteten Verfahrensschritten, die sich nach Leschonski (1986) [6.9] wie in Abb. 6.38 gezeigt darstellen lassen.

Das Sichtgut muss möglichst gleichmäßig dosiert aufgegeben und dispergiert werden, damit nicht anhaftendes Feinkorn mit dem Grobgut ausgetragen wird.

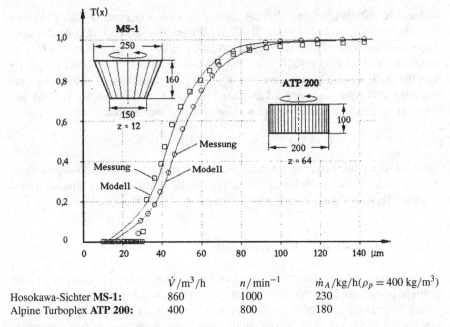

	$\dot{V}/\mathrm{m}^3/\mathrm{h}$	$n/\min^{-1}$	$\dot{m}_A/\mathrm{kg/h}(\rho_p = 400\ \mathrm{kg/m}^3)$
Hosokawa-Sichter **MS-1:**	860	1000	230
Alpine Turboplex **ATP 200:**	400	800	180

Abbildung 6.37 Vergleich der Trenngrad-Anpassung nach dem Modell von Husemann mit gemessenen Trenngraden (nach [6.10])

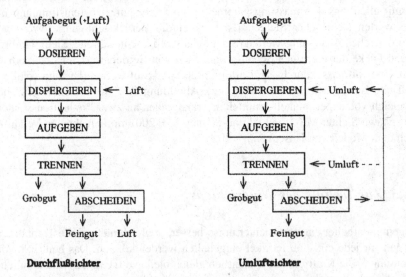

Abbildung 6.38 Verfahrensschritte des Windsichtens (nach Leschonski [6.9])

Bei manchen Sichtern transportiert die Sichtluft das Aufgabegut in den Apparat (z.B. nach einer pneumatischen Förderung), bei anderen wird die Sichtluft separat zugeführt. Mit abnehmender Partikelgröße nimmt der Aufwand für das Dispergieren erheblich zu, weil der Einfluss der Haftkräfte größer wird. Auch die Zuführung zur Trennzone muss im Interesse gleich bleibender Trennbedingungen kontrolliert geschehen. Bei der Klassierung wird das Grobgut in einen nicht durchströmten Bereich des Klassierers transportiert und dort gesammelt, so dass es ohne Luft entnommen werden kann, z.B. über eine Zellenradschleuse. Das Feingut wird von der Sichtluft mitgenommen und mit Hilfe eines Abscheiders von ihr getrennt. Alle diese Verfahrensstufen müssen bei einem guten Sichter sorgfältig aufeinander abgestimmt sein.

Die fluidmechanischen Grundlagen zur Berechnung der *theoretischen* Trennkorngrößen d_t sind für die Gegenstrom-Sichtung im Schwere- und im Fliehkraftfeld in Kap. 4 und in diesem Abschnitt ausführlich dargestellt. Effektive Trenngrenzen und Trennschärfen werden jedoch durch stoffliche und betriebliche Größen, die in der Theorie nicht erfasst sind, stark beeinflusst, so dass sie in der Regel aus gemessenen Trenngradkurven bestimmt werden müssen. Auch theoretische Modelle wie das erwähnte von Husemann (1990) [6.11] erfordern Anpassungsparameter, die letztlich aus Messungen zu ermitteln sind.

So soll hier nur qualitativ auf die wichtigsten Aspekte dieser Klassierungen hingewiesen werden:

Sichtungen im *Schwerefeld* eignen sich nur für relativ grobe zu klassierende Stoffe. Als Untergrenze lässt sich eine Partikel-Reynoldszahl von etwa 1–2 nennen. Dem entspräche bei einer Feststoffdichte von 2500 kg/m^3 (viele mineralische Stoffe) in Luft bei ca. 20°C eine untere Grenzkorngröße von ca. 60–65 μm. Für spezifisch leichtere Produkte gelten höhere Werte der Untergrenze. Sichtungen von sehr feinkörnigen Produkten (1–60 μm bei den genannten Stoffwerten) müssen daher im *Fliehkraftfeld* erfolgen.

Gegenstromsichtungen führen prinzipiell zu einer Anreicherung des Trennkorns in der Sichtzone, weil für die Trennkorngröße die Gleichheit der „Sink"- und Fluidgeschwindigkeit besteht. Sie sind also besonders zur Trennung von bimodal verteilten Produkten geeignet, wobei die Trenngrenze im Bereich der nur mit geringen Anteilen vorkommenden Partikelgrößen liegen sollte (Reinigungs-Sichtung).

Im *Schwerefeld* kann die Einstellung der Trennkorngröße hier nur durch die Veränderung der Strömungsgeschwindigkeit erfolgen. Unscharf wird die Klassierung durch die Strömungsturbulenz und durch die *Dispersion* (zufallsbedingte Bewegungen aufgrund gegenseitiger Stöße) insbesondere der Partikeln, die sich in der Trennzone anreichern, sowie durch das Geschwindigkeitsprofil über den Querschnitt des Trennrohrs.

Im *Fliehkraftfeld* ist – wie in Abschn. 6.4.2 bereits gezeigt wurde – die Trennkorngröße x_t ($\equiv d_t$) radienabhängig, so dass hierdurch eine weiterer Grund für eine systematische Trennunschärfe vorliegt. Die Trenngrenze ist bei freier Wirbelströmung durch das Verhältnis von Radial- zu Umfangsgeschwindigkeit (Spiralensteigung) bestimmt, dies lässt sich jedoch nicht beliebig klein realisieren. Abhilfe schafft hier der *Abweiseradsichter*, bei dem die Trenngrenze durch die unabhängigen Einstellgrößen Luftvolumenstrom und Drehzahl des Rotors bestimmt wird. Eine weitere Verbesserung bringt die gezielte Vorbeschleunigung der Luft am Außenradius des Abweiserotors möglichst auf dessen Umfangsgeschwindigkeit.

Die *Querstromsichtung* vermeidet die Trennkornanreicherung. Hier kann die Trenngrenze unabhängig von Strömungsgrößen durch die Lage einer Trennschneide gewählt werden. Außerdem sind bei Anwendung mehrerer Schneiden auch mehrere Kornklassen gleichzeitig abzutrennen (Abb. 6.34). Beim Querstromsichtprinzip lassen sich die Trennbedingungen für die einzelnen Partikeln leichter als beim Gleichgewichtsprinzip auf engem Raum und damit für alle Partikeln etwa gleich gestalten, so dass es in technischen Sichtern häufig und in vielerlei Gestalt realisiert wurde.

6.4.4 Bauarten von Windsichtern

In technischen Sichtern werden häufig Mischformen der beschriebenen Sichtprinzipien verwirklicht.

Schwerkraftsichter

Sie finden wegen der erwähnten Beschränkungen bei Trenngrenze und -schärfe vor allem für Reinigungsaufgaben (Getreide, Flocken, Kunststoffgranulate) oder bei der Sortierung grobkörniger Stoffe Anwendung (Kabelabfälle, vorzerkleinerter Müll). Abbildung 6.39 zeigt einen *Steigsichter*, der zur Reinigung von Getreide oder Kunststoffgranulaten von anhaftenden Stäuben und Fasern eingesetzt wird. In der Guteintragszone bewegt sich der Feststoff zunächst quer zur senkrechten Aufwärtsströmung, in den Sichtzonen darüber und darunter liegt Gegenstromsichtung vor. Durch den ringförmigen Lufteintritt erfolgt eine Querstrom-Nachsichtung des herabrieselnden Grobguts.

Im *Zickzacksichter* (Abb. 6.40) wird das von der Aufgabestelle A herabrieselnde Gut der Luftströmung von unten nach oben ausgesetzt (Abb. 6.40a). Das Feinkorn steigt mit der Luft nach oben (F), das Grobkorn rieselt weiter nach unten (G). In jedem Glied des Zickzack-Weges bildet sich eine Wirbelwalze aus trennkornnahem Gut aus. Dadurch wird es an der Innenkante I des Kanals einer Querstromsichtung unterworfen (Abb. 6.40b). Jedes Teilstück eines Zickzack-Kanals bildet auf diese Weise eine Trennstufe. Nach unten hin reichert sich an jeder Innenkante das Grobkorn an, auf dem Wege nach oben das Feinkorn. Auch wenn die Trennschärfe jeder einzelnen Stufe nur gering ist, führt die Hintereinanderschaltung vieler solcher Stufen zu sehr scharfen Trennungen. Durch die Parallelschaltung zahlreicher Zickzack-Kanäle lassen sich auch hohe Durchsätze erreichen (Mehrkanalsichter, Abb. 6.40c). Anwendung finden diese Sichter z.B. in der Spanplattenindustrie und beim Trennen von Kabelabfällen (Kupfer und Isolierung) sowie beim Wertstoffrecycling zur Trennung von Leichtstoffen wie Textilien, Fasern, Folienstücken und Schwermaterialien wie Steine, Glas, Metallstücke usw.

Abbildung 6.39 Steigsichter
(Fa. Bühler, Braunschweig)

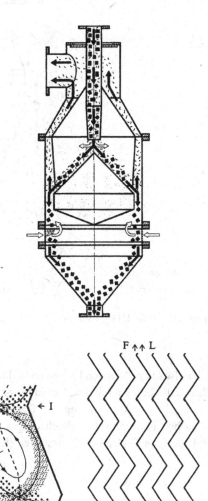

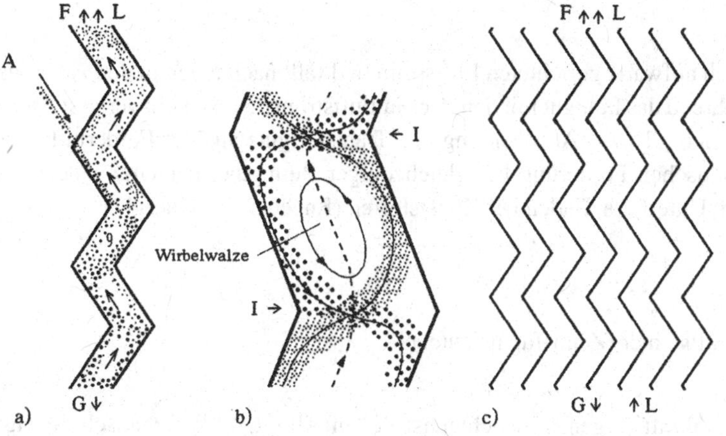

Abbildung 6.40 Zickzacksichter: (**a**) Einkanalsichter; (**b**) Trennprinzip; (**c**) Mehrkanalsichter

Umlenk-Gegenstromsichter

Ein Beispiel zeigt Abb. 6.41 (Fa. Waeschle, Ravensburg). Das durch eine pneumatische Aufwärtsförderung mit der Sichtluft aufgegebene Gut wird zunächst durch Prall umgelenkt und dadurch dispergiert. Dann folgt eine ringförmige Beschleunigungsstrecke, an deren Ende eine 180°-Umlenkung durch die entgegenströmende Luft erzwungen wird. Sowohl durch die Absaugung der feingutbeladenen Luft, wie durch eine zusätzliche Reinluftzufuhr werden in der Trennzone feine und grobe Partikeln voneinander getrennt. Das Grobgut überwindet aufgrund seiner Trägheit den

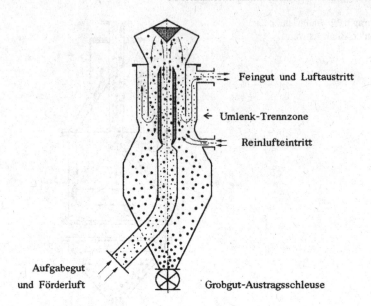

Abbildung 6.41 Umlenk-Gegenstromsichter (Fa. Waeschle, Ravensburg)

plötzlich aufwärts gerichteten Luftstrom und fällt nach unten in den Austragsbehälter, während das Feingut mit dem Gesamtluftstrom den Apparat verlässt. Der Sichter eignet sich z.B. zur Abscheidung des Transportguts aus der Förderluft nach einer pneumatischen Förderung bei gleichzeitiger Reinigung der Granulate von Staub, Abrieb, Unterkorn, Fäden bei Kunststoffen (Engelshaar) u. dergl.

Fliehkraftsichter (Zentrifugalsichter)

Ein Fliehkraft-Gegenstromsichter ist der in Abb. 6.42 schematisch gezeigte Spiralwindsichter. Das Aufgabegut fällt über den Fallschacht a an die Peripherie des Sichtraums b. Die Sichtluft tritt durch das verstellbare Leitschaufelgitter c ein, erfaßt die Partikeln und führt sie auf Spiralbahnen in den Sichtraum b ein, wo die Klassierung erfolgt. Die Leitschaufelverstellung dient über den Winkel β der Einstellung der Trenngrenze. Das nach außen getragene und dort kreisende Grobgut wird bei d durch eine Schneide abgeschält und mit der Transportschnecke e ausgetragen. Das Feingut verlässt die Trennzone zentral bei g zusammen mit der Sichtluft über den Ventilator h in die Austrittsspirale i. Um die Abbremsung der Drehströmung an den Wänden des Sichtraumes wenigstens teilweise zu vermeiden, rotieren bei der gezeigten Ausführung die Sichtraumwände auf der gleichen Welle, wie der unmittelbar dahinter liegende Ventilator h.

Abbildung 6.42
Spiralwindsichter mit
rotierenden Wänden
(Fa. Hosokawa Alpine,
Augsburg)

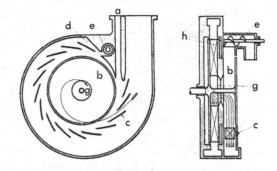

Abweiseradsichter

Die wichtigsten Sichter im Feinstbereich sind die Abweiseradsichter. Sie werden in großer Vielfalt für sehr kleine Durchsätze von einigen kg/h (Labor- und Technikumsausführungen) bis zu sehr großen Einheiten mit mehreren 100 t/h (Produktionssichter) bei Massenprodukten wie Kohle, Zement u.ä. gebaut. Man kann noch zwei Varianten unterscheiden: Solche, bei denen die Sichtluft direkt durch das Abweiserad gezogen wird, und solche, die eine tangentiale Vorbeschleunigung am Außenrand des Rotors haben.

Zwei Beispiele für Sichter der erstgenannten Variante sind in Abb. 6.43 zu sehen. Sie werden mit Sichtrad-Durchmessern zwischen 100 mm und 1000 mm für Feststoffdurchsätze von ca. 100 kg/h bis ca. 10 t/h und Luftdurchsätzen von 250 m³/h bis 25.000 m³/h gebaut (grobe Richtwerte).

Die Rotorumfangsgeschwindigkeiten liegen bei 60 m/s, die Trenngrenzen für den 97%-Fraktionsabscheidegrad zwischen minimal 4 µm und ca. 200 µm.

Den Schnitt durch den Hochgeschwindigkeits-Abweiseradsichter des Instituts für Mechanische Verfahrenstechnik der TU Clausthal zeigt Abb. 6.44. Durch Bürstendispergierung und tangentiale Injektor-Beschleunigung von Luft und Partikeln auf die über 200 m/s Umfangsgeschwindigkeit des Rotors werden Trenngrenzen bis 0,5 µm erreicht bei einem Feststoffdurchsatz von ca. 5 kg/h (Galk et al. (1994) [6.13]).

Der Prototyp für viele neue Produktionssichter mit Abweiserad und Vorbeschleunigung der Drehströmung ist der O-SEPA-Sichter (Abb. 6.45). Er hat einen zylindrischen Schaufelrotor mit vertikaler Welle, um den mit Hilfe eines Leitschaufelkranzes und der tangentialen Zuführung von Primärluft und Sekundärluft (beide können staubbeladen sein) eine Drehströmung erzeugt wird. Dadurch entstehen trotz der turbulenten Strömung gut definierte Trennbedingungen, so dass relativ scharfe Trennungen bei kleinen Trennkorngrößen erzielt werden.

Die Dispergierung des von oben kommenden Aufgabeguts erfolgt auf einer Streuscheibe oberhalb des Rotors. Das Feingut passiert den Rotor nach innen und wird mit der Sichtluft oben ausgetragen, während das Grobgut nach unten in einen Sammelkonus fällt, wobei es durch tangential eingeblasene Tertiärluft – die natürlich nicht staubbeladen sein darf – eine (Querstrom-)Nachsichtung erfährt.

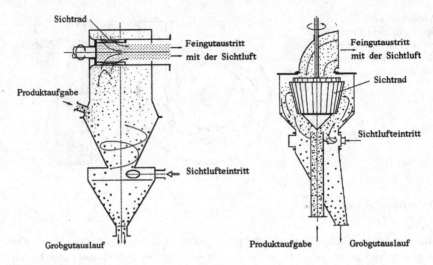

Abbildung 6.43 Abweiserad-Windsichter (nach Fa. Hosokawa Alpine, Augsburg)

Abbildung 6.44
Hochgeschwindig-
keits-Abweiseradsichter (Inst.
für Mechanische
Verfahrenstechnik TU
Clausthal [6.13])

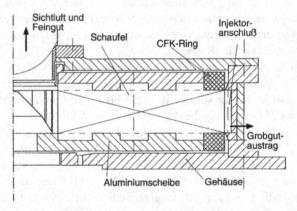

Sehr große Produktmengen (mehrere Hundert t/h) z.B. in der Zementindustrie werden in Kombination mit Mühlen in konventionellen Umluftsichtern durchgesetzt. Abb. 6.46 zeigt ein Beispiel.

Das bei 12 über eine pneumatische Rinne 13 aufgegebene Gut wird vom rotierenden Streuteller 1 gleichmäßig nach außen geschleudert und dabei dispergiert. Der vom Ventilator 3 erzeugte Umluftstrom kreuzt diesen fast horizontal fliegenden Gutschleier (Querstromsichtung) und nimmt dabei das Feingut mit nach oben. Das Grobe gelangt nach außen zum Grobgutkonus 5 und rieselt abwärts. Beim Leitschaufelkranz 11 wird das Grobgut von der wieder eintretenden Umluft ein weiteres Mal im Querstrom nachgesichtet, bevor es über den Grobgutauslauf 6 den Sichter verlässt. Das Feingut muss auf seinem Weg durch die Trennzone noch eine weitere „Sichthürde" passieren, das Gegenflügel-System 8. Hier wird durch die Art der Beschaufelung und durch die Drehzahl im wesentlichen die Trenngrenze des Sichters eingestellt. Das endgültige Feingut gelangt dann mit dem Umluftstrom durch den

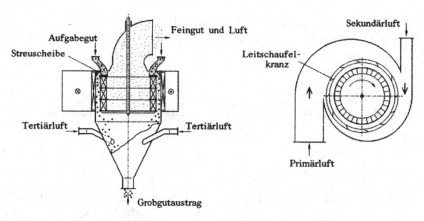

Abbildung 6.45 O-SEPA-Sichter

Abbildung 6.46
Streuteller-Umluftsichter
(Turbosichter, aus B.
Helming: Die
Zementherstellung, Heft 2,
Fa. Krupp Polysius, Beckum)

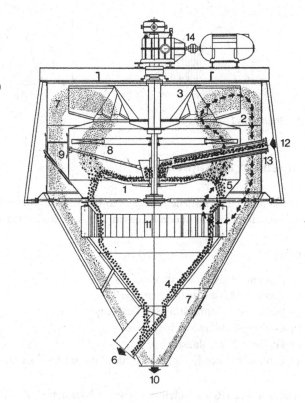

Ventilator 3 in den äußeren Sichtraum 9, wo es abgeschieden wird und über den Konus 10 zum Austrag kommt.

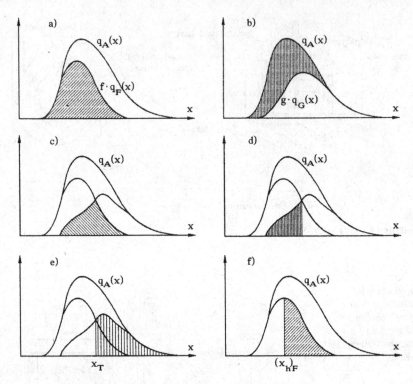

Abbildung 6.47 Zur Aufgabe 6.1

Aufgaben zu Kapitel 6

Aufgabe 6.1 (Verschiedene Austräge bei Klassierern) Welche anschaulichen Bedeutungen haben die in den Diagrammen Abb. 6.47 schraffierten Flächen?

Lösung:

a) Feingut-Massenausbringen,
b) Feingut-Massenausbringen $f = 1 - g$,
c) Summe der Fehlausträge in Fein- und Grobgut,
d) Grobgut-Fehlaustrag bzgl. $x_{T'}$,
e) Grobgut-Normalaustrag bzgl. x_T,
f) Fehlaustrag des Feinguts bzgl. des Feingut-Modalwerts $(x_h)_F$.

Aufgabe 6.2 (Reihenschaltung zweier Klassierer) Zwei Klassierer sind, wie die Schemaskizze Abb. 6.48 zeigt, feingutseitig hintereinander geschaltet. Unter der Voraussetzung, dass der Trenngrad $T_2(x)$ des zweiten Klassierers bekannt ist, kann derjenige des ersten aus den in der Skizze angegebenen Größen ($\dot{m}_A, \dot{m}_{G2}, q_A(x)$, $q_{G2}(x)$) berechnet werden.

Abbildung 6.48
Feingutseitig hintereinander
geschaltete Klassierer

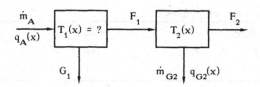

Es ist die Formel für $T_1(x)$ anzugeben.

Lösung:

$$T_1(x) = 1 - \frac{\dot{m}_{F1} \cdot q_{F1}(x)}{\dot{m}_A \cdot q_A(x)} \quad (*)$$

$$T_2(x) = \frac{\dot{m}_{G2} \cdot q_{G2}(x)}{\dot{m}_{F1} \cdot q_{F1}(x)} \quad (**)$$

aus $(**) \to \dot{m}_{F1} q_{F1}(x) = \dfrac{\dot{m}_{G2} \cdot q_{G2}(x)}{T_2(x)};$

dies in $(*) \to$

$$T_1(x) = 1 - \frac{\dot{m}_{G2} \cdot q_{G2}(x)}{\dot{m}_A \cdot q_A(x) \cdot T_2(x)}.$$

Aufgabe 6.3 (Trenngradbestimmung aus Korngrößenverteilungen) Für Grobgut und für Feingut aus einem Sichter sind die Massenströme ($\dot{m}_G = 366$ kg/h und $\dot{m}_F = 549$ kg/h) sowie die Korngrößenverteilungen bekannt (s. Tabelle 6.6, Spalten (1) bis (3)). Es sind der Trenngradverlauf $T(x)$ und die Korngrößenverteilung $D_A(x)$ des Aufgabegutes zu bestimmen.

Lösung:
Spalten (4) bis (8) in der Tabelle 6.6.

Aus $\dot{m}_A = \dot{m}_G + \dot{m}_F = 915$ kg $\to g = 0{,}40$ und $f = 0{,}60$

Nach (6.49) ist

$$T_i = g \cdot \frac{\Delta D_{Gi}}{\Delta D_{Ai}}$$

mit $\Delta D_{Ai} = g \cdot \Delta D_{Gi} + f \cdot \Delta D_{Fi}$

Vgl. auch (6.13)!

Aufgabe 6.4 (Bestimmung des Grobgut-Massenausbringens) In Abb. 6.49 ist die Korngrößenverteilung $Q_A(x)$ eines Aufgabegutes auf einen Klassierer sowie die Trenngradkurve $T(x)$ des Klassierers gegeben.

a) Man zeichne die Verteilungsdichte zu $Q_A(x)$ unter das gegebene Diagramm.
b) Welche Korngrößenbereiche enthält das Feingut und welche das Grobgut?

Tabelle 6.6 zur Aufgabe 6.3

Gegeben:			Lösung:				
(1)	(2)	(3)	(4)	(5)	(6)	(7)	(8)
$x/\mu m$	D_G	D_F	$g \cdot \Delta D_G$	$f \cdot \Delta D_F$	ΔD_A	T_i	D_A
0	0	0					0
			0	0,054	0,054	0	
10	0	0,09					0,054
			0	0,114	0,114	0	
20	0	O28					0,168
			0,060	0,162	0,222	0,270	
50	0,15	0,55					0,39
			0,100	0,180	0,280	0,357	
100	0,40	0,85					0,670
			0,164	0,084	0,248	0,661	
200	0,81	0,99					0,918
			0,068	0,006	0,074	0,919	
500	0,98	1,00					0,992
			0,008	0	0,008	1,00	

c) Man bestimme den Grobgut-Mengenanteil g graphisch und rechnerisch.

Lösung:

a) s. Abb. 6.49 unten;
b) Feingut: x_1 bis x_4; Grobgut: x_3 bis x_5.
c) Graphisch: Der schraffierte Bereich macht 45% der Fläche unter der Verteilungs-dichte aus, d.h. $g = 0,45$.

Rechnerisch: $g = \sum_4^5 T_i \cdot \Delta Q_{Ai} = 0,5 \cdot 0,1 + 1 \cdot 0,4 = 0,45$.

Aufgabe 6.5 (Berechnung des Feingut-Massenausbringens) Für einen Klassierapparat sind die Trenngradkurve $T(x)$ und die Partikelgrößenverteilung $D_A(x)$ des Aufgabeguts durch folgende Funktionen gegeben:

$$T(x) \begin{cases} = 0,3 + 0,7 \cdot (\frac{x}{x_o})^2 & \text{für } x \le x_o \\ = 1 & \text{für } x > x_o \end{cases} \qquad D_A(x) \begin{cases} = 0 & \text{für } x \le x_1 \\ = \frac{x-x_1}{x_2-x_1} & \text{für } x_1 < x \le x_2 \\ = 1 & \text{für } x > x_2 \end{cases}$$

Man berechne das Feingut-Massenausbringen f allgemein und für folgende Zahlenwerte: $x_1 = 1 \ \mu m$; $x_o = 8 \ \mu m$; $x_2 = 20 \ \mu m$.

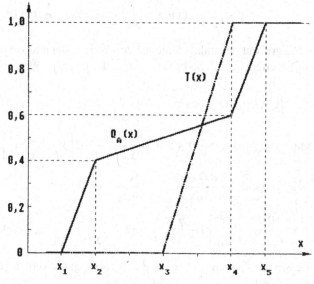

Lösung:

a)

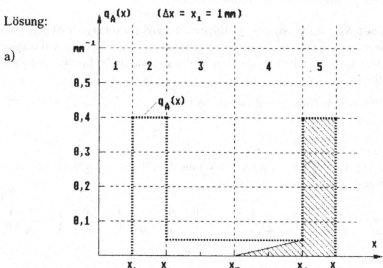

Abbildung 6.49 Zu Aufgabe 6.4

Lösung:
Nach (6.12) ist

$$T(x) = 1 - f \cdot \frac{q_F(x)}{q_A(x)}, \quad \text{woraus gebildet wird}$$

$$f \cdot \int_0^{x_o} q_F(x)dx = \int_0^{x_o} (1 - T(x)) \cdot q_A(x)dx.$$

Das Integral auf der linken Seite hat den Wert 1, denn es summiert *alle* Anteile der Feingutverteilung auf. So berechnet sich der gesuchte Wert von f aus

$$f = \int_0^{x_o} (1 - T(x)) \cdot q_A(x)dx.$$

Mit $1 - T(x) = 1 - 0{,}3 - 0{,}7\left(\frac{x}{x_o}\right)^2 = 0{,}7\left[1 - \left(\frac{x}{x_o}\right)^2\right]$

und $q_A(x)dx = \dfrac{dQ_A(x)}{dx} = \dfrac{dx}{x_2 - x_1}$ ergibt sich

$$f = \frac{0{,}7}{x_2 - x_1} \cdot \int_{x_1}^{x_o} \left[1 - \left(\frac{x}{x_o}\right)^2\right]dx = \frac{0{,}7}{x_2 - x_1} \cdot \left[(x_o - x_1) - \frac{x_o^3 - x_1^3}{3x_o^2}\right].$$

Einsetzen der Zahlenwerte ergibt $f = 0{,}160$. D.h. es werden 16% der Masse des Aufgabeguts auf der Feingutseite ausgetragen.

Aufgabe 6.6 (Durchtrittswahrscheinlichkeit durch Sieböffnungen) Man zeige, dass für einen hohen Durchsatz durch ein Siebgewebe mit gleicher Öffnungsweite w(s. Abb. 6.50) Langlöcher günstiger sind als quadratische Löcher, und zwar sowohl für

a) gleichen Sieböffnungsgrad F_0, wie auch für
b) gleiche Drahtdicke d.

Lösung:
Man zeigt, dass die Durchtrittswahrscheinlichkeit W_L für Langlöcher größer ist als diejenige W_Q für quadratische Löcher.

$$W_L = \frac{(w - x) \cdot (w_1 - x)}{(w + d) \cdot (w_1 + d)} = \frac{w \cdot w_1}{(w + d) \cdot (w_1 + d)} \cdot \left(1 - \frac{x}{w}\right) \cdot \left(1 - \frac{x}{w_1}\right),$$

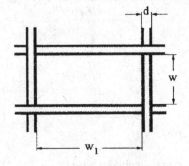
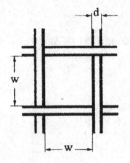

Abbildung 6.50 Zu Aufgabe 6.6

Abbildung 6.51 Schwerkraft-Querstromklassierer

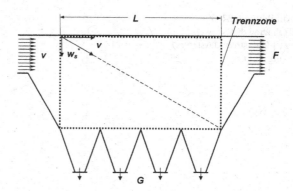

$$W_L = F_{0L} \cdot \left(1 - \frac{x}{w}\right) \cdot \left(1 - \frac{x}{w_1}\right),$$

$$W_Q = \frac{(w-x)^2}{(w+d)^2} = \frac{w^2}{(w+d)^2} \cdot \left(1 - \frac{x}{w}\right)^2,$$

$$W_Q = F_{0Q} \cdot \left(1 - \frac{x}{w}\right)^2.$$

Allgemein:

$$W_L / W_Q = F_{0L}/F_{0Q} \cdot \left(1 - \frac{x}{w_1}\right) \Big/ \left(1 - \frac{x}{w}\right)$$

$$F_{0L} = F_{0Q} \rightarrow W_L/W_Q = \left(1 - \frac{x}{w_1}\right) \Big/ \left(1 - \frac{x}{w}\right) > 1, \quad \text{weil } w_1 > w \text{ (q.e.d.)}.$$

$$F_{0L}/F_{0Q} = \frac{w \cdot w_1 (w+d)^2}{(w+d) \cdot (w_1+d)w^2} = \frac{1+d/w}{1+d/w_1} > 1, \quad \text{weil } w_1 > w$$

$$\rightarrow W_L/W_Q > 1 \text{ (q.e.d.)}.$$

Vorteilhaft für den Durchsatz ist es also, sowohl hohen Sieböffnungsgrad (durch dünne Maschendrähte) und als auch längliche Löcher zu verwirklichen. Allerdings hat die Verwendung dünner Drähte Grenzen, die durch Verarbeitung, Festigkeit und Verschleiß bestimmt werden.

Aufgabe 6.7 (Trenngradkurve der Querstromklassierung im Schwerefeld) Für die in Abb. 6.51 gezeigte Schwerkraft-Querstromklassierung soll die sinkgeschwindigkeitsabhängige Trenngradkurve $T(w_s)$ berechnet und der Verlauf von $T(x)$ daraus qualitativ abgeschätzt werden. Vereinfachend soll gelten:

– Der Feststoff tritt gleichmäßig über der Höhe verteilt in den Trennraum ein,
– die Luftgeschwindigkeit hat nur horizontale Komponenten und über dem Trennzonen-Querschnitt den mittleren Wert v.

Abbildung 6.52 Zum
Trenngrad des Schwer-
kraft-Querstromklassierers
(Aufgabe 6.7)

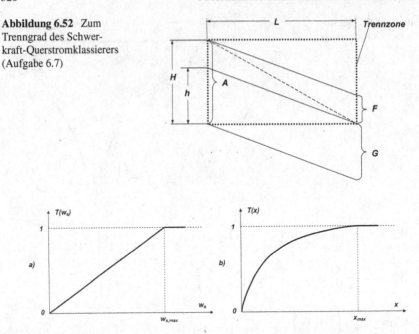

Abbildung 6.53 Trenngradkurven des Schwerkraft-Querstromklassierers (Aufgabe 6.7).
(a) abhängig von der Sinkgeschwindigkeit, (b) abhängig vom Sinkgeschwindigkeits-
Äquivalentdurchmesser (qualitativ)

Lösung:
Die Sinkgeschwindigkeit w_s^* der Partikeln, die gerade noch zum Grobgut gelangen,
ergibt sich aus der gestrichelten Bahn in Abb. 6.51 zu $w_s^*/v = H/L$. Alle größeren Partikeln werden komplett auf der Grobgutseite vorgefunden. Ihr Trenngrad ist
daher $T(w_s > w_s^*) = 1$. Partikeln mit $w_s \leq w_s^*$ erreichen nur dann den Grobgutbereich, wenn sie aus einer Höhe $h(w_s) < H$ herkommen (s. Abb. 6.52), wobei für sie
$w_s/v = h(w_s)/L$ gilt.

Aus Abb. 6.52 geht zudem hervor, dass wegen der gleichmäßigen Eintrittsbe-
aufschlagung der Trenngrad für diese Partikeln gerade $T(w_s) = G/A = h(w_s)/H$
ist.

Damit wird er schließlich $T(w_s) = (L/(H \cdot v)) \cdot w_s$, also eine lineare Funktion von w_s (Abb. 6.53a). Je nach der Umströmungsform der Partikeln (Partikel-
Reynoldszahl!) ist $w_s \sim x^2$ (Stokes-Bereich für kleine und leichte Teilchen), $w_s \sim$
$x^{1/2}$ (Newton-Bereich für große und schwere Teilchen) oder eben dazwischen
$w_f \sim x^n (0,5 < n < 2$, Übergangsbereich). Man wird daher im Feinkornbereich einen überproportionalen Anstieg des Trenngrades mit x bekommen und im Grobbe-
reich – der hier der überwiegende ist – einen unterproportionalen (s. Abb. 6.53b).

Aufgabe 6.8 (Trennkorngröße im Abweiseradsichter) Das zylindrische Sichterrad
in einem Abweiseradsichter nach Abb. 6.54 rotiert mit $n = 800$ min^{-1}. Es wird
ein Luftvolumenstrom von $\dot{V} = 400$ m^3/h durchgesetzt. Das spezifisch sehr leichte

Abbildung 6.54 Sichterrad
zur Aufgabe 6.8

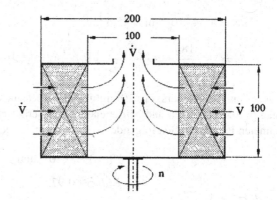

Produkt hat eine Dichte von 400 kg/m³, für die Sichtluft gelten folgende Werte:
$\rho_L = 1,2$ kg/m³; $\eta_L = 1,82 \cdot 10^{-5}$ Pas.
Man berechne

a) die Senkenstärke c_2,
b) am Außen- und Innenradius der Sichterrad-Schaufeln die Radial- und die Umfangsgeschwindigkeiten
c) die Trennkorngrößen.

Lösung:

a) Nach (4.96) ist

$$c_2 = \frac{\dot{V}}{2\pi \cdot H} = \frac{400 \text{ m}^3}{3600 \text{ s} \cdot 2\pi \cdot 0,1 \text{ m}} = 0,1768 \frac{\text{m}^2}{\text{s}}.$$

b) Ebenfalls aus (4.96) ergibt sich für

$$v_{ra} = \frac{c_2}{r_a} = \frac{0,1768 \text{ m}}{0,1 \text{ s}} = 1,77 \frac{\text{m}}{\text{s}} \quad \text{und} \quad v_{ri} = \frac{c_2}{r_i} = \frac{0,1768 \text{ m}}{0,05 \text{ s}} = 3,54 \frac{\text{m}}{\text{s}}.$$

Die Umfangsgeschwindigkeit am Rotoraußenrand ist

$$v_{\varphi a} = \omega \cdot r_a = 2\pi n \cdot r_a = 2\pi \frac{800}{60} \text{ s}^{-1} \cdot 0,1 \text{ m} = 83,78 s^{-1} \cdot 0,1 \text{ m} = 8,38 \frac{\text{m}}{\text{s}}$$

und innen am Rotor beim Austritt der Partikeln aus den Rotorkanälen

$$v_{\varphi i} = \omega \cdot r_i = 2\pi n \cdot r_i = 83,78 \text{ s}^{-1} \cdot 0,05 \text{ m} = 4,19 \frac{\text{m}}{\text{s}}.$$

c) Mit (6.91) lassen sich die zugehörigen Trennkorngrößen errechnen:

$$d_{ta} = \sqrt{\frac{18\eta}{(\rho_p - \rho_f)}} \cdot \frac{\sqrt{c_2}}{\omega} \cdot \frac{1}{r_a} = \sqrt{\frac{18 \cdot 1,82 \cdot 10^{-5}}{400 - 1,2}} \cdot \frac{\sqrt{0,1768}}{83,78 \text{ s}^{-1}} \cdot \frac{1}{0,1} \text{ m}$$

$$d_{ta} = 4{,}54 \cdot 10^{-5} \text{ m} = 45{,}4 \text{ μm},$$

$$d_{ti} = \sqrt{\frac{18\eta}{\rho_p - \rho_f}} \cdot \frac{\sqrt{c_2}}{\omega} \cdot \frac{1}{r_i} = d_{ta} \cdot \frac{r_a}{r_i} = 90{,}7 \text{ μm}.$$

Aus den von Smigerski [6.10] mitgeteilten Messungen der Trenngradkurven für einen so ausgestatteten und betriebenen Abweiseradsichter wurden zu den hier errechneten Partikelgrößen folgende Trenngrade festgestellt (vgl. Abb. 6.37):

$$T(d_{ta}) \approx 0{,}40 \quad \text{und}$$

$$T(d_{ti}) \approx 0{,}97.$$

Das bedeutet: Partikeln mit ca. 91 μm Korngröße werden zu ca. 97%, solche mit ca. 45 μm Korngröße zu rund 40% ins Grobgut verwiesen. Die Mediantrenngrenze bei diesen Messungen lag bei ca. 48 μm.

Aufgabe 6.9 (Erzeugung einer Mittelfraktion) Für die Klassierung eines Kunststoffpulvers mit der breiten Partikelgrößenverteilung $D_A(x)$ stehen zwei Klassierer (z.B. Siebe oder Sichter) zur Verfügung, deren Trenngradkurven $T_1(x)$ und $T_2(x)$ bekannt sind (s. Abb. 6.55).

Das Produkt soll aus der Mittelfraktion zwischen nominell x_{T1} und x_{T2} bestehen.

a) Welche Partikelgrößen enthält die Mittelfraktion tatsächlich?
b) Welche Partikelgrößen enthalten die abgetrennten Grob- bzw. Feinfraktion?
c) Man zeichne mögliche Schaltungsschemata der beiden Klassierer und gebe darin die Produkte „Feinfraktion", „Mittelfraktion" und „Grobfraktion" an.

Lösung:

a) In der Mittelfraktion sind Partikeln mit $x_1 < x \leq x_4$,

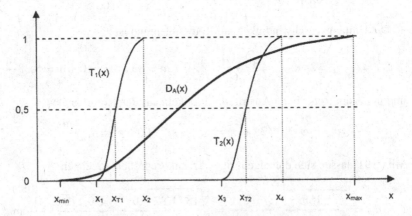

Abbildung 6.55 Vorgaben zur Erzeugung einer Mittelfraktion

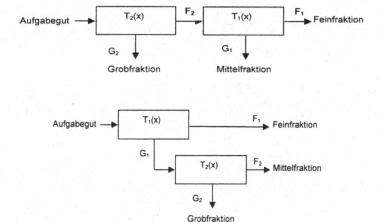

Abbildung 6.56 Klassiererschaltungen zur Erzeugung einer Mittelfraktion

b) Grobfraktion: $x_3 < x \le x_{max}$, Feinfraktion: $x_{min} < x \le x_2$,
c) zwei Möglichkeiten s. Abb. 6.56. Mit vorheriger Abtrennung des Feinanteils (oben), bzw. mit vorheriger Abtrennung des Grobanteils (unten).

Literatur

[6.1]   Koller R, Pielen J (1980) Systematik der Prinziplösungen zum Trennen von Stoffen. Chem.-Ing. Techn. **52**(9):695–702
[6.2]   Koller R, Kastrup N (1998) Prinziplösungen zur Konstruktion technischer Produkte. 2. neubearb. Aufl. Springer, Berlin
[6.3]   Schubert H (1996) Aufbereitung fester mineralischer Rohstoffe, 3 Bde., Bd.2, Sortierprozesse, 4., völlig neubearb. Aufl. Spektrum Akademischer Verlag
[6.4]   DIN 66142 Teile 1–3 (1981) Darstellung und Kennzeichnung von Trennungen disperser Güter. Teil 1: Grundlagen (in [2.3])
[6.5]   Herrmann H, Leschonski K (1986) Einfluss und Berücksichtigung von Fehlern der Partikelgrößenanalyse bei der Ermittlung von Trennkurven. 2. Europ. Symposium Partikelmesstechnik, Nürnberg
[6.6]   DIN 4185 (2000) Begriffe und Kurzzeichen für Siebböden. Teile 1–3 in [2.3]
[6.7]   Schmidt P (1984) Siebklassieren. Chem.-Ing.-Techn. **56**(12), 897–907
[6.8]   Schmidt P, Körber R, Coppers M (2003) Sieben und Siebmaschinen. Wiley-VCH, Weinheim
[6.9]   Leschonski K (1986) Die Technik des Windsichtens in: Technik der Gas-Feststoff-Strömung – Sichten, Abscheiden, Fördern, Wirbelschichten. VDI-Verlag, Düsseldorf
[6.10] Smigerski HJ (1993) Windsichter, in: GVC-Dezembertagung 1993 Feinmahl- und Klassiertechnik. VDI-Ges. Verfahrenstechnik und Chemieingenieurwesen, Düsseldorf
[6.11] Husemann K (1990) Modellierung des Sichtprozesses am Abweiserad. Aufber.-Techn. **31**(7):359–366
[6.12] Höffl K (1986) Zerkleinerungs- und Klassiermaschinen. Springer, Berlin
[6.13] Galk J, Leschonski K, Legenhausen K (1994) Air Classification with a Centrifugal Counterflow Classifier, in: 1st International Particle Technology Forum, Part III, August 17–19, Denver, USA. Am. Inst. of Chem. Eng., New York, pp. 392–397

Kapitel 7
Feststoffmischen und Rühren

7.1 Übersicht über Mischverfahren und Mischmechanismen

Man kann „Mischen" definieren als eine Stoffvereinigung aus mehr oder weniger verschiedenen Stoffkomponenten. Eine gute Mischung zeichnet sich dadurch aus, dass die Zusammensetzung von Proben aus der Mischung mit der Gesamtzusammensetzung der Mischung möglichst weitgehend übereinstimmt.

So erwartet man beispielsweise bei einem Arzneimittel, dass eine Tablette – sie entspricht der zufällig entnommenen Probe – möglichst genau die auf der Packungsbeilage angegebene Zusammensetzung der Gesamtproduktion oder Charge des Arzneimittels besitzt.

Je nach dem Aggregatzustand der Komponenten treten die Mischprozesse bei sehr verschiedenen Aufgabenstellungen auf und haben dementsprechend auch sehr viele Bezeichnungen. Um einen kleinen Einblick in die Vielseitigkeit der Mischprozesse zu gewinnen und um zugleich eine einfache Ordnung vorzustellen, sei die folgende Übersichtstabelle (Tabelle 7.1) betrachtet. Sie enthält nur Zweiphasenmischungen zwischen Feststoffen („s" für engl. *solid*), Flüssigkeiten („l" für engl. *liquid*) und Gasen („g" für engl. *gaseous*). In der ersten Spalte sind zunächst die beiden zu mischenden Phasen angegeben, wobei vorne z.T. ein disperser (feinverteilter) Stoff steht und danach die kontinuierliche Phase (Ausnahme: „s in s" heißt Mischen von zwei dispersen Feststoffen).

An den Beispielen dieser relativ weit gefassten Übersicht erkennt man, dass der Mischprozess oft eine Voraussetzung oder ein Begleitprozess bei der Durchführung einer anderen verfahrenstechnischen Operation ist (chemische Reaktion, Agglomeration, Wärme- und Stoffaustausch, Trocknen, Zerkleinern, Zerstäuben), teilweise aber auch ein wichtiger verfahrenstechnischer Einzelschritt sein kann (Futtermittel, Farben, Baustoffe, Pharmaka, Gasmischen).

Eine umfassende Darstellung der Mischtechnik ist in englischer Sprache erschienen (Paul E L, Antiemo-Obeng V A, Kesta S M (eds) (2004) [7.1]). Die Rührtechnik wurde von Oldshue (1983) [7.2] behandelt. Auf Deutsch liegen Bücher entweder für das Feststoffmischen oder für das Mischen in bzw. mit Flüssigkeiten vor: Weinekötter u. Gericke (1995) [7.3] bieten eine knappe, praxisnahe Monographie, Wilke et al. (1991) [7.32] apparative Ausführungen zum Feststoffmischen. Zur Rührtechnik gibt es mehrere Darstellungen: Zlokarnik (1999, 2001) [7.4, 7.5], Kraume (Hrsg) (2002) [7.6], Liepe et al. (1998) [7.7] und Pahl et al. (1986) [7.8].

Mischmechanismen

Im Prinzip wird eine Mischung immer dadurch erzeugt, dass möglichst kleine Volumenbereiche aus der – ungemischten – Grundgesamtheit so gegeneinander bewegt

M. Stieß, *Mechanische Verfahrenstechnik - Partikeltechnologie 1*,
doi: 10.1007/978-3-540-32552-9, © Springer 2009

Tabelle 7.1 Übersicht über zweiphasige Mischprozesse

Phasen	Bezeichnungen	Anwendungsbeispiele
s in s	Feststoffmischen, Homogenisieren	Baustoffe, Futtermittel, Zement, feste Arzneimittel
s in l	Rühren, Suspendieren,	Farben in Flüssigkeiten, Kristallisieren, Polymerisiseren
	Kneten	Pasten, Teige
s in g	Fluidisieren, Einblasen	Wirbelschichten, Rösten von Erzen, Kohlestaubfeuerungen
l in s	Befeuchten	Feuchtagglomeration
l in l	Rühren, Homogenisieren, Emulgieren	Neutralisieren chem. Reaktionen, Milch homogenisieren
l in g	Zerstäuben, Verdüsen	Sprühtrocknung, Naßentstauben, Vergaser im Kfz
g in l	Begasen, Rühren, Belüften	aerobe Fermentation, Hydrierung
g in g	Gasmischen	Schweißbrenner

werden, dass Elemente der verschiedenen Komponenten nebeneinander zu liegen kommen.

Konkret geschieht die Gegeneinanderbewegung durch

- *Zwangsbewegung* im Mischraum mit Hilfe von bewegten Mischwerkzeugen (Schaufeln, Rührer, Einbauten in bewegten Mischgefäßen) für Feststoff- und Fluidmischer einschließlich der Kneter. Die Mischenergie wird ausschließlich durch die Bewegung der Werkzeuge und ggf. des Mischgefäßes eingetragen.
- *Turbulenzerzeugung* in Fluiden bei kleiner bis mittlerer Zähigkeit durch hohe Strömungsgeschwindigkeiten und Umlenkungen, hohe Relativgeschwindigkeiten zwischen benachbarten Volumenelementen z.B. in Freistrahlen, durch Drosseln, beim Rühren mit relativ schnellaufenden Rührern. Die Mischenergie wird entweder dem strömenden Fluid entnommen oder durch ein Rührorgan eingebracht.
- *Systematisches Teilen und Verschieben* von benachbarten Volumenelementen bei hohen Zähigkeiten in Flüssigkeiten (statisches Mischen), beim Probenteilen und großtechnisch in *Mischbetten* oder *Mischhalden* von Massen-Schüttgütern (systematischer Haldenauf- und -abbau). Die Förderorgane bringen die Mischenergie ein.

Hier werden vier Schwerpunkte einführend behandelt: Insbesondere beim Mischen von dispersen Feststoffen können mit Hilfe der *statistischen Kennzeichnung* sowohl die Qualität einer Mischung (Produktqualität) wie auch anhand des zeitlichen *Mischgüteverlaufs* die Wirksamkeit eines Mischapparats quantifiziert und beurteilt werden. Die *Feststoffmischverfahren* behandeln die grundsätzlichen technischen Möglichkeiten, disperse Feststoffe miteinander zu vermischen, sowie einige

Apparatetypen. Das *Rühren* als das verbreitetste Mischverfahren betrifft das Mischen in Flüssigkeiten mit rotierenden Mischwerkzeugen und schließlich folgt eine knappe Einführung in das *statische Mischen*.

7.2 Statistische Kennzeichnung und Beurteilung der Mischung

Um den Zustand und damit die Qualität einer Mischung beschreiben und beurteilen zu können, muss man in aller Regel mehrere Proben aus der Mischung entnehmen und die Zusammensetzung dieser Proben analysieren. Nur in seltenen Fällen lässt sich die Gesamtmischung als Ganzes – sozusagen auf einen Blick – beurteilen. Die Probenzusammensetzungen werden zufällig um einen Mittelwert schwanken. Je kleiner zu einem festen Zeitpunkt die Schwankungsbreite ausfällt, desto besser ist die Mischung.

Der Mischungszustand wird also durch statistische Größen beschrieben. Statistische Aussagen können nie absolut sichere Aussagen sein. Deshalb muss man Abschätzungen machen, mit welcher Wahrscheinlichkeit Aussagen zutreffen, bzw. Fehlentscheidungen – wie die Annahme schlechter oder die Ablehnung guter Mischungen – möglich sind. Hierzu liefert die Statistik Tests für die Annahme oder Ablehnung von Hypothesen.

Zur Beschreibung des zeitlichen Mischungsfortschritts müssen zu verschiedenen Zeiten jeweils Proben gezogen und analysiert werden. Die Probenzusammensetzung ist dann eine im Laufe des Mischprozesses sowohl gezielt (systematisch) sich ändernde als auch zufällig schwankende Größe.

Drei wichtige Aufgaben kann demnach die Statistik bei der verfahrenstechnischen Beurteilung von Mischprozessen und Mischern lösen helfen:

- die Definition der Mischgüte und die Beschreibung des Mischungszustands,
- die Beurteilung von Mischungen hinsichtlich ihrer Annehmbarkeit gemessen an Mischgütevorgaben (Qualitätsprüfung, Risiko-Abschätzung),
- die Bestimmung von Mischzeiten und die Beurteilung von Mischern.

7.2.1 Kennzeichnung der Mischung

7.2.1.1 Mischungszusammensetzung und Mischgüte (Mittelwert und Varianz)

Wir betrachten eine Mischung aus zwei Komponenten A und B (z.B. weiße und schwarze Kugeln, Wirkstoff und Hilfsstoff(e) usw.). Die Beschränkung auf nur zwei Komponenten bedeutet hier keine Einschränkung der Allgemeingültigkeit denn bei Mehrstoffgemischen können fast immer der interessierende Anteil als Komponente A und die restlichen Bestandteile als Komponente B angesehen werden.

Für die Probennahme setzen wir Zufälligkeit voraus. Das bedeutet, dass für jede Komponente die gleiche, angebbare Wahrscheinlichkeit besteht, in der Probe vorzukommen, oder: dass jede gezogene Probe die gleiche Wahrscheinlichkeit besitzt, die momentane Zusammensetzung der Mischung aufzuweisen.

Außerdem müssen wir noch fordern, dass die Anzahl z der Partikeln (oder Elemente) in der Probe zwar viel größer als 1 ist, aber dennoch sehr viel kleiner bleibt als die Anzahl Z der Partikeln in der gesamten Mischung. ($1 \ll z \ll Z$). Damit wird gewährleistet, dass durch die Probennahme die Zusammensetzung der Mischung nicht verändert wird (Unabhängigkeit der Proben). Auch die Anzahl der Partikeln jeder Komponente in der Probe muss noch viel größer als 1 sein ($z_A \gg 1$, $z_B \gg 1$).

Schließlich gehen wir davon aus, dass zu jedem Zeitpunkt eine Normalverteilung der Probenzusammensetzungen vorliegt. D.h. könnten und würden wir unendlich viele Proben ziehen, dann wären ihre Zusammensetzungen normalverteilt. Das folgt aus dem zentralen Grenzwertsatz der Statistik.

Die Zusammensetzungen seien durch die Volumenkonzentration gekennzeichnet:

Gesamtmischung: P Sollkonzentration aller Proben der Komponente A

Einzelprobe Nr. i: X_i Istkonzentration der Probe Nr. i der Komponente A

Die Abweichung der Ist- von der Sollkonzentration ($X_i - P$) kann positiv oder negativ sein. Weil sich gleichgroße positive und negative Abweichungen aber gegenseitig nicht aufheben sollen, bildet man das Quadrat dieser Differenzen $(X_i - P)^2$.

Wie X_i ist dies bei mehrfachem Probeziehen eine zufällig schwankende Größe, für die der Mittelwert

$$s_n^2 = \frac{1}{n} \cdot \sum_{i=1}^{n} (X_i - P)^2 \tag{7.1}$$

errechnet wird. n ist die Anzahl der zum gleichen Zeitpunkt gezogenen Proben, die zusammen eine Stichprobe bilden. s^2 heißt *mittlere quadratische Abweichung* oder *empirische Varianz* der Probenzusammensetzung X oder *Stichprobenvarianz* bei bekannter Mischungszusammensetzung P.

Kennt man die Mischungszusammensetzung P nicht, muss der arithmetische Mittelwert der Probenzusammensetzung

$$\bar{X} = \frac{1}{n} \cdot \sum_{i=1}^{n} X_i \tag{7.2}$$

als Schätzwert an seine Stelle gesetzt werden. Dadurch fehlt bei der Bildung der Varianz ein „Freiheitsgrad" f, und man darf nur durch $n - 1$ dividieren

$$s_{n-1}^2 = \frac{1}{n-1} \sum_{i=1}^{n} (X_i - \bar{X})^2. \tag{7.3}$$

Bei unendlich häufiger Wiederholung der Mittelwertsbestimmung strebt $\bar{X}$ gegen die wahre Zusammensetzung P der Mischung, P ist der Erwartungswert der

Abbildung 7.1 Völlig entmischter Zustand

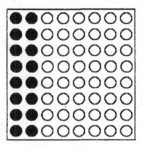

X_i-Werte

$$E(X_i) = \lim_{n \to \infty} \frac{1}{n} \cdot \sum_{i=1}^{n} X_i = P. \tag{7.4}$$

Die empirische Varianz ist wegen der endlichen Anzahl an Proben ebenfalls noch zufällig schwankend und daher nur ein Schätzwert für die (theoretische) Varianz σ^2 [1] – den Erwartungswert $E(s^2)$ – bei unendlich häufiger Probennahme

$$E(s^2) = \lim_{n \to \infty} \frac{1}{n} \cdot \sum_{i=1}^{n} (X_i - P)^2 = \sigma^2. \tag{7.5}$$

Die Varianz ist das geeignete Maß für die Mischgüte. Die theoretische Varianz σ^2 gibt die – unbekannte – wahre Mischgüte an, ist also eine feste Zahl, während die empirischen Varianzen nach (7.1) bzw. (7.3) gemessene Mischgüten darstellen und daher zufallsbedingt schwanken können.

Es gibt zwar viele weitere Mischgütemaße, von denen wir einige später aufführen (s. Abschn. 7.2.1.3, Tabelle 7.2), sie sind jedoch alle von der Varianz abgeleitet oder mit ihr gebildet.

7.2.1.2 Mischungszustände

Um uns eine Vorstellung vom Wertebereich des Mischgütemaßes „Varianz" machen zu können, betrachten wir drei ausgezeichnete Mischungszustände: Vollständige Entmischung ideale Homogenität und stochastische Homogenität (gleichmäßige Zufallsmischung).

I Vollständige Entmischung (Abb. 7.1)

Die Komponenten liegen getrennt voneinander im Mischbehälter vor, so dass jede gezogene Probe entweder *nur* die eine oder *nur* die andere Komponente enthält.

---

[1] Wir verwenden allgemein „σ^2" nur für feste Werte, z.B. die theoretische Varianz (mit $n \to \infty$) und „s^2" für empirische Varianzen (n endlich).

Abbildung 7.2 Zum
Beispiel 7.1

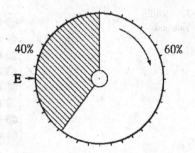

Bei beliebig häufigem Probeziehen wird im Anteil P aller Fälle die Komponente A gezogen, es wird also P mal $X_i = 1$ sein, während mit dem Anzahlanteil $(P - 1)$ die Zusammensetzung $X_i = 0$ (nur Komponente B) auftreten wird. Zählt man alle Probennahmen zusammen, erhält man für die Varianz nach (7.1)

$$\sigma_0^2 = P(1 - P)^2 + (1 - P)(0 - P)^2 = P(1 - P)(1 - P + P) = P(1 - P). \quad (7.6)$$

Diese Varianz *der völligen Entmischung* stellt den größten und damit schlechtesten Wert für eine Mischgüte dar. Sie kann als Bezugswert für relative Mischgütemaße dienen, sowie als (theoretischer) Anfangswert bei der Beschreibung des zeitlichen Mischgüteverlaufs.

Beispiel 7.1 (Varianz des entmischten Zustands) 40% schwarze und 60% weiße Granulatkörner liegen in einem Behälter vollständig getrennt vor (Abb. 7.2). Durch Drehen und Anhalten des Behälters soll gewährleistet sein, dass die Probennahme an der Stelle E zufällig und nicht über die Trennlinie hinweg erfolgt. Bezeichnen wir mit X die Konzentration der schwarzen Körner in den Proben, dann werden wir bei sehr häufigem Probeziehen in 40% aller Fälle $X = 1$ und in 60% aller Fälle $X = 0$ bekommen. Die Varianz dieses „Mischungs"zustands ist nach (7.6) $\sigma_0^2 = 0{,}4(1 - 0{,}4) = 0{,}24$.

II Ideale Homogenität (Abb. 7.3)

Jedes kleinste Probevolumen aus der Mischung, bei dem es überhaupt möglich ist, hat exakt die Zusammensetzung der Gesamtmischung. Für alle Proben gilt also $X_i \equiv P$, und daher ist

$$\sigma_{id}^2 \equiv 0. \quad (7.7)$$

Dieser Fall ist bei Mischprozessen, die durch Zufallsbewegungen gekennzeichnet sind, extrem unwahrscheinlich, kommt also praktisch nicht vor. Er gilt nur für perfekte Ordnungszustände, z.B. den Idealkristall oder für von Hand geschichtete fehlerlose Anordnungen. Übrigens darf man nicht auf „ideale Homogenität" schließen, wenn die Varianz σ^2 gegen Null geht oder unmessbar klein wird, denn sie hängt stark von der Probengröße ab, wie wir bei III gleich sehen werden.

Abbildung 7.3 Ideal
homogene Mischung

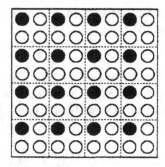

Abbildung 7.4 Stochastisch
homogene Mischung

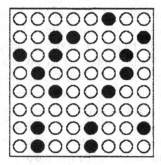

III Stochastische Homogenität (Abb. 7.4)

Sie kennzeichnet den Zustand der *gleichmäßigen Zufallsmischung* und ist die bei realen, durch Zufallsbewegungen bewirkten Mischungen bestenfalls erreichbare Mischgüte. Die gleichmäßige Zufallsmischung hat also die *praktisch kleinstmögliche Varianz.* Stochastische Homogenität ist dann gegeben, wenn die Wahrscheinlichkeit, eine Partikel einer Komponente an irgendeinem Ort in der Mischung zu finden, unabhängig von benachbarten Partikeln gleich der Anzahlkonzentration (relativen Häufigkeit) dieser Komponente in der Mischung ist.

Wir beschränken uns zunächst auf die Mischung zweier Gleichkornfraktionen. V_A bzw. V_B seien die Einzelkornvolumina der Komponenten A bzw. B, V_P sei das Volumen aller Partikeln in einer Probe.

Allgemein hängt die Varianz der Probenzusammensetzung von der Probengröße, also vom Probenvolumen V_P ab: Je größer es gewählt wird, desto kleiner werden die Schwankungen und damit die Varianz sein. Umfasst die Probe im (denkbaren, aber praktisch sinnlosen) Grenzfall nur *eine* Partikel, dann gehört diese Partikel entweder zu A oder zu B, und hierfür gilt $\sigma^2 \equiv \sigma_0^2$ nach (7.6). Ist die Probe im anderen Grenzfall so groß wie die ganze Mischung, erhält man selbstverständlich immer Gleichheit zwischen Proben- und Mischungszusammensetzung ($X_i = P \rightarrow s^2 = 0$).

In beiden Fällen kann eine Mischgüte nicht festgestellt werden. Dazwischen liegen die realistischen Proben mit Volumina, die einerseits klein gegen das – sehr groß zu denkende – Gesamtvolumen, andererseits groß gegenüber dem größten Einzelpartikelvolumen V_A sind,

$$V_A \ll V_P \ll V_{ges}.$$

Die Frage ist jetzt, wie klein – abhängig von einem vorgegebenen Probevolumen V_P – die empirische Varianz wird, wenn der Zustand stochastischer Homogenität erreicht ist. Nach Sommer u. Rumpf (1974) [7.9] gilt für Proben mit immer gleichem Probenvolumen V_P für die *Varianz der stochastischen Homogenität*

$$\sigma_z^2 = P(1 - P)\frac{V_A}{V_P}, \tag{7.8}$$

worin V_A das größere Einzelpartikel-Volumen bedeutet. Exakt gilt dieser Zusammenhang, wenn V_A ein ganzzahliges Vielfaches von V_B (Einzelpartikel-Volumen der Komponente B) und damit zwangsläufig von V_P, ist. Aus $V_{Amin} = 2 \cdot V_B$ folgt, dass sich die Partikelgrößen der Komponenten um mehr als den Faktor $2^{1/3} = 1,26$ unterscheiden müssen. Sind die Probenvolumina genügend groß gegen V_A, ist (7.8) auch in praktischen Fällen mit guter Genauigkeit erfüllt.

Bei gleicher Dichte für die beiden Komponenten ($\rho_A = \rho_B$) stimmt die Volumenkonzentration P mit der Massenkonzentration überein, in (7.8) kann das Volumenverhältnis V_A/V_P durch das Verhältnis der entsprechenden Massen ersetzt werden und für konstante Probenmasse m_P, gilt

$$\sigma_z^2 = P(1 - P)\frac{m_A}{m_P} \tag{7.9}$$

mit den entsprechenden Einschränkungen wie oben.

Geht man zu Mischungen aus Kollektiven mit Partikelgrößenverteilungen über, und sind wieder die Dichten der beiden Komponenten gleich ($\rho_A = \rho_B = \rho$), dann gilt für konstante Probenmasse m_P nach Sommer u. Rumpf (1974) [7.9]

$$\sigma_z^2 = P(1 - P) \cdot \frac{\rho \cdot k_v \cdot M_{3,3}}{m_P}. \tag{7.10}$$

Das Moment $M_{3,3}$ mit dem Volumenformfaktor k_v stellt darin den Erwartungswert für das mit der Volumenverteilungsdichte $q_3(x)$ der groberen der beiden Komponenten gewichtete mittlere Partikelvolumen dieser Komponente dar (vgl. Abschn. 2.5.7)

$$M_{3,3} = \int_{x_{min}}^{x_{max}} x^3 \cdot q_3(x)dx. \tag{7.11}$$

Wichtig ist die Feststellung, dass die Varianz von der Probengröße V_P bzw. m_P abhängt: Je größer die Probe, desto kleiner wird die Varianz. Sie ist also kein *absolutes* Maß für die Mischgüte, sondern kann nur bei konstanter Probengröße als solches gelten.

Hinweis: Bei Suspensionen und reinen Flüssigkeiten stimmt das entnommene Volumen V der Probe mit dem Partikelvolumen V_P in der Probe überein:

$V = V_P$. Bei Mischungen trockener disperser Feststoffe dagegen ist das zu entnehmende Volumen um das Hohlraumvolumen V_H zwischen den Partikeln größer als $V_P = V_A + V_B$ nämlich $V = V_P + V_H = V_P + \varepsilon \cdot V$ und daher gilt dafür

$$V = \frac{V_P}{1 - \varepsilon}, \tag{7.12}$$

wobei ε die Porosität (der Hohlraumanteil) in der Probe ist (vgl. das Beispiel 7.3 in Abschn. 7.2.1.3).

Beispiel 7.2 (Varianz der gleichmäßigen Zufallsmischung) Zwei Sande werden im Verhältnis 4:6 miteinander vermischt. Der grobere Sand (Komponente A) hat die Korngrößenverteilung

$$Q_3(x) = \left(\frac{x}{x_{Amax}}\right)^b \quad \text{in } 0 < x \leq x_{Amax}$$

(Potenzverteilung vgl. Abschn. 2.5.3.1). Es ist die Varianz der gleichmäßigen Zufallsmischung zunächst allgemein für zweiparametrige Potenzverteilungen, und speziell für die Probengrößen $m_P = 1$ g, 10 g, 100 g und 1000 g zu berechnen mit folgenden weiteren Vorgaben:

$$x_{Amax} = 4 \text{ mm}; \quad b = 2; \quad \rho = 2{,}7 \cdot 10^3 \text{ kg/m}^3; \quad k_v = 0{,}7.$$

Lösung:
Zunächst ist $P = 4/10 = 0{,}4$ und $(1 - P) = 0{,}6$. In (7.11) ist

$$q_3(x) = \frac{dQ_3(x)}{dx} = \frac{b}{(x_{Amax})^b} \cdot x^{b-1}$$

und damit erhalten wir für das Moment

$$M_{3,3} = \int_0^{x_{Amax}} x^3 \cdot q_3(x)dx = \frac{b}{3+b}(x_{Amax})^3.$$

Die Varianz nach (7.10) wird dementsprechend für zweiparametrige Potenzverteilungen allgemein

$$\sigma_z^2 = P(1-P) \cdot \frac{b}{3+b} \cdot \frac{\rho \cdot k_v \cdot (x_{Amax})^3}{m_P}$$

$$= P(1-P) \cdot \frac{b}{3+b} \cdot \frac{m_{Amax}}{m_P} = P(1-P) \cdot \frac{\bar{m}_A}{m_P}.$$

Darin bedeutet $\rho \cdot k_v \cdot (x_{Amax})^3 = m_{Amax}$ die Masse des größten Korns der groberen Komponente. Der Vorfaktor $b/(3+b)$ macht die maßgebliche mittlere Einzelkornmasse $\bar{m}_A$ umso kleiner gegenüber der maximalen, je breiter die Verteilung ist (kleine b-Werte). Umgekehrt geht für Gleichkorn b gegen unendlich, und es folgt aus (7.10) mit $b/(3+b) \to 1$ die Beziehung (7.9).

Für die gegebenen Zahlenwerte erhalten wir

$$m_{Amax} = 0{,}0864 \text{ g} \quad \text{und}$$

$$\bar{m}_A = b/(3+b) \cdot m_{Amax} = 2/5 \cdot m_{Amax} = 0{,}0346 \text{ g}.$$

$m_P =$	1 g	10 g	100 g	1000 g
σ_z^2	$8{,}29 \cdot 10^{-3}$	$8{,}29 \cdot 10^{-4}$	$8{,}29 \cdot 10^{-5}$	$8{,}29 \cdot 10^{-6}$

7.2.1.3 Mischgütemaße

In der Praxis sind leider sehr viele verschiedene Maßzahlen für die Mischgüte in Gebrauch, oft auch ohne genaue Definition und Bestimmungsmethode. Die folgende Tabelle 7.2 führt eine kleine Auswahl solcher Mischgütemaße auf, die die bisher eingeführten Varianzen $\sigma^2, \sigma_0^2, \sigma_z^2$ bzw. deren Wurzeln, die Standardabweichungen $\sigma, \sigma_0, \sigma_z$, sowie den Sollwert P als Bezugsgrößen verwenden. Außerdem ist in dieser Tabelle der Wertebereich dieser Maße zwischen den Grenzfällen „0" (völlige Entmischung) und „z" (gleichmäßige Zufallsmischung, stochastische Homogenität) angegeben. Man beachte, dass nur eines dieser Maße, nämlich die Mischgüte nach Ashton und Schmahl, so definiert ist, dass es von 0 (für völlige Entmischung) bis 1 (für stochastisch homogene Mischung) reicht.

Beispiel 7.3 (Mischgütemaße) Zwei Sorten Samenkörner, beide kugelförmig und mit gleicher Dichte ρ, Sorte A mit 1,5 mm, Sorte B mit 1,2 mm Durchmesser, werden im Massenverhältnis $m_A : m_B = 3 : 5$ gemischt. Zur Bestimmung der Mischgüte werden Proben von $V = 20$ ml bzw. $V = 50$ ml gezogen. Die Porosität in den Proben sei $\varepsilon = 0{,}4$.

Man stelle tabellarisch zusammen, welche Werte die in Tabelle 7.2 aufgeführten Mischgütemaße für die beiden Probenvolumina jeweils bei völliger Entmischung und bei gleichmäßiger Zufallsmischung (stochastischer Homogenität) annehmen.

Lösung:
Wegen der Voraussetzung gleicher Dichte der Samensorten stimmen die Massenverhältnisse mit den Volumenverhältnissen überein.

$$P = \frac{V_A}{V_A + V_B} = \frac{m_A}{m_A + m_B} = \frac{3}{3+5} = \frac{3}{8} = 0{,}375.$$

Die Varianz des Anfangszustands ist nach (7.6)

$$\sigma_0^2 = P(1-P) = \frac{3}{8} \cdot \frac{5}{8} = 0{,}234; \rightarrow \sigma_0 = 0{,}484,$$

die Varianz der stochastischen Homogenität errechnet sich aus (7.8)

$$\sigma_z^2 = P(1-P)\frac{V_A}{V_P} \quad \text{mit } V_A = \frac{\pi}{6}d_A^3 = 1{,}77 \cdot 10^{-3} \text{ cm}^3$$

Tabelle 7.2 Verschiedene Mischgütemaße und ihr Wertebereich

Name und Definition	Gl.	Wertebereich	
		völlige Entmischung	stochastische Homogenität
Varianz	(7.6)	$\sigma_0^2 = P(1-P)$	$\sigma_z^2 = P(1-P)\frac{V_A}{V_P}$
$\sigma^2 = E(s^2)$	(7.8)		
Rel. Standardabweichung			
$\sigma_r = \sigma/\sigma_0$	(7.13)	1	$\sigma_z/\sigma_0 \ll 1$
Variationskoeffizient			
$v = \sigma/P$	(7.14)	$\sqrt{\frac{1-P}{P}}$	$\sqrt{\frac{1-P}{P}} \cdot \sqrt{\frac{V_A}{V_P}}$
Mischungsgrad(e)		0	$1 - \sqrt{\frac{V_A}{V_P}} \approx 1$
$M_1 = 1 - \sigma/\sigma_0$	(7.15)	$\sqrt{\frac{1-P}{P}}$	$1 - \sqrt{\frac{1-P}{P}} \cdot \sqrt{\frac{V_A}{V_P}}$
$M_2 = 1 - \sigma/P$	(7.16)		
Mischgüte nach Ashton und Schmahl		0	1
$M_{AS} = \dfrac{\log\left(\sigma_0^2/\sigma^2\right)}{\log\left(\sigma_0^2/\sigma_z^2\right)}$	(7.17)		
Segregationsgrad (Entmischungsgrad) nach Danckwerts		1	$\frac{V_A}{V_P} \ll 1$
$S_D = \sigma^2/\sigma_0^2$	(7.18)		

$$\text{und} \quad V_P = (1-\varepsilon) \cdot V \qquad = 12\,\text{cm}^3 \qquad 30\,\text{cm}^3$$

$$\text{zu} \quad \sigma_z^2 = 3{,}45 \cdot 10^{-5} \mid 1{,}38 \cdot 10^{-5}$$

$$\rightarrow \quad \sigma_z^2 = 5{,}87 \cdot 10^{-3} \mid 3{,}72 \cdot 10^{-3}$$

Damit erhält man folgende Zusammenstellung der Mischgütemaße in Tabelle 7.3.

Das Beispiel demonstriert die verwirrende Vielfalt der Kennzeichnungen und die Notwendigkeit der genauen Angabe des verwendeten Maßes. Man sollte sich auf *eine* Definition beschränken. Wegen ihrer grundsätzlichen Bedeutung und leichten Bestimmbarkeit hat sich nach Sommer (1975) [7.10] und (2004) (in [1.1]) als Mischgütemaß die Varianz σ^2 durchgesetzt.

Tabelle 7.3 Zahlenwerte für die Mischgütemaße in Beispiel 7.3

Mischungszustand →	Völlige Entmischung	Gleichmäßige Zufallsmischung $V = 20$ ml	Gleichmäßige Zufallsmischung $V = 50$ ml
Mischgütemaß ↓			
Varianz σ^2	0,234	$3,45 \cdot 10^{-5}$	$1,38 \cdot 10^{-5}$
Standardabweichung σ	0,484	$5,87 \cdot 10^{-3}$	$3,72 \cdot 10^{-3}$
Rel. Standardabweichung σ_r	1	0,0121	0,0077
Variationskoeffizient v	1,291	0,0157	0,0099
Mischungsgrad M_1	0	0,9879	0,9923
Mischungsgrad M_2	−0,291	0,9843	0,9901
Mischgüte M_{AS}	0	1	1
Segregationsgrad S_D	1	$1,47 \cdot 10^4$	$5,89 \cdot 10^5$

7.2.2 Beurteilung der Mischung

7.2.2.1 Vertrauensbereich des Mittelwerts

Ist die wahre Zusammensetzung einer Mischung nicht bekannt, wird sie nach (7.2) durch den empirischen Mittelwert $\bar{X}$ der Probenzusammensetzungen abgeschätzt. Für diesen Mittelwert kann unter der Voraussetzung, dass die Einzelwerte normalverteilt sind, ein Vertrauensbereich (Konfidenzintervall) a berechnet werden, der von der Anzahl n der gezogenen Proben, von der Varianz $s^2 (\equiv s_{n-1}^2)$ nach (7.3) bzw. von der Standardabweichung $s = +\sqrt{s^2}$ der Probenzusammensetzungen und von der gewählten statistischen Sicherheit S abhängt, mit der der wahre Mittelwert im Vertrauensbereich liegen soll

$$P = \bar{X} \pm a \quad \text{mit } a = t(S, n) \cdot \frac{s}{\sqrt{n}}. \tag{7.19}$$

Der sog. Student-Faktor t ist von der Sicherheit S und vom Freiheitsgrad $f = n - 1$ abhängig. Für einige übliche Sicherheiten und Probenanzahlen n ist die in (7.19) erforderliche Kombination $t/\sqrt{n}$ in Tabelle 7.4 aufgeführt (nach Kreyszig (1968) [7.11]).

Beispiel 7.4 (Vertrauensbereich des Mittelwerts) Die Messwerte der Massenkonzentration X einer Mischungskomponente aus 8 zufälligen und unabhängigen Probennahmen lauten:

$i =$	1	2	3	4	5	6	7	8
X_i	0,042	0,046	0,050	0,044	0,043	0,048	0,047	0,044

Man berechne den Mittelwert und die 95%-, 99%- und 99,9%-Vertrauensbereiche.

Tabelle 7.4 Faktoren $t/\sqrt{n}$ zur Berechnung des Vertrauensbereichs von Mittelwerten

$n =$	2	3	4	5	6	7	8	9
$S = 95\%$	8,99	2,48	1,59	1,24	1,05	0,925	0,836	0,769
99%	45,0	5,73	2,92	2,06	1,65	1,40	1,24	1,12
99,9%	22,3	7,46	4,31	3,07	2,43	2,04	1,78	1,59

$n =$	10	15	20	30	50	100	200
$S = 95\%$	0,715	0,554	0,468	0,373	0,284	0,198	0,139
99%	1,03	0,769	0,640	0,503	0,379	0,263	0,184
99,9%	1,45	1,05	0,861	0,666	0,494	0,339	0,236

Lösung:
Die Berechnungen von Mittelwert, Varianz und Standardabweichung ((7.2) und (7.3)) ergeben

$$\bar{X} = 0,0455; \qquad s_{n-1}^2 = 7,43 \cdot 10^{-6}; \qquad s = \sqrt{s_{n-1}^2} = 2,73 \cdot 10^{-3}.$$

Für (7.19) lesen wir mit den S-Werten und $n = 8$ aus Tabelle 7.4 ab:

$$95\%: \qquad t(0,95;\,)/\sqrt{8} = 0,836$$
$$99\%: \qquad t(0,99;\,)/\sqrt{8} = 1,24$$
$$99,9\%: \quad t(0,999;\,)/\sqrt{8} = 1,78$$

und damit werden die Vertrauensbereiche um $\bar{X}$ abhängig von S

$$a_{95} = 0,0023 \quad \text{bzw.} \quad 0,0432 \le \bar{X} \le 0,0478 \quad (S = 95\%),$$
$$a_{99} = 0,0034 \qquad\qquad 0,0421 \le \bar{X} \le 0,0489 \quad (S = 99\%),$$
$$a_{99,9} = 0,0049 \qquad\qquad 0,0406 \le \bar{X} \le 0,0504 \quad (S = 99,9\%).$$

Nach (7.19) gilt für die unbekannte wahre Konzentration P der Komponente in der Mischung

$$P = 0,0455 \pm 0,0023 \quad (S = 95\%)$$
$$P = 0,0455 \pm 0,0034 \quad (S = 99\%)$$
$$P = 0,0455 \pm 0,0049 \quad (S = 99,9\%)$$

Sie liegt also mit 95% Wahrscheinlichkeit zwischen 4,32% und 4,78% und mit 99,9% Wahrscheinlichkeit zwischen den – natürlich weiter auseinander liegenden – Grenzen 4,06% und 5,04%. Jeder Wert zwischen diesen Grenzen ist gleichberechtigt, eine Wahrscheinlichkeitsverteilung von P in diesem Intervall gibt es nicht, denn P hat ja einen festen Wert.

Abbildung 7.5
Verteilungsdichte der
χ^2-Verteilung

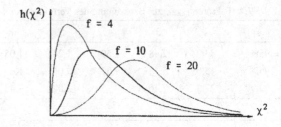

7.2.2.2 Verteilung und Vertrauensbereich der Varianz

Auch die empirische Varianz s^2[2] ist eine zufällig schwankende Größe mit einer Verteilung. Weil die Varianz als quadratische Größe nur positive Werte ($0 < s^2 < \infty$) annehmen kann, ist ihre Verteilung unsymmetrisch. Ihre Form hängt außerdem noch von der Anzahl f der Freiheitsgrade, bzw. von der Anzahl der jeweils gezogenen Proben ab. Je größer diese Anzahlen sind, desto symmetrischer ist die Verteilung, bis sie für $f \to \infty$ gegen die Normalverteilung strebt.

In der Statistik bezieht man die empirische Varianz s^2 auf ihren Erwartungswert $\sigma^2 = E(s^2)$ entsprechend (7.5), multipliziert mit der Anzahl f der Freiheitsgrade und erhält als substituierte Zufallsvariable

$$\chi^2 = f \cdot \frac{s^2}{\sigma^2}. \tag{7.20}$$

Ihre Verteilung ist unter der Voraussetzung, dass die Einzelwerte normalverteilt sind, durch die Chi-Quadrat-Verteilung (χ^2-Verteilung) gegeben, deren Dichte $h(\chi^2)$ in Abb. 7.5 gezeigt ist.

Wie bereits erwähnt, ist σ^2 ein fester Wert und bedeutet die wahre Mischgüte, die unbekannt ist, weil sie nur durch unendlich häufiges Probeziehen zu bestimmen wäre (daher heißt sie auch *theoretische Varianz*). Mit Hilfe endlich vieler Messungen der empirischen Varianz können wir aber Wahrscheinlichkeitsaussagen folgender Art über σ^2 machen: Mit einer vorzugebenden Wahrscheinlichkeit ist die wahre Mischgüte σ^2 besser als ein ebenfalls vorzugebender Grenzwert.

Die Fläche $S(\chi_S^2)$ unter der Verteilungsdichte von $\chi^2 = 0$ bis zu einer Grenze χ_S^2 bedeutet die Wahrscheinlichkeit, mit der χ^2-Werte $\leq \chi_S^2$ vorkommen. Komplementär dazu gibt $\alpha = 1 - S$ die Wahrscheinlichkeit für $\chi^2 > \chi_S^2$ an. Mit (7.20) schreibt sich letzteres

$$f \cdot \frac{s^2}{\sigma^2} > \chi_S^2 \quad \text{mit Wahrscheinlichkeit } \alpha. \tag{7.21}$$

---

[2]s^2 ohne weiteren Index steht hier für die empirische Varianz nach (7.1) oder (7.3). Ob wir die Mischungszusammensetzung P kennen oder nicht, drückt sich dann lediglich in der Zahl f der Freiheitsgrade bei den weiteren Berechnungen mit s^2 aus. Ist P bekannt, gilt $f = n$, ist P unbekannt gilt $f = n - 1$.

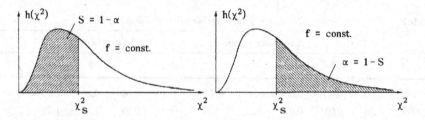

Abbildung 7.6 Verteilungsdichte der χ^2-Verteilung mit den Wahrscheinlichkeiten S bzw. $1 - S$

Der Zusammenhang zwischen den Wahrscheinlichkeiten S und den zugehörigen χ^2-Werten für die verschiedenen Freiheitsgrade ist tabelliert (Tabelle 7.5 der χ^2-Verteilung nach Kreyszig (1968) [7.11]). Man bestimmt χ_S^2 aus der Tabelle, indem man zunächst die gewünschte Wahrscheinlichkeit α vorgibt, $S(\chi_S^2) = (1 - \alpha)$ bildet und dann beim Freiheitsgrad $f = n - 1$ (bzw. $f = n$) den Wert χ_S^2 (S, f) abliest.

Durch Umstellen der Ungleichung (7.21) können wir eine Vertrauensgrenze b^2 für die wahre Mischgüte σ^2 definieren

$$b^2 = \frac{f}{\chi_S^2} \cdot s^2 > \sigma^2. \tag{7.22}$$

Die wahre Mischgüte σ^2 liegt demnach mit der Wahrscheinlichkeit α unterhalb der Grenze b^2. An welcher Stelle im Vertrauensbereich sie liegt, ist unbestimmt, alle Werte $< b^2$ sind gleichberechtigt. Es ist also *nicht* so, dass σ^2 eine Verteilung hat, und z.B. nahe bei irgendeinem Messwert s^2 eine höhere Wahrscheinlichkeit für die Lage von σ^2 besteht!

Beispiel 7.5 (Vertrauensgrenze der theoretischen Varianz) Aus den $n = 5$ Messungen einer Mischungsanalyse

$$X_i = 0{,}54 \quad 0{,}58 \quad 0{,}63 \quad 0{,}59 \quad 0{,}57$$

errechnen sich Mittelwert $\bar{X} = 0{,}582$ und Varianz $s^2 = 1{,}07 \cdot 10^{-3}$. Welche 95%-Vertrauensgrenze hat die theoretische Varianz?

Lösung:
Mit der vorgegebenen Wahrscheinlichkeit $\alpha = 0{,}95$ ergibt sich zunächst $S = (1 - \alpha) = 0{,}05$ und mit $f = n - 1 = 4$ aus Tabelle 7.5

$$\chi_S^2 (S; f) = \chi_S^2 (0{,}05; 4) = 0{,}71.$$

Damit wird

$$\sigma^2 < \frac{f}{\chi_S^2} \cdot s^2 = \frac{4}{0{,}71} \cdot 1{,}07 \cdot 10^{-3} = 6{,}03 \cdot 10^{-3}.$$

Tabelle 7.5 χ^2-Verteilung, Werte von χ^2 zu gegebenen Werten von $S(\chi_S^2)$

	Anzahl der Feinheitsgrade $f = n-1$ (bzw. $f = n$)									
$S(\chi_S^2)$	1	2	3	4	5	6	7	8	9	10
0,001	0,00	0,00	0,02	0,09	0,21	0,38	0,60	0,86	1,15	1,48
0,005	0,00	0,01	0,07	0,21	0,41	0,68	0,99	1,34	1,73	2,16
0,010	0,00	0,02	0,11	0,30	0,55	0,87	1,24	1,65	2,09	2,56
0,025	0,00	0,05	0,22	0,48	0,83	1,24	1,69	2,18	2,70	3,25
0,050	0,00	0,10	0,35	0,71	1,15	1,64	2,17	2,73	3,33	3,94
0,100	0,02	0,21	0,58	1,06	1,61	2,20	2,83	3,49	4,17	4,87
0,250	0,10	0,58	1,21	1,92	2,67	3,45	4,25	5,07	5,90	6,74
0,500	0,45	1,39	2,37	3,36	4,35	5,35	6,35	7,34	8,34	9,34
0,750	1,32	2,77	4,11	5,39	6,63	7,84	9,04	10,22	11,39	12,55
0,900	2,71	4,61	6,25	7,78	9,24	10,64	12,02	13,36	14,68	15,99
0,950	3,84	5,99	7,81	9,49	11,07	12,59	14,07	15,51	16,92	18,31
0,975	5,02	7,38	9,35	11,14	12,83	14,45	16,01	17,53	19,02	20,48
0,990	6,63	9,21	11,34	13,28	15,09	16,81	18,48	20,09	21,67	23,21
0,995	7,88	10,60	12,84	14,86	16,75	18,55	20,28	21,96	23,59	25,19
0,999	10,83	13,82	16,27	18,47	20,52	22,46	24,32	26,13	27,88	29,59

	Anzahl der Feinheitsgrade $f = n-1$ (bzw. $f = n$)									
$S(\chi_S^2)$	11	12	13	14	15	16	17	18	19	20
0,001	1,83	2,21	2,62	3,04	3,48	3,94	4,42	4,90	5,41	5,92
0,005	2,60	3,07	3,57	4,07	4,60	5,14	5,70	6,26	6,84	7,43
0,010	3,05	3,57	4,11	4,66	5,23	5,81	6,41	7,01	7,63	8,26
0,025	3,82	4,40	5,01	5,63	6,26	6,91	7,56	8,23	8,91	9,59
0,050	4,57	5,23	5,89	6,57	7,26	7,96	8,67	9,39	10,12	10,85
0,100	5,58	6,30	7,04	7,79	8,55	9,31	10,09	10,86	11,65	12,44
0,250	7,58	8,44	9,30	10,17	11,04	11,91	12,79	13,86	14,56	15,45
0,500	10,34	11,34	12,34	13,34	14,34	15,34	16,34	17,34	18,34	19,34
0,750	13,70	14,85	15,98	17,12	18,25	19,37	20,49	21,60	22,72	23,83
0,900	17,28	18,55	19,81	21,06	22,31	23,54	24,77	25,99	27,20	28,41
0,950	19,68	21,03	22,36	23,68	25,00	26,30	27,59	28,87	30,14	31,41
0,975	21,92	23,34	24,74	26,12	27,49	28,85	30,19	31,53	32,85	34,17
0,990	24,73	26,22	27,69	29,14	30,58	32,00	33,41	34,81	36,19	37,57
0,995	26,76	28,30	29,82	31,32	32,80	34,27	35,72	37,16	38,58	40,00
0,999	31,26	32,91	34,53	36,12	37,70	39,25	40,79	42,31	43,82	45,32

Tabelle 7.5 (Fortsetzung)

$S(\chi_S^2)$	Anzahl der Feinheitsgrade $f = n - 1$ (bzw. $f = n$)									
	22	24	26	28	30	40	50	60	80	100
0,001	7,0	8,1	9,2	10,4	11,6	17,9	24,7	31,7	46,5	61,9
0,005	8,6	9,9	11,2	12,5	13,8	20,7	28,0	35,5	51,2	67,3
0,010	9,5	10,9	12,2	13,6	15,0	22,2	29,7	37,5	53,5	70,1
0,025	11,0	12,4	13,8	15,3	16,8	24,4	32,4	40,5	57,2	74,2
0,050	12,3	13,8	15,4	16,9	18,5	26,5	34,8	43,2	60,4	77,9
0,100	14,0	15,7	17,3	18,1	20,6	29,1	37,7	46,5	64,3	82,2
0,250	17,2	19,0	20,8	22,7	24,5	33,7	42,9	52,3	71,1	90,1
0,500	21,3	23,3	25,3	27,3	29,3	39,3	49,3	59,3	79,3	99,3
0,750	26,0	28,2	30,4	32,6	34,8	45,6	56,3	67,0	88,1	98,6
0,900	30,8	33,2	35,6	37,9	40,3	51,8	63,2	74,4	96,6	8,5
0,950	33,9	36,4	38,9	41,3	43,8	55,8	67,5	79,1	101,9	124,3
0,975	36,8	39,4	41,9	44,5	47,0	59,3	71,4	83,3	106,6	129,6
0,990	40,3	43,0	45,6	48,3	50,9	63,7	76,2	88,4	112,3	135,8
0,995	42,8	45,6	48,3	51,0	53,7	66,8	79,5	92,0	116,6	140,2
0,999	48,3	51,2	54,1	56,9	59,7	73,4	86,7	99,6	124,8	149,4

Die Wahrscheinlichkeitsaussage für σ^2 lautet: Mit 95% Wahrscheinlichkeit ist die wahre Mischgüte besser als $6,03 \cdot 10^{-3}$. Gemessen wurde $s^2 = 1,07 \cdot 10^{-3}$.

Hätte man eine höhere, z.B. 99%ige Aussagesicherheit gefordert ($\alpha = 0,99$), dann wäre $(\chi_S^2)\,(0,01; 4) = 0,30$ abzulesen und für σ^2 ergäbe sich der größere Aussagebereich $\sigma^2 \leq 1,43 \cdot 10^{-2}$.

Daraus kann man allgemein schließen: Hat man eine bestimmte Anzahl von Versuchen gemacht ($f = $ const. $s^2 = $ const.), dann gilt:

Je sicherer die Aussage über die wahre Mischgüte sein soll, umso breiter wird der Aussagebereich (σ^2-Bereich) und umgekehrt: Je enger man den σ^2-Bereich haben will, umso unsicherer wird die Aussage. Beides zugleich zu verbessern – sicherere Aussage für engeren Bereich –, ist nur mit mehr Messungen zu erreichen, wie die Weiterführung des Beispiels zeigt:

Angenommen, man hätte aus $n = 10$ Messungen dieselbe Varianz bekommen ($s^2 = 1,07 \cdot 10^{-3}$), dann folgte für $\alpha = 0,95$ (wie oben) und $f = n - 1 = 9$ mit Tabelle 7.5

$$\chi_S^2\,(0,05; 9) = 3,33 \quad \text{und} \quad \sigma^2 < \frac{f}{\chi_S^2}s^2 = \frac{9}{3,33} \cdot 1,07 \cdot 10^{-3} = 2,89 \cdot 10^{-3}$$

und für $\alpha = 0,99$

$$\chi_S^2(0,01; 9) = 2,09 \quad \text{und} \quad \sigma^2 < \frac{f}{\chi_S^2}s^2 = \frac{9}{2,09} \cdot 1,07 \cdot 10^{-3} = 4,61 \cdot 10^{-3}.$$

7.2.2.3 Varianz der Meßungenauigkeiten

Damit der experimentelle Vergleich der gemessenen s^2-Werte mit berechneten (z.B. σ_z^2) oder geforderten Mischgüten (z.B. Akzeptanzgrenze σ_A^2, s. später) überhaupt möglich ist, muss die Varianz der Messungenauigkeiten σ_M^2 wesentlich kleiner als diese Werte sein

$$\sigma_M^2 \ll \sigma_0^2 \quad \text{und} \quad \sigma_M^2 \ll \sigma_A^2 \dots \tag{7.23}$$

Nur unter dieser – notwendigen – Bedingung kann behauptet werden, dass die gemessene Varianz mit derjenigen z.B. der gleichmäßigen Zufallsmischung im Rahmen einer statistischen Aussagesicherheit übereinstimmt. Auch in ihrer Umkehrung hat diese – eigentlich triviale – Bedingung für die Praxis Bedeutung: Es ist nicht sinnvoll, eine besonders hohe Mischgüte (z.B. annähernd stochastische Homogenität) zu fordern, wenn sie mit dem – der Anwendung angepassten – Messverfahren nicht feststellbar ist.

Die Varianz der Messwertschwankungen wird korrekterweise durch Mehrfachmessungen an ein und derselben Probe experimentell bestimmt, wie es in Lehrbüchern der Statistik oder der Messtechnik beschrieben wird. Da das jedoch sehr aufwändig ist, wird man sich in vielen Fällen mit einer Abschätzung begnügen. Wenn der maximale Fehler ΔX_{max} der Messgröße X bekannt ist, gibt

$$\sigma_M \approx \Delta X_{max}/3 \tag{7.24}$$

eine brauchbare erste Näherung für die Standardabweichung, denn bei vorausgesetzter Normalverteilung der Messwerte liegen mit nur ca. 0,3% Wahrscheinlichkeit die Abweichungen außerhalb von $3 \cdot \sigma$. Eine weitere Möglichkeit besteht darin, eine geschätzte mittlere Abweichung $\overline{\Delta X}$ der Messwerte direkt der Standardabweichung gleichzusetzen (s. das nachfolgende Beispiel).

$$\sigma_M \approx \overline{\Delta X}. \tag{7.25}$$

Mit ca. 68% Wahrscheinlichkeit bliebe bei beliebig häufiger Wiederholung der Messung der Fehler dann unterhalb dieser Größe.

Beachten muss man immer, dass Varianz und Standardabweichung in den Einheiten der Größen anzugeben sind, deren Schwankungsbreiten sie kennzeichnen.

Beispiel 7.6 (Abschätzung der Messungenauigkeiten) Bei einer Probenmasse von $m_P = 50$ g rechne man mit mittleren zufälligen Wägeungenauigkeiten von ± 10 mg. Dann beträgt der relative Fehler

$$\overline{\Delta m}/m_P = 2 \cdot 10^{-4}.$$

Nach (7.25) erhält man als groben Schätzwert für die Varianz der Messwerte

$$\sigma_M^2 \approx (\overline{\Delta m})^2 = 100 \text{ mg}^2$$

bzw. für die Varianz der relativen Messwerte

$$\sigma_M^2 \approx (\overline{\Delta m}/m_P)^2 = 4 \cdot 10^{-8}.$$

Abbildung 7.7 Zeitlicher
Mischgüteverlauf (prinzipiell)

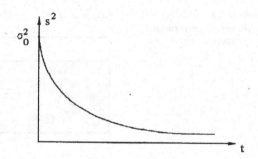

7.3 Mischgüteuntersuchungen[3]

7.3.1 Zeitlicher Mischgüteverlauf

In einem absatzweise betriebenen Mischapparat (Rührkessel, Feststoffmischer) ändert sich die Zusammensetzung an jedem *Ort* im Laufe der *Zeit*.

Wir gehen davon aus, dass die Sollzusammensetzung P der Mischung bekannt ist, und betrachten eine bestimmte Stelle im Mischer, wo wir zu festen Zeitpunkten t jeweils n Proben nehmen und die Probenzusammensetzungen $X_i(t)$ messen. Der zeitliche Verlauf der empirischen Varianzen der Probenzusammensetzungen

$$s^2(t) = \frac{1}{n} \cdot \sum_{i=1}^{n} [X_i(t) - P]^2 \tag{7.26}$$

wird prinzipiell den in Abb. 7.7 gezeigten Verlauf haben.

Die Analyse eines solchen Verlaufs ermöglicht

- die Feststellung der erreichbaren Mischgüte,
- die Bestimmung der erforderlichen Mischzeit bis zum Erreichen dieser oder einer als ausreichend angesehenen Mischgüte und
- die Beurteilung des verwendeten Mischers nach Mischgüte und Mischzeit.

Zum Verständnis eines solchen Verlaufs und seines ggf. stationären Endwertes ist es vorteilhaft, die gemessene Varianz in Gedanken zu zerlegen. Wir machen uns ihr Zustandekommen nach Sommer u. Rumpf (1974) [7.9] an einem einfachen Mischermodell klar (Abb. 7.8): In einem Rohrmischer der Länge L (Abb. 7.8) liegen zum Zeitpunkt $t_0 = 0$ (Mischbeginn) schwarze und weiße Elemente (Partikeln) völlig getrennt vor. Abb. 7.9 zeigt das zugehörige Konzentrationsprofil $X(l)$ als Volumenanteil der schwarzen Elemente in an der Stelle l gezogenen Proben für den vorgegebenen Anteil von 40% schwarzen Elementen. Die gestrichelte Horizontale beim Sollwert $X = P = 0{,}4$ längs des ganzen Mischers entspricht dem Idealziel der axialen Gleichverteilung.

---

[3]Die folgenden Ausführungen folgen mit freundlicher Genehmigung des Autors weitgehend der Darstellung von Sommer (1994) [7.12].

Abbildung 7.8
Rohrmischer, Anfangszustand
völliger Entmischung

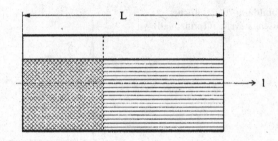

Abbildung 7.9
Konzentrationsverlauf im
Anfangszustand ($t = 0$)

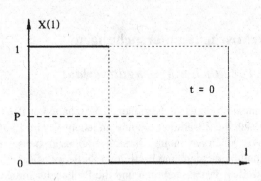

Abbildung 7.10
Konzentrationsverlauf zu
einem späteren Zeitpunkt
($t > 0$). *I* Systemvarianz,
II Zufällige
Probenabweichung,
III Zufällige Meßabweichung

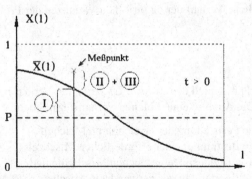

Der Einfachheit halber betrachten wir nur die Axialvermischung längs der Rohrachsenkoordinate *l*. Über den Querschnitt rechnen wir mit konstanter Zusammensetzung, d.h. die Quervermischung geht sehr viel schneller vonstatten, bzw. eine eventuell ungleichmäßige Verteilung wird über den Querschnitt gemittelt.

Zu einem beliebigen Zeitpunkt $t > 0$ hat das Konzentrationsprofil den in Abb. 7.10 gezeigten Verlauf. Er geht aus Mehrfachmessungen hervor, die – nach Anhalten des Mischprozesses – an verschiedenen Stellen *l* über den Querschnitt des Mischers vorgenommen werden und ist daher ein mittleres Konzentrationsprofil $\bar{X}(l, t)$. Die Werte $\bar{X}(l, t)$ weisen zum einen eine Systemabweichung I auf, die den mittleren Mischfortschritt kennzeichnet: $\bar{X}(l, t) - P$. Sie wird durch die im Laufe der Zeit abnehmende empirische *Systemvarianz* $\sigma^2_{Syst}(t)$ beschrieben. Ihre Abhängigkeit von Proben- und Partikelgröße wird durch den Vorfaktor $(1 - V_A / V_P)$ berücksichtigt. V_A und V_P haben wie bisher schon die Bedeutung des Einzelpartikelvolumens der Komponente A bzw. des Volumens aller Partikeln der Probe. Näherungsweise können sie durch die entsprechenden Massen m_A bzw. m_P ersetzt werden. Zum anderen ist der Verlauf $\bar{X}(l, t)$ mit der Varianz der stochastischen Homogenität (zufällige Probenabweichung) σ_z^2 behaftet, (Abweichung II in Abb. 7.10). Sie ist ein zeitlich nicht veränderlicher fester Wert und kann – wie wir in Abschn. 7.2.1.2 gesehen haben – nicht unterschritten werden. Schließlich ist jede Messung noch mit einer der Meßmethode anhaftenden zufälligen Messungenauigkeit verbunden, die ebenfalls durch eine Varianz σ_M^2 charakterisiert wird. (Abweichung III in Abb. 7.10). Die Gesamtvarianz $\sigma^2(t)$ Probenzusammensetzungen geht aus der Addition aller dieser Einzelvarianzen hervor:

$$\sigma^2(t) = \left(1 - \frac{V_A}{V_P}\right) \cdot \sigma_{Syst}^2(t) + \sigma_z^2 + \sigma_M^2. \tag{7.27}$$

σ_z^2 und σ_M^2 hängen nicht von der Zeit ab, so dass als zeitveränderlicher Teil der Gesamtvarianz nur die Systemvarianz bleibt. Deswegen ist der Mischprozess spätestens dann beendet, wenn die Systemvarianz den Wert Null erreicht hat. Mit diesem Kriterium wird die Mischzeit t_E bis zur stochastischen Homogenität bestimmt ($\sigma_{Syst}(t_E) = 0$). Die Abweichungen bestehen dann nur noch aus zufälligen Proben- und Messungenauigkeiten.

$$\sigma_{min}^2 = \sigma_z^2 + \sigma_M^2. \tag{7.28}$$

Genügt von der Anwendung her eine größere Varianz σ^2 als Mischgüte, dann wird sie als zu erzielende Mischgüte σ_{Ziel}^2 (s. später, Abschn. 7.3.2.4) vereinbart ($\sigma_{min}^2 < \sigma^2 \leq \sigma_{Ziel}^2$), und der Mischprozess ist zum Zeitpunkt t_E beendet, wenn

$$\sigma^2(t_E) = \left(1 - \frac{V_A}{V_P}\right) \cdot \sigma_{Syst}^2(t_E) + \sigma_z^2 + \sigma_M^2 = \sigma_{Ziel}^2 \tag{7.29}$$

geworden ist. Dieser Fall ist im Mischzeitverlauf Abb. 7.11a zu sehen. Längeres Mischen kann evtl. eine Verbesserung bringen, sie ist aber nicht gefordert, und daher unnötig.

Ob und wann gleichmäßige Zufallsmischung mit einer bestimmten Wahrscheinlichkeit erreicht worden ist, kann nur bei ausreichender Messgenauigkeit festgestellt werden ($\sigma_M^2 \ll \sigma_z^2$, Abb. 7.11b). Liegt die Messgenauigkeit weit oberhalb der Varianz der Zufallsmischung, dann kann diese gar nicht festgestellt werden, sondern man bestimmt die Mischgüte nur bis zur Nachweisgrenze des Messverfahrens (Abb. 7.11c). b_z^2 bzw. b_M^2 sind die Obergrenzen der Vertrauensbereiche von σ_z^2 bzw. σ_M^2 und werden analog zu (7.22) gebildet.

7.3.2 Probennahme

Die allgemeine Problematik der Probennahme bei Repräsentativmessungen, zu denen auch die Mischgüteuntersuchung gehört, ist in Kap. 5 im Zusammenhang mit

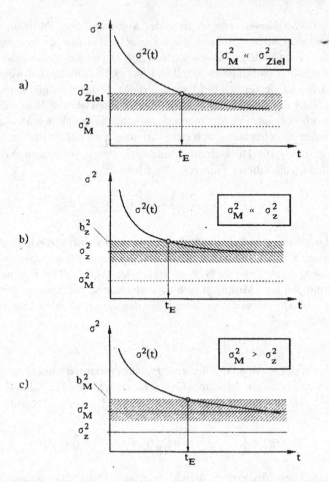

Abbildung 7.11 Mischgüteverlauf und Mischzeitbestimmung: (**a**) geforderte Mischgüte erreichbar und feststellbar, (**b**) gleichmäßige Zufallsmischung mit bestimmter Wahrscheinlichkeit erreicht und feststellbar, (**c**) Mischgüte bis zur Nachweisgrenze (Messgenauigkeit) erreicht

der Partikelmesstechnik ausführlich dargestellt (s. Abschn. 5.9.1). Insbesondere die drei praktischen Fragen zur Größe der Proben, zum Ort der Probennahme und zur Anzahl der Proben, sowie die dort gegebenen Antworten spielen hier eine Rolle. Daher seien die wesentlichen Punkte nochmals kurz zusammengefasst und um einige wichtige Punkte ergänzt.

7.3.2.1 Probengröße, Mindestpartikelzahl

Grundsätzlich muss die Probengröße von der *Anwendung* und von der *Verarbeitung* her bestimmt werden, weil sie Auskunft über den Gebrauch der Mischung bzw. die Durchführung des Mischprozesses geben soll. Anwendungsbezogen wird daher die

Mischgüte an Gebrauchsproben ermittelt (s. „Probenarten" Abschn. 5.9.1.2), deren Größen festliegen (z.b. Tabletten, Inhalte von Kleingebinden).

Beispiel zur Veranschaulichung: Bei pharmazeutischen Tabletten ist der Gehalt an Wirkstoff je Tablette hinsichtlich der medikamentösen Anwendung maßgeblich, daher ist die Tablette mit z.B. 0,5 g Masse eine Probe. Ob der Wirkstoff innerhalb der Tablette homogen verteilt ist oder nicht, spielt für den Patienten in der Regel keine Rolle. Hinsichtlich der verfahrenstechnischen Herstellung der Tablette (Tablettieren) müssen aber Tablettierhilfsstoffe, die eine gleichmäßige Dosierung des Pulvers in der Tablettiermaschine ermöglichen, sehr homogen in den jeweils 0,5 g Tablettenpulver verteilt sein, so dass die Probengröße unter diesem Verarbeitungsaspekt sehr viel kleiner sein muss. D.h. manchmal ist die anwendungstechnisch erforderliche Probengröße größer als die messtechnisch nötige. Dann muss eine Probeteilung oder eine Homogenisierung der Laborprobe gewährleisten, dass die Messungen an repräsentativen Proben durchgeführt werden.

Hinsichtlich der statistischen Qualität von Aussagen über Mischungen gibt es ebenfalls Ober- und Untergrenzen. Proben zur Feststellung von Mischungszusammensetzung oder Mischgüte können zu groß oder zu klein sein. Zu groß sind sie, wenn anwendungsbedingt nötige Unterscheidungen nicht mehr festgestellt werden können, zu klein ist sie, wenn unnötig feine Unterschiede gemessen werden. Das ist im Einzelfall zu prüfen.

Abschätzung der Mindestpartikelzahl in der Probe

Jede Probe muss mindestens so groß sein, dass auch eine nur in geringen Anteilen enthaltene Komponente durch eine ausreichende Menge (Anzahl, Volumen, Masse) in ihr mit einer bestimmten Wahrscheinlichkeit repräsentiert wird. In Abschn. 5.9.2.2 ist der gleiche Gedankengang für die Probengröße bei den Zählverfahren der Partikelgrößenanalyse beschrieben. Wir schätzen die erforderlichen Mindestmengen für den Fall der Zufallsmischung gleichgroßer Partikeln ab und setzen, wie immer, die Normalverteilung der Probenzusammensetzungen voraus. Zunächst gilt dafür mit den Volumina V_A (Einzelkornvolumen der Komponente A), V_P (Volumen aller Partikeln in der Probe) bzw. den entsprechenden Massen nach (7.8) bzw. (7.9) für die Varianz der stochastischen Homogenität

$$\sigma_z^2 = P(1 - P)\frac{V_A}{V_P} = P(1 - P)\frac{m_A}{m_P}.$$

Weil wir Gleichkorn haben, ist

$$\frac{V_A}{V_P} = \frac{m_A}{m_P} = Z \qquad (7.30)$$

die Anzahl der Partikeln in der Probe und daher

$$\sigma_z^2 = P(1 - P) \cdot \frac{1}{Z}. \qquad (7.31)$$

Tabelle 7.6 Faktoren $z(S)$ für verschiedene Aussagesicherheiten S

$S =$	90%	95%	97,5%	99%	99,5%	99,9%
$Z(S) =$	1,28	1,65	1,96	2,33	2,58	3,09

Andererseits können wir die Abweichung der Probenzusammensetzungen vom Sollwert $\Delta \bar{X} = P - \bar{X}$ für die Entnahme einer Probe durch den Vertrauensbereich ausdrücken

$$\Delta \bar{X} = P - \bar{X} = z(S) \cdot \sigma_z, \tag{7.32}$$

worin $z(S)$ ein von der gewählten Aussagesicherheit S abhängiger Grenzfaktor nach Tabelle 7.6 ist.

Die relative Abweichung $y = \Delta \bar{X}/P$ für die gemessene Probenzusammensetzung wird damit und unter Benutzung von σ_z^2 aus (7.31) zu

$$y = \frac{\Delta \bar{X}}{P} = z(S) \cdot \sqrt{\frac{1 - P}{P} \cdot \frac{1}{Z}}. \tag{7.33}$$

Geben wir diese relative Abweichung und eine zugehörige Wahrscheinlichkeit S vor, mit der sie nicht überschritten werden soll, dann können wir für die erforderliche Anzahl Z der Partikeln in einer Probe schreiben

$$Z = \left(\frac{z(S)}{y}\right)^2 \cdot \frac{1 - P}{P}. \tag{7.34}$$

Für die Mengenarten „Volumen" bzw. „Masse", die beim Probeziehen mehr interessieren, können wir für gleichgroße Partikeln (monodisperses Gut) gleicher Dichte mit einem Einzelkornvolumen V_A bzw. einer Einzelkornmasse m_A das Probenvolumen bzw. die Probenmasse aus (7.30) bekommen,

$$V_P = \left(\frac{z(S)}{y}\right)^2 \cdot \frac{1 - P}{P} \cdot V_A, \tag{7.35}$$

$$m_P = \left(\frac{z(S)}{y}\right)^2 \cdot \frac{1 - P}{P} \cdot m_A. \tag{7.36}$$

Liegen Partikelgrößenverteilungen der Komponenten der Mischung vor, dann können entsprechende Rechenvorschriften dem Buch von Sommer (1979) [7.14] entnommen werden.

Beispiel 7.7 (Mindestpartikelgröße aus geforderter Mischungszusammensetzung) Eine bestimmte Sorte Tabletten der Masse 0,8 g bestehe aus zwei Komponenten: Der Wirkstoff A soll mit 0,1 Massen-% enthalten sein, der Rest (Komponente B) sind Hilfsstoffe. Unter der vereinfachenden Voraussetzung, dass beide Komponenten als monodisperse Pulver mit gleicher Partikelgröße vorliegen, schätze man die höchstzulässige Größe für die Partikeln ab, so dass die Zusammensetzung der Einzeltablette mit 99,9% Sicherheit um nicht mehr als 1% von der Sollzusammensetzung abweicht.

Dichte des Wirkstoffs: $\rho_A = 1,2$ g/cm^3; Dichte der Hilfsstoffe: $\rho_B = 1,8$ g/cm^3.

Lösung:

Weil wir zwei Stoffe mit zwar wenig, aber doch unterschiedlichen Dichten vorliegen haben, verwenden wir zunächst nicht (7.36), sondern gehen von der erforderlichen Mindestanzahl Z in der Probe aus, um die Zusammensetzungsforderung zu erfüllen. Danach berechnen wir die Partikelgröße, die bei den gegebenen Dichten die geforderte Tablettenmasse ergibt. Aus (7.34) folgt mit $P = 0,001 \ll 1$

$$Z = \left(\frac{z(S)}{y}\right)^2 \cdot \frac{1-P}{P} \approx \left(\frac{z(S)}{y}\right)^2 \cdot \frac{1}{P}.$$

Mit $y = 1\% = 0,01$ und $z(S) = 3,09$ für $S = 99,9\%$ aus Tabelle 7.6 muss also die Zahl der Partikeln in einer Tablette mindestens

$$Z = 9,55 \cdot 10^7$$

betragen. Vom Wirkstoff A sind dann mindestens

$$Z_A = P \cdot Z = 9,55 \cdot 10^4 \ll Z$$

Partikeln in der Tablette. Die Tablettenmasse entspricht hier der Probenmasse $m = 0,8$ g. Für sie können wir allgemein schreiben

$$m = Z_A \cdot \rho_A \cdot V_A + Z_B \cdot \rho_B \cdot V_B.$$

Die Vereinfachung gleicher Korngrößen für A und B bedeutet

$$V_A = V_B = \frac{\pi}{6}d_V^3,$$

wobei mit d_V der Durchmesser der volumengleichen Kugel als Partikelgröße eingeführt wird. Jetzt haben wir also für die Tablettenmasse

$$m_P = \frac{\pi}{6}d_V^3 \cdot Z \cdot [P \cdot \rho_A + (1 - P) \cdot \rho_B] \quad \text{mit } P \ll 1$$

$$\approx \frac{\pi}{6}d_V^3 \cdot Z \cdot \rho_B = 0,8 \text{ g}.$$

Durch die Verwendung von ρ_B allein berücksichtigen wir, dass von der Komponente B wesentlich mehr enthalten ist, als von A. Dies nach d_V aufgelöst ergibt

$$d_V = \left(\frac{6}{\pi} \cdot \frac{m_P}{Z \cdot \rho_B}\right)^{1/3} = 2,07 \cdot 10^{-3} \text{ cm} \approx 21 \text{ µm}.$$

Die Partikelgröße der Produkte muss also unter 21 μm liegen, damit eine Mischung mit der geforderten Qualität überhaupt möglich ist.

Wegen der Vereinfachungen in der Aufgabenstellung ($P \ll 1$, monodisperse und gleichgroße Partikeln beider Komponenten) können wir die Einzelkornmasse m_E auch nach (7.36) berechnen:

$$m_E = m_P \cdot \frac{P}{1-P} \cdot \left(\frac{y}{z(S)}\right)^2 \approx m_P \cdot P \cdot \left(\frac{y}{z(S)}\right)^2.$$

Es ergibt sich

$$m_E = 0,8 \text{ g} \cdot 0,001 \cdot \left(\frac{0,01}{3,09}\right)^2 = 8,38 \cdot 10^{-9} \text{ g}$$

und mit $m_E = \rho_B \cdot \frac{\pi}{6} d_V^3$ für die gesuchte Partikelgröße ebenfalls

$$d_V = \left(\frac{6}{\pi} \cdot \frac{m_E}{\rho_B}\right)^{1/3} = 2,07 \cdot 10^{-3} \text{ cm} \approx 21 \text{ μm}.$$

7.3.2.2 Ort und Häufigkeit der Probennahme

Aus der Forderung, dass die Proben repräsentativ in Sinne der in Abschn. 5.9.1.1 gegebenen Definition bezüglich des Qualitätsmerkmals „Mischgüte" sind, folgt, dass sie „zufällig" genommen sein müssen. Verwiesen sei hier auf die Ausführungen in Abschn. 5.9.1, die sinngemäß natürlich auch hier anwendbar sind. Zwei für Feststoffmischer meist praktikable Probennahmemethoden sind die Zufallsprobennahme und die reguläre Probennahme (Sommer (1994) [7.12]).

Die *Zufallsprobennahme* eignet sich vor allem zur Beurteilung von Chargen, die der Probennahme überall gleich gut zugänglich sind. Dabei wird die Charge gedanklich in N gleiche Elemente von Probengröße geteilt und durchnummeriert. Aus der Gesamtzahl N werden dann nach dem Zufallsprinzip n Proben ausgewählt und gezogen (s. Abschn. 5.9.1.3, Abb. 5.52). Sowohl Probengröße wie Anzahl der Proben müssen also vorher bekannt bzw. vereinbart sein.

Schwanken die Betriebsbedingungen und damit auch die Mischgüte mit dem Ort oder mit der Zeit, dann müssen Proben in regelmäßigen örtlichen oder zeitlichen Abständen über die gesamte Mischung hinweg genommen werden. „Über die gesamte Mischung hinweg" ist wichtig, weil sonst zufällige Entmischungserscheinungen über den Querschnitt zu nicht erkennbaren Verfälschungen führen können (Abb. 5.50).

Wichtig ist auch, dass die Häufigkeit der Probennahme in deutlich kleineren Abständen erfolgt, als es der Frequenz der betrieblichen Schwankungen entspricht (reguläre Probennahme Abb. 5.51), sonst besteht die Gefahr des systematischen Probenfehlers. Man sieht, dass dazu Vorkenntnisse über die Schwankungen im Betriebsablauf erforderlich sind. Außerdem fallen auf diese Weise sehr viele Proben an.

Im Übrigen sei auch an dieser Stelle nochmals an die „goldenen Regeln" der Probennahme erinnert:

• Man nehme die Proben möglichst aus dem fließenden Schüttgut.
• Man nehme die Proben immer über den ganzen Querschnitt des Gutstroms.
• Man nehme besser häufig viele, kleine Proben als einmal nur eine größere (oder über längere Zeit genommene) Probe.

7.3.2.3 Erforderliche Anzahl der Proben

Die Anzahl der Proben, die zur Bildung eines Messwertes der empirischen Varianz gezogen werden muss, richtet sich nach statistischen Erfordernissen. In jedem Fall müssen es mindestens 3 Proben sein. Aus (7.22) können wir bilden

$$\frac{f}{\chi_S^2(S; f)} > \frac{\sigma^2}{s^2} = \frac{\sigma^2}{b^2}. \qquad (7.37)$$

Wenn wir also das Verhältnis von wahrer zu empirischer Varianz – gleichbedeutend mit dem relativen Vertrauensbereich von σ^2 – sowie eine Aussagewahrscheinlichkeit vorgeben, dann können wir anhand der Tabelle 7.5 das Wertepaar f/χ_S^2 suchen, das die Bedingung (7.37) erfüllt, und daraus die Probenanzahl bestimmen. (s. untenstehendes Beispiel). Weitere Bedingungen für die Probenanzahl folgen aus dem Produzentenrisiko (s. u.).

Beispiel 7.8 (Mindestprobenzahl bei gefordertem Vertrauensbereich) Die empirisch festzustellende Mischgüte (Varianz) einer Messreihe soll mit 99% Wahrscheinlichkeit höchstens doppelt so groß wie die wahre Mischgüte sein. Wieviele Proben muss man ziehen, um diese Bedingung zu erfüllen?

Lösung:
Aus der Forderung $s^2 \leq 2 \cdot \sigma^2$ folgt $\frac{\sigma^2}{s^2} = \frac{\sigma^2}{b^2} \geq \frac{1}{2}$ und mit (7.37)

$$\frac{f}{\chi_S^2(S; f)} > \frac{1}{2}.$$

In Tabelle 7.5, Zeile $S(\chi^2) = 0,99$ stellt man fest, dass für $f < 16$ immer $f/\chi^2 < 1/2$ ist, für $f = 16$ ist gerade $\chi^2 = 32,0 \rightarrow (f/\chi^2 = 1/2)$ und so ergibt sich $f_{min} = 17$. Bei unbekannter Probenzusammensetzung braucht man daher $n = f + 1 = 18$ Proben, bei bekannter Probenzusammensetzung reichen $n = 17$ Proben.

7.3.2.4 Kunden- und Produzentenrisiko

Da über die wahre Mischgüte σ^2 anhand von Messungen nur Wahrscheinlichkeitsaussagen (s^2) gemacht werden können, besteht sowohl für den Abnehmer (Kunden) von Mischungen oder Mischern wie für den Lieferanten (Produzenten) jeweils ein Restrisiko, bei der Qualitätsprüfung objektiv einer Fehlentscheidung zu unterliegen. Das *Kundenrisiko* besteht darin, dass er aufgrund von Messungen bei der Qualitätsprüfung eine Mischung akzeptiert, deren wahre Mischgüte schlechter ist als die vereinbarte. Das *Produzentenrisiko* betrifft die Ablehnung einer Mischung oder eines Mischers durch den Kunden, obwohl die wahre Mischgüte mindestens so gut ist wie vereinbart (s. auch Raasch u. Sommer (1990) [7.13]).

Zwischen Kunde und Produzent wird eine – von der Anwendung oder Verarbeitung her bestimmte – zu erzielende Mischgüte σ_{Ziel}^2 vereinbart. Das ist ein fester Wert. Die korrekte *Kundenforderung* lautet dann: Mit einer bestimmten (z.B. 95%) Wahrscheinlichkeit muss die wahre Mischgüte σ^2 mindestens so gut sein wie die vereinbarte:

$$\sigma^2 \leq \sigma_{Ziel}^2 \quad \text{mit z.B. 95\% Wahrscheinlichkeit.} \tag{7.38}$$

Die durch (7.22) definierte Vertrauensgrenze b^2 für σ^2 muss daher mit dieser Zielvereinbarung übereinstimmen

$$b^2 = \sigma_{Ziel}^2, \tag{7.39}$$

woraus mit (7.22) als Akzeptanzgrenze σ_A^2 für die empirische Varianz

$$\sigma_A^2 = \frac{\chi_S^2}{f} \cdot \sigma_{Ziel}^2 \tag{7.40}$$

folgt. Für die gemessenen Mischgüten s^2 gilt also die *Akzeptanzregel:*

$s^2 \leq \sigma_A^2$: Die Kundenforderung ist erfüllt, die Mischung wird akzeptiert
$s^2 > \sigma_A^2$: Die Kundenforderung ist nicht erfüllt, die Mischung wird abgelehnt.

$$\tag{7.41}$$

σ_A^2 ist durch die vorgegebene Wahrscheinlichkeit in χ_S^2 und die Anzahl f der Freiheitsgrade so festgelegt, dass σ_{Ziel}^2 gerade der Grenze b^2 des Vertrauensbereichs der wahren Mischgüte σ^2 entspricht (Fall 1 in Abb. 7.12). Im Fall 2 ist die Wahrscheinlichkeit für eine schlechtere wahre Mischgüte kleiner als das vom Kunden akzeptierte Risiko, er kann daher die Mischung annehmen. Im Fall 3 ist sein Risiko höher, und er wird ablehnen.

Zur Bestimmung der Zielvarianz aus der Kundenforderung

Üblicherweise wird die Kundenforderung nicht in Form einer Zielvarianz σ_{Ziel}^2 angegeben, sondern lautet etwa so: Die Mischung soll eine bestimmte Zusammensetzung P haben, und mit einer vorgegebenen Wahrscheinlichkeit D (z.B. 95%) müssen die Abweichungen von P in den Grenzen $P \pm \Delta X$ bleiben. Wie setzt man das um in die Forderung nach einer Zielvarianz?

Abbildung 7.12 Zum
Kundenrisiko

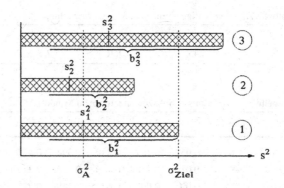

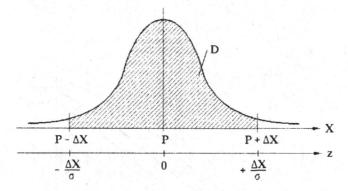

Abbildung 7.13 Zweiseitig begrenzte Normalverteilung

Wenn wir – wie immer – davon ausgehen, dass die Zusammensetzungen X_i der Einzelproben normalverteilt sind, dann können wir die ursprüngliche Kundenforderung wie in Abb. 7.13 gezeigt darstellen: P ist der Erwartungswert der Zusammensetzungen X_i, und zwischen den Grenzen $P \pm \Delta X$ liegt unter der Normalverteilungsdichte die Fläche D, die der geforderten Wahrscheinlichkeit entspricht.

Durch die Abszissensubstitution (vgl. Abschn. 5.9.2.2) $z = (X - P)/\sigma$ bekommen wir wegen $X = P$ für den Mittelwert $z = 0$ und für die Grenzen $+z = [(P + \Delta X) - P]/\sigma$ und $-z = [(P - \Delta X) - P]/\sigma$ also $z(D) = \Delta X/\sigma$, bzw. für die Standardabweichung $\sigma = \Delta X/z(D)$. Die gesuchte Zielvarianz ist dann das Quadrat dieser Standardabweichung

$$\sigma_{Ziel}^2 = \left(\frac{\Delta X}{z(D)} \right)^2. \tag{7.42}$$

Werte für $z(D)$ sind tabelliert (z.B. in [7.11]) und können für einige Wahrscheinlichkeiten D der Tabelle 7.7 entnommen werden.

Wie bereits erwähnt, gilt die Akzeptanzregel (7.41) unabhängig von der Anzahl der gezogenen Proben, wenn sie nur mindestens 3 beträgt. Die gegenseitige Lage von Akzeptanzgrenze σ_A^2 und vereinbarter Mindest-Mischgüte σ_{Ziel}^2 – der „Sicher-

Tabelle 7.7 Zweiseitige Grenzen der Normalverteilung

D	90%	95%	99%	99,5%	99,9%
$z(D)$	1,645	1,960	2,576	2,807	3,291

Tabelle 7.8 Verhältnis von Akzeptanzgrenze zu Mindest-Mischgüte

α	$f =$	2	3	5	10	15	20	30	50	100
95%		0,052	0,117	0,230	0,394	0,484	0,543	0,617	0,696	0,779
99%	$\dfrac{\sigma_A^2}{\sigma_{Ziel}^2} =$	0,010	0,038	0,110	0,256	0,349	0,413	0,500	0,594	0,701
99,9%		0,00	0,007	0,042	0,148	0,232	0,296	0,387	0,494	0,619

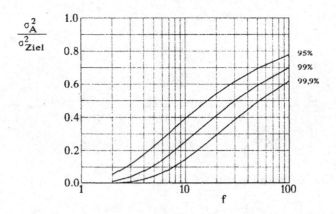

Abbildung 7.14 Verhältnis von Akzeptanzgrenze zu Mindest-Mischgüte abhängig vom Freiheitsgrad f

heitsabstand" – hängt allerdings vom Freiheitsgrad, d.h. von der Anzahl der Proben ab. In Tabelle 7.8 sowie in Abb. 7.14 sind für die üblichen Aussagewahrscheinlichkeiten $\alpha = 1 - S$ und verschiedene Freiheitsgrade Werte aufgeführt für das Verhältnis

$$\frac{\sigma_A^2}{\sigma_{Ziel}^2} = \frac{\chi_S^2(\alpha, f)}{f}. \tag{7.43}$$

Wenn dieses Verhältnis klein ist (bei wenigen Proben), muss eine sehr gute empirische Varianz nachgewiesen werden, d.h. die wahre Mischgüte muss sehr viel besser sein, als es der Zielvorgabe entspricht, damit der Kunde akzeptiert. Das erhöht den Aufwand des Produzenten. Sein Risiko wächst mit dem „Sicherheitsabstand". Der Produzent muss daher abwägen zwischen dem Aufwand, den eine an σ_{Ziel}^2 gemessen „viel zu gute" Mischung verursacht und dem Aufwand für die Analyse großer Probenanzahlen.

Abbildung 7.15 Zum Produzentenrisiko

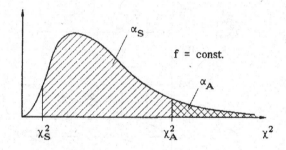

Wahrscheinlichkeit für das Produzentenrisiko

Die Wahrscheinlichkeit α_S, dass das Produkt in Ordnung ist, dass also die wahre Mischgüte σ^2 besser als die vereinbarte σ_{Ziel}^2 ist ($\sigma^2 < \sigma_{Ziel}^2$), wird entsprechend den Beziehungen (7.23) und (7.36) durch die Schranke $\chi_S^2(\alpha_S, f)$ festgelegt (s. Abb. 7.15).

Die Wahrscheinlichkeit α_A, dass die empirischen Varianzen s^2 zur Ablehnung führen, dass also $s^2 > \sigma_A^2$ ist, bekommen wir aus dem zu σ_A^2 gehörenden χ^2-Wert

$$\chi_A^2(\alpha_A, f) = \frac{\sigma_A^2}{\sigma^2} \cdot f. \qquad (7.44)$$

Mit (7.40) $\sigma_A^2 = \sigma_{Ziel}^2 \cdot \chi_S^2/f$ erhalten wir daraus

$$\chi_A^2(\alpha_A, f) = \chi_S^2(\alpha_S, f) \cdot \frac{\sigma_{Ziel}^2}{\sigma^2}. \qquad (7.45)$$

Die Wahrscheinlichkeit, dass beides eintritt – Produkt in Ordnung *und* Ablehnung – eben das Produzentenrisiko, entspricht der zu χ_A^2 gehörenden doppelt schraffierten Fläche α_A, in Abb. 7.15. Wir bekommen sie quantitativ aus einer Freiheitsgrad- und Wahrscheinlichkeitsvorgabe für χ_S^2, sowie dem „Sicherheits" – Verhältnis σ_{Ziel}^2/σ^2. In Abb. 7.16 ist das Ergebnis dieser Berechnungen mit $\alpha_S = 0{,}95$ entsprechend $S_S = 1 - \alpha_S = 0{,}05$ und für die Freiheitsgrade $f = 5$, $f = 10$ und $f = 20$ zusammengefasst.

Danach muss die wahre Mischgüte σ^2 umso besser sein (d.h. kleiner als σ_{Ziel}^2), je geringer das Produzentenrisiko α_A sein soll. Wird beispielsweise $\alpha_A = 0{,}1$ vorgeschrieben, dann muss für den Freiheitsgrad $f = 5$ (d.h. bei 4 bzw. 5 Messungen) die wahre Mischgüte $\sigma^2 = 0{,}124 \cdot \sigma_{Ziel}^2$ sein, es muss also wesentlich besser gemischt werden als eigentlich nötig. Lässt man allerdings 9 bzw. 10 Messungen durchführen ($f = 10$), braucht nur noch auf $\sigma^2 = 0{,}25 \cdot \sigma_{Ziel}^2$, und bei 19 bzw. 20 Ziel Messungen ($f = 20$) nur noch auf $\sigma^2 = 0{,}38 \cdot \sigma_{Ziel}^2$ gemischt zu werden.

Zum Mischziel „stochastische Homogenität"

Aus (7.35) folgt mit $\sigma^2 = \sigma_z^2$ dass die Forderung $\sigma_z^2 \le \sigma_{Ziel}^2$ lautet. Wenn wir berücksichtigen, dass σ_z^2 das Minimum der erreichbaren Mischgüte darstellt, und

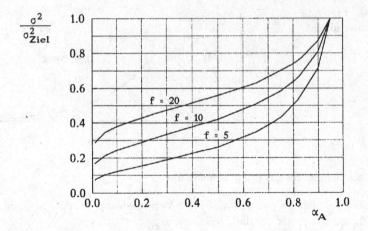

Abbildung 7.16 „Sicherheits"-Verhältnis abhängig vom Produzentenrisiko

dass für die Akzeptanzgrenze der empirischen Varianzen nach (7.40) und Tabelle 7.8 $\sigma_A^2 < \sigma_{Ziel}^2$ gilt muss

$$\sigma_z^2 < \sigma_A^2 < \sigma_{Ziel}^2 \tag{7.46}$$

sein. Das bedeutet: Stochastische Homogenität als Mischziel zu fordern, ist gar nicht sinnvoll. Die Vereinbarung σ_{Ziel}^2 muss größer als die theoretisch bestmögliche Mischgüte sein. Welche Auswirkungen eine derartige Forderung praktisch hat, zeigt das folgende Beispiel.

Beispiel 7.9 (Probenanzahl zur Überprüfung nahezu stochastischer Homogenität)
Es liege die Kundenforderung vor: „Mit 95 % (99 %, 99,9 %) Wahrscheinlichkeit sollen die Mischungen höchstens die doppelte Varianz der gleichmäßigen Zufallsmischung aufweisen". Wie viele Proben muss man mindestens nehmen, um die Erfüllung dieser Forderung nachweisen zu können?

Lösung:
Mit $\sigma_{Ziel}^2 \leq 2 \cdot \sigma_z^2$ und (7.37) ergibt sich für die Akzeptanzgrenze

$$\sigma_A^2 = \frac{\chi_S^2}{f} \cdot \sigma_{Ziel}^2 \leq \frac{\chi_S^2}{f} \cdot 2 \cdot \sigma_z^2.$$

Da nach (7.46) $\sigma_z^2 < \sigma_A^2$ sein muss, folgt

$$\sigma_z^2 < \frac{\chi_S^2}{f} \cdot 2 \cdot \sigma_z^2$$

und daraus

$$\frac{\chi_S^2}{f} > \frac{1}{2}.$$

Aus Abb. 7.14 können wir jetzt bei $\frac{\sigma_A^2}{\sigma_{Ziel}^2} = \frac{\chi_S^2(\alpha, f)}{f} = 0,5$ die Mindest-Freiheits-grade für die drei Aussagesicherheiten ablesen: $f_{95,} = 16$, $f_{99} = 30$ und $f_{99,9} = 52$. Daraus ergeben sich bei unbekannter Gesamtzusammensetzung jeweils mindestens $n = f + 1$ Proben: $n_{95,} = 17, n_{99} = 31, n_{99,9} = 53$.

Hätte die Zielvorstellung σ_{Ziel}^2 näher bei der Varianz der stochastischen Homogenität gelegen, wäre eine entsprechend noch höhere Probenzahl erforderlich gewesen.

7.3.3 Zusammenfassende Regeln zur Mischgütebestimmung und Beispiel

Nach dem in den vorigen Abschnitten Beschriebenen geht man bei der praktischen Mischgütebestimmung folgendermaßen vor:

1. Man vereinbart eine der Anwendung oder Verarbeitung angepasste Mindest-Mischgüte (Ziel-Mischgüte σ_{Ziel}^2) sowie eine Wahrscheinlichkeit, mit der die wahre Mischgüte mindestens so gut sein soll wie die vereinbarte. Daraus folgt dann nach (7.40) eine Akzeptanzgrenze für die empirischen Varianzen. σ_{Ziel}^2 muss größer sein als die Varianzsumme aus der Messungenauigkeit σ_M^2 und der Zufallsmischung σ_z^2 sonst ist die Erfüllung der Mischaufgabe nicht feststellbar.
2. Man wählt eine dem Produkt und der Anwendung angepasste *Probennahmemethode* derart, dass Zufälligkeit garantiert ist, die Probengröße ausreichend ist und die Probengröße für alle Proben gleich ist.
3. Man wählt ein dem Produkt und dem Anwendungszweck angepasstes *Messverfahren* zur Feststellung der Probenzusammensetzungen. Die Genauigkeit des Messverfahrens ist abhängig von Probengröße und Konzentration der interessierenden Komponente(n) und muss durch Kalibrierung oder Abschätzung ermittelt werden.
4. Man führt den *Mischversuch* durch, wobei zu vorgegebenen Zeiten und an vorgewählten, sinnvollen Stellen je n Proben gezogen werden. Diese *Probenanzahl* muss nach Abwägung der Aussagesicherheiten bzw. des Produzentenrisikos vereinbart werden.
5. Zur *Auswertung* wird der Mittelwert der Probenzusammensetzungen und sein Vertrauensbereich nach (7.2) und (7.19) sowie die empirische Varianz nach (7.1) bzw. (7.3) für jeden Zeitpunkt berechnet. Die Varianzen trägt man über der Zeit auf, vorteilhaft im halb- oder doppelt-logarithmischen Maßstab, weil sie oft über mehrere Zehnerpotenzen reichen. Außerdem zeichnet man die Akzeptanzgrenze, die Varianz der stochastischen Homogenität nach (7.8) (falls sie von Interesse ist) und die der Messungenauigkeit ins selbe Netz ein. Dort wo der gemessene Mischgüte-Zeit-Verlauf in den obersten der genannten Bereiche eintaucht, liest man die erforderliche Mindest-Mischzeit t_E ab.

Beispiel 7.10 (Mischgüteuntersuchung und Mischzeitbestimmung) In eine Mischung werden 20% der Komponente A eingemischt. Höchstens 5% aller Proben

Tabelle 7.9 Messwerte zu Beispiel 7.10

i	$t =$	5	10	15	20	25	30 Min.
1	$X_i =$	0,241	0,230	0,224	0,212	0,209	0,204
2		0,208	0,188	0,195	0,196	0,197	0,197
3		0,188	0,191	0,192	0,194	0,195	0,196
4		0,197	0,230	0,210	0,207	0,201	0,197
5		0,260	0,236	0,220	0,224	0,212	0,210
6		0,175	0,178	0,188	0,193	0,198	0,196
7		0,198	0,190	0,197	0,197	0.196	0,198
8		0,161	0,171	0,185	0,192	0,195	0,195
9		0,237	0,224	0,204	0,204	0,201	0,202
10		0,164	0,180	0,191	0,190	0,195	0,199
	$\bar{X} =$	0,203	0,202	0,201	0,201	0,200	0,199
	$a_{95} =$	±0,023	0,017	0,009	0,007	0,004	0,003
	$s_n^2 =$	$1,03 \cdot 10^{-3}$	$5,72 \cdot 10^{-4}$	$1,64 \cdot 10^{-4}$	$1,06 \cdot 10^{-4}$	$3,31 \cdot 10^{-5}$	$2,00 \cdot 10^{-5}$

dürfen weniger als 18% oder mehr als 22% dieser Komponente enthalten, d.h. mit 95% Wahrscheinlichkeit sollen die Proben innerhalb von 20% ± 2% liegen. Zur Feststellung der Mischzeit in einem Chargenmischer werden zu verschiedenen Zeiten jeweils 10 Proben zu 10 g gezogen und der Gehalt an Komponente A mit einem maximalen Messfehler von ±0,5% bestimmt. Die Ergebnisse dieser Messungen sind in Tabelle 7.9 (oberer Teil) aufgeführt.

Die Masse eines Korns der Komponente A beträgt 0,01 mg.

Der untere Teil der Tabelle enthält die ersten Schritte jeder statistischen Auswertung: Mittelwerte mit Vertrauensbereichen und Varianzen. Hier müssen wir beachten, dass der Sollwert $P = 0,2$ bekannt ist und daher die Varianzen s_n^2 nach (7.1) zu bilden sind. Der zeitliche Verlauf $s_n^2(t)$ ist in Abb. 7.17 eingetragen.

Die weiteren Schritte der Auswertung zur Mischungsanalyse sind folgende:

a) Zur Formulierung der Zielvereinbarung σ_{Ziel}^2 verwenden wir (7.42) mit $\Delta X = 0,02$ und $D = 95\% = 0,95$, bekommen aus Tabelle 7.7 $z(D) = 1,96$ und somit

$$\sigma_{Ziel}^2 = \left(\frac{\Delta X}{z(D)} \right)^2 = \left(\frac{0,02}{1,96} \right)^2 = 1,04 \cdot 10^{-4}.$$

Die Akzeptanzgrenze σ_A^2 für die s_n^2-Werte ergibt sich nach (7.40) mit $f = 10$ und $\chi_S^2(0,05; 10) = 3,94$ (aus Tabelle 7.5) zu

$$\sigma_A^2 = \frac{\chi_S^2}{f} \cdot \sigma_{Ziel}^2 = 0,394 \cdot 1,04 \cdot 10^{-4} = 4,10 \cdot 10^{-5}.$$

Aus der Auftragung in Abb. 7.17 können wir feststellen, dass die Forderungen für die Mischgüte und ihre Eintreffens-Wahrscheinlichkeit nach einer Mischzeit von

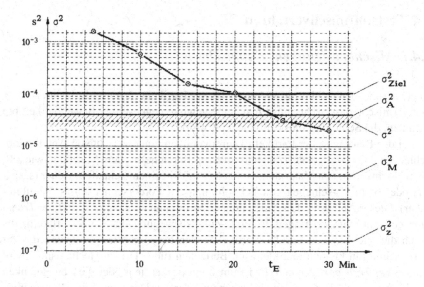

Abbildung 7.17 Zeitlicher Mischgüteverlauf in Beispiel 7.10

24 Minuten erfüllt sind:

$$s_n^2(24\ \text{Min}) = 3{,}31 \cdot 10^{-5} \approx \sigma_A^2 = 4{,}10 \cdot 10^{-5}.$$

b) Die Varianz der Zufallsmischung ist nach (7.9)

$$\sigma_z^2 = P(1-P)\frac{m_A}{m_P} = 0{,}2 \cdot 0{,}8 \cdot \frac{10^{-5}\ \text{g}}{10\ \text{g}} = 1{,}6 \cdot 10^{-7}.$$

c) Für die Messgenauigkeit schätzen wir nach (7.24)

$$\sigma_M^2 \approx (\Delta X_{max}/3)^2 = (0{,}005/3)^2 = 2{,}8 \cdot 10^{-6}\ \text{ab}.$$

Die Messmethode wäre demnach nicht genau genug, um nahezu stochastisch
homogene Mischung feststellen zu können ($\sigma_M^2 > \sigma_z^2$). Zur Überprüfung der geforderten Mischgüte ist sie allerdings ausreichend ($\sigma_M^2 > \sigma_A^2$).

d) Um das Produzentenrisiko auf 20% zu beschränken, ist es nach Abb. 7.16
(mit $\alpha_A = 0{,}2$ und $f = 10$) nötig, dass die wahre Mischgüte den Wert $\sigma^2 \approx 0{,}29 \cdot$
$\sigma_{Ziel}^2 = 3{,}02 \cdot 10^{-5}$ erreichen muss, ein Wert, der nicht wesentlich unterhalb der
Akzeptanzgrenze liegt (s. Abb. 7.17).

7.4 Feststoffmischverfahren

7.4.1 Mischbewegungen, Entmischung

In einer ruhenden Schüttung fixieren sich die Partikeln gegenseitig in ihrer Lage. Um vermischt zu werden, müssen sie eine gewisse gegenseitige Beweglichkeit bekommen, die Schüttung muss aufgelockert werden.

Bei der Bewegung der Partikeln kann man dann einen gerichteten Anteil beobachten, einen erzwungenen Transport größerer Bereiche aus dem Mischgut, wie z.B. beim Hochwerfen von Material mit einer Schaufel in einem Schaufelmischer (s. später) oder beim Verschieben von Teilvolumina mit Förderschnecken (s. Schubmischer). Dieser Anteil wird in Anlehnung an Strömungsvorgänge *konvektiver Transport* genannt. Ihm überlagert ist eine Zufallsbewegung der Einzelpartikeln, die durch die Vielzahl von Partikel-Partikel-Stößen hervorgerufen wird, und die zur Vermischung in kleinen und kleinsten Bereichen führt. Dieser Mechanismus wird *dispersiver Transport* genannt. Er ist umso wirksamer, je größer die Beweglichkeit der Komponenten-Einzelpartikeln gegeneinander ist. Der konvektive Bewegungsanteil ermöglicht durch die Auflockerung das dispersive Mischen und bewirkt zusätzlich durch gerichtete Bewegungen den Transport des Gutes insgesamt durch den Mischapparat. Die theoretische Behandlung dieser Vorgänge findet man bei Sommer (1979) [7.14], Pahl et al. (1986) [7.8] sowie Weinekötter u. Gericke (1995) [7.3].

Beim systematischen Mischen, also beim gezielten Teilen und Verschieben (s. Abschn. 7.1), entfällt der dispersive Anteil weitgehend. Soll dabei dennoch eine auch in kleinen Bereichen homogene Mischung erzeugt werden, so muss zum einen sehr häufig und zum anderen in möglichst kleinen Volumenbereichen geteilt und verschoben werden.

Entmischung

Eine hohe und vor allem unterschiedliche Beweglichkeit der einzelnen Komponenten im Mischer kann zu *Entmischungen* führen, wenn die Kräfte auf die Partikeln derart wirken, dass diese komponentenspezifisch zu verschiedenen Stellen im Mischer transportiert werden. Solche Kräfte sind z.B. Schwerkraft, Trägheitskraft und Fliehkraft zusammen mit der Strömungs-Widerstandskraft; sie werden gezielt bei mechanischen Trennvorgängen (Klassieren, Sortieren, Abscheiden) eingesetzt.

Schüttelt man beispielsweise in einem Behälter eine Mischung von grobem und feinem trockenem Sand, so wird man beobachten können, dass sich der feine Sand unten anreichert. Er rieselt unter dem Einfluss der Schwerkraft leichter nach unten, seine Beweglichkeit in der Mischung ist größer als die der groben Sandkörner. Man kann sich auch sofort die Abhilfe vorstellen: Anfeuchten des Sands. Dadurch werden Haftkräfte zwischen den einzelnen Körnchen erzeugt, die größer sind als die trennenden Kräfte (Schwerkraft und Trägheitskraft).

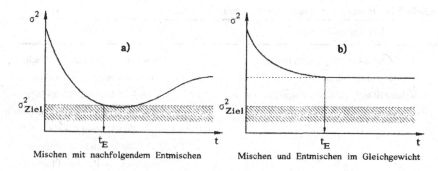

Abbildung 7.18 Mischgüteverläufe mit typischen Entmischungserscheinungen

Besonders empfindlich für Entmischungstendenzen sind demnach die sog. *kohäsionslosen* oder *freifließenden* Schüttgüter (s. Kap. 8), besonders dann, wenn die Mischungskomponenten sich in ihren Korngrößen, Kornformen und Dichten merklich unterscheiden. Zwei typische Mischgüte-Zeit-Verläufe mit Entmischungserscheinungen zeigt Abb. 7.18.

a) Die geforderte Mischgüte (Vereinbarung σ^2_{Ziel}) wird zwar erreicht, aber durch weiteres „Mischen" werden Entmischungsmechanismen wirksam, die die Qualität der Mischung wieder verschlechtern.

b) Die geforderte Mischgüte wird nicht erreicht, es entsteht ein stationäres Gleichgewicht zwischen Mischungs- und Entmischungsmechanismen.

Um Entmischungen zu vermeiden, kann man – wie das obige Beispiel zeigt – die Haftkräfte zwischen den Partikeln vergrößern (z.B. durch Anfeuchten). Weil bei feinkörnigen Pulvern mit zunehmenden Massenanteilen unter ca. 100 μm auch bei trockenem Material die Haftkräfte eine immer größere Rolle spielen (kohäsive Schüttgüter), nimmt die Gefahr der Entmischung im gleichen Maße ab. Auch eine Vergleichmäßigung der Korngrößen und Kornformen durch vorhergehende Agglomeration erleichtert oft den Mischprozess. Schließlich sei noch darauf hingewiesen, dass Entmischungen bei freifließenden Schüttgütern nicht nur in bewegten Behältern auftreten, sondern oft eine unerwünschte Begleiterscheinung auf Transport- und Förderstrecken sind, so etwa im freien Fall beim Abwurf von Förderbändern oder beim Ausfließen aus Silos und Bunkern, bei Vibrationen (Straßen- und Schienentransport) sowie beim Abgleiten oder Abrollen auf geneigten Flächen (Förderrinnen, Schüttkegel).

7.4.2 Bauarten von Feststoffmischern

7.4.2.1 Übersicht

Die technische Praxis hat eine Vielzahl verschiedener Mischerbauarten hervorgebracht. Ries (1979) [7.16] hat eine detaillierte Systematisierung nach überwie-

Tabelle 7.10 Prinzipielle Bauarten von Feststoffmischern

Bewegungserzeugung	Beispiele
Mischer mit bewegtem Behälter (Freifallmischer)	Trommelmischer, Taumelmischer, Konus-, Doppelkonus-, V-Mischer
Mischer mit bewegten Mischwerkzeugen	-langsamlaufende Werkzeuge (Schubmischer): Schneckenmischer, Wendelband-Mischer
	-schnellaufende Werkzeuge (Wurfmischer): Paddel-, Pflugschar-, Schaufel-Mischer
Mischer mit bewegtem Behälter und bewegten Mischwerkzeugen	Tellermischer, Gegenstrom-Intensiv-Mischer,
Sonderbauarten	Granuliermischer, Heizmischer
Schwerkraftmischer, statische Mischer	Mischsilos und Rohre mit lenkenden Einbauten
pneumatische Mischer	Mischsilos, Wirbelschichtmischer, Strahlmischer
mischende Lagerverfahren	Mischbetten, Mischhalden

gend konstruktiven Gesichtspunkten vorgenommen. Andere Unterscheidungen können nach der volumenbezogenen Leistung oder nach Chargen- bzw. Durchlauf-Mischern getroffen werden. Wir nehmen eine grobe Einteilung nach der Art der Bewegungserzeugung vor: Mischer mit bewegtem Mischbehälter; Mischer mit bewegten Mischwerkzeugen in feststehendem Behälter; ruhende Mischer mit Einbauten, die den bewegten Gutstrom teilen und verschieben; pneumatische Mischer und mischende Lagerverfahren. Eine Übersicht nach diesen Gesichtspunkten gibt die Tabelle 7.10 (nach Pahl et al. (1986) [7.8]).

Bei allen Mischern mit rotierender Bewegung entweder des Behälters oder der Mischorgane kann die Intensität der Drehbewegung durch das Verhältnis von Zentrifugalbeschleunigung zu Erdbeschleunigung gekennzeichnet werden. Man bezeichnet dies Verhältnis in Anlehnung an die formal gleiche Bildung in der Fluidmechanik als *Froudezahl*

$$Fr = \frac{R\omega^2}{g}.$$

Darin ist R der größte Radius des rotierenden Apparateteils. Wenn wir davon ausgehen, dass die Feststoffpartikeln sich tangential maximal mit dessen Umfangsgeschwindigkeit bewegen, dann gibt die Froudezahl das größte Vielfache der Erdbeschleunigung an, das bei der Mischbewegung erreicht wird. Sie wird übrigens bei allen ähnlichen Apparaten und Maschinen der Verfahrenstechnik (z.B. Granulierteller und -trommeln, Rohrmühlen, Trommeltrockner) zu Vergleichen des Betriebszustands herangezogen. Nach Müller (1981) [7.17] ist die Froudezahl zwar

Tabelle 7.11 Mischer mit drehenden Behältern oder Mischwerkzeugen (nach Müller [7.17])

Bewegungsart	Freifall-Mischer	Schub-Mischer	Wurf-Mischer	Fliehkraft-Mischer
$Fr = \dfrac{R\omega^2}{g}$	<1	<1	>1	$\gg 1$
Baugröße ca.	$<2\,\mathrm{m}^3/10\,\mathrm{m}^3$	$<30\,\mathrm{m}^3/<8\,\mathrm{m}^3$	$<30\,\mathrm{m}^3$	$<1{,}5\,\mathrm{m}^3$
spezifische Leistung P/V	$<(1\text{--}2)\,\mathrm{kW/m}^3$	$(3\text{--}10)\,\mathrm{kW/m}^3$	$(10\text{--}20)\,\mathrm{kW/m}^3$	$\sim 20\,\mathrm{kW/m}^3$ (Heizmischer bis $<500\,\mathrm{kW/m}^3$)

nicht dazu geeignet, analog zur Reynoldszahl bei Flüssigkeiten den Bewegungszu-
stand der Schüttgutfüllung des Mischers zu charakterisieren. Die Froudezahl kann
jedoch ebenfalls ein Ordnungsprinzip für Mischer abgeben, zumal auch die erforderliche volumenbezogene Leistung P/V mit ihr ansteigt. Freifallmischer und
Schubmischer haben Froudezahlen <1, Wurfmischer $Fr > 1$ und Fliehkraftmischer
(Kreisel-, Turbomischer) $Fr \gg 1$. Eine entsprechende Aufstellung ist in Tabelle 7.11
gegeben.

7.4.2.2 Mischer mit bewegtem Mischbehälter

Als Behälter eignen sich solche mit einfachen geometrischen Formen (Zylinder,
Einfach- oder Doppelkonus, Würfel u. ä.) und mit möglichst stumpfwinkligen in-
neren Ecken. Das erleichtert die freie Bewegung des Mischguts und vor allem die
Entleerung und Reinigung nach Beendigung des Mischens.

Die Bewegung des Behälters muss sich so auf das Mischgut im Inneren übertragen, dass ein möglichst unregelmäßiges Durcheinanderwerfen und Auflockern
geschieht. Darüber hinaus soll bei kontinuierlich durchströmten, sog. *Durchlaufmi-
schern* eine gerichtete Bewegungskomponente dabei sein.

Die Bewegungsarten sind:

- *Rotieren* um die Zylinderachse (Trommel- oder Drehrohr-Mischer) bzw. um Achsen, die nicht mit geometrischen Achsen übereinstimmen oder zu Symmetrieebe-
nen senkrecht sind (Taumelmischer);

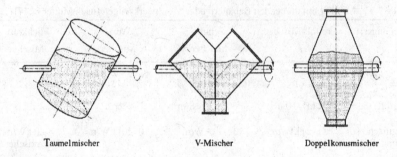

Taumelmischer   V-Mischer   Doppelkonusmischer

Abbildung 7.19 Chargenmischer mit bewegtem Behälter (Freifallmischer)

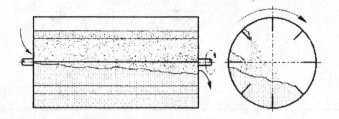

Abbildung 7.20 Durchlaufmischer: Trommelmischer mit Hubleisten

- *Vibrieren* z.T. mit relativ großen Amplituden, kleinen Frequenzen und wechseln-
den Richtungen der Ausschläge, so dass unregelmäßig schüttelnde oder taumelnde Bewegungen zustande kommen.

Da in den meisten dieser Mischer das Gut durch Wandreibung hochgenommen
wird und frei durch den Mischraum fällt, heißen sie auch *Freifallmischer*. Typische
Chargenmischer haben z.B. die in Abb. 7.19 gezeigten Behälter. Sie bieten bei rotierenden oder taumelnden Bewegungen dem im Inneren hochgetragenen und wieder
herabfallenden Gut wechselnd geneigte Wände und damit Umlenkung, Erweiterung
und Verengung des Raums, Verschiebung und Teilung des Gutstroms.

Als Durchlaufmischer für kontinuierlichen Betrieb sind Trommel- oder Drehrohrmischer geeignet (Abb. 7.20). Sie rotieren um ihre horizontale oder wenig geneigte Achse und sind zur besseren Auflockerung des Mischguts oft mit festen Einbauten (Hubleisten) ausgestattet. Einbauten haben aber in allen solchen Fällen den
Nachteil, dass sie eine Reinigung bei häufigem Produktwechsel erschweren. Mit
dem Mischen lässt sich hier z.B. eine Trocknung oder Befeuchtung, sowie eine Auf-
bauagglomeration verbinden.

7.4.2.3 Mischer mit bewegten Mischwerkzeugen in feststehendem Behälter

Die Mischbehälter sind als Tröge, liegende oder stehende Zylinder, Konusse, Halb-
kugeln o. ä. ausgebildet. Wichtig ist wiederum eine einfache geometrische Form,

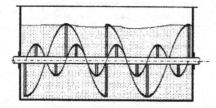

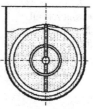

Abbildung 7.21 Schubmischer (Trogmischer mit gegenläufigen Wendeln)

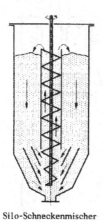

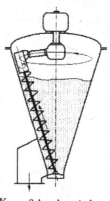

Silo-Schneckenmischer   Konus-Schneckenmischer

Abbildung 7.22 Schubmischer mit langsam laufenden Mischwerkzeugen

damit keine für die Mischwerkzeuge unerreichbaren Totzonen oder schwer zu entleerende und zu reinigende Ecken und Winkel entstehen.

Bei der Bewegung der Mischorgane muss man noch unterscheiden zwischen *langsam laufenden* und *schnell laufenden* Werkzeugen. In den sog. *Schubmischern* arbeiten langsam laufende Mischwerkzeuge wie z.B. Wendeln im Trogmischer (Abb. 7.21), vertikale Förderschnecken im Silo oder wandnahe, schräg stehende im Konusmischer (Abb. 7.22). Sie bewirken eine schonende Umschichtung des Mischguts, können aber bei feuchtem, agglomeriertem Gut keine Desagglomeration leisten.

Den Schubmischern stehen die Wurfmischer mit schnell laufenden Mischwerkzeugen gegenüber. Als solche kommen an Armen einer rotierenden Welle sitzende Paddel, Schaufeln, Pflugscharen und ähnliches zum Einsatz, wie bei dem als Beispiel in Abb. 7.23 schematisch gezeigten Trogmischer zu sehen ist.

Die Schaufeln haben verschiedene Anstellwinkel zur Achse. Durch Hochschleudern von Mischgut durch den freien Teil des Mischraums abwechselnd in verschiedene Richtungen wird eine starke Auflockerung erzielt, und bei feuchtem, Klumpen bildendem Gut oft auch eine wirksame Desagglomeration. Der Mischraum kann zu ca. 60% bis 80% mit Produkt gefüllt werden.

Abbildung 7.23
Trogmischer mit schnell
laufenden Mischwerkzeugen
(Wurfmischer)

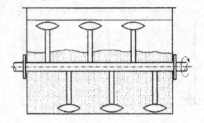

Abbildung 7.24
Gegenstrom-Intensivmischer
(Fa. Eirich, Hardheim)

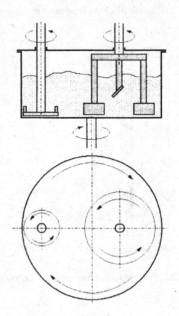

    Zu den *Sonderbauarten* in diesem Abschnitt können solche Mischer zählen, die sowohl einen bewegten Mischbehälter haben – z.B. einen rotierenden Teller mit vertikaler oder geneigter Welle – wie auch rotierende Mischwerkzeuge, die von oben in den Behälter ragen und gegenläufig zum Teller drehen (Abb. 7.24). Die Unabhängigkeit der Drehzahlen erlaubt eine große Anpassungsfähigkeit an Produkteigenschaften und Prozessanforderungen.

    Mit allen schnell laufenden Mischwerkzeugen wird insbesondere bei feuchtem, stark kohäsivem Gut sehr viel Energie eingetragen, so dass z.T. mit erheblicher Temperaturerhöhung zu rechnen ist (vgl. spezifische Leistung in Tabelle 7.11).

7.4.2.4 Silomischer

Zum Vergleichmäßigen von pulverigen Massenprodukten, die durch ihre Herkunft natürlichen Schwankungen in ihrer Zusammensetzung unterliegen (z.B. Zement-Rohmehl) setzt man sog. Homogenisiersilos ein. Außer den in Abschn. 7.4.2.3 bereits genannten Schubmischern mit aufwärts fördernden Schnecken sind das die sog.

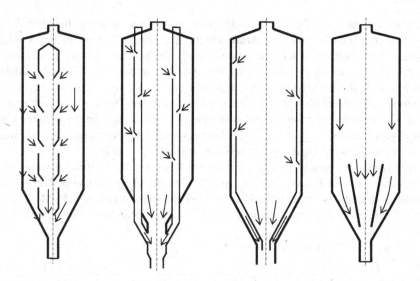

Abbildung 7.25 Schwerkraftmischer mit einem Innenrohr (links), mehreren Innenrohren (Mitte links), Ringraum außen (Mitte rechts), Mischtrichter (rechts)

Schwerkraftmischer, die wiederum in zwei Arten vorliegen: ohne und mit pneumatischer Umwälzung. Eine praxisnahe Darstellung gibt Wilms (2003) [7.15].

Schwerkraftmischer

Schwerkraftmischer im engeren Sinne arbeiten ohne Umwälzung des Materials im Durchlauf. Aus mehreren verschiedenen Zonen werden Teilströme simultan im Silo abgezogen, fließen getrennt nach unten und vermischen sich beim Vereinigen am Siloauslauf wieder. Das Schüttgut muss möglichst frei fließend sein, damit keine Verstopfungen auftreten. Die Entnahmeöffnungen können an einem oder mehreren Innenrohren (mit ausreichend großem Durchmesser) bzw. in einen außen liegenden Ringraum münden. Eine weitere Möglichkeit bieten geeignete Einbauten im Konusteil des Silos, indem sie für unterschiedliche Auslaufgeschwindigkeiten sorgen und damit Produkt aus verschiedenen Bereichen des Siloinhalts miteinander vermischen. Der Betrieb kann kontinuierlich erfolgen. Abbildung 7.25 zeigt Beispiele.

Pneumatische Mischer

Bei den pneumatischen Mischern werden die Bewegungen zum gegenseitigen Verschieben der Mischungskomponenten durch Einblasen von Luft in das zunächst ruhende Mischgut erzeugt. Der Betrieb ist diskontinuierlich. In allen pneumatischen Mischern soll das Mischgut rieselfähig oder nur wenig kohäsiv sein.

Man spricht von *Wirbelschicht-Mischen*, wenn der gesamte Behälterinhalt gleichmäßig durch die Strömungskräfte angehoben, aufgelockert und getragen wird. Dazu tritt die Luft durch den über den ganzen Querschnitt porösen Boden mit mindestens der *Lockerungsgeschwindigkeit* ein. Aus dem anfänglichen Festbett entsteht das *Fließbett*, die *Wirbelschicht*, die wegen der leichten Beweglichkeit der Partikeln Kontinuumseigenschaften ähnlich wie eine Flüssigkeit hat. Der Vorgang heißt daher auch *Fluidisieren*. Eine intensive Vermischung ist – abhängig von der Feinheit des Mischguts – erst bei 2- bis 6-facher Lockerungsgeschwindigkeit gegeben; und zwar muss die Geschwindigkeit umso höher sein, je feiner das Gut ist.

Die Lockerungsgeschwindigkeit w_L lässt sich aus dem Kräftegleichgewicht zwischen dem Gewicht F_g der Schüttung und der Druckkraft F_P – dem mit der Grundfläche A multiplizierten Druckabfall Δp über der durchströmten Schicht – unter Zuhilfenahme der Ergungleichung (s. Abschn. 4.5.2.2) berechnen. Es ergibt sich

$$\bar{w}_L = 42{,}9 \cdot (1 - \varepsilon_L) \cdot \frac{v}{d_p}$$

$$\times \left\{ \sqrt{1 + 3{,}11 \cdot 10^{-4} [\varepsilon_L^3 / (1 - \varepsilon_L)^2] \cdot g \cdot d_p^3 \cdot [\rho_s / \rho_f] / v^2} - 1 \right\} \quad (7.47)$$

Darin sind ε_L die Porosität der Schicht vor der Lockerung
v die kinematische Zähigkeit der Luft
d_p die Partikelgröße[4]
ρ_s, ρ_f die Feststoff- bzw. die Luftdichte.

In größeren Wirbelschicht-Mischern sind die Böden in Sektoren unterteilt, die periodisch mehr oder weniger stark belüftet werden. Dadurch entstehen wechselnde Umwälzungen größerer Bereiche des Siloinhalts (Abb. 7.26).

Größere Unterschiede der zu vermischenden Komponenten in ihrer Korngröße, Dichte und Form können leicht zu Entmischungen führen. Daher eignen sich Wirbelschichtmischer eher zum Vergleichmäßigen hinsichtlich anderer, korngrößenunabhängiger Eigenschaften (z.B. Temperaturausgleich, Farbvarianten).

Im *Strahlmischer* sind um einen kegeligen Boden ringförmig zahlreiche Düsen so angeordnet, dass durch die mit hoher Geschwindigkeit (pulsierend) austretenden Luftstrahlen eine spiralig nach oben gerichtete Strömung entsteht, die das Mischgut mitreißt. Starke Turbulenz und große Geschwindigkeitsdifferenzen bewirken eine weitgehende Auflockerung und rasche Umwälzung mit Mischzeiten in der Größenordnung einer Minute (in Behältern bis ca. 10 m³ Inhalt). Auch Produkte, die sich in der Wirbelschicht entmischen, lassen sich im Strahlmischer vergleichmäßigen. Allerdings brauchen Strahlmischer große Luftmengen und einen Hochdruckverdichter. Ihre Baugröße ist daher auf maximal etwa 100 m³ beschränkt.

---

[4]Dieser Durchmesser ist der in Abschn. 2.5.2.4 definierte Sauterdurchmesser d_{32}. Man kann d_p experimentell auch aus einer Druckverlust- und Geschwindigkeitsmessung an dem aus den fraglichen Partikeln bestehenden durchströmten Festbett bestimmen, indem die Durchströmungsgleichung von Ergun nach der Partikelgröße aufgelöst wird (Abschn. 4.5.2.2).

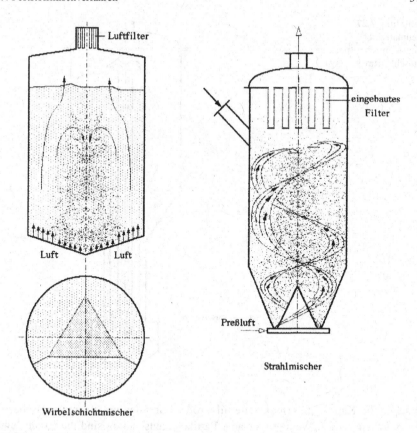

Abbildung 7.26 Pneumatische Mischer

Im *pneumatischen Umwälzmischer* (Abb. 7.27) wird in einem zentralen Steigrohr das Gut pneumatisch nach oben gefördert, umgelenkt und in den Ringraum um das Steigrohr wieder aufgegeben. Dort sinkt es langsam nach unten ab, um im kegeligen Unterteil – evtl. durch einen eingebauten Mischtrichter vorhomogenisiert – dem Förderstrom seitlich wieder zugeführt zu werden. Rund 10-fache Umwälzung (mit Mischtrichtern weniger) ergibt üblicherweise ausreichende Mischgüten. Die Baugrößen reichen bis ca. 1000 m³ Volumen.

Im Allgemeinen müssen pneumatische Mischer am Luftaustritt mit einem Staubfilter zum Zurückhalten der mitgeführten Feinanteile versehen sein.

Zur Auswahl von Silomischern

Die Eignung der verschiedenen Typen von Silomischern hängt vor allem von zwei Stoffeigenschaften des Mischguts ab, und zwar von der Partikelgröße bzw. deren Verteilung und von der Fließfähigkeit (kohäsiv oder frei fließend). Tabelle 7.12 nach Wilms (2003) [7.15] gibt eine grobe Übersicht zur Eignung nach diesen Kriteri-

Abbildung 7.27
Pneumatischer
Umwälzmischer (nach Fa.
Waeschle, Ravensburg)

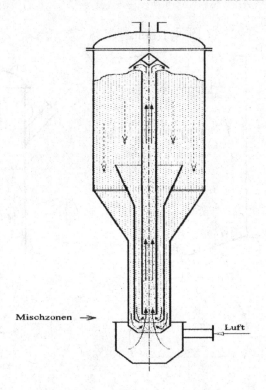

Mischzonen →

Luft

en sowie die Kapazitäten (maximale Silogrößen) und den ungefähren massebezo-
genen Arbeitsbedarf. Weitere relevante Partikeleigenschaften sind die Bruch- und
Abriebfestigkeit insbesondere von Agglomeraten, die Agglomerationsneigung, das
Zeitverhalten der Schüttung (Verfestigung bei längerer Lagerung!), und schließlich
spielen Erfordernisse des Prozesses (z.B. diskontinuierlicher oder kontinuierlicher
Betrieb) eine Rolle.

7.4.2.5 Mischbetten, Mischhalden

Zur Vergleichmäßigung von sehr großen Gutmengen, die z.B. in Steinbrüchen oder
unter Tage mit unterschiedlicher Qualität anfallen, benutzt man das Lagern, genauer: den Vorgang des Ein- und Auslagerns auf Halden. Derartige Halden werden systematisch so aufgebaut (z.B. längs), dass beim andersartigen Abbauen (z.B. quer)
das Mischprinzip „Teilen und Verschieben" verwirklicht wird.

Eine von mehreren Methoden hierzu ist der in Abb. 7.28 gezeigte Dachaufbau,
die sog. *Chevron-Methode*. Der Aufbau erfolgt in Längsrichtung durch Aufschütten
auf den First der Halde, der Abbau in Querrichtung, so dass Schichten verschiedener
Zusammensetzung gemeinsam erfasst werden.

Beim Aufschütten frei fließender Schüttgüter mit breiter Korngrößenverteilung
rollen die groben Partikeln weiter den Schüttkegel hinunter als die feinen, so dass im

Tabelle 7.12 Eignung und Vergleich verschiedener Silomischer (nach Wilms [7.15])

Mischertyp	Pulver frei flie-ßend 50–500 µm	Pulver kohäsiv	Pellets frei flie-ßend 200 µm–5 mm	Silo-größen max. [m³]	Spez. Arbeits-bedarf [kWh/t]
Wirbelschichtmischer	+	-	o	1000 (30.000)	1–2
Strahlmischer	o	+	o	200	2–7
Schubmischer					
- Silo-M.	+	+	o	100	2–10
- Konus-M.	+	+	o	30 (60)	2–10
Schwerkraftmischer					
- mit einem Innenrohr	+	(+)	+	200	1–3
- mit mehreren I.'n	+	-	+	1.000	<1
- mit Mischtrichter	+	+	+	200	1–3
Umwälzmischer pneumatisch	(+)	-	+	1.000	≈2

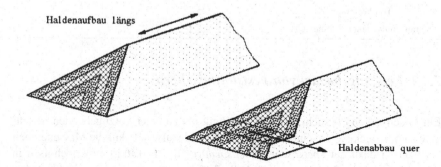

Haldenaufbau längs

Haldenabbau quer

Abbildung 7.28 Mischbett, Chevron-Methode

unteren Bereich eine systematische Anreicherung großer Körner erfolgt. Um dieser beim Haldenaufbau oft unvermeidlichen Entmischung zu begegnen, kann die Halde nach der sog. *Windrow-Methode* aufgebaut werden (Abb. 7.29). Nebeneinander und übereinander liegen längs aufgebaute Einzelschüttungen. Die Zonen mit Grobkornanreicherung sind dann über den Haldenquerschnitt verteilt, und die Entnahme erfolgt seitlich an der Haldenflanke z.B. durch Bandkratzer.

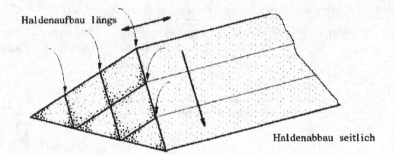

Haldenaufbau längs

Haldenabbau seitlich

Abbildung 7.29 Mischbett, Windrow-Methode

Tabelle 7.13 Richtwerte für den spezifischen Arbeitsbedarf zum Feststoffmischen (nach Ries [7.16])

Mischgut	[kWh/t]	Bemerkungen
Zementrohmehl in Homogenisiersilos	0,2–0,8	trocken
Glasgemenge,	0,4–1,2	trocken, chargenweise
Eisenerz - Bindemittel	~1	mit Befeuchten
Gießerei-Formsand	2–6	trocken, kontinuierlich
Farbpigmente	2–10	trocken, chargenweise
tonhaltiger Sand (11% Feuchte)	~15	chargenweise
Seifenschnitzel	15–20	
Trockensuppen	0,5–2,5	
Brausepulver incl. Schmelzen)	7–17	

7.4.3 Leistungsbedarf von Feststoffmischern

Ein Mischvorgang braucht, um das Mischgut bis zu einer vorzugebenden Mischgüte zu homogenisieren, einen bestimmten Energieaufwand. Auf die Masseneinheit bezogen ist dazu der *spezifische Arbeitsbedarf* W_m in [kJ/kg] bzw. technisch in [kWh/t] zu decken. Neben den in Tabelle 7.12 bereits genannten Überschlagswerten für Silomischer führt die Tabelle 7.13 beispielhaft einige weitere Werte für W_m. – hier stoffgruppenbezogen – auf.

Solchen in der Literatur nur spärlich zu findenden Werten haftet allgemein der Mangel an, dass die erzielte Mischgüte nicht angegeben ist. Auch hängt W_m nicht nur vom zu mischenden Produkt ab, sondern ist in dem Maße noch vom Mischapparat abhängig, wie die Produkteigenschaften (z.B. Schüttdichte, Feuchtigkeit) durch den Mischprozess verändert werden. Und schließlich wird dadurch, dass Mischprozesse häufig mit anderen Prozessen gleichzeitig ablaufen (z.B. Zerkleinern, Agglomerieren, Verdampfen) die Angabe eines spezifischen Arbeitsbedarfs allein für den Mischvorgang oft unmöglich und wäre auch gar nicht sinnvoll.

Für Chargenmischer lässt sich aus W_m grob der je t Behälterfüllung erforderliche spezifische Netto-Leistungsbedarf P_m eines Mischers abschätzen, wenn außerdem die Mischzeit t_M bekannt oder vorgeschrieben ist

$$P_m = W_m/t_M. \tag{7.48}$$

Oder umgekehrt: Ist für einen vorhandenen Mischer mit seinem Antriebsmotor die maximal mögliche spezifische Mischleistung gegeben, so kann für ein Produkt mit dem Mischarbeitsbedarf W_m die nötige Mischzeit aus (7.48) abgeschätzt werden.

Bei kontinuierlich betriebenen Mischprozessen erhält man aus W_m und dem Durchsatz $\dot{m}$ direkt den Netto-Leistungsbedarf für den Mischer

$$P = W_m \cdot \dot{m}. \tag{7.49}$$

7.5 Rühren

Rühren ist das Teilgebiet des mechanischen Grundverfahrens „Mischen", das die Mischvorgänge in *Flüssigkeiten* unter Zuhilfenahme von bewegten, meist rotierenden Mischorganen behandelt (vgl. Tabelle 7.1). Dabei können sehr verschiedenartige verfahrenstechnische Aufgaben vorliegen, die wir zunächst in Anlehnung an Zlokarnik (1967) [7.18] zusammenstellen, bevor wir ihre verfahrenstechnischen Grundlagen im Einzelnen behandeln. Wegen der großen Bedeutung und der vielfältigen Aufgaben und Einsatzgebiete der Rührtechnik gibt es eine umfangreiche Literatur, von der vor allem das umfassende Werk von Zlokarnik (1999, 2001) [7.4, 7.5] sowie die von Kraume (2002) herausgegebene Zusammenstellung der Übersichtsberichte einer GVC-Tagung zum Stand des Wissens von 1998 [7.6] genannt seien. Ein älteres, englischsprachiges Standardwerk stammt von Oldshue (1983) [7.2].

7.5.1 Grundaufgaben des Rührens

Homogenisieren

Dieser häufig in viel allgemeinerem Sinne – nämlich für „Vergleichmäßigen" verwendete Begriff meint in der Rührtechnik speziell das *Vermischen von ineinander löslichen Flüssigkeiten.* Es dient vor allem dem Temperatur- und/oder Konzentrationsausgleich, sowie chemischen Reaktionen beim Zusammenführen flüssiger Komponenten.

Beispiele: Ermöglichen oder Beschleunigen chemischer Flüssig-Flüssig-Reaktionen (z.B. Neutralisieren), Verdünnen konzentrierter Lösungen, Mischen von Flüssigkeiten unterschiedlicher Temperatur (Temperieren, Temperaturausgleich).

Ein verfahrenstechnisch wichtiges Kriterium für diese Rühraufgabe ist die *Mischzeit,* also die erforderliche Rührdauer, bis eine bestimmte Mischgüte erreicht ist. Ohne Angabe der Mischgüte hat auch die Angabe der Mischzeit wenig Sinn.

Suspendieren

Hiermit ist das möglichst gleichmäßige Verteilen eines dispersen Feststoffs in der Flüssigkeit gemeint.

Beispiele: Lösen von Feststoffen, Kristallisieren, katalytische Fest-Flüssig-Reaktionen, Aufwirbeln, um den Feststoff auszuwaschen, Erzeugen einer möglichst homogenen Schwertrübe.[4]

Es gibt mehrere in der Praxis gebräuchliche Suspendierkriterien, gebräuchlich sind das Aufwirbeln bis zu einer bestimmten Höhe im Behälter *(90%-Schichthöhen-Kriterium)*, die maximale Bodenberührdauer einzelner Partikeln *(1-s-Kriterium)*, seltener die Varianz der Konzentrationsverteilung über der Behälterhöhe.

Emulgieren

Als Emulgieren bezeichnet man das Zerteilen und Feinverteilen von Tröpfchen einer Flüssigkeit in einer zweiten, in der sie *nicht löslich* ist.

Beispiele: Emulsions-Polymerisation, Flüssig-Flüssig-Extraktion, Kühl-Schmier-mittel-Herstellung („Bohrmilch" bei der spanabhebenden Metallbearbeitung).

Durch das Zerteilen der Flüssigkeitströpfchen soll ihre Steiggeschwindigkeit verringert werden, so dass das „Aufrahmen" verlangsamt stattfindet, oder es soll eine große wirksame Oberfläche z.B. für den Stoffaustausch erzeugt werden. Daher stellt die spezifische Oberfläche bzw. der zu ihr umgekehrt proportionale Sauterdurchmesser der Tröpfchen ein verfahrenstechnisch relevantes Beurteilungskriterium dar.

Begasen

Das Zerteilen und Feinverteilen von Gasblasen in einer Flüssigkeit nennt man Begasen. Es ist dem Emulgieren nahe verwandt, und daher fasst man gelegentlich auch beide Vorgänge unter dem Begriff Dispergieren (= Feinverteilen)[5] zusammen.

Beispiele: Alle Gas-Flüssig-Reaktionen, aerobe Fermentationen, Sauerstoffeintrag in Belebtschlammbecken der Abwasserreinigung.

Spezifische Kriterien sind hierfür vor allem der Stoffübergang an der Austauschfläche (das ist die Bläschenoberfläche), sowie die maximal mögliche Gasmenge, die dispergiert werden kann.

---

[4]*Schwertrübe* heißt eine wässrige Suspension, deren Dichte durch sehr feines, gleichmäßig verteiltes Pulver eines Schwerminerals (z.B. Schwerspat, Ferrosilizium) auf einen Wert eingestellt wird, der deutlich über dem der Dichte von Wasser liegt. Sie wird zur Schwimm-Sink-Sortierung bei der Trennung spezifisch schwerer von spezifisch leichteren Stoffen z.B. in der Erzaufbereitung verwendet.

[5]Auch für das Feinverteilen von Feststoffen in Flüssigkeiten wird häufig der Begriff „Dispergieren" gebraucht („Dispersionsfarben").

Wärmeaustausch

Zwischen der Behälterwand bzw. Heiz- oder Kühlschlangen und der Flüssigkeit kann durch Rühren der Wärmeaustausch beschleunigt werden. Beispiele: Reaktionswärme bei exothermen Reaktionen abführen (Kühlen), Reaktionen durch Heizen ermöglichen oder beschleunigen. Fließfähigkeit hochviskoser Substanzen durch Erwärmen erhöhen.
Hier ist die Wärmeübergangszahl das spezifische Kriterium zur Bewertung des Rührprozesses.
Die getrennte Aufzählung und Behandlung von Rühraufgaben hat den guten Sinn, ihre spezifischen verfahrenstechnischen Grundlagen klarzumachen, darf aber nicht zu dem Schluss führen, dass praktische Rühraufgaben ebenso getrennt vorkommen. Vielmehr liegen bei den meisten technischen Rührprozessen mehrere Grundaufgaben gleichzeitig vor. In Fermentern z.b. muss Luft zugeführt und dispergiert, eine genaue Temperatur eingehalten und ein Feststoff in Schwebe gehalten werden. Man muss dann abwägen, welche Aufgabe vorrangig ist und sie so lösen, dass nachrangige Aufgabenstellungen ebenfalls erfüllt sind.

7.5.2 Bauformen von Rührwerken und Rührern

Rührwerke gehören zu den am häufigsten eingesetzten Apparaten der Verfahrenstechnik und sind daher in allen wichtigen Bauteilen genormt. Abbildung 7.30 zeigt schematisch einen Rührbehälter mit Rührwerk (nach DIN 28130 (2006) [7.19], die Benennungen der Hauptteile sowie die wichtigsten Maßbezeichnungen.
Abweichend von den Bezeichnungen in den Rührernormen verwenden wir als Buchstaben für den Behälterdurchmesser D, für den Rühreraußendurchmesser d und für die Füllhöhe H (in den Normen sind $D \equiv d_1, d \equiv d_2, H \equiv h_1$).
Die Behälter unterscheiden sich in ihren Bodenformen (Abb. 7.31). Am gebräuchlichsten ist der *Klöpperboden*, einfacher in der Herstellung ist *der Flachboden*, seltener verwendet man auch einen *Halbkugelboden*.

Rührorgane, Strömungsfeld

Das Rührorgan (der Rührer) muss durch Bewegung (meistens Rotation) den flüssigen Behälterinhalt durchmischen. Daher interessiert vor allem das von ihm erzeugte Strömungsfeld. Kennzeichnet man die Rührer nach ihrer überwiegenden Förderrichtung, so unterscheidet man

$$\text{primär} \begin{Bmatrix} \text{axial} \\ \text{radial} \\ \text{tangential} \end{Bmatrix} \text{fördernde Rührer.}$$

Abbildung 7.32 zeigt schematisch die Strömungsfelder für einen typischen axial fördernden Propellerrührer und einen radial fördernden Scheibenrührer.

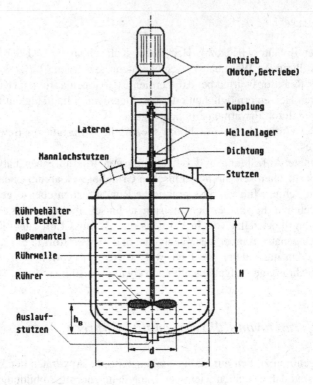

Abbildung 7.30 Rührbehälter mit Rührwerk

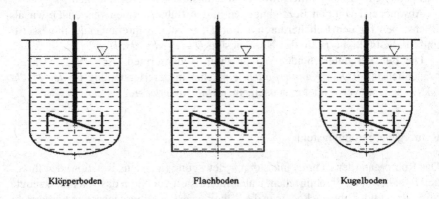

Klöpperboden   Flachboden   Kugelboden

Abbildung 7.31 Bodenformen von Rührbehältern

Ein weiteres Unterscheidungsmerkmal betrifft die Umfangsgeschwindigkeit: Es gibt schnell laufende Rührer, die in dünnflüssigen Medien eingesetzt werden und hochturbulente Strömungsfelder erzeugen. Langsam laufende Rührer, die eher Umschichtungs-Strömungen hervorrufen, sind für hochviskose Flüssigkeiten geeignet. Dazwischen liegt ein Bereich zäh-turbulenten Rührens mit mittleren Umfangs-

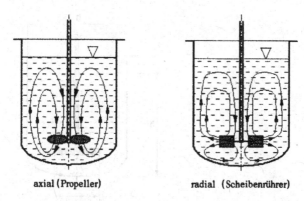

axial (Propeller)   radial (Scheibenrührer)

Abbildung 7.32 Typische Strömungsformen im Rührbehälter

Abbildung 7.33
Propellerrührer

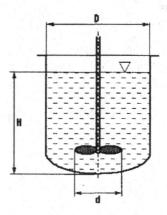

geschwindigkeiten. In den folgenden Abbildungen 7.33 bis 7.44 sind in Anlehnung an DIN 28131 (1992) [7.20] einige wichtige Rührerformen mit Angaben zu den üblichen Anordnungen und weiteren typischen Anwendungsmerkmalen aufgeführt. Außerdem ist angegeben, für welche der Rühraufgaben der Rührertyp bevorzugt eingesetzt wird.

Propellerrührer (Abb. 7.33)

Meist dreiflügelig, mit konstantem oder nach außen flacher werdendem Anstellwinkel α (vgl. Schiffsschraube); fördert primär axial; Umfangsgeschwindigkeit 2–15 m/s; Rührgutzähigkeit: bis ca. 20 Pas; Rühraufgaben: Homogenisieren, Suspendieren, Wärmeaustausch.

Abbildung 7.34
Schrägblattrührer

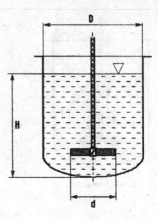

Abbildung 7.35
Scheibenrührer

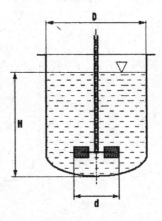

Schrägblattrührer (Abb. 7.34)

Vorzugsweise 6 rechteckige, mit konstantem Winkel α angestellte Rührerblätter; fördert primär axial; Umfangsgeschwindigkeit: 4–10 m/s; Rührgutzähigkeit bis ca. 10 Pas; Rühraufgaben: Homogenisieren, Suspendieren, Wärmeaustausch.

Scheibenrührer (Abb. 7.35)

Kreisscheibe mit meist 6 radial angeordneten ebenen Rechteck-Blättern; fördert primär radial; Umfangsgeschwindigkeit 2–6 m/s; Rührgutzähigkeit bis ca. 10 Pas; Rühraufgaben: Homogenisieren, Emulgieren, Begasen, Wärmeaustausch.

Abbildung 7.36
Impellerrührer

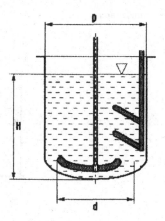

Abbildung 7.37
Kreuzbalkenrührer

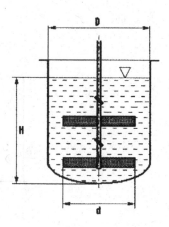

Impellerrührer (Abb. 7.36)

Drei schräg angeordnete, gebogene Rührarme, bodennah; spezielle Stromstörer; fördert primär radial; Umfangsgeschwindigkeit 3–8 m/s; Rührgutzähigkeit bis ca. 100 Pas; Rühraufgaben: Homogenisieren, Suspendieren, Wärmeaustausch.

Kreuzbalkenrührer (Abb. 7.37)

Mehrstufig über Kreuz angeordnete, oft unter 45° angestellte Rührarme; fördert primär axial und tangential; Umfangsgeschwindigkeit 2–6 m/s; Rührgutzähigkeit bis ca. 100 Pas; Rühraufgaben: Homogenisieren, Suspendieren, Begasen, Wärmeaustausch.

Abbildung 7.38 Gitterrührer

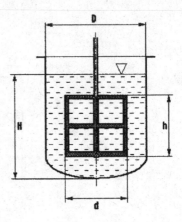

Abbildung 7.39 Blattrührer

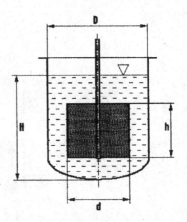

Gitterrührer (Abb. 7.38)

Ebener Rahmen mit Verstrebungen oder Blattrührer (s.u.) mit Durchbrüchen; fördert primär tangential; Umfangsgeschwindigkeit 2–5 m/s; Rührgutzähigkeit bis ca. 10 Pas; Rühraufgaben: Homogenisieren, Suspendieren, Begasen.

Blattrührer (Abb. 7.39)

Ebenes, meist rechteckiges Rührblatt, oft zusätzliche Stromstörer; fördert primär radial und tangential; Umfangsgeschwindigkeit 1–3 m/s; Rührgutzähigkeit bis ca. 20 Pas; Rühraufgaben: Homogenisieren, Wärmeaustausch.

Abbildung 7.40
Ankerrührer

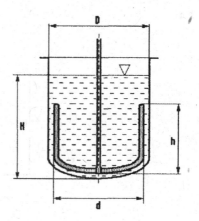

Ankerrührer (Abb. 7.40)

Zweiarmiger, wandnaher und der Bodenform angepasster Rührer; fördert primär tangential; Umfangsgeschwindigkeit 1–6 m/s; Rührgutzähigkeit bis ca. 20 Pas; Rühraufgaben: Wärmeaustausch.

Wendelrührer (Abb. 7.41)

Schraubenförmiges flaches Band, sehr nah an der Wand, auch mehrgängig in entgegengesetzten Richtungen primär axial fördernd; Umfangsgeschwindigkeit 0,5–1 m/s; Rührgutzähigkeit bis ca. 10^3 Pas; Rühraufgaben: Homogenisieren, Wärmeaustausch.

Zahnscheibenrührer (Abb. 7.42)

Ebene Kreisscheibe mit gezahntem oder abwechselnd aufgebogenem Rand, sehr schnell laufend; fördert primär radial; Umfangsgeschwindigkeit 5–20 m/s; Rührgutzähigkeit bis ca. 10 Pas; Rühraufgaben: Emulgieren, Begasen, Desagglomerieren.

Für alle Rühranordnungen gibt es empfohlene Maßverhältnisse d/D, H/D, h_B/d usw. Bei einstufigen Rührern wird die Füllhöhe H im Allgemeinen gleich dem Behälterdurchmesser D gesetzt, $H/D = 1$.

Neben den genannten Rührern gibt es zahlreiche andere, oft für einzelne Firmen patentierte Bauformen. Vielfach werden für komplexe Rühraufgaben auch Kombinationen von verschiedenen Rührertypen eingesetzt.

Hubrührer

Nichtrotierende Rührer sind die *Hubrührer,* bei denen die periodische Auf- und Abbewegung einer mit durchbrochenen Scheiben versehenen Hubstange die Durchmi-

Abbildung 7.41
Wendelrührer

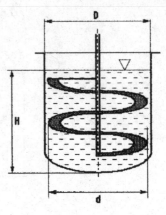

Abbildung 7.42
Zahnscheibenrührer

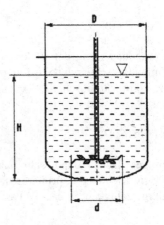

schung der Flüssigkeit bewirkt. Hubrührer werden meist mehrstufig in hohen Rührbehältern zur schonenden Vermischung verwendet.

Stromstörer (Abb. 7.43)

In zylindrischen Behältern zentrisch angeordnete Rührer rufen häufig ein meist unerwünschtes Mitrotieren des Rührguts hervor. Die Bewegung ähnelt dem Starrkörperwirbel, der Mischeffekt geht zurück und es bildet sich eine *Trombe* aus, ein zentrisches Absenken der Oberfläche wie beim Badewannenwirbel. Das kann bis zum – in der Regel unerwünschten – Ansaugen und Eintragen von Luft gehen.

Um dem entgegenzuwirken, werden *Stromstörer* eingebaut, senkrechte, meist in geringem Abstand von der Wand angebrachte Leisten (Abb. 7.43). Sie verhindern die Rotation des Behälterinhalts als Ganzes, sorgen für zusätzliche Turbulenz und verbessern dadurch den Mischeffekt. Allerdings erfordert das Rühren dann auch einen erhöhten Leistungseintrag, und wegen der hinter den Stromstörern verlangsamten Strömung (Totzonen) verbreitert sich die Verweilzeitverteilung des Rührguts in kontinuierlich durchströmten Rührbehältern.

Abbildung 7.43 Stromstörer
im Rührbehälter

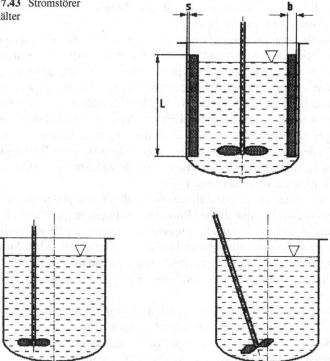

Abbildung 7.44 Exzentrische und schräge Anordnung der Rührerwelle

Will oder kann man Stromstörer nicht verwenden, so vermeiden auch *Schrägein-bau* oder *exzentrische* Anordnung des *Rührers* – in beschränktem Maße allerdings – Rotation und Trombenbildung (Abb. 7.44).

7.5.3 Leistungsbedarf von Rührern

Neben den verfahrenstechnischen Kriterien, die zur Beurteilung bei den einzelnen Rühraufgaben herangezogen werden, steht bei jeder Rühraufgabe die Frage nach dem erforderlichen Energieaufwand bzw. nach der Rührleistung. Damit ist hier immer die *Nettoleistung P* gemeint, also die vom Rührer in das Rührgut eingebrachte Leistung. Einerseits kann man damit den Bruttoleistungsbedarf ermitteln, denn die vom Motor aufzubringende Leistung P_{mot} ist um die Verluste im Getriebe, in den Lagern und in der Dichtung größer, und die aufgenommene elektrische Leistung P_{el} muss noch die im Motor entstehenden Verluste einbeziehen.

Alle diese Verluste kann man in einem Antriebs-Wirkungsgrad zusammenfassen

$$\eta_{Antr} = P/P_{el}, \tag{7.50}$$

mit dessen Hilfe die – letztlich als Verbrauch zu bezahlende – elektrische Leistung aus der Nettoleistung errechnet wird.

Andererseits dient die Nettoleistung auch zur Auslegung der Rührerwelle. Ihr Durchmesser richtet sich u.a. nach dem zu übertragenden Drehmoment, und dieses ergibt sich aus der Nettoleistung P dividiert durch die Winkelgeschwindigkeit ω.

Beim Vergleich verschiedener Rührertypen für eine bestimmte Aufgabe, sowie beim Hochrechnen aus Labor- oder Technikumsversuchen auf die Betriebsgröße (scale-up) erweist es sich als sehr nützlich, die Leistung auf das Füllvolumen V im Rührbehälter zu beziehen. Man erhält damit die *spezifische Leistung* P/V.

Mit Hilfe der Dimensionsanalyse (vgl. Kap. 3) lässt sich eine Beziehung aufstellen, die den Leistungsbedarf P an der Rührerwelle zu berechnen erlaubt. Man geht dabei von folgenden Voraussetzungen aus:

Geometrische Ähnlichkeit: Die Berechnung soll für eine bestimmte vorgegebene Anordnung gelten, alle Abmaße des Rührapparats liegen in ihren Verhältnissen zueinander fest. Außerdem sollen alle einander entsprechenden Winkel (z.B. Anstellwinkel bei Propellerrührern) konstant bleiben. Es genügt daher die Angabe *einer* Abmessung zur Festlegung der Größe des Apparats und aller seiner Teile. Vereinbarungsgemäß ist dies der Rührerdurchmesser d, gelegentlich auch der Behälterdurchmesser D.

Stationäre Strömungsverhältnisse: Die Strömungsbewegung kann durch *eine* charakteristische Geschwindigkeit beschrieben werden, für die hier die Umfangsgeschwindigkeit $w_u = \pi \cdot n \cdot d$ sinnvoll ist. Mit der charakteristischen Länge d (s.o.) liefert sie als relevante Einflussgröße die Drehzahl $n = w_u/(\pi \cdot d)$.

Newton'sche Flüssigkeit: Das Rührgut verhält sich newtonsch, so dass als relevante Stoffwerte lediglich die Dichte ρ und die Zähigkeit η auftreten.

Die *Schwerkraft* wird durch die Beschleunigung g berücksichtigt.

Dann lautet die Relevanzliste für P mit den Einflussgrößen d, n, ρ, η und g:

$$P = P(d, n, \rho, \eta, g). \tag{7.51}$$

Die Dimensionsanalyse sagt aus, dass der – unbekannte – Zusammenhang (7.51) zwischen sechs dimensionsbehafteten Einflussgrößen bei drei Grundgrößen (Masse, Länge, Zeit) auch als Zusammenhang zwischen nur drei dimensionslosen Kennzahlen geschrieben werden kann (s. das Beispiel in Kap. 3).

$$\frac{P}{\rho \cdot n^3 \cdot d^5} = f\left(\frac{n \cdot d^2 \cdot \rho}{\eta}, \frac{n^2 \cdot d}{g}\right). \tag{7.52}$$

Man nennt

$$Ne \equiv \frac{P}{\rho \cdot n^3 \cdot d^5} \tag{7.53}$$

die *Newtonzahl* oder Leistungskennzahl,

$$Re \equiv \frac{n \cdot d^2 \cdot \rho}{\eta} \tag{7.54}$$

die Rührer-*Reynoldszahl* und

$$Fr \equiv \frac{n^2 \cdot d}{g} \qquad (7.55)$$

die *Rührer-Froudezahl*. Die Beziehung (7.52) wird damit zu

$$Ne = f(\text{Re}, Fr). \qquad (7.56)$$

Sie heißt *Leistungscharakteristik*. Für jede zusätzliche dimensionsbehaftete Einflussgröße auf den Leistungsbedarf P tritt jeweils auch eine weitere dimensionslose Kennzahl hinzu, z.B. die Gasdurchsatz-Zahl $Q_g \equiv \dot{V}_g/(nd^3)$ für den Gasdurchsatz $\dot{V}_g$ beim Begasen (s. Abschn. 7.5.4.4). Eine zusätzliche dimensionslose Einflussgröße – z.B. die Volumenkonzentration c_V – stellt zugleich eine weitere dimensionslose Kennzahl dar.

Die Schwerebeschleunigung, und damit die Froudezahl, spielt nur dann eine Rolle, wenn bei Mehrphasenströmungen deutliche Dichteunterschiede zwischen den Phasen vorliegen, nämlich beim Suspendieren und Begasen, oder wenn die – eigentlich zu vermeidende – Trombenbildung erheblichen Einfluss hat. In den übrigen Fällen kann die Froudezahl vernachlässigt werden, und die Leistungscharakteristik vereinfacht sich zu

$$Ne = f(\text{Re}). \qquad (7.57)$$

Man kann sich diese Beziehung dadurch veranschaulichen, dass man den Rührer als umströmten Körper ansieht, auf den eine Strömungswiderstandskraft F_W wirkt. Aus der Strömungslehre ist dafür der Ansatz

$$F_W = c_w(\text{Re}) \cdot \frac{\rho}{2} w^2 \cdot A \qquad (7.58)$$

bekannt (vgl. auch (4.11)). Darin sind w die charakteristische Geschwindigkeit, hier also die Rührerumfangsgeschwindigkeit $w \sim n \cdot d$, und A die charakteristische Anströmfläche, hier $A \sim d^2$. Die Reynoldszahl erhält man aus ihrer allgemeinen Definition $\text{Re} = w \cdot d \cdot \rho/\eta$ sofort wie in (7.54) zu $\text{Re} = n \cdot d^2 \cdot \rho/\eta$, und $c_w(\text{Re})$ ist die Widerstandsfunktion, die nach (7.58) das Verhältnis von Widerstandskraft F_W zu Staudruckkraft $\rho/2 \cdot w^2 \cdot A$ angibt.

Da sich die Leistung aus dem Produkt von Widerstandskraft und Geschwindigkeit errechnet

$$P = F_W \cdot w, \qquad (7.59)$$

ergibt sich mit der Einbeziehung der Konstanten in die Widerstandsfunktion

$$P = c_w^*(\text{Re}) \cdot \rho \cdot (n \cdot d)^2 \cdot d^2 \cdot (n \cdot d) = c_w^*(\text{Re}) \cdot \rho \cdot n^3 \cdot d^5. \qquad (7.60)$$

Der Vergleich mit (7.53) und (7.57) zeigt, dass die Widerstandsfunktion $c_w^*(\text{Re})$ gerade der Leistungscharakteristik entspricht, und damit kann Ne auch als Widerstandskennzahl aufgefasst werden

$$Ne \equiv c_w^*(\text{Re}) = f(\text{Re}). \qquad (7.61)$$

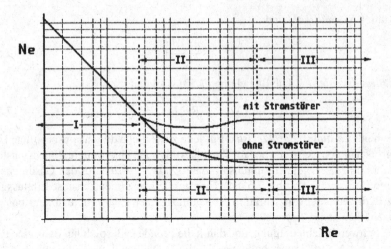

Abbildung 7.45 Prinzipieller Verlauf der Leistungscharakteristik eines Rührers mit und ohne Stromstörer

Der explizite Zusammenhang $Ne = f(\text{Re})$ ist nach der rein formalen Operation „Dimensionsanalyse" genauso unbekannt wie vorher als dimensionsbehaftete Funktion $P = P(n, d, \rho, \eta)$. Er muss gemessen werden und liegt für jeden Rührertyp (mit Angabe der geometrischen Anordnung im Behälter) als *Leistungscharakteristik* in Form einer Kurve vor. Der prinzipielle Verlauf in doppeltlogarithmischer Auftragung ist in Abb. 7.45 gezeigt. Beispiele für Leistungscharakteristiken einiger wichtiger Rührertypen sind in Abb. 7.46 wiedergegeben.

Mit diesen Diagrammen bzw. mit Näherungsfunktionen aus den Messwerten, die diesen Diagrammen zugrunde liegen, werden die erforderlichen Rührerleistungen berechnet

$$P = Ne(\text{Re}) \cdot \rho \cdot n^3 d^5. \tag{7.62}$$

Für die spezifische Leistung gilt

$$P/V \sim Ne(\text{Re}) \cdot \rho \cdot n^3 \cdot d^2, \tag{7.63}$$

weil wegen der vorausgesetzten geometrischen Ähnlichkeit $V \sim d^3$ ist. Diese Beziehung wird später für die Hochrechnung (Scale-up) von Leistungen benutzt.

Zum Verlauf der Leistungscharakteristiken ist im Einzelnen zu sagen (Abb. 7.45):

Im **Bereich I** bei kleinen Reynoldszahlen handelt es sich um zähe, weitgehend laminare Umströmung des Rührers, die Mischwirkung ist daher relativ gering und überwiegend auf den Mechanismus „Teilen und Verschieben" beschränkt. Der Widerstand und damit der Leistungsbedarf werden durch die Zähigkeit des Rührguts bestimmt. Die Leistungscharakteristik ist eine Gerade mit der Steigung -1 bei doppeltlogarithmischer Auftragung und es gilt daher

$$Ne = \frac{K_I}{\text{Re}} \tag{7.64}$$

$$\text{bzw.} \quad P = K_I \cdot \eta \cdot n^2 \cdot d^3. \tag{7.65}$$

Die obere Grenze dieses Bereichs liegt für viele Rührertypen bei Re $\approx$ 10–60. Die Konstante K_I hat abhängig vom Rührertyp Werte zwischen etwa 50 und 150. K_I-Werte lassen sich aus Abb. 7.46 als Ne-Werte bei Re $= 1$ ablesen.

Im **Bereich II** (Übergangsbereich) treten bei anhaltendem Zähigkeitseinfluss Turbulenzen auf (zäh-turbulentes Rühren), die Rührgutdichte ρ beeinflusst den Leistungsbedarf daher ebenfalls. Die Ne-Re-Kurve verläuft für die einzelnen Rührer sehr unterschiedlich und kann allgemein nicht durch eine einfache Funktion dargestellt werden, wird jedoch gelegentlich durch eine Gerade approximiert und lautet dann

$$Ne = \frac{K_{II}}{\text{Re}^m} \quad \text{mit } 0 < m < 1 \tag{7.66}$$

$$\text{bzw.} \quad P = K_{II} \cdot \rho^{1-m} \cdot \eta^m \cdot n^{3-m} \cdot d^{5-2m} \tag{7.67}$$

(s. auch Abschn. 7.5.5). Die Obergrenze dieses Bereichs liegt dort, wo der horizontale Verlauf beginnt. Sie ist ebenfalls für die einzelnen Rührer sehr verschieden (vgl. Abb. 7.46).

Im **Bereich III** (quadratischer oder Newton-Bereich) herrscht vollturbulente Rührströmung mit vernachlässigbarem Einfluss der Zähigkeit auf die Leistung. Die Newton-Zahl ist unabhängig von der Reynoldszahl eine Konstante

$$Ne = K_{III} = \text{const.} \tag{7.68}$$

$$\text{bzw.} \quad P = K_{III} \cdot \rho \cdot n^3 \cdot d^5. \tag{7.69}$$

Für Rührer, die überwiegend oder ausschließlich in diesem Bereich arbeiten (schnell laufende Rührer in dünnflüssigen Medien), wird daher anstelle der Leistungscharakteristik $Ne(\text{Re})$ meist nur ein *Leistungsbeiwert* angegeben. Er liegt für die meisten der in Betracht kommenden Rührer nach Abb. 7.46 im Bereich

$$Ne = K_{III} \approx 0,1 \ldots 5.$$

Beispiel 7.11 (Leistungsberechnung) Gegeben sind ein Rührwerk mit einem Impellerrührer und die zugehörige Leistungscharakteristik (Abb. 7.46). Der Behälterdurchmesser sei $D = 0,8$ m, der Rührerdurchmesser $d = 0,57 \cdot D$. Mit einer Drehzahl von $n = 120$ min^{-1} soll ein Rührgut der Dichte $\rho = 1200$ kg/m^3 und der Zähigkeit $\eta = 40$ Pas homogenisiert werden.

Gesucht sind   a) die Umfangsgeschwindigkeit des Rührers w_u,
          b) die erforderliche Rührleistung (netto) P,
          c) die spezifische Leistung P/V und
          d) das Drehmoment an der Rührerwelle M_d.

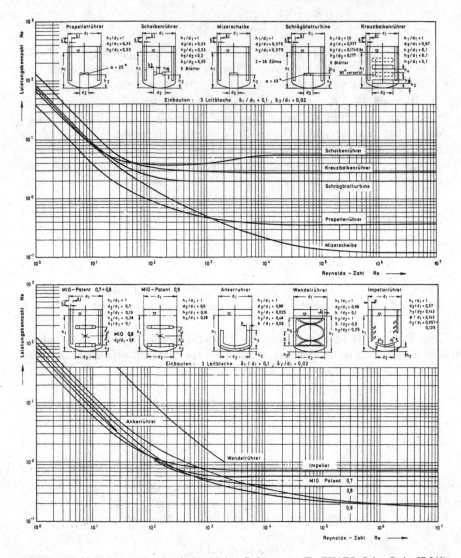

Abbildung 7.46 Leistungscharakteristiken einiger Rührertypen (Fa. EKATO, Schopfheim [7.21])

Lösung:

a) Umfangsgeschwindigkeit: $w_u = \pi \cdot n \cdot d$;

$n = 120 \text{ min}^{-1} = 2{,}0 \text{ s}^{-1}$;

$d = 0{,}57 \cdot D = 0{,}456$ m (mit $d/D \equiv d_2/d_1$ vgl. Abb. 7.46);

$w_u = \pi \cdot 2{,}0 \cdot 0{,}456$ m/s $= 2{,}87$ m/s.

b) Rührleistung nach (7.62): $P = Ne(\text{Re}) \cdot \rho \cdot n^3 \cdot d^5$;

$\text{Re} = n \cdot d^2 \cdot \rho/\eta = 2{,}0 \cdot 0{,}456^2 \cdot 1200/40 = 12{,}5$

$\rightarrow Ne = 4{,}8$ (aus Abb. 7.46);

$P = 4,8 \cdot 1200 \cdot 2,0^3 \cdot 0,456^5$ W $= 909$ W $\approx$ **0,91 kW** (netto).

c) Spezifische Leistung P/V mit $V \approx \frac{\pi}{4} \cdot D^2 \cdot H$ und $H = D$;
   → $V = \frac{\pi}{4} \cdot 0,8^3$ m$^3 = 0,40$ m^3;
   → $P/V = 0,91$ kW/$0,4$ m$^3 = 2,3$ kW/m^3.

d) Drehmoment $M_d = P/\omega$ mit $\omega = 2\pi \cdot n$ (Winkelgeschwindigkeit);
   $M_d = P/(2\pi \cdot n) = 909/(2\pi \cdot 2,0)$ Ws $= 72,3$ Nm.

7.5.4 Verfahrenstechnische Grundlagen zu den Rühraufgaben

Im Folgenden werden zu jeder der fünf Grundaufgaben des Rührens (Homogenisieren, Suspendieren, Emulgieren, Begasen und Wärmeaustausch) einige einfache
Grundlagen behandelt, die den Einstieg in ausführlichere Darstellungen ([7.4], [7.5],
[7.6], [7.7], [7.8], [7.31], [7.34], [7.35]) erleichtern sollen.

7.5.4.1 Homogenisieren

Homogenisieren von Flüssigkeiten mit fast gleichen Stoffwerten

Drehzahl- und Mischzeit-Bestimmung

Unter der Mischzeit θ versteht man die Zeitdauer, innerhalb derer im Rührbehälter
eine definierte Mischgüte (Homogenitätsgrad) erreicht wird. Daher gehört zur Angabe der Mischzeit immer auch die Angabe des Mischgüte-Kriteriums. Praktisch
wendet man zur Definition der Mischgüte beim Homogenisieren in dünnflüssigen
Medien drei Methoden an: Bei der *Schlierenmethode* werden zwei Flüssigkeiten mit
unterschiedlichem Brechungsindex solange gerührt, bis keine Schlieren mehr festgestellt werden. *Sondenmethoden* stellen mit der Zeit abnehmende Schwankungen
der Temperatur, der Leitfähigkeit oder des pH-Wertes fest. Hiermit lässt sich die
Makrovermischung d.h. die Vermischung in größeren Bereichen erkennen. Die mo-
lekulare *Mikrovermischung* kann mit der *Entfärbemethode* zeitlich verfolgt werden:
Eine blaue Jodstärkelösung durch wird Einrühren von Natriumthiosulfatlösung ent-
färbt. Das Unterschreiten eines Schwankungswertes bzw. die völlige Klarheit der
Lösung gilt als Mischgütemaß, die zu ihrem Erreichen nötige Mindestzeit ist die
Mischzeit.

Für eine vorgegebene Rühreranordnung, gekennzeichnet durch den Rührerdurchmesser d als charakteristische Abmessung, hängt die Mischzeit θ bei stationärem
Rühren zweier newtonscher Flüssigkeiten mit nicht sehr verschiedenen Stoffwerten
ρ und η von eben diesen Größen und zudem von der Drehzahl n ab:

$$\theta = \theta(n, d, \rho, \eta). \tag{7.70}$$

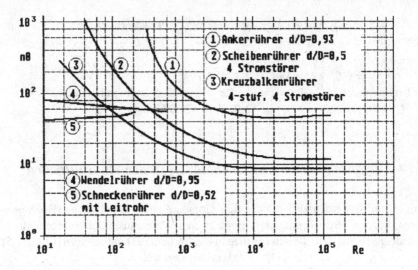

Abbildung 7.47 Mischzeitcharakteristiken einiger Rührertypen

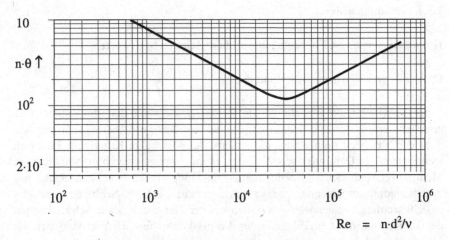

Abbildung 7.48 Mischzeitcharakteristik für den Propellerrührer mit $H = D$ (nach [7.4])

Die Dimensionsanalyse liefert für diesen Zusammenhang die einfache dimensionslose Form

$$n\theta = f\left(\frac{nd^2\rho}{\eta}\right) = f(\text{Re}),\qquad(7.71)$$

die als *Mischzeitcharakteristik* bezeichnet wird. Das Produkt $n\theta$ heißt *Mischzeitkennzahl* und gibt die Anzahl der Rührerumdrehungen an, die zum Erreichen der bestimmten Mischgüte erforderlich ist. Für einige Rührertypen sind Mischzeitcharakteristiken in Abb. 7.47 gezeigt (nach Kipke (1979) [7.22]). Weitere Mischzeitcharakteristiken findet man bei Zlokarnik (1999) [7.4], von denen eine typische für den Propellerrührer in Abb. 7.48 zu sehen ist.

Man kann – abgesehen von Wendel- und Schneckenrührer – nach Zlokarnik [7.4] drei mehr oder weniger ausgeprägte Bereiche unterscheiden:

– Kleine Reynoldszahlen (Re < ca. 10^3):

$$n \cdot \theta \sim Re^{-1} \to \theta \sim v/(n \cdot d)^2.$$

D.h. die Mischzeit ist umso kürzer, je größer die *Umfangsgeschwindigkeit* des Rührers ist.

– Mittlere Reynoldszahlen (Re $\approx 10^3 - 10^4$):

$$n \cdot \theta \approx \text{const.} \to \theta \sim 1/n.$$

D.h. die Mischzeit nimmt umgekehrt proportional zur *Drehzahl* ab.

– Hohe Reynoldszahlen (Re > ca. $3 \cdot 10^4$):

$$n \cdot \theta \sim Re \to \theta \sim d^2/v.$$

D.h. die Mischzeit ist unabhängig von der Drehzahl, nimmt aber mit der Größe des Rührers und damit auch mit der Behältergröße – genauer: mit dem *Behälterquerschnitt* – zu.

Wendelrührer und *Schneckenrührer*, die nur im Laminarbereich (Re < ca. $10^2 - 10^3$) eingesetzt werden, haben von der Reynoldszahl fast unabhängige $n \cdot \theta$-Werte. Das heißt anschaulich: Zur Homogenisierung ist eine praktisch immer gleiche Anzahl von Rührerumdrehungen nötig, unabhängig davon, ob der Rührer schneller oder langsamer dreht und unabhängig von der Zähigkeit des Rührguts. Die Vermischung findet durch Zwangsbewegungen nach dem Prinzip „Teilen und Verschieben" statt, eine Weiterleitung der vermischenden Bewegung ins Innere der Flüssigkeit durch Wirbel ist nahezu nicht gegeben. Die Mischzeit ist daher umso länger, je kleiner die Drehzahl ist.

Kreuzbalken-, *Scheiben-* und *Ankerrührer*, auch *Blattrührer* erzeugen dagegen schon im Bereich des zähen Rührens mit zunehmender Reynoldszahl immer stärkere Verwirbelungen, so dass sich die erforderlichen Umdrehungszahlen verringern (Makrovermischung). Je nach den Anforderungen an die Mischgüte, bzw. je nach Messverfahren für die Mischzeitbestimmung nimmt die Durchmischungs-Kennzahl $n \cdot \theta$ ab Re $\approx 10^4$ für den Rührer und seine Anordnung typische, etwa konstante oder nur wenig steigende Werte an (Abb. 7.47). Bei höheren Reynoldszahlen wird die Mischzeit vom diffusiven Ausgleich bestimmt (Molekularvermischung), der durch die Rührerdrehzahl kaum beeinflusst werden kann ($\theta \approx$ const.). Daher steigt $n \cdot \theta$ mit zunehmender Reynoldszahl wieder an (s. Abb. 7.48). Wesentlichen Einfluss auf die Mischzeit hat hier die Behältergröße, was bei großen Rühranlagen eine Rolle spielt.

Sind die Mischzeitcharakteristik für einen Rührertyp und seine Größe gegeben, können mit den Stoffdaten ρ und η die Mischzeiten für verschiedene Drehzahlen berechnet werden. Diese Mischzeiten gelten dann für die gleiche Mischgüte, die bei der experimentellen Ermittlung der Charakteristiken das Ende des Mischvorgangs angezeigt hat.

Beispiel 7.12 (Mischzeitbestimmung beim Rühren) Wie lange muss eine wässrige Lösung von 1020 kg/m^3 Dichte und 2 mPas Zähigkeit in einem Behälter mit 0,4 m Durchmesser mit 4 Stromstörern mit einem Scheibenrührer ($d = 0,2$ m) bei einer Drehzahl von 150 min^{-1} homogenisiert werden, damit eine Mischgüte wie in Abb. 7.47 erreicht wird?

Lösung: $n = 150/60$ s$^{-1} = 2,5$ s^{-1};

$\mathrm{Re} = n \cdot d^2 \cdot \rho/\eta = 2,5 \cdot 0,2^2 \cdot 1020/(2 \cdot 10^{-3}) = 5,1 \cdot 10^4$

aus Abb. 7.47 $\rightarrow n \cdot \theta = 1,2 \cdot 10^1 = 12$

$\rightarrow \theta = n \cdot \theta/n = (12/2,5)$ s $= 4,8$ s.

Rührerauswahl nach optimaler Mischarbeit

Praktisch wichtig ist die Auswahl eines geeigneten, bezüglich des Leistungsbedarfs bei gegebener Mischzeit optimierten Rührertyps. Im Bereich konstanter Durchmischungskennzahl ($n \cdot \theta$) = const.) trägt man dazu nach Zlokarnik (1967) [7.18] eine *modifizierte Leistungskennzahl*

$$\frac{P \cdot D \cdot \rho^2}{\eta^3} \equiv Ne \cdot \mathrm{Re}^3 \cdot \left(\frac{D}{d}\right) \tag{7.72}$$

über einer *modifizierten Durchmischungskennzahl*

$$\frac{\theta \cdot \eta}{D^2 \cdot \rho} \equiv \frac{n\theta}{\mathrm{Re}} \cdot \left(\frac{d}{D}\right)^2 \tag{7.73}$$

auf und erhält aus den Charakteristiken für Leistungen und Mischzeiten Abb. 7.49. Günstig hinsichtlich der beiden Kriterien Mischzeit und Leistung sind jeweils kleine Werte der beiden Kennzahlen. Die in Abb. 7.49 eingetragenen (ausgezogenen) Kurven gelten für die Optimaltypen, die im unteren Teil des Diagramms genannt sind. Andere Rührer ergeben Kurven oberhalb dieser Grenzkurven, wie die zum Vergleich gestrichelt eingetragene Kurve für einen Ankerrührer. Er eignet sich also weniger gut zum Homogenisieren als die unten aufgeführten Rührer.

Man wendet das Diagramm beispielsweise folgendermaßen an: Für gegebene Stoffdaten ρ und η, den Behälterdurchmesser D und eine geforderte Mischzeit θ berechnet man die Durchmischungs-Kennzahl $\theta\eta/(D^2\rho)$, mit deren Hilfe am unteren Rand der günstigste Rührertyp ausgewählt wird. Damit liegt auch der Rührerdurchmesser d und die übrige Anordnung fest. Auf der Grenzkurve liest man die Reynoldszahl ab, aus der die Drehzahl berechnet werden kann

$$n = \mathrm{Re}\frac{\eta}{d^2 \cdot \rho}. \tag{7.74}$$

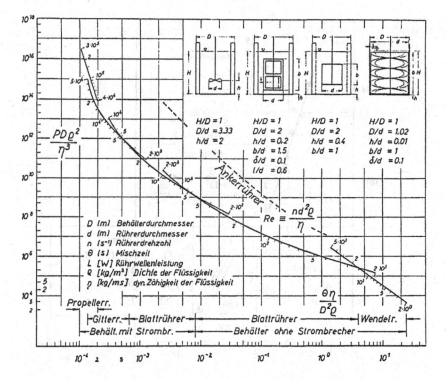

Abbildung 7.49 Zlokarnik-Diagramm zur Auswahl leistungsgünstiger Homogenisier-Rührer

Der zugehörige Ordinatenwert $P \cdot D \cdot \rho^2/\eta^3$ liefert durch Umstellen schließlich die erforderliche Leistung P.

Aus der Tatsache, dass bei vollturbulentem Rühren sowohl die Durchmischungs-Kennzahlen wie auch die Newtonzahlen konstant sind ($n \cdot \theta = K_1$; $Ne = K_{III}$), sowie aus der Geometriebeziehung $d/D = K_2$ kann aus der modifizierten Leistungskennzahl (7.72) folgende einfache Form gefunden werden:

$$\frac{P \cdot \theta^3}{\rho \cdot D^5} = K_{III} \cdot K_1^3 = K_0 = \text{const.} \tag{7.75}$$

Multipliziert man (7.75) beidseitig mit $D^6\rho^3/(\theta^3\eta^3)$, dann erhält man

$$\frac{P \cdot D \cdot \rho^2}{\eta^3} = K_0 \cdot \frac{D^6 \cdot \rho^3}{\theta^3 \cdot \eta^3} = K_0 \cdot \left(\frac{\theta\eta}{D^2\rho}\right)^{-3}, \tag{7.76}$$

also eine Beziehung wie die Zlokarnik-Darstellung in Abb. 7.49. Sie ist in der doppelt-logarithmischen Darstellung von Abb. 7.50 als eine Gerade mit der Steigung -3 zu sehen. Mersmann et al. (1975) [7.23], auf die auf diese Schreibweise zurückgeht, haben festgestellt, dass die Konstante K_0 für viele Rührer den etwa gleichen Wert besitzt: $K_0 \approx 300$. Dadurch können für diese Rührer Leistung bzw. Mischzeit

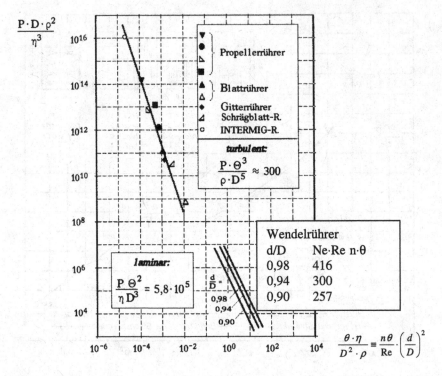

Abbildung 7.50 Günstige Homogenisierbedingungen nach Mersmann et al. [7.23]

aus (7.75) direkt abgeschätzt werden. Außerdem lässt diese Beziehung die Beurteilung vorhandener oder zu errichtender Homogenisierrührer zu: Nimmt die nach (7.75) zu bildende Kennzahl wesentlich größere Werte als 300 an, so sollte eine hinsichtlich der genannten Kriterien günstigere Bauart zu finden sein.

Ganz analog folgt für das laminare Rühren mit dem Wendelrührer aus (7.62) $P = Ne(\mathrm{Re}) \cdot \rho n^3 d^5$ mit $Ne = K_1/\mathrm{Re} = K_1 \cdot \eta/(nd^2)$ und $n \cdot \theta = K_4$ sowie $d/D = K_2$ zunächst $P = K_1 \cdot K_2^3 \cdot K_4^2 \cdot D^3 \eta/\theta^2$ und dann mit zusammenfassender Konstante die ebenfalls in Abb. 7.50 eingezeichnete Beziehung

$$\frac{PD\rho^2}{\eta^3} = K_W \cdot \left(\frac{\theta\eta}{D^2\rho}\right)^{-2}. \tag{7.77}$$

Homogenisieren von Flüssigkeiten mit verschiedenen Stoffwerten

Sollen zwei ineinander lösliche Flüssigkeiten unterschiedlicher Dichten und Viskositäten miteinander vermischt werden, dann besteht die Relevanzliste für die Mischzeit θ als Zielgröße neben den bisherigen Einflussgrößen n und d zunächst noch aus zwei Dichten ρ_1 und ρ_2, zwei Viskositäten η_1 und η_2, sowie aus dem Volumenverhältnis V_2/V_1. Es zeigt sich aber, dass nach einer kurzen Makrovermischungszeit die mittleren Stoffwerte der Mischung, die jeweils vom Mischungsverhältnis und den beiden Einzelwerten abhängen ($\rho_m = f(\rho_1, \rho_2, V_2/V_1)$ und $\eta_m = f'(\rho_1, \rho_2, V_2/V_1)$) für die restliche – viel länger dauernde – Mikrovermischung bestimmend sind.

Wegen des Dichteunterschieds muss außerdem die Differenz aus Schwerkraft und Auftrieb durch die Kombination $(\rho_2 - \rho_1) \cdot g = \Delta\rho \cdot g$ als Einflussgröße eingeführt werden, so dass die Relevanzliste lautet

$$\theta = f(n, d, \rho_m, \eta_m, \Delta\rho \cdot g).$$

Aus diesen 6 Einflussgrößen werden bei 3 Grundgrößen 3 dimensionslose Kennzahlen gebildet:

$$\Pi_1 = n \cdot \theta \qquad \text{Durchmischungskennzahl}$$
$$\Pi_2 = n \cdot d^2 \cdot \rho_m/\eta_m = n \cdot d^2/v_m = \text{Re} \quad \text{Reynoldszahl}$$
$$\Pi_1 = \Delta\rho \cdot g \cdot d^3/(\rho_m \cdot v_m^2) = Ar \qquad \text{Archimedeszahl}.$$

Zlokarnik (1970) [7.26] hat für einen mehrstufigen Kreuzbalkenrührer im Bereich $10 < \text{Re} < 10^5$ und $10^2 < Ar < 10^{11}$ folgende Beziehung gefunden:

$$\sqrt{n\theta} = 51{,}6\,\text{Re}^{-1}(Ar^{1/3} + 3). \tag{7.78}$$

Die Mittelwerte ρ_m und η_m werden sinnvollerweise an Laborproben gemessen.

7.5.4.2 Suspendieren

Man unterscheidet – wie bereits erwähnt – beim Verteilen von spezifisch schwererem Feststoff in einer Flüssigkeit zweckmäßig zwischen zwei Suspendierzuständen: *Aufwirbeln* des gesamten Feststoffs vom Boden des Rührbehälters, so dass einzelne Partikeln eine nur kurze, willkürlich festgelegte Zeit Bodenkontakt haben (*1-s-Kriterium*) und *In-Schwebe-Halten* der Feststoffpartikeln im Behälter bis zu einer bestimmten Höhe im Rührgefäß, z.B. 90% der Füllhöhe (*90%-Schichthöhen-Kriterium*).[6]

Das Rührorgan muss in jedem Fall eine abwärts gerichtete Axialströmung hervorrufen, die den Feststoff vom Boden aufwirbelt und durch die äußere Aufwärtsströmung im Behälter verteilt. Es kommen daher alle Rührer mit angestellten Rührblättern in Frage, insbesondere Propeller-, Schrägblatt- und verschiedene Formen

---

[6]Die axiale Komponente der Aufwärtsgeschwindigkeit nimmt im oberen Teil des Behälterns bis zur Oberfläche hin auf Null ab, so daß der Feststoff prinzipiell nur bis zu einer maximalen Höhe steigen kann.

Abbildung 7.51 Mit der
eingestellten Konzentration
normierte Feststoffkonzentra-
tionsverteilung $\varphi_{v,h}$ über der
normierten Füllhöhe (aus
[7.4])

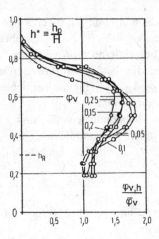

von Kreuzbalkenrührern (MIG-, INTERMIG-Rührer)[7] zum Einsatz. Der Behälter sollte einen gewölbten Boden haben, meist werden Klöpperböden verwendet. Ebener Boden führt zu Feststoffablagerungen in den nur langsam oder nicht durchströmten Ecken *(Totzonen)*. Für den Stoff- und Wärmeübergang (z.B. beim Lösen des Feststoffs) ist der Suspendierzustand „Aufwirbeln" oft günstig hinsichtlich des erforderlichen Leistungseintrags: Die Übergangskoeffizienten sind hoch bei relativ kleiner Drehzahl. Das „In-Schwebe-Halten" erfordert höhere Drehzahlen und Leistungen. Es muss bei höheren Anforderungen an die Gleichmäßigkeit der Feststoffverteilung (z.B. beim Kristallisieren, in größeren, besonders in hohen Behältern und bei Agglomerationsneigung sehr feiner Partikeln) eingestellt werden.

Allerdings ist eine Gleichverteilung der Konzentration über der Höhe des Rührbehälters praktisch nicht zu erreichen. Aus Abb. 7.51 nach Einenkel (1979) in [7.4] geht hervor, dass in Rührerhöhe und darunter etwa die eingestellte Konzentration vorliegt, dass sie darüber bis etwa zur halben Füllhöhe jedoch auf das 1,5- bis 1,8-fache stark ansteigt, dann wieder stark abfällt, um oberhalb von ca. 90% nahezu Null zu werden.

Für die Berechnung der Suspendiervorgänge gibt es eine Reihe von Ansätzen, die sich z.T. erheblich voneinander unterscheiden. Wegen der Kompliziertheit der Vorgänge und der vielen Einflussgrößen reichen einfache Ansätze auf der Basis der Dimensionsanalyse allein nicht aus, um zu einer zutreffenden mathematischen Beschreibung zu kommen, es müssen geeignete Strömungsmodelle aufgestellt werden. Vorschläge hierzu gibt es z.B. von Einenkel/Mersmann (1977) [7.24] bzw. Voit/Mersmann (1985) [7.25].

Eine kennzeichnende Größe beim Suspendieren ist die *Sinkleistung* P_S. Sie ergibt sich aus dem Gewicht der Partikeln in der Flüssigkeit und der Sinkgeschwin-

---

[7]MIG-Rührer (Mehrstufen-Impuls-Gegenstrom): Mehrstufiger Kreuzbalkenrührer, bei dem das einzelne Rührerblatt durch Umkehrung der Anstellwinkel innen nach unten und außen nach oben fördert. INTERMIG Interferenz-MIG): Wie MIG, das Rührerblatt ist außen – mit entgegengesetzter Anstellung wie innen – als „Doppeldecker" ausgebildet. (Beide Rührer von Fa. EKATO, Schopfheim).

digkeit zu

$$P_S = (\rho_s - \rho_f) \cdot V_s \cdot g \cdot w_{ss} \qquad (7.79)$$

mit $(\rho_s - \rho_f) = \Delta\rho$ Dichtedifferenz zwischen Feststoff und Flüssigkeit,

$\quad\quad V_s$ Feststoffvolumen,

$\quad\quad w_{ss}$ Schwarm-Sinkgeschwindigkeit.

Letztere kann aus der Einzelkorn-Sinkgeschwindigkeit w_s und der Volumenkonzentration c_V des Feststoffs im Bereich $c_V \approx 0{,}01-0{,}3$ nach Richardson-Zaki berechnet werden (s. Abschn. 4.2.4.3):

$$w_s = w_{s0} \cdot (1 - c_V)^{a(\mathrm{Re}_{x0})} \qquad (7.80)$$

mit der Partikel-Reynoldszahl

$$\mathrm{Re}_{x0} = \frac{w_{s0} \cdot x \cdot \rho_f}{\eta}. \qquad (7.81)$$

Ein einfaches Modell von Einenkel/Mersmann [7.24] setzt die erforderliche Rührerleistung proportional zur Sinkleistung. Damit soll auch die Leistung zum Umwälzen der Flüssigkeit berücksichtigt werden. Man erhält dann unter Verwendung von (7.62), (7.79) und $V_s = c_V \cdot V$ aus $P \sim P_S$

$$Ne(\mathrm{Re}) \cdot \rho_f \cdot n^3 \cdot d^5 \sim \Delta\rho \cdot c_V \cdot V \cdot g \cdot w_{fs}.$$

Für das Füllvolumen V gilt wegen der vorauszusetzenden geometrischen Ähnlichkeit der betrachteten Rühranordnungen $V \sim d^3$, so dass sich mit einer zusammenfassenden Konstanten K für die Drehzahl

$$n^3 = K \cdot \frac{\Delta\rho}{\rho_f} \cdot \frac{g \cdot w_{fs}}{d^2} \cdot \frac{c_V}{Ne\,(\mathrm{Re})} \qquad (7.82)$$

ergibt. Diese Beziehung lässt sich dimensionslos machen

$$\left[\frac{n^2 d}{g} \cdot \frac{\rho_f}{\Delta\rho}\right] \cdot \frac{n \cdot d}{w_{fs}} \cdot \frac{1}{c_V} = \frac{\mathrm{const.}}{Ne(\mathrm{Re})}.$$

Auf der linken Seite steht in Klammern die *erweiterte Froudezahl*

$$Fr^* \equiv \frac{n^2 d}{g} \cdot \frac{\rho_f}{\Delta\rho}. \qquad (7.83)$$

Wenn für $n \cdot d$ noch die Rührerumfangsgeschwindigkeit w_u ($= \pi n \cdot d$) eingesetzt wird, erhält man die sog. *Suspendiercharakteristik* (der Faktor π geht in die rechts stehende Konstante ein)

$$Fr^* \cdot \frac{w_u}{w_{ss}} \cdot \frac{1}{c_V} = \frac{K}{Ne(\mathrm{Re})}. \qquad (7.84)$$

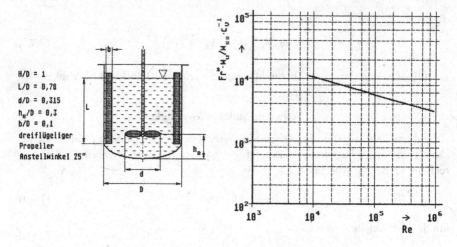

Abbildung 7.52 Rührwerk mit zugehöriger Suspendiercharakteristik

Obwohl beim Rühren im vollturbulenten Strömungsbereich (Re $\geq$ ca. 10^4) die Newtonzahl oft unabhängig von der Reynoldszahl ist, ergab sich in einem praktisch untersuchten Fall [7.24] die in Abb. 7.52 dargestellte Suspendiercharakteristik mit einer schwachen Reynoldszahlen-Abhängigkeit im Bereich Re $\approx 10^4-10^6$. Sie lautet

$$Fr^* \cdot \frac{w_u}{w_{ss}} \cdot \frac{1}{c_V} = \frac{1,2 \cdot 10^5}{\mathrm{Re}^{0,27}}. \tag{7.85}$$

Für die Drehzahl erhält man hieraus

$$n = 33,3 \cdot \left(\frac{\Delta\rho}{\rho_f} \cdot \frac{g \cdot w_{ss} \cdot c_V}{d^2}\right)^{1/3} \cdot \mathrm{Re}^{-0,09}. \tag{7.86}$$

Der konstante Vorfaktor hat natürlich nur für den untersuchten Fall Gültigkeit, andere Anordnungen und Suspendierkriterien führen zu anderen Werten.

Dadurch, dass in der Reynoldszahl die gesuchte Drehzahl n vorkommt, muss die Drehzahl iterativ bestimmt werden: Man schätzt zunächst eine Reynoldszahl ab (z.B. 10^6), berechnet vorläufig n und damit eine verbesserte Reynoldszahl. Mit dieser ist dann eine erneute n-Berechnung möglich usw. Meist reicht eine Schleife der Iteration für eine zufrieden stellende Näherung aus, denn die Reynoldszahlen-Abhängigkeit ist nur schwach (s. auch das folgende Beispiel).

Zur Unterscheidung der beiden Suspendierzustände muss man nach Voit/Mersmann [7.25] das Verhältnis der Partikelgröße x zum Behälterdurchmesser D auf folgende Weise heranziehen:

In relativ kleinen Behältern ($D <$ ca. 1 m) sinken relativ große Partikeln (x im mm-Bereich) so schnell zu Boden, dass ein ständiges *Aufwirbeln* vonnöten ist, um eine vollständige Suspension aufrecht zu erhalten und Bodenberührdauern von ca. 1 Sekunde zu haben. Kleinere Partikeln (μm-Bereich) in größeren Behältern müssen im Wesentlichen in *Schwebe gehalten* werden.

In einer üblichen Suspendiereinrichtung mit Propeller-Rührer in einem Behälter mit $D/d = 3$ und $H/D = 1$ sowie dem relativen Bodenabstand des Rührers $h_B/D = 0,175$ gelten mit einer modifizierten Definition der erweiterten Froudezahl

$$Fr^{**} \equiv \frac{n^2 d}{g} \cdot \frac{\rho_f}{\Delta\rho} \frac{d}{x}, \qquad (7.87)$$

für das „Aufwirbeln"

$$Fr^{**} = 0,78 \cdot \frac{1 - c_V/0,6}{2 + 25 c_V} \cdot \frac{D}{x} \qquad (7.88)$$

und für das „In-Schwebe-Halten"

$$Fr^{**} = 260(1 + 25 c_V)^2 \cdot \left(\frac{w_{ss}}{w_s}\right)^2. \qquad (7.89)$$

Das Kriterium zur Unterscheidung der beiden Fälle lautet

$$\left(\frac{x}{D}\right)^* = 3 \cdot 10^{-3} \cdot \left(\frac{w_f}{w_{ss}}\right)^2 \cdot \frac{1 - c_V/0,6}{2 + 25 c_V}. \qquad (7.90)$$

Ist $x/D > (x/D)^*$, so handelt es sich um's „Aufwirbeln" und (7.88) kommt zur Anwendung. Für $x/D < (x/D)^*$ soll (7.89) verwendet werden.

Beispiel 7.13 (Suspendieren im Rührbehälter) (nach [7.24]) Es sind Drehzahl n nach Einenkel/Mersmann und nach Voit/Mersmann sowie Leistungsbedarf P und spezifische Leistung P/V für ein 1-m^3-Rührgefäß entsprechend Abb. 7.50 zu berechnen, in dem 650 kg Feststoff ($\rho_s = 2450$ kg/m^3; $x = 90$ μm) bis zu 90% der Füllhöhe suspendiert werden sollen. Die Flüssigkeit ist eine wässrige Lösung mit der Dichte $\rho_f = 1010$ kg/m^3 und der dynamischen Zähigkeit $\eta = 10^{-3}$ Pas. Behälterdurchmesser $D = 1,08$ m; Rührerdurchmesser $d = 0,34$ m (Propellerrührer); Stromstörer, $Ne = 0,36$ für Re > ca. 10^4.

Lösung:
Nach (7.86) benötigt man für die Drehzahlberechnung zunächst die Feststoff-Volumenkonzentration c_V sowie die Sinkgeschwindigkeiten w_s des Einzelkorns und w_{ss}, des Schwarms.

$$c_V = V_s/V = m_s/(\rho_s V) = 650 \text{ kg}/(2450 \text{ kg/m}^3 \cdot 1 \text{ m}^3) = 0,265.$$

Die Einzelkorn-Sinkgeschwindigkeit w_{s0} von 90 μm-Partikeln kann hier näherungsweise nach Stokes berechnet werden (s. Re_{x0} unten) und ergibt sich zu

$$w_{s0} = \frac{(\rho_s - \rho_f) \cdot g \cdot x^2}{18\eta} = 6,36 \cdot 10^{-3} \text{ m/s}.$$

Mit Hilfe der Partikel-Reynoldszahl (7.81) $Re_{x0} = w_{s0} \cdot x \cdot \rho_f / \eta = 0{,}578$ erhält man aus (4.81) mit $a(Re_{x0}) = 4{,}42$ für die Schwarm-Sinkgeschwindigkeit

$$w_{ss} = w_{s0} \cdot (1 - c_V)^{4{,}42} = 1{,}63 \cdot 10^{-3} \text{ m/s}.$$

Berechnung nach Einenkel/Mersmann:
Für den Rührer schätzt man vorläufig eine Reynoldszahl z.B. von 10^6 ab, setzt in (7.86) ein und erhält als erste Näherung für die Drehzahl

$$n = 33{,}3 \cdot \left(\frac{\Delta\rho}{\rho_f} \cdot \frac{g \cdot w_{ss} \cdot c_V}{d^2} \right)^{1/3} \cdot Re^{-0{,}09} \approx 3{,}59 \text{ s}^{-1}.$$

Die Rückrechnung der Reynoldszahl ergibt $Re = 4{,}19 \cdot 10^5$ und die damit berechnete zweite Näherung $n = 3{,}88$ s^{-1}. Ein weiterer Iterationsschritt liefert fast den gleichen Wert, nämlich $n = 3{,}85$ s^{-1}, so dass man den Rührer mit

$$n \approx 230 \text{ min}^{-1}$$

betreiben wird. Aus der gegebenen Newtonzahl für $Re > 10^4$ und mit der Suspensionsdichte $\rho_{Susp} = c_V \cdot \rho_s + (1 - c_V) \cdot \rho_f = 1392$ kg/m^3 erhält man den Netto-Leistungsbedarf und die spezifische Leistung zu

$$P = Ne \cdot \rho_{Susp} \cdot n^3 \cdot d^5 = 0{,}36 \cdot 1392 \cdot 3{,}85^3 \cdot 0{,}34^5 \text{ W} = 130 \text{ W}$$

bzw. $P/V = 130$ W/1 m$^3 = 0{,}13$ kW/m^3.

Berechnung nach Voit/Mersmann:
Das Kriterium (7.90) liefert

$$\left(\frac{x}{D} \right)^* = 3 \cdot 10^{-3} \cdot \left(\frac{w_f}{w_{ss}} \right)^2 \cdot \frac{1 - c_V/0{,}6}{2 + 25 c_V} = 2{,}96 \cdot 10^{-3}.$$

Hier ist $\frac{x}{D} = 90 \cdot 10^{-6}/1{,}08 = 8{,}3 \cdot 10^{-5} < (\frac{x}{D})^*$ und daher gilt (7.89)

$$Fr^{**} = 260(1 + 25 c_V)^2 \cdot \left(\frac{w_{ss}}{w_f} \right)^2 = 993.$$

Die Definitionsgleichung (7.87) für Fr^{**} ergibt nach n aufgelöst schließlich

$$n = \left(\frac{\Delta\rho g x}{\rho_f d^2} \cdot Fr^{**} \right)^{1/2} = 3{,}29 s^{-1} = 197 \text{ min}^{-1}.$$

Bisher ist stillschweigend vorausgesetzt worden, dass die Stoffeigenschaften der Flüssigkeit und der Suspension newtonsches Verhalten zeigen. Die Suspension behält newtonsches Verhalten für Konzentrationen bis ca. 25 Vol% näherungsweise bei. Bei höher konzentrierten Suspensionen insbesondere mit feinkörnigen Partikeln wird jedoch das Fließverhalten zunehmend nicht-newtonsch. Es ist damit nicht mehr unabhängig von der Schergeschwindigkeit $\dot{\gamma}$. Da aber im Rührbehälter ein breites Spektrum an Schergeschwindigkeiten herrscht – größte Werte in unmittelbarer Umgebung des Rührerumfangs, abnehmend bis zu sehr kleinen Werten nahe Null in Totzonen –, kann die effektive Viskosität des Rührguts 'Suspension' nicht vorausgesagt werden. Es müssen Messungen gemacht werden.

Es sei ausdrücklich darauf hingewiesen, dass andere Autoren als die genannten abweichende Modelle und Berechnungsgleichungen für den Rührvorgang Suspendieren gefunden haben. Das hat vor allem Folgen für die Hochrechnung von Rührwerken aus dem Labor- bzw. Technikumsmaßstab auf die Betriebsgröße (s. Abschn. 7.5.5). Außer der hier beschriebenen Gleichung von Einenkel u. Mersmann findet man bei Oldshue (1983) [7.2] weitere 8 Gleichungen zur Berechnung von Suspendierdrehzahlen. Kraume (2002) [7.6] gibt eine Darstellung, die auch auf den Stoffaustausch und das Homogenisieren in Suspensionsrührwerken eingeht und Zlokarnik (1999) [7.4] geht in einer kritischen Auseinandersetzung ausführlich auf die verschiedenen Betrachtungsweisen des Suspendierproblems ein.

7.5.4.3 Emulgieren

Eine Emulsion besteht aus einer Flüssigkeit (kontinuierliche Phase), in der kleine Tröpfchen einer anderen Flüssigkeit fein verteilt (disperse Phase) sind. Die beiden Flüssigkeiten sind also nicht ineinander löslich. Zweiphasige Typen sind die Emulsionen aus Öltröpfchen in Wasser (O/W-Emulsion) – wie z.B. Milch – und umgekehrt die Wasser-in-Öl-Emulsion (W/O-Emulsion) – wie z.B. Butter oder Margarine. Meist ist der geringere Mengenanteil die disperse Phase, während die kontinuierliche Phase den höheren Anteil ausmacht. Bei etwa gleichen Anteilen kann eine O/W-Emulsion in die W/O-Emulsion umschlagen *(Phasenumkehr)*.

Emulsionen haben ein breites Anwendungsfeld, wie z.B. Lebensmittel, Kosmetika, Arzneimittel, Reinigungsmittel, Farben, Schmiermittel, Pflanzenschutzmittel. Dementsprechend werden auch unterschiedliche Eigenschaften gefordert. Fast allen gemeinsam ist das Bestreben nach Stabilität, d.h. nach dem möglichst andauernden Erhalt einer eingestellten Eigenschaft.

Da die Wechselwirkungen der beiden Phasen an der Phasengrenzfläche stattfinden, interessiert im Rahmen der Rührtechnik vor allem die Erzeugung kleiner Tröpfchen, also einer großen Oberfläche sowie die Stabilität dieser *Flüssig-Flüssig-Dispersionen*. Verstanden werden darunter die physikalische, mikrobiologische und chemische Stabilität. Sie wird von der Stoffpaarung und zugesetzten Emulgatoren, also von physikalisch-chemischen Bedingungen und Stoffwerten sowie vor allem durch die Tröpfchengrößen und ihre Verteilung bestimmt (Schubert (2003) [7.28] in [7.6]). Die Art der Dispergierung ist daher von ausschlaggebender Bedeutung. Ausführlich wird das gesamte Gebiet behandelt in Schubert (2005) [7.29].

Feindisperse Emulsionen (typische Tropfengrößen 1–100 μm) können erzeugt werden

- im Scherspalt zwischen Rotor und Stator einer Kolloidmühle bzw. Zahnkranz-Dispergiermaschine,
- durch Druckentspannung im engen Spalt von Hochdruckhomogenisatoren,
- mittels mikroporöser Membranen,
- durch Ultraschallbeaufschlagung sowie
- durch geeignete chemische Fällung.

Mit den hier beschriebenen Rührwerken lassen sich grobdisperse sog. *Voremulsionen* für Endprodukte aus den o.g. Verfahren herstellen. Die Dispergierung erfolgt in dem vom Rührer erzeugten turbulenten Strömungsfeld. Darin sind der nur ortsabhängigen, zeitlich gemittelten Strömungsgeschwindigkeit $v_m(x, y, z)$ noch zeitlich und örtlich veränderliche Schwankungsbewegungen $v'(x, y, z, t)$ überlagert.

Deren von der Rührergröße, der Drehzahl und den Stoffwerten der Flüssigkeit abhängige Ausdehnung und Frequenz sind ausschlaggebend für die Tropfenzerteilung. Sind die Tropfen in der Größenordnung der Turbulenzballen bzw. Wirbel, dann entsteht durch die an ihrer Oberfläche unterschiedlichen Geschwindigkeiten eine ungleichförmige Druckverteilung, die zur Deformation und letztlich zum Zerteilen des Tropfens führt. Dem entgegen wirkt aber die Grenzflächenspannung, die aus energetischen Gründen bestrebt ist, die Oberfläche so klein wie möglich zu halten, also die Kugelform zu bilden. Aus demselben Grund neigen die Tropfen zur *Koagulation*, d.h. zur Vereinigung von kleinen zu wieder größeren Tropfen. Zwischen diesen beiden Vorgängen – Dispergierung und Koagulation – besteht ein Gleichgewicht, das entweder durch permanentes Rühren oder durch Zugabe von *Emulgatoren* bei kleinen Tröpfchengrößen stabil gehalten wird. Emulgatoren wirken dadurch, dass ihre Moleküle ein hydrophobes und ein hydrophiles Ende haben, sich an der Oberfläche der Tröpfchen anlagern und damit die Grenzflächenspannung herabsetzen. Dieses Anlagern muss möglichst schnell geschehen, damit keine Rekoaleszenz erfolgen kann.

Da die verfahrenstechnischen Anwendungen vielfach Stoffaustauschvorgänge zum Ziel haben, wird eine möglichst große spezifische Oberfläche S_V – gleichbedeutend mit einem möglichst kleinen Sauterdurchmesser d_{32} der Tröpfchen – angestrebt. Sauterdurchmesser d_{32} und (volumenbezogene) spezifische Oberfläche S_V hängen folgendermaßen miteinander zusammen (vgl. Abschn. 2.5.2.4)

$$d_{32} = 6/S_V. \tag{7.91}$$

Als Rührorgane sind schnell laufende, radial fördernde Rührer mit scharfen Kanten, insbesondere Scheibenrührer vorteilhaft. Damit nicht der ganze Behälterinhalt ins Rotieren kommt, werden meist Stromstörer eingebaut.

Wenn man – wie stets – geometrische Ähnlichkeit voraussetzt, außerdem vollturbulentes Rühren und zunächst auch keine allzu großen Unterschiede der beiden Flüssigkeitsdichten, dann hängt der Sauterdurchmesser d_{32} für die durch den Rührerdurchmesser d charakterisierte Anordnung noch von der Drehzahl n, von den Stoffwerten Dichte ρ_f. und Grenzflächenspannung γ, sowie vom Volumenanteil c_V der zu dispergierenden Phase ab. So lautet die Relevanzliste

$$d_{32} = f(d, n, \rho_f, \gamma, c_V). \tag{7.92}$$

Es sei ausdrücklich betont, dass durch das Weglassen des Zähigkeitseinflusses das Folgende nur für relativ dünnflüssige, auch in ihren Zähigkeiten nicht allzu unterschiedliche Flüssigkeiten und auf deren Emulgierung in hochturbulenten Rührströmungen gültig ist.

Bei der Dimensionsanalyse taucht daher die Reynoldszahl nicht auf, und es verbleibt

$$\frac{d_{32}}{d} = f\left(\frac{n^2 d^3 \rho_f}{\gamma}; c_V\right). \tag{7.93}$$

Die erste dimensionslose Kennzahl in der Klammer ist die *Rührer-Weberzahl*

$$We_R \equiv \frac{n^2 d^3 \rho_f}{\gamma}. \tag{7.94}$$

Sie gibt das Verhältnis der Trägheitskraft $(\sim \rho_f \cdot w_u^2 \cdot A \sim \rho_f \cdot n^2 d^2 \cdot d^2)$ der Rührerströmung zur Grenzflächenkraft $(\sim \gamma \cdot d)$ an (s. Abschn. 3.2). Messungen vieler Autoren sowie theoretische Überlegungen (Anwendung der statistischen Turbulenztheorie von Kolmogoroff, nachzulesen z.B. in [7.4]) haben nach Mersmann u. Großmann (1980) [7.27] für kleine Volumenkonzentrationen

$$\frac{d_{32}}{d} = C_1 \cdot We_R^{-0,6} \cdot (1 + C_2 \cdot c_V) \tag{7.95}$$

ergeben, wobei die Konstanten etwa folgende Werte annehmen:

$$C_1 \approx 0{,}05 \quad \text{und} \quad C_2 \approx 3.$$

Die genannten „theoretischen Überlegungen" legen der Beziehung (7.95) noch folgende vereinfachende Voraussetzungen zugrunde:

- Das vollturbulente Rühren erzeugt eine isotrope und homogene Turbulenz, d.h. keine Strömungsrichtung soll bevorzugt sein, und überall herrscht gleichstarke Turbulenz.
- Der beim Zerteilen erzeugte maximale Tropfendurchmesser wird durch das Maß bestimmt, in dem die zerteilenden Strömungskräfte die zusammenhaltende Oberflächenkraft übertreffen.
- Der Sauterdurchmesser ist diesem maximalen Tropfendurchmesser proportional.

Aus (7.94) und (7.95) folgt der Zusammenhang zwischen der Drehzahl und dem Sauterdurchmesser

$$d_{32} = n^{-1,2} \cdot d^{-0,8} \cdot C_1 \cdot \left(\frac{\gamma}{\rho_f}\right)^{0,6} \cdot (1 + C_2 \cdot c_V). \tag{7.96}$$

Mit zunehmender Drehzahl nimmt danach der Sauterdurchmesser $\sim n^{-1,2}$ ab und die spezifische Oberfläche entsprechend überproportional zu.

Für den Zusammenhang zwischen dem Sauterdurchmesser und dem Leistungsbedarf erhält man aus (7.63) für die spezifische Leistung einerseits

$$P/V \sim Ne(\text{Re}) \cdot \rho_f \cdot n^3 d^2 \quad \text{mit } Ne = \text{const.}$$

und aus (7.96) andererseits

$$d_{32} \sim n^{-1,2} \cdot d^{-0,8} = (n^3 d^2)^{-0,4}.$$

Daraus folgt

$$d_{32} \sim (P/V)^{-0,4}. \qquad (7.97)$$

Diese Beziehung bedeutet, dass der in vollturbulenter Strömung erzeugte Sauterdurchmesser für ein vorgegebenes Stoffsystem nur von der eingebrachten spezifischen Leistung abhängt. Oder mit anderen Worten: Gleicher spezifischer Leistungseintrag bewirkt gleiche spezifische Oberfläche. Diese Aussage hat für die Hochrechnung (Scale-up) von Emulsionsrührern Bedeutung.

Die Voraussetzungen isotroper und homogener Turbulenz für (7.95) sind in Rührbehältern offenbar nicht erfüllt, denn die meisten Rührer haben eine bevorzugte Förderrichtung, und in der unmittelbaren Umgebung des Rührers herrscht eine wesentlich stärkere Turbulenz als in weiterer Entfernung, z.B. in Oberflächen- oder Wandnähe. Daraus ergeben sich in der Praxis veränderte Exponenten in (7.96) bzw. (7.97)

$$d_{32} \sim n^{-1,2...-3} \quad \text{bzw.} \quad d_{32} \sim (P/V)^{-0,4...-1}.$$

Die Beziehungen dieses Abschnitts setzen – wie bereits zu Anfang gesagt – etwa gleiche Dichten sowie niedrige und etwa gleiche Zähigkeiten der zu vermischenden Flüssigkeiten voraus. Sind diese Werte aber sehr verschieden für die beiden Flüssigkeiten, so kann der Leistungsbedarf aus

$$P = Ne(\text{Re}) \cdot \bar{\rho} \cdot n^3 d^5 \quad \text{mit Re} = nd^2 \cdot \bar{\rho}/\bar{\eta} \qquad (7.98)$$

dennoch berechnet werden, wenn die beiden Phasen im Rührerbereich bereits vermischt vorliegen und für die Stoffwerte folgende Mittelwerte eingesetzt werden:

$$\bar{\rho} = \rho_c(1 - c_V) + \rho_d c_V, \qquad (7.99)$$

$$\bar{\eta} = \frac{\eta_c}{1 + c_V} \cdot \left[1 + 1,5c_V \cdot \frac{\eta_d}{\eta_d + \eta_c}\right]. \qquad (7.100)$$

Der Index „c" steht hier für die kontinuierliche Phase (zusammenhängende Flüssigkeit), der Index „d" für die disperse Phase (Tröpfchen) und c_V für ihre Volumenkonzentration.

7.5.4.4 Begasen

Das Feinverteilen von Gasblasen in einer Flüssigkeit dient verfahrenstechnisch vor allem dem Stoffaustausch bei Chlorierungen, Hydrierungen und Oxidationen, z.B.

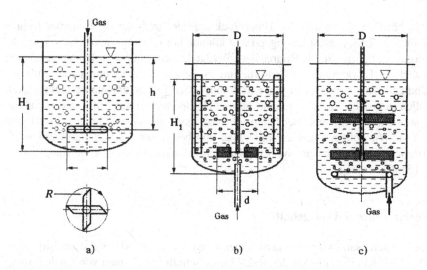

Abbildung 7.53 Begasungsrührer (a) Hohlrührer. (selbstansaugend), (b) Scheibenrührer, (c) Kreuzbalkenrührer

Sauerstoffeintrag bei biotechnologischen Rührprozessen (Fermentationen). Aber auch zum vertikalen Transport von Flüssigkeit (Mammutpumpe) und zum Aufschwemmen von Feststoffpartikeln, die sich an die Bläschen anlagern (Flotation), werden Begasungsrührer eingesetzt. Begasungseinrichtungen müssen übrigens keine Rührer sein, auch durch poröse Festkörper, Lochbleche und andere feste und unbewegte Verteiler kann Gas in Flüssigkeiten dispergiert werden. Sie sind jedoch nicht Gegenstand dieser Betrachtungen.

Wenn man sich auf das Begasen dünnflüssiger Medien beschränkt, kommen von den Rührern einerseits die selbst ansaugenden Hohlrührer (Abb. 7.51), andererseits wie beim Emulgieren schnell laufende, radial fördernde Scheibenrührer in Frage, die starke Turbulenzen und damit hohe Strömungskräfte zur Erzeugung und Zerteilung der Gasblasen erzeugen. Man spricht von *Oberflächenbegasung*, wenn durch Turbulenzen (Wellen) an der Oberfläche und Tromben nahe der Rührerwelle Gasblasen ins Innere der Flüssigkeit gezogen werden, und von *Druckbegasung* oder *Fremdbegasung*, wenn über separate Zuführungen das Gas unter den Rührer geleitet wird (Abb. 7.53b und c). Im ersten Fall hängt die Gasmenge nur von der Rührerdrehzahl sowie von seiner Gestalt und Anordnung ab, im zweiten Fall hat man mit dem unabhängig einstellbaren Gasvolumenstrom einen weiteren Freiheitsgrad der Betriebsführung.

Bei Rührflüssigkeiten, die empfindlich gegen hohe Scherung sind – z.B. Fermentationsbrühen in der Bioverfahrenstechnik –, muss die Blasenzerteilung beim Eintrag erfolgen, und der Rührer darf nur noch schonend vergleichmäßigen und verteilen. Dafür sind dann u.a. mehrstufige Kreuzbalkenrührer in höheren Rührbehältern geeignet (Abb. 7.53c). Beides, das mehrstufige Rühren und die größere Behälterhöhe, bringt wegen der längeren Verweilzeit auch eine bessere Ausnutzung des Gases beim Stoffaustausch mit sich.

Hohlrührer sind durch den Unterdruck auf der Strömungsrückseite der Rührer (*R* in Abb. 7.53a) selbst ansaugend und können nur relativ geringe Gasmengen dispergieren, haben wie die Rührer bei Oberflächenbegasung aber den Vorteil, keine zusätzliche Einrichtung zur Gasförderung zu benötigen. Sie werden eher zur vollständigen Umsetzung reiner Gase im Labor- oder Technikumsmaßstab eingesetzt. Üblich in großen Rühranlagen mit hohem Gasdurchsatz (bes. Luft) sind vor allem *Scheibenrührer* mit separater Gaszufuhr von unten aus einem Gebläse oder Kompressor. Wir befassen uns nur mit ihnen und betrachten als verfahrenstechnische Kriterien für den Begasungsvorgang Gasdurchsatz und Gasgehalt, Leistungsbedarf und Stoffübergang.

Gasdurchsatz und Gasgehalt

Der Gasdurchsatz wird als Gasvolumenstrom $\dot{V}_g$ in [m³/s] oder in [m³/h] angegeben. Bezieht man ihn auf den Behälterquerschnitt spricht man von *Gasbelastung* bzw. *Leerraumgeschwindigkeit* q_g in [m³/(m² · h)] bzw. [m/s]. Hohlrührer erreichen nicht mehr als ca. 100 [m³/(m² · h)], während mit schnell laufenden Scheibenrührern Gasbelastungen bis ca. 500 [m³/(m² · h)] verwirklicht werden.

Durch das Einblasen von Gas vergrößern sich das Volumen und damit die Höhe der Füllung im Behälter. Der *Gasgehalt* ε_g wird auch als *Hold-up* bezeichnet und ist als Gasvolumenanteil der begasten Behälterfüllung definiert.

$$\varepsilon_g = \frac{V_g}{V_g + V_f} \qquad (7.101)$$

$$\text{bzw.} \quad V_g = \frac{\varepsilon_g}{1 - \varepsilon_g} \cdot V_f. \qquad (7.102)$$

$V_f = 1/4\pi \cdot D^2 \cdot H_0$ ist das Flüssigkeitsvolumen. Das dispergierte Gasvolumen V_g bewirkt die Erhöhung $\Delta H = H_1 - H_0$ des Flüssigkeitsspiegels (s. Abb. 7.54)

$$\Delta H = \frac{V_g}{(1/4\pi \cdot D^2)} = \frac{V_g}{V_f} \cdot H_0 = \frac{\varepsilon_g}{1 - \varepsilon_g} \cdot H_0. \qquad (7.103)$$

Aus Abb. 7.54 und der Definitionsgleichung (7.101) geht hervor

$$\varepsilon_g = \frac{H_1 - H_0}{H_1} = \frac{\Delta H}{H_1}. \qquad (7.104)$$

$$\text{Auch} \quad \frac{\Delta H}{H_0} = \frac{V_g}{V_f} = \frac{\varepsilon_g}{1 - \varepsilon_g} \qquad (7.105)$$

wird gelegentlich als „*Gasgehalt*" bezeichnet.

Mit dem Gasvolumenstrom $\dot{V}_g$ und dem Gasvolumen V_g ergibt sich die mittlere Verweilzeit $\overline{t}_g$ der Gasblasen im Rührbehälter

$$\overline{t}_g = V_g / \dot{V}_g. \qquad (7.106)$$

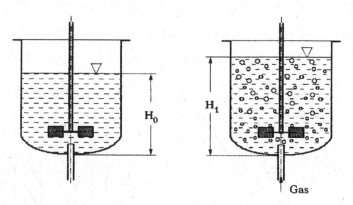

Abbildung 7.54 Erhöhung des Flüssigkeitsspiegels beim Begasen

Sie ist umso größer, je kleiner die Bläschen sind, weil sie dann eine kleine Aufstiegsgeschwindigkeit haben, und damit bei gleichem Gasgehalt ε_g zwangsläufig der Gasvolumenstrom kleiner wird. Der Gasgehalt kann bei kleinen Blasen auch wesentlich größer sein, als bei großen. Vereinigen sich kleine Bläschen zu größeren, spricht man von *Koaleszenz*. Nicht koaleszierende Stoffsysteme haben daher wegen der größeren Oberfläche und der längeren Verweilzeit ein günstigeres Stoffübergangsverhalten. Eine ausführliche Darstellung der komplexen physikalisch-chemischen Bedingungen für die Blasenkoaleszenz gibt Zlokarnik (1999) [7.4].

Macht man den Gasvolumenstrom $\dot{V}_g$ für die dimensionsanalytische Betrachtung mit nd^3 dimensionslos, erhält man die *Gasdurchsatz-Zahl*

$$Q_g \equiv \frac{\dot{V}_g}{nd^3}. \tag{7.107}$$

Scheibenrührer dispergieren das von unten eingeleitete Gas (meist Luft) in ihrer hochturbulenten Radialströmung. Drehzahl und Gasdurchsatz sind unabhängig voneinander einstellbare Betriebsvariable. Allerdings ist der Gasdurchsatz nach oben begrenzt durch die *Überflutung* des Rührers mit dem Gas. Die Überflutungsgrenze hängt von der Froudezahl Fr und vom Durchmesserverhältnis Behälter/Rührer ab, und kann dargestellt werden als *Überflutungscharakteristik*

$$Q_{gmax} = f(Fr, D/d) \tag{7.108}$$

mit $Fr = n^2 d/g$ wie in Abschn. 7.5.3 bereits definiert. Beispiele sind in Abb. 7.52 nach Unterlagen der Fa. EKATO, Schopfheim (1990) [7.21] und nach Judat (1978) [7.30] dargestellt.

Zehner (2003) [7.36] weist jedoch darauf hin, dass diese einfachen Darstellungen für ein Scale-up nicht geeignet sind, weil direkte Abhängigkeiten von der Behältergröße D, vom Abstand zwischen Behälterwand und Rühreraußenkante $(D - d)$ sowie fluidmechanische Einflüsse auf die Blasengrößen dabei unberücksichtigt bleiben. Er gibt für Scheibenrührer entsprechend geeignete Beziehungen an.

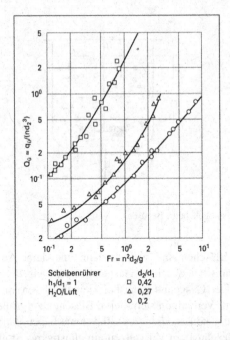
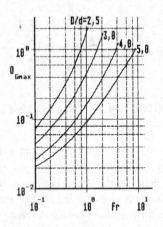

Abbildung 7.55 Überflutungscharakteristiken des 6-flügeligen Scheibenrührers (nach Fa. EKATO, Schopfheim (1990) [7.21] (links) bzw. Judat (1978) [7.30])

Leistungsbedarf

· Die Leistungskennzahl *Ne* hängt hier – wegen der Beschränkung auf dünnflüssige Rührgüter, wobei in aller Regel im vollturbulenten Bereich begast wird – nicht von der Reynoldszahl ab, sondern zunächst vom Gasdurchsatz, von der Froudezahl und vom Durchmesserverhältnis, insbesondere in der Nähe der Überflutungsgrenze. Daher hat die Leistungscharakteristik folgende Form:

$$Ne = f(Q_g, Fr, D/d). \tag{7.109}$$

Vorausgesetzt ist hierbei $Re > 2,6 \cdot 10^4$. Wie eine solche Charakteristik in Abb. 7.55 beispielhaft zeigt, nimmt mit zunehmender Gasmenge der Leistungsbedarf ab, wie es wegen der abnehmenden mittleren Dichte des Rührguts ja auch zu erwarten ist.

Die miteinander verbundenen Enden der einzelnen Kurven kennzeichnen die Überflutungsgrenze. Dort sind auch die Froudezahlen für die eng beieinander liegenden Kurven angegeben. Der Froudezahleneinfluss ist demnach gering.

Zlokarnik (1999) [7.4] gibt für einen Scheibenrührer eine einfache empirische Anpassungsgleichung an

$$Ne(Q_g) = 1,5 + (0,5 \cdot Q_g^{0,075} + 1600 \cdot Q_g^{2,6})^{-1}, \tag{7.110}$$

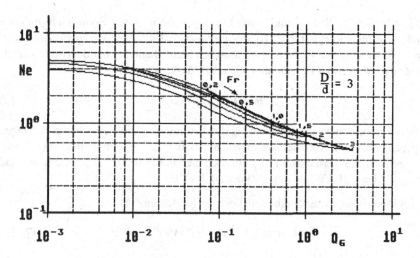

Abbildung 7.56 Leistungscharakteristik für den 6-flügeligen Scheibenrührer bei der Begasung dünnflüssiger Medien (nach Judat [7.30])

die im Bereich $Q_g \leq 0,15$, $Fr \geq 0,65$, $Re \geq 10^4$ und $d/D \leq 0,3$ gültig ist. Sie lässt sich durch weitere – kompliziertere – Anpassungen auch für größere Durchmesserverhältnisse (d/D bis ca. 0,45) und kleinere Reynoldszahlen zwischen 10^3 und 10^4 brauchbar machen.

Anmerkung: Die festigkeitsmäßige Auslegung des Rührers sollte in jedem Falle für reines Flüssigkeitsrühren erfolgen, da hierbei das größte Drehmoment entsteht. Für den 6-flügeligen Scheibenrührer ist dann nach Abb. 7.46 bei Reynoldszahlen > ca. 10^4 $Ne_0 = 4,7$ zu setzen.

Stoffübergang

Der zwischen den beiden Phasen übergehende Stoffmengenstrom $\dot{m}$ (in kg/s) wird nach der vereinfachten *Zweifilmtheorie der Stoffübertragung* proportional zur Konzentrationsdifferenz Δc (in kg/m^3) auf der Flüssigkeitsseite der Blase und proportional zur Blasenoberfläche S_{Bl}, (in m^2) angesetzt

$$\dot{m} = k_L \cdot S_{Bl} \cdot \Delta c.$$

Der Proportionalitätsfaktor k_L (in m/s) heißt *flüssigkeitsseitiger Stoffübergangskoeffizient.* Dividiert man die Phasengrenzfläche S_{Bl} durch das Flüssigkeitsvolumen V_f so erhält man die *bezogene Phasengrenzfläche* a (in m^2/m^3). Sie hängt mit der relevanten Blasengröße, dem Sauterdurchmesser d_{32}, bzw. der spezifischen Oberfläche der Blasen $S_V = 6/d_{32} = S_{Bl}/V_g$ folgendermaßen zusammen:

$$a = \varepsilon_g \cdot \frac{6}{d_{32}} = \varepsilon_g \cdot S_V. \tag{7.111}$$

Die beiden Größen k_L und a werden – weil sie in dieser Form leicht messbar sind – zusammengefasst zum *volumenbezogenen Stoffübergangskoeffizienten* k_La (in s^{-1}). Er stellt die für den Stoffaustausch beim Begasen charakteristische Zielgröße dar. Man erhält für den übergehenden Massenstrom

$$\dot{m} = k_La \cdot V_f \cdot \Delta c. \tag{7.112}$$

Für k_La haben zahlreiche Messungen dimensionsbehaftete Näherungsgleichungen ergeben, abhängig von der spezifischen Leistung P/V_f im unbegasten Behälter und von der Gasbelastung q_g für Behälter mit $= 0,002 \leq V_f \leq 2,6$ m^3 und $0,5 \leq P/V_f \leq 10$ kW/m^3 (nach Zlokarnik [7.4]):

- bei ionenfreiem Wasser d.h. vollständiger Koaleszenz

$$k_La = 3,4 \cdot 10^{-2} \cdot (P/V_f)^{0,4} \cdot q_g^{0,6} \tag{7.113}$$

- bei ionenhaltigem Wasser d.h. unterdrückter Koaleszenz

$$k_La = 2,0 \cdot 10^{-3} \cdot (P/V_f)^{0,7} \cdot q_g^{0,2}. \tag{7.114}$$

Darin sind P/V_f in W/m^3 und q_g in m/s einzusetzen, k_La erhält man dann in s^{-1}.

Man kann k_La aber auch mit der betriebstechnischen Größe $\dot{V}_g/V_f$ dimensionslos machen. Experimente haben gezeigt, dass der Stofftransport in koaleszierenden Systemen von der auf den Gasdurchsatz bezogenen Rührerleistung $P/\dot{V}_g$ abhängt. Mit der Stoffwerte-Kombination $\rho(g \cdot v)^{2/3}$ kann diese Größe dimensionslos gemacht werden, und man erhält als allgemeinen Zusammenhang für die Gasabsorption in koaleszierenden Systemen die *Sorptionscharakteristik* in der Form

$$\frac{k_La}{\dot{V}_g/V_f} = f\left(\frac{P/\dot{V}_g}{\rho(gv)^{2/3}}\right). \tag{7.115}$$

Ein typisches Beispiel für eine solche Sorptionscharakteristik ist in Abb. 7.56 gezeigt. Sie ist bei doppelt-logarithmischer Auftragung eine Gerade mit der Steigung $1/2$ und lautet hier

$$\frac{k_La}{\dot{V}_g/V_f} = \frac{\dot{m}}{\dot{V}_g \cdot \Delta c} = 1,5 \cdot 10^{-2} \cdot \left(\frac{P/\dot{V}_g}{\rho(gv)^{2/3}}\right)^{1/2}. \tag{7.116}$$

Beispiel 7.14 (Begasen) Gegeben ist ein Rührwerk zum Begasen wie in Abb. 7.53b mit einem 6-flügeligen Scheibenrührer und folgenden Daten: $H = D = 1000$ mm, $d = 300$ mm, Drehzahl $n = 360$ min^{-1}. Stoffwerte für das Wasser: $\rho = 10^3$ kg/m^3, $\eta = 10^{-3}$ Pas $\rightarrow v = \eta/\rho = 10^{-6}$ m^2/s.

a) Welche Überflutungsgrenze ergibt sich etwa aus Abb. 7.55?

b) Man berechne unter der Annahme $Q_g = 0,15$ den Gasvolumenstrom und die Gas-Leerrohrgeschwindigkeit.

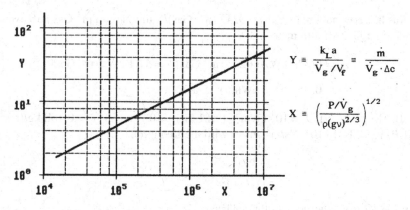

$$Y \equiv \frac{k_L a}{\dot{V}_g / V_f} \equiv \frac{\dot{m}}{\dot{V}_g \cdot \Delta c}$$

$$X \equiv \left(\frac{P/\dot{V}_g}{\rho (g\nu)^{2/3}} \right)^{1/2}$$

Abbildung 7.57 Sorptionscharakteristik für den 6-flügeligen Scheibenrührer (nach Judat [7.30])

c) Welche Leistung bringt der Rührer in das Rührgut ein, und welche spezifischen Leistungen P/V_f bzw. $P/\dot{V}_g$ resultieren daraus?

d) Welcher $k_L a$-Wert ist nach der o.g. Sorptionscharakteristik zu erwarten, und welcher Massenstrom in g/s kann bei einem – gleich bleibend vorausgesetzten – Konzentrationsgefälle von $\Delta c = 0,2$ g/l absorbiert werden?

e) Welche Spiegelerhöhung und welche mittlere Verweildauer ergeben sich für einen Gasgehalt von $\varepsilon_g = 0,10$?

Lösung:
Zu a): Für $Fr = n^2 \cdot d/g = (\frac{360}{60})^2 \cdot 0,3/9,81 = 1,10$ und $D/d = 3,33$ lässt sich aus der Überflutungscharakteristik in Abb. 7.55 interpolieren

$$Q_{gmax} = \dot{V}_{gmax}/(nd^3) \approx 0,4.$$

Daraus errechnet sich mit $n = (360/60)\text{s}^{-1} = 6 \text{ s}^{-1}$

$$\dot{V}_{gmax} \approx 0,4 \cdot 6 \text{ s}^{-1} \cdot 0,3^3 \text{ m}^3 = 0,065 \text{ m}^3/\text{s},$$

Zu b): Aus $Q_g = 0,15$ erhält man

$$\dot{V}_g = 0,15 \cdot 6 \text{ s}^{-1} \cdot 0,3^3 \text{ m}^3 = 0,0243 \text{ m}^3/\text{s} = 87,5 \text{ m}^3/\text{h}.$$

Zu c): Aus (7.110) errechnet sich mit $Q_g = 0,15 \rightarrow Ne = 1,58$, woraus

$$P = Ne \cdot \rho \cdot n^3 \cdot d^5 = 829 \text{ W folgt.}$$

Mit dem Flüssigkeitsvolumen $V_f = (\pi/4) \cdot D^2 \cdot H = 0,785 \text{ m}^3$ (bei $H/D = 1$) ergibt sich für die spezifische Leistung

$$P/V_f = 0,829 \text{ kW}/0,785 \text{ m}^3 = 1,06 \text{ kW}/(\text{m}^3 \text{ Flüssigkeit}).$$

Aus b) verwendet man $\dot{V}_g = 0,0243$ (m³ Gas)/s, um die pro m³ Gas aufzuwendende Energie zu bestimmen:

$$P/\dot{V}_g = 0,829 \text{ kW}/0,0243 \text{ (m}^3 \text{ Gas)/s} = 34,1 \text{ kWs/(m}^3 \text{ Gas)}$$

$$= 0,95 \cdot 10^{-3} \text{ kWh/(m}^3 \text{ Gas)}.$$

Zu d): Mit $\rho \cdot (g \cdot v)^{2/3} = 10^3$ kg/m³ $\cdot$ (9,81 m/s² $\cdot 10^{-6}$ m²/s)²/³ = 0,458 kg/(ms²) und $P/\dot{V}_g = 34,1 \cdot 10^3$ Ws/m³ aus c) wird die Kenngröße

$$\frac{P/\dot{V}_g}{\rho \cdot (\rho \cdot v)^{2/3}} = 7,44 \cdot 10^4.$$

Dies in (7.116) eingesetzt, ergibt zunächst

$$k_L a \cdot (V_f/\dot{V}_g) = 1,5 \cdot 10^{-2} \cdot (7,44 \cdot 10^4)^{1/2} = 4,09,$$

und daraus folgt

$$k_L a = 4,09 \cdot \dot{V}_g / V_f = 1,49 \cdot 0,0243/0,785 \text{ s}^{-1} = 0,127 \text{ s}^{-1}.$$

Den übergehenden Massenstrom berechnet man dann aus (7.112) zu

$$\dot{m} = k_L a \cdot V_f \cdot \Delta c = 0,127 \text{ s}^{-1} \cdot 0,785 \text{ m}^3 \cdot 0,2g/(10^{-3} \text{ m}^3) = 19,9 \text{ g/s}.$$

Zu e): (7.102) liefert mit dem Gasgehalt

$$V_g = \frac{\varepsilon_g}{1 - \varepsilon_g} \cdot V_f = \frac{0,15}{1 - 0,15}0,170 \text{ m}^3 = 0,030 \text{ m}^3 \quad \text{und}$$

$$V = V_f + V_g = (0,170 + 0,030) \text{ m}^3 = 0,200 \text{ m}^3.$$

Die Erhöhung des Flüssigkeitsspiegels im Rührbehälter ergibt sich aus (7.103)

$$\Delta H = V_g / \left(\frac{\pi}{4}D^2\right) = \frac{0,030 \cdot 4}{\pi \cdot 0,6^2} \text{ m} = 0,106 \text{ m},$$

so dass die gesamte Höhe der begasten Füllung $H_1 = H + \Delta H = 0,706$ m wird. Die mittlere Verweilzeit wird nach (7.104)

$$\overline{t_g} = V_g/\dot{V}_g = 0,030/0,027 \text{ s} = 1,1 \text{ s}.$$

7.5.4.5 Wärmeaustausch

Die Wärmeübertragung in Rührkesseln kann entweder durch die Wand des mit einem Heiz- bzw. Kühlmantel versehenen Kessels erfolgen, oder über Rohre, die spiralig oder senkrecht im Inneren des Kessels angeordnet sind. Zur Intensivierung des Wärmeaustauschs eignen sich solche Rührer, die an den Übertragungsflächen hohe

Strömungsgeschwindigkeiten bzw. dünne Grenzschichten erzeugen. In dünnflüssigen Medien ($\eta < 500$ mPas) setzt man in der Regel schnell laufende Propeller oder Scheibenrührer, auch Schrägblattrührer ein, es herrscht überwiegend vollturbulente Strömung vor (Re $> 10^4$). Bei höherviskosen Flüssigkeiten muss das Rührorgan näher an der wärmeübertragenden Fläche vorbeistreichen, daher sind hierfür z.B. Blattrührer für mittelviskose Flüssigkeiten (bis ca. 2 Pas), Ankerrührer (1–20 Pas) und Wendelrührer für hochviskose Stoffe ($10^1 - 10^3$ Pas) geeignet.

Leistungsberechnung

Sie erfolgt wie in Abschn. 7.5.3 beschrieben. Zu beachten ist jedoch, dass bei dem – häufigeren – diskontinuierlichen Betrieb die Stoffwerte ρ und besonders η mit der Temperatur (evtl. auch durch eine Reaktion) veränderlich sind. Der Leistungsberechnung müssen dann die größten im Betrieb auftretenden Werte zugrunde gelegt werden.

Wärmeübergang

In Abb. 7.57 ist ein Ausschnitt aus einer von außen beheizten Behälterwand gezeigt. Von außen nach innen geht der Wärmestrom $\dot{Q}$. Er muss über die Wärmeaustauschfläche A durch die äußere Grenzschicht (Wärme-Übergangs-Zahl WÜZ α_a, durch die Wand mit der Wandstärke s und der Wärmeleitfähigkeit λ sowie durch die innere Grenzschicht (WÜZ α) treten. Mit dem Rührvorgang kann nur der Wärmeübergang auf der Innenseite – also α – beeinflusst werden. Ist die äußere WÜZ α_a in gleicher Größenordnung wie α, dann müssen beide berücksichtigt werden. Konkrete Berechnungsmethoden für beide liefert der VDI-Wärmeatlas (2006) [7.31].

Es ist also

$$\dot{Q} = \alpha_a \cdot A \cdot \Delta T_a$$

$$\dot{Q} = \lambda \cdot A/s \cdot \Delta T_W$$

$$\dot{Q} = \alpha \cdot A \cdot \Delta T_I$$

zusammengefasst $\quad \dot{Q} = k \cdot A \cdot \Delta T,$

worin k der Wärmedurchgangskoeffizient und ΔT die gesamte Temperaturdifferenz bedeuten.

Aus $\Delta T = \Delta T_a + \Delta T_W + \Delta T_i$ folgt

$$\frac{1}{k} = \frac{1}{\alpha} + \frac{s}{\lambda} + \frac{1}{\alpha_a}. \tag{7.117}$$

Zur Bestimmung der inneren Wärmeübergangszahl α geht man von einer bestimmten Rühranordnung aus, setzt also geometrische Ähnlichkeit voraus, so dass

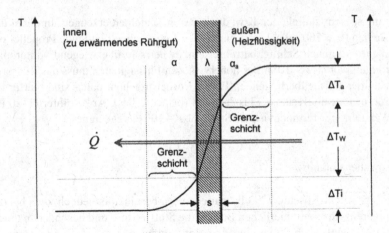

Abbildung 7.58 Zum Wärmeübergang an der Rührbehälterwand

die Angabe nur *eines* Maßes alle weiteren festlegt, und wenn man sich zusätzlich auf Newtonsche Flüssigkeiten beschränkt, dann ist α abhängig von

> dem Rührerdurchmesser d
>
> der Rührerdrehzahl n
>
> der Dichte ρ
>
> der Zähigkeit η $\Big\}$ des Rührguts
>
> der spezifischen Wärme c_p
>
> der Wärmeleitfähigkeit λ,
>
> der Rührguttemperatur ϑ,
>
> der Wandtemperatur ϑ_W.

Weil die Zähigkeit η eindeutig mit der Temperatur zusammenhängt, können als unabhängige Einflussgrößen nur *entweder* die Temperaturen *oder* die ihnen entsprechenden Zähigkeiten auftreten. Üblicherweise nimmt man die Zähigkeiten η im Innern des Rührguts und η_W an der Wand. Damit ergibt sich folgende Relevanzliste von Einflussgrößen auf die Zielgröße α:

$$\alpha = \alpha(d, n, \rho, c_p, \lambda, \eta, \eta_W). \tag{7.118}$$

Eine Gleichung mit acht dimensionsbehafteten Größen bei vier Grundgrößen (Masse, Länge, Zeit, Temperatur) lässt sich nach den Regeln der Dimensionsanalyse (s. Kap. 3) auf eine solche mit vier dimensionslosen Kenngrößen zurückführen. Sinnvoll sind folgende:

$$Nu_R \equiv \frac{\alpha \cdot d}{\lambda} \quad \text{Rührer-Nußeltzahl} \tag{7.119}$$

oder $\quad Nu \equiv \dfrac{\alpha \cdot D}{\lambda}$ $\quad$ Behälter-Nußeltzahl $\qquad$ (7.120)

$\quad\quad Re \equiv \dfrac{nd^2\rho}{\eta}$ $\quad$ Rührer-Reynoldszahl $\qquad$ (7.121)

$\quad\quad Pr \equiv \dfrac{\eta \cdot c_p}{\lambda}$ $\quad$ Prandtlzahl $\qquad$ (7.122)

$\quad\quad \eta/\eta_W$ $\qquad$ Zähigkeitsverhältnis $\qquad$ (7.123)

Damit lässt sich der Zusammenhang (7.113) in dimensionsloser Form so schreiben:

$$Nu = f(\mathrm{Re}, Pr, \eta/\eta_W). \qquad (7.124)$$

Will man noch die Einflüsse geometrischer Größen berücksichtigen, z.B. Bodenabstand h_B, Rührerhöhe h_R u.a., so kommt für jede weitere Einflussgröße eine zusätzliche Kennzahl hinzu: h_B/d, h_R/d usw. Zahlreiche Untersuchungen haben gezeigt, dass ein Potenzansatz der allgemeinen Form

$$Nu = C \cdot \mathrm{Re}^a \cdot Pr^b \cdot (\eta/\eta_W)^c \qquad (7.125)$$

Messwerte zumindest bereichsweise gut wiedergibt. Die Exponenten a, b und c, sowie die Konstante C sind Anpassungsgrößen der Funktion an Messergebnisse und machen die konkrete Gleichung damit lediglich für die – anzugebenden – Bedingungen gültig (Strömungsform, Rührertyp, geometrische Anordung usw.). Detaillierte Angaben findet man im VDI-Wärmeatlas, Abschnitt Ma (2006) [7.31].

Für *turbulentes Rühren* (schnell laufende Rührer in dünnflüssigen Medien bei $\mathrm{Re} >$ ca. 10^3) gilt

$$Nu = C \cdot \mathrm{Re}^{2/3} \cdot Pr^{1/3} \cdot (\eta/\eta_W)^{0,14}. \qquad (7.126)$$

Der Vorfaktor C hängt vor allem von geometrischen Größenverhältnissen sowie vom Rührertyp ab und liegt in der Größenordnung von 1. So ist z.B. für

Scheibenrührer ohne Stromstörer $(d/D \approx 0{,}3,\ H/D = 1)$ $\quad C = 0{,}53$,

Propellerrührer (dreiflügelig) mit Stromstörern $\qquad\qquad C = 0{,}77$.

Bei *zäh-turbulentem Rühren* (Übergangsbereich $\mathrm{Re} \leq$ ca. $10^2 \dots 10^3$) wird mit zunehmendem Zähigkeitseinfluss der Exponent a der Reynoldszahl kleiner. So gilt beispielsweise nach Nishikawa (zit. nach Poggemann (1978) [7.32]) für *Ankerrührer* im Bereich $50 \leq \mathrm{Re} \leq 500$

$$Nu = 1{,}5 \cdot \mathrm{Re}^{1/2} \cdot Pr^{1/3} \cdot (\eta/\eta_W)^{0,2}, \qquad (7.127)$$

und für *Wendelrührer* nach Nagata im Bereich $1 \leq \mathrm{Re} \leq 10^3$ (zähes Rühren!)

$$Nu = 4{,}2 \cdot \mathrm{Re}^{1/3} \cdot Pr^{1/3} \cdot (\eta/\eta_W)^{0,2}. \qquad (7.128)$$

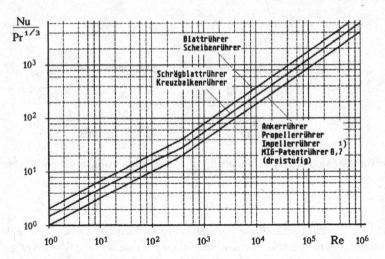

Abbildung 7.59 Wärmeübergang an ummantelten Rührbehältern. [1] MIG: Mehrstufen-Impuls-Gegenstrom-Rührer (Fa. EKATO, Schopfheim)

Trägt man in einem doppeltlogarithmischen Netz $Nu/Pr^{1/3}$ bei konstantem Zähigkeitsverhältnis über der Reynoldszahl auf, erhält man Geraden, deren Steigung bei kleinen Reynoldszahlen ca. 1/3 bis 1/2 und für größere Reynoldszahlen (>ca. 10^3) 2/3 beträgt. Abb. 7.59 zeigt diesen Sachverhalt nach Unterlagen der Fa. EKATO, Schopfheim für einige gängige Rührertypen.

7.5.5 Modellübertragung (Scale-up)

In diesem Abschnitt wird ausführlicher auf Konkretisierungen der in Kap. 3 nur kurz und prinzipiell behandelten Ähnlichkeitslehre eingegangen. Dennoch können auch hier nur einfache Anwendungen aus der Rührtechnik gebracht werden. Das Gebiet in seiner Komplexität mit zahlreichen Beispielen auch aus anderen Bereichen der Verfahrenstechnik ist bei Zlokarnik (2005) [3.3] dargestellt.

Bei der praktischen Lösung von Rührproblemen müssen in den meisten Fällen Versuche gemacht werden, um die günstigsten Rührbedingungen zu ermitteln. Solche Versuche führt man zunächst in kleinen Apparaten aus *(Modellausführung)* und schließt dann von deren Ergebnissen auf die Bedingungen, unter denen die größere *Hauptausführung* betrieben wird. Diesen Vorgang des Hochrechnens von Modell- auf Hauptausführungen nennt man „scale-up". Dabei geht man einfachheitshalber von zwei Grundvoraussetzungen aus:

1. Der Modellversuch wird mit dem gleichen Rührgut ausgeführt, das in der Hauptausführung vorgesehen ist. Das bedeutet *gleiche Stoffwerte* für Modell- und Hauptausführung. Betriebsbedingungen, die die Stoffwerte beeinflussen (z.B. die Temperatur), müssen deswegen natürlich auch in beiden Fällen gleich sein.

2. Die Hauptausführung ist eine lineare Vergrößerung des Modells (*„geometrische Ähnlichkeit"*). Alle einander entsprechenden Längen des Rührapparats (d, D, h usw.) stehen in einem festen Verhältnis, dem *Vergrößerungsmaßstab*

$$\mu = d_H/d_M = D_H/D_M = h_H/h_M = \cdots = \text{const.} \qquad (7.129)$$

(Index *H:* Hauptausführung, Index *M:* Modellausführung) alle Winkel (z.B. Propelleranstellung, Wendelrührer-Steigung) bleiben gleich.

Außerdem braucht man noch ein *Übertragungskriterium*. Darunter ist ein bei der Übertragung konstant zu haltender physikalischer Kennwert zu verstehen (der nicht dimensionslos sein muss!). Er ergibt sich entweder plausibel aus der Rühraufgabe, oder er muss aus der Erfahrung an Experimenten mit verschieden großen Rührapparaten gewonnen werden. Die wichtigsten Übertragungskriterien sind:

A Gleiche volumenbezogene spezifische Leistung

$$(P/V)_H = (P/V)_M. \qquad (7.130)$$

B Gleiche Rührer-Umfangsgeschwindigkeit

$$(w_u)_H = (w_u)_M. \qquad (7.131)$$

C Gleiche Wärmeübergangszahl

$$\alpha_H = \alpha_M. \qquad (7.132)$$

D Gleicher Suspendierzustand.

Sind für den gewählten Rührertyp und die Rühraufgabe die Charakteristiken einschließlich der Leistungscharakteristik bekannt, dann lassen sich mit ihrer Hilfe aus gemessenen Werten von Drehzahl n_M und Leistung P_M des Modellversuchs die erforderliche Drehzahl n_H und die dazu nötige Leistung P_H der um den Faktor μ größeren Hauptausführung berechnen.

Der Zusammenhang zwischen den spezifischen Rührleistungen in Modell- und Hauptausführung abhängig von Geometrie d und Drehzahl n ergibt sich aus (7.63) ($P/V \sim Ne(\text{Re}) \cdot \rho \cdot n^3 \cdot d^2$) mit den Voraussetzungen gleicher Stoffwerte (ρ und η) und geometrischer Ähnlichkeit, sowie mit der Abkürzung

$$P_v \equiv P/V \qquad (7.133)$$

zu

$$\frac{(P_v)_H}{(P_v)_M} = \frac{Ne_H(\text{Re}_H)}{Ne_M(\text{Re})_M} \cdot \left(\frac{n_H}{n_M}\right)^3 \cdot \left(\frac{d_H}{d_M}\right)^2. \qquad (7.134)$$

Diese Beziehung bildet die Grundlage für alle folgenden Gleichungen zur Modellübertragung.

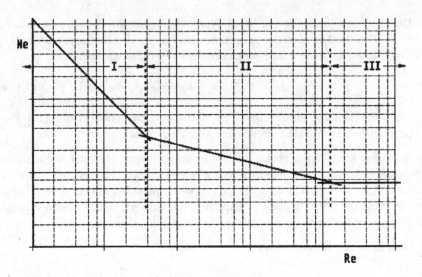

Abbildung 7.60 Leistungscharakteristik – Näherung im Übergangsbereich

Zunächst kann man den Verlauf der Leistungscharakteristik $Ne(\text{Re})$ im Übergangsbereich II (vgl. Abschn. 7.5.3) durch eine Linearisierung im doppeltlogarithmischen Netz (s. Abb. 7.60) vereinfachen, so dass man zusammenfassend für die drei Bereiche folgendes erhält:

Bereich I: Zähes Rühren, $\text{Re} < 10$ (bis $<$ ca. 60, abhängig vom Rührertyp)

$$Ne = \frac{K_I}{\text{Re}} = K_I \cdot \frac{\eta}{nd^2\rho}. \tag{7.135}$$

Bereich II: Zäh-turbulentes Rühren, Re bis ca. 10^3 (z.T. bis 10^6, vgl. Abb. 7.46)

$$Ne = \frac{K_{II}}{\text{Re}^m} = K_{II} \cdot \left(\frac{\eta}{nd^2\rho}\right)^m \quad (0 < m < 1, \text{ z.B. } m = 1/4). \tag{7.136}$$

Bereich III: Vollturbulentes Rühren, $\text{Re} >$ ca. $10^3 (\dots 10^6)$

$$Ne = K_{III} = \text{const.} \tag{7.137}$$

Die Größenordnungen der Konstanten seien nochmals zusammengestellt:

$$K_I \approx 50 \dots 150, \qquad K_{II} \approx 5 \dots 15, \qquad K_{III} \approx 0,1 \dots 5.$$

Damit erhält man für das Verhältnis der spezifischen Rührleistungen aus (7.134) im Bereich I wegen

$$\frac{Ne_H}{Ne_M} = \left(\frac{n_H}{n_M}\right)^{-1} \cdot \left(\frac{d_H}{d_M}\right)^{-2} = \left(\frac{n_H}{n_M}\right)^{-1} \cdot \mu^{-2}$$

$$\frac{(P_v)_H}{(P_v)_M} = \left(\frac{n_H}{n_M}\right)^2, \tag{7.138}$$

im Bereich II wegen

$$\frac{Ne_H}{Ne_M} = \left(\frac{n_H}{n_M}\right)^{-m} \cdot \mu^{-2m}$$

$$\frac{(P_v)_H}{(P_v)_M} = \left(\frac{n_H}{n_M}\right)^{3-m} \mu^{2-2m}, \tag{7.139}$$

bzw. für $m = 1/4$

$$\frac{(P_v)_H}{(P_v)_M} = \left(\frac{n_H}{n_M}\right)^{11/4} \cdot \mu^{3/2} \approx \left(\frac{n_H}{n_M}\right)^3 \cdot \mu^{3/2}, \tag{7.140}$$

im Bereich III wegen $\frac{Ne_H}{Ne_M} = 1$

$$\frac{(P_v)_H}{(P_v)_M} = \left(\frac{n_H}{n_M}\right)^3 \cdot \mu^2. \tag{7.141}$$

Vorausgesetzt ist hier jeweils, dass der Rührprozess im Modell und in der Hauptausführung jeweils im *gleichen* Strömungsbereich (I, II oder III) stattfindet. Weil bei größeren Anlagen die Reynoldszahl aber immer größer als im Modell ist, muss diese Voraussetzung für Rührvorgänge in I und in II durch Nachrechnen der Reynoldszahl für die Hauptausführung im Einzelfall überprüft werden.

Für die einzelnen Übertragungskriterien lassen sich nun die Übertragungsfaktoren für Drehzahl und spezifische Leistung als Potenzen des Maßstabsfaktors μ angeben:

A: *Gleiche spezifische Leistung* ($P_v = $ idem):
Aus $(P_v)_H = (P_v)_M$ und den Gleichungen (7.138) bis (7.141) ergeben sich die erforderlichen Drehzahlen:

In I: $n_H = n_M$ $\qquad$ (7.142)

In II: $n_H = n_M \cdot \mu^{-\frac{2-2m}{3-m}}$ $\qquad$ (7.143)

bzw. für $m = 1/4 : n_H = n_M \cdot \mu^{-6/11} \approx n_M \cdot \mu^{-1/2}$ $\qquad$ (7.144)

In III: $n_H = n_M \cdot \mu^{-2/3}$ $\qquad$ (7.145)

Das bedeutet, dass mit zunehmend turbulenter Rührerströmung gleiche spezifische Leistungszufuhr in größeren Behältern mit immer kleineren Drehzahlen erreicht werden kann. Die Rührprozesse, bei denen gleiche spezifische Leistung das geeignete Übertragungskriterium darstellt – nämlich das Dispergieren fluider Phasen (Begasen und Emulgieren) – finden praktisch meist im Übergangs- oder im turbulenten Bereich statt.

B: *Gleiche Rührer-Umfangsgeschwindigkeit* ($w_u = $ idem):

Aus $\frac{(w_u)_H}{(w_u)_M} = \frac{n_H \cdot d_H}{n_M \cdot d_M} = 1$ erhält man die Drehzahlbedingung

$$n_H = n_M \cdot \mu^{-1}, \tag{7.146}$$

die für alle Bereiche eingehalten werden muss. Führt man sie in (7.138) bis (7.141) ein, ergibt sich für die spezifischen Leistungen in den einzelnen Strömungsbereichen folgendes:

$$\text{In I:} \quad \frac{(P_v)_H}{(P_v)_M} = \mu^{-2}. \tag{7.147}$$

$$\text{In II:} \quad \frac{(P_v)_H}{(P_v)_M} = \mu^{-(1+m)}, \tag{7.148}$$

$$\text{bzw. mit } m = 1/4: \frac{(P_v)_H}{(P_v)_M} = \mu^{-5/4}. \tag{7.149}$$

$$\text{In III:} \quad \frac{(P_v)_H}{(P_v)_M} = \mu^{-1}. \tag{7.150}$$

In jedem Fall wird bei gleicher Umfangsgeschwindigkeit des Rührers in der Hauptausführung weniger Leistung je Volumeneinheit eingebracht, und zwar umso weniger, je kleiner die Reynoldszahl, d.h. je größer der Zähigkeitseinfluss ist.

C: *Gleiche Wärmeübergangszahl* ($\alpha = idem$):
Betrachtet man zunächst das vollturbulente Rühren in Bereich III (Re > ca. 10^3), dann ist nach (7.126) mit der Definition der Nußeltzahl durch (7.120)

$$\alpha = C \cdot \lambda \cdot Pr^{1/3} \cdot (\eta/\eta_W)^{0,14} \cdot Re^{2/3} \cdot d/D \cdot d^{-1}.$$

Setzt man hier die Reynoldszahl Re $= n \cdot d^2 \cdot \rho/\eta$ ein, erhält man

$$\alpha = [C \cdot \lambda \cdot Pr^{1/3} \cdot (\eta/\eta_W)^{0,14} \cdot (\rho/\eta)^{2/3} \cdot d/D] \cdot n^{2/3} \cdot d^{1/3}. \tag{7.151}$$

In der eckigen Klammer sind alle unveränderlichen Größen enthalten, so dass das Übertragungskriterium $\alpha_H = \alpha_M$ über $n_H^{2/3} \cdot d_H^{1/3} = n_M^{2/3} \cdot d_M^{1/3}$ auf eine Drehzahlbedingung führt:

$$n_H = n_M \cdot \mu^{-1/2}. \tag{7.152}$$

Für das Verhältnis der spezifischen Leistungen gilt in Bereich III (Gl. (7.141)):

$$\frac{(P_v)_H}{(P_v)_M} = \left(\frac{n_H}{n_M}\right)^3 \cdot \mu^2.$$

Wendet man hierin (7.152) an, ergibt sich

$$\frac{(P_v)_H}{(P_v)_M} = \mu^{-3/2} \cdot \mu^2 = \mu^{+1/2}. \tag{7.153}$$

Bei mehr Zähigkeitseinfluss (Bereich II) folgt z.B. für Ankerrührer in $50 \leq \mathrm{Re} \leq 500$ aus (7.127) $\alpha \sim \mathrm{Re}^{1/2} \cdot d^{-1}$, und das führt zu der Drehzahlbedingung

$$n_H = n_M \tag{7.154}$$

und damit aus (7.139) zu

$$\frac{(P_v)_H}{(P_v)_M} = \mu^{2-2m}, \tag{7.155}$$

bzw. mit $m = 1/4:$ $\quad \frac{(P_v)_H}{(P_v)_M} = \mu^{1,5}. \tag{7.156}$

Bei noch zäherem Rühren (Bereich I), z.B. mit dem Wendelrührer ist nach (7.128) $\alpha \sim \mathrm{Re}^{1/3} \cdot d^{-1} \sim n^{1/3} \cdot d^{-1/3}$, und damit entsteht für die Drehzahlen

$$n_H = n_M \cdot \mu \tag{7.157}$$

und für die spezifischen Leistungen

$$\frac{(P_v)_H}{(P_v)_M} = \mu^2. \tag{7.158}$$

Die Forderung nach gleich bleibender Wärmeübergangszahl α beim Hochrechnen ist demnach in jedem Fall mit einer Erhöhung des spezifischen Leistungseintrags verbunden. Und zwar muss diese Erhöhung umso stärker ausfallen, je mehr man in den Bereich des zähen Rührens kommt. In der Praxis würde das in der Regel zu unsinnig hohem Leistungsbedarf bei größeren Rührwerken führen. Man rechnet daher nach einem anderen Kriterium hoch (z,B. nach **A:** $P/V =$ idem) und nimmt eine entsprechende Verschlechterung der Wärmeübertragung in Kauf. (Vergleiche hierzu Aufgabe 7.8).

D: *Gleicher Suspendierzustand:*
Für das Scale-up von Suspendier-Rührwerken gibt es ebenso unterschiedliche Angaben wie für die Berechnung des Vorgangs selber. Beispielhaft von der Suspendiercharakteristik (7.85) ausgehend

$$Fr^* \cdot \frac{w_u}{w_{ss}} \cdot \frac{1}{c_V} = \frac{1,2 \cdot 10^5}{\mathrm{Re}^{0,27}}$$

erhält man über $n^2 d \cdot nd \cdot n^{0,27} d^{0,54} =$ const. zunächst die Drehzahlübertragung

$$n_H = n_M \cdot \mu^{-0,78} \tag{7.159}$$

und die Übertragungsbedingung für die spezifische Leistung unter Berücksichtigung von (7.159) und (7.141):

$$\frac{(P_v)_H}{(P_v)_M} = (\mu^{-0,78})^3 \cdot \mu^2 \approx \mu^{-1/3}. \tag{7.160}$$

Tabelle 7.14 Richtwerte von Übertragungsfaktoren für Drehzahl und spezifische Leistung bei der Maßstabsvergrößerung von Rührwerken

Übertragungs- kriterium	A P_v = idem	B w_u = idem	C α = idem	D Susp. Zustand
lam.	1		μ	–
zäh – turb. $\dfrac{n_H}{n_M} =$	$\mu^{-1/2}$	μ^{-1}	1	–
turb	$\mu^{-2/3}$		$\mu^{-1/2}$	$\mu^{-0,78}$
lam.	1	μ^{-2}	μ^2	–
zäh – turb. $\dfrac{(P_v)_H}{(P_v)_M} =$	1	$\mu^{-(1+m)}$	μ^{2-2m}	–
turb.	1	μ^{-1}	$\mu^{1/2}$	$\mu^{-1/3}$
Rühraufgaben:	Begasen, Emulgieren, z.T. Homogenisieren u. Suspendieren	Suspendieren (Aufwirbeln), schonendes Rühren	Wärme- austausch	Suspendieren

Damit ist unterstellt, dass das Suspendieren nach (7.85) im turbulenten Strömungsbereich III bei konstanter Newtonzahl stattfindet, was streng genommen nur annähernd stimmt. Suspendierrührwerke werden aber auch nach anderen Kriterien hochgerechnet, z.B. nach **A** (P/V = idem) oder nach **B** (w_u = idem). Das manchmal zu findende Übertragungskriterium gleicher Froudezahl für Modell- und Hauptrührwerk (Fr^* = idem) führt, wie man sich leicht überzeugt, auf

$$n_H = n_M \cdot \mu^{-1/2} \quad \text{und} \quad \frac{(P_v)_H}{(P_v)_M} = \mu^{1/2}, \qquad (7.161)$$

ebenfalls im turbulenten Strömungsbereich gültig. Die daraus resultierende Vergrößerung des Leistungseintrags in große Rührwerke ist aber meist derart extrem, dass dies Kriterium nicht praxisgerecht erscheint.

Die Ergebnisse aus diesem Abschnitt sind in Tabelle 7.14 zusammengefasst. Es sei nochmals betont, dass es sich hierbei um Näherungen handelt und insbesondere der Übergangsbereich II eine relativ grobe Vereinfachung erfahren hat. Liegt eine Leistungscharakteristik $Ne(Re)$ vor, dann empfiehlt es sich immer, sich ihrer direkt zu bedienen, und mit der Ausgangsgleichung (7.134) zu arbeiten. Siehe hierzu Aufgabe 7.4.

Bei der praktischen Anwendung sind in aller Regel mehrere Rühraufgaben gleichzeitig zu lösen, beispielsweise beim Auflösen eines Feststoffs unter Wärmezufuhr (Suspendieren, Homogenisieren, Wärmeaustausch), oder beim Begasen einer Fermentationsbrühe unter Einhaltung konstanter Temperatur und ohne Überschreiten einer für die Biomasse noch zuträglichen Scherbeanspruchung. In solchen Fällen können nur Experimente zeigen, welches Kriterium für eine Hochrechnung geeignet ist.

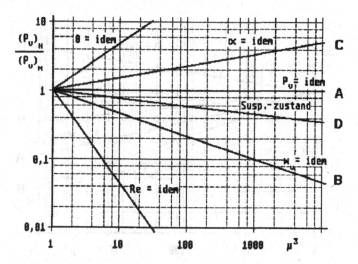

Abbildung 7.61 Penney-Diagramm für das Scale-up der spez. Leistungen von Rührwerken (turbulentes Rühren)

Eine andere zusammenfassende Darstellungsweise für die Scale-up-Berechnung von spezifischer Leistung und Drehzahl ist das sog. *Penney-Diagramm* (Abb. 7.61 und Abb. 7.62). Hierin werden über dem *Volumenvergrößerungsfaktor* μ^3 die Verhältnisse der erforderlichen spezifischen Leistungen bzw. Drehzahlen für die genannten Übertragungskriterien aufgetragen. Die beiden Abbildungen zeigen dies für den turbulenten Strömungsbereich III.

In Abb. 7.61 sind außer den vier behandelten Übertragungskriterien A, B, C und D noch zwei weitere aufgenommen, nämlich gleiche Mischzeit θ und gleiche Reynoldszahl für Modell- und Hauptausführung. Beide sind für die Praxis ohne Bedeutung, zeigen aber auf, wo die Grenzen sinnvoller Anforderungen überschritten sind. Die Forderung nach gleicher Mischzeit kann nämlich zu unwirtschaftlich großen Leistungen führen, und daher muss man z.B. mit konstanter spezifischer Leistung hochrechnen und eine längere Mischzeit in Kauf nehmen. Gleichbleibende Reynoldszahl ist dagegen eine so „schwache" Scale-up-Regel, dass keine praktische Rühraufgabe damit erfüllt werden kann. Daher kommt es, dass beim Hochrechnen die Reynoldszahl im großen Rührwerk immer größer als im Modell ist, und dass deswegen – wie bereits erwähnt – unter Umständen auch die Strömungsbereiche I oder II verlassen werden (I → II und II → III).

7.6 Statisches Mischen

Beim statischen Mischen gibt es weder bewegte Behälter noch bewegte Mischwerkzeuge. Die erforderliche Energie wird allein der Bewegung des Mischguts durch den Mischer entnommen. Daher sind alle statischen Mischer durchströmte Apparateelemente, meist Rohre bzw. Rohrstücke, gelegentlich auch ganze Behälter. Die

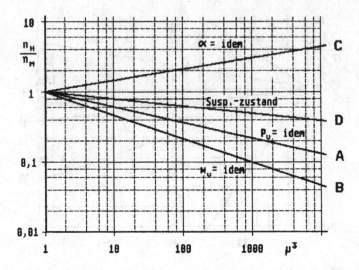

Abbildung 7.62 Penney-Diagramm für das Scale-up der Drehzahlen von Rührwerken (turbulentes Rühren)

Mischwirkung wird meist gezielt durch Einbauten oder Umlenkungen beeinflusst. Dieser prinzipiellen Eigenschaften wegen sind statische Mischer vor allem als Durchlaufmischer im *„In-line" Betrieb,* also als kontinuierlich betriebene Apparate und bevorzugt für Flüssigkeiten im Einsatz.

Für das Feststoffmischen können auch die in Abschn. 7.4.2.4 bereits beschriebenen Silomischer als statische Mischer angesehen werden. Rohr- oder kanalförmige statische Durchlaufmischer sind zwar im Prinzip auch für disperse Feststoffe anwendbar, sie werden jedoch wegen der Verstopfungsgefahr wenig und vorzugsweise für freifließende, feinkörnige Schüttgüter eingesetzt. Im Folgenden werden daher nur statische Mischer für Flüssigkeiten und Gase behandelt. Zu unterscheiden sind *Turbulenzmischer* und *Laminarmischer.*

7.6.1 Bauformen und Mischmechanismen

7.6.1.1 Turbulenzmischer

Hierbei wird als Mischmechanismus einerseits die freie Turbulenz z.B. in Freistrahlen, bei plötzlichen Querschnittsänderungen, in Drallströmungen u.ä. ausgenützt (Strahlmischer, Injektormischer, Mischkammern, Abb. 7.63), andererseits werden durch strömungslenkende Einbauten gezielt Wirbelablösungen und Umlenkungen herbeigeführt (Schikanen, Leitrohre, Abb. 7.64). Der einfachste, allerdings auch nur schlecht mischende statische Mischer dieser Art ist das turbulent durchströmte Rohr (s. Aufgabe 7.10).

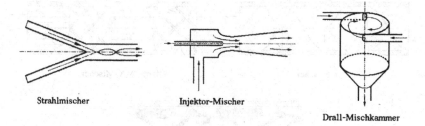

Abbildung 7.63 Turbulenzmischer ohne Einbauten

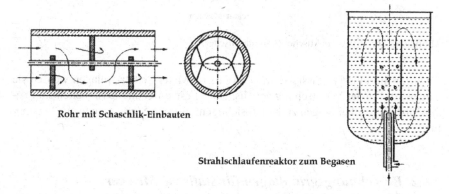

Abbildung 7.64 Turbulenzmischer mit strömungslenkenden Einbauten

7.6.1.2 Laminarmischer

Mit dem Begriff „statischer Mischer" im engeren Sinne verbindet man in der Verfahrenstechnik solche Rohrleitungselemente, in denen der zunächst aus mehreren getrennten Komponenten bestehende Produktstrom durch strömungslenkende Einbauten geteilt, die Teilströme gegeneinander verschoben, gedehnt, wieder vereinigt, erneut geteilt werden und so fort, bis eine ausreichende Mischgüte erreicht ist (Mischmechanismus „systematisches Teilen und Verschieben" nach Abschn. 7.1). Dadurch lassen sich auch zähe Medien bei laminarer Strömung vermischen. („Laminarströmung" heißt ja: Schichtenströmung ohne Quervermischung!). Abb. 7.65 zeigt einige Typen dieser statischen Mischer. Alle sind als Rohreinsatz-Elemente konzipiert, von denen mehrere (meist 4 oder wenig mehr) hintereinander geschaltet den Mischer bilden.

Solche zunächst für das Mischen zäher Flüssigkeiten gedachten statischen Mischer eignen sich auch zum Vermischen niedrigviskoser Fluide einschließlich der Gase durch Turbulenzerzeugung, und zwar umso besser, je größer die Geschwindigkeit und je kleiner die Viskositäten sind, je stärker also die Verwirbelung an den Einbauten, kurz: je größer die Reynoldszahl ist. Zweiphasige Gemische können zur Gasdispergierung in Flüssigkeiten oder umgekehrt als Flüssigkeitstropfen oder Flüssigkeitsfilm bei Absorptionsvorgängen durch statische Mischer geleitet werden.

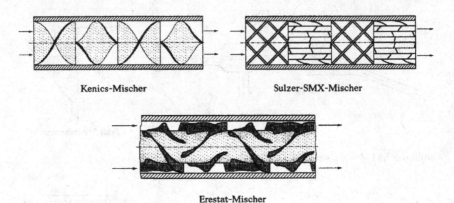

Abbildung 7.65 Statische Mischer (Laminarmischer)

Auch für die Flüssig/Flüssig-Extraktion in sog. Mixer-Settler-Anlagen werden sie eingesetzt. Bei der Vermischung von dispersen Feststoffen in Flüssigkeiten sind Sedimentationserscheinungen zu berücksichtigen, faserige Stoffe neigen zur Verstopfung.

7.6.2 Berechnungsgrundlagen für statische Mischer

Mit der Mischerlänge steigt einerseits die Mischgüte, andererseits aber auch der Druckverlust, also der Energieaufwand. Diese beiden Kriterien bestimmen die anwendungsbezogene Auswahl des Mischers – zusammen mit weiteren wie Einbaulänge, Verstopfungsgefahr, Reinigungsmöglichkeit, Anschaffungspreis.

7.6.2.1 Mischgüte

Ein statischer Mischer erfüllt seine Aufgabe dann besonders gut, wenn die bei der Einströmung voneinander getrennt zugeführten Komponenten am Mischeraustritt über den durchströmten Querschnitt möglichst homogen verteilt sind. Als Meßgröße für die Mischgüte bei einem stationär durchströmten statischen Rohrmischer können wir daher entsprechend Abschn. 7.2.1 zunächst die empirische Varianz s^2 der Konzentrationen X einer einzumischenden Komponente über den Querschnitt des Rohrs nehmen.

Für eine Dimensionsanalyse bietet sich in diesem Fall als Zielgröße die dimensionslose relative Standardabweichung s/σ_0 analog zu (7.13) an, wobei $s = \sqrt{s^2}$ und

$$\sigma_0 = \sqrt{P(1-P)} \qquad (7.162)$$

die Standardabweichung für den entmischten Anfangszustand sind. P ist die eingestellte volumetrische Sollzusammensetzung.

Abbildung 7.66 Mischgüte von statischen Mischern abhängig von der relativen Mischerlänge links:
(a) Leerrohr,
(b) Kenics-Mischer,
(c) Schaschlik-Einbauten,
(d) radialer Zulauf (Strahlmischer) (aus Pahl et al. (1986) [7.8])

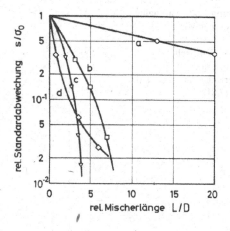

Einflußgrößen auf die Mischgüte sind nach Pahl et al. (1986) [7.8] die mittlere Strömungsgeschwindigkeit $\bar{w}$ (Leerrohrgeschwindigkeit!) und das Verhältnis der Volumenströme der beiden Komponenten $\dot{V}_1/\dot{V}_2$ als Betriebsgrößen, die Zähigkeiten (η_1, η_2) und Dichten (ρ_1, ρ_2) der Komponenten als Stoffgrößen sowie als geometrische Parameter Länge L, Durchmesser D und Typ (Bauart) des Mischers. Die Dimensionsanalyse ergibt dann

$$\frac{s}{\sigma_0} = f(\dot{V}_1/\dot{V}_2; L/D; \mathrm{Re}_D; \eta_1/\eta_2; \rho_1/\rho_2; \text{Bauart}) \qquad (7.163)$$

$$\text{mit} \quad \mathrm{Re}_D = \bar{w} \cdot D \cdot \rho/\eta. \qquad (7.164)$$

Für die Auslegung wichtig ist die erforderliche Mischerlänge L, bzw. die Anzahl z der Mischelemente, die hintereinander angebracht werden müssen, um die erforderliche Mischgüte zu erreichen. Abhängig vom Mischertyp und bei prozeßbedingten Vorgaben für das Verhältnis der zu mischenden Volumenströme $\dot{V}_1/\dot{V}_2$, für die Stoffwerte, insbesondere die Zähigkeiten sowie die Strömungsform (Turbulenz- oder Laminarmischen, ausgedrückt durch Re_D) sind dann Versuche erforderlich, um die erzielbare Mischgüte abhängig von der Länge zu ermitteln.

Beispiele für Meßergebnisse sind in Abb. 7.66 und Abb. 7.67 zu sehen. Hier ist die relative Standardabweichung s/σ_0 über der durchmesserbezogenen Länge L/D aufgetragen.

In vielen Fällen – und zwar sowohl bei laminarer wie bei turbulenter Durchströmung des Mischers -ergeben die Mischgüteverläufe annähernd Geraden bei einfachlogarithmischer Auftragung wie in Abb. 7.66 und Abb. 7.67. Sie können daher durch die Näherungsfunktion

$$\frac{s}{\sigma_0} = 10^{-m\frac{L}{D}} \qquad (7.165)$$

beschrieben werden. Kleine Werte des „Mischungsexponenten" m bedeuten langsames, wenig intensives Mischen, es sind große Mischlängen erforderlich, um bestimmte Mischgüten zu erreichen. Ein Beispiel ist das mit einer niedrigviskosen

Abbildung 7.67 Mischgüte beim Mischen von Gasströmen im Sulzer-SMV-Mischer abhängig von der relativen Mischerlänge (aus Pahl et al. (1986) [7.8])

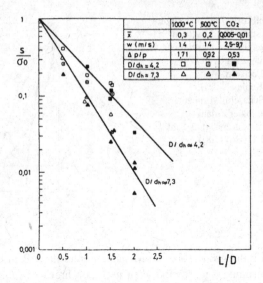

	1000°C	500°C	CO_2
$\bar{x}$	0,3	0,2	0,005-0,01
w (m/s)	14	14	2,5-9,7
$\Delta p/p$	1,71	0,92	0,53
$D/d_h = 4,2$	□	□	■
$D/d_h = 7,3$	△	△	▲

Flüssigkeit turbulent durchströmte Leerrohr (a) für das aus Abb. 7.66 $m \approx 0,023$ entnommen werden kann. Große m-Werte sind dagegen in dieser Hinsicht vorteilhaft. Die weiteren Beispiele in Abb. 7.66(b, c, d) haben m-Werte zwischen ca. 0,2 und 0,4. In Abb. 7.67 sind entsprechende Verläufe für das Gasmischen im Sulzer-SMV-Mischer zu sehen. Die m-Werte sind hier $m \approx 0,66$ und $m \approx 1,0$. Entsprechend kurz sind die erforderlichen Mischlängen. Der Wert $s/\sigma_0 = 1$ bei $L/D = 0$ bedeutet, daß die Komponenten völlig entmischt eintreten. Ausreichende Mischgüten sind nach Streiff (1998) [7.33] (in [7.6]) erreicht, wenn der Variationskoëffizient $\frac{s}{\bar{X}}$ zwischen 0,01 und 0,05 liegt.

7.6.2.2 Druckverlust

Analog zum durchströmten Leerrohr bzw. zur durchströmten porösen Schicht (s. Abschn. 4.5) macht man für den Druckverlust einen dimensionslosen Ansatz

$$\Delta p_v / \frac{\rho}{2} \bar{w}^2 = \frac{L}{D} \cdot f(\text{Re}_D).\tag{7.166}$$

Links steht die aus der Fluidmechanik bekannte Eulerzahl

$$Eu \equiv \Delta p_v / \frac{\rho}{2} \bar{w}^2,\tag{7.167}$$

die sich mit der im Mischer dissipierten Leistung $P = \Delta p_v \cdot \dot{V}$ und mit $\dot{V} \sim. w \cdot D_2$ folgendermaßen umformulieren lässt

$$Eu \equiv (P/\dot{V}) / \frac{\rho}{2} \bar{w}^2 \sim \frac{P}{\rho \bar{w}^3 D^2} = Ne,\tag{7.168}$$

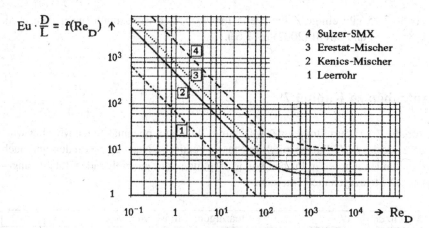

$$Eu \cdot \frac{D}{L} = f(Re_D)$$

4 Sulzer-SMX
3 Erestat-Mischer
2 Kenics-Mischer
1 Leerrohr

Abbildung 7.68 Widerstandsfunktion für die Durchströmung statischer Mischer (nach Pahl et al. (1986) [7.8])

Tabelle 7.15 Widerstandskonstanten einiger statischer Mischer

	K_{lam}	K_{turb}		K_{lam}	K_{turb}
Leerrohr (glatt)	64	0,02	Sulzer-SMX	2240	10
Kenics-Mischer (Wendel-M.)	450	3	Sulzer SMXL	500	2
Erestat-Mischer	770	–	Sulzer SMV	2860	2–4

und damit als Newtonzahl (Leistungskennzahl) umgedeutet werden kann. Die Widerstandsfunktion $f(Re_D)$ in (7.166) hat den in Abb. 7.68 für einige Mischertypen gezeigten Verlauf.

Für Reynoldszahlen $\leq$ ca. 50 ist die Durchströmung laminar und es gilt

$$f_{lam}(Re_D) = K_{lam}/Re_D. \tag{7.169}$$

Die Konstante K_{lam} ist abhängig vom Mischertyp. Für das Leerrohr ist sie bekanntlich 64 (Hagen-Poiseuille-Strömung), für Rohre mit Einbauten verständlicherweise größer und von der Art der Einbauten abhängig. Bei turbulenter Durchströmung ($Re_D \geq$ ca. 10^3) wird die Widerstandsfunktion eine von der Reynoldszahl fast unabhängige Konstante

$$f_{turb}(Re_D) = K_{turb} \tag{7.170}$$

die wiederum von der Bauart des Mischers sowie u.U. von seiner Baugröße abhängt. Zusammenfassend lässt sich das durch Addition annähern:

$$f(Re_D) = K_{lam}/Re_D + K_{turb}. \tag{7.171}$$

Tabelle 7.15 gibt einige Zahlenwerte für die beiden Konstanten (nach Pahl et al. (1986) [7.8] und Streiff (2002) in [7.6]).

Aufgaben zu Kapitel 7

Aufgabe 7.1 (Beurteilung einer Mischung) In einem pneumatischen Mischer wurden 2.325 kg PVC-Pulver mit 1 kg Stearat gemischt. Nach 25 Sekunden und nach 50 Sekunden wurden in Proben von je 30 g die in der nachfolgenden Tabelle angegebenen Stearatgehalte gemessen.

Mischzeit	Stearatgehalt in Massen-%					
25 s	0,041	0,044	0,042	0,041	0,043	0,042
50 s	0,043	0,041	0,041	0,042	0,045	0,043
	(Daten von Fa. Büttner-Schilde-Haas AG, Bad Hersfeld)					

Annahmen:
Alle PVC-Partikeln sind im Mittel 100 μm groß (d_V) und haben eine Dichte von 1,38 g/cm^3;
Die mittlere Messgenauigkeit für den Stearatanteil liege bei 0,0005%.

a) Weisen Sie nach, dass sowohl nach 25 s wie nach 50 s die Soll-Zusammensetzung im 95%-Vertrauensbereich der gemessenen Stearatanteile liegt.

b) Wie weit ist die erzielte Mischgüte von der stochastischen Homogenität entfernt?

c) Welche Zielforderung für die Mischgüte wäre gerade noch sinnvoll, wenn sie mit $\alpha = 95\%$ Aussagewahrscheinlichkeit bei 6 Proben nachgewiesen werden soll?

Lösung:
a) Aus den Messwerten nach 25 s kann berechnet werden:

$$\bar{X} = 0{,}0422\% \text{ (Gl. (7.2)) und } s = 0{,}0012\% \text{ (Gl. (7.3)).}$$

Der Vertrauensbereich um den gemessenen Mittelwert ergibt sich nach (7.19) und Tabelle 7.4 für $S = 95\%$ und $n = 6$ zu $a = s \cdot t / \sqrt{n} = 0{,}0012\% \cdot 1{,}05 \approx 0{,}0012\%$, so dass die Messergebnisse lauten

$$25 \text{ s:} \quad \bar{X} = 0{,}0422\% \pm 0{,}0012\% = \begin{cases} 0{,}0434 \approx 0{,}043 \\ 0{,}0410 \approx 0{,}041 \end{cases} \quad (S = 95\%, n = 6).$$

Analog erhält man für die Mischzeit 50 s

$$50 \text{ s:} \quad \bar{X} = 0{,}0425\% \pm 0{,}0016\% = \begin{cases} 0{,}0441 \approx 0{,}044 \\ 0{,}0409 \approx 0{,}041 \end{cases} \quad (S = 95\%, n = 6).$$

Die Sollzusammensetzung ist $P = 1/2325 = 4,30 \cdot 10^{-4} = 0,0430\%$. In beiden Fällen liegt der Sollwert im Vertrauensbereich, d.h. es kann keine systematische Abweichung der Messwerte vom Sollwert festgestellt werden.

b) Stochastische Homogenität wäre nach (7.9) bei einer Standardabweichung von

$$\sigma_z = (P(1-P) \cdot m_A/m_P)^{1/2}$$

erreicht. Für die Masse der Einzelpartikel errechnet man

$$m_A = \rho \cdot \frac{\pi}{6} \cdot d_V^3 = 7,23 \cdot 10^{-7}\ \text{g},$$

so dass mit $m_P = 30$ g

$$\sigma_z = 3,22 \cdot 10^6 = 0,00032\% \quad (< s = 0,0012\%)$$

wird. Nachdem die Meßgenauigkeit aber nur $0,001\%$ beträgt, und dies in der Größenordnung der unter a) festgestellten Standardabweichungen liegt, kann lediglich behauptet werden, dass bis zur Nachweisgrenze der Messmethode gemischt wurde. Ein weiterer Mischfortschritt, wieweit sich also die Mischgüte tatsächlich der stochastischen Homogenität genähert hat, ist nicht feststellbar.

c) Nach (7.28) ist $\sigma_{min}^2 = \sigma_z^2 + \sigma_M^2$ die bestenfalls feststellbare Mischgüte. Die Akzeptanzgrenze σ_A^2 muß größer sein als σ_{min}^2, und die Zielvereinbarung für die Mischgüte σ_{Ziel}^2 wiederum größer als σ_A^2. Nach Tabelle 7.8 ist für $f = 5$ und $\alpha = 95\%$ das Verhältnis $\sigma_A^2/\sigma_{Ziel}^2 = 0,230$, so dass man erhält

$$\sigma_{Ziel}^2 = (1/0,230) \cdot \sigma_A^2$$
$$\sigma_A^2 > \sigma_z^2 + \sigma_M^2 \approx (0,0012\%)^2 + (0,001\%)^2 = 2,44 \cdot 10^{-6}\%^2$$
$$\rightarrow \sigma_A > 0,0016\%,$$
$$\sigma_{Ziel}^2 > (1/0,230) \cdot 2,44 \cdot 10^6 = 1,06 \cdot 10^{-5}\%^2$$
$$\rightarrow \sigma_{Ziel} > 0,0033\%.$$

Die gemessenen Standardabweichungen ($s = 0,0012\% < \sigma_{Amin} = 0,0016\%$) liegen also beide besser als die Mindest-Akzeptanzgrenze.

Aufgabe 7.2 (Bedingungen zur Prüfung einer Mischung) Es soll die Mischgüte einer Futtermittelmischung aus 65 kg der Sorte A und 35 kg der Sorte B durch Auswiegen von Proben festgestellt werden.

Die Körner der beiden Sorten unterscheiden sich in ihren Größen gerade so, dass sie durch eine Siebung getrennt werden können: A: 1,3 mm, B: 1,1 mm; Kugelform. Feststoffdichte 0,8 g/cm^3, Probenvolumen 100 cm^3; Hohlraumanteil in der Probe 40%.

a) Welche Bedingung muss bei der Probennahme eingehalten werden?

b) Wie groß ist die Varianz der stochastischen Homogenität?

c) Welche Ablesegenauigkeit muss die Waage haben, damit überhaupt stochastische Homogenität festgestellt werden kann?

Lösung:
a) Gleiches Probenvolumen V, ersatzweise gleiche Probenmasse.

b) Nach (7.8) ist $\sigma_z^2 = P \cdot (1 - P) \cdot V_A / V_P$. Aus $P = 0,65$, $V_A = (\pi/6) \cdot d_A^3 = 1,15 \cdot 10^{-3}$ cm^3 und $V_P = (1 - \varepsilon) \cdot V = 60$ cm^3 ergibt sich

$$\sigma_z^2 = 4,36 \cdot 10^{-6}.$$

c) Die Bedingung ist $\sigma_M^2 \ll \sigma_z^2$ (s. Abb. 7.11b). Setzt man wie in Beispiel 7.6 $\sigma_M^2 \approx (\overline{\Delta m}/m_P)^2$, dann sollte mit $m_P = \rho_s \cdot V_P = 48$ g der mittlere zufällige Wägefehler $\overline{\Delta m} \ll m_P \cdot \sigma_z = 0,1$ g sein. Man wird daher eine Waage mit einer Ablesegenauigkeit von z.B. 0,05 g oder 0,01 g wählen.

Aufgabe 7.3 (Homogenisieren durch Rühren) Ein Fruchtsaftkonzentrat soll möglichst günstig, d.h. schnell und energiearm homogenisiert werden. Der Rührbehälter mit ca. 2,5 m^3 Füllvolumen hat 1,48 m Durchmesser und ist mit einem Antrieb von 2,5 kW (brutto) ausgestattet. Die Antriebsverluste ergeben einen Gesamtwirkungsgrad von 55%.

Mit Hilfe des Zlokarnik-Diagramms Abb. 7.49 wähle man den geeigneten Rührer aus und bestimme Drehzahl und Mischzeit.

Stoffdaten: $\rho = 1.300$ kg/m^3; $\eta = 1,90$ Pas.

Lösung:
Nettoleistung: $P = 0,55 \cdot P_{brutto} = 0,55 \cdot 2.500$ W $= 1.375$ W.

Modifizierte Leistungskennzahl nach (7.72):

$$\frac{P \cdot D \cdot \rho^2}{\eta^3} = \frac{1.375 \cdot 1,48 \cdot 1.300^2}{1,9^3} = 5,01 \cdot 10^8.$$

Das Diagramm Abb. 7.49 liefert:

1.) geeignet ist ein Blattrührer ohne Stromstörer

$$D/d = 2 \rightarrow d = 0,74 \text{ m};$$

2.) Re $\approx 4,8 \cdot 10^2$;
3.) $\Theta \cdot \eta / D^2 \rho \approx 1,1 \cdot 10^{-2}$.

Drehzahl:

$$n = \text{Re} \cdot \frac{\eta}{d^2 \rho} = 4,8 \cdot 10^2 \cdot 1,9/(0,74^2 \cdot 1300) \text{ s}^{-1} = 1,28 \text{ s}^{-1} = 77 \text{ min}^{-1}.$$

Mischzeit: $\Theta = 1,1 \cdot 10^{-2} \cdot \frac{D^2 \rho}{\eta} = 1,1 \cdot 10^2 \cdot 1,48^2 \cdot 1300/1,9$ s $= 16,5$ s.

Aus Abb. 7.49 ist ersichtlich, dass in diesem Fall ein Blattrührer mit Stromstörern ebenfalls möglich wäre. Die Leistungskennzahl $5 \cdot 10^8$ liefert hierfür auf der

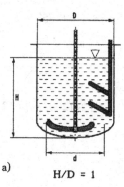
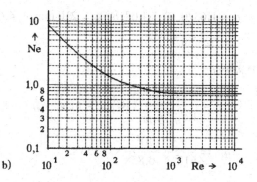

a) H/D = 1   b)

Abbildung 7.69 Impellerrührer und Leistungscharakteristik zu Aufgabe 7.4

entsprechenden Kurve eine Reynoldszahl von etwa $2,5 \cdot 10^2$, und das führt auf die Drehzahl $n = 0,667 \text{ s}^{-1} = 40 \text{ min}^{-1}$. Die Mischzeit wird nur geringfügig länger: $\Theta = 18$ s.

Mit Stromstörern wird der gleiche Mischeffekt bei gleichem Leistungseintrag hier also bei deutlich kleinerer Drehzahl erreicht. Wegen der leichteren Reinigungsmöglichkeit wird man in diesem Fall die Stromstörer jedoch wohl nicht einsetzen.

Aufgabe 7.4 (Homogenisieren (Scale-up)) In der Hauptausführung eines kontinuierlich durchströmten Rührkessels soll ein zähes Rührgut ($\rho = 1200 \text{ kg/m}^3$, $\eta = 2,0$ Pas) homogenisiert werden. Es ist eine Anordnung nach Abb. 7.69a vorgesehen mit $D_H = 1,63$ m und $d_H = 1,09$ m (Rührkessel mit ca. 3,4 m³ Inhalt). Ein Modellversuch mit dem Rührgut in einem geometrisch ähnlichen 50-l-Behälter brachte bei $n_M = 210 \text{ min}^{-1}$ eine Mischzeit von 100 Sekunden und einen Leistungsbedarf von netto 80 W.

Weiter ist als Mischzeitcharakteristik gegeben

$$n \cdot \Theta = \frac{1,93 \cdot 10^4}{\text{Re}^{0,8}} \quad \text{in } 10^2 \leq \text{Re} \leq 4 \cdot 10^3,$$

sowie der Ausschnitt aus der Leistungscharakteristik des Rührers in Abb. 7.69b).

Zu berechnen sind

a) Drehzahl, Mischzeit und Leistungsbedarf der Hauptausführung des Rührers unter der Bedingung, dass die Umfangsgeschwindigkeit am Rühreraußendurchmesser bei Modell- und Hauptausführung gleich sind;

b) Drehzahl und Leistungsbedarf für den großen Rührer, wenn man die Mischzeit aus dem Modellversuch beibehalten wollte.

c) Warum kann hier das Verhältnis der spezifischen Leistungen von Haupt- und Modellausführung *nicht* durch eine Potenz von μ ausgedrückt werden?

Lösung:

a) *Drehzahl:* Gleiche Umfangsgeschwindigkeit (Übertragungskriterium **B**)

$$n_H = n_M \cdot \mu^{-1}; \; \mu = D_H/D_M; \; D_M = \sqrt[3]{4 V_M/\pi} = \sqrt[3]{4 \cdot 0,05/\pi} \text{ m} = 0,40 \text{ m};$$

$$\mu = 1{,}63/0{,}40 = 4{,}08; \; n_{Ha)} = 210 \; \text{min}^{-1}/4{,}08 = 51{,}5 \; \text{min}^{-1} = 0{,}858 \; \text{s}^{-1}$$

$$= 52 \; \text{min}^{-1}.$$

Mischzeit:

$$\Theta_{Ha)} = \frac{1{,}93 \cdot 10^4}{\text{Re}_H^{0,8} \cdot n_{Ha)}}; \; \text{Re}_{Ha)} = n_{Ha)} \cdot d_H^2 \cdot \rho/\eta = 0{,}858 \cdot 1{,}09^2 \cdot 1200/2 = 612$$

$$\Theta_{Ha)} = \frac{1{,}93 \cdot 10^4}{612^{0,8} \cdot 0{,}858} \; \text{s} = 133 \; \text{s}.$$

Oder aus

$$\frac{\Theta_{Ha)}}{\Theta_M} = \frac{n_M}{n_{Ha)}} \left(\frac{n_M \cdot d_M^2}{n_{Ha)} \cdot d_{Ha)}^2} \right)^{0,8} = \mu^{1+0,8} \cdot \mu^{-2 \cdot 0,8} = \mu^{0,2} = 4{,}08^{0,2} = 1{,}32.$$

$$\Theta_{Ha)} = 1{,}32 \cdot 100 \; \text{s} = 132 \; \text{s}.$$

Leistungsbedarf:

$$P_{Ha)} = Ne(\text{Re}_{Ha)}) \cdot \rho \cdot n_{Ha)}^3 \cdot d_H^5;$$

$Ne(\text{Re}_{Ha)})$ aus der Leistungscharakteristik: $Ne = 0{,}76 \rightarrow$

$$P_{Ha)} = 0{,}76 \cdot 1200 \cdot 0{,}858^3 \cdot 1{,}09^5 \; \text{W} = 886 \; \text{W} \approx 0{,}9 \; \text{kW}.$$

b) Mit $\Theta_H = \Theta_M$ erhält man aus der gegebenen Mischzeitcharakteristik

$$\frac{n_{Hb)}}{n_M} = \left(\frac{\text{Re}_M}{\text{Re}_{Hb)}} \right)^{0,8} = \left(\frac{n_M}{n_{Hb)}} \right)^{0,8} \cdot \left(\frac{d_M}{d_H} \right)^{1,6} \quad \text{und daraus}$$

$$n_{Hb)} = n_M \cdot \mu^{0,2} = 3{,}5 \; \text{s}^{-1} \cdot 1{,}32 = 4{,}64 \; \text{s}^{-1} = 278 \; \text{min}^{-1}.$$

$$\text{Re}_{Hb)} = \frac{n_{Hb)} \cdot d_H^2 \cdot \rho}{\mu} = 3310, \; Ne(\text{Re})\text{-Diagramm} \rightarrow Ne = 0{,}74 \rightarrow$$

$$P_H = Ne_H \cdot \rho \cdot n_H^3 \cdot d_H^5 = 0{,}74 \cdot 1200 \cdot 4{,}64^3 \cdot 1{,}09^5 \; \text{W} = 1{,}36 \cdot 10^5 \; \text{W}$$

$$= 136 \; \text{kW}.$$

Auch wenn man berücksichtigt, dass der Gültigkeitsbereich der Mischzeitcharakteristik überschritten ist ($\text{Re}_{Hb)} > 4 \cdot 10^3$) und eine etwas abweichende Drehzahl $n_{Hb)}$ resultierte, erkennt man, dass die Forderung nach Beibehaltung der Mischzeit zu völlig unrealisierbaren Verhältnissen führte.

c) Die einfache Hochrechnung mit Potenzen von μ setzt die Linearisierung der $Ne(\text{Re})$-Kurve in der log-log-Darstellung voraus. Die oben in a) berechnete Reynoldszahl zeigt, dass man hier im Übergangsbereich liegt, wo $Ne(\text{Re})$ *nicht* linear verläuft. Weitere Vergrößerungen der Hauptausführung würden im übrigen so große Re-Zahlen ergeben, dass vollturbulentes Rühren bei $Ne = \text{const.}$ vorläge, der Übergangsbereich also verlassen würde.

Abbildung 7.70 Rührer zu
Aufgabe 7.5

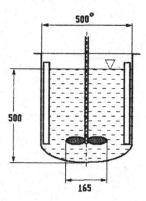

Aufgabe 7.5 (Suspendieren (Scale-up)) In einem Modellrührgefäß (s. Abb. 7.70) seien zum Suspendieren eines Feststoffs 0,26 kW Rührerwellenleistung bei einer Drehzahl von 1200 min^{-1} erforderlich.

Man berechne Leistungsbedarf und Drehzahl einer geometrisch ähnlichen Anordnung mit dem 100-fachen Volumen. Als Übertragungskriterium soll gelten:

$$(P_V)_H / (P_V)_M = \mu^{-1/3}$$

Stoffwerte:　　$\bar{\rho} = 1170\ \text{kg/m}^3;\ \eta = 1,5\ \text{mPas};$

Leistungskennzahl:　$Ne = 0,36$

Lösung:

Leistungsbedarf:　　$P_H = P_M \cdot \frac{V_H}{V_M} \cdot \mu^{-1/3};$

Vergrößerungsfaktor:　$\mu = \sqrt[3]{100} = 4,64;$

$$P_H = 0,26\ \text{kW} \cdot 100 \cdot 4,64^{-1/3} = 15,6\ \text{kW}.$$

Drehzahl: Aus $Ne_H = 0,36 = P_H/(\rho \cdot n_H^3 \cdot d_H^5)$ mit $d_H = \mu \cdot d_M = 0,766$ m folgt

$$n_H = (P_H/(0,36 \cdot \rho \cdot d_H^5))^{1/3} = (15,6 \cdot 10^3/(0,36 \cdot 1170 \cdot 0,766^5))^{1/3}\ \text{s}^{-1}$$

$$\rightarrow n_H = 5,20\ \text{s}^{-1} = 312\ \text{min}^{-1}.$$

Nach der Scale-up-Tabelle 7.14 bekommt man

$$n_H = n_M \cdot \mu^{-0,78} = 1200\ \text{min}^{-1} \cdot 4,64^{-0,78} = 362\ \text{min}^{-1}.$$

Diese Abweichung gegenüber 312 min^{-1} von ca. 16% kann in Anbetracht der generellen Unsicherheiten beim Auslegen von Suspendierungen als durchaus noch zufriedenstellend bezeichnet werden.

Aufgabe 7.6 (Emulgieren) Bei einer stationären Flüssig-flüssig-Dispergierung in einem Laborrührwerk wird mit der Drehzahl n_1 und der Nettoleistung P_1 die spezifische Oberfläche S_{V1} der Emulsionströpfchen erzielt.

Abbildung 7.71 Rührer zu
Aufgabe 7.6

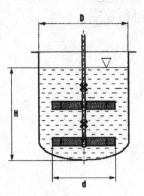

Zahlenwerte: $n_1 = 250$ min^{-1}; $P_1 = 117$ W; Rührer s. Abb. 7.71 mit $d/D = 0{,}8$
und $D = 0{,}4$ m; $\rho = 980$ kg/m^3; $\eta = 20$ mPas.

Bei welcher Drehzahl n_2 und mit welcher Nettoleistung P_2 wird im selben Rührwerk die doppelt so große spezifische Oberfläche $S_{V2} = 2 \cdot S_{V1}$ erzeugt? Für den Sauterdurchmesser soll die Beziehung (7.95) Gültigkeit haben.

Lösung:
Drehzahl: Aus (7.95) folgt $d_{32} \sim n^{-1,2}$ (s. (7.96)) bzw. $S_V \sim n^{1,2}$ und damit

$$n_2 = n_1 \cdot (S_{V2}/S_{V1})^{1/1,2} = 250 \text{ min}^{-1} \cdot 2^{1/1,2} = 455 \text{ min}^{-1}.$$

Leistung: (7.97) liefert bei Gültigkeit von (7.95) $S_V \sim (P/V)^{0,4}$. Wegen $V_1 \equiv V_2 = V$ folgt sofort

$$P_2 = P_1 \cdot (S_{V2}/S_{V1})^{1/0,4} = 117 \text{ W} \cdot 2^{2,5} = 662 \text{ W}.$$

Aufgabe 7.7 (Wärmeaustausch bei α-Vorgabe) In einem Rührkessel soll eine wässrige Flüssigkeit erwärmt werden. Um einen möglichst guten Wärmeübergang zu erreichen, wird mit einem Scheibenrührer gerührt, Trombenbildung wird durch eingebaute Stromstörer vermieden.

a) Welche Drehzahl des Rührers ist erforderlich, um eine Wärmeübergangszahl von 4000 W/(m^2 K) zu erzielen?

b) Welche Leistung und welche spezifische Leistung wird dabei in das Rührgut eingetragen?

Rührwerksdaten:

$$D = 1{,}05 \text{ m}; \quad d/D = 1/3; \quad H/D = 1; \quad \text{Strombrecher; 6-flügeliger}$$

Scheibenrührer; $Ne = 5{,}6$ für Re $> 10^4$.

Stoffdaten:

$$\rho = 992 \text{ kg/m}^3 \text{ (40°C)}; \quad \eta = 0{,}658 \text{ mPas (40°C)};$$

$$\eta_w = 0{,}55 \text{ mPas (50°C)}; \quad \lambda = 0{,}633 \text{ W/(m K) (40°C)};$$

$$c_p = 4{,}175 \cdot 10^3 \ \text{J/kgK}.$$

Hinweis: Nach VDI-Wärmeatlas [7.31], Abschn. Ma gilt für diese Rührwerksdaten im Bereich $10^2 \le \text{Re} \le 4 \cdot 10^5$

$$Nu = 0{,}66 \cdot \text{Re}^{2/3} \cdot Pr^{1/3} \cdot (\eta/\eta_w)^{0{,}14},$$

wobei „*Nu*" die Behälter-Nußeltzahl und „Re" die Rührer-Reynoldszahl bedeuten.

Lösung:
a) *Drehzahl:*
Aus der angegebenen Nußeltgleichung erhält man mit den Definitionen für *Nu*, Re und *Pr* entsprechend (7.120), (7.121) und (7.122)

$$n^{2/3} = \frac{1}{0{,}66} \cdot \left(\frac{\eta}{\rho d^2}\right)^{2/3} \cdot Nu \cdot Pr^{-1/3} \cdot (\eta/\eta_w)^{-0{,}14};$$

$$d = D/3 = 1{,}05 \ \text{m}/3 = 0{,}35;$$

$$Nu = \alpha \cdot D/\lambda = 4000 \cdot 1{,}05/0{,}633 = 6635;$$

$$Pr = \eta \cdot c_p/\lambda = 0{,}658 \cdot 10^{-3} \cdot 4{,}175 \cdot 10^3/0{,}633 = 4{,}34;$$

$$n^{2/3} = \frac{1}{0{,}66} \cdot \left(\frac{0{,}658 \cdot 10^{-3}}{992 \cdot 0{,}35^2}\right)^{2/3} \cdot 6635 \cdot 4{,}34^{-1/3} \cdot (0{,}658/0{,}55)^{-0{,}14} \ \text{s}^{-2/3}$$

$$= 1{,}856 s^{-2/3}$$

$$n = 2{,}528 \ \text{s}^{-1} = 152 \ \text{min}^{-1}.$$

b) *Leistung:*

$$P = Ne(\text{Re}) \cdot \rho \cdot n^3 \cdot d^5 \ (\text{s. (7.62)})$$

$$\text{Re} = n \cdot d^2 \cdot \rho/\eta = 2{,}528 \cdot 0{,}35^2 \cdot 992/(0{,}658 \cdot 10^{-3}) = 4{,}67 \cdot 10^5 > 10^4$$

$$\rightarrow Ne = 5{,}6;$$

$$P = 5{,}6 \cdot 992 \cdot 2{,}528^3 \cdot 0{,}35^5 \ \text{W} = 471 W = 0{,}471 \ \text{kW}$$

spezifische Leistung:

$$V \approx \frac{\pi}{4} D^3 = \frac{\pi}{4} \cdot 1{,}05^3 \ \text{m}^3 = 0{,}909 \ \text{m}^3$$

$$P/V = 0{,}471 \ \text{kW}/0{,}909 \ \text{m}^3 = 0{,}52 \ \text{kW/m}^3.$$

Aufgabe 7.8 (Wärmeaustausch bei $P/V = $ idem)
a) Man zeige, dass beim Wärmeübergang im Rührkessel bei turbulenter Strömung ($Ne = $ const.) für die Wärmeübergangszahl α folgende Beziehung gilt:

$$\alpha \sim \left(\frac{P}{V}\right)^{2/9} \cdot d^{-1/9}.$$

b) Was bedeutet diese Beziehung anschaulich für eine Maßstabsübertragung mit gleichbleibender spezifischer Leistung?

Lösung:

a) (7.119) liefert mit (7.126) bei geometrischer Ähnlichkeit

$$Nu \sim \alpha \cdot d/\lambda = C \cdot Pr^{1/3} \cdot (\eta/\eta_W)^{0,14} \cdot Re^{2/3} \sim n^{2/3} \cdot d^{4/3}.$$

Daraus erhält man

$$\alpha \sim n^{2/3} \cdot d^{1/3}. \qquad (*)$$

Andererseits ist nach (7.63) für konstante Newtonzahl (turbulente Strömung!) $P/V \sim n^3 \cdot d^2$ woraus $n \sim (P/V)^{1/3} \cdot d^{-2/3}$ bzw. $n^{2/3} \sim (P/V)^{2/3} \cdot d^{-4/9}$ folgt. Dies in (*) eingesetzt ergibt über $\alpha \sim (P/V)^{2/9} \cdot d^{-4/9} \cdot d^{3/9}$ die in der Aufgabenstellung gegebene Beziehung.

b) Bei $P/V = $ const. wird $\alpha \sim d^{-1/9}$ bzw. $\alpha_H = \alpha_M \cdot \mu^{-1/9}$, und das bedeutet eine nur sehr geringe Erniedrigung des Wärmeübergangskoeffizienten bei der um den Faktor μ größeren Hauptausführung.

Aufgabe 7.9 (Scale-up aus Erfahrungswerten) Es soll ein Großrührwerk „P2" zum Rühren einer wässrigen Suspension bezüglich Drehzahl und Leistung ausgelegt werden. Der Behälter hat 200 m^3 Nutzinhalt und ist in Abb. 7.72 skizziert. Für die gleiche Aufgabenstellung liegen Erfahrungswerte von einem Modellrührwerk „M" und einem kleineren Produktionsrührwerk „P1" vor (s. nachstehende Tabelle). Geometrische Ähnlichkeit sei gegeben.

	V	D	d	n	P
Modell „M"	100 l	0,4 m	0,28 m	230 min^{-1}	60 W
Prod. „P1"	10 m^3	1,9 m	1,30 m	65 min^{-1}	3,65 kW

Lösung:

Die folgende Lösung geht – wie in Abschn. 7.5.5 immer zugrundegelegt – davon aus, dass sowohl Drehzahl wie Leistung mit jeweils einem konstanten Faktor hochgerechnet werden können, der sich als Potenz des linearen Vergrößerungsfaktors ergibt. Das ist zulässig, wenn $Ne(Re)$ eine Potenzfunktion ist, einschließlich $Ne = $ const., wovon man hier ausgehen kann.

Es kommt also darauf an, aus den Erfahrungswerten die Exponenten x bzw. y von μ zu bestimmen, mit denen n bzw. P/V hochgerechnet werden.

Drehzahl-Scale-up: $n_{P1}/n_M = \mu_1^x$

$$n_{P1}/n_M = 65/230 = 0,283 \quad \mu_1 = (V_{P1}/V_M)^{1/3} = (100)^{1/3} = 4,64$$

$$0,283 = 4,64^x \rightarrow x = \lg 0,283/\lg 4,64 = 0,823$$

$$n_{P2}/n_{P1} = \mu_2^{-0,823} \quad \mu_2 = (V_{P2}/V_{P1)}^{1/3} = 20^{1/3} = 2,71$$

$$n_{P2} = n_{P1} \cdot 2,71^{-0,823} = 65 \text{ min}^{-1} \cdot 0,440 = 28,6 \text{ min}^{-1}.$$

Abbildung 7.72
Mehrstufiges
Suspendier-Rührwerk

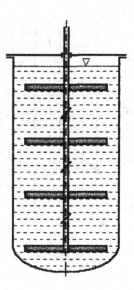

Leistungs-Scale-up:

$$(P_V)_{P1}/(P_V)_M = \mu_1^y \quad (P_V)_{P1} = 3,65 \text{ kW}/10 \text{ m}^3 = 0,365 \text{ kW/m}^3;$$

$$(P_V)_M = 0,06 \text{ kW}/0,1 \text{ m}^3 = 0,6 \text{ kW/m}^3.$$

$$0,365/0,6 = 4,64^y \rightarrow y = \lg 0,608/\lg 4,64 = -0,324$$

$$(P_V)_{P2}/(P_V)_{P1} = \mu_2^y$$

$$(P_V)_{P2} = 0,365 \text{ kW/m}^3 \cdot 2,71^{-0,324} = 0,264 \text{ kW/m}^3$$

$$P_{P2} = (P_V)_{P2} \cdot V_{P2} = 0,264 \text{ kW/m}^3 \cdot 200 \text{ m}^3 = 52,8 \text{ kW}.$$

Man kann zu den gleichen Ergebnissen auf einfachere Art auch mit Hilfe einer Variante der Penney-Diagramme kommen, indem man die bekannten Werte für die Drehzahlen und Leistungen über dem Behältervolumen in ein doppeltlogarithmisches Netz einträgt und ihre Verbindungsgeraden bis zum gewünschten Volumen verlängert (Abb. 7.73).

Aufgabe 7.10 (Mischwirkung des turbulent durchströmten leeren Rohrs) Für das Leerrohr gilt die Mischgüte-Gleichung (7.165) mit dem Mischungsexponenten $m = 0,023$. Eine ausreichende Mischwirkung soll dann erreicht sein, wenn die Standardabweichung s der Konzentrationswerte über dem Rohrquerschnitt noch 1% bzw. 5% vom Mittelwert $\bar{X}$ dieser Konzentrationen beträgt (Variationskoeffizient $s/\bar{X} = 0,01$ bzw. 0,05). Man berechne für $\bar{X} = 0,01, 0,05, 0,1$ und $0,5$ das Vielfache des Rohrdurchmessers L/D, das erforderlich ist, um diese Mischgüteforderungen zu erfüllen.

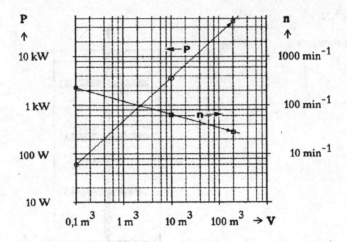

Abbildung 7.73 Penney-Diagramm zu Aufgabe 7.9

Lösung:

Mit der Näherung nach (7.6) $\sigma_0^2 = P(1 - P) \approx \bar{X}(1 - \bar{X})$ und (7.165) $s/\sigma_0 = 10^{-m \cdot L/D}$ bekommt man $\frac{s}{\bar{X}} = ((1 - \bar{X})/\bar{X})^{1/2} \cdot 10^{-mL/D}$ und daraus durch Umstellen und Logarithmieren $L/D = -\frac{1}{m} \lg(\frac{s}{\bar{X}}(\bar{X}/(1 - \bar{X}))^{1/2})$.

Die Zahlenwerte führen auf

$\bar{X} =$		0,01	0,05	0,1	0,5
$s/\bar{X} = 0,01$:	$L/D =$	130	114	108	87
$s/\bar{X} = 0,05$:	$L/D =$	100	84	77	57

Literatur

[7.1] Paul E L, Antiemo-Obeng V A, Kesta S M (eds) (2004) Handbook of Industrial Mixing. Science and Practice. Wiley, Hoboken

[7.2] Oldshue J Y (1983) Fluid Mixing Technology. Chemical Engineering McGraw-Hill Pub., New York

[7.3] Weinekötter R, Gericke H (1995) Mischen von Feststoffen – Prinzipien, Verfahren, Mischer. Springer, Berlin

[7.4] Zlokarnik M (1999) Rührtechnik. Theorie und Praxis. Springer, Berlin

[7.5] Zlokarnik M (2001) Stirring. Theory and Practice. Wiley-VCH, Weinheim

[7.6] Kraume M (Hrsg.) (2002) Mischen und Rühren. Grundlagen und moderne Verfahren. Wiley-VCH, Weinheim

[7.7] Liepe F, Sperling R, Jembere S (1998) Rührwerke – Theoretische Grundlagen, Auslegung und Bewertung. Eigenverlag FH Anhalt, Köthen

[7.8] Pahl M H, Sommer K, Streiff F (1986) Mischen beim Herstellen und Verarbeiten von Kunststoffen. Hrsg. VDI-Ges. Kunststofftechnik. VDI-Verlag, Düsseldorf

[7.9] Sommer K, Rumpf H (1974) Varianz der stochastischen Homogenität bei Körnermischungen und Suspensionen und praktische Ermittlung der Mischgüte. Chem. Ing. Techn. 46, 257 ff.

[7.10] Sommer K (1975) Das optimale Mischgütemaß für die Praxis. Chem. Ing. Techn. 4(10):347–349

[7.11] Kreyszig S (1968) Statistische Methoden und ihre Anwendungen, 3. Aufl. Vandenhoek & Ruprecht, Göttingen

[7.12] Sommer K (1994) Feststoffmischen. Hochschulkurs am Lehrstuhl für Maschinen- und Apparatekunde der TU München, Weihenstephan

[7.13] Raasch J, Sommer K (1990) Anwendung von statistischen Prüfverfahren im Bereich der Mischtechnik. Chem. Ing. Techn. 62(1):17–22

[7.14] Sommer K (1979) Probennahme von Pulvern und körnigen Massengütern. Springer, Berlin

[7.15] Wilms H (2003) Blending Silo Design and Technology. Zeppelin Silo- und Apparatetechnik Gmbh, Friedrichshafen

[7.16] Ries H B (1979) Mischtechnik und Mischgeräte. Aufber.-techn. 20(1):1–25, u. 2, 78–98

[7.17] Müller W (1981) Methoden und derzeitiger Kenntnisstand für Auslegungen beim Mischen von Feststoffen. Chem Ing Techn 53:831–844

[7.18] Zlokarnik M (1967) Eignung von Rührern zum Homogenisieren von Flüssigkeitsgemischen. Chem. Ing. Techn. 39(9/10):539–548

[7.19] DIN 28130 (Normentwurf 2006) Chemischer Apparatebau – Übersicht über Bauteile von Rührbehältern mit Rührwerk. Beuth-Verlag, Berlin

[7.20] DIN 28131 (1992) Rührer und Stromstörer für Rührbehälter; Formen, Benennungen und Hauptmaße. Beuth-Verlag, Berlin

[7.21] EKATO (1990) Handbuch der Rührtechnik – Fa. EKATO Rühr- und Mischtechnik, Schopfheim

[7.22] Kipke H D (1979) Rühren von dünnflüssigen und mittelviskosen Medien. Chem. Ing. Techn. 51(5):235–239

[7.23] Mersmann A, Einenkel W-D, Käppel M (1975) Auslegung und Maßstabsvergrößerung von Rührapparaten. Chem. Ing. Techn. 47(23):953–964

[7.24] Einenkel W D, Mersmann A (1977) Erforderliche Drehzahl zum Suspendieren in Rührwerken. vt verfahrenstechnik 11(2):90–94

[7.25] Voit H, Mersmann A (1985) Allgemeingültige Aussage zur Mindest-Rührerdrehzahl beim Suspendieren. Chem. Ing. Techn. 57(8):692–693

[7.26] Zlokarnik M (1970) Einfluss der Dichte- und Zähigkeitsunterschiede auf die Mischzeit beim Homogenisieren von Flüssigkeitsgemischen. Chem. Ing. Techn. 42(15):1009–1011

[7.27] Mersmann A, Großmann H (1980) Dispergieren im flüssigen Zweiphasensystem. Chem. Ing. Techn. 52(8):621–628

[7.28] Schubert Helmar (2003) Neue Entwicklungen auf dem Gebiet der Emulgiertechnik. In [7.6] Abschn. 13, 313–342

[7.29] Schubert Helmar (2005) (Hrsg.) Emulgiertechnik – Grundlagen, Verfahren und Anwendungen. Behr's Verlag, Hamburg

[7.30] Judat H (1978) Begasen von niedrigviskosen Flüssigkeiten. In: Verfahrenstechnische Fortschritte beim Mischen, Dispergieren und bei der Wärmeübertragung in Flüssigkeiten. VDI-Ges. Verfahrenstechnik und Chemieingenieurwesen (GVC) (Hrsg.), Düsseldorf

[7.31] VDI-Wärmeatlas (2006) VDI-Gesellschaft Verfahrenstechnik und Chemieingenieurwesen (Hrsg.), 10., bearb. u. erw. Aufl. Springer, Berlin

[7.32] Poggemann R (1978) Wärmeaustausch im Rührkessel bei einphasigen Flüssigkeiten. Wie [7.30]

[7.33] Streiff F A (1998) Statisches Mischen in [7.6]

[7.34] Henzler H-J (1982) Verfahrenstechnische Auslegungsunterlagen für Rührbehälter als Fermenter. Chem. Ing. Techn. 54(5):461–476

[7.35] Wilke H-P, Buhse R, Groß K (1991) Mischer – Verfahrenstechnische Grundlagen und apparative Ausführungen. Vulkan, Essen

[7.36] Zehner P (2003) Begasen im Rührbehälter. In [7.6]

Kapitel 8
Lagern und Fließen von Schüttgütern

8.1 Aufgabenstellungen

Schüttgüter sind Haufwerke aus körnigen oder pulverigen Feststoffen. Sie kommen in nahezu allen verfahrenstechnischen Industriezweigen vor. Einige Beispiele in Tabelle 8.1 sollen das belegen.

Diese Schüttgüter müssen gelagert und transportiert werden. Sieht man von der Lagerung auf Halden ab, so sind es vor allem Bunker oder Silos, in die sie eingefüllt werden, in denen sie mehr oder weniger lang ruhend verbleiben, und aus denen sie bei der Entnahme wieder ausfließen sollen. Dabei können vielerlei Probleme auftreten, die von den Produkteigenschaften des Schüttguts, vom „Handling", d.h. von der Behandlung beim Einfüllen und Entleeren sowie den Lagerungsbedingungen und von der Konstruktion des Silos abhängen.

Eine umfassende Darstellung der Schüttgutverfahrenstechnik gibt Schulze (2006) [8.2], Lösungen der konstruktiven Probleme durch die Silolasten werden in DIN 1055, Teil 6 (2005) [8.1] gegeben.

In diesem Kapitel werden einige Grundlagen zur Charakterisierung und Messung von Schüttguteigenschaften sowie zur Lösung folgender Aufgaben behandelt:

- Vorausberechnung der Belastung von Silo- und Bunkerwänden durch eingelagerte Schüttgüter,
- Vorausberechnung der Auslaufgeometrie von Silos und Bunkern für ein gewünschtes Auslaufverhalten des Schüttguts.

Abbildung 8.1 zeigt die zwei typischen Formen von Silo und Bunker. Man bezeichnet den Teil mit senkrechten Wänden auch als Siloschaft der sich verjüngende Teil heißt Trichter oder Konus beim Kreisquerschnitt und keilförmiger Auslauf beim Schlitzbunker.

Die Lasten hängen außer von den Schüttguteigenschaften in starkem Maße auch von der Größe und Gestalt der Silos sowie von den Einfüll- und Entnahmebedingungen ab. Insbesondere unsymmetrische Gestalt und exzentrisches Füllen und Entleeren bewirken Abweichungen von den Berechnungen, die für die in Abb. 8.1 gezeigten einfachsten Behälterformen gelten. Wir beschränken uns exemplarisch auf diese beiden Bauformen, die für den rotationssymmetrischen und den ebenen Belastungsfall stehen. Dabei werden nach DIN 1055-6 [8.1] hinsichtlich der Bemessung noch folgende *Anforderungsklassen* unterschieden:

- *Anforderungsklasse 1:* Silos mit weniger als 100 t Fassungsvermögen
- *Anforderungsklasse 2:* Silos mit 100–10.000 t Fassungsvermögen, die a) eine geringe Exzentrizität beim Entleeren oder b) niedrig sind und nur geringe Exzentrizität der Befüllung aufweisen (s. Anforderungsklasse 3)

M. Stieß, *Mechanische Verfahrenstechnik - Partikeltechnologie 1*,
doi: 10.1007/978-3-540-32552-9, © Springer 2009

Tabelle 8.1 Beispiele für Schüttgüter

Schüttgüter	Industriezweig
Schotter, Kies, Sand	Steine und Erden
Kalk, Zement, Gips	Baustoffe
Erze, Schlacken, Metallpulver	Bergbau, Hüttenwesen
Rauchgasstäube	Metallurgische Industrie
Kohle, Koks (stückig bis staubförmig)	Kohlebergbau und -verarbeitung
Holzpellets	Energieversorgung
Chemikalien, Waschpulver	Chemische Industrie
Oxide, Mineralsande	Keramische und Glasindustrie
Pharmazeutika, Puder	Pharma-Industrie
Kunststoffgranulate	Kunststoffverarbeitung
Farbpigmente, Füllstoffe	Farbindustrie
Holzspäne, Holzmehl	Holzverarbeitung
Futtermittel (Grünfutter, Mais), Düngemittel	Landwirtschaft, Agrarindustrie
Getreide, Mehl, Kernfrüchte, Gewürze, Milchpulver, Zucker	Lebensmitteldindustrie

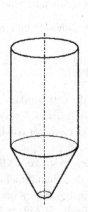 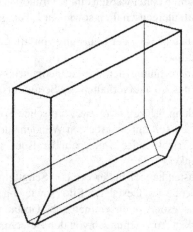

Abbildung 8.1 Einfache Bauformen: Rundsilo und Schlitzbunker

- *Anforderungsklasse 3:* Silos mit mehr als 10.000 t Fassungsvermögen oder solche, die a) eine exzentrische Entleerung bzw. b) eine exzentrische Befüllung von jeweils mehr als 25% aufweisen

Zunächst jedoch müssen geeignete Größen zur Beschreibung der Eigenschaften und des Stoffverhaltens von Schüttgütern und zugehörige Bestimmungsmethoden vorhanden sein. Als spezieller Zweig der Mechanik setzt sich die Schüttgutmechanik mit diesen Problemen auseinander (Schulze (2006) [8.2], Molerus (1985) [8.3], Schwedes (1968) [8.6]).

8.2 Das Schüttgut als Kontinuum

Im Gegensatz zu der statistischen Betrachtungsweise bei der Behandlung von Partikelgrößenverteilungen im Kap. 2 soll das Partikelkollektiv – das jetzt Schüttgut oder Haufwerk heißt – nun als Kontinuum angesehen werden.

Ähnlich wie auf Flüssigkeiten oder Festkörper wendet man dann Gesetze der Kontinuumsmechanik an. Dabei gibt es aber einige besondere Eigenschaften der Schüttgüter zu beachten, die man sich durch den Vergleich mit den beiden einfachsten Kontinua der Mechanik – Newtonsche Flüssigkeit und Hookescher Festkörper – qualitativ klarmachen kann.

Die Newtonsche Flüssigkeit
- überträgt keine Zugspannungen,
- überträgt ruhend nur Druckspannungen,
- überträgt Schubspannungen nur bei Bewegung (fließend), d.h. sie hat keine Fließgrenze,
- deformiert sich (fließt) unter der Wirkung von Schubspannungen irreversibel,
- hat eine vom Spannungszustand praktisch unabhängige Dichte (inkompressibel).

Der Hookesche Festkörper
- überträgt Zug-, Druck- und Schubspannungen,
- fließt nicht unter der Einwirkung von Schubspannungen,
- deformiert sich unter der Einwirkung von Spannungen (Zug, Druck oder Schub) reversibel,
- hat eine vom Spannungszustand praktisch unabhängige Dichte (inkompressibel).

Das Schüttgut
- überträgt keine oder nur sehr kleine Zugspannungen,
- überträgt ruhend Druck- und Schubspannungen,
- fließt unter der Einwirkung von Schubspannungen, wenn sie ausreichend hoch sind (Fließgrenze),
- hat eine vom Spannungszustand abhängige Fließgrenze,
- ändert abhängig von Belastung und Bewegung seine Dichte.

Diese Eigenschaften geben dem Schüttgut eine Zwischenstellung zwischen Flüssigkeit und Festkörper und bewirken sein gegenüber beiden unterschiedliches Verhalten sowohl im ruhenden wie im bewegten Zustand.

8.3 Ruhende Schüttgüter

Zur festigkeitsmäßigen Auslegung von Silos und Bunkern muss die Belastung der Wände bekannt sein. Zunächst betrachten wir den zylindrischen Teil des Silos, d.h.

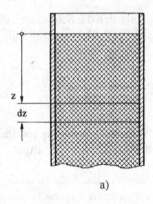
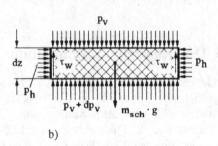

a)   b)

Abbildung 8.2 Zur Ableitung der Silolasten

seine senkrechten Wände. Im Auslauftrichter sind die Belastungsverhältnisse anders und komplizierter.

In ruhenden Flüssigkeiten nimmt der statische Druck mit der Tiefe unter dem Flüssigkeitsspiegel linear zu. Dieser hydrostatische Druck wirkt an einer beliebigen Stelle als Kraft auf ein Flächenelement in alle Raumrichtungen mit gleicher Größe, man spricht von einem reinen Normalspannungszustand. Das in einem Behälter befindliche Schüttgut dagegen überträgt nach dem im vorigen Abschnitt Gesagten auch in Ruhe Schubspannungen auf die (senkrechte) Wand. Diese *Wandschubspannungen* sind umso größer, je stärker der horizontale Druck auf die Wand ist. Sie tragen einen Teil des Gewichts der Schüttgutfüllung. Daraus folgen eine nichtlineare, unterproportionale Druckzunahme mit der Tiefe und unterschiedliche Druckkräfte in horizontaler und in vertikaler Richtung.

8.3.1 Janssen-Theorie

Der klassische Ansatz zur Berechnung der Wandbelastungen stammt von Janssen (1895): Wir betrachten eine horizontale Scheibe als Volumenelement im Inneren der Silozelle (Abb. 8.2a)). Für das freigemachte Element (Abb. 8.2b)) stellen wir das Kräftegleichgewicht in vertikaler Richtung auf.

In der Tiefe z unter der – eingeebnet gedacht – Schüttgutoberfläche sind

$p_v(z)$ der Vertikaldruck,
$p_h(z)$ der Horizontaldruck und
$\tau_w(z)$ der Wandreibungsdruck (Wandschubspannung).

Hinweis: In DIN 1055 [8.1] ist für den Wandreibungsdruck der Buchstabe p_W gewählt

Über den Siloquerschnitt soll p_v gleichbleibend angenommen werden. Für den Horizontaldruck gilt nun

$$p_h(z) = K \cdot p_v(z). \qquad (8.1)$$

K bezeichnet man als *Horizontallastverhältnis* gelegentlich auch als *Silo-Druckbeiwert*. Es wird als unabhängig von der Größe der Spannungen und damit von der Höhenkoordinate z angenommen. Der Wertebereich von K ist

$$0 < K < 1.$$

Würde man die Beziehung (8.1) auch auf Flüssigkeiten und Festkörper anwenden, bekäme man die Grenzwerte

$$K = 0 \quad \text{für freistehende Festkörper,}$$

$$K = 1 \quad \text{für Flüssigkeiten.}$$

Die Wandschubspannung erhalten wir aus dem einfachen Reibungsansatz (Coulomb'sche Reibung)

$$\tau_w(z) = \mu \cdot p_h(z) = \tan \varphi_w \cdot p_h(z) \tag{8.2}$$

mit $\mu \equiv \tan \varphi_w$ als Wandreibungskoëffizient und φ_w als Wandreibungswinkel. Wie K gilt auch μ als unabhängig von z.

Aus (8.1) und (8.2) folgt für die Wandschubspannung

$$\tau_w(z) = K \cdot \mu \cdot p_v(z). \tag{8.3}$$

Jetzt können wir das Kräftegleichgewicht an dem herausgeschnittenen Volumenelement in Abb. 8.2b aufstellen. Es lautet mit den oben definierten Größen

$$A \cdot dp_v(z) = \rho_{Sch} \cdot g \cdot A \cdot dz - \tau_w \cdot U \cdot dz. \tag{8.4}$$

Hierin sind noch folgende Bezeichnungen enthalten:

A: innerer Querschnitt des Silos,
U: innerer Umfang des Silos,
ρ_{Sch}: Schüttgutdichte,
$\rho_{Sch} \cdot g$: Wichte des Schüttguts.

Mit (8.2) und (8.4) ergibt sich daraus als Differentialgleichung für den Vertikaldruck $p_v(z)$

$$\frac{dp_v(z)}{dz} + \frac{U}{A} \cdot K \cdot \mu \cdot p_v(z) = \rho_{Sch} \cdot g$$

mit der Lösung

$$p_{vf}(z) = \frac{\rho_{Sch} \cdot g}{K \cdot \mu} \cdot \frac{A}{U} \cdot \left(1 - \exp\left(-K \cdot \mu \cdot \frac{U}{A} \cdot z\right)\right). \tag{8.5}$$

Der zusätzliche Index „f" besagt, dass diese Belastung nach dem Füllen des Silos, d.h. im (statischen) befüllten Zustand gilt. Beim Entleeren treten andere Belastungen auf, von denen weiter unten die Rede sein wird.

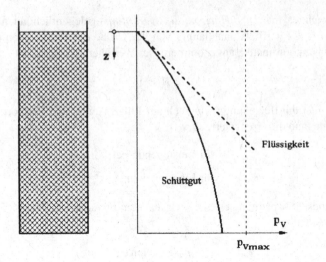

Abbildung 8.3 Vergleich der Druckzunahmen im Schüttgut und in der Flüssigkeit

Die Vertikaldruckverteilung nach (8.5) unterscheidet sich von dem linear mit z zunehmenden Druck in einer ruhenden Flüssigkeit vor allem dadurch, dass er endlich bleibt und für große Tiefen ($z \to \infty$) einem maximalen Grenzwert zustrebt (Abb. 8.3):

$$p_{vfmax} = \frac{\rho_{Sch} \cdot g}{K \cdot \mu} \cdot \frac{A}{U}. \tag{8.6}$$

Die für die Wandbelastung ausschlaggebende Horizontaldruckverteilung ist nach (8.1) dann

$$p_{hf}(z) = \frac{\rho_{Sch} \cdot g}{\mu} \cdot \frac{A}{U} \cdot \left(1 - \exp\left(-K \cdot \mu \cdot \frac{U}{A} \cdot z\right)\right) \tag{8.7}$$

mit dem Maximalwert

$$p_{hfmax} = \frac{\rho_{Sch} \cdot g}{\mu} \cdot \frac{A}{U}. \tag{8.8}$$

8.3.2 Schüttgutkennwerte für Silolasten

Zahlenwerte für K und μ ebenso wie Schüttgutdichten müssen für jedes Schüttgut experimentell gefunden werden. In DIN 1055-6 (2005) [8.1] sind für eine Reihe von wichtigen und ausreichend gut vermessenen Schüttgütern alle zur Silolastenberechnung erforderlichen Kennwerte aufgeführt, u.a. die Wichte $\gamma = \rho_{Sch} \cdot g$, der Winkel der inneren Reibung φ_i, das Horizontallastverhältnis K, sowie der Wandreibungskoëffizient μ. Die Wandrauigkeit wird durch 4 Kategorien der Wandoberflächen nach folgender Tabelle 8.2 unterteilt:

Tabelle 8.2 Kategorien der Wandoberflächen

Kategorie	Wandoberfläche	Beispiele für Materialien
D1	poliert	kaltgewalzter oder narbiger oder polierter nichtrostender Stahl, Aluminium, stranggepresstes hochverdichtetes Polyethylen
D2	glatt	Karbonstahl mit leichtem Oberflächenrost, beschichteter Kohlenstoffstahl, gegossenes hochverdichtetes Polyethylen, glatte keramische Platten, mit Stahlschalung hergestellte Betonoberfläche
D3	rau	narbiger Kohlenstoffstahl, schalungsrauer Beton, Stahlwand mit innenseitigen Bolzen, grob polierte keramische Platten
D4	gewellt	horizontal gewellte Wände, profilierte Bleche mit horizontalen Schlitzen, nicht genormte Wände mit großen Abweichungen

Tabelle 8.3 Schüttgutkennwerte für die Berechnung der Lasten in Silozellen (nach DIN 1055-6 [8.1])

Schüttgut	Wichte	Winkel der inneren Reibung (Mittelwert)	Horizontal-lastverhältnis (Mittelwert)	Wandreibungs-koëffizient		
	$\rho_{Sch} \cdot g$ kN/m^3	φ_i grad	K	μ_1	μ_2	μ_3
Allg. Schüttgut	6,0–22,0	35	0,5	0,32	0,39	0,5
Betonkies	17,0–18,0	31	0,52	0,39	0,49	0,59
Weizen	7,5–9,0	30	0,54	0,24	0,38	0,57
Getreidemehl	6,5–7,0	42	0,36	0,24	0,33	0,48
Kalksteinmehl	11,0–13,0	30	0,54	0,41	0,51	0,56
Phosphat	16,0–22,0	29	0,56	0,39	0,49	0,54
Zement	13,0–16,0	30	0,54	0,41	0,46	0,51
Sojabohnen	7,0–8,0	25	0,63	0,24	0,38	0,48
Kraftfutterpellets	6,5–8,0	35	0,47	0,23	0,28	0,37
Kohle	7,0–10,0	31	0,52	0,44	0,49	0,59

Tabelle 8.3 zeigt verkürzt eine kleine Auswahl der genannten Schüttgutkennwerte. Darin werden die Wandreibungskoeffizienten μ für die drei Stufen D1, D2 und D3 berücksichtigt. Für D4 kann der μ-Wert nach D2 abgeschätzt werden.

Beim *Entleeren* des Silos gerät die Schüttgutmasse ganz oder teilweise in Bewegung, wodurch sich der Spannungszustand vollständig ändert. Der Vertikaldruck wird kleiner als beim Füllen, denn das Ausfließen bringt in dieser Richtung eine Entlastung. Die horizontalen Belastungen sind größer als die vertikalen. Im Siloschaft wird dieser Effekt bei der Berechnung durch einen *Entleerungsfaktor*

$C_h > 1$ berücksichtigt, mit dem der nach (8.8) bestimmte Horizontaldruck p_{hf} zu multiplizieren ist. Die Veränderungen der Wandreibungsbelastungen werden durch einen entsprechenden Faktor $C_w > 1$, sowie durch höhen- und exzentrizitätsabhängige Funktionen dargestellt. Außerdem sind sie je nach Silogrößen, -formen und Anforderungsklassen noch unterschiedlich.

$$p_{he} = C_h \cdot p_{hf}, \qquad (8.9)$$

$$\tau_{we} = C_w \cdot \tau_{wf} \qquad (8.10)$$

mit p_{hf} und τ_{wf} nach (8.8) und (8.3).

Zahlenwerte bzw. Berechnungsvorschriften für C_h und C_w sind ebenfalls in DIN 1055, Teil 6, zu finden. Beispielsweise gelten für schlanke Silos der Anforderungsklassen 2 und 3 bei symmetrischem (= nicht-exzentrischem) Entleeren

$$C_h = 1,15 \quad \text{und} \quad C_w = 1,10.$$

Die größten Horizontaldrücke treten jetzt am Übergang zwischen dem zylindrischen und dem konischen Teil (Trichter) auf. Dort wechselt das Spannungsfeld („Switch"). Es entstehen Spannungsspitzen, die nach Schulze [8.2] durch

$$p_{h,max} \approx p_{v,max} \cdot (1 + \sin \varphi_e)/(1 - \sin \varphi_e) \qquad (8.11)$$

abgeschätzt werden können, worin φ_e der sog. effektive Reibungswinkel ist, ein Maß für die innere Reibung bei stationärem Fließen des Schüttguts (s. Abschn. 8.4.1.2). Detailliertere Berechnungen für verschiedene Silo- und Trichterformen gibt die Norm [8.1].

Silos mit waagerechten Böden sind mit einer Bodenlast beansprucht, die höher als die nach (8.6) errechnete ausfällt. Sie muss daher noch mit einem *Bodenlastfaktor* $C_B > 1$ multipliziert werden, der ebenfalls dem genannten Normblatt entnommen werden kann.

Schließlich können beim Entleeren insbesondere sehr großer Silos Ungleichförmigkeiten der Belastungen über den Querschnitt auftreten, zu deren Berücksichtigung in DIN 1055-6, detaillierte Angaben unter dem Stichwort „Teilflächenlasten" enthalten sind.

Beispiel 8.1 (Silolasten, Wandeinfluss) Gegeben ist ein Rundsilo für Weizen mit einem Durchmesser von $D = 3,6$ m und einer maximalen Füllhöhe von $H = 20$ m (bei eingeebneter Oberfläche). Man berechne für den Zustand nach dem Füllen und für drei verschiedene Wandausführungen (D1 poliert, D2 glatt, D3 rau) die Vertikal- und die Horizontaldrücke in 9 m und in 18 m Tiefe und vergleiche sie mit den (theoretisch) maximal möglichen Werten.

Lösung:
Aus den Tabellen 8.2 und 8.3 lassen sich folgende Werte für das Schüttgut Weizen entnehmen:
Wichte $\rho_{Sch} \cdot g = 9,0$ kN/m³; $K = 0,54$; $\mu_1 = 0,24$, $\mu_2 = 0,38$, $\mu_3 = 0,57$.

Tabelle 8.4 Zum Beispiel 8.1

Wandoberfläche →	D1 poliert	D2 glatt	D3 rau
$p_{vf,max}$ in [kN/m^2]	55,6	35,1	23,4
$p_{hf,max}$ in [kN/m^2]	30,0	19,0	12,6
p_{vf}(9 m) in [kN/m^2]	40,4 (= 72,6%)	30,6 (= 87,2%)	22,3 (= 95,4%)
p_{hf}(9 m) in [kN/m^2]	21,8	16,5	12,1
p_{vf}(18 m) in [kN/m^2]	51,4 (= 92,5%)	34,5 (= 98,3%)	23,3 (= 99,8%)
p_{vf}(18 m) in [kN/m^2]	27,8	18,7	12,6

Daraus lassen sich mit (8.8), (8.6), (8.5) sowie (8.1) und mit $A/U = D/4 = 0,9$ m die aus Tabelle 8.4 ersichtlichen Ergebnisse errechnen.

Kommentar:

1.) Je rauer die Wand ist, desto mehr von der Vertikallast (dem Schüttgutgewicht) kann sie tragen und umso kleiner sind infolgedessen auch die Horizontallasten.
2.) Rauere Wände machen jedoch auch das Wandgleiten beim Entleeren schwieriger, so dass unter Umständen Massenfluss nicht mehr gewährleistet ist.
3.) In 18 m Tiefe werden auch bei sehr glatter Wand bereits mehr als 90% der Maximallasten erreicht.

8.4 Fließende Schüttgüter

8.4.1 Spannungszustand und Fließkriterien

Zur Behandlung der Schüttgüter als kontinuierliche Medien müssen wir auf zwei Darstellungsweisen der Kontinuumsmechanik zurückgreifen:

- Die Beschreibung des Spannungszustands mit Hilfe des Mohrschen Spannungskreises und
- die Darstellung von Fließkriterien als Grenzlinien in der Ebene der Mohrschen Spannungskreise.

8.4.1.1 Spannungszustand

Den Spannungszustand an einem Punkt im Inneren eines durch Kräfte und Drehmomente beanspruchten Körpers können wir dadurch vorstellbar machen, dass wir einen differentiell kleinen Quader mit den Seiten dx, dy und dz betrachten und an seinen sechs Seitenflächen Normalspannungen σ und Schubspannungen τ wirken lassen (Abb. 8.4).

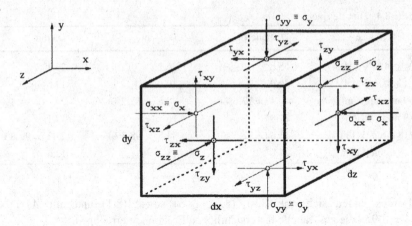

Abbildung 8.4 Allgemeiner Spannungszustand am differenziell kleinen Quader

Indizierung der Spannungen:
Der erste Index steht für die Richtung der Flächennormalen, der zweite für die Richtung, in der die Spannung wirkt. Zum Beispiel: σ_{xx} greift an der Fläche $dy \cdot dz$ an und wirkt in x-Richtung, τ_{yz} greift an der Fläche $dx \cdot dz$ an und wirkt in z-Richtung. Da Normalspannungen nur gleiche Indizes haben können, kürzt man ab:

$$\sigma_{xx} \equiv \sigma_{x'}, \qquad \sigma_{yy} \equiv \sigma_y \quad \text{und} \quad \sigma_{zz} \equiv \sigma_z.$$

Vorzeichenvereinbarung:
Die Vorzeichenregelung wird mit den *nach innen* weisenden Flächennormalen n_x, n_y und n_z vorgenommen (s. Abb. 8.5, wo Beispiele nur für die x-y-Ebene gezeigt sind). Das Vorzeichen (s. Spannungen) ist positiv, wenn ihr Richtungsvorzeichen und das Vorzeichen der zugehörigen – nach innen gerichteten – Flächennormalen übereinstimmen. Für die Normalspannungen σ hat das zur Folge, dass in der Schüttgutmechanik – anders als in der technischen Mechanik und in der Festigkeitslehre üblich – Druckspannungen immer positives und Zugspannungen immer negatives Vorzeichen haben. Der Grund für diese Vereinbarung liegt im überwiegenden Vorkommen von Druckspannungen in der technischen Praxis. Das Vorzeichen der Schubspannung hat keine physikalische Bedeutung.

Das Momentengleichgewicht um den Mittelpunkt des Elements ergibt, dass nur die in Abb. 8.5 gezeigten Schubspannungsrichtungen möglich sind. Es sind also entweder alle Schubspannungen positiv oder alle negativ. Außerdem folgt aus dem Momentengleichgewicht die Gleichheit zugeordneter Schubspannungen

$$\tau_{xy} = \tau_{yx}; \qquad \tau_{xz} = \tau_{zx}; \qquad \tau_{yz} = \tau_{zy}. \tag{8.12}$$

Die Größe der Spannungen bei vorgegebener konstanter Beanspruchung hängt von der räumlichen Orientierung des Elements, d.h. von der Winkellage der Flächen, von der Drehung des Koordinatensystems ab. *Eine* spezielle Lage zeichnet sich dadurch aus, dass in ihr keine Schubspannungen auftreten ($\tau = 0$). Die in dieser Lage

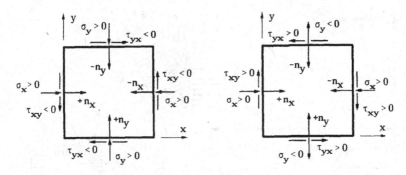

Abbildung 8.5 Zur Vorzeichenvereinbarung der Spannungen

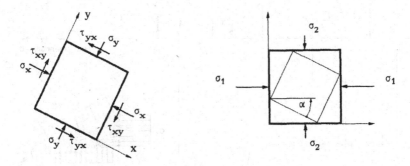

Abbildung 8.6 Lageplan (**a**) Spannungen in beliebiger Lage eines Elements, (**b**) Hauptspannungen

wirkenden Normalspannungen sind Extremwerte und heißen Hauptspannungen σ_1, σ_2 und σ_3. Vereinbarungsgemäß wird in der Schüttgutmechanik so indiziert, dass σ_1 die größte und σ_2 die kleinste Hauptspannung ist:

$$\sigma_2 \leq \sigma_3 \leq \sigma_1. \tag{8.13}$$

Der Einfluss der mittleren Hauptspannung σ_3 kann für Schüttgüter, insbesondere für deren Fließen, vernachlässigt werden.

Für alle Orientierungen – gekennzeichnet durch den Winkel α gegen die Hauptspannungsrichtungen – werden die Spannungen in der τ-σ-Ebene durch den Mohrschen Spannungskreis – kurz: Mohrkreis – dargestellt (Abb. 8.7).

Seine Gleichung lautet

$$\tau^2 + (\sigma - \sigma_M)^2 = \sigma_R^2. \tag{8.14}$$

Darin geben

$$\sigma_M = (\sigma_x + \sigma_y)/2 = (\sigma_1 + \sigma_2)/2 \tag{8.15}$$

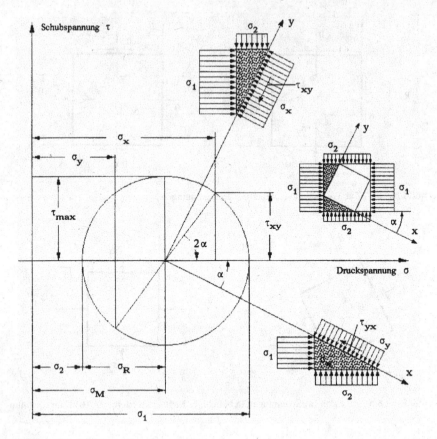

Abbildung 8.7 Mohrscher Spannungskreis

und

$$\sigma_R = \sqrt{((\sigma_y - \sigma_x)/2)^2 + \tau^2} = (\sigma_1 - \sigma_2)/2. \qquad (8.16)$$

Mittelpunkt und Radius des Mohrkreises an. Aus

$$\sigma_x = \sigma_M + \sigma_R \cdot \cos 2\alpha, \qquad (8.17)$$

$$\sigma_y = \sigma_M - \sigma_R \cdot \cos 2\alpha \quad \text{und} \qquad (8.18)$$

$$\tau_{xy} = \sigma_R \cdot \sin 2\alpha \qquad (8.19)$$

lassen sich die Spannungen am gedrehten Element berechnen.

Man beachte, dass die Schubspannung $\tau = \tau_{xy}$ bei σ_x vorzeichenrichtig aufgetragen wird, und dass im Mohrkreis die Winkel doppelt und mit entgegengesetztem Drehsinn wie im Lageplan auftreten.

Abbildung 8.8 Mohrsche Spannungskreise bei dreiachsigem Spannungszustand

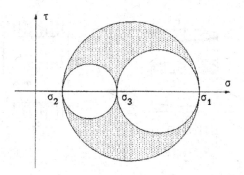

Entsprechend ergeben sich die Hauptspannungen σ_1 und σ_2 sowie der Winkel α aus bekannten Werten von σ_x, σ_y und τ nach

$$\sigma_{1,2} = (\sigma_x + \sigma_y)/2 \pm \sqrt{((\sigma_y - \sigma_x)/2)^2 + \tau^2} = \sigma_M \pm \sqrt{\sigma_R^2 + \tau^2}, \quad (8.20)$$

$$\tan 2\alpha = \frac{2\tau}{\sigma_y - \sigma_x}. \quad (8.21)$$

Aus Abb. 8.7 erkennen wir auch sofort, dass die größte Schubspannung

$$\tau_{max} = \sigma_R = (\sigma_1 - \sigma_2)/2 \quad (8.22)$$

bei $2\alpha = \pi/2$ auftritt, also unter einem Winkel von 45° gegen die Hauptspannungsrichtung. Für die Normalspannungen gilt dann

$$\sigma_x = \sigma_y = \sigma_M. \quad (8.23)$$

Der dreiachsige Spannungszustand mit $\sigma_2 < \sigma_3 < \sigma_1$ entsprechend (8.13) wird durch drei Mohrkreise dargestellt (Abb. 8.8). Möglich sind alle Spannungszustände im punktierten Gebiet einschließlich der Kreiskonturen.

Zur Veranschaulichung seien einige sehr einfache Belastungsfälle mit ihren Mohrkreisen angeführt.

– *a) Einachsiger Druck* (Abb. 8.9a).

$$\sigma_1 = F/A \quad \text{und} \quad \sigma_2 = \sigma_3 = 0;$$

$\tau_{max} = \sigma_1/2$ unter 45° gegen die senkrechte σ_1-Hauptspannungsrichtung.

Beispiel: Freistehender Schüttgutzylinder unter seinem Eigengewicht oder einer rein axialen Last F.[1]

---

[1]Dieses Schüttgut muß „kohäsiv" sein. Die Erklärung dieses Begriffs folgt im nächsten Abschnitt bei den „Fließkriterien". Um eine Vorstellung zu haben, kann man sich aus der Kindheit feuchten Sand in die Erinnerung zurückrufen, mit dem man einen „Kuchen" backen kann.

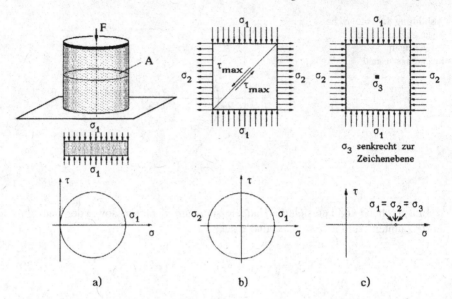

Abbildung 8.9 Beispiele für einfache Spannungszustände (*oben*) und ihre Mohrkreise (*unten*)

− *b*) *Reiner Schubspannungszustand* (Abb. 8.9b).

$$\sigma_1 > 0; \qquad \sigma_2 = -\sigma_1; \qquad \tau_{max} = \sigma_1.$$

Dieser Zustand ist wegen der Zugspannung σ_2 in Schüttgütern selten, er tritt allenfalls lokal im Inneren kohäsiver Schüttgüter auf. In der Ebene mit den maximalen Schubspannungen ($\alpha = 45°$) herrschen keine Normalspannungen.

− *c*) *Hydrostatischer Spannungszustand* (Abb. 8.9c).

$$\sigma_1 = \sigma_2 = \sigma_3 > 0; \qquad \tau \equiv 0.$$

Allseitig herrscht gleicher Druck, der Mohrkreis entartet zum Punkt auf der σ-Achse, es gibt keine Schubspannungen.

Beispiele: Druck in einer ruhenden Flüssigkeit; Druck in fluidisertem Schüttgut (Wirbelschicht); Druck in einem homogenen Schüttgut bei allseitig gleichem (isostatischem) Verpressen.

8.4.1.2 Fließkriterien

Beginnendes Fließen, Fließort

Ein einachsig druckbelastetes Schüttgut (Abb. 8.9a) hält nur eine begrenzte Druckspannung σ_{1max} aus. Will man die Belastung steigern, so beginnt das Schüttgut sich irreversibel zu verformen, es beginnt zu fließen. Die einachsig maximal mögliche

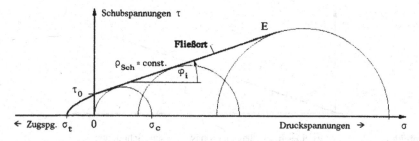

Abbildung 8.10 Fließort

Druckspannung nennt man auch *Druckfestigkeit* σ_c des Materials. Sie spielt bei der Auslegung von Siloausläufen eine wichtige Rolle.

Wirken seitlich stützende Spannungen σ_2, $\sigma_3 > 0$, so tritt das Fließen erst bei höheren Werten von σ_1 ein. Zu jedem durch den Fließbeginn gekennzeichneten Wertepaar (σ_1, σ_2) gehört ein Mohrkreis (Abb. 8.10). Die Umhüllende aller dieser Mohrkreise nennt man nach Jenike (1964) [8.5] *Fließort* (FO). Demnach gibt der Fließort in der τ-σ-Ebene die Grenze der bei einer bestimmten Schüttgutdichte ρ_{Sch} im Schüttgut möglichen Spannungszustände an: τ-σ-Werte unterhalb des Fließorts sind stabile Belastungen, das Gut bleibt in Ruhe. Werte von τ und σ auf dem Fließort bedeuten *Fließbeginn*, höhere τ-σ-Werte sind unmöglich, sie können nicht erreicht werden. Der Fließort hat einen Endpunkt E, der der Berührpunkt des Fließorts an den Mohrkreis des *stationären Fließens* ist (s. unten).

Im Bereich $\sigma > 0$ sind die gemessenen Fließorte im allgemeinen schwach nach oben gekrümmt und können daher oft als Geraden angenähert werden. Ihr Steigungswinkel entspricht dem *Winkel der inneren Reibung* φ_i. Der Ordinatenabschnitt des Fließorts heißt *Kohäsion* τ_0. In DIN 1055-6 (2005) [8.1] wird sie auch *Scherfestigkeit* genannt und dafür der Buchstabe c verwendet. Sie gibt die Schubspannung an, die das Schüttgut ohne Normalbelastung höchstens übertragen kann. Schüttgüter mit $\tau_0 > 0$ heißen *kohäsive Schüttgüter*. Sie weisen eine – allerdings geringe – Zugfestigkeit σ_t auf.

Kohäsionslose Schüttgüter ($\tau_0 = 0$) haben als Fließort eine Gerade durch den Koordinatenursprung (Coulomb'sches Fließkriterium, Abb. 8.11). Sie werden auch *freifließend* genannt. Beispiele sind trockener, grobkörniger Sand und Getreidekörner.

Die Lage eines Fließorts hängt vom Verdichtungszustand und von der Feuchte des Schüttguts ab. Der Verdichtungszustand trockener Güter wird durch die Schüttgutdichte ρ_{Sch} bzw. wegen $\rho_{Sch} = \rho_s(1 - \varepsilon)$ durch die Porosität ε beschrieben, die Feuchte durch das Massenverhältnis von Flüssigkeit zu Feststoff $X_m = m_f/m_s$. Ein Fließort hat daher ρ_{Sch} bzw. ε sowie ggf. X_m als Parameter. Verdichtung des Schüttguts führt einerseits zu höherer Schüttgutdichte und kleinerer Porosität, andererseits zu einer *Verfestigung*, die höhere Belastungen τ und σ bis zum Fließbeginn gestattet. Damit liegt auch der Fließort höher (Abb. 8.12).

Molerus (1985) [8.3] nennt die den Fließbeginn kennzeichnenden Fließorte zur Unterscheidung von anderen, die weiter unten eingeführt werden, *individuelle* Fließorte.

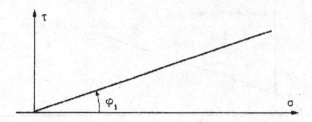

Abbildung 8.11 Fließort eines freifließenden (kohäsionslosen) Schüttguts

Ihre physikalische Ursache hat die Verfestigung wie die Kohäsion in den Haftkräften zwischen den einzelnen Partikeln des Schüttguts. Durch Druckkräfte von
außen werden die einzelnen Kontaktstellen zwischen den Partikeln zahlreicher und
höher belastet, und das führt zu einer Verstärkung der Haftkräfte (s. Abschn. 2.6.1).
Verdichtet und verfestigt sich das Gut durch längere Lagerung in Silos (beispielsweise durch „Setzen" unter Verkleinerung des Hohlraums, oder durch Feuchtigkeit-
seinfluss), so spricht man von *Zeitverfestigung*.

Stationäres Fließen

Erreicht an einer Stelle im Inneren des Schüttguts mit der Dichte ρ_{Sch1} der Spannungszustand bei A (Abb. 8.12) den Fließort, so beginnt der Fließvorgang. Er ist in
aller Regel mit einer lokalen Auflockerung, d.h. mit einer Volumenausdehnung verbunden. Schüttgutdichte und Spannungen nehmen ab (Pfeil), bis keine Volumenän-
derung mehr erfolgt. Von da an bleiben Schüttgutdichte und Spannungen auch bei
weiterem Fließen konstant. Damit ist der Endpunkt eines unterhalb des ursprünglichen liegenden Fließorts erreicht (E_3) und man konstatiert *stationäres Fließen*.
Punkte A auf einem individuellen Fließort bedeuten also beginnendes, Endpunkte E
stationäres Fließen des Schüttguts unter der Wirkung der jeweiligen Spannungszustände.

Zu den Endpunkten der Fließorte gehören die *End-Mohrkreise* als Beschreibung
der im stationär fließenden Schüttgut auftretenden Spannungszustände. Oft ist die
Einhüllende der End-Mohrkreise eine Gerade durch den Nullpunkt. Dann bildet sie
den von Jenike eingeführten *effektiven Fließort*, der durch den *effektiven Reibungswinkel* φ_e gekennzeichnet ist (Abb. 8.12). Dieser vom Material abhängige Wert hat
für die praktische Auslegung von Auslaufquerschnitten Bedeutung. Manchmal ist
die Einhüllende der End-Mohrkreise keine Gerade. Dann wird der effektive Reibungswinkel φ_e durch die Tangente vom Koordinatenursprung an den größten End-
Mohrkreis (das ist der für stationäres Fließen) gebildet (s. später Abb. 8.16).

8.5 Messung von Fließorten

Zur experimentellen Fließortbestimmung feinkörniger Materialien gibt es mehrere
Geräte nach im Wesentlichen zwei Prinzipien: Im *Ringschergerät* wird die zu un-

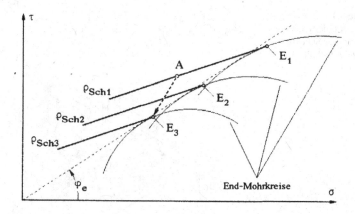

Abbildung 8.12 Beginnendes und stationäres Fließen

tersuchende Schüttgutprobe in einem ringförmigen Rechteckkanal verdichtet und durch eine Rotationsbewegung geschert, während im *Jenike-Schergerät* das Schüttgut in einer Art flachen Dose nach der Vertikalverdichtung einer translatorischen Scherbewegung ausgesetzt wird. Die Scherverformung ist dabei gleichmäßig über die Probe verteilt, der Scherweg ist jedoch auf wenige Millimeter begrenzt. Demgegenüber erlauben Rotationsschergeräte einen wesentlich größeren Scherweg, allerdings ist die Scherverformung nicht konstant, weil sie mit dem Radius linear zunimmt. Die Abbn. 8.13 und 8.14 zeigen die gängigsten Ausführungen der beiden Typen. Ausführliche Darstellungen der Vorgehensweise beim Messen von Fließorten sind dem Buch von Schulze (2006) [8.2] zu entnehmen. Für das gezeigte Ringschergerät liegt außerdem ein Auswerteprogramm vor.

Traditionell am häufigsten wird das *Jenike-Schergerät* verwendet, dessen Scherzelle in Abb. 8.14 gezeigt ist.

Sie besteht aus einer Schale 1 und einem Ring 2, die gemeinsam mit dem Probematerial gefüllt werden. Auf den Deckel 3 wird vertikal die Normalkraft F_N aufgebracht, und am Ring wirkt horizontal die Scherkraft F_S. Da das Fließverhalten eines Schüttguts von seiner Dichte abhängt, muss vor jeder eigentlichen Messung eines Fließort-Punktes eine definierte Schüttgutdichte erzeugt werden. Das geschieht beim sog. *Anscheren* (Abb. 8.15):

Bei aufgelegter Vertikallast F_N^* wird so weit geschert, bis mit der Horizontalkraft F_S^* stationäres Fließen und damit konstante Schüttgutdichte erreicht ist. Dann reduziert man die Normalkraft auf $F_N < F_N^*$ und unter dieser neuen Belastung wird die für den Fließbeginn erforderliche Scherkraft F_S gemessen (*Abscheren*). Auf den Querschnitt A der Probe bezogen bekommt man jeweils zueinander gehörende Werte von $\sigma = F_N/A$ und $\tau = F_S/A$.

Das Wertepaar $\sigma_{st} = F_N^*/A$ und $\tau_{st} = F_S^*/A$ (*Anscheren*) ergibt stationäres Fließen und daher einen Punkt auf dem End-Mohrkreis (Abb. 8.16). Paarungen $\sigma = F_N/A$ und $\tau = F_S/A$ (*Abscheren*) markieren jeweils einen Punkt des individuellen Fließorts $\tau(\sigma)$ (Kreuze in Abb. 8.16). Den Endpunkt E des Fließorts erhält man als den Berührpunkt des durch die Kreuze gelegten Fließorts an den End-Mohrkreis.

Abbildung 8.13
Ringschergerät der Fa.
Dr.-Ing. Dietmar Schulze
Schüttgutmesstechnik,
Wolfenbüttel

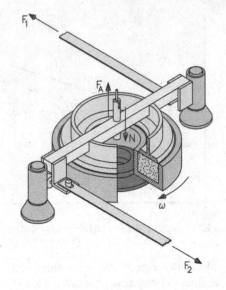

Abbildung 8.14 Scherzelle
des Jenike-Schergerätes

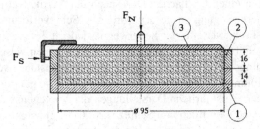

Abbildung 8.15 Anscheren
und Abscheren bei der
Messung von Fließorten

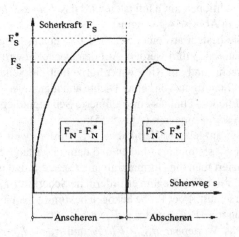

Aus dem Ergebnis einer solchen Meßreihe – mehrere individuelle Fließorte mit
ihren Endpunkten für verschiedene Vorverdichtungen – lassen sich als Schüttguteigenschaften folgende Größen gewinnen:

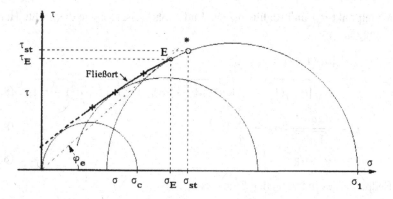

Abbildung 8.16 Ergebnis einer Fließortmessung

- φ_i Winkel der inneren Reibung,
- σ_c einachsige Druckfestigkeit,
- σ_1 größte Hauptspannung beim stationären Fließzustand,
- φ_e effektiver Reibungswinkel nach Jenike.

Der Winkel der inneren Reibung φ_i entspricht der Steigung des Fließorts

$$\varphi_i = \arctan(d\tau/d\sigma) \tag{8.24}$$

und ist im allgemeinen nicht konstant (gekrümmter Fließort). Einen für praktische Zwecke brauchbaren konstanten Näherungswert bekommt man in diesem Fall aus der Steigung der Tangente, die den Mohrkreis für die einachsige Belastung und den End-Mohrkreis berührt.

Üblicherweise erfolgt die Auswertung von Fließortmessungen graphisch. Für die Fälle, in denen die gemessenen Wertepaare des individuellen Fließorts σ_i, τ_i durch eine Gerade angenähert werden können, sind im folgenden die Formeln für eine rechnerische Auswertung zusammengestellt:

Aus den Meßpunkten (σ_i, τ_i) erhält man mit der linearen Regression die Gleichung des individuellen Fließorts

$$\tau = \tau_0 + a \cdot \sigma \tag{8.25}$$

mit dem Winkel der inneren Reibung $\varphi_i = \arctan \alpha$ und der Kohäsion τ_0. Außerdem ist das Wertepaar σ_{st} und τ_{st} des stationären Fließens als ein Punkt auf dem End-Mohrkreis bekannt. Damit lassen sich berechnen:

1.) Die Druckfestigkeit σ_c

$$\sigma_c = 2 \cdot \tau_0 \cdot \tan\left(\frac{\pi}{4} + \frac{\varphi_i}{2}\right). \tag{8.26}$$

2.) Mittelpunkt σ_M und Radius σ_R des End-Mohrkreises, sowie die größte Hauptspannung σ_1

$$\sigma_M = [\sigma_{st}(1 + a^2) + a \cdot \tau_0]$$

$$- \sqrt{[\sigma_{st} \cdot (1 + a^2) + a \cdot \tau_0]^2 - [(\sigma_{st}^2 + \tau_{st}^2) \cdot (1 + a^2) - \tau_0^2]}, \quad (8.27)$$

$$\sigma_R = \frac{a}{\sqrt{1 + a^2}} \left(\sigma_M + \frac{\tau_0}{a} \right), \quad (8.28)$$

$$\sigma_1 = \sigma_M + \sigma_R. \quad (8.29)$$

3.) Endpunkt des individuellen Fließorts σ_E, τ_E

$$\sigma_E = \frac{a}{1 + a^2} \left(\frac{\sigma_M}{a} - \tau_0 \right), \quad (8.30)$$

$$\tau_E = \tau_0 + \frac{a}{1 + a^2} (\sigma_M - a \cdot \tau_0). \quad (8.31)$$

4.) Effektiver Reibungswinkel φ_e

$$\varphi_e = \arcsin \left(\frac{\sigma_R}{\sigma_M} \right) = \arcsin \left[\frac{a}{\sqrt{1 + a^2}} \cdot \left(1 + \frac{\tau_0}{a \cdot \sigma_M} \right) \right]. \quad (8.32)$$

Schließlich kann man bei Kenntnis der Feststoffdichte ρ_s. und der in das Volumen V_{Sch} der Meßzelle eingewogenen Schüttgutmenge m_s mit

$$\rho_{Sch} = m_s / V_{Sch} \quad \text{und} \quad (8.33)$$

$$\varepsilon = 1 - \rho_{Sch}/\rho_s = 1 - m_s/(\rho_s \cdot V_{Sch}) \quad (8.34)$$

die zu dem betreffenden Fließort gehörende Schüttgutdichte ρ_{Sch} bzw. die entsprechende Porosität ε ermitteln. Hierbei ist trockenes Schüttgut vorausgesetzt.

Ersetzt man die Unterschale der Jenike-Scherzelle durch ein Stück Silo-Wandmaterial, können mit dem Gerät auch Wandfließorte und Wandreibungswinkel bestimmt werden. Die Reibung an Silowänden folgt im Allgemeinen dem *Coulomb'schen Fließkriterium* (Abb. 8.17)

$$\tau = \tan \varphi_w \cdot \sigma. \quad (8.35)$$

Wenn sich für den Wandfließort eine Gerade ergibt, ist $\varphi_w = $ const., wenn nicht, gilt die Beziehung (8.35) dennoch, so dass dann $\varphi_w(\sigma)$ als Steigung der *Sehne* vom Nullpunkt zu einem Punkt auf dem Wandfließort definiert ist – anders als φ_i! (Abb. 8.17).

$$\varphi_w(\sigma) = \arctan(\tau/\sigma). \quad (8.36)$$

Für die Auslegung von Silos und ihren Auslauftrichtern ist die Kenntnis folgender Abhängigkeiten wichtig:

$$\sigma_c = \sigma_c(\sigma_1); \qquad \varphi_e = \varphi_e(\sigma_1); \qquad \varphi_i; \qquad \varphi_w; \qquad \rho_{Sch} = \rho_{Sch}(\sigma_1).$$

Abbildung 8.17
Wandfließort mit
Wandreibungswinkel φ_w

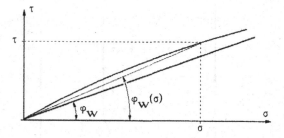

Man muss daher mehrere mit unterschiedlichen Vorverdichtungen (σ_{st}, τ_{st}) ange-scherte Fließorte messen, um die genannten Funktionen zu erhalten. Wie das kom-plette Ergebnis einer solchen Untersuchung aussehen kann, ist dem Beispiel einer Siloauslegung in Abschn. 8.6.4 zu entnehmen.

8.6 Ausfließen von Schüttgütern aus Silos und Bunkern

Zwei grundlegende Aufgaben sind für eine verfahrenstechnisch befriedigende Be-triebsweise von Silos zu lösen: Zum einen soll beim Entleeren möglichst „Massen-fluss" im Silo herrschen und zum anderen muss „Brückenbildung" im Auslauftrich-ter bzw. Auslaufkeil vermieden werden. Zu beiden Aufgaben hat sich vor allem die Jenike-Methode der Auslegung bewährt (Jenike (1964) [8.5]).

8.6.1 Fließprofile

Man unterscheidet grob zwei Profiltypen des Ausfließens von Schüttgütern aus Bun-kern und Silos: *Massenfluss* und *Kernfluss* (Abb. 8.18).

Beim *Massenfluss* ist der ganze Behälterinhalt gleichzeitig in Bewegung. Das bedeutet einigermaßen gleichmäßiges Absinken des Bunkerinhalts über den ganzen Querschnitt und Austrag des Gutes etwa in der Reihenfolge wie beim Füllen, also enge Verweilzeitverteilung, keine Entmischung und kein „Schießen" beim Auslau-fen. Diese verfahrenstechnischen Vorteile müssen durch eine aufwendigere Gestal-tung erkauft werden: Steile Auslauftrichter und damit hohe und schlanke Bauformen (Platzbedarf), gleichmäßig glatte und glatt bleibende Wand, keine scharfen Über-gänge, sorgfältige Verarbeitung sowie eine auf das eingelagerte und auszutragende Material abgestimmte Berechnung. Dieser Berechnung müssen Eigenschaftswerte des Schüttguts zugrunde liegen, deren Bestimmung, wie der vorangegangene Ab-schnitt gezeigt hat, relativ aufwendig ist. Vor allem ist hierbei der Wandreibungs-winkel φ_w maßgebend.

Kernfluss liegt vor, wenn nur eine mehr oder weniger schmale Zone des Schütt-guts über der Auslauföffnung in Bewegung ist, während das umgebende Material

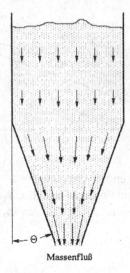
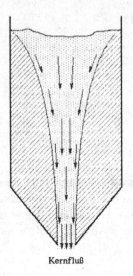

Massenfluß   Kernfluß

Abbildung 8.18 Grundtypen der Fließprofile

ruht. Es kann sich mit der Zeit verfestigen, was den Auslaufvorgang zusätzlich beeinträchtigt. Das auslaufende Material rutscht von oben nach. Daher wird zuerst eingefülltes Gut zuletzt und unter Umständen nur bei vollständiger Entleerung wieder ausgetragen, und es ergibt sich eine breite Verweilzeitverteilung. Der Austrag kann durch einstürzende Gutwände unregelmäßig sein, und die Austragsorgane werden dann entsprechend hoch belastet. Als vorteilhaft kann aber angesehen werden, dass Kernflussbunker gedrungener und mit besserer Raumausnutzung gebaut werden können. Sie bedürfen jedoch in sehr vielen Fällen einer *Austragshilfe*(Rüttler, eingeblasene Luft, vibrierende Flächen oder aufblasbare Kissen im Konus, Kratzer u.ä.).

Außer diesen beiden Fließprofilen gibt es verschiedene Zwischenformen von Profilen, die sowohl bei Schulze [8.2] wie in der Norm DIN 1055-6 [8.1] beschrieben werden und für die – soweit möglich – Belastungsberechnungen angegeben sind. Die in Abb. 8.18 gezeigten Fließprofile geben nur die Verhältnisse bei symmetrischen Fließbewegungen wieder. Häufig hat man es jedoch mit exzentrischem Fließen zu tun, das durch außermittiges Einfüllen, durch Inhomogenitäten im Inneren des Schüttguts (besonders bei großen, niedrigen Silos) sowie durch unsymmetrische Bauweise und/oder exzentrische Anordnung des Auslaufs bedingt ist. Auch in diesen Fällen lassen sich die auf die Konstruktion wirkenden Lasten berechnen. Hierzu sei wiederum auf die genannte Norm verwiesen.

8.6.2 Auslegung von Massenfluss-Silos

Ob Massen- oder Kernfluss eintritt, hängt von folgenden Größen ab: *Wandreibungswinkel* φ_w, effektiver Reibungswinkel φ_e, und *Konuswinkel* Θ (s. Abb. 8.18).

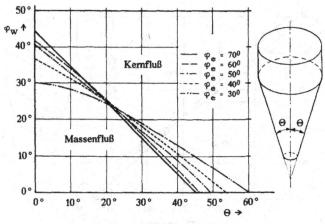

rotationssymmetrischer Fließzustand

Abbildung 8.19 Zur Bestimmung des Fließprofils bei rotationssymmetrischem Fließzustand

Wir beschränken uns auf symmetrische Ausläufe und unterscheiden lediglich zwischen rotationssymmetrischem und ebenem Fließen. Ebener Fließzustand herrscht in einem keilförmigen Bunkerauslauf dann, wenn die Einflüsse der Stirnwände vernachlässigbar sind, und das ist für $L \geq 3 \cdot W$ der Fall (L: Bunkerlänge, W: Bunkerbreite).

Für beide Fälle liegen von Jenike berechnete φ_w-Θ-Diagramme mit φ_e als Parameter vor, die Grenzlinien zwischen Massen- und Kernfluss zeigen (Abbn. 8.19 und 8.20). Mit ihnen läßt sich entweder ein nicht zu überschreitender Konuswinkel Θ für Massenfluss festlegen, oder es kann für einen vorhandenen Bunkerauslauf vorhergesagt werden, welches Fließprofil zu erwarten ist. Voraussetzung in jedem Fall ist die Kenntnis der Schüttgutwerte φ_w und φ_e.

Für die rechnerische Auswertung hat ter Borg [8.7] Gleichungen zur Bestimmung des Konuswinkels Θ auf den Grenzlinien zwischen Massen- und Kernflussbereich mitgeteilt. Bei konischem Trichterauslauf (rotationssymmetrischer Fließzustand) gilt als Bedingung für Massenfluss

$$\Theta_r \leq 90° - \frac{1}{2}\arccos\frac{1 - \sin\varphi_e}{2 \cdot \sin\varphi_e} - \frac{\varphi_w}{2} - \frac{1}{2}\arcsin\frac{\sin\varphi_w}{\sin\varphi_e}$$

($-3°$ zur Sicherheit!) $\hfill$ (8.37)

und für den ebenen Fließzustand im symmetrischen, keilförmigen Auslauf

$$\Theta_e \leq \left(60,5° + 6,636 \cdot 10^{-2} \cdot \arctan\frac{50° - \varphi_e}{7,73}\right) \cdot \left(1 - \frac{\varphi_w}{42,3 + 0,131 \cdot \exp(0,06 \cdot \varphi_e)}\right)$$

$\hfill$ (8.38)

mit $\varphi_w \ll \varphi_e - 3°$ und $\Theta_e \leq 60°$. Alle Winkel sind in Altgrad (DEG) einzusetzen.

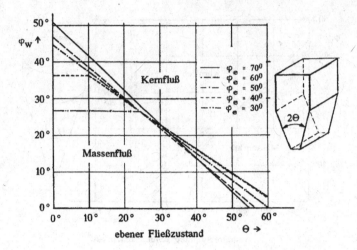

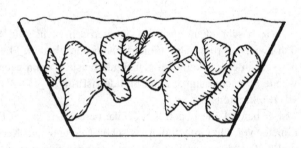

Abbildung 8.20 Zur Bestimmung des Fließprofils bei ebenem Fließzustand

Abbildung 8.21 Gutbrücke
durch Verkeilen bei
grobkörnigem Gut

8.6.3 Auslegung des Auslaufs gegen Brückenbildung

Damit das Fließen nicht durch Verstopfung wegen einer zu engen Auslauföffnung
verhindert wird, darf sich im Auslauftrichter keine stabile Gutbrücke bilden.

Bei *grobkörnigem, freifließendem Gut* kann eine solche Brücke durch Verkeilen
einzelner Körner entstehen (Abb. 8.21). Um das zu vermeiden, sollten die Aus-
lauföffnungen mindestens folgende Werte haben.

Durchmesser bei kreisrunder Öffnung (rotationssymmetrisch)

$$D > 10 \cdot x_{max}. \tag{8.39}$$

Öffnungsbreite bei ebenem Auslauf

$$B > 7 \cdot x_{max}. \tag{8.40}$$

Bei breiten Verteilungen und kugeligen Partikeln genügen kleinere Werte.

Feinkörniges, kohäsives Gut neigt umso mehr zur Brückenbildung, je höher es
verdichtet und damit verfestigt wurde. Zur Berechnung der Mindestweite einer Aus-

Abbildung 8.22 Gutbrücke
bei feinkörnigem, kohäsivem
Gut (ebener Fall)

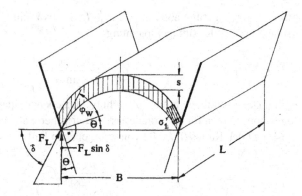

lauföffnung, die eine solche Gutbrücke vermeidet, gehen wir von einem das Problem vereinfachenden Modell aus, das in Abb. 8.22 für den ebenen Fall gezeigt ist.

Wir betrachten eine stabile Gutbrücke von konstanter Höhe s, die nur durch ihr Eigengewicht belastet ist. Überstehende Schüttgutmasse soll nicht berücksichtigt werden, so dass wir uns auf der sicheren Seite bewegen. Weil an den Brückenoberflächen oben und unten keine Spannungen herrschen, liegt ebener und einachsiger Spannungszustand vor. Die Belastbarkeit der Brücke ist daher durch die Druckfestigkeit σ_c des Schüttguts gegeben. Tatsächlich belastet ist das Schüttgut durch die Auflagerspannung σ_1'. Die Brücke kann nur dann stabil bleiben, wenn die Belastung kleiner ist als die Belastbarkeit, also unter der Bedingung

$$\sigma_1' < \sigma_c. \tag{8.41}$$

Dagegen tritt Fließen ein, ohne dass eine Brücke gebildet wird, wenn

$$\sigma_1' \geq \sigma_c \tag{8.42}$$

ist. Außerdem darf der Winkel δ nicht größer sein als die Trichterneigung Θ und der Wandreibungswinkel φ_w zusammen,

$$\delta \leq \Theta + \varphi_w, \tag{8.43}$$

sonst gleitet die Brücke an der Wand ab. Das Gewicht der Brücke beträgt

$$F_{Br} = \rho_{Sch} \cdot g \cdot B \cdot L \cdot s. \tag{8.44}$$

Diesem Gewicht hält die Vertikalkomponente $F_L \cdot \sin\delta$ der Auflagerkraft F_L das Gleichgewicht. Für jede der beiden Seiten erhalten wir F_L aus der Auflagerspannung σ_1' in Richtung der Brückenkontur[2] zu $F_L = \sigma_1' \cdot L \cdot \cos\delta$, so dass sich bei

---

[2]Ohne Nachweis sei angegeben, daß die Brückenkontur bei $s = $ const. eine quadratische Parabel ist.

zweiseitiger Lagerung aus $F_{Br} = 2 \cdot \sigma_1' \cdot L \cdot s \cdot \cos\delta \cdot \sin\delta$ mit $2 \cdot \cos\delta \cdot \sin\delta = \sin 2\delta$ schließlich für die Auflagerspannung

$$\sigma_{1e}' = \frac{\rho_{Sch} \cdot g \cdot B}{\sin 2\delta} \qquad (8.45)$$

ergibt. Der zusätzliche Index „e" steht für den ebenen Spannungszustand. Ganz analog bekommt man für den rotationssymmetrischen Fall (Index „r") mit dem Durchmesser D des Konus (anstelle von B im ebenen Fall)

$$\sigma_{1r}' = \frac{\rho_{Sch} \cdot g \cdot D}{2\sin 2\delta}. \qquad (8.46)$$

Mit kleiner werdender Auslaufweite (Breite B, bzw. Durchmesser D) nimmt also die Auflagerspannung linear ab. An einer bestimmten Stelle unterschreitet sie den Wert der Druckfestigkeit des Materials, und genau dort besteht dann die Gefahr der Brückenbildung (vgl. (8.41)). Zu beachten ist dabei, dass – wie weiter oben bereits festgestellt – σ_c noch von der Vorverfestigungsspannung σ_1 abhängt: $\sigma_c = \sigma_c(\sigma_1)$.

Zur Veranschaulichung betrachten wir die hier interessierenden Spannungsverläufe längs der Wand eines Silos. Sie sind in Abb. 8.23 für den rotationssymmetrischen Fall qualitativ gezeigt:

σ_1 ist die größte Druckspannung beim stationären Fließen,

$\sigma_c(\sigma_1)$ ist die durch σ_1 erzeugte Druckfestigkeit des Schüttguts und

σ_1' ist als Auflagerspannung der (evtl.) stabilen Brücke die Belastung des Schüttguts.

Im zylindrischen Teil ist diese letztgenannte Spannung deswegen konstant, weil die Brücke – wie vereinbart – als nur unter ihrem Eigengewicht stehend angesehen wird. Die Spannungen σ und entsprechend σ_c steigen mit zunehmender Tiefe im Silo an (vgl. Abschn. 8.3), haben ihre Maximalwerte beim Übergang vom zylindrischen zum konischen Teil und fallen zum Auslauf hin wieder ab. Gemäß (8.45) bzw. (8.46) nimmt die Auflagerspannung im Trichter proportional zur Breite bzw. zum Durchmesser ab. Nach der Bedingung (8.41) kann nur dann eine stabile Brücke existieren, wenn σ_1' den Wert von σ_c unterschreitet. Der kritische Durchmesser liegt also beim Schnittpunkt dieser beiden Verläufe. Daraus bekommen wir jetzt mit (8.45) bzw. (8.46) die kritischen Öffnungsweiten

$$B_{krit} = \sin 2\delta \, \frac{\sigma_{1,krit}'}{\rho_{Sch,krit} \cdot g}, \qquad D_{krit} = 2 \cdot \sin 2\delta \, \frac{\sigma_{1,krit}'}{\rho_{Sch,krit} \cdot g}.$$

Für die Praxis hat Jenike anstelle der von δ abhängigen Vorfunktionen vom Trichterneigungswinkel Θ abhängige Funktionen $H_e(\Theta)$ bzw. $H_r(\Theta)$ ermittelt, die aus Abb. 8.24 entnommen werden können. Sie gehen aus einem etwas veränderten Brückenmodell mit nicht konstanter Höhe hervor.

Man berechnet die kritischen Auslaufweiten für Massenflusssilos daher nach folgenden Formeln:

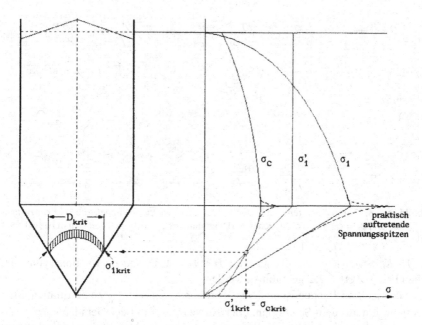

Abbildung 8.23 Zur Ableitung der bezüglich Brückenbildung kritischen Auslaufweite (Breite bzw. Durchmesser)

Abbildung 8.24
Hilfsfunktionen zur
Berechnung der kritischen
Auslaufweiten

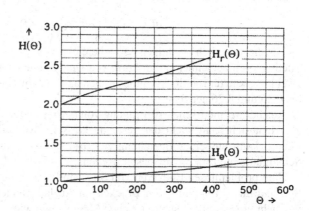

Für *Schlitzbunker* (ebener Fall):

$$B_{krit} = H_e(\Theta) \frac{\sigma_{c,krit}}{\rho_{Sch,krit} \cdot g}. \qquad (8.47)$$

Für *Kreisbunker (Rundsilos)* (rotationssymmetrischer Fall):

$$D_{krit} = H_r(\Theta) \frac{\sigma_{c,krit}}{\rho_{Sch,krit} \cdot g}. \qquad (8.48)$$

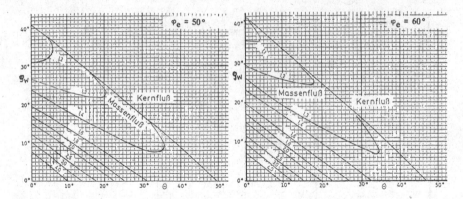

Abbildung 8.25 Fließfaktoren nach Jenike für den rotationssymmetrischen Fließzustand ($\varphi_e = 50°$ und $\varphi_e = 60°$). Ein entsprechendes Diagramm für $\varphi_e = 40°$ befindet sich in Aufgabe 8.3

Bei *Kernfluss* kann im ebenen Fall $H_e(\Theta) = 1,35$ und im rotationssymmetrischen Fall $H_r(\Theta) = 2,2$ genommen werden.

In diesen Beziehungen ist noch der Wert von $\sigma_{c,krit} = \sigma'_{1,krit}$ zu bestimmen. Man bekommt ihn aus dem Schnittpunkt der Kurve $\sigma_c(\sigma_1)$ mit der Geraden $\sigma'_1(\sigma_1)$, die wir bisher allerdings noch nicht kennen. Jenike hat das Verhältnis σ_1/σ'_1, das vom effektiven Reibungswinkel φ_e, vom Wandreibungswinkel φ_w und vom Konuswinkel Θ abhängt, *Fließfaktor ff* genannt

$$ff = \sigma_1/\sigma'_1 = ff(\varphi_e, \varphi_w, \Theta). \tag{8.49}$$

Für die praktisch wichtigen Wertebereiche von φ_e, φ_w, und Θ hat Jenike die Fließfaktoren berechnet und in Form von Diagrammen veröffentlicht [8.5]. Jeweils zwei Beispiele für rotationssymmetrischen und ebenen Fließzustand sind in den Abbn. 8.25 und 8.26 gegeben.

Aus der geometrischen Auftragung von $\sigma_c(\sigma_1)$ und $\sigma' = (1/ff) \cdot \sigma_1$ wie in Abb. 8.27 läßt sich dann leicht der gesuchte kritische Wert $\sigma'_{1krit} = \sigma_{c,krit}$ entnehmen. Ebenso kann aus einer Beziehung $\rho_{Sch}(\sigma_1)$ bei σ_{1krit} die erforderliche kritische Schüttgutdichte $\rho_{Sch,krit}$ abgelesen werden.

Zum problemlosen Entleeren von Silos sind jedoch nicht allein Massenfluss im Silo und die Vermeidung von Brücken im Auslauftrichter ausreichend. Es bedarf vielmehr einer Reihe von zusätzlichen Maßnahmen wie

— *Austragshilfen*, die auch bei sich verändernden Bedingungen Massenfluss und Brückenvermeidung ermöglichen. Dazu gehören z.B. Vibratoren (Vorsicht vor Verdichtung!), Luftkissen im Konus, Belüftung des Schüttguts von unten (Fluidisierung) oder Einbauten im Inneren, die gezielt die Wandneigungswinkel verkleinern u.a.m.

— *Austragsorgane* wie Förderschnecken, Förderbänder, Zellenradschleusen. Sie dienen vor allem auch dazu, den abzuziehenden Massenstrom einzustellen.

Ein wichtiger Aspekt bei der Einbindung von Silos als Vorratsbehälter und Puffer in verfahrenstechnischen Prozessen ist die Füllstandskontrolle. Hierzu gibt es eine

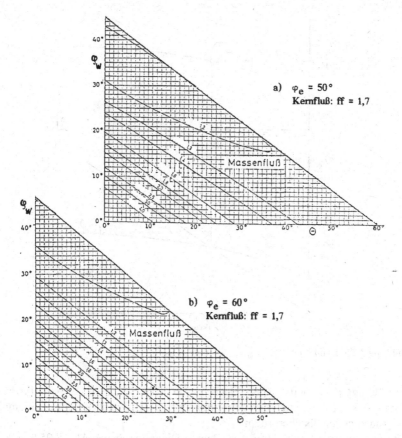

Abbildung 8.26 Fließfaktoren nach Jenike für den ebenen Fließzustand

Reihe von sowohl mechanischen wie auch optischen und elektronischen Messmethoden.

Zu allen diesen Bereichen findet man praxisnahe Angaben und weiterführende Literatur bei Wilms (2003) [8.8].

8.6.4 Auslegungsgang und Beispiel

Bei der Auslegung geht man folgendermaßen vor:

1. Beschaffen der Stoffwerte bzw. -funktionen aus den Fließorten $\tau(\sigma)$: φ_e, φ_w, $\sigma_c(\sigma_1)$, $\rho_{Sch}(\sigma_1)$. In der Regel sind auch φ_e und φ_w noch von der Vorverfestigung σ_1 abhängig (s. Beispiel).
2. Entscheidung, ob Massen- oder Kernfluss erwünscht ist.
3. Entscheidung bzw. Vorgabe, ob ebener oder rotationssymmetrischer Fall zutrifft.

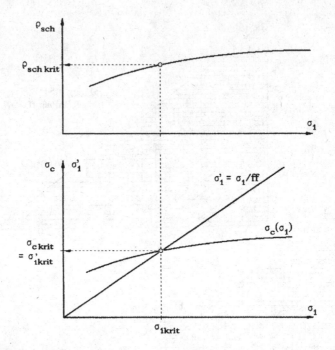

Abbildung 8.27 Ermittlung von $\sigma'_{1krit} = \sigma_{ckrit}$ und $\rho_{Schkrit}$

4. Festlegung des Konuswinkels Θ nach Abb. 8.19 bzw. 8.20. Er wird für Massenfluss so groß wie möglich gewählt. Eventuell wird man die Entscheidung 3.) hiernach nochmals überprüfen.
5. Bestimmung des Fließfaktors *ff* aus Jenike-Diagrammen wie Abb. 8.25 bzw. 8.26.
6. Bestimmung der kritischen Druckspannung σ_{1krit} gemäß Abb. 8.27.
7. Bestimmung der kritischen Schüttgutdichte $\rho_{Sch,krit}(\sigma_{1krit})$ gemäß Abb. 8.27.
8. Berechnung der kritischen Auslaufweite (B_{krit} bzw. D_{krit}) nach (8.47) oder (8.48).

Zu beachten ist noch, dass die so berechnete kritische Auslaufweite nicht notwendig der kleinste Durchmesser oder die kleinste Breite des Auslaufs sein muss. B_{krit} bzw. D_{krit} bedeuten lediglich, dass ab dieser Stelle im Auslaufkonus mit Brückenbildung gerechnet werden muss, und dass daher dort gegebenenfalls geeignete Maßnahmen zu ihrer Verhinderung anzubringen sind (Austragshilfen).

Beispiel 8.2 (Auslegung eines Schüttgut-Silo-Auslaufs gegen Brückenbildung (nach Schwedes [8.6])) Von einem Schüttgut sind die in Abb. 8.28 gezeigten Stofffunktionen $\varphi_e(\sigma_1)$, $\rho_{Sch}(\sigma_1)$ und $\sigma_c(\sigma_1)$ sowie $\varphi_w = 20°$ gegeben.

a) Das Produkt soll in einem Bunker mit keilförmigem Auslauf (ebener Fall, $\Theta = 30°$) gelagert werden. Herrscht beim Ausfließen Massen- oder Kernfluss?

b) Bei welcher kritischen Breite des Auslaufs muss mit Brückenbildung gerechnet werden?

c) Zum Vergleich soll geprüft werden, ob in einem kreisrunden Silo mit Konusauslauf bei $\Theta = 30°$ Massen- oder Kernfluss auftritt.

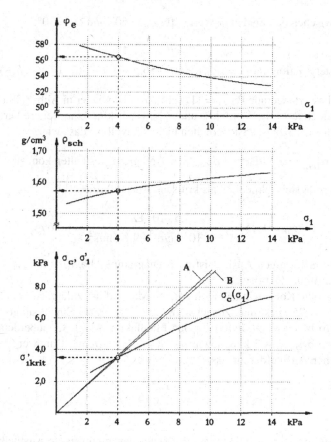

Abbildung 8.28 Stofffunktionen zu Beispiel 8.2

d) Welcher größte Konuswinkel garantiert für den kreisrunden Silo Massenfluss?

e) Für den unter d) berechneten Fall ist der kritische Auslaufdurchmesser zu bestimmen.

Lösung:

a) Nach Diagramm Abb. 8.20 (ebener Fließzustand) ergibt $\Theta = 30°$ und $\varphi_w = 20°$ einen Punkt im Massenfluss-Bereich, fast unabhängig von φ_e.

b) Nach (8.47) berechnen wir B_{krit}. Bei $\Theta = 30°$ erhalten wir für $H_e(30°) = 1{,}15$. Den Fließfaktor bestimmen wir in erster Näherung für $\varphi_e = 60°$ aus dem Jenike-Diagramm mit $\varphi_w = 20°$ und $\Theta = 30°$ zu $ff = 1{,}11$. Damit wird $\sigma_1' = (1/1{,}11) \cdot \sigma_1$. In Abb. 8.28 unten ist das die Gerade A. Sie schneidet die Kurve $\sigma_c(\sigma_1)$ bei $\sigma_1 = 3{,}6$ kPa. Zu diesem Wert lesen wir oben $\varphi_e = 56{,}5°$ ab. Einen verbesserten Fließfaktor ff (2. Näherung) bekommen wir jetzt durch lineare Interpolation zwischen den beiden ff-Werten für $\varphi_e = 60°$ und $\varphi_e = 50°$:

$\varphi_e = 60° : ff_{60} = 1,11$ (s.o.); $\varphi_e = 50° : ff_{50} = 1,19$.

Lineare Interpolation: $ff_{56,5} = ff_{60} + (60 - 56,5)/(60 - 50) \cdot (ff_{50} - ff_{60}) = 1,14$.

Die verbesserte Gerade B ($\sigma_1' = (1/1,14) \cdot \sigma_1$) ist wieder in Abb. 8.28 unten eingetragen. Sie liefert $\sigma_{1krit} = 4,0$ kPa und $\sigma_{ckrit} = 3,5$ kPa. Eine weitere Verfeinerung ist angesichts der Ableseunsicherheiten nicht sinnvoll, so dass wir

$$\sigma'_{1krit} = 3,5 \text{ kPa und } \rho_{Sch,krit} = 1,57 \text{ g/cm}^3 \text{ festhalten können.}$$

Damit ergibt sich schließlich als kritische Auslaufbreite

$$B_{krit} = 1,15 \cdot \frac{3,5 \cdot 10^3 \text{ Pa}}{1,57 \cdot 10^3 \text{ kg/m}^3 \cdot 9,81 \text{ m/s}^2} = 0,26 \text{ m.}$$

c) Im konusförmigen Auslauf ist nach Diagramm Abb. 8.19 für $\varphi_w = 20°$ und $\Theta = 30°$ Kernfluss zu erwarten.

d) Der größte Konuswinkel, der hier noch Massenfluss zuläßt, ist $\Theta = 25°$.

e) Für $\Theta = 25°$ liest man zunächst $H_r(25°) = 2,38$ ab. Eine analoge Prozedur, wie unter b) beschrieben, liefert für den Fließfaktor $ff = 1,32$, außerdem $\sigma_{1krit} = 5,6$ kPa und $\sigma_{ckrit} = 4,3$ kPa, sowie $\rho_{Sch,krit} = 1,59$ g/cm^3. Damit ergibt sich für den kritischen Auslaufdurchmesser

$$D_{krit} = 0,66 \text{ m.}$$

Kommentar:

1. Sehr deutlich zeigt sich hier, dass Rundsilos das ungünstigere Ausfließverhalten haben: Der Konus muss steiler ausgeführt werden und die kritische Öffnungsweite hinsichtlich der Brückenbildung ist um mehr als den Faktor 2 größer als beim Schlitzbunker. Der Grund dafür liegt darin, dass in Auslaufrichtung der Querschnitt im runden Trichter mit dem Quadrat des Durchmessers abnimmt, während er im ebenen Fall proportional zur Breite abnimmt. Dass dennoch sehr häufig Rundsilos gebaut werden, liegt an der festigkeitsmäßig und fertigungstechnisch günstigeren Form.

2. Ist der berechnete kritische Durchmesser zu groß für den Anschluß eines Austragsorgans (z.B. Zellenradschleuse), so muss eine Austragshilfe im Bereich des kritischen Durchmessers angebracht werden. Informationen zu Austragshilfen und Austragsorgane für Schüttgüter findet man in den ausführlichen Darstellungen zur Schüttgut-Verfahrenstechnik von Schulze [8.2] und von Pahl [8.4].

3. Die durch φ_w und Θ gegebenen Punkte in den Abb. 8.19 und 8.20 liegen sehr nahe bei den Grenzlinien zum Kernflussbereich. Das bedeutet, dass eine geringe Vergrößerung von φ_w, also eine Verschlechterung des Gleitens an der Wand etwa durch Aufrauhen, Rosten u.ä. aus dem Massenfluss-Silo ein Kernfluss-Silo machen kann. Man erkennt hier erneut die wichtige Rolle, die der Wandreibung und ihrer Bestimmung zukommt.

Aufgaben zu Kapitel 8

Aufgabe 8.1 (Schüttgutfestigkeit) Der Fließort eines Schüttguts, das auf eine Schüttgutdichte von $\rho_{Sch} = 1{,}45 \cdot 10^3$ kg/m^3 verdichtet ist, kann durch folgende Gerade wiedergegeben werden:

$$\tau = 2{,}0 \text{ kPa} + 0{,}6 \cdot \sigma \quad (\tau \text{ und } \sigma \text{ in kPa}).$$

a) Zu bestimmen sind für dieses Produkt die Kohäsion τ_0, der Winkel der inneren Reibung φ_i und die Druckfestigkeit σ_c.

b) Bis zu welcher Höhe h_{max} (s. Abb. 8.29) bleibt ein freistehender Zylinder aus diesem Material stabil?

Lösung:

a) Direkt aus der Fließort-Funktion, bzw. aus ihrer Auftragung in Abb. 8.29 ist abzulesen: Kohäsion: $\tau_0 = 2{,}0$ kPa, Winkel der inneren Reibung: $\varphi_i = \arctan 0{,}6 = 31{,}0°$. Die Druckfestigkeit σ_c läßt sich entweder graphisch oder rechnerisch ermitteln. Beides ist aus Abb. 8.29 leicht ersichtlich.

Graphisch: Die Winkelhalbierende zwischen der τ-Achse und dem Fließort schneidet die σ-Achse bei $\sigma = \sigma_c/2 \approx 3{,}5$ kPa, $\rightarrow \sigma_c \approx 7{,}0$ kPa.

$$Rechnerisch: \quad \frac{\sigma_c/2}{\tau_0} = \tan\alpha \quad \text{mit } \alpha = \frac{1}{2}(90° + \varphi_i°) \rightarrow$$

$$\sigma_c = 2 \cdot \tau_0 \cdot \tan(45° + \varphi_i/2) = 7{,}06 \text{ kPa}.$$

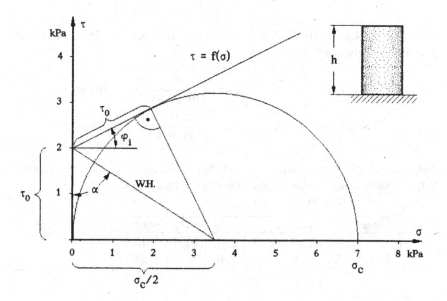

Abbildung 8.29 Zur Aufgabe 8.1 „Schüttgutfestigkeit"

b) Die auf die Standfläche A bezogene Last (= Gewicht) des überstehenden Zylinders darf nicht größer als σ_c sein

$$\rho_{Sch} \cdot g \cdot h < \sigma_c \rightarrow h_{max} = \frac{\sigma_c}{\rho_{Sch} \cdot g} = 0,497 \text{ m} \approx 0,5 \text{ m}.$$

Man beachte, daß diese Höhe nicht vom Durchmesser des Zylinders abhängt. Dennoch kann dieser Durchmesser in Wirklichkeit nicht beliebig klein gewählt werden. Warum nicht?

Aufgabe 8.2 (Kritische Auslaufweiten) Ein praktisch inkompressibles Schüttgut (z.B. eingerüttelter Sand) hat eine von der Verdichtungsspannung unabhängige Schüttgutdichte von 1300 kg/m^3 und eine ebenfalls von σ_1 unabhängige Druckfestigkeit von 800 Pa.

Man berechne für einen runden und einen ebenen Massenflußsilo jeweils die bzgl. Brückenbildung kritische Auslaufweite. In beiden Fällen sei der „Konus" winkel 25°.

Lösung:
Hier sind $\sigma_{c,krit}$ und $\rho_{Sch,krit}$ in (8.47) bzw. (8.48) feste, vorgegebene Werte, so daß diese Gleichungen direkt verwendet werden können.

Rundsilo: $D_{krit} = H_r(\Theta) \cdot \dfrac{\sigma_{c,krit}}{\rho_{Sch,krit} \cdot g}$

Schlitzbunker: $B_{krit} = H_e(\Theta) \cdot \dfrac{\sigma_{c,krit}}{\rho_{Sch,krit} \cdot g}$

Nach Abb. 8.24 ist $H_r(\Theta) = 2,36$ und $H_e(\Theta) = 1,12$ bei $\Theta = 25°$. Damit erhält man für die kritischen Öffnungsweiten

Rundsilo: $D_{krit} = 2,36 \cdot \dfrac{900}{1300 \cdot 9,81} \text{ m} = 0,167 \text{ m}$

Schlitzbunker: $B_{krit} = 1,12 \cdot \dfrac{900}{1300 \cdot 9,81} \text{ m} = 0,079 \text{ m}$

Aufgabe 8.3 (Silo-Auslegung)[3] Aus Fließortmessungen für zwei verschiedene Schüttgutdichten seien folgende Wertepaare hervorgegangen:
A: $\rho_{Sch1} = 1600$ kg/m^3:

beginnendes Fließen:					stationäres Fließen	
σ/kPa	1,32	1,80	2,28	2,80	σ_{st}/Pa	4,20
τ/kPa	1,75	2,00	2,22	2,46	τ_{st}/Pa	3,00

---

[3]Die Daten zu dieser Aufgabe verdanke ich Herr Prof. Dr.-Ing. H.P. Kurz.

B: $\rho_{Sch2} = 1650$ kg/m^3:

beginnendes Fließen:				stationäres Fließen	
σ/kPa	2,10	2,80	3,80	5,10	σ_{st}/Pa	7,40
τ/kPa	2,60	3,05	3,60	4,30	τ_{st}/Pa	5,25

Außerdem sind zwei Wandmaterialien mit ihren Wandreibungswinkeln gegeben, nämlich Stahl, angerostet $\varphi_w = 30°$ und Stahl, kunststoffbeschichtet $\varphi_w = 20°$.

Mit der Vereinfachung, daß die Fließorte Geraden seien, bestimme man die für eine Siloauslegung relevanten Schüttgutdaten.

Welches Wandmaterial erlaubt die geringere Bauhöhe des Silos?

Es ist der kritische Durchmesser im Auslaufkonus für ein Massenfluss-Rundsilo zu bestimmen.

Lösung:

Aus den τ-σ-Werten für beginnendes Fließen erhalten wir durch lineare Regression die Gleichungen der Fließorte gemäß (8.25) und nachfolgend aus (8.26) bis (8.32) die Druckfestigkeit σ_c, die Bestimmungsstücke σ_M und σ_R des End-Mohrkreises sowie die größte Hauptspannung σ_1 und schließlich den effektiven Reibungswinkel φ_e. Es ergeben sich für die beiden Meßreihen die Werte in der folgenden Tabelle.

Das für $\varphi_e = 40°$ gültige Fließfaktor-Diagramm nach Jenike ist in Abb. 8.30 gezeigt.

Aus Abb. 8.30 lesen wir bei den Wandreibungswinkeln 30° bzw. 20° ab: $\varphi_w = 30° \rightarrow \Theta_{max} \approx 12°$ und $\varphi_w = 20° \rightarrow \Theta_{r,max} \approx 27°$.

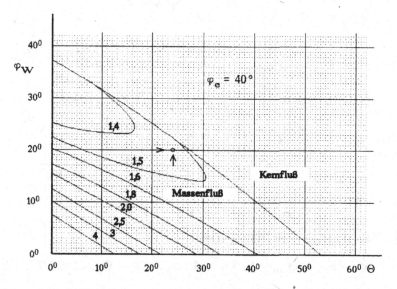

Abbildung 8.30 Fließfaktoren nach Jenike für den rotationssymmetrischen Fließzustand bei $\varphi_e = 40°$

	A:	B:
Fließortgleichung	$\tau/kPa = 1,13 + 0,4775 \cdot \sigma/kPa$	$\tau/kPa = 1,45 + 0,5624 \cdot \sigma/kPa$
Kohäsion τ_0	1,13 kPa	1,45 kPa
Innerer Reibungswinkel φ_i	25,5°	29,4°
Druckfestigkeit: σ_c	3,58 kPa	4,96 kPa
End-Mohrkreis: σ_M	4,69 kPa	8,28 kPa
σ_R	3,04 kPa	5,32 kPa
σ_1	7,73 kPa	13,60 kPa
Effekt. Reibungswinkel φ_e	40,4° $\approx$ 40°	40,0°

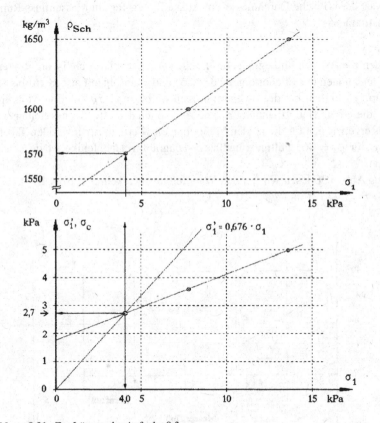

Abbildung 8.31 Zur Lösung der Aufgabe 8.3

Die Berechnungen nach (8.37) ergeben:

$$\varphi_w = 30° \rightarrow \Theta_{max} \approx 12,5° \quad \text{und} \quad \varphi_w = 20° \rightarrow \Theta_{r,max} \approx 27,0°.$$

Niedrigere Bauhöhe erhält man mit einem flacheren Konus, also mit dem größeren Konuswinkel Θ. Wir wählen daher den kunststoffbeschichteten Stahl als Wandmaterial und machen den Konuswinkel um $3°$ geringer als berechnet.

$$\Theta_r = 24° \quad (\varphi_w = 20°).$$

c) Damit können wir jetzt aus Abb. 8.30 den Fließfaktor nach Jenike bestimmen: $ff \approx 1,48$. Wir benötigen ihn, um die Gerade $\sigma_1' = (1/ff) \cdot \sigma_1$ mit der Funktion $\sigma_1'(\sigma)$ zu schneiden und damit die kritischen Werte von σ_c und ρ_{Sch} zu ermitteln. Da nur zwei Werte jeweils vorliegen, nehmen wir im in Frage kommenden Bereich linearen Verlauf an und extrapolieren (s. Abb. 8.31).

Es ergeben sich – natürlich auch rechnerisch, wenn wir die Geradengleichungen aufstellen und die Schnittpunkte berechnen –

$$\sigma_{1krit} = 4,0 \text{ kPa}; \qquad \sigma_{1krit}' = \sigma_{ckrit} = 2,70 \text{ kPa}; \qquad \rho_{Sch,krit} = 1570 \text{ kg/m}^3.$$

Aus Abb. 8.24 lesen wir bei $\Theta = 24°$ $H_r(\Theta) = 2,35$ ab und bekommen schließlich für den kritischen Durchmesser nach (8.48)

$$D_{krit} = H_r(\Theta) \cdot \frac{\sigma_{c,krit}}{\rho_{Sch,krit} \cdot g} = 2,35 \cdot \frac{2,70 \cdot 10^3}{1570 \cdot 9,81} \text{ m} = 0,412 \text{ m}.$$

Literatur

[8.1] DIN 1055-6 (2005) Einwirkungen auf Tragwerke – Einwirkungen auf Silos und Flüssig-keitsbehälter. Beuth, Berlin

[8.2] Schulze D (2006) Pulver und Schüttgüter – Fließeigenschaften und Handhabung. VDI-Buch, Springer, Berlin

[8.3] Molerus O (1985) Schüttgutmechanik – Grundlagen und Anwendungen in der Verfahrens-technik. Springer, Berlin

[8.4] Pahl MH, Ernst R, Wilms H (1993) Lagern, Fördern und Dosieren von Schüttgütern, 2. überarb. Aufl. Fachbuchverlag Leipzig Verlag TÜV Rheinland, Köln

[8.5] Jenike AW (1964) Storage and Flow of Solids. Bull. No 123, Engng. Exp. Station, Univ. of Utha, Salt Lake City

[8.6] Schwedes J (1968) Fließverhalten von Schüttgütern in Bunkern. Verlag Chemie, Weinheim

[8.7] ter Borg L (1986) Einfluss des Wandmaterials auf das Auslaufverhalten von Schüttgütern aus Silos. Chem. Ing. Techn. **58**(7), 588–590

[8.8] Wilms H (2003) Vol 3: Powder Flow Properties and Shear Tests for Silo Design, Vol 4: Silo Design for Flow, in: Krambrock W, Wilms H (eds.) Bulk Solids Technology. Zeppelin Silo- und Apparatetechnik GmbH, Friedrichshafen

Index

1-s-Kriterium, 380, 401
90%-Schichthöhen-Kriterium, 380, 401

A

Abbremsweg, 122, 123
Abmessung
    charakteristische, 98
Abmessungen
    geometrische, 12
Abscheidegrade, 271
Abscheiden, 271
Abscheren, 465
Absetzgeschwindigkeit, 128
Absetzkurve, 128
Absolutfilter, 207
Abstoßungspotential, 78
Abweiseradsichter, 309, 317, 326
Abwurfwinkel, 289
Adsorptionsisotherme, 210
aerodynamischer Durchmesser, 16, 197
Aerosole, 197
Aerosolmesstechnik, 198
Agglomeratdichte, 69
    Flocken, 60
Agglomeratporosität, 64
Ähnlichkeit
    geometrische, 97
    physikalische, 98
Ähnlichkeitsbedingung, 98
Ähnlichkeitslehre, 97
Akzeptanzbereich, 228
Akzeptanzgrenze, 358, 360, 363
Akzeptanzregel, 358
Analysenprobe, 222–224
Analysensiebe, 164
Analysensiebmaschine, 164
Analysensiebung, 30, 161
analytische Trenngrenze, 268
Anforderungsklassen, 449
Ankerrührer, 387, 397, 421, 427
Anscheren, 465
Anströmgeschwindigkeit, 108

Anströmquerschnitt, 108
Anzahl der Proben, 228
Anzahlkonzentration, 200
Anzahlverteilung, 54
Anzahlverteilungssummen, 186
Anziehungskräfte, 74
Anziehungspotential, 79
Äquivalentdurchmesser, 13, 81
Archimedeszahl, 100, 115, 153, 401
Auffangboden, 164
Aufgabegut, 263
Auftrieb, 107
Aufwirbeln, 401, 405
Ausbringen, 272
Ausgleichs-Trenngrenze, 268
Auspressen, 262
Aussagesicherheit, 228, 354
äußere Oberfläche, 209
Austragshilfen, 470, 476, 478, 480
Austragsorgane, 476
Avogadrozahl, 209

B

Becherzentrifuge, 129
Befeuchtung, 141, 142
Begasen, 380, 416
Begasungsrührer, 411
beginnendes Fließen, 462, 483
Behälter-Nußeltzahl, 421
Belegprobe, 222
Benetzung, 134, 135
Bergerhoffgerät, 201
Beschleunigungsweg, 121
Beschleunigungszahl, 128
Beschleunigungszeit, 121
BET-Gerade, 210
BET-Isotherme, 210
Beta-Strahlen-Absorption, 206
Beugung, 178
Beugungsspektrum, 180
Bewegungsgleichung, 120

Bildauswertung, 175
bimodal, 32, 313
Blaine-Gerät, 213
Blasengröße, 12
Blaspunkt-Methode, 216
Blattrührer, 386, 397
Bodenformen von Rührbehältern, 382
Bodenlastfaktor, 456
Bogensiebe, 301
Braunsche Molekularbewegung, 188
Brechung, 178
Brechungsindex, 178
Breitenparameter, 38
Brown'sche Bewegung, 110
Brückenbereich, 138
Brückenbildung, 474, 480
Brückenflüssigkeit, 138
bubble-point-test, 216
Buckingham-Theorem, 100
Bunker, 449
Bürstendispergierung, 317
Bürstendispergierer, 241
Bypass-Rückführung, 233

C
Carman-Kozeny-Gleichung, 148, 150, 158, 212
Cauchy
    Satz von, 14
charakteristische Geschwindigkeit, 144, 148
charakteristische Länge, 144, 148
Chargenmischer, 370
Chevron-Methode, 376
Chi-Quadrat Verteilung, 344, 346
coagulation, 79
Corioliskraft, 106
Coulter-Counter, 88, 185
c_w(Re)-Diagramm, 109, 153
Cunningham-Korrektur, 110, 111, 124, 125

D
Darcygleichung, 147, 150
Deposition, 200
Destabilisierung, 79
Dichte
    mittlere, 68
Dichtemessung, 218
Dickschicht, 288

Dickschlamm, 128
Differenzenformel, 277
diffuse Schicht, 78
Diffusion, 110
Diffusionsbatterie, 194
Diffusionseinfluss, 124
Diffusionskräfte, 110
diffusive Rückvermischung, 288
Dimension, 101
    fraktale, 22
Dimensionsanalyse, 97, 98, 144, 390, 396, 409, 420, 432
Dimensionsmatrix, 101
Dispergieren, 240, 242, 380
Dispergiermittel, 78
Dispergierung, 408
disperse Stoffsysteme, 9
Dispersion, 313
dispersiver Transport, 366
Drehprobenteiler, 245
Drehrohrmischer, 370
Druckabfall, 147
Druckbegasung, 411
Druckfestigkeit, 463, 467
Druckkräfte, 106
Druckverlust, 434
Dünnschicht, 288
Durchflusssichter, 306
Durchgang, 29, 162, 169, 287
Durchlässigkeit, 147, 150
Durchlaufmischer, 369, 370
Durchmesser
    hydraulischer, 67
Durchmischungskennzahl, 401
Durchströmung, 150, 435
Durchströmung poröser Schichten, 143, 158
Durchströmungsgeschwindigkeit, 147
Durchströmungsgleichung, 144, 148
Durchtrittswahrscheinlichkeit, 288, 291, 324
dynamische Bildanalysemethoden, 177
dynamische Extinktionsmessung, 184
dynamische Lichtstreuung, 188
dynamische Viskosität, 146
dynamischer Auftrieb, 107

E
Echtzeitmessung, 234
effektive mittlere Geschwindigkeit, 145
effektiver Fließort, 464
effektiver Reibungswinkel, 456, 464, 470

Eigenschaften
partikelgrößenabhängige, 11
Eigenschaftsfunktion, 4
Eindicken, 262
Eindringtiefe, 123
Einflussgrößen, 101
Einpunktmethode, 211, 252
Eintrittskapillardruck, 141, 143
Einzelprobe, 221, 243
elektroakustische Spektroskopie, 191
elektrostatische Anziehung, 75
elektrostatischer Klassierer, 195
Ellipsenschwinger, 302
Emission, 199
Emissionsmessungen, 200
empirische Varianz, 334
Emulgator, 408
Emulgieren, 380, 407, 441
Emulsion, 407
Emulsionen, 190
Emulsionsspalten, 262
Emulsionstrennen, 262
End-Fallgeschwindigkeit, 112
End-Mohrkreis, 464
Energieeintrag, 242
Entfärbemethode, 395
Entfeuchten, 140, 143, 262
Entgasen, 262
Entleeren, 455
Entleerungsfaktor, 455
Entmischung, 366
Entmischungsgrad, 341
Entstaubungssieben, 286
Entstaubungstechnik, 274
Entwässern, 262
Ergungleichung, 149, 150, 374
Erwartungswerte, 56, 334
erweiterte Froudezahl, 403
ESA – Electro Sonic Amplitude, 191
Eulerzahl, 100, 145, 434
Exemplarmessungen, 219
Extinktion, 183, 205
Extinktionskoeffizient, 183
Extinktionsmessungen, 182
Extinktionsquerschnitt, 182, 183

F
Fächenporosität, 219
Fasern, 17

Faserschichten, 60
Faserstaub, 89, 251
Fehlausträge, 263, 266, 269, 296
Fehler, 220
Fehleraddition, 225
Fehlerarten, 223, 254, 256
Fehlerkorrektur der Trenngradkurve, 280
Fehlkorn, 263
Feingut, 116, 263
Feingut-Fehlaustrag, 266
Feingut-Masseausbringen, 264, 322
Feingut-Massenanteil, 264
Feingut-Trenngrad, 266
Feinheit, 232
Feinheitsmerkmal, 12, 52, 162, 261
Feinkorn-Ausbringen, 272
Feinstaub, 187, 197, 199
Feldflussfraktionierung, 191, 192
Feldkräfte
elektrische und magnetische, 111
Feldstörung, 185
Feretdurchmesser, 13, 80
Fest-Flüssig-Trennen, 262, 263
feste Siebe, 301
Festkörper
poröse, 60
Festkörperbrücken, 74
Feststoffmischen, 378
Feststoffvolumenanteil, 61, 144
Filtrieren, 262
Flächenporosität, 62, 215
Fliehkraft-Gegenstromsichter, 316
Fliehkraftmischer, 369
Fliehkraftsichter, 316
Fliehkraftsichtung, 306
Fließbeginn, 463
Fließfaktor, 476, 477
Fließkriterien, 462
Fließort, 463
Fließprofile, 469, 470
flocculation, 79
Flockungsmittel, 78
Flüssig-Flüssig-Dispersion, 407
Flüssigkeitsanteil, 71
Flüssigkeitsbeladung, 71
Flüssigkeitsbindung, 138
Flüssigkeitsbrücken, 74, 138
Flüssigkeitsinhalt, 72
Flüssigkeitsoberfläche, 136
Formfaktor, 17, 20, 22, 81

Formtrennung, 287
Fotometrie, 204
Fotosedimentometer, 169, 184
Fraktale, 22
Fraktionsabscheidegrad, 265
Fraktionsbilanz, 52, 264, 267
Fraunhofer-Bereich, 179
frei fließend, 463
freier Wirbel, 131
Freifallmischer, 369
Freiheitsgrad, 334, 342
Fremdbegasung, 411
Froudezahl, 100, 368
Funktionalität, 3

G

Gasbelastung, 412
Gasdurchsatz, 412
Gasdurchsatz-Zahl, 413
Gasgehalt, 412
Gaspyknometrie, 218
Gauß'sche Fehlerfunktion, 41
Gebrauchsprobe, 221
Gegenstrom-Intensivmischer, 372
Gegenstromsichter, 307
Gegenstromsichtung, 306
geometrische Ähnlichkeit, 390, 423
geometrische Merkmale, 261
Gesamt-Agglomeratporosität, 64
Gesamtbilanz, 51, 264
Gesamtfehler, 225
Gesamtporosität, 62, 91, 218
Gesamtstaub, 199
Gesamtvarianz, 351
geschlossene Poren, 218
Geschwindigkeit
    charakteristische, 98
Gewichtungsfunktion, 33
GGS-Funktion, 38
Gitterrührer, 386
Gleichfälligkeitsbedingung, 154
Gleichgewichts-Gegenstrom-Klassierung,
    117
Gleichgewichts-Partikelgröße, 116, 133
Gleichgewichts-Trenngrenze, 268
Gleichgewichtskorn, 117
gleichmäßige Zufallsmischung, 337
Gleichmäßigkeitszahl, 48, 247
Glockenkurve, 41, 42

goldene Regeln, 357
Goldene Regeln der Probennahme, 230
Grauwertbestimmung, 204
gravimetrische Staubgehaltsmessung, 202
Grenzflächenspannung, 134, 408
Grenzkorn, 163, 288, 290, 292
Grobgut, 116, 263
Grobgut-Fehlaustrag, 266
Grobgut-Masseausbringen, 264, 321
Grobgut-Massenanteil, 264
Grobgut-Trenngrad, 265
Grobgutmengenanteil, 282
Grobkorn-Ausbringen, 272
größte Hauptspannung, 467
Grundaufgaben des Rührens, 379
Grundgesamtheit, 220, 224
Grundoperationen, 2
Gutbrücke, 472, 473
Gutschicht, 162, 287

H

Haftflüssigkeit, 138
Haftkraftmessung, 93
Haftkraftberechnung, 77
Haftkräfte, 66, 72, 163, 241, 299, 464
Haftkraftverringerung, 92
Haftkraftverstärkung, 77
Haftmechanismen, 73, 75
Halbkugelboden, 381
Hamaker/van-der-Waals-Konstante, 79
Handling, 449
Häufigkeit der Probennahme, 356
Haufwerke, 60
Hauptausführung, 97, 422
Hauptspannungen, 459
Heywoodfaktor, 19, 35, 82
Histogramm, 27, 28
Hohlraumanteil, 61
Hohlrührer, 411, 412
Hold-up, 412
homogene Grundgesamtheit, 227
Homogenisieren, 379, 395, 400, 439
Homogenisiersilos, 372
Homogenität
    stochastische, 60
Hookescher Festkörper, 451
Horizontaldruck, 452
Horizontaldruckverteilung, 454
Horizontallastverhältnis, 453

Hubrührer, 387
Hubzahl, 294
hydraulischer Durchmesser, 144
hydraulischer Porendurchmesser, 137
hydrostatischer Spannungszustand, 462

I
ideale Homogenität, 336
Immission, 199
Impaktor, 196
Impaktorprinzip, 207
Impellerrührer, 385, 439
In-line-Messung, 233
In-Schwebe-Halten, 401, 405
In-situ-Messung, 234
inhomogene Grundgesamtheit, 227
Ink-Bottle-Poren, 217
Inkrement, 221
inkrementales Sedimentationsverfahren, 246
Inkrementalverfahren, 168
Innenflüssigkeit, 139
innere Oberfläche, 209
isokinetische Absaugung, 200
Istkonzentration, 334

J
Janssen-Theorie, 452
Jenike-Schergerät, 465, 466

K
$k_L a$-Wert, 416, 417
Kapillardruck, 136
Kapillardruckkurve, 140–142
Kapillardruckverteilung, 140
kapillare Steighöhe, 136, 216
Kapillarendurchmesser, 137
kapillarer Unterdruck, 137
Kapillarflüssigkeit, 139
Kapillarität, 136
Kapillarkondensation, 138
Kaskadenimpaktor, 207, 208
Kegeln und Vierteln, 244
Kennzahlen, 101
    dimensionslose, 99
Kennzeichnung der Mischung, 333
Kernfluss, 469
kinematische Zähigkeit, 150
Klären, 262
Klarflüssigkeitszone, 127

Klassiersiebung, 285
Klassierung, 263
Klemmkorn, 163
Klöpperboden, 381
Knudsenzahl, 111, 124
Koagulation, 408
Koaleszenz, 413, 416
Kohäsion, 463
kohäsionslos, 66, 463
kohäsiv, 461, 463, 472
Koinzidenzfehler, 180, 184, 185
kolloiddispers, 9
Kolloide, 190
Kompressionspunkt, 128
Kompressionszone, 127
Kondensationskernzähler, 193–195
Konfidenzintervall, 237, 342
Kontaktabstand, 76
Konuswinkel, 470
konvektiver Transport, 366
Konzentrationseinfluss, 126
Koordinationszahl, 60
Korngröße, 12
Körnungen, 285
Körnungsnetz, 48, 49
Kräftegleichgewicht, 113
Kreisschwinger, 302
Kreuzbalkenrührer, 385, 397, 401, 411
Kreuzbalkenrührern, 402
kritische Auslaufweite, 482
kritische Reynoldszahlen, 158
kritische Schüttgutdichte, 476
Kumulativverfahren, 171
Kundenforderung, 358
Kundenrisiko, 229, 358

L
Laborprobe, 222, 224
Lageparameter, 38, 48, 247
Lageplan, 459
Lagern und Fließen von Schüttgütern, 449
Lambert-Beersches Gesetz, 182, 204, 214, 215
Laminarmischer, 431, 432
Längensimplex, 145
Langsamsiebung, 295
längste Sehne, 13
Laserbeugungsverfahren, 180
Laserinduzierte Inkandeszenz, 196

Leerrohrgeschwindigkeit, 144, 147
Leichtgut, 116
Leistungsbedarf von Feststoffmischern, 378
Leistungsbedarf von Rührern, 389
Leistungsbeiwert, 393
Leistungscharakteristik, 391, 392, 414, 439
Leistungskennzahl, 435
Lichtmikroskop, 177
Lichtwellenlänge, 178
Linearschwinger, 302
Linienporosität, 63, 215
Lockerungsgeschwindigkeit, 374
logarithmische Normalverteilung, 42
logarithmische Normalverteilungsfunktion,
    41
logarithmische Spiralenströmung, 132, 308
logarithmisches Wahrscheinlichkeitsnetz, 45
Lückengrad, 61
Lückenvolumen
    relatives, 61
Luftstrahlsieb, 245
Luftstrahlsiebung, 162, 165, 299
lungengängig, 90, 197, 251

M
Makroporen, 67, 216
Makrovermischung, 395, 397
Makrovermischungszeit, 401
Martindurchmesser, 13
Maschenweite, 162
Maschinenkennzahl, 289
Maskierung, 79
massebezogener Streuquerschnitt, 184
Massenfluss, 469
Massenkonzentration, 10, 200
Massenkräfte, 105, 106
Massenverteilungssumme, 29, 247
Maßstabsfaktor, 97
maximale Porengröße, 216
mechanische Siebhilfen, 299
Median-Trenngrenze, 266, 268
Medianwert, 32, 41, 43, 247
Mehrkanalsichter, 314
mehrmodal, 32
Mehrphasenströmungen, 105
Mengenanteile, 26
Mengenart, 162, 169, 264
    Umrechnung, 53
Mengenarten, 29

Mesoporen, 67
Mesoporenverteilung, 218
Messfehler, 224, 225
Messgrößen der Staubmesstechnik, 200
Messprobe, 223, 224
Messung von Porengrößen, 216
Messung von Porengrößenverteilungen, 216
Mie-Bereich, 179
Mie-Theorie, 179
Mikroporen, 67
Mikrovermischung, 395, 401
Mindestanzahl, 237
Mindestpartikelzahl, 353
Mindestprobengröße bei Zählverfahren, 234
Mischbetten, 376
Mischbewegungen, 366
Mischen, 331
Mischerbauarten, 367
Mischermodell, 349
Mischfortschritt, 350
Mischgüte, 333, 341, 379, 432, 433
Mischgütebestimmung, 363
Mischgütemaße, 340
Mischgüteverlauf, 349, 352
Mischhalden, 376
Mischmechanismen, 331, 332, 430
Mischung
    Partikelgrößenverteilung, 87
Mischungsexponent, 433
Mischungsgrad, 341
Mischungszusammensetzung, 333
Mischungszustände, 335
Mischzeit, 379, 395
Mischzeitbestimmung, 352, 363
Mischzeitcharakteristik, 396, 439
Mischzeitkennzahl, 396
Mittel
    arithmetisches, 33
    gewogenes, 33
Mittelfraktion, 328
Mittelwerte
    arithmetische, 57
    integrale, 56
mittlere freie Weglänge, 110, 124
mittlere Partikelgröße, 147
mittlere Porengröße, 144, 216
mittlere quadratische Abweichung, 334
Mobility Particle Sizer, 196
Modalwert, 32, 44

Modellausführung, 97, 422
Modellübertragung, 422
modifizierte Durchmischungskennzahl, 398
modifizierte Leistungskennzahl, 398
Mohrkreis, 459
molekulardispers, 9
Molekularvermischung, 397
Molzahl, 10
Moment
    unvollständiges, 57
    vollständiges, 56
Momente
    statistische, 56
Momentenbeziehung, 58
Monoschichtkapazität, 209
Mühle-Sichter-Kreislauf, 305
multimodal, 32

N
Nanopartikeln, 186
Nassdispergierung, 240
Nasspräparation, 239
Nasssiebung, 162, 163, 166, 298
Newtonbereich, 109, 114, 115, 117, 155
Newtonsche Flüssigkeit, 451
Newtonzahl, 103, 390, 435
Normalaustrag, 266, 267, 269
Normalspannungen, 457
Normalverteilung, 41, 42, 235
Normierungsbedingung, 27, 57

O
O-SEPA-Sichter, 317
O/W-Emulsion, 407
Oberfläche
    spezifische, 35, 39, 48, 57, 58
Oberflächen-Formfaktor, 20
Oberflächenbegasung, 411
Oberflächenkennzahl, 50, 247
Oberflächenkräfte, 105, 106
Oberflächenmessung, 208
    Durchströmungsverfahren, 212
    fotometrisches Verfahren, 214
    Gasadsorptionsverfahren, 209
Oberflächenspannung, 134, 136
Oden'sche Gleichung, 248
Off-line-Messung, 232
Omega-Archimedes Diagramm, 115
Omegazahl, 100, 114

On-line-Messung, 233
Opazität, 205
optische Messverfahren, 175
Ort der Probennahme, 229

P
Packungen, 60
Packungsdichte, 69
Parallelschaltung von Klassierern, 272, 275
Partikel-Reynoldszahl, 108, 147, 155
Partikelabstand, 239
Partikelbewegung im Schwerefeld, 112
Partikelbewegung im Zentrifugalfeld, 128
Partikeldichte, 69
Partikelform, 17
Partikelformen
    besondere, 58
Partikelgröße, 12, 26, 162, 178
    dimensionslose, 115
    mittlere, 33
Partikelgrößenverteilung, 25, 51
Partikelkollektiv, 25
Partikelmesstechnik, 161, 231
Partikelporosität, 63
Penney-Diagramm, 429, 430
Phasengrenzfläche, 415
Phasentrennung, 262
Phasenumkehr, 407
Photonenkorrrelations-Spektroskopie (PCS),
        188, 189
Physisorption, 209
Pi-Theorem, 100
Pipette-Verfahren, 169
Plansichter, 303
Plansiebe, 164, 303
Plansiebmaschinen, 163
PM10, 197
pneumatische Mischer, 373
pneumatischer Umwälzmischer, 376
Polarisationswinkel, 178
Poren, 59
Porengrößenverteilung, 219
Porenhälse, 140
Porensystem, 142
Porenweite, 67
Porenweitenverteilung, 68
Porenziffer, 62
poröse Schicht, 137, 144
Porosimetrie, 215

Porosität, 61, 90, 143, 145, 253, 254, 463
  äußere, 62
  innere, 62
  Partikelgrößenabhängigkeit, 66
  Wandeffekt, 67
Potentialschwelle, 78
Potentialwirbel, 131
Potenzfunktion, 38
Potenznetz, 38, 40
Prallkaskade, 241
Prandtlzahl, 421
Präparation der Proben, 238
Proben, 333
Probenanzahl, 357
Probenarten, 221
Probenfehler, 224, 225
Probengröße, 203, 220, 227, 352
Probennahme, 219, 221, 231, 244, 333, 351
Probennahme aus Suspensionen, 243
Probennahme für die Staubmesstechnik, 200
Probennahme für Immissionsmessungen,
  201
Probennahmekopf PM10, 202
Probennameplan, 229
Probennehmer, 242
Probenstecher, 243
Probenteiler, 244
Probenteilung, 221
Probenvorbereitung, 219
Produkteigenschaften, 3, 223
Produktgestaltung, 5
Produktionssiebung, 285
Produzentenrisiko, 229, 358, 361
Propellerrührer, 383, 397, 401, 421
Prozessfunktion, 5
Prüfung einer Mischung, 437

Q
quadratischer Bereich, 109
Qualität, 3, 232
quasielastische Lichtstreuung (QELS), 188
Quecksilber-Eindring-Methode, 216
Quecksilberintrusion, 218
Querstromklassierung, 119
Querstromsichter, 308
Querstromsichtung, 306

R
Randkraft, 136
Randmaßstab, 43, 48
Randwinkel, 135
Randwinkelhysterese, 135, 142
Raster-Elektronen-Mikroskop (REM), 188
Rauchdichtebestimmung, 204
Raumerfüllung, 61
Rayleigh-Bereich, 179
rechnerischer Trenngrad, 266
Reflexion, 178
reguläre Anordnungen, 59
Reihenschaltung, 273, 320
Reihenschaltung von Klassierern, 272
reiner Schubspannungszustand, 462
Reingas, 274
relative Standardabweichung, 341
Relevanzliste, 101, 145, 390, 408, 420
Repräsentativ, 220
repräsentative Probe, 245
repräsentative Probennahme, 226
Repräsentativmessungen, 219
Restfeuchte, 71
Restsättigungsgrad, 142
Reststaub, 274
Reynoldszahl, 98, 100, 145, 401
Richardson-Zaki-Gleichung, 126, 403
Riffelteiler, 245
Ringelmannskala, 204
Ringschergerät, 465, 466
Rohdaten, 224
Rohrreibungsbeiwert, 146
Roste, 301
RRSB-Funktion, 47
RRSB-Netz, 48, 49
Rückstand, 29, 162, 287
Rückstellprobe, 222
Rühraufgaben, 383
Rührbehälter, 381, 382
Rühren, 242, 379
Rührer-Reynoldszahl, 103
Rührer-Froudezahl, 103, 391
Rührer-Nußeltzahl, 420
Rührer-Reynoldszahl, 391, 421
Rührer-Weberzahl, 409
Rührerformen, 383
Rührerleistung, 102
Rührorgan, 381
Rührwerk, 381, 382

Rundsilo, 450, 475
Rußzahl, 204
Rütteldichte, 69

S

Sammelprobe, 221, 222, 224
Sampler, 243
Sättigungsgrad, 70, 91, 139
Säulendiagramm, 27
Sauterdurchmesser, 36, 57, 58, 68, 247, 408, 409, 415
Scale-up, 413, 422, 439, 441, 444
Schalldämpfungsspektrum, 190
Schallsiebe, 302
Schätzwert, 335
Scheiben (Kornform), 17
Scheibenrührer, 384, 397, 408, 411–413, 421, 442
Scherfestigkeit, 463
Schichtproben, 243
Schlämme, 190
Schleuderzahl, 128
Schleuderziffer, 128
Schlierenmethode, 395
Schlitzbunker, 450, 475
Schneckenrührer, 397
Schnellsiebung, 295
Schrägblattrührer, 384, 401
Schubmischer, 369, 371, 377
Schubspannungen, 457
Schüttgut, 451
Schüttgutdichte, 68, 91, 253, 463
Schüttguteigenschaften, 449
Schüttgüter, 449
Schüttgutfestigkeit, 481
Schüttgutkennwerte, 455
Schüttgutmechanik, 451
Schüttungsporosität, 62, 65
Schutzsiebung, 286
Schwarmsinkgeschwindigkeit, 126
Schwebekorn, 117, 134
Schwergut, 116
Schwerkraft, 106
Schwerkraft-Querstromklassierung, 325
Schwerkraftmischer, 373, 377
Schwerkraftsichter, 314
Schwerkraftsichtung, 306
Schwertrübe, 380
Sediment, 127

Sedimentation im Zentrifugalfeld, 173
Sedimentation mit Flockung, 127
Sedimentation ohne Flockung, 126
Sedimentations-Manometer, 248
Sedimentationsverfahren, 166, 256
Sedimentationswaage, 171
Sedimentationszentrifuge, 250
Sedimentationszone, 127
Segregation, 288
Segregationsgrad, 341
selbstähnlich, 22
Senkenstärke, 132, 311
Senkenströmung, 131
Sensor, 233, 234
Sichten, 263
Sichtermühlen, 305
Sichtprinzipien, 306
Siebbelag, 164
Siebboden, 164, 287
Siebdauern, 165
Sieben, 263
Siebfläche, 292, 296
Siebgütegrad, 293
Siebguteigenschaften, 163
Siebhilfen, 298
Siebkennzahlen, 291
Siebkennziffer, 289
Siebklassieren, 285
Sieblänge, 297
Siebmaschinen, 163
Siebneigungswinkel, 290
Sieböffnung, 287, 291
Sieböffnungsgrad, 292, 324
Siebpfanne, 164
Siebsatz, 30, 164, 245
Siebtrommel, 303
Siebüberlauf, 287
Siebung
    Durchsatzabschätzung, 294
Siebunterlauf, 287
Siebvorgang, 162
Silo, 449
Silo-Auslegung, 482
Silo-Druckbeiwert, 453
Silolasten, 452
Silomischer, 372, 377
Simplex, 99
Sinkgeschwindigkeit, 53, 113, 119, 153, 305
    dimensionslose, 115

Sinkgeschwindigkeits-Äquivalentdurchmesser, 166

Sinkgeschwindigkeits-Partikelgröße-Diagramm, 116

Sinkleistung, 402

Sizer, 304

Sollkonzentration, 334

Sollwert, 228

Sondenmethoden, 395

Sorptionscharakteristik, 416

Sorptionsisothermen, 219

Sortieren, 262, 286

Spannungszustand, 457, 458

Spannwellen-Sieb, 302

spezifische Leistung, 369, 379, 390, 392, 416

spezifische Oberfläche, 16, 34, 144, 214, 247, 408

spezifischer Arbeitsbedarf, 377

Sphärizität, 18, 22, 82

Spiralströmung, 309

Stabilisierung, 242

Standard, 228

Standardabweichung, 41, 43, 235, 342, 348

Starrkörperwirbel, 129

stationäres Fließen, 463, 464, 483

statische Bildanalysemethoden, 177

statischer Auftrieb, 106

statisches Mischen, 429

statistische Längen, 13

statistische Resonanz, 290

Staubabscheiden, 262, 263, 283

Staubanteil, 200

Stäube, 197, 198

Staubgehalt, 200

Staubmassenstrom, 200

Staubmesstechnik, 197, 198, 241

Staubniederschlag, 200

Stechheber, 243

Steigsichter, 314

Sternschicht, 78

Stichprobe, 334

Stichprobenvarianz, 334

stochastische Homogenität, 337, 361, 437

Stoffeigenschaften, 161

stoffliche Merkmale, 261

Stoffübergang, 415

Stoffübergangskoeffizient, 415

Stokesbereich, 108, 113, 115, 117, 120, 134

Stokesdurchmesser, 15, 114, 155, 166, 174

Stößelsiebe, 302

Strahlmischer, 374, 377

Streulicht-Partikelzähler, 180

Streulichtmessung, 205

Streuparameter, 247

Streuquerschnitt, 182, 205, 214

Streuung, 178

Streuungsparameter, 48, 50

Streuwinkel, 178

Stromstörer, 388, 408

Strömungsfeld, 381

Strömungsformen im Rührbehälter, 383

Strömungsklassieren, 305

Strömungswiderstandskraft, 299

Student-Faktor, 342

Stufenentstaubungsgrad, 277, 283

Submikronbereich, 187

Suspendiercharakteristik, 403, 404

Suspendieren, 380, 401, 405, 407, 441

Suspendierflüssigkeiten, 239

Suspendierzustand, 427

Suspension, 127, 238

Suspensionsverfahren, 167

Switch, 456

systematische Messfehler, 226, 255

systematische Probenfehler, 224, 226, 255

systematischer Fehler, 280

Systeme
    poröse, 59

Systemvarianz, 350

T

Taumelsiebe, 303

Teilen, 262, 271

Teilen und Verschieben, 366, 376, 392, 397, 431

Teilflächenlasten, 456

Teilprobe, 221

Teilungsgrad, 271

Teilungskurve, 265

TEOM-Methode, 204

theoretische Varianz, 344

Totraumfreiheit, 243

Totzonen, 388, 402

Trägheitskraft, 106

Trägheitsparameter, 123

Transmission, 183, 204, 214

Transmissions-Elektronen-Mikroskop (TEM), 188

Transmissionsmessung, 184
Trennbedingungen, 311
Trenngrad, 265, 293
Trenngradbestimmung, 277
Trenngradkurve, 265, 267, 311, 326
Trenngrenze, 266, 279, 293
Trennkaskade, 274
Trennkorn, 117, 119, 134
Trennkorngröße, 134, 263, 306
Trennkorngröße der Abweiseradsichtung, 309
Trennkorngröße der erzwungenen Drehströmung, 308
Trennkorngröße der freien Wirbelströmung, 308
Trennmerkmale, 261
Trennmittel, 77, 299
Trennprinzipien der Windsichtung, 307
Trennschärfe, 165, 270, 293
Trennschärfegrad, 270, 279
Trennschnitt, 266
Trennungsunschärfe, 309
Trennverfahren, 261
triboelektrische Staubmessung, 206
Trockendispergierung, 240, 241
Trockenklassieren, 261, 263
Trockensiebung, 163, 299
Trockensubstanzgehalt, 71
Trogmischer, 371
Trombe, 388
Trommelmischer, 370
Trommelsiebe, 303
Tromp'sche Kurve, 265
Tropfengröße, 12
Trübungssensoren, 182
Turbulenz, 410
Turbulenzmischer, 430

U
Überflutung, 413
Überflutungscharakteristik, 413, 414
Überflutungsgrenze, 413
Übergangsbereich, 109, 114, 115, 153
Überkorn, 270, 286, 293
Überschichtungsverfahren, 167
Übertragungsfaktoren, 428
Übertragungskriterien, 423
Ultraschall, 242
Ultraschall-Spektrometers, 191

Ultraschallsignal, 191
Ultraschallspektroskopie, 190
Umlenk-Gegenstromsichter, 315
Umlenksichtung, 306
Umluftsichter, 306, 318
Umrechnung der Mengenart, 85
Umwälzmischer, 377
Unschärfe der Klassierung, 310
Unterkorn, 270, 293

V
van-der-Waals-Kräfte, 74, 78
Varianz, 335, 341
Varianz der gleichmäßigen Zufallsmischung, 339
Varianz der Meßungenauigkeiten, 348
Varianz der stochastischen Homogenität, 338
Variationskoeffizient, 341
Verdünnung, 239, 242
Verfestigung, 463
verformende Siebböden, 300
Vergrößerungsfaktor, 97
Vergrößerungsmaßstab, 423
Verteilungsdichte, 26, 28, 48
Verteilungsdichtefunktion, 27
Verteilungsfunktionen
    spezielle, 37
Verteilungssumme, 26, 28
Vertikaldruck, 452
Vertrauensbereich der Varianz, 344
Vertrauensbereich des Mittelwerts, 342
Vertrauensgrenze, 345
Vibrationssiebung, 162
vollständige Entmischung, 335
Volumen-Formfaktor, 20
Volumenkonzentration, 10, 239
Volumenporosität, 61, 219
Volumenvergrößerungsfaktor, 429
Volumenverteilung, 54
Voremulsionen, 408
Vorwärtsbereich der Streuung, 180

W
W/O-Emulsion, 407
Wahrscheinlichkeitsdichte, 236
Wahrscheinlichkeitsnetz
    logarithmisches, 43
Wahrscheinlichkeitssumme, 236

Wandeinfluss, 124
Wandfließort, 468
Wandoberflächen, 455
Wandreibungsdruck, 452
Wandreibungskoëffizient, 453
Wandreibungswinkel, 453, 468, 470
Wandschubspannung, 453
Wärmeaustausch, 381, 418, 442, 443
Wärmeübergang, 419, 422
Wärmeübergangszahl, 381, 419, 442
Washburn-Gleichung, 217
W^*-D^*-Diagramm, 153
Weberzahl, 100
Weibullverteilung, 48
Weibullnetz, 48
Wendelrührer, 387, 397, 400, 421, 427
Widerstandsfunktion, 108, 110, 146, 148, 435
Widerstandskennzahl, 391
Widerstandskraft, 105, 107–109, 391
Widerstandszahl, 108
Windrow-Methode, 377
Winkel der inneren Reibung, 454, 463, 467
Wirbelschicht, 374
Wirbelschichtmischen, 374
Wirbelschichten, 60
Wirbelschichtmischer, 377
Wirbelsenke, 131
Wurfmischer, 369, 371
Wurfsiebe, 164, 302
Wurfsiebmaschinen, 163

Z
Zähigkeitsverhältnis, 421
Zähl–Wäge–Verfahren, 81
Zählverfahren nach dem Feldstörungsprinzip, 185
Zahnscheibenrührer, 387
zäh-turbulente Durchströmung, 149
Zeitverfestigung, 464
Zentrifugalbeschleunigung, 129
Zentrifugalkraft, 106
Zentrifugalsichter, 316
Zentrifugenkennzahl, 128
Zentrifugieren, 262
Zeta-Potential, 79
Zickzacksichter, 314
Zielgröße, 101
Zielvarianz, 358
Zielvereinbarung, 358
Zirkularität, 19
Zirkulationsstärke, 131
Zlokarnik-Diagramm, 399, 438
Zonensedimentation, 127
zufälliger Messfehler, 226
zufälliger Probenfehler, 224, 226, 234
Zufallsanordnung
    gleichmäßige, 60
Zufallsmischung, 237
Zufallsprobennahme, 229, 356
Zweiphasenmischungen, 331
Zwickelflüssigkeit, 138

Erratum

Auf Seite III wurde versehentlich erwähnt, dass bei diesem Buch eine CD-ROM beiliegt. Es gehört keine CD-ROM zum Buch.

Wir bitten um Entschuldigung.

M. Stieß, *Mechanische Verfahrenstechnik - Partikeltechnologie 1,*
ISBN: 978-3-540-32551-2,
doi: 10.1007/978-3-540-32552-9, © Springer 2009